거의
모든 것의
바다

일러두기

1. 책 이름은 『 』로, 작품(논문, 시, 소설, 그림, 노래, 영화) 제목은 「 」로 표기하였으며, 신문과 잡지명은 〈 〉로 구분하였다.
2. 우리말에 대응하는 한자어를 함께 표기할 때에는 ( )로 구분하였다.
3. 외래어는 국립국어원의 외래어 표기에 따라 표기하였고, 학명은 이탤릭체로 표기하였다.

거의 모든 것의 바다

초판 1쇄 발행일 | 2022년 6월 20일

지은이 | 박수현
펴낸이 | 이원중

펴낸곳 | 지성사 **출판등록일** | 1993년 12월 9일 **등록번호** | 제10-916호
주소 | (03458) 서울시 은평구 진흥로 68, 2층
전화 | (02) 335-5494 **팩스** | (02) 335-5496
홈페이지 | www.jisungsa.co.kr **이메일** | jisungsa@hanmail.net

ISBN 978-89-7889-500-2 (03490)

거의 모든 것의 바다

박수현 지음

지성사

| 들어가는 글 |

필리핀 세부섬 어촌 해역에 엄청난 규모의 정어리 떼가 나타났다는 이야기를 들은 것은 2011년 2월의 일이었다. 해류를 타고 전 세계 바다를 떠도는 정어리들이 필리핀 해역에 머무는 것이 분명했다. 계절 회유성 어류인 정어리들이 다른 곳으로 가버리기 전 그들이 있는 곳을 찾아야 했다. 계절상 우기였던 날씨는 거친 파도와 함께 호락호락하지만은 않았다.

정어리를 찾아 나선 지 3일째 되는 날 바닷속에서 주변을 살피는데 갑자기 거대한 그림자가 느껴졌다. 머리 위를 올려다보니 수만, 아니 수십만 마리의 정어리가 하나로 뭉쳐져 다가오고 있었다. 하늘을 가린 엄청난 수의 정어리, 정어리, 정어리들…….

휘어 감기며 소용돌이치는 거대한 무리는 어느 순간 갈라지나 싶더니 다시 뭉쳐져 행군 대열로 나서는데, 그들의 일사불란한 움직임을 지켜보다 나도 모르게 무리 속으로 향하고 말았다.

아이러니하게도 비바람이 몰아치는 거친 바닷속에서 '행복'을 생각했다. 바다생물들의 삶을 사진과 글로 기록할 수 있고, 바다가 전하는 이야기를 사람들에게 전달할 수 있는 것만으로도 행복했다.

25년간 일간지 기자 생활을 하면서 2,300회에 이르는 수중 탐사를 진행했다. 그동안 우리나라 전 연안과 남극과 북극을 비롯해 세계 20여 개국을 찾으며 바다에서 희망을 찾고 생명을 전하고자 노력했다. 이는 바다가 오염되고 황폐화되었을 것이라는 체념과 선입관을 버리자는 생각에서였다. '깨진 유리창 이론(Broken window theory)'에서 알 수 있듯이 바다가 오염되었다는 선입관을 가지게 되면 바다는 사람들의 관심에서 점점 벗어나 더욱 황폐화될 수 있기 때문이다. 그래서 나는 사람들에게 바다의 아름다움과 생명력을 전해 사람들이 바다에 대한 관심의 끈을 놓지 않도록 노력하고 있다.

언제부터인가 사람들에게 바다 이야기를 전하는 '메신저(Messenger)'가 되어야겠다고 생각했다. 늘 푸르고 아름답지만은 않은 회색빛 바다에서 상처를 입을 때도 있지만, 다시 일어나 바다로 향할 수 있었던 것은 바다가 나를 받아준다는 믿음과 바다 이야기를 전해야 한다는 '메신저'로서의 책임감 때문이었다.

이번에 펴낸 『거의 모든 것의 바다』는 지금까지 바다와 함께했던 여정을 담은 방대한 기록이다. 어떻게 보면 바다가 사람들에게 들려주고자 하는 이야기들을 정리한 것일 수도 있겠다.

편의상 「1부: 바다, 그 경이로움의 세계」, 「2부: 어류」, 「3부: 바다에는 물고기만 살까?」, 「4부: 파충류, 포유류, 해양 조류」, 「5부: 염생식물과 바닷말」 등으로 구분했으며 현장감 넘치는 사진과 이미지로 설명을 돕고자 했다. 독자들이 정보를 쉽게 찾을 수 있게 별도로 참고 문헌 등을 정리했다.

원고지 3,500장에 이르는 분량을 책으로 엮기 위해 함께 고민하고 철학을 공유해 온 지성사 가족을 비롯해 함께 바다를 찾았던 소중한 인연들에 깊은 존경과 감사를 드린다.

박수현

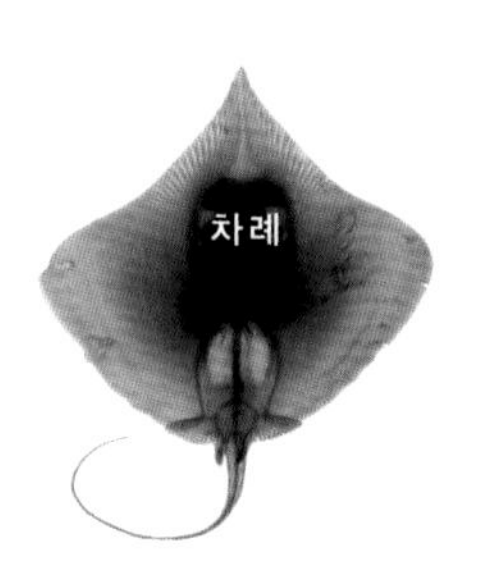

1부
바다, 그 경이로움의 세계

지구 그리고 생명체의 탄생 16
바다의 크기 20
바다에 존재하는 소금 23
바닷물의 움직임 26
지구 에너지를 전달하는 거대한 흐름, 해류 27
온도와 염분의 차이에 따른 움직임, 심층수 30
해양 대순환 33
바람과 쓰나미가 일으키는 파도 35
조석과 조류 40
해저 지형 46
바다는 어디까지가 우리 국토일까? 48
국토의 막내 독도 52
바다의 지도, 해도 58
바다의 신호등 항로표지 61
열대 저기압 64
대항해시대와 북극 항로의 개척 69
남극을 발견하다 77
남극 바닷속 90
스쿠버다이빙의 이해 96
인간은 얼마나 깊이 잠수할 수 있나? 97
열악한 환경, 조간대 107
폐그물에 대한 대책 111
전 지구적 재앙, 미세플라스틱 115
우리나라의 해양보호구역 119
부유생물 플랑크톤 125
죽음의 바다, 적조 130
새우가 아니라 플랑크톤인 크릴 138
바다의 사막화 갯녹음 현상 144
침몰 선박 인명구조와 인양 151
원초적 본능, 수중 사냥 156
수중 암초 161

2부
어류

1 어류의 특성 169
민물고기와 바닷물고기의 차이 170
물에서 산소를 흡수하는 아가미 173
부레의 역할 174
어류의 몸 형태 176
어류의 지느러미 179

가로줄 무늬와 세로줄 무늬 186
나이를 어떻게 알 수 있을까? 187
수압을 이겨내기 위해 188
위장술과 보호색 190
성을 바꾸는 어류 193
무리를 이루는 어류 198
어류의 산란장 204
바닷물고기의 의사소통 210
어류의 감정 214
청소물고기의 서비스 218
살아 있는 화석 어류, 실러캔스 222

2 연골어류 225

바다의 포식자 상어 226
상어의 먹이 사냥 235
지구상에서 가장 큰 어류, 고래상어 240
독가시를 지닌 가오리 245
쥐가오리의 비행 248
귀하게 만나는 매가오리 252
『우해이어보』에 등장하는 목탁수구리 253
삭혀서 먹는 홍어 255

3 경골어류 258

1) 가자미목

넓적하게 생겨 넙치 259
도다리는 봄이 제철일까? 262
엎드려 있는 개펄도 맛있다는 서대 265

2) 금눈돔목

단단한 골질판으로 덮인 철갑둥어 267
군인들의 행군 대열을 닮은 적투어 269

3) 농어목

농어목 대표 주자 농어 270
어두육미의 주인공 도미 272
돌돔과의 돌돔과 강담돔 275
전설의 바닷물고기 돗돔 278
부성애를 지닌 줄도화돔과 얼게비늘 280
제주도를 살찌운 자리돔 282
작지만 강한 흰동가리 288
새롭게 주목받고 있는 도루묵 292
화려한 기품을 지닌 갈치 296
등이 크게 부풀어 고등어 300
벼슬길을 망치는 삼치 304
고등어를 닮은 전갱이 307
겨울 방어와 여름 부시리 310
소용돌이치는 바라쿠다의 공포 313
숭상받던 물고기 숭어 317
국민의 물고기 민어 324
샛서방 고기, 군평선이 326
약속을 지키는 조기 328
다랑어류와 새치류를 아우르는 참치 334
바다의 하이에나 용치놀래기 342
가장 종이 많은 망둥이 347
주어진 여건을 잘 이용하는 베도라치 351
나폴레옹피시 길들이기 355
무르익은 누런 호박을 닮아 호박돔 360

앵무새 부리를 닮아 앵무고기 361
바닷속에서 '나불나불' 나비고기 365
산호초의 천사 에인절피시 370
호가호위의 위세 빨판상어 371
화려한 체색의 만다린피시 376
무리를 이루어 그루퍼 382
구슬 옥玉 자를 붙인 옥돔 386
새끼 낳는 망상어 387
바다에 빠진 밥주걱 주걱치 388
호랑이 이름에서 따온 범돔 389
율동적인 블루라인스내퍼 390
코가 길어 편리한 롱노우즈호크피시 392
등에 깃대를 꽂고 다니는 깃대돔 393
다이버와 친숙한 박쥐고기 394
염소수염의 노랑촉수 396
아열대 어종 파랑돔 397
병졸 병兵 자가 붙은 병어 398
까나리액젓으로 친숙한 까나리 399
전복치라 불리는 괴도라치 400
별을 보는 물고기 통구멍 401

4) 달고기목
몸에 보름달을 새겨둔 달고기 402

5) 대구목
입과 머리가 커서 대구 404
국민 생선, 명태 410

6) 동갈치목
동갈치의 공격 416
날아오르는 은빛 날개, 날치 418
학의 부리를 닮아 학공치 420
아가미 근처에 구멍이 있어 꽁치 422

7) 메기목
메기목에 속하는 쏠종개 424

8) 바다빙어목
옥처럼 맑은 뱅어 428

9) 뱀장어목
뱀처럼 길어서 장어 429
드라마틱한 관찰 대상 곰치 438
구멍 속으로 숨어드는 가든장어 442
천연기념물로 지정되었다가 해제된 무태장어 443

10) 복어목
죽어서라도 복수하는 복어 445
가시가 길고 날카로운 가시복어 450
거북의 등딱지를 닮은 거북복 451
어류 중 알을 가장 많이 낳는 개복치 452
쥐를 닮아 쥐치 455

11) 실고기목
막대 모양의 파이프피시 461
악기 이름이 붙은 트럼펫, 플루트, 코르넷피시 463
물구나무선 슈림프피시 465
안쓰럽고 신비한 해마 466

12) 쏨뱅이목
가시로 쏘는 쏨뱅이 473
사자 갈기를 가진 쏠배감펭 475
치명적인 독가시를 지닌 쑤기미 477
삼식이라 불리는 삼세기 478
멍텅구리 뚝지 479
돌처럼 보여 식별하기 어려운 스톤피시 480
기어 다니는 성대 481
보라어에서 유래한 볼락 483
작은 고추가 매운 미역치 490
사납고 거친 이름 쑥감펭 493
꼼치와 물메기 494
째려보듯 쳐다보는 양태 496
임연수가 잘 잡아온 임연수어 498
노래미와 쥐노래미 500

13) 아귀목
지옥에서 온 아귀 502
위장의 귀재 씬벵이 505

14) 청어목
바다의 쌀, 정어리 507
가난한 선비를 살찌운 청어 512
가을철 귀빈 전어 518
고향 하천을 찾는 연어 520
송어와 산천어 528
너무나 친숙한 멸치 531
속 좁은 밴댕이 537
썩어도 준치 539

15) 홍매치목
꽃무늬 물고기 꽃동멸 541

3부
바다에는 물고기만 살까?

1 극피동물 546
불가사리에 대한 오해 549
바다에서 나는 삼蔘, 해삼 558
밤바다의 파수꾼, 성게 564
나리꽃을 닮은 바다나리 571

2 자포동물 573
생명의 바다 척도, 산호 576
꽃보다 예쁜 수지맨드라미 587
바닷속 소나무, 해송 591
우리나라 연안에서 발견되는 산호 596
바다의 꽃, 말미잘 600
거대한 플랑크톤, 해파리 607
해파리의 종류 614
팔라우 해파리 호수의 황금해파리 625
그리스 신화 속 히드라 631

3 절지동물 633
고등 갑각류, 게 636
집을 짊어지고 다니는 집게 651
귀중한 식량자원, 새우 656
보릿고개를 넘던 따개비 664
거북의 다리를 닮은 거북손 666
바퀴벌레 취급받는 갯강구 671
개털로 잡아내는 쏙 673

4 연체동물 675
행동의 굼떠서 군부 678
패류의 황제, 전복 679
복족류의 통칭, 고둥 687
바다의 토끼, 군소 694
당당하게 살아가는 갯민숭달팽이 700
굴러온 진주담치에 밀려난 홍합 706
사랑의 묘약, 굴 714
붉은 피가 흐르는 꼬막 718
흔하지만 귀한 바지락 723
목숨 걸고 잡는 키조개 728
비너스의 탄생, 가리비 730
사람 잡는 대왕조개 737
가성비 좋은 개조개 742
맛의 대명사 맛조개 743
조개의 여왕 백합 744
새를 닮아 새조개 745
앵무새 부리와 비슷한 앵무조개 747
코끼리 코를 닮아 코끼리조개 749
모시조개와 명주조개 750
구멍 뚫기 선수 배좀벌레조개 752
카멜레온 오징어 753
어물전 망신 꼴뚜기 762
위험한 문어 764
지친 소를 일으켜 세우는 낙지 773
낙지 친척 주꾸미 781

5 미삭동물 783
인류의 사촌, 멍게 785
미더덕과 오만둥이 793

6 의충동물 795
뚝배기보단 장맛인 개불 796

7 태형동물 799
파스텔톤의 레이스, 이끼벌레 800

8 편형동물 801
굴 양식장의 습격자, 납작벌레 802

9 해면동물 804
스펀지로 알려진 해면 806

10 환형동물 811
바다에 사는 지렁이 813

4부
파충류, 포유류, 해양 조류

1 파충류 822
느리지 않는 바다거북 824
바다로 내려간 뱀 831

2 포유류 836
거대한 해양 포유동물, 고래 838
다리가 지느러미로 진화한 기각류 861
바다에 사는 소, 매너티 879

3 해양 조류 881
친숙한 바닷새 갈매기 883
부리에 작은 관이 있는 페트렐 885
암수 금슬이 좋은 원앙새 886
부리가 길고 굽은 도요새 887
부리를 이리저리 젓는 저어새 889
독특한 사냥꾼, 펠리컨 890
백조의 호수, 고니 891
석양을 배경으로 날아오르는 가창오리 892
세상에서 가장 큰 새, 앨버트로스 894
세상에서 가장 빠른 새, 군함조 895
날지 못하는 새, 펭귄 896
펭귄마을의 펭귄들 897
진정한 남극의 주인공, 황제펭귄 908
인류의 이기심으로 멸종된 큰바다쇠오리 916
가장 먼 거리를 이동하는 새, 북극제비갈매기 918
물고기 사냥꾼, 가마우지 923
자맥질 선수, 아비 926
서열과 질서의 상징, 기러기 927

5부
염생식물과 바닷말

1 염생식물 930
생존 전략 932
다양한 염생식물 934

2 바닷말 939
광합성을 하는 바닷말 941
얕은 물이 좋은 녹조류 943
바다숲을 이루는 갈조류 947
어디서든 살아가는 홍조류 954
바닷속에서 꽃 피우는 현화식물 959

참고 문헌과 자료 962
찾아보기 978

1부

바다, 그 경이로움의 세계

바다를 연상하면 넓고 푸르름 그리고 끝없이 펼쳐진 수평선을 떠올린다. 하지만 바닷속으로 들어가 보면 생각이 달라진다. 그곳에는 산이 있고 언덕이 있고 절벽이 있다. 숲이 우거진 곳에서 새가 노래하고 동식물들이 모여 생태계를 이루듯 바닷속은 산호초와 바다숲을 중심으로 해양생물들이 어우러져 살고 있다.

바닷속은 고대로부터 도전의 대상이었다. 인류가 바닷속으로 향했던 가장 중요한 동기는 호기심이었을 것이다. 기록에 따르면, 페르시아의 알렉산드로스 대왕은 밧줄에 매단 잠수통의 유리로 만든 현창을 통해 바닷속 세상을 관찰했다. 기원전 325년 인도 원정을 마치고 돌아오던 페르시아만에서의 일이었다. 아마 에메랄드빛 바다가 대왕의 호기심을 자극했을 것이다.

그런데 그 후 2300여 년이 지났지만 다른 학문의 성취에 비하면 바다 밑에 대한 지식은 놀라울 정도로 낮은 수준에 머물러 있다. 특히 심해에 대해서는 더욱 그러하다. 인류는 38만 킬로미터나 떨어진 달에 발자국을 남기고 그보다 더 먼 우주공간으로 우주선을 쏘아 올리는 등 우주개발에는 경쟁적으로 나서지만 가장 깊은 곳이 불과 11킬로미터 남짓한 바닷속 대부분은 미지의 세계로 남겨두고 있다.

1960년 1월 23일 미 해군 잠수정 트리에스트 2호가 10,918미터 깊이의 태평양 마리아나 해구 챌린저 해연에 처음 도착한 이후로 다시 그런 도전이 이루어지지 않고 있다. 지구 표면의 절반 이상을 차지하고 있는 심해 평원까지 들어갈 수 있는 잠수정은 전 세계에 다섯 척이 있을 뿐이다. 〈내셔널 지오그래픽〉의 과학 저술가인 로버트 쿤직은 “인류는 바다 밑의 어둠 중에서 100만분의 1 또는 10억분의 1 정도를 탐사했을 뿐이다. 아마도 그보다도 더 적을 것이다. 훨씬 더 적을 것이다”라고 이야기한다.

바닷속 세상에 대한 인류의 동경과 호기심은 인류의 삶을 발전시켜왔다.

지구 그리고 생명체의 탄생

과학자들은 약 150억 년 전 대폭발Big Bang로 태양이 만들어지고 태양 주변에 흩어져 있던 물질들이 뭉쳐져 지구를 비롯한 행성들이 이루어졌다고 본다. 약 46억 년 전의 일이었다. 원시지구는 엄청난 중력과 핵반응으로 중심부 온도가 높아져 마그마와 같은 액체 상태였다. 이후 무거운 물질들은 서서히 가라앉았고, 화산활동으로 수소, 헬륨, 메탄, 이산화탄소, 암모니아, 황화수소, 수증기와 같은 가벼운 기체들이 분출되어 원시대기가 만들어졌다.

시간이 흐르며 지구가 식어가자 여러 기체와 수증기가 응축하여 지표면의 낮은 곳에 고이기 시작하면서 바다가 만들어졌다. 약 40억 년 전의 일이었다. 과학자들은 이 원시바다가 지구에 생명체를 출현시킨 모태로 규정하고 있다.(육지에 살고 있는 동물의 체액의 화학적 성분이 바닷물의 성분과 비슷하다. 이것이 생명이 최초에 바다에서 생겨났을 것이라고 생각하는 이유이다.)

과학자들은 바다에 박테리아에 가까운 원초 생물이 처음 출현한 것을 35억 년 전으로 추정하고 있다. 지구에 있는 모든 생명체의 근원이다. 이후 약 5억 년 전 최초의 척추동물인 어류가 바다에 나타났고 이 어류 중 일부 종은 육상으로 이주를 시작해 양서류와 파충류로 진화했다. 이때부터 6500만 년 전까지 지구 생명체의 지배종은 공룡으로 대표되는 파충류였다. 하지만 빙하시대 등 지구 환경의 대규모 변화는 공룡의 멸종을 불러왔다. 이러한 대규모 변화를 겪으면서 파충류와 파충류 다음으로 출현한 포유류 중 몇몇 종이 바다로 돌아갔다.

땅에서 살다가 바다로 삶의 터전을 옮긴 종은 포유류 140종, 파충류 60종에 이른다. 이들 중 가장 먼저 바다로 돌아간 종은 포유류인 고래로 5600만~3500만 년 전의 일이었다.

고래는 바다로 돌아간 후 훌륭하게 적응해 갔다. 바닷속 깊은 곳에 머물다 수면으로 빠르게 올라오기 위해 꼬리지느러미는 수평으로, 공기를 들이마시는 코는 수면으로 올라왔을 때 좀 더 빠르게 호흡을 하기 위해 눈 윗부분에 자리 잡았다. 하지만 고래는 바다에 완벽하게 적응하지는 못했고 지금도 적응 중이다. 육상 포유류처럼 젖을 먹여 새끼를 키우고, 코로 숨을 쉬어 폐를 통해 산소를 걸러내며, 자궁에서 태아가 자라고, 배꼽이 있는 등 땅 위에서 살았던 흔적들이 남아 있다.

고래에 이어 바다로 돌아간 포유류는 18종의 해표와 14종의 물개, 1종의 바다코끼리를 포함하는 기각류이다. 기각류는 땅에서 살 때 사용하던 다리가 물속에서 활동하기 편리하도록 지느러미로 변했다. 기각류의 주 활동무대는 바다이지만 고래와 달리 땅 위를 돌아다닐 수도 있다. 교미를 하고 새끼를 낳고 범고래나 상어의 습격을 피하기 위해서도 땅 위로 올라온다. 기각류는 거의 대부분이 한랭한 바다에서 산다. 바다코끼리의 주 활동 공간이 북극바다라면 해표와 물개는 남극바다에서 흔하게 발견된다.

해양 포유류 외에 바다로 돌아간 동물로는 바다거북, 바다뱀, 바다이구아나로 대표되는 해양 파충류들이다. 항온동물인 포유류의 경우 몸에서 열을 발산하거나 피부에 있는 털이나 두꺼운 지방층의 도움으로 온도가 낮은 곳에서도 체온을 유지할 수 있지만, 파충류는 주변 온도에 따라 체온이 변하므로 따뜻한 열대와 아열대 바다에서만 살아간다. 바다로 돌아간 해양 파충류 또한 해양 포유류와 마찬가지로 허파호흡을 해야 하므로 숨을 쉬기 위해서는 주기적으로 수면으로 떠올라야 한다.

바다거북은 5천만 년 전 일부 종이 바다로 돌아간 후 일곱 종으로 진화했다. 이들은 바다에서 살아가긴 하지만 땅에서 살던 때의 습성을 완전히 버리지 못했다. 해변에 모래를 파고 알을 낳고 부화를 시킨다. 허파호흡을 위해 물 밖으로 고개를 내밀고 숨을 쉬어야 한다. 그러나 일부 종은 바다라는 환경에 적응이 빨라 허파호흡 외에도 물에서 산소를 걸러낼 수도 있다. 이들은 입 뒤쪽 목구멍에 혈관이 많이 모여 있어 입 속으로 물이 들락날락할 때 물에 녹아 있는 산소를 핏줄 속으로 받아들이는 방법을 사용한다. 이렇게 흡수되는 산소는 거북이 바닷속에 좀더 오랜 시간 머물 수 있도록 해준다.

수백만 년 전 바다로 돌아간 바다뱀은 바다라는 환경에 적응하기 위해 콧구멍은 물이 들어오지 않도록 밸브 형태로, 꼬리 부분은 노와 같이 납작한 모양으로 변해 수영을 잘하게 되었다. 그러나 지느러미를 갖춘 물고기보다는 유영 속도가 느릴 수밖에 없다. 열대 바다에서 간혹 바다뱀을 만나곤 한다. 마음만 먹으면 별로 힘들이지 않고 바다뱀을 따라잡을 수 있다. 한참을 따라가다 보면 숨이 가빠진 바다뱀이 허파호흡을 위해 수면으로 상승한다. 파충류 바다뱀은 일정한 시간 간격으로 수면으로 머리를 내밀어 허파 가득히 공기를 들이마셔야 하기 때문이다.

물개는 육상에서 배를 땅에 대고 기어서 이동하지만 물속에서는 발이 변형된 지느러미를 이용 날렵하게 헤엄칠 수 있다.

그러면 지구 생명의 모태인 바다에는 얼마나 많은 생물이 살고 있을까. 유엔환경계획UNEP 보고서에 따르면, 현재 지구상에 알려진 종은 약 175만 종(바이러스 약 4,000종, 세균 약 4,000종, 원생생물 약 8만 종, 진균 약 7만 2000종, 식물 약 27만 종, 동물 약 132만 종) 정도이며 이 가운데 15~20퍼센트 범위인 약 30만 종 정도가 해양생물인 것으로 알려져 있다. 알려진 종 숫자로는 육상생물이 더 많지만 생물의 계통 발생은 해양생물이 더 다양하다. 이는 육지에 생물이 나타나기 27억 년 전부

1 인도네시아 부나켄 해역에서 만난 바다거북이다. 파충류인 이들은 허파호흡을 위해 일정 간격으로 수면으로 올라와야 한다.

2 고래는 좀 더 빠르게 공기와 접촉하기 위해 코가 머리 위쪽에 있다. 바닷속에 오랜 시간 머물던 고래는 수면으로 올라와 이 코를 통해 공기를 들이마신다.

터 바다에는 오랜 시간 동안 생물이 진화해온 역사가 있기 때문이다.

생물분류의 체계를 성립한 카를 폰 린네Carl von Linne, 1707~1778에 의한 분류체계인 '종-속-과-목-강-문-계'를 바탕으로 할 때 현재 밝혀진 33개 문 가운데 15개의 문은 육지에는 없고 바다에서만 발견된다.

바다의 크기

여객기 좌석 앞 모니터에 비행고도가 표시된다. 이륙 후 수평을 유지하면 모니터는 8천 미터 안팎을 가리킨다. 지표면에서 8천 미터를 올라왔다는 이야기이다. 아래로는 까마득하게 땅과 바다가 펼쳐져 있고 그 공간을 채우고 있는 것은 공기이다. 비행기를 타고 올라온 8천 미터를 바다로 옮겨 생각하면 어떨까? 바다 중 가장 깊은 곳은 태평양 마리아나 해구에 있는 비티아즈 해연으로 이 해저 계곡의 깊이는 1,1034

미터나 된다. 즉 비행기가 올라온 높이보다 수면에서 그곳까지 내려가는 깊이가 더 깊다는 이야기이다. 그런데 1,1034미터, 그 까마득한 공간을 채우고 있는 것은 모두 물이다. 지구에서 가장 높은 산인 에베레스트산(8,848미터)을 비티아즈 해연에 넣으면 정상 부분도 수면에서 2,000미터 아래로 잠기고 만다. 그만큼 바다의 깊이는 우리가 상상할 수 없을 정도이다.

자료마다 조금씩 차이가 있지만 지구 표면적 5억 1000만 제곱킬로미터 중 태평양, 대서양, 인도양, 남극해, 북극해 등 5대양의 면적은 3억 6000만 제곱킬로미터나 된다. 지구 표면적의 70퍼센트에 해당하는 이 5대양은 서로 연결된 하나의 바다이다.

지구상에는 13억 1000만 세제곱킬로미터의 물이 있다. 이중 97퍼센트가 바닷물이다. 태평양에는 바닷물의 절반 이상인 51.6퍼센트, 대서양에는 23.6퍼센트, 인도양

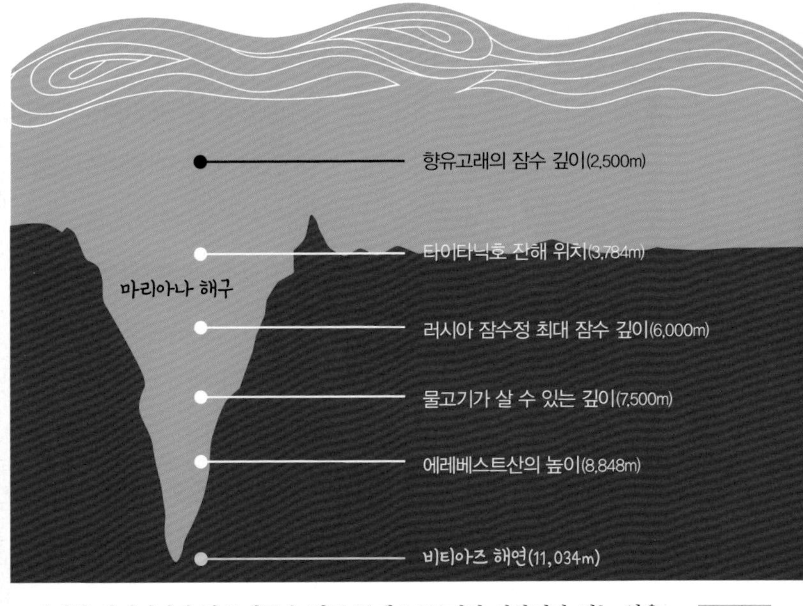

1 거대한 땅덩어리인 남극대륙은 평균 두께 2,000미터 이상이나 되는 얼음으로 덮여 있다. 과학자들은 만약 이 얼음이 모두 녹는다면 지구 해수면은 60미터 정도 상승하게 되어 지구 대부분의 도시가 물에 잠길 것이라 한다. 하지만 북극해가 녹는다 해도 해수면 상승에는 별 영향을 주지는 않는다. 남극의 얼음은 땅 위에 있지만 북극해는 바다가 언 상태라 해수면 높이에 이미 반영이 되어 있기 때문이다.

2 태평양 마리아나 해구에 있는 비티아스 해저 계곡의 깊이는 1만 1034미터이다. 지구에서 가장 높은 산인 에베레스트산(8,848미터)을 비티아즈 해연에 넣으면 정상 부분이 수면에서 2,000미터 아래로 잠기고 만다. 그만큼 바다의 깊이는 우리가 상상할 수 없을 정도이다.

1 | 2

에는 21.2퍼센트가 있으며, 나머지 바다에 3.6퍼센트가 있다. 이렇듯 가장 큰 바다인 태평양의 규모는 어마어마하다. 표면적으로 보면 지구 전체 바다의 약 47퍼센트를 차지하고 있다. 한반도보다 약 760배나 더 넓은 셈이다. 대서양과 인도양을 합하더라도 태평양 넓이에는 못 미친다.

그럼 바다는 얼마나 깊을까?

바다의 가장 깊은 곳과 얕은 곳 등을 평균하면 세계 전체 바다의 평균수심은 3,800미터에 이른다. 육지의 평균고도가 약 840미터이니 지각을 깎아 모든 해저면을 편평하게 고르고 나면 지구 표면은 2,440미터 두께의 물로 덮이게 된다.

가장 큰 바다답게 태평양은 평균수심이 3,970미터로 으뜸이며, 대서양은 3,646미터, 인도양은 3,741미터, 남극해는 3,270미터, 북극해는 1,205미터이다. 우리나라 서해는 최대 수심이 105미터, 평균수심은 40미터이며, 남해도 대부분 200미터 이내로 대양에 비해 얕은 바다에 속한다. 하지만 동해는 최대 수심이 4,049미터이며 평균수심도 1,684미터 정도이니 깊은 바다라 할 만하다.

지구에 있는 물의 3퍼센트에 불과한 민물의 대부분은 빙하로 존재한다. 아주 적은 비율인 0.036퍼센트 정도가 강이나 호수, 저수지 등에 있고, 더 적은 양인 0.001퍼센트만이 구름이나 수증기로 존재한다.

지구에 있는 얼음의 약 90퍼센트는 남극에 있고, 나머지 대부분은 그린란드에 있다. 한반도 면적의 62배나 되는 남극대륙을 평균 2,300미터 이상 뒤덮고 있는 얼음이 모두 녹아 버린다면 해수면은 60미터나 상승해 우리나라 서울을 비롯해 많은 도시가 물에 잠기고 만다. 대기 중 수증기가 모두 비가 되어 모든 곳에 균일하게 내리더라도 해수면 상승이 겨우 2.5센티미터 정도이니 남극대륙을 덮고 있는 얼음의 양이 얼마나 어마어마한지 알 수 있다.

약 250만 년 전부터 시작되었던 신생대 제4기에는 빙하기와 간빙기가 여러 차례 일어나 해수면의 변화가 심했다. 빙하기였던 2만 9000년 전에는 해수면이 지금보다 200여 미터나 낮아 우리나라와 일본, 중국은 서로 연결되어 있었다고 한다.

바다에 존재하는 소금

지구에 이렇게 물이 많은데 인류는 왜 물 부족으로 힘들어할까. 지구 물의 대부분은 바닷물이고 바닷물에는 안전하게 흡수할 수 있는 양의 70배가 넘는 소금이 들어 있기 때문이다. 소금을 너무 많이 먹으면 몸속의 대사 과정에 위기가 닥친다. 몸속으로 들어온 소금을 희석하려면 모든 세포에서 물 분자들이 쏟아져 나와야 하므로 세포가 정상 기능을 하는 데 필요한 물이 절대적으로 부족하게 된다. 또한 혈관 속의 염분을 걸러내야 하는 신장이 한계를 넘어서면서 기능을 상실하고 만다. 인류를 비롯한 육상 생명체가 바닷물을 마시지 못하는 이유이다.

평균적으로 1리터의 바닷물 속에는 약 35그램의 소금이 녹아 있다. 지구상의 모든 바닷물을 증발시켜 소금을 만든다면 그 무게는 무려 5경 톤(5천억 톤의 10만 배)이나 된다. 이 소금을 지표면에 쌓아서 편평하게 고르면 지구 전체는 140미터 두께의 소금층으로 덮이게 된다.

소금의 99퍼센트는 염소, 나트륨, 황, 마그네슘, 칼슘, 칼륨의 6가지 원소로 구성되어 있다. 우리가 짠맛을 느끼는 것은 염소와 나트륨의 화합물인 염화나트륨^{NaCl} 때문인데 소금의 성분 중 염화나트륨이 차지하는 비중이 80퍼센트나 되니 소금 하면 짠맛을 연상하게 된다.

바닷물을 짜게 만드는 주성분인 염소^{Cl}와 나트륨^{Na}은 어떤 과정을 거쳐 바다에서 만나게 되었을까? 과학자들은 해저 화산이나 땅 위의 화산이 폭발할 때 화산가스 등의 분출물에서 나온 염소 성분이 바닷물 속으로 녹아들어 갔으리라 추정한다. 여기에 육지의 암석을 구성하는 원소 중 가장 흔한 나트륨이 오랜 풍화작용으로 빗물에 씻겨 바다로 흘러들어 염소와 만나면서 염화나트륨이 만들어졌을 것이라 말한다.

염분의 농도는 1000에 대한 비율, 즉 천분율로 표시하며 천분율의 기호는 ‰(퍼밀)이다. 염분의 농도는 바다에 따라 차이가 있다. 크게 순환하는 태평양, 대서양, 인도양 등의 농도가 33~37퍼밀에 달하므로 세계 해양 평균 염분의 농도는 35퍼밀로 계산된다. 그러나 지역에 따라 농도에 큰 차이가 있다.

증발량이 강수량보다 많은 데다 강물의 유입이 적은 홍해와 페르시아만은 염분이 45퍼밀이나 되며 하천의 유입량이 많고 큰 바다와의 순환이 제한되어 있는 발트해는 10퍼밀 이하가 되기도 한다. 아라비아반도 북서부에 있는 사해는 염분이 300퍼밀이나 된다. 보통 바닷물보다 거의 10배나 염분이 많다. 염분이 많으면 물의 밀도가 높아지고 부력도 커져 맨몸으로 물에 들어가도 몸이 둥둥 뜬다. 사해死海는 높은 염분 때문에 박테리아를 제외한 생물들이 살 수 없기에 붙인 이름이다.

그런데 바닷물은 매일 증발하는데 녹아 있는 소금의 양은 어떻게 일정하게 유지될까? 이에 대한 답은 1977년 갈라파고스 해저산맥에 있는 심해열수분출공 발견을 통해 찾게 되었다. 지각 속으로 스며든 물이 심해에 있는 분출구를 통해 다시 바다로 돌아온다는 설명이다. 그런 과정은 빠른 속도로 일어나지는 않지만 오랜 시간에 걸쳐 일어나면서 바다의 염분 균형을 맞추게 된다.

심해열수분출공은 생명에 관한 관점을 바꾸어 놓기도 했다. 열수분출공 주변에서 광합성이 아닌 화학합성에 기반을 둔 새로운 생태계가 발견되었기 때문이다. 현재 약 300여 종이 동정되었으며, 불과 수십 미터 떨어진 심해 생태계와 연계성이 전혀 없는 완전히 독립된 생태계인 것으로 밝혀졌다.

열수생태계의 기초가 되는 특별한 미생물들은 분출공에서 나오는 특정 화학물질을 이용, 생화학적 작용을 통해 신진대사를 한다. 거대 관벌레, 대합, 홍합, 특별한 벌레 같은 기괴한 동물들은 이 미생물들과 공생하면서 화학에너지에 의존해 진화한 것으로 보인다.

바닷물에는 여러 가지 광물자원이 녹아 있지만 35퍼밀의 소금 외에는 농도가 너무 낮아 경제적 가치가 부족하다. 충남 태안군 염전에서 어민들이 천일염을 생산하고 있다.

바닷물에는 소금뿐 아니라 미량의 광물자원들이 포함되어 있다. 바닷물이 엄청나게 많기 때문에 총량은 어마어마한 수치이지만 이를 채취하는 데 필요한 경비를 고려하면 상업적 가치는 미미하다.

금을 예로 들면 바닷물 1세제곱킬로미터당 4.2킬로그램의 비율로 녹아 있어 지구 전체 바다에 85억~90억 톤 정도의 금이 있을 것으로 추정된다. 하지만 이 양을 환산하면 378만 리터당 약 0.01그램 정도이니 채산성은 없다.

또한 바닷물에는 매우 미량의 우라늄이 녹아 있다. 농도는 3ppb(parts per billion, 10억 분의 1그램)에 불과하지만, 바닷물에 녹아 있는 전체 우라늄은 지상에서 채취 가능한 우라늄보다 500배 정도 많은 양이다. 이 우라늄을 모두 채취할 수 있다면 100만 kW급 원자력발전소 1000곳을 10만 년 동안 가동할 수 있다.

이와 같이 바닷물에 유용한 자원이 많다는 사실은 오래전부터 알려졌지만, 소금을 제외하면 농도가 너무 낮아 경제적인 채취는 이루어지지 않고 있다. 세계 각국이 바닷물에서 유용한 자원을 효율적으로 채취하기 위한 기술개발에 관심을 가지는 이유이다.

바닷물의 움직임

바닷물의 움직임은 크게 해류ocean current, 파도wave, 조석tide 등으로 구분된다.

해류는 수괴水塊, water mass라 불리는 물리 · 화학적으로 비슷한 특성의 물 덩어리가 한 지점에서 다른 지점으로 일정한 방향과 속도로 대규모로 이동하는 현상이다.

파도는 해양에서 일어나는 파동운동으로 해수의 상태 변화가 주위에 물결 모양으로 전달되는 현상이다.

조석은 하루에 1회 또는 2회씩 해수면이 상승과 하강을 반복하는 현상이다. 이는 달과 태양의 인력에 의하여 일어난다. 조석에 의해 해수면의 변화가 생기면 그 물 높이만큼 수평적인 해수의 흐름이 생기게 되는데, 이러한 주기적인 해수의 흐름을 조류tidal current라 한다.

지구 에너지를 전달하는 거대한 흐름, 해류

태양은 지구의 에너지원이고 바다는 에너지 저장고이다. 바닷물의 흐름인 해류는 이 에너지를 지구 곳곳으로 운반하는 역할을 하며 지구 기후와 기상현상을 지배한다. 이 해류는 크게 표층수의 수평 움직임과 심층수의 상하 움직임으로 구분할 수 있다.

표층수의 움직임을 이해하려면 지구의 움직임을 생각해야 한다. 지구는 지축을 중심으로 자전하면서, 태양의 둘레를 거의 원형에 가까운 궤도를 따라 공전한다. 이때 적도 부근 저위도의 바다는 남극과 북극 부근의 고위도의 바다보다 태양으로부터 더 많은 열을 받는다. 즉 태양이 저위도의 바닷물을 데워서 팽창시키면, 적도를 중심으로 한 저위도의 해수면은 몇 센티미터쯤 높아져 작은 경사를 이룬다. 그 결과 적도 부근의 표층수는 고위도 방면을 향해 언덕을 내려가듯 서서히 흐르는 경사류가 된다. 이때 차가운 물은 무거워져 따뜻한 물 아래로 내려가 이번에는 반대로 적도를 향해 천천히 흘러간다. 그런데 경사류는 지구 회전 때문에 생기는 여러 가지 요인과 얽혀 복잡해진다.

지구는 적도에서 1시간에 1,700킬로미터 속도로 회전하는 셈이므로 결국 해수는 뒤로 밀리게 되는데 지구 회전 방향은 한 방향이기에 해수는 대양의 서쪽 기슭에 더 많이 모인다. 지구의 회전은 해수뿐 아니라 바람이나 쏘아올린 미사일, 던진 공 등에도 영향을 미쳐 북반구에서는 오른쪽으로, 남반구에서는 왼쪽으로 조금이나마 방향을 바꾸도록 작용한다. 이것을 '코리올리 효과Coriolis effect'라고 한다.

이와 더불어 바람도 해수의 움직임에 큰 영향을 미친다. 물론 바람 자체도 지구의

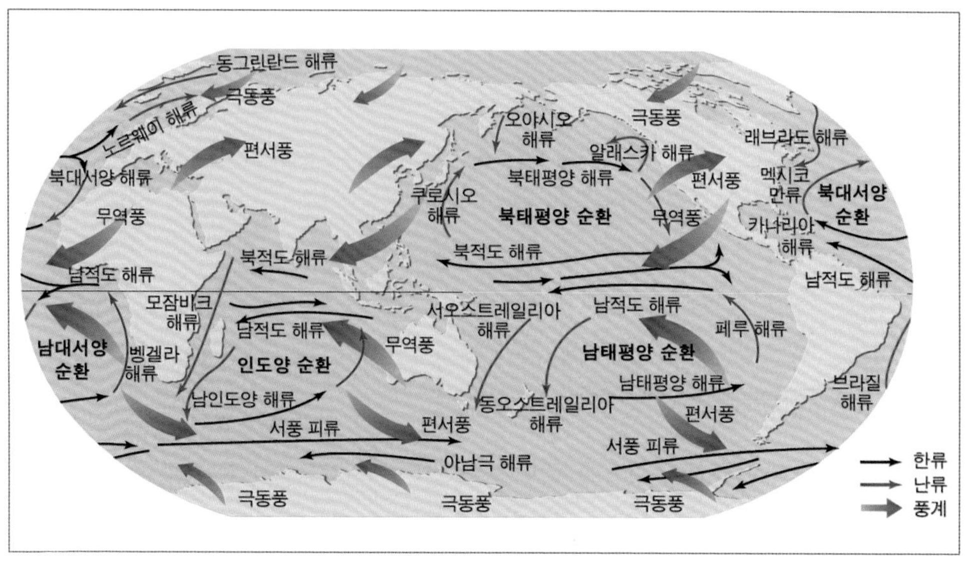

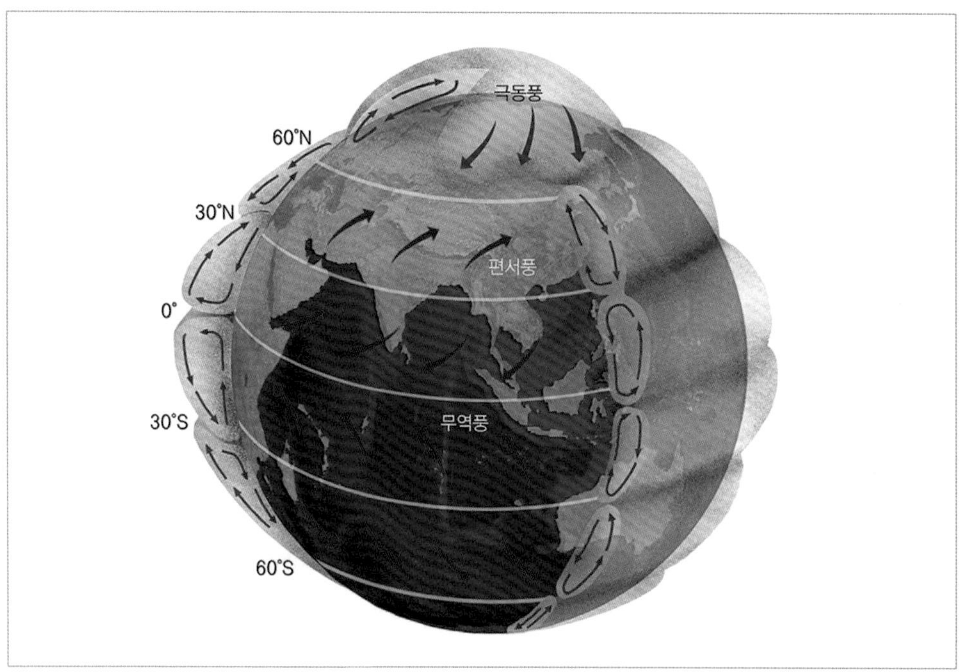

1 바다가 태양 에너지를 저장하는 거대한 창고 역할을 한다면 해류는 이 에너지를 지구 곳곳으로 운반하는 역할을 맡는다. 해류는 다양한 영향을 받으며 복잡하게 움직이지만 유형이 일정하여 예측할 수 있다.

2 무역풍은 중위도 고압대에서 적도 저압대 쪽으로 부는 바람이다. 비교적 바람이 일정하게 불며 고온다습하다. 편서풍은 지구 자전에 따른 전향력의 영향으로 북위 및 남위 30~60도인 중위도 지방의 상공에서 1년 내내 서쪽에서 동쪽으로 부는 바람이다.

회전과 관계되어 영향을 받는다. 지표에서 가장 고정적으로 부는 바람은 적도 부근에서 일어나는 무역풍이다.

무역풍은 남반구와 북반구에서 적도를 향해 동쪽에서 비스듬히 불어온다. 바닷물은 이 바람의 영향으로 적도의 북과 남에서 다 같이 서쪽으로 흘러간다. 그러나 바람도 해수가 태양열로 더워진다거나 지구의 회전으로 전향력轉向力(코리올리 힘. 지구와 같은 회전체의 표면 위에서 운동하는 물체에 대하여 그 물체의 운동 속도 크기에 비례하고 운동 속도 방향에 수직으로 작용하는 힘)의 작용을 받는 것과 똑같은 작용을 받고 있어 순환한다. 그래서 바람은 적도로부터 북쪽 또는 남쪽으로 돌아서 온대의 위도에서는 일정하게 동쪽으로 되불어온다. 이때 바람은 물의 표면을 서에서 동쪽으로 밀어준다. 이는 적도 부근의 흐름과 언제나 정반대이다. 이렇게 해서 거대한 소용돌이가 생기고 이것이 바다의 주요한 표면류가 된다.

온도와 염분의 차이에 따른 움직임, 심층수

바다 표면의 수온은 페르시아만처럼 섭씨 30도나 되는 곳이 있는가 하면, 남극이나 북극에서와 같이 섭씨 0도 또는 그 이하로 떨어지는 곳도 있다. 찬물은 따뜻한 물보다 무겁기에 아래로 가라앉는다. 염분 또한 물을 무겁게 한다.

외양의 물은 평균 약 3.5퍼밀의 염분을 머금고 있다. 바다가 얼 때 염분은 얼음 밖으로 빠져나간다. 이러한 이유로 극지 바닷물은 염분 농도가 높아진다. 이 종류의 해수, 즉 차갑고 염분이 많은 해수는 비중이 높아져 서서히 가라앉게 되고 그 빈자리에 다른 물덩이가 채워지면서 열과 염분이 순환된다. 지역에 따라 저층의 차가운 해수가 수면으로 올라오는 용승류와, 표면의 해수가 저층으로 가라앉는 침강류가 생긴다.

해류의 변덕스러운 흐름은 생태계뿐 아니라 전 지구적 기후변화에 영향을 미친다. 한 예로 용승류인 훔볼트 해류(페루 해류)는 남아메리카 연안을 따라 흐르면서 심해에 있는 많은 영양분을 수면으로 옮겨다 주어 대규모 어장이 형성된다.

페루 어민들은 이 해류 덕분에 풍성한 어획을 올리며, 수천만 마리의 가마우지 등의 바닷새들이 번식할 수 있었다. 이 바닷새들의 배설물은 유기비료의 원료가 되어 페루의 중요한 수출품이 되었다. 그런데 이따금 용승류가 멈추거나 대륙 바깥쪽으로 빗나가기도 한다. 이렇게 되면 어장이 황폐화되어 물고기가 자취를 감추고 먹을 거리를 구할 수 없게 된 바닷새들은 굶어 죽게 된다. 이를 엘니뇨라 한다. 엘니뇨는 페루의 수산업과 산업에 심각한 피해를 줄 뿐 아니라 전 지구적 기후변화에도 심각한 영향을 미친다.

엘니뇨

남아메리카 해안을 흐르는 용승류인 훔볼트(페루)해류가 외양을 향해 빗나가 흐르거나 상승을 멈추게 되면 페루 연안의 수온이 높아지고 심해로부터 날아오는 영양염류의 공급이 끊기게 된다. 결과적으로 연안국의 수산업과 비료 생산업이 황폐화될 뿐 아니라 홍수, 가뭄, 태풍 등 전 지구적 기상이변을 일으키게 된다. 이러한 현상이 6개월 이상 지속되어 해수면 온도가 평균 0.5도 이상 올라갈 때를 엘니뇨El Niño라 한다.

엘니뇨란 이름은 스페인어로 아기 예수 또는 남자아이를 뜻하는 말인데 해류의 변화가 크리스마스 무렵 시작된다 해서 붙였다. 엘니뇨 중에서도 바닷물의 온도가 평년보다 2도 이상 높은 기간이 적어도 3개월 이상 계속되는 경우를 '슈퍼 엘니뇨'라고 한다. 1997~1998년 해수면 온도가 2.8도 이상 상승하면서 역대급 슈퍼 엘니뇨가 맹위를 떨쳤다.

엘니뇨와 반대되는 현상을 라니냐La Niño(스페인어로 여자아이)라 한다. 라니냐는 적도 무역풍이 평년보다 강해지면서 서태평양의 해수면과 수온이 평년보다 상승하게 되고, 찬 바닷물의 용승 현상 때문에 적도 동태평양에서 저수온 현상이 강화되어 기상이변을 일으킨다.

해류의 발견

18세기 유럽 사람들은 노동의 고통 없이 살 수 있는 이상향이 적도 아래 어딘가에 있으리라 기대했다. 영국 항해가 제임스 쿡James Cook, 1728~1779은 이들의 염원을 담아 남쪽에 있을지 모를 미지의 대륙을 찾아 1768~1771년, 1772~1775년 두 차례에 걸친 대항해에 나섰다.

쿡 선장은 1774년 1월 30일 남위 71도 10분, 서경 106도 54분까지 도달했다. 당시로는 지구 최남단까지 항해한 기록이었다. 영국으로 돌아온 쿡 선장은 "나는 남반구를 일주했으며 그 바다에는 더 이상 어떠한 대륙도 존재하지 않는다는 것을 확인했다. 그러나 얼음 때문에 접근할 수 없는 더 남쪽에는 또 다른 대륙이 있을지도 모른다"는 의견을 발표했다. 이상향을 찾고자 했던 유럽인들의 몽상이 깨지는 순간이었지만 두 차례에 걸친 대항해는 방대한 항해일지와 함께 인류에게 풍부한 해양 자료를 제공했다.

비슷한 시기 미국의 벤저민 프랭클린Benjamin Franklin, 1706~1790은 해류의 구체적인 모습을 그렸다. 당시 미국과 유럽 간에는 선박을 이용한 교류가 활발했다. 그런데 유럽에서 미국으로 항해할 때보다 미국에서 유럽으로 항해할 때 시간이 단축된다는 것을 의아하게 생각한 벤저민 프랭클린은 항해일지를 조사해 바다에는 일정한 방향으로 흐르는 강물과 같은 흐름이 존재한다는 의견을 제시했다.

1769년 프랭클린은 '바다의 강'이라는 걸프 스트림Gulf Stream(멕시코 만류)의 모습을 대서양의 해도에 그려 넣었다. 미국에서 유럽으로 항해할 때는 걸프 스트림을 따라 북쪽으로 향하고, 반대로 유럽에서 미국으로 항해할 때는 조금 둘러 가더라도 걸프 스트림을 피해 남쪽으로 가면 더 빨리 미국에 도착할 수 있다는 것이 프랭클린의 의견이었다. 걸프 스트림의 존재가 밝혀지기 이전까지 많은 선박들은 가장 짧은 길이 빠른 길이라는 잘못된 생각으로 유럽에서 신대륙으로 갈 때 멕시코 만류를 거슬러 항해하는 우를 범했다.

이후 본격적인 해류에 대한 연구는 1872년 12월 21일부터 1876년 5월 24일까지 챌린저H.M.S Challenger호에 의해 실시되었다. 영국 왕립학술원과 영국 해군의 재정 지원을 받아 1872년 영국 포츠머스 항을 출발한 챌린저호는 3년 6개월 동안 세계 일주를 하면서 해양학의 신기원을 열었다. 이 배에 승선한 여섯 명의 과학자는 승무원들의 도움으로 물리, 화학, 생물학 분야 등을 포함한 해양학의 모든 분야에 관한 연구를 수행했다.

지금은 무선 신호를 송신하는 부표를 띄우고 수신기로 부표의 움직임을 추적해서 해류의 정확한 경로를 알 수 있지만 챌린저호가 해류를 조사한 이래 오랜 세월 동안 '해류병'을 바닷물에 띄워 흐름을 조사하는 원시적인 방법에 의존해 왔다.

해류병은 무게 조절을 위해 모래를 조금 넣은 빈 병에다 물에 띄운 장소와 날짜, 발견하면 회신해줄 주소 등을 적은 메모지를 넣고 마개로 막은 형태였다. 바닷물에 떠다니던 해류병을 발견한 사람이 병 속에 들어 있는 메모지에 발견 위치와 날짜를 적어 보내주면 병을 띄워 보낸 위치와 비교해 바닷물의 흐름을 파악했다.

해양 대순환

바다는 지구에 필요한 에너지를 저장하고 운반하는 역할을 한다. 멕시코 만류의 경우 매일 전 세계에서 10년 동안 생산되는 석탄에 해당하는 양의 에너지를 유럽으로 운반해준다. 북위 78도에 위치한 노르웨이령 스발바르제도 곳곳에 풀이 자라고 꽃이 피는 것도 멕시코만류 덕이다.

이와 같은 만류의 흐름은 바닷물의 밀도 차에 따른 '해양 대순환' 이론으로 설명된다. 북극해는 해빙으로 덮여 있다. 그런데 바닷물이 얼 때는 물속의 염분이 빠져나가기에 얼지 않은 바닷물은 염분 농도가 올라가 비중이 높아진다. 이 무거워진 물이 해저로 가라앉아 바다 깊은 곳을 따라 적도 쪽으로 흘러간다. 이때 무거운 물이 가라앉으며 생기는 공백에 멕시코 만류가 밀려와 채워진다. 즉 바닷물의 밀도 차로 인해 북극해와 적도의 바다 사이에 열 교환이 이루어지는 셈이다.

해양 대순환은 열을 옮겨줄 뿐 아니라 해류가 오르내리면서 영양분을 휘저어주기도 한다. 그 덕분에 어류를 비롯한 해양생물들이 아주 넓은 지역의 바다에서 살 수 있게 되었다.

2004년 개봉한 롤랜드 에머리히 감독의 영화 「투모로우」는 멕시코 만류의 흐름이 중단되었을 때 북반구가 빙하기를 맞는다는 이야기를 담고 있다.

흥미를 위해 영화적 상상과 빠른 전개를 보이지만 시나리오의 틀은 지구 온난화로 인해 해양 대순환이 멈출 수 있다는 과학적 논리가 바탕이다. 온난화로 빙하가 녹은 담수가 북극해로 흘러들고, 지구상에서 바다로 유입되는 모든 강물의 10퍼센트를 차지하는 시베리아 툰드라 지역의 예니세이강, 오비강, 레나강의 북극해 유입량

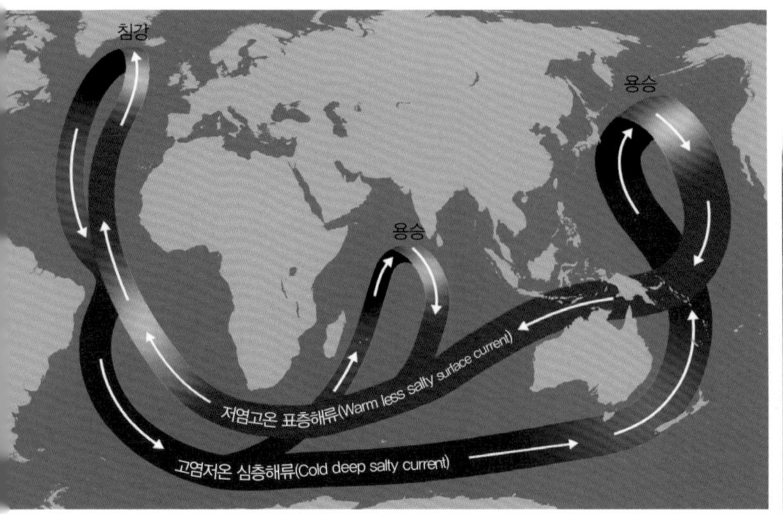

1 북극해에서 밀도가 높은 물이 침강하면 그 공간으로 난류가 밀려와 채워진다. 1797년 이 해양 대순환 과정을 처음 밝혀낸 사람은 과학자이며 모험가인 럼퍼드 백작이었다.

2 멕시코 만류에서 이어지는 북대서양 해류의 영향으로 북위 78도에 있는 스발바르제도 곳곳에는 꽃이 피고 풀이 자라 초식동물에서 육식동물로 이어지는 먹이사슬이 형성된다.

1	2

이 더욱 늘어나게 되면 북극해의 염분 농도는 지금보다 낮아져 밀도 차로 인한 해양 대순환이 멈춰 버릴지도 모를 일이다.

밀도 차에 의한 해류의 움직임은 매우 느리다. 과학자에 따라 순환 주기를 300년에서 1,500년까지로 보고 있다. 영화 「투모로우」에서처럼 단지 2주라는 짧은 기간만에 지구 열평형이 깨지지는 않겠지만 일정 한도를 넘어선 지구 환경 변화는 어느 순간에 이르러서는 돌이킬 수 없는 결과를 초래할지도 모를 일이다.

바람과 쓰나미가 일으키는 파도

몇십만 킬로미터에 달하는 전 세계의 해안은 매일 파도에 깎여 나가며 형체를 바꿔 간다. 바람은 풍랑sea wave을, 해저 지진과 해저 화산의 폭발과 같은 지각변동은 쓰나미tsunami를, 달과 태양의 인력은 조석파tidal wave를 일으킨다. 이러한 파도는 지형을 바꾸고 인류의 삶에 영향을 미친다.

바람이 만들어내는 풍랑

바람에 의한 풍랑은 바람의 세기, 바람이 부는 시간, 바람과 해수면이 접촉하는 면적 등에 따라 그 크기가 결정된다. 파도의 크기는 바람이 얼마나 불고 있는가, 그리고 얼마만큼 긴 시간 부는가에 따라 결정된다. 파도의 봉우리에서 봉우리까지 또는 골에서 골까지의 수평거리를 파장이라 하고, 파도의 골에서 봉우리까지의 수직거리를 파고라 한다. 파도는 해안으로 밀려오면서 점점 파고가 높아진다. 이는 파도가 수심이 낮은 해안으로 오면서 아래쪽은 바닥과의 마찰 때문에 속도가 느려지고 위쪽은 속도가 상대적으로 빨라 결국 파도의 봉우리가 앞으로 넘어지기 때문이다.

파도를 보면 물결이 해안 쪽으로 전진하고 있는 것처럼 보이지만 해수 자체는 그 자리에서 원운동을 하고 에너지만 전달된다. 줄의 양쪽 끝을 잡고 흔들면 줄은 그 자리에 있고 진동파만 전달되는 것과 같은 이치이다.

바람이 불면 파도는 나아가기 시작한다. 이때 파도의 모양을 너울이라 한다. 너울은 규칙적으로 운동하면서 수천 킬로미터나 진행한다.

만일 파도의 형태가 날카롭고 거칠다 해도 모양이 뚜렷하면 젊은 파도로, 가까운

남극해의 거친 파도를 뚫고 선박이 항해하고 있다. 파도는 바람의 세기, 바람이 부는 시간, 바람과 해수면이 접촉하는 면적 등에 의해 크기가 결정된다.

곳의 폭풍 때문에 생긴 것이다. 해안을 향해서 일정한 간격으로 진입하고, 진행 방향 전체에 걸쳐 마루가 높은 둥근 물결이면 먼 곳에서 온 파도이다.

대재앙을 불러온 쓰나미

2011년 3월 11일 오후 2시 45분, 일본 동북부 지방의 태평양 앞바다에 리히터 규모 9.0의 대지진이 발생했다. 약 52분 뒤에 높이 14~15미터의 쓰나미가 밀려와 후쿠시마 제1원자력발전소가 침수되었다. 얼마 되지 않아 수소 폭발로 원자로 격벽이 붕괴되면서 다량의 방사성 물질이 바다로 흘러들어갔다. 인류 문명의 이기라 할 수 있는 원자로 폭발로 비롯된 대재앙이었다.

쓰나미는 해저 지진에 의해 만들어지는 해일이다. 해저면에서 지진이 발생하면 심해에서부터 에너지가 전달되어 물이 솟구치기 시작한다. 이때 진앙지 바로 위의 해수면의 솟구침은 1미터 이하에 지나지 않지만 이 에너지가 육지 쪽으로 전달되면서 급격히 파고가 높아진다. 이는 앞서 설명한 것과 같이 파도는 육지 쪽으로 진행할 때 아래쪽은 수심이 얕은 바닥과의 마찰로 속도가 느려지는 반면, 위쪽은 상대적으로 속도가 빨라져 파도의 봉우리가 앞으로 반복적으로 넘어지면서 진행하기 때문이다.

2011년 3월 11일 진도 9.0의 강진이 몰고 온 쓰나미가 일본 동북부 해안을 강타했다.

이로 인해 먼바다에서 1미터가 채 되지 않던 파고가 해안에 도착할 때는 30미터를 넘어서기도 한다. 2011년 3월 11일 일본 후쿠시마 원전을 강타한 쓰나미, 2004년 12월 26일 남아시아 지역을 덮쳐 30만 명이 넘는 사상자를 기록한 쓰나

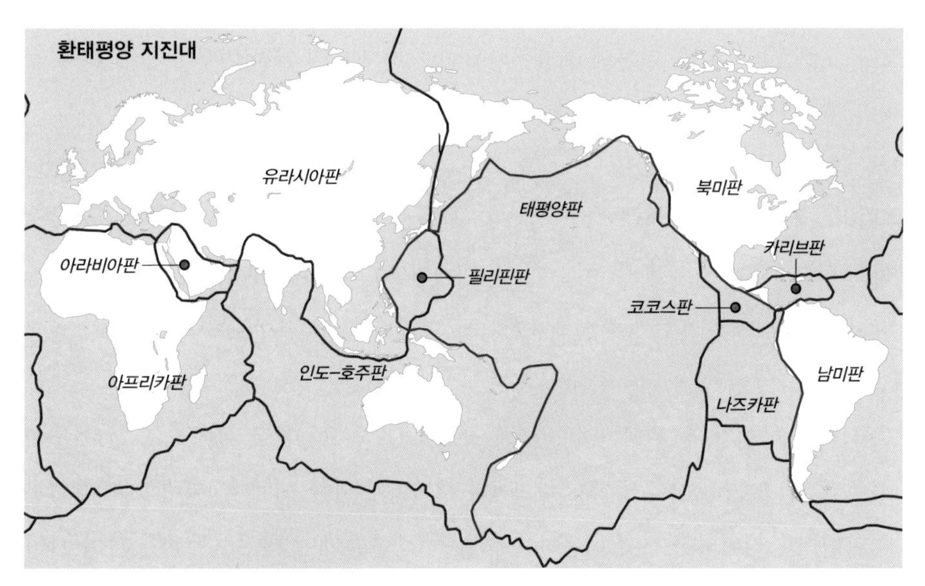

태평양을 둘러싸고 있는 환태평양 조산대는 화산활동이 활발해 '불의 고리'라고 한다.

미도 해저면에 진도 9.0의 강진이 원인이었다.

해저 지진의 원인은 지각판과 지각판이 서로 충돌하는 곳에서 자주 발생한다. 이러한 곳을 태평양 주변을 둘러싸고 있다고 해서 '환태평양 지진대'라 하고 화산활동이 활발해서 '불의 고리ring of fire'라고도 한다.

우리나라는 환태평양 지진대에서 쓰나미가 발생하더라도 일본열도가 방패막이가 되어 지금까지는 심각할 정도의 피해가 없었다. 그런데 2005년 3월 28일 일본 후쿠오카에서 지진이 발생했을 때 그 여진이 우리나라에까지 영향을 미친 것으로 보아 쓰나미 안전지대라고 방심할 수만은 없다. 무섭게 밀려와 모든 것을 삼켜 버리는 쓰나미의 최고속도는 시속 800킬로미터에 이른다. 빠른 예보와 대피할 수 있는 대책 마련이 필요한 이유이다.

쓰나미의 어원

쓰나미는 해안津을 뜻하는 일본어 '쓰Tsu'와 파도波의 '나미Nami'가 합쳐진 말이다. 이를 우리나라에서 '지진 해일'로 번역해서 사용하기도 하지만 전 세계적으로는 'Tsunami'로 통용된다. 일본의 해양학자들이 지진 해일에 관한 연구를 많이 하다 보니 일본어 쓰나미가 국제 공용어로 되었기 때문이다.

쓰나미가 발생하기 위한 조건

지구 표층인 지각은 두께가 수십 킬로미터에서 200킬로미터에 이르는 12개의 판(유라시아판, 아프리카판, 인도·호주판, 태평양판, 북아메리카판, 남아메리카판, 남극판, 필리핀해판, 카리브판, 코코스판, 나즈카판, 아라비아판)으로 덮여 있다.

이 판들은 연간 수 센티미터 정도의 속도로 움직이다가 두 판이 접하는 부분에서는 판끼리 밀거나 서로 떨어져 나가거나 부딪치게 된다. 이때 두 판이 서로 부딪칠 때 판이 엇갈리며 수평으로 이동하는 주향 이동 단층이 생기느냐, 무거운 판이 가벼운 판 밑으로 가라앉으며 한쪽 판을 들어 올리는 수직 단층이 생기느냐에 따라 쓰

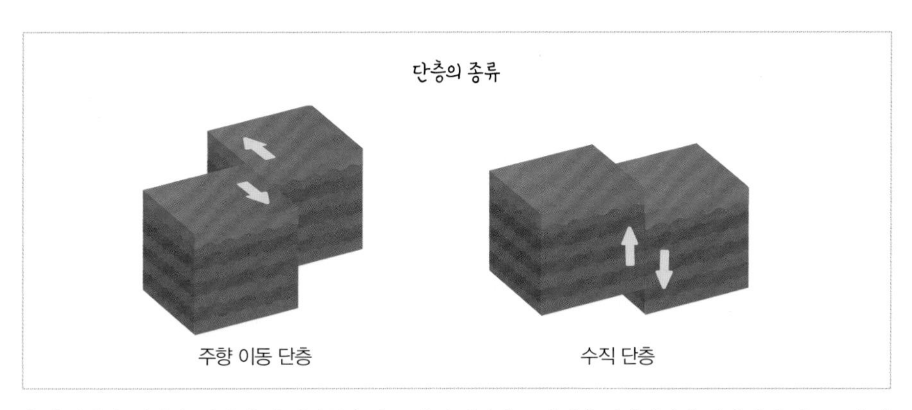

수직 단층은 지각을 밀어 올려 바닷물을 솟구쳐 올리기에 쓰나미가 일어나지만 지각이 수평으로만 이동하는 주향 이동 단층은 바닷물을 솟구쳐 올리지 못하기에 쓰나미가 일어나지는 않는다.

나미가 발생하는가 하지 않는가의 갈림길이 된다.

주향 이동 단층의 경우 지각판이 단지 수평으로만 이동하기에 쓰나미가 발생하지 않지만 수직 단층의 경우는 한쪽 판이 들리며 물을 솟구쳐 올리기에 쓰나미가 일어난다. 2005년 3월 28일 일본 후쿠오카에서 발생한 지진은 수평 단층으로 인한 지진이었기에 불행 중 다행으로 쓰나미를 일으키지는 않았다.

조석과 조류

1597년 음력 7월 15일 정유재란(선조 30년), 부산 다대포의 칠천량 해전에서 대패한 조선 수군에게는 12척의 배만 남았다. 다급해진 선조는 백의종군하던 이순신 장군을 다시 3도 수군통제사에 임명했다. 수군을 폐지하고 육군을 강화하려는 선조의 방침에 장군은 "신에게는 아직 12척의 배가 남아 있습니다今臣戰船 尙有十二"라는 장계를 올리고 한 척을 추가한 후 1597년 음력 9월 16일 명량해협에서 133척의 일본 수군과 맞닥뜨렸다. 결과는 대승이었다. 세계 해전사에 기록된 명량해전 승리는 어떻게 가능했을까?

바닷물은 달과 태양의 인력과 지구 자전에 의해 주기적으로 상승하고 하강한다. 이를 조석 현상이라 한다. 조석 현상은 12시간 25분의 주기로 반복된다. 대략 하루에 두 번씩 만조와 간조가 일어난다. 조석에 의해 물이 들거나 나면서 그 물의 높이 차만큼이 흐름으로 변하는데 이것이 조류이다.

지역에 따라 조류가 강해지기도 한다. 가장 좁은 부분의 너비가 293미터 정도인 명량해협은 폭이 좁아짐으로 인해 조류의 흐름이 굉장히 빨라지는 곳이다. 남해에 진을 치고 있던 일본 수군이 한양으로 향하는 서해 뱃길을 열기 위해서는 명량해협을 지날 수밖에 없었는데 조류의 들고남에 대한 정보 없이 해협 안으로 들어왔다가 조류의 흐름을 완벽하게 읽고 있던 이순신 장군 앞에 무릎을 꿇을 수밖에 없었던 거다. 이순신 장군은 명량해협을 지나는 조류가 하루에 두 번씩 방향을 바꾸며 그 물살이 엄청 세다는 것을 잘 알고 있었다. 바람이 만들어내는 파도와 달리 조석은 바다 전체를 움직이는 거대한 에너지이다.

전남 해남군 화원반도와 진도 사이에 있는 명량해협은 빠른 물살 소리가 젊은 사나이가 소리를 지르는 것처럼 들려 울돌목이라 불린다. 이곳의 조류는 초속 6미터에 달한다. 현재는 1984년 10월에 완공된 진도대교가 해협을 가로지르고 있다. 진도대교는 조류가 강한 까닭에 물속에 교각을 세우기 힘들어, 양쪽 해안에 교각을 세운 다음 케이블로 다리를 묶어 지탱하는 사장교 형식으로 설계되었다.

스쿠버다이빙 도중 강한 조류를 만나는 경우가 더러 있다. 물론 조류의 방향과 속도를 염두에 두고는 있지만 배에서 바다로 뛰어들자마자 수십 미터나 떠내려가 당황하기도 한다. 특히 조수 간만의 차가 큰 서해에서는 그 지역의 조석 현상과 조류의 들고남에 관한 정보를 확실하게 알고 있어야 한다. 갯벌에 들어섰다가 물이 들이차는 바람에 낭패를 당하는 사고가 종종 발생한다. 특히 바다에서 맨손으로 어패류를 잡는 '해루질'이 갯벌 체험 형태로 잘못 받아들여지면서 매년 갯벌 익사자가 끊이지 않고 있다.

필자의 경우 서해의 강한 조류에 당황한 적이 있었다. 1999년 9월, 제2차 세계대전 당시 미군 폭격으로 서해 고군산군도 해역에서 침몰한 일본 선박을 탐사하기 위해 잠수했을 때 일이다.

강한 조류를 고려해 100킬로그램이 넘는 납덩어리를 로프에 매달아 바다에 던진

조류가 심한 바다를 찾은 스쿠버다이버들이 로프를 잡고 목표 지점으로 이동하고 있다.

다음 로프를 잡고 침몰된 선박으로 접근했는데, 조류가 얼마나 거세던지 로프를 잡은 손에 마비가 오고 말았다. 바로 위에서 따라 내려오던 팀원 중 한 명은 로프를 놓치는 바람에 조류에 떠내려가 버렸다. 모든 작업이 중지되었고 구조와 수색에 나섰다. 다행히 조류의 흐름에 따라 뱃길을 잡은 선장의 오랜 경험 덕에 1시간여 만에 표류하던 팀원을 구조할 수 있었다.

2001년 스쿠버 장비만으로 308미터 수심까지 내려가 이 분야 세계기록을 수립했던 세계적인 스쿠버다이버 존 베넷John Bennett(2022년까지의 최고 기록은 이집트 육군 장교 아메드 가브르가 2014년 9월 19일 홍해에서 기록한 332.35미터이다)도 2004년 3월 15일 우리나라 서해 56미터 수심에서 침몰 선박 조사 작업을 벌이다가 실종되고 말았다. 그만큼 서해의 조류는 위협적이다. 우리나라 서해안은 밀물과 썰물의 차가 제일 클 때 8미터 정도나 된다. 세계에서 간만의 차가 제일 큰 곳은 캐나다의 펀디만Fundy Bay으로 5층 건물 높이인 16미터 정도에 이른다.

해외 다이빙 포인트 중 조류가 관광상품으로 개발된 곳도 있다. 조류가 시작되는 지점에서 입수해 몸을 맡기고 흘러가다 보면 조류가 끝나는 출수 지점에 다다른다. 가만있기만 해도 눈앞으로 수중 비경들이 스쳐 지나가는데, 마치 수중 케이블카를 타고 관광을 하듯 편안하고 흥미롭다.

조수 간만의 차에 의한 조류 외에 상승 조류와 하강 조류도 있다. 이러한 조류는 예측 가능한 지역도 있지만 그러지 못한 경우는 스쿠버다이버에게는 공포의 대상이 된다.

북태평양 적도 인근 팔라우공화국의 세계적인 다이빙 포인트 블루코너는 상승 조류를 관광상품화한 곳이다. 수심 20미터에 있는 수중 절벽 끝 바위틈에 갈고리를 끼우고 버티고 있으면 심해에서 상승 조류를 타고 올라오는 상어 등 다양한 어종을 만날 수 있다.

자칫 갈고리 결속이 풀리면 몸이 수면 위로 빠른 속도로 솟구쳐 상당히 위험하다. 깊은 수심에서 몸에 녹아 있는 작은 부피의 공기 덩어리가 수심이 갑자기 얕아지면 급속도로 팽창해 신체 조직에 치명상을 입히기 때문이다.

상승 조류에 반대되는 개념인 하강 조류를 만나면 몸이 바닷속으로 끝없이 끌려 들어간다. 2000년 필리핀을 찾은 우리나라 스쿠버다이버들이 한꺼번에 수심 70~80미터까지 끌려 내려간 사건이 있었다.

조류를 관광상품으로 개발한 곳을 찾은 스쿠버다이버들이 조류에 몸을 맡긴 채 수중 경관을 둘러보고 있다. 조류가 안정적인 해역에서의 다이빙은 의외로 편안하고 흥미를 안겨준다.

당시 사고를 겪은 다이버들은 하강 조류를 벗어나기 위해 발버둥 쳤지만 시커먼 바다 아래로 빨아들이는 거대한 힘에 불가항력이었다고 한다. 일반인들의 스쿠버다이빙 한계 수심이 30미터 정도이니 당시 이들이 빨려 들어간 수심은 상당히 위험한 수준이었다. 다행히 깊은 수심에서 머물렀던 시간이 짧아 큰 후유증은 없었다고 한다.

조류를 이용한 어업 방식도 있다. 대표적인 것이 경남 남해군의 유명한 '죽방렴' 어업 방식이다. 이는 물살이 빠른 곳에 대나무로 가두리를 만들어 그물을 쳐두고 이곳으로 떠밀려 들어오는 멸치 등 어류를 잡는 방식이다.

유자망이나 정치망을 이용하는 어업은 한 번에 대량으로 멸치를 잡아낼 수 있지만, 그물에 잡힌 멸치를 털어낼 때 멸치의 원형이 훼손된다. 반면 죽방 멸치의 경우 밤새 대나무 가두리에 들어온 멸치를 아침에 뜰채로 떠내는 방식이므로 어획량은 적지만 멸치의 원형이 잘 보존되어 상품 가치가 높다. 또한 이 지역은 물살이 빠른 곳이라 멸치 등 어류가 빠른 물살에 적응하기 위해 운동량이 많아 육질이 단단하다. 이렇게 잡힌 죽방멸치는 1킬로그램당 30만~40만 원을 호가한다.

밀물과 썰물일 때의 물 높이 차를 이용하면 조력발전이 가능하다. 해안가에 둑을 만들고 밀물 때 들어온 물을 높은 곳에 모아둔 후 물이 빠져나가는 썰물 때 높은 곳에서 물을 떨어뜨리는 방식으로 전기를 만든다.

경기도 안산시에 있는 시화호 방조제에는 우리나라뿐 아니라 세계에서 가장 큰 조력발전소가 있다. 뿐만 아니라 초속 6미터 속도로 물살이 센 전남 해남군 화원반도와 진도 사이에 있는 명량해협의 울돌목에도 빠른 조류를 이용한 조류발전소가 있다. 울돌목 조류발전소에서는 2009년부터 시간당 1000kW급의 전기를 생산하고 있어 신재생 에너지 산업의 초석이 되리라는 기대를 받고 있다.

사리와 조금

조석 현상은 달과 태양이 지구를 끌어당기는 힘인 인력引力 때문에 생기는데 지구 가까이에 있는 달이 태양보다 더 큰 영향을 미친다. 달의 인력에 의해 바닷물이 끌어당겨지는 쪽은 만조가 된다. 그런데 지구의 바다는 달과 대면한 쪽만 부풀어 오르는 것이 아니라 정반대 쪽도 똑같이 부푼다. 이는 반대쪽에는 달의 중력이 훨씬 약하게 작용하기 때문에 지구가 회전함으로써 생기는 힘(원심력)에 따라 반대쪽의 해수가 부풀어 오르기 때문이다.

달의 인력과 직각 방향인 곳은 간조가 된다. 이러한 만조와 간조는 12시간 25분 간격으로 반복된다. 달의 인력보다는 작지만 태양 인력도 조석에 영향을 주기에 달과 태양이 일직선상에 있어 인력이 합쳐지는 보름과 그믐날에는 조석이 최대가 된

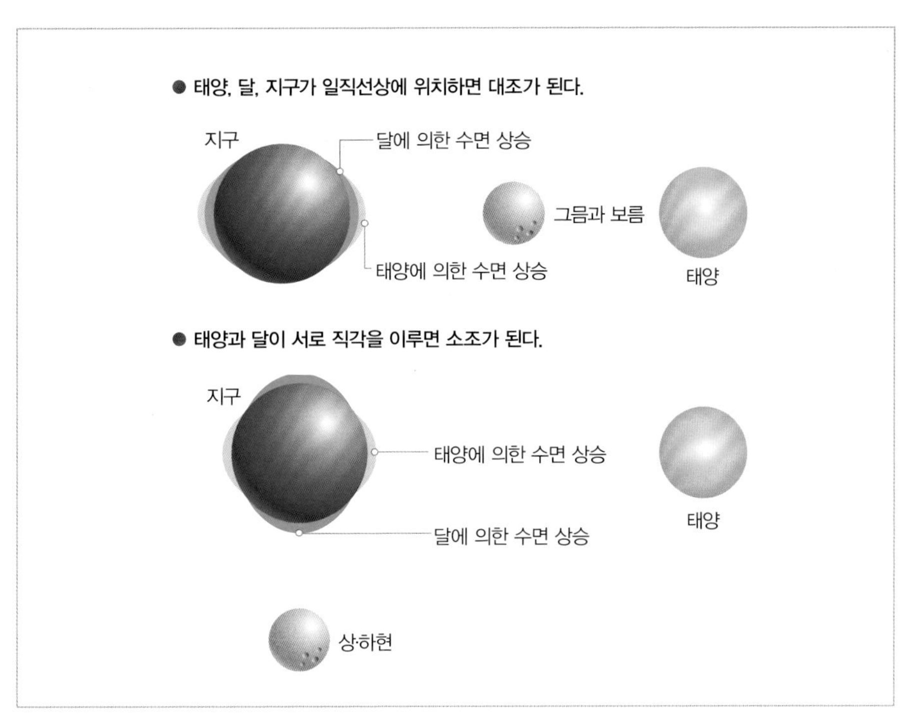

태양과 달. 지구가 일직선상에 위치할 때를 사리(대조)라 하며, 태양과 달이 직각을 이루는 때를 조금(소조)이라고 한다.

다. 이때를 사리 또는 대조大潮라고 한다. 달과 태양이 직각 방향에 위치해 우리 눈에 반달로 보이는 상현과 하현에는 바닷물을 끌어당기는 인력이 분산되므로 조석 간만의 차가 최소가 된다. 이때를 조금 또는 소조小潮라고 한다. 사리를 전후한 날에는 바닥에 가라앉아 있는 침전물들이 강한 조류에 떠밀려 다녀 시야를 흐리기에, 관찰이나 사진 촬영을 목적으로 잠수하는 스쿠버다이버들에게는 좋지 않은 날이다.

해저 지형

해저 지형은 수심이나 모양에 따라 대륙붕, 대륙사면, 심해저 평원, 대양저 산맥, 해구, 해연, 해중산 등으로 구분한다.

대륙붕은 해안에서 수심 200미터까지 경사가 완만한 지형으로 육지와 해양 사이의 경계수역이 된다. 오랜 세월을 두고 대륙에서 흘러 들어간 자갈, 모래, 진흙 등이 대륙의 어깨 부분을 만들었다. 이곳에는 많은 생물이 살고 있어 어업 활동 등 경제적으로 중요하다.

대륙사면은 대륙이 끝나는 곳으로 대륙붕에서 바다 쪽으로 비교적 경사가 급하게 이어져 있다. 평균수심은 약 3,500미터에 이른다.

심해저 평원은 수심 약 3,000미터에서 6,000미터 사이에 있는 평탄한 지형으로 여러 퇴적물이 덮여 있다.

대양저 산맥은 깊은 바다에 솟아 있는 산맥으로 화산활동과 이에 따른 지진활동이 활발한 지역이다.

해구는 해저에서 수심이 가장 깊은 곳으로 보통 6,000미터 이상이다.

해연은 측량에 의해 형태가 분명히 밝혀진 가장 깊은 곳으로 깊이 6,000미터가 넘는 심해저에 있다.

해중산은 주위보다 약 1킬로미터 정도 높이 솟아 있는 원형 또는 타원형 모양의 산 지형으로 태평양 해저에 특히 많다.

바다의 깊이 재기

바다의 깊이 재기는 선박의 안전 항해를 위해 고대부터 행해져 왔다. 그리스의 역사학자 헤로도토스Herodotos, BC495~BC428는 무거운 추가 달린 긴 줄을 이용해 지중해 곳곳의 깊이를 재는 모습을 기록으로 남겼다. 당시 바다 깊이를 측정할 때 '발feet'이라는 단위를 사용했다. 이 단위는 지금도 그대로 사용된다.

이와 같이 고대로부터 현재에 이르기까지 가장 일반적인 수심 측정은 무거운 추를 매단 줄을 이용하는 방식이었다. 하지만 이 방법은 줄이 도달할 수 있는 거리에 대한 한계와 조류에 의한 밧줄의 휘어짐 등으로 인해 얕은 바다에서 대략적인 수심 측정에만 사용할 수 있다.

과학기술이 발달하기 전까지 해저 바닥은 오랜 세월 동안 퇴적물이 쌓여 평평할 것이라 생각했다. 심해 밑바닥의 신비로움이 드러나기 시작한 것은 두 차례의 세계대전을 겪으면서 군사 목적으로 측량을 하면서부터였다.

제1차 세계대전 후 음향측심법이 발명되었다. 음향측심법은 해중으로 쏜 펄스pulse가 반사되어 되돌아올 때까지의 경과시간을 계산하여 깊이를 재는 방법이다. 획기적이었지만 음파가 깊은 수심까지 갔다가 돌아오는 과정에서 오차가 발생했다. 제2차 세계대전 중에는 좀 더 정밀한 자기측심기가 개발되어 해저의 들쭉날쭉한 지형을 비교적 정확하게 그려낼 수 있게 되었다.

선박에 장착된 음향측심기 모니터에 수심이 표시되고 있다. 측심기는 암초 등 수중 장애물의 위치를 알 수 있기에 안전 항해에 큰 도움이 된다.

바다는 어디까지가 우리 국토일까?

국토는 땅뿐 아니라 바다와 하늘까지 포함된다. 땅은 영토, 바다는 영해, 하늘은 영공이라 한다. 영해는 연안국의 주권과 법이 적용되는 곳으로 바닷물이 빠졌을 때 드러나는 가장자리에서부터 12해리(1해리는 1,852미터)까지이다. 그런데 세계 각국이 수산자원과 광물자원 등에 관심을 가지게 되면서 바다 경계를 다시 정하게 되었다. 12해리로는 만족을 못 했기 때문이다. 이로 인해 200해리까지의 바다를 가장 가까운 나라가 관리하도록 하고 200해리 안쪽 바다에 배타적 경제수역EEZ / Exclusive Economic Zone이라는 명칭을 붙이게 되었다.

이 수역 안에서는 연안국 허락 없이 어로 행위가 금지되고, 바다 밑에 묻혀 있는 자원을 캐낼 수도, 측량이나 조사 행위를 할 수도 없다. 다만 연안국의 어획 능력을 넘는 잉여 어업자원에 대해서는 상호협의 아래 다른 나라의 입어를 인정하고 있다.

그런데 인접국과 EEZ 수역이 중첩되는 해역이 상당히 많다. 이 경우는 국제법에 따라 관련 국가와 합의하여 그 경계를 확정한다. 한편 해양법에 관한 UN 협약에 따라 전 세계 모든 나라의 배들은 연안국의 평화, 질서, 안전에 해를 끼치지 않는 한 영해와 배타적 경제수역에서 항해가 가능하다. 이러한 권리를 '무해통항권'이라 한다.

우리나라와 일본 간 독도를 두고 첨예하게 대립하고 있는 것 중 하나가 양국 간 EEZ의 경계선이 되는 기점에 대한 논란이다. 우리나라는 1998년 신新한일어업협정에서 독도 기점을 포기하고 울릉도를 EEZ 기점으로 삼아 울릉도와 일본 오키섬의 중간선을 한일 EEZ의 경계선으로 협정을 맺었다.

이는 EEZ 경계획정 협상을 독도 영유권 문제와 분리해 일본이 의도하는 독도 영

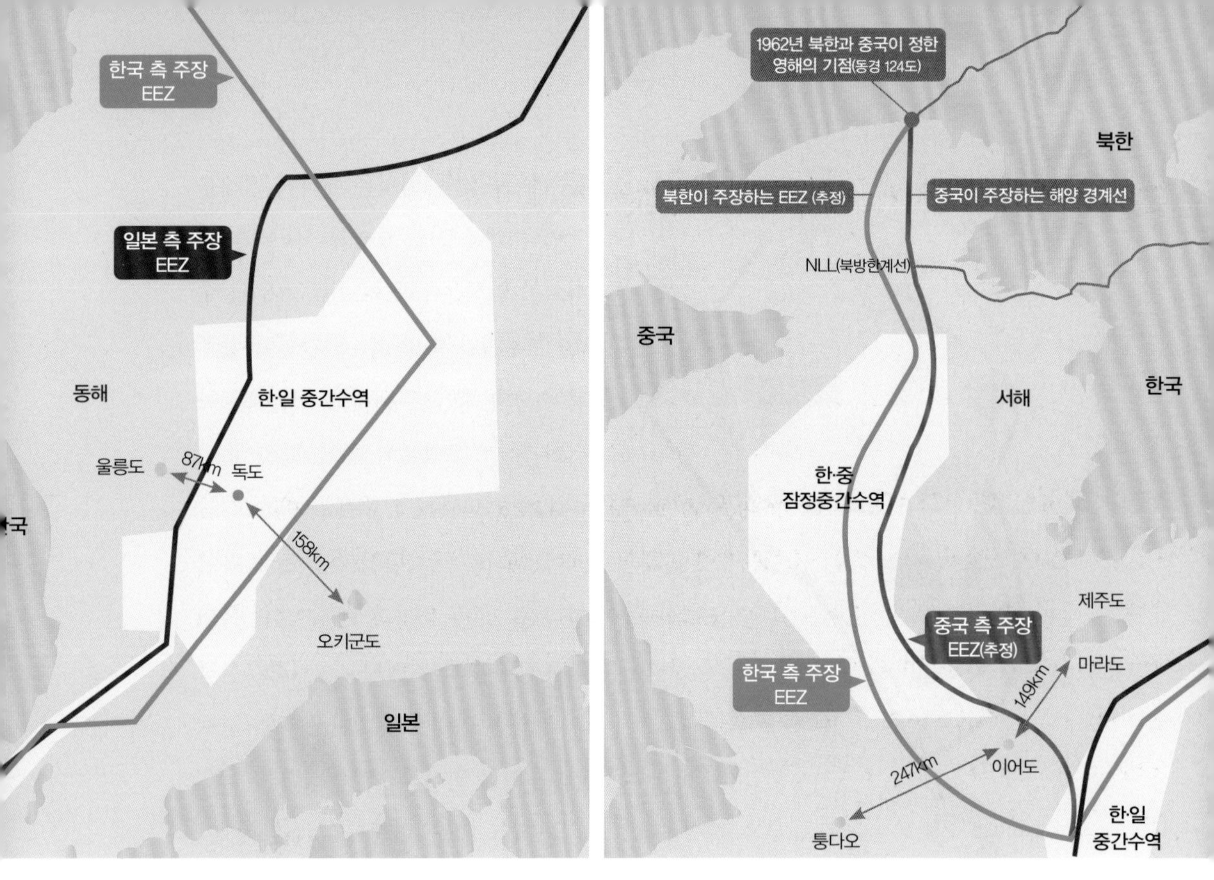

1 현재 우리나라는 EEZ 기점을 독도로 정하고 EEZ 경계선을 독도와 오키섬 중간선으로 변경하는 안을 마련해 협상에 나서고 있다.

2 이어도를 둘러싼 한국과 중국의 입장 차가 극명한 가운데 2006년 이곳이 암초이므로 영토분쟁 대상이 아니라는 합의를 해버렸다. 이어도를 영토로 확정 짓기 위해서는 우리 정부의 체계적이면서도 적극적인 대응이 필요하다.

토분쟁에 휘말리지 않는다는 조용한 외교 방침 때문이었다. 하지만 이 협정으로 인해 독도는 한 · 일 양국이 공동 관리하는 중간수역에 위치해 일본의 영유권 주장에 빌미를 마련해주고 말았다.

2006년 4월 일본이 독도 주변에 탐사선을 파견할 것을 발표하자 이를 '도발'로 간주한 노무현 전 대통령이 이해 4월 26일 독도 독트린을 발표하면서 EEZ 기점을 독도로 정하고 EEZ 경계선을 독도와 오키섬 중간선으로 변경 · 주장하게 되었다.

해양법에 관한 UN 협약 제121조 "인간이 거주할 수 없거나 독자적인 경제생활을

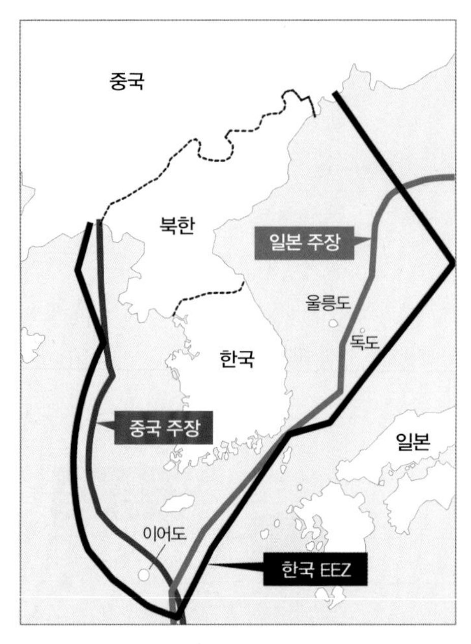

한·중·일이 주장하는 해상경계 지도이다. 3국은 자국 이익을 위해 해상경계를 놓고 첨예하게 대립하고 있다.

유지할 수 없는 암석은 배타적 경제수역이나 대륙붕을 가지지 아니한다"에 따르면 암석은 EEZ의 기준점이 될 수 없다. 하지만 독도에는 민간인이 상주하며 경비대가 주둔하고 있을 뿐 아니라 주변 수역에서 어업 활동이 이루어지고 있으므로 독도는 단순한 암석이 아니라 국제법상의 섬으로 봐야 한다는 것이 우리의 주장이다. 독도 영유권과 이를 기점으로 한 EEZ 설정은 역사적 연원에 기초한 우리의 양보할 수 없는 권리임이 분명하다.

독도가 EEZ 설정으로 일본과 갈등을 빚고 있다면 우리나라 최남단인 마라도에서 서남쪽으로 149킬로미터 떨어진 이어도는 EEZ 설정으로 중국과 갈등을 빚고 있다. 이어도는 수면 아래 4.6미터 정도에 있는 암초이다. 우리나라는 1951년 이어도가 대한민국 영토라는 표지판을 바다 아래에 가라앉혔고, 2003년에는 이어도 위에 해상 구조물을 만들어 해양과학기지를 세웠다. 그런데 중국 퉁다오섬과 제주도 남단 마라도 간의 거리는 280해리로 배타적 경제수역이 겹치게 되어 이어도를 둘러싼 두 나라 간 입장 차가 극명하게 나누어졌다.

2001년 우리나라는 중국과 한중어업협정을 체결하면서 이어도를 공동수역으로, 2006년에는 섬이 아니라 암초이므로 영토분쟁 대상이 아니라는 잘못된 합의를 해 버렸다. 이로 인해 이어도는 우리나라 땅도 중국 땅도 아닌 공동수역 내에 존재하는 암초로 남게 되었다. 공동수역은 배타적 경제수역이 겹치는 나라들끼리 바다의 경계선을 확정 짓기 전에 임시로 정하는 구역이다.

우리 정부는 2013년 12월 이어도를 방공식별구역에 포함했다. 우리나라 해군 해상초계기와 이지스함인 율곡 이이함이 해양과학기지가 있는 이어도 해역에서 경계 작전을 수행하고 있다.

국토의 막내 독도

독도는 독도경비대원이 상주하고 있는 동도와 독도 주민의 거주 시설과 어민 대피소가 있는 서도 그리고 89개의 바위섬과 암초 등으로 구성되어 있다. 전체 면적은 18만 7554제곱미터, 높이는 동도가 98.6미터, 서도가 168.5미터이다. 국토의 막내라는 애칭으로도 불리지만 인근에 있는 울릉도보다 훨씬 앞서 생겨났다.

또한 수면 위에 드러난 부분만 보고 작은 섬이라 하지만 실제는 지름 30킬로미터, 높이 2,270미터에 이르는 거대한 화산섬이다. 수면 위로 드러난 부분은 화산섬의 맨 꼭대기 부분에 불과하다. 독도 옆으로는 독도보다 훨씬 앞서 생긴 1,000미터가 넘는 이사부 해산, 심흥택 해산, 안용복 해산 등이 이어져 있다.

2005년 3월 16일 일본 시마네현 의회가 '다케시마의 날'을 정하는 조례를 가결하자 우리 정부는 바로 다음 날인 17일 일반인의 독도 방문을 허용하는 방침을 발표했다. 이후 독도는 매년 20만 명이 넘는 사람들의 발길이 이어지면서 국토 수호의 상징적 의미를 넘어 우리나라 국민이 순례해야 할 성지가 되었다.

독도의 날

1900년 10월 25일 대한제국은 독도를 울릉도의 부속 섬으로 명시하는 칙령 41호를 반포했다. 이는 대한민국 영토로서 독도 수호 의지를 천명하기 위함이었다. 독도의 날은 이 날을 기념하기 위해 2000년 8월 민간단체인 독도수호대에 의해 제정되었다. 이후 한국교원단체총연합회 등 여러 민간단체를 중심으로 국가기념일로 제정하기 위한 서명운동과 국회청원 활동이 전개되고 있다.

2018년 10월 독도의 날을 앞두고 필자는 한국해양과학기술원 울릉도·독도 해양연구기지 연구팀과 함께 한반도와 독도 간 최단 거리(216.8킬로미터)와 울릉도에서 독도 간 최단 거리(87.4킬로미터) 기준점을 명확히 하기 위한 공동탐사에 나섰다. 당

독도는 동도(오른쪽)와 서도, 89개의 바위섬과 암초 등으로 구성되어 있다. 서도 왼쪽 가장 앞에 있는 바위섬이 보찰바위이며, 9시 방향 가장 왼쪽에 있는 것이 똥여이다.

시 탐사의 목적은 공식 명칭이 지정되어 있지 않은 기점에 대한 명칭을 제안하는 한편, 앞으로 해양과학을 통한 독도 지킴이 운동을 지속적으로 전개해 나가기 위해서였다.

울릉도와 독도 간 최단 거리 기점 바위

◈ 살구바위 (북위 37-29-06.012, 동경 130-55-16.243)

울릉도 도동 행남등대 오른편 해상에 있는 바위섬이다. 살구바위라는 이름은 지역 주민(울릉도문화유산지킴이 모임, 울릉도 · 독도 지질공원해설사) 등이 제안했으며, 인근 마

| 1 | 2 |

1 행남등대 아래쪽에 독도와 최단 거리 울릉도측 기점으로 확인된 살구바위가 보인다.
2 살구바위 아래로는 대황 등 대형 바닷말이 바다숲을 이루고 있다.

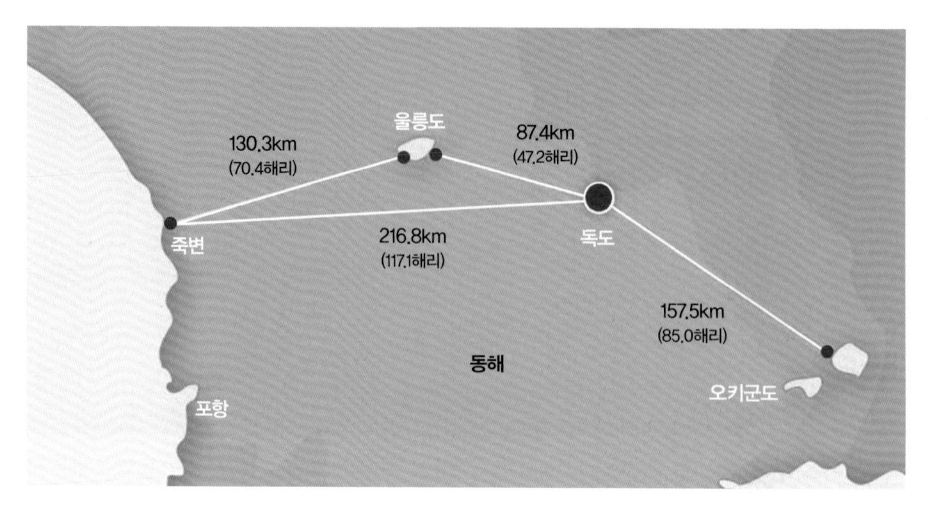

독도까지 최단 거리는 울릉도 살구바위에서부터 87.4km, 경북 울진군 죽변 등대 앞 울릉도·독도 바위에서부터 216.8km로 정리할 수 있다.

을 이름이 살구나무가 있다 해서 '행남'이라 지은 것에 비롯되었다. 수심 25미터에 이르는 살구바위 주변 해역은 대황, 모자반 등 대형 갈조류가 자라는 바다숲에 돌돔, 벵에돔, 자리돔 등의 어류가 무리를 이루고 있다.

◈ **똥여** (북위 37-14-36.832, 동경 131-51-40.991)

독도 북서쪽에 있는 바위섬으로 울릉도 쪽 기점인 살구바위로부터 87.4킬로미터 떨어져 있다. 똥여란 바닷새가 똥을 싸 놓은 듯 보인다 해서 붙인 이름이다. 하지만 바닷속 풍경은 똥여라는 이름을 무색하게 한다. 거침없이 몰아치는 강한 조류는 1미터 높이로 돌출된 여의 머리 부분을 쉴 새 없이 집어삼키며 역동적인 아름다움은 수면 아래의 암반층까지 이어져 있다.

수중 암반은 감태와 대황이 바다숲을 이루고 있으며 암반 전체에는 손바닥 크기만 한 홍합이 빼곡하게 붙어 있다. 수심 10미터 지점부터 서식하고 있는 빨간부채꼴산호와 유착진총산호류는 훌륭한 볼거리를 제공해준다.

1 필자가 스쿠버다이빙 장비를 이용, 독도 똥여로 접근하고 있다.
2 똥여 아래쪽 수심 15미터 지점에 빨간부채꼴산호가 화려한 자태를 뽐내고 있다.
3 경계근무에 나선 독도경비대원들이 독도를 지키다 순국한 경비대원들의 비석 옆을 지나고 있다.

한반도 본토와 독도 간 최단 거리 기점 바위

❖ 울릉도·독도바위 (북위 37-03-27.343, 동경 129-25-52.188)

한반도 본토 쪽 기점은 울진군 죽변등대 전면 해상 최동쪽에 있는 바위섬으로 탐사팀은 이 바위섬의 이름을 '울릉도 · 독도바위'로 할 것을 제안하기로 했다. 이곳에 표

경북 울진군 죽변등대에서 10시 방향 제일 바깥쪽에 있는 바위섬이 독도와 최단 거리 한반도측 기점이다.

지석을 설치하고 기점에 대한 스토리텔링 작업이 병행된다면 내륙지역 주민과 관광객들에게 독도에 대한 관심을 높일 수 있으리라 기대한다.

◈ **보찰바위** (북위 37-14-22.982, 동경 131-51-41.637)

독도 서도의 남서쪽 끝에 위치한 보찰바위는 기점 중 유일하게 공식 명칭이 있다. 보찰은 절지동물에 속하는 거북손을 이르는 이름이지만, 불교에서 큰절에 딸린 작은 절을 의미하기도 한다. 보찰바위 조간대에는 거북손들이 빼곡하게 자리 잡고 있다. 거북손이 많아 이곳이 보찰바위라 불리게 되었음을 짐작할 수 있는데 섬의 모양새 또한 바다거북의 발을 닮기도 했다. 바닷속 암반에는 홍합이 빼곡하게 붙어 있을 뿐 아니라 엄청난 개체 수의 소라들이 서식하고 있다.

독도는 울릉도의 부속도서라는 우리 주장에 일본 외교관이었던 가와카미 겐조는 "육안으로는 울릉도에서 독도가 보이지도 않는데 무슨 부속도서이냐"고 억지를 부렸다. 하지만 오래전부터 울릉도 주민들은 섬의 동쪽 끝에 서면 독도가 보인다는 것을 알고 있었다. 그런데 청명한 날 해 오름 무렵 잠깐 모습을 드러냈다가 시나브로 사라지기에 독도를 본다는 것은 쉬운 일만은 아니다. 필자도 울릉도를 찾을 때면 매번 여명 속에서 바닷가 언덕을 오르곤 했지만 수평선 너머 두터운 구름의 심술에 가려 독도를 마주할 수 없었다.

2018년 독도의 날을 앞두고 며칠간 울릉도에 머물면서 독도를 보기 위해 울릉도 동쪽 언덕에 올랐다. 하지만 매일 아침 두터운 구름이 수평선을 가리고 있었다. 일정 마지막 날 아쉬움과 간절함에 목청껏 독도를 불렀다. 순간 '나 여기 있소'라고 화답하듯 힘차게 구름을 밀어제친 독도가 모습을 드러냈다. 청아한 아침, 울릉도와 독도를 오가는 메아리에 화들짝 놀란 구름은 그동안 숨겨두었던 장엄하고도 고운 햇살을 쏟아내고야 말았다.

바다의 지도, 해도

바다에서 길을 찾고 안전하게 항해하려면 해도가 필요하다. 해도에는 바다의 깊이, 바닥면의 지질, 섬의 모양, 침몰 선박 위치 등의 장애물, 해류나 조류의 성질, 해안 지형, 항로표지, 등대나 부표 등이 기록되어 있다. 항해용 해도 외에도 해류만을 표시한 '해류도', 바닷속 지형을 중심으로 그려진 '해저 지형도', 주변에 많이 잡히는 물고기 정보를 그려 넣은 '어업형 해도' 등 특수 해도들도 있다. 최근에는 오랜 역사에 걸쳐 사용되었던 종이 해도를 대체해 전자 해도 또한 이용되고 있다. 전자 해도에는 위치추적 장비를 이용할 수 있는 기능이 추가되어 있어 무인 항해 또한 가능하다.

해도의 역사

과학 문명의 발달을 비롯해 인류 삶의 가치를 높이고 있는 문명의 이기는 전쟁의 역사와 맥을 같이하기도 한다.

해도 역시 마찬가지이다. 인류가 본격적으로 바다 정보를 기록하기 시작한 것은 11세기를 거쳐 13세기까지 이어졌던 십자군 전쟁 영향이 컸다. 더 많은 군인과 물자를 실어나르려면 선박을 이용해 지중해를 건너는 것이 효율적이었다. 여기에 덧붙여 13세기 말 중국을 방문한 마르코 폴로가 나침반과 『동방견문록』을 유럽에 소개하면서 해도 제작이 활발해졌다. 가장 먼저 제작된 해도는 13세기 말 이탈리아에서 제작된 포르톨라노Portolano 해도였다. 32개 방위선 위에 바다 그림이 그려졌는데, 이 방위선을 기준으로 나침반을 맞춰 놓으면 원하는 곳으로 항해할 수 있었다. 포르톨라노 해도는 지중해를 끼고 있는 항구 위주로 제작되었지만 점차 대서양까지 범위가 넓어졌다. 16세기 말 '메르카토르 도법Mercator projection'이라는 새로운 해도 제작 기법이 나올 때까지 포르톨라노 해도가 널리 사용되었다.

아시아에서 가장 오래된 해도는 중국 명나라의 3대 황제인 영락제 시절, 정화鄭和가 만든 것이었다. 정화는 1405년 7월 첫 항해를 떠난 이후 베트남을 비롯해 인도 등 동남아시아 지역으로 일곱 번이나 원정을 다녀왔다. 정화의 해도에는 중국 연안에서부터 베트남, 인도, 아라비아반도에 이르는 항로가 자세히 기록되어 있다. 또 배가 가야 할 방향과 수심, 암초 등 항해에 필요한 중요한 정보들까지 아주 세세하게 표기되어 있다. 이 해도는 유럽인이 주도한 대항해시대에 제작되었던 해도보다 무려 100년 정도 앞섰다.

해양수산부 국립해양조사원은 낚시, 요트 등 해양 레저활동에 필요한 해양공간정보를 누구나 쉽게 인터넷으로 검색해볼 수 있는 온라인 바다지도 '개방海' 서비스를 제공하고 있다.

우리나라는 1787년 아시아 동북 해안을 탐험한 프랑스 해군 장교이자 탐험가 라페루즈La Perouse가 우리 연안의 깊이를 잰 것을 시작으로 1880년까지 서구 열강과 일본이 항구와 섬, 만, 하구의 수로에 이르기까지 수심 측량을 실시하여 약 120여 종의 해도를 만들었다. 이는 외세가 우리나라에 대한 침략의 발판을 마련하기 위함이었다.

해도와 지도의 차이

지도가 땅 위의 지형물이나 형태를 기록한다면 해도는 바다를 중심으로 바닷속 지형물이나 형태, 바다 주변 지형들을 기록한다.

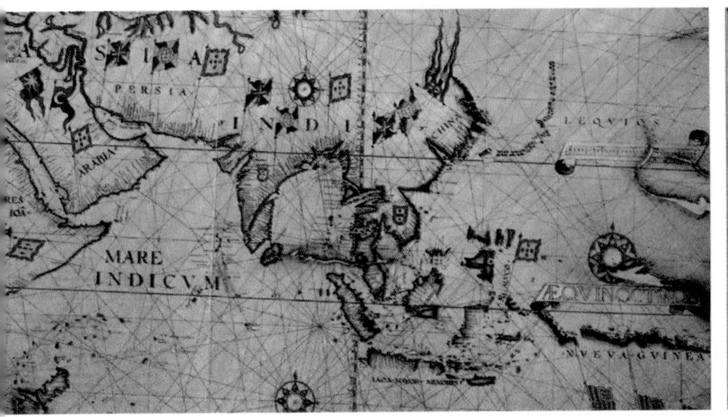

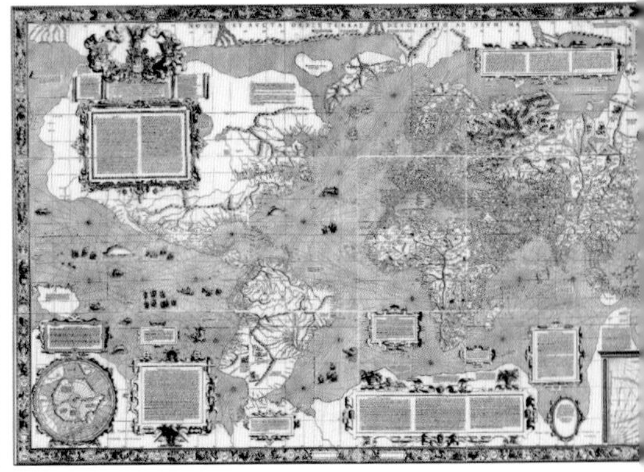

1 1550년 제작된 포르투갈의 포르톨라노 해도

2 메르카토르가 제작한 세계지도. 이 지도는 가로 6등분, 세로 3등분 크기의 동판 18매에 조각한 뒤 각각 인쇄해 붙였다.

1 | 2

중국에서 발명된 나침반을 마르코 폴로가 유럽에 전달하면서 유럽인들의 해도 제작이 활발하게 이루어졌다.

지도에는 땅의 높이를 표시하기 위해 해발고도를 표기하는데 해발고도는 평균해수면으로부터 잰 높이다. 평균해수면은 밀물과 썰물 높이의 중간일 때이며 우리나라는 인천 앞바다의 평균해수면 높이를 기준으로 한다. 예를 들어 한라산의 높이 1,950미터는 인천 앞바다의 평균해수면에서부터 잰 수치라는 뜻이다. 평균해수면을 기준으로 하는 지도와 달리 해도는 썰물일 때 물의 높이를 기준으로 한다. 이는 밀물 때 바닷속으로 숨어드는 암초의 위치를 나타내기 위함이다.

바다의 신호등 항로표지

"얼어붙은 달그림자 물결 위에 자고, 한겨울에 거센 파도 모으는 작은 섬, 생각하라 저 등대를 지키는 사람의 거룩하고 아름다운 사랑의 마음을."

시인 고은 선생의 「등대지기」 노랫말이다. 등대와 등대지기는 신뢰와 헌신의 상징이다. 그래서 우리는 등대를 생각하면 서정적이고 낭만적이 된다.

등대는 항행하는 선박들이 지표로 사용하는 국제적인 '항로표지'이다. 이 '항로표지'에는 빛을 이용하는 등대나 등표 외에도 형상이나 색채를 이용하는 입표, 부표뿐

등대에 대해 알아보기

- **색**: 전 세계 어디를 가든 모든 유인 등대는 백색이다. 방파제에 설치된 무인 등대의 경우 입항하는 시점에서 오른쪽은 홍색, 왼쪽은 백색 또는 녹색으로 칠해져 있다.
- **불빛**: 밤에 등대 색과 동일한 불빛을 내보내 등대의 특징을 알려준다. 광원으로는 전력이 가장 많이 사용되며, 이 밖에 석유증발 백열등, 아세틸렌 가스등, 태양전지 등도 사용된다.
- **섬광 주기**: 등대는 각각의 섬광 주기가 정해져 있어 불빛이 깜빡이는 횟수만으로 어떤 등대인지를 알아볼 수 있다. 예를 들어 부산 오륙도 등대의 경우 10초에 한 번씩 깜빡인다.
- **소리**: 짙은 안개로 인해 육안으로 등대를 확인하지 못할 때는 소리를 내서 선박에 주의를 경고한다. 주로 압축된 공기를 이용하는 에어 사이렌을 사용하지만 등대원이 직접 종을 치기도 한다.

부산시 남구 용호동에 있는 오륙도 등대가 빛을 발하고 있다. 오륙도 등대는 1937년 이후 80년이 넘는 세월 동안 부산의 상징이었다. 오륙도 등대는 이곳을 거쳐 간 등대지기들의 애환을 뒤로한 채 2019년 7월 1일부터 무인 등대로 운영되고 있다.

아니라 음파를 이용하는 에어 사이렌air siren, 전기혼electronic horn과 전파를 이용하는 DGPS 등 다양한 종류가 있다.

- 형상표지: 낮에 형상과 색채로 위치를 나타내는 표지 시설이다. 입표, 부표, 도표 등이 이에 해당한다.
- 광파표지: 빛으로 위치를 표시하는 시설로 주로 밤에 이용된다. 등대, 등선, 등주, 등부표, 도등, 조사등 등이 있다.
- 음파표지: 안개, 눈, 비 등으로 앞이 잘 안 보일 때 음향으로 위치를 알린다. 모터 사이렌, 에어 사이렌, 전기혼 등이 있다.
- 전파표지: 송신국에서 전파를 발사하면 배에 달린 수신기가 위치를 확인하는 방식으로 전파를 이용해 광범위한 거리에서도 위치정보를 알릴 수 있다. 레이더 비컨radar beacon, 로란-CLORAN-C, 위성항법 정보시스템 등이 있다. 현재 대부분의

항로표지는 전파표지로 바뀌고 있다.

정부는 등대의 역할과 중요성을 부각시키기 위해 1988년 등대 이름을 '항로표지소'로, 근무 인력을 등대지기에서 '항로표지 관리원'으로 개명했다. 그래도 오랜 세월 동안 노랫말과 함께 뇌리에 각인되어 있는 '등대'와 '등대지기'의 강렬한 서정성 때문인지 아직은 바뀐 이름들이 친숙하지 않다.

GPS를 기반으로 하는 전자 해로 등 첨단기기의 등장으로 등대의 중요성이 많이 줄었다 해도 등대는 밤바다를 오가는 뱃사람들에겐 여전히 절대적인 이정표이다. 그런데 최근 개성 있는 조형 등대가 이야기 옷을 입으면서 톡톡 튀어나오고 있다. 이제 등대는 서정적인 감성에만 더 이상 머물지 않고 지역의 특성을 담아내는 관광자원으로 떠오르고 있다.

열대 저기압

지구는 태양으로부터 받는 열량이 지역마다 다르기에 고기압과 저기압이 발생한다. 이를테면 직사광선을 많이 받는 적도 부근은 해수면 온도가 높아져 수증기가 많이 발생한다. 가열된 수증기는 소용돌이치며 팽창하다가 차갑고 무거운 공기를 만나면 응결되어 두꺼운 구름 덩어리를 만들어 날씨가 흐려진다. 이런 저기압이 열대 지방에서 생기는 것을 열대 저기압이라 한다. 일반적으로 열대 저기압이 만들어지려면 섭씨 26~27 이상의 수온과 고온 다습한 공기가 필요하다. 또한 상승하면서 팽창하는 수증기가 소용돌이칠 수 있도록 전향력(코리올리 힘)이 작용하는 위도 5도 이상의 열대 해상이어야 한다.

열대 저기압은 발생하는 장소에 따라서 북태평양 남서부의 태풍Typhoon, 멕시코만이나 서인도제도의 허리케인Hurricane, 인도양이나 뱅골만의 사이클론Cyclone, 오스트레일리아의 윌리윌리Willy-willy 등으로 불린다. 우리나라에 영향을 미치는 열대 저기압을 태풍이라 부르는 것은 발생 지역이 북태평양 남서부이기 때문이다.

태풍의 규모와 위력

그렇다면 어느 정도 규모가 되어야 태풍이라고 할까?

세계기상기구World Meteorological Organization, WMO는 열대 저기압 중에서 중심 부근의 최대 풍속이 33미터/초 이상을 태풍, 25~32미터/초를 강한 열대 폭풍, 17~24미터/초를 열대 폭풍, 17미터/초 미만을 열대 저압부로 구분하고 있다. 이렇게 4단계로 분류된 바람 중 우리나라와 일본에서는 두 번째 단계인 열대 폭풍 이상이면 태풍이라

우리나라로 접근하고 있는 태풍의 위성사진. 한반도를 삼켜 버릴 정도의 위세이다.

통칭한다. 무섭게 소용돌이치는 태풍은 작다 할지라도 지름이 200킬로미터 정도이고, 큰 것은 무려 1,500킬로미터나 되며 그 영향권은 2~3배에 이른다. 또한 태풍이 싣고 다니는 물의 양은 수억 톤에 달한다. 태풍이 지닌 에너지가 2메가톤(1메가톤은 1kg의 10억 배)의 수소폭탄을 1분당 한 개씩 터뜨리는 위력에 해당한다고 하니 이런 엄청난 에너지가 한 번에 쏟아진다면 그 지역은 초토화되겠지만 다행히 대부분의 에너지는 이동하면서 소멸된다.

태풍의 영향

사람들은 태풍의 규모와 이동경로에 긴장한다. 진로 예측이 잘못되면 피해가 속출하고 기상청은 여론의 뭇매를 맞는다. 그런데 태풍이 늘 피해를 주는 것만은 아니다.

태풍이 몰고 온 강한 파도가 부산 서구 암남 공원 방파제를 강타하고 있다.

많은 수증기를 몰고 와 가뭄 해소에 도움이 되기도 하고, 저위도에 축적된 에너지를 고위도로 운반하여 지구 열평형에 기여하기도 하며, 강한 바람은 바다를 뒤집어 적조를 소멸시키는 역할도 한다. 이러한 순기능으로 피해는 적고 이득이 많은 태풍을 '효자 태풍'이라고도 한다. 태풍의 진로에서 오른쪽 반원은 바람 방향과 이동 방향이 같아서 풍속이 강한 반면, 왼쪽 반원은 그 방향이 서로 반대가 되어 상쇄되므로 상대적으로 풍속이 약하다.

아무리 강력한 태풍이라도 일단 육지에 상륙하면 세력이 급격하게 약해진다. 세력을 유지하려면 수증기가 계속 유입되어야 하는데 육지에서는 수증기를 공급받지 못하는 데다 지면 마찰로 에너지 손실이 커지기 때문이다. 대부분 태풍은 육지에 닿거나 통과하면서 생을 마감한다. 한편 태풍의 중심부는 날씨가 맑고 바람이 약하다. 이 부분을 '태풍의 눈eye of typhoon'이라고 한다.

태풍의 이름

태풍에 처음 이름을 붙인 사람은 1900년대 초 호주의 기상학자 클레멘트 래기Clement Wragge였다. 당시 호주의 기상학자들은 태풍에 싫어하는 정치인 등의 이름을 붙였다. 공식적으로 태풍에 이름이 붙이기 시작한 것은 제2차 세계대전 이후 미국 공 · 해군에 의해서였는데 1978년까지는 여성의 이름을 붙였다. 태풍이 조용히 지나가기를 바라는 마음에서였다. 하지만 엄청난 피해를 주는 원망스러운 태풍에 여성 이름을 붙이는 것에 여성단체가 반대하면서 1978년 이후부터는 남자와 여자 이름을 번갈아 사용하게 되었다. 당시까지 '미국 태풍합동경보센터'에서 정한 이름을 붙여왔지만 2000년부터는 미국을 비롯해 아시아(13개국: 한국, 북한, 태국, 캄보디아, 중국, 홍콩, 일본, 라오스, 마카오, 말레이시아, 미크로네시아, 필리핀, 베트남) 각국이 제출한 고유 이름으로 변경하여 사용하고 있다.

각 나라에서 10개씩 제출한 총 140개를 5개씩 28조로 편성해 차례대로 쓰다가 다 쓰고 나면 다시 처음으로 돌아가는 식이다. 당시 우리나라에서 제출한 이름은 개미 · 나리 · 장미 · 수달 · 노루 · 제비 · 너구리 · 고니 · 메기 · 나비 등이었고, 북한에서 제출한 이름은 기러기 · 도라지 · 갈매기 · 매미 · 메아리 · 소나무 · 버들 · 봉선화 · 민들레 · 날개 등이었다. 주로 작고 순한 동물이나 식물 이름을 붙인 것은 큰 피해를 입히지 않고 조용히 지나가길 바라는 마음에서였다. 그래서인

1 2003년 9월 태풍 '매미'가 휩쓸고 간 부산 신감만항터미널의 참혹한 모습이다. 대형 크레인들이 마치 폭격을 맞은 듯 널브러져 있다. 태풍 '매미'는 1904년 우리나라에서 기상관측을 실시한 이래 중심 최저기압이 가장 낮은 950헥토파스칼(hPa)을 기록했다. 헥토파스칼은 기상학에서 사용하는 기압의 단위로, 1hPa은 $1m^2$의 넓이에 1N의 힘이 작용할 때의 압력인 1Pa의 100배이다.

2 2002년 8월 태풍 '루사'로 김해 화훼농가의 비닐하우스가 무너져 내리자 한 농민이 망연자실하고 있다. 순간풍속 초당 39.7미터, 중심 최저기압은 970헥토파스칼이었던 '루사'는 기상관측 이래 가장 많은 일(日)강우량(강릉 870.5밀리미터)를 쏟아부었다. '루사'는 말레이시아에 서식하는 사슴과 동물로 말레이시아에서 제출한 이름이었다.

지 큰 피해를 끼친 태풍에 해당하는 이름은 폐기하고 다른 이름으로 교체한다. 이러한 이유로 우리나라에서 제출한 수달(2004년), 나비(2005년) 그리고 북한의 봉선화(2002년), 매미(2003년) 등이 폐기되었다. 2021년 현재 우리나라가 제출하여 사용하고 있는 태풍 이름은 개미 · 나리 · 장미 · 미리내 · 노루 · 제비 · 너구리 · 고니 · 메기 · 독수리이고, 북한이 제출해 사용 중인 이름은 기러기 · 도라지 · 갈매기 · 수리개 · 메아리 · 종다리 · 버들 · 노을 · 민들레 · 날개 등이다.

인명 피해				재산 피해			
순위	발생일	태풍명	사망·실종 (명)	순위	발생일	태풍명	피해액 (억 원)
1위	1936.8.20.~28.	3693호	1,232	1위	2002.8.30.~9.1.	루사	51,479
2위	1923.8.11.~14.	2353호	1,157	2위	2003.9.12.~9.13.	매미	42,225
3위	1959.9.15.~18.	사라	849	3위	1999.7.23.~8.4.	올가	10,490
4위	1972.8.19.~20.	베티	550	4위	2012.8.19.~8.30.	볼라벤 & 덴빈	6,365
5위	1925.7.15.~18.	2560호	516	5위	1995.8.19.~8.30.	재니스	4,563
6위	1914.9.7.~13.	1428호	432	6위	1987.7.15.~7.16.	셀마	3,913
7위	1933.8.3.~5.	3383호	415	7위	2012.9.15.~9.17.	산바	3,657
8위	1987.7.20.~24.	셀마	345	8위	1998.9.29.~10.1.	예니	2,749
9위	1934.7.20.~24.	3486호	265	9위	2000.8.23.~9.1.	프라피룬	2,520
10위	2002.8.30.~9.1.	루사	246	10위	2004.8.17.~8.20.	메기	2,508

대항해시대와 북극 항로의 개척

북극해를 통해 동양에 이르는 항로 개척은 유럽인들의 오랜 염원이었다. 15세기 중엽 오스만투르크족이 서아시아 지역을 정복하면서 유럽에서 인도로 가는 육로가 막히자 유럽인들은 향료와 차를 구하기 위해 새로운 길을 개척해야만 했다. '콜럼버스'는 배를 타고 서쪽으로 계속 가다 보면 인도에 도착할 것이라 믿었지만 1492년 거대한 장애물(아메리카 대륙)에 가로막혔다. 1498년 포르투갈의 '바스쿠 다가마'는 인도로 향하는 항로를 개척했지만 아프리카 남쪽 희망봉을 돌아야 했기에 너무 거리가 멀었다. 1521년 '마젤란'은 남아메리카 대륙 최남단에 있는 해협(마젤란해협)을 통해 대

쇄빙선이 북극해의 해빙지대를 항해하고 있다. 과거 북동항로와 북서항로 개척에 나선 많은 탐험가의 선박이 얼음 바다에 갇히거나, 빙산에 부딪혀 침몰하면서 좌절을 겪어야만 했다.

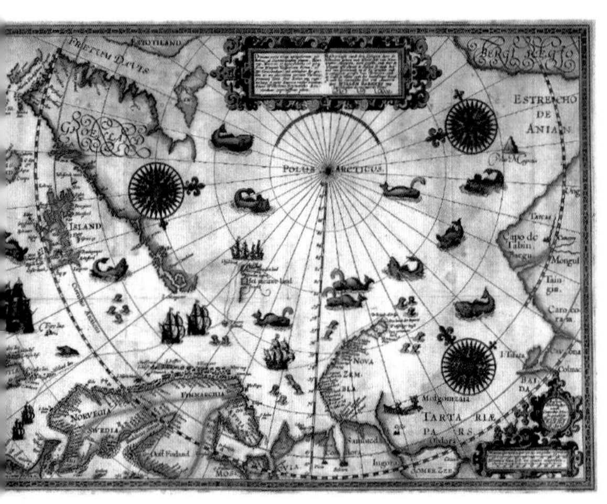

1 북동항로를 조사한 네덜란드 항해가 빌럼 바렌츠Willem Barentsz, 1550~1597가 만든 해도이다. 바렌츠는 1594, 1595, 1596년 북극해의 넓은 지역을 항해하면서 항로를 정확하게 해도에 기입했으며, 중요한 기상학 자료들을 수집해 초기 북극 탐험가들 중 가장 중요 인물로 알려졌다. 북극해 바깥쪽의 바렌츠해海는 그의 이름에서 따와 붙였다.

2 바렌츠해는 러시아 북서부 해안과 노르웨이 북단 사이의 해역으로 북극해 바깥쪽 해역이다.

서양에서 태평양으로 나가는 항로를 찾기는 했지만 아프리카 대륙의 최남단 희망봉을 도는 항로보다도 더 멀었다. 이 지경이다 보니 유럽 사람들은 북극해로 눈을 돌리게 되었다.

하지만 북극해는 인류의 도전을 쉽게 허락하지 않았다. 15세기 이후 수백 년 동안 무수한 탐험가들의 희생과 시행착오를 겪은 후인 1879년이 되어서야 스웨덴 탐험가 '아돌프 에리크 노르덴쇨드'에게 시베리아 북부 해안을 따라 베링해협을 지나 알래스카에 다다르는 것을 허용했다. 이후 1906년 노르웨이의 탐험가 '로알 아문센'은 노르덴쇨드와는 반대 방향인 서쪽으로 항해해 미국 샌프란시스코에 도착하는 데 성공했다.

유럽에서 북극해를 통해 태평양으로 빠져나오려면 베링해협을 지나야 하는데 어느 쪽으로 뱃길을 잡느냐에 따라 북동항로와 북서항로로 나뉜다. 북동항로는 유럽에서 시베리아 북부 해안을 따라 동쪽으로 진행해 베링해협을 지나는 길이고, 북서항로는 유럽에서 북아메리카 대륙 북쪽을 지나

1
2

서쪽으로 진행해 베링해협을 지나는 길이다.

노르덴쉴드가 개척한 항로가 북동항로이며, 아문센이 개척한 항로가 북서항로이다. 북서항로가 북동항로보다 늦게 개척된 것은 북서항로의 캐나다 북동쪽 해안에는 섬이 많고 지형이 복잡해 항로를 찾기 힘들었기 때문이다. 그런데 최근 지구 온난화의 여파로 여름을 전후한 시기에 북극해 얼음이 녹자 북극해를 통과하는 항로가 자연스레 열리고 있다. 현재 약 20~30척의 선박이 여름 기간에 북극해를 통과해 아시아와 유럽을 오가고 있다.

칠레의 푼타아레나스는 마젤란해협 최대 도시이다. 1914년 파나마 운하가 개통되기 전까지 푼타아레나스는 대서양과 태평양을 오가는 수많은 선박에 항해에 필요한 물자를 공급하는 도시로 번성을 누렸다. 이곳 사람들은 마젤란을 존경한다. 푼타아레나스 도시 곳곳에 마젤란의 탐험 정신을 기리는 흔적들이 남아 있다. 사진은 푼타아레나스 중심지에 있는 아르마스 광장의 마젤란 동상의 모습이다. 마젤란 동상 아래에 있는 원주민 동상 발가락을 만지면 무사히 이곳으로 돌아올 수 있다는 속설 때문에 얼마나 많은 사람이 동상의 발을 쓰다듬었는지 윤이 날 정도로 반질거린다.

크리스토퍼 콜럼버스

크리스토퍼 콜럼버스Christopher Columbus, 1451~1506는 이탈리아의 탐험가이다. 유럽에서 서쪽으로 계속 돌아가면 마르코 폴로의 『동방견문록』에 소개된 일본과 중국이 나오고, 그다음 인도가 나타날 것이라 믿었다. 1492년 8월 3일 에스파냐 여왕 이사벨의 후원을 받아 산타마리아호 등 3척의 범선에 120명의 선원을 태우고 인도를 찾는 항해에 나서서 1492년

크리스토퍼 콜럼버스

10월 12일 바하마제도의 한 섬에 도착했다(오늘날의 산살바도르). 콜럼버스는 세 차례에 걸친 항해를 통해 쿠바, 아이티, 트리니다드 토바고 등을 발견했다. 그의 서인도 항로 발견으로 아메리카 대륙은 유럽인들의 활동 무대가 되었고, 에스파냐가 주축이 된 신대륙 식민지 경영이 시작되었다.

바스쿠 다가마

바스쿠 다가마

바스쿠 다가마Vasco da Gama, 1460년 또는 1469~ 1524는 포르투갈의 항해가이며 탐험가이다. 1497~1499년, 1502~1503년, 1524년 세 차례에 걸쳐 아프리카 대륙을 돌아 인도로 항해했다. 그는 유럽에서 아프리카를 돌아 인도까지 항해한 최초의 인물로 기록되었다. 다가마의 인도 항로 개척은 세계 역사를 바꾸어 놓았다. 이전까지 세계 무역의 주역이었던 이탈리아의 도시 국가들이 쇠퇴하고 지중해밖에 몰랐던 유럽인들이 뱃길로 이어진 세계 각 지역으로 진출하는 발판을 마련하게 되었다. 하지만 약소국의 입장에서 볼 때 바스쿠 다가마의 인도 항로 개척은 서구 열강에 의한 식민지 지배라는 고난의 시작이었다.

페르디난드 마젤란

페르디난드 마젤란Ferdinand Magellan, 1480~1521은 포르투갈에서 출생한 에스파냐 항해가로 인류 최초로 지구를 일주한 선단의 지휘자였다. 포르투갈 군인으로 복무하면서 모로코에서 현지인과 불법 무역을 거래했다는 의심을 받아 해고되었다. 이후 포르투갈과 인연을 끊고 에스파냐로 갔다. 당시 동쪽 항로에 대한 권한은 포르투갈이

페르디난드 마젤란

독점하고 있었기에 에스파냐는 서쪽으로 항해하여 인도까지 갈 수 있는 방법을 찾아야만 했다.

1519년 8월 10일 선박 5척과 승무원 270명으로 세비야를 출발하여 서쪽으로 향했다. 12월 중순에 리우데자네이루에 닿고, 남하를 계속해 1520년 11월 28일 해협을 빠져나가 잔잔한 대양大洋에 이르자 이를 태평양太平洋이라 이름 지었고, 지나온 해협은 마젤란해협이라 불리게 되었다. 마젤란은 괌을 거쳐 1521년 4월 7일 필리핀제도의 세부에 도착한 후 원주민과의 교전 끝에 4월 27일 전사했다. 남은 일행은 1522년 9월 6일 에스파냐로 돌아왔으나, 식량 부족과 괴혈병, 악천후에 시달려 살아 돌아온 자는 겨우 18명이었다. 이것이 역사상 최초의 지구 일주 항해이다.

아돌프 에리크 노르덴쉴드

아돌프 에리크 노르덴쉴드

아돌프 에리크 노르덴쉴드Adolf Erik Nordenskjöld , 1832~1901는 스웨덴의 지리학자이자 탐험가이다. 1878년 7월 21일 노르웨이 최북단 트롬쇠 항구를 출발해 동쪽으로 항해했다. 그해 9월 말 베링해협에 도착했으나 바다가 얼어붙는 바람에 그곳에서 겨울을 지내야 했다. 이듬해 여름인 7월 18일 얼음이 녹아 뱃길이 열리자 다시 항해를 시작, 7월 20일 알래스카에 도착하여 중세 이후 유럽인들이 그토록 갈망해 왔던 북극 항로를 개척하는 데 성공했다.

로알 아문센

로알 아문센

로알 아문센Roald Amundsen, 1872~1928은 노르웨이의 탐험가이다. 1897~1899년 벨기에 남극 탐험대의 일원으로 남극 탐험에 참가해 극지에서의 경험을 쌓았다. 1903~1906년 노르웨이 오슬로를 출발해 미국 샌프란시스코에 도착하는 북서항로를 개척했다. 이후 어릴 적부터 목표였던 북극점 정복을 준비했지만 1909년 미국의 피어리와 쿡이 북극점에 도

정화 함대

대항해시대 개막이 콜럼버스에서 시작되었다는 것은 서구인들의 관점일 수 있다. 콜럼버스보다 87년 앞섰을 뿐 아니라 규모와 기간에서도 비교할 수 없을 정도의 항해를 완수한 인물은 명나라 정화鄭和, 1371년~1435였다.

1405년 영락제의 명을 받은 정화는 62척의 함선에 병사 2만 7800여 명을 태우고 2년 4개월 일정의 첫 항해에 나섰다. 이후 정화는 1433년까지 일곱 차례 항해를 진행하며 동남아시아의 참파에서 말래카, 태국, 인도의 캘리컷, 스리랑카, 페르시아의 호르무즈, 아라비아의 아덴, 소말리아의 모가디슈, 케냐의 몸바사 등 33개국을 방문하며 교류했다.

영락제는 서쪽으로 진출하기 위해 육로를 개척하는 것보다는 해상을 통해 동남아시아를 제압하고 이를 바탕으로 더 넓은 세계로 진출하고자 했다. 그러나 영락제가 사망한 후 명나라는 더 이상 항로를 통한 세계 진출에 관심을 갖지 않았다. 이후 중국은 해양강국으로서의 지위를 서서히 잃게 되어 함대를 앞세운 서구 제국주의의 침략을 막아내지 못하고 말았다.

정화함대와 콜럼버스의 산타마리아호를 비교한 그림이다.
콜럼버스의 산타마리아호가 200톤 정도의 범선이었다면 정화 함대의 배는 길이 137미터, 너비 56미터, 마스트 3개로, 약 1,500톤 규모로 추정된다.

달했다는 소식을 연이어 접하고는 목표를 남극점 정복으로 바꾸어 1910년 프리드티오프 난센이 북극을 탐험하는 데 사용했던 프람호를 타고 남극으로 향했다. 1911년 12월 14일 영국의 스콧 탐험대보다 35일 앞서 남극점에 도착하면서 노르웨이의 국민 영웅이 되었다.

1926년 5월 12일 미국의 엘즈워스, 이탈리아의 노빌레와 함께 비행선 노르게호를 이용, 니알슨에서 알래스카까지 북극점 상공을 통과하는 북극 횡단비행에 성공했다. 이 횡단비행으로 아문센은 남극점 정복을 함께했던 오스카 위스팅과 함께 양극점을 모두 본 최초의 사람으로 기록되었다. 1928년 노빌레 일행의 북극 탐험대가 행방불명되었다는 소식을 듣고 구출하기 위해 비행기를 타고 나섰다가 실종되고 말았다.

해상왕 장보고

장보고(?~846)는 9세기 한반도 서남해안의 크고 작은 해상 세력들을 평정하고 서역과 중국, 청해진, 일본을 연결하는 거대한 교역망을 구성하는 등 동북아 해상무역을 호령했던 해상왕이었다. 장보고는 당나라로 납치되어 온 신라인들의 비참한 삶을 목격하고는 신라 흥덕왕에게 청해(지금의 완도)에 진을 구축해 중국 도적들이 신라 사람들을 붙잡아가지 못하도록 하겠다고 청했다. 이에 흥덕왕은 장보고를 청해진 대사로 삼고 군사 1만명을 준 것이 청해진 역사의 시작이었다.

장보고의 해양 세력이 커지자 신라 왕족 등 기득권 세력은 장보고를 견제했다. 『삼국사기』에는 장보고가 청해진에서 반란을 일으켰다가 죽임을 당했다고 전하고 있다. 장보고의 죽음으로 신라는 동북아 해상무역의 중심지 자리에서 물러나게 되고, 고려시대와 조선시대를 거치면서 장보고가 개척한 해양 정신은 우리 민족의 기억 속에서 잊히고 말았다. 우리 민족의 의식 속에는 해양에 대한 유전자가 분명 존재한다. '해양입국'이라는 거창한 문구를 내세우지 않더라도 해양 진출을 통해 미래의 대한민국을 개척하기 위한 노력들이 끊임없이 진행되고 있기 때문이다.

온난화의 반대급부

북극해의 빙하가 녹으면서 선박 항해가 가능해지고 있다. 국토해양부는 기존의 부산항~수에즈 운하~네덜란드 로테르담항의 2만 100킬로미터 구간(24일 소요)과 비교할 때 북극 항로는 1만 2700킬로미터(14일 소요)로 크게 단축되어 상당한 물류비의 절감 효과가 있다는 연구 결과를 발표했다.

이처럼 북극 항로가 개척되고 일반화된다면 부산항은 북유럽과 아시아, 미주를 연결하는 세계 최강의 허브항 지위를 누리게 된다. 현재 중국에서 북유럽으로 수출하는 화물들은 싱가포르에 모아져 수에즈 운하를 통과하는데, 북극 항로가 일반화된다면 부산항이 싱가포르항을 대신할 수 있을 것이다.

남극을 발견하다

열정적인 탐험가들에 의해 알려지기 시작한 남극대륙은 이곳에 존재하는 엄청난 자원과 지리적 중요성이 높아지면서 세계 각국의 이권 대립장이 되었다. 1908년, 남극을 발견하고 탐험하는 데 가장 열정적이었던 영국이 가장 먼저 남극을 자국의 영토로 선언하자 뒤이어 뉴질랜드가 남극의 영유권을 주장했다. 이후 1946년까지 프랑스, 호주, 노르웨이, 칠레, 아르헨티나 등 모두 일곱 나라가 남극에서 영유권을 선언하고 나섰다.

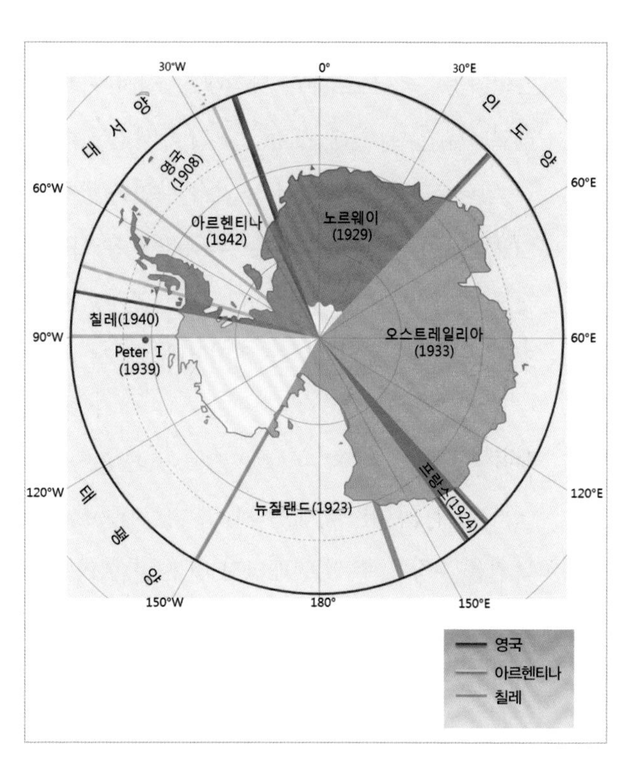

1961년 남극조약이 발효되기 전 영국, 뉴질랜드, 프랑스, 호주, 노르웨이, 칠레, 아르헨티나 등은 자국의 탐험로, 지리적 인접성 등을 근거로 남극대륙의 일정 구역에 대해 영유권을 선언했다.

당시 남극을 둘러싼 각국의 첨예한 대립은 '국제지구물리관측년International Geophysical Year, IGY(1957년 7월~1958년 12월)' 기간 중에 해결의 실마리를 찾았다. 1957년 전 세계 67개국에서 5000여 명의 과학자들이 '지구물리관측'이라는 국제 공동 연구 프로그램에 참여하기 위해 남극대륙으로 모여들었다. 이 기간에만 남극대륙에 마흔 개가 넘는 기지와 남극의 섬과 아남극 권역에 20개의 기지가 세워졌다. 당시 과학자들의 공동 연구로 남극 빙하의 두께, 남극의 생성 기원, 빙하 아래 대륙의 존재 등 새로운 사실들이 밝혀지기 시작했다.

남극조약을 체결하다

'지구물리관측' 연구 프로그램의 가장 큰 성과는 남극이라는 어마어마한 연구 대상을 두고 각 나라가 독불장군식으로 접근할 수 없다는 것을 인식했다는 데 있다. 이러한 인식을 바탕으로 남극에 기지를 세웠던 12개국이 1959년 12월 1일 「남극조약」을 맺었고, 조약은 1961년 6월 23일 발효되었다. 「남극조약」에 서명한 12개국인 남아프리카공화국, 노르웨이, 뉴질랜드, 러시아, 미국, 벨기에, 아르헨티나, 영국, 오스트레일리아, 일본, 칠레, 프랑스를 원초 서명국이라 한다.

「남극조약」의 기본정신은, 남극은 인류 공동의 자산이며 오로지 평화 목적으로만 이용한다는 데 있다. 그런데 「남극조약」은 타 국가의 영유권 주장에 대해 인정도 부정도 하지 않는다는 입장이다. 「남극조약」 체결로 영유권을 주장하는 나라들의 근거가 소멸되지는 않았다는 의미이다.

배타적 조약

「남극조약」은 여느 국제조약들과 다른 특이점이 있다. 가입국들만이 협의를 하고 기득권을 주장할 수 있는 배타적 정부 간 협의체라는 점이다. 이 가운데서도 표결권은 남극조약협의당사국ATCP: Antarctic Treaty Consultative Party에만 있으며 모든 사항에 대해 만장일치로 가결하도록 되어 있다. 2021년 기준 「남극조약」에 가입한 나라는 53개국이지만 협의당사국의 지위를 가진 나라는 29개국뿐이다.

우리나라는 1986년 33번째로 「남극조약」에 가입했으며, 1988년 2월 건설된 세종과학기지의 실질적인 연구 성과를 바탕으로 1989년 10월에 23번째로 협의당사국 지

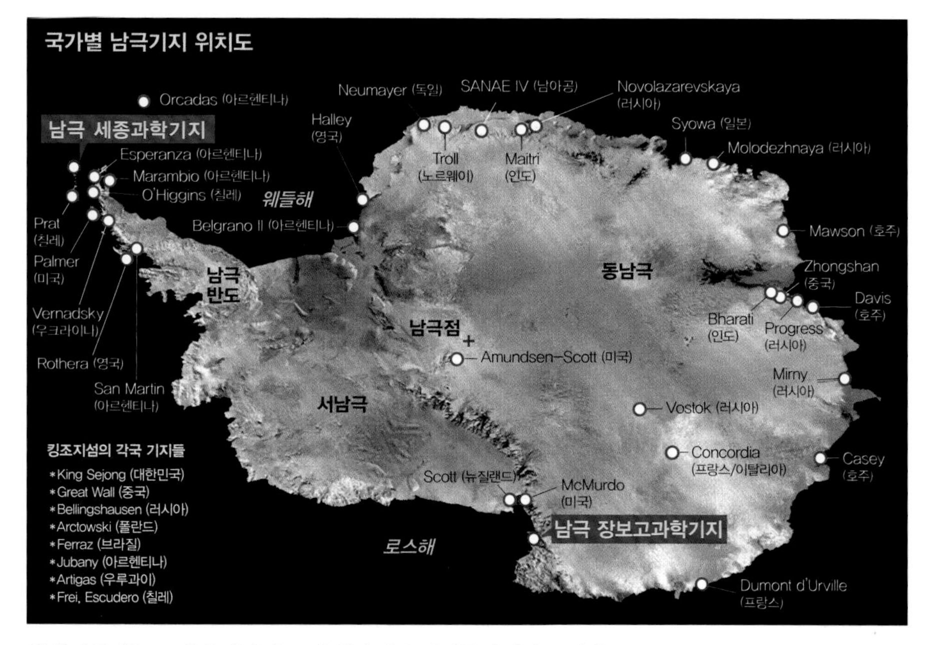

현재 남극에는 20개국 이상이 50여 개의 상주 기지를 운영하고 있다.
각 나라가 남극에 상주 기지를 건설하고 유지하는 것은 남빙양과 남극대륙에 대한 연구 개발의 시대를 앞두고 참여권을 확보하기 위함도 일정 부분 포함되어 있다.

위를 얻었다. 우리나라를 비롯한 각 나라가 남극에 상주 기지를 건설하고 유지하는 것은 앞으로 맞이하게 될 개발의 시대에 한반도 면적의 62배, 지구 육지 표면적의 9 퍼센트를 차지하는 남극대륙과 그보다 훨씬 넓은 남빙양에 대한 연구 개발의 참여권을 확보하기 위함도 일정 부분 포함되어 있다.

윌리엄 스미스

영국 상선의 선장 윌리엄 스미스William Smith는 1818년 2월 19일 남위 62도 지점에서 새로운 섬을 발견했다. 바로 사우스셰틀랜드군도의 리빙스턴섬이었다. 스미스는 그 해 10월 리빙스턴섬 주변에 여러 섬들이 있음을 확인하면서 남극반도 위쪽에 있는 사우스셰틀랜드군도의 존재를 지도상에 그려 넣었다. 스미스의 발견은 영국 해군 대위 에드워드 브랜스필드Edward Bransfield, 1795~1852에 의해 1820년 1월 18일 재확인되었다. 브랜스필드는 1월 22일에 도착한 가장 큰 섬을 당시 영국 국왕 조지 3세의 이름을 따서 킹조지섬으로 이름 지었다.

파비안 고틀리에프 폰 벨링스하우젠

1819년 제정 러시아 알렉산드르 1세의 명령을 받은 해군 장교 벨링스하우젠Fabian Gottlieb von Bellingshausen, 1778~1852은 보스토크(동쪽)호와 미르니(평화)호를 이끌고 남극으로 향했다. 그는 제임스 쿡을 존경했으며 미지의 대륙을 찾아 나섰던 쿡의 탐험을 완성하고자 했다. 1821년 1월 서남극 남위 70도 부근까지 내려가 대륙의 존재를 눈으로 확인하고 당시로서는 남극대륙 최초의 땅이었던 표트르 1세 섬과 알렉산드르 1세 섬을 연이어 발견했다. 벨링스하우젠은 러시아 남극 진출의 상징적인 인물이기도 하다. 러시아는 1968년 킹조지섬에 건설한 기지에 그의 이름을 붙였으며, 남극대

1 벨링스하우젠

2 2006년 11월 세종과학기지 대원들과 함께 러시아 벨링스하우젠 기지를 방문했다. 기지대장 올렉이 일행을 반갑게 맞고 있다.

륙 내륙에 건설한 관측기지에는 보스토크와 미르니라는 이름을 붙여 벨링스하우젠의 업적을 기리고 있다.

제임스 클라크 로스

제임스 클라크 로스

영국의 극지탐험가 로스James Clark Ross, 1800~1862는 1839년 남극 탐험 대장에 임명된 후 1843년까지 지자기 관측을 목적으로 남극대륙을 탐험했다. 그는 얼음에 덮인 고지를 발견하여 '남빅토리아랜드'라 이름 붙였으며, 활화산 에러버스를 비롯해 로스 빙붕, 로스해 등 수많은 지리적 발견을 이루었다.

뒤몽 뒤르빌

뒤몽 뒤르빌

프랑스 군인이자 탐험가 뒤몽 뒤르빌Dumentd d'Urville, 1790~1842은 대양주를 탐험했고 두 차례 세계를 일주했다. 1840년 남극대륙의 인도양 쪽 해안에 상륙해 그곳을 아내의 이름을 따서 아델리랜드라 지었다. 프랑스 정부는 그의 공을 기리기 위해 1956년 아델리랜드에 건설한 남극관측기지를 뒤몽 뒤르빌 관측기지로 이름 지었다.

벨기에 남극 탐험대

남극에서 최초로 월동한 탐험대이다.

1895년 벨기에 해군 장교 아드리엔 드 겔라쉬Adrien de Gerlache, 1866~1934가 여러 나라 사람들로 구성된 벨기에 남극 탐험대를 조직했다. 이 탐험대는 1898년 3월 벨링스하우젠해에서 얼음에 갇히는 바람에 다음 해 3월까지 펭귄 고기로 연명하며 월동했다. 탐험대의 일원으로 참가했던 젊은 시절의 아문센은 이때 남극에서 월동하는 소중한 경험을 가졌다. 이 경험은 1911년 12월 14일 인류 최초로 남극점을 정복할 수 있는 바탕이 되었다.

스웨덴 남극 탐험대

20세기 들어 가장 먼저 남극을 탐험했다.

지질학자 오토 노르덴쇨드Otto Nordenskjöld, 1877~1932 박사를 대장으로 한 스웨덴 남극 탐험대는 1902년 1월 화석이 많은 서남극 스노힐섬에서 월동하면서 2미터 크기에 이르는 펭귄 화석을 비롯해 많은 화석을 발견하는 성과를 거두었다. 그런데 그들을 데리러 올 예정이었던 탐험선 안타크틱호가 1902년 11월 얼음에 갇혔다가 이듬해 2월 12일 침몰하는 바람에 탐험대는 남극에서 또다시 겨울을 보내야 했고 안타크틱호 선원들도 폴레섬에서 겨울을 나야만 했다. 2년이 지나도 탐험대뿐 아니라 탐험대를 데리러 간 배까지 돌아오지 않자 스웨덴과 아르헨티나 정부가 구조대를 조직, 스노힐섬의 월동대와 폴레섬의 선원들을 모두 구조해냈다. 오토 노르덴쇨드는 인류 최초로 북동항로를 개척한 아돌프 에리크 노르덴쇨드의 조카이다.

스콧 남극 탐험대

스콧 남극 탐험대(뒷줄 가운데가 스콧)

1901~1904년 남극을 탐험한 영국 해군 장교 로버트 팰컨 스콧Robert Falcon Scott, 1868~1912은 남위 82도 16분 33초까지 진출하며 남극점 정복에 대한 가능성을 보였다. 이후 남극점 정복을 위해 2차 탐험대를 조직해 1912년 1월 17일 남극점에 도착했으나 한 달 앞서 남극점에 도착한 아문센이 자신들에

게 남겨둔 편지를 읽어야만 했다. 스콧 탐험대는 낙담 속에 귀환 길에 올랐지만 그들을 기다리고 있던 배로 살아서 돌아오지 못했다.

남극의 겨울이 끝난 뒤 스콧 탐험대를 찾아 나선 구조대는 연료와 식량을 저장해 둔 1톤 보급 창고에서 불과 18킬로미터 떨어진 텐트 안에서 죽은 채 누워 있는 스콧 일행과 탐험 과정을 기록으로 남긴 스콧의 일기를 발견했다. 스콧은 일기에 "우리가 남극을 탐험하는 이유는 오직 남극 연구를 위해서"라고 기록했다. 실제 스콧 탐험대는 마지막 순간까지 식물 화석이 있는 16킬로그램 가까이 나가는 돌덩이들을 운반하고 있었다.

섀클턴 탐험대

1901년 스콧의 1차 탐험대에 참가했다가 괴혈병으로 중도 하차한 섀클턴Ernest Henry Shackleton, 1874~ 1922은 1904년 영국으로 돌아와 지리남극점과 자기남극점을 정복하기 위한 별도의 탐험대를 조직하면서 남극점 정복을 두고 스콧과 신경전을 벌였다. 1908년 11월 26일 스콧의 1차 남극 탐험대가 도달한 남위 82도 16분 33초를 돌파한 섀클턴은 1909년 1월 9일에는 남위 88도 23분까지 나아갔다. 이 기록은 스콧보다 580킬로미터나 더 남극점 쪽으로 전진한 것으로 남극점을 불과 180킬로미터 남겨두고 있었다.

섀클턴

1914년 섀클턴은 27명의 대원들과 함께 남극대륙 횡단에 도전하게 된다. 아문센과 스콧이 이미 남극점에 발을 디딘 마당에 남극점 정복은 더 이상 의미가 없었기 때문이다. 섀클턴은 1914년 10월 5일 남극대륙을 횡단하기 위해 사우스조지아섬을 출발했지만 44일 만에 얼음 바다에 갇히고 말았다. 이후 283일 동안 배에 갇혀 지내야 했으며, 배가 얼음의 압력을 견디지 못하고 침몰한 후에는 빙산을 타고 165일 동안을 표류했다.

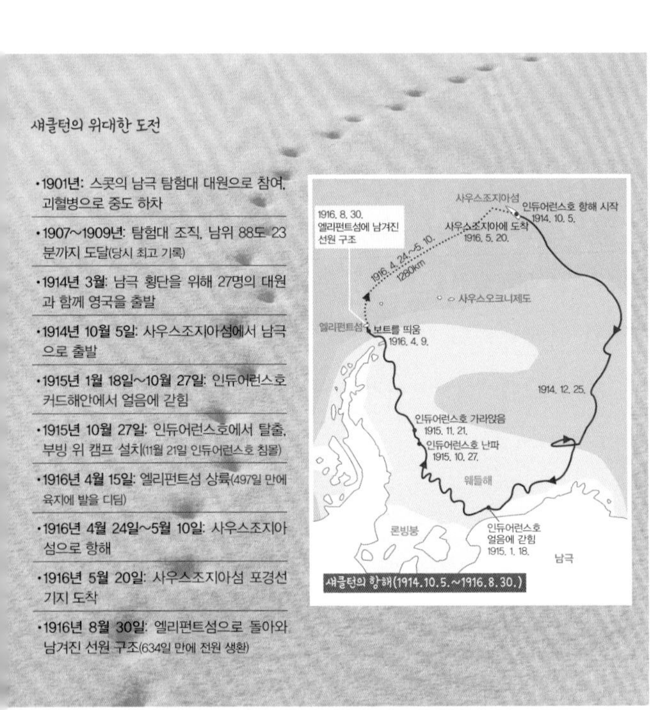
섀클턴의 위대한 도전
•1901년: 스콧의 남극 탐험대 대원으로 참여, 괴혈병으로 중도 하차
•1907~1909년: 탐험대 조직, 남위 88도 23분까지 도달(당시 최고 기록)
•1914년 3월: 남극 횡단을 위해 27명의 대원과 함께 영국을 출발
•1914년 10월 5일: 사우스조지아섬에서 남극으로 출발
•1915년 1월 18일~10월 27일: 인듀어런스호 커드해안에서 얼음에 갇힘
•1915년 10월 27일: 인듀어런스호에서 탈출, 부빙 위 캠프 설치(11월 21일 인듀어런스호 침몰)
•1916년 4월 15일: 엘리펀트섬 상륙(497일 만에 육지에 발을 디딤)
•1916년 4월 24일~5월 10일: 사우스조지아섬으로 항해
•1916년 5월 20일: 사우스조지아섬 포경선 기지 도착
•1916년 8월 30일: 엘리펀트섬으로 돌아와 남겨진 선원 구조(634일 만에 전원 생환)
사우스조지아섬
인듀어런스호 항해 시작
1914. 10. 5.
1916. 8. 30.
엘리펀트섬에 남겨진
선원 구조
사우스조지아에 도착
1916. 5. 20.
1916. 4. 24~5. 10.
1280km
사우스오크니제도
엘리펀트섬
보트를 띄움
1916. 4. 9.
1914. 12. 25.
인듀어런스호 가라앉음
1915. 11. 21.
인듀어런스호 난파
1915. 10. 27.
웨들해
론빙붕
인듀어런스호
얼음에 갇힘
1915. 1. 18.
남극
섀클턴의 항해(1914.10.5.~1916.8.30.)

섀클턴과 그의 대원들의 모습이다. 섀클턴과 그의 탐험대가 위대한 탐험대로 기억되는 것은 탐험대원 중 걸출한 사진가 프랭크 헐리가 있었기에 가능했다. 프랭크 헐리는 탐험대의 전 과정을 사진으로 남겼다.

1916년 4월 15일 가까스로 사우스셰틀랜드 군도 북동쪽에 있는 엘리펀트섬에 상륙한 섀클턴은 탐험의 역사에 영원히 남을 만한 중요한 결정을 하게 된다. 그것은 구조대가 오는 것을 무작정 기다리지 않고 지구상에서 가장 험난한 드레이크해협을 가로질러 약 1,300킬로미터 떨어진 사우스조지아섬으로 구조 요청을 하러 가는 것이었다. 1916년 4월 24일 5명의 대원과 함께 출발한 섀클턴은 14일 동안 작은 구명보트의 노를 저어 사우스조지아섬에 도착하는 데 성공했다. 조난된 지 590일이 지난 1916년 8월 30일, 마침내 섀클턴은 구조대를 이끌고 22명의 선원이 기다리고 있던 엘리펀트섬으로 돌아왔다. 조난 기간에 보여준 섀클턴의 탁월한 통솔력과 드레이크해협을 가로질러 구조 요청을 떠난 결단력과 용감함은 인간의 한계를 뛰어넘는 일들이었다.

리처드 버드 제독

미국 해군 대령 리처드 버드Richard E. Byrd, 1888~1957 제독은 1929년 11월 29일 비행기를 이용해 최초로 극점에 도달했으며 남극대륙에서 최초로 월동하는 데 성공했다. 리처드 버드 제독의 남극 탐험으로 미국 정부는 남극에 관심을 가지게 되었다. 이후 버드 제독은 미국 정부 주도의 남극 탐험을 세 번이나 지휘하게 된다.

리처드 버드 제독

라눌프 핀즈의 지구 종단 탐험대

1979년 9월 2일 영국 그리니치를 출항한 라눌프 핀즈Ranulph Fiennes, 1944~ 는 1982년 8월 29일 그리니치에 도착, 본초 자오선을 따라 지구를 종단하는 데 성공했다. 본초 자오선을 따라 지구를 종단하는 것은 남극점과 북극점을 포함, 4대륙 3대양과 열 곳의 바다를 지나고 4만 킬로미터에 이르는 엄청난 여정이었다. 핀즈는 남극점과 북극점에 발자국을 남긴 최초의 사람으로 기록되었다.

라눌프 핀즈

국제 남극 종단 탐험대

프랑스 · 미국 · 소련 · 영국 · 중국 · 일본 등 6개국 여섯 명으로 구성된 국제 남극 종단 탐험대는 1989년 7월~1990년 3월 3일 인류가 생각할 수 있는 가장 먼 길로 남극대륙을 종단했다. 다른 탐험대가 남극점 정복을 위해 가장 짧은 경로를 찾아다녔다면 이들은 개 썰매만을 이용해 가장 먼 길을 택해 남극대륙을 종단했다는 데 의미가 있다. 이들의 도전은 남극에서 있었던 가장 무섭고 가혹한 도전의 하나로 기록되고 있다.

허영호

허영호의 남극점 정복대

탐험가 허영호를 대장으로 한 우리나라 남극점 정복대는 중간 물자 보급 없이 44일 동안 1,400킬로미터를 걸어서 남극점에 도착했다. 그 전해에 똑같은 경로로 남극점까지 간 일본 남극점 정복대가 67일이 걸린 점을 감안하면 허영호의 남극점 정복대가 얼마나 초인적이었는지 짐작할 수 있다.

해빙을 깨고 전진하는 쇄빙선

극지 탐험가들을 가장 힘들게 한 것은 북극해와 남극대륙 주변의 얼어붙은 바다였다. 선박이 얼음에 갇히면 얼음이 녹아 다시 뱃길이 열릴 때까지 1년이고 2년이고 무한정 기다릴 수밖에 없다. 이를 극복하기 위해 등장한 것이 쇄빙선Icebreaker이다. 쇄빙선은 바다를 덮고 있는 얼음을 깨부수면서 전진할 수 있고, 다른 배가 얼음에 갇힐 경우 구조해낼 수도 있다.

얼음을 부수는 전통적인 방법은 배의 앞머리가 얼음 위에 올라타 위에서 짓누르는 무게를 이용한다. 그러다 보니 쇄빙선은 앞쪽이 무겁고 튼튼한 강철판으로 되어 있어야 한다. 또한 충격에 견딜 수 있도록 선체 외벽의 철판 두께는 일반 상선의 두 배 이상인 30밀리미터 이상으로 설계되었다. 엔진 출력도 강력해야 한다. 선박 자체가 무거운 데다 얼음을 부수면서 밀고 나가야 하기 때문이다.

만약 뱃머리가 얼음 위에 올라탔는데도 얼음이 부서지지 않으면 어떻게 될까? 강력한 엔진의 추진력 때문에 배가 빙판 위에 올라앉을 수 있다. 이에 대한 대책으로 얼음을 잘라내는 아이스 나이프가 배에 장착되어 있다. 선체 옆에 있는 분사장치에서는 쉴 새 없이 물이나 공기가 뿜어져 나와 배의 진행을 막는 부서진 얼음 덩어리들을 밀어내기도 한다. 그런데 아무리 강력한 쇄빙선이라도 아주 두껍게 얼어붙은 해빙 지대는 인공위성이나 헬기의 정찰 도움을 받아 피해야 한다.

자칫 잘못된 항로를 선택했을 때 돌이킬 수 없는 손실을 입을 수도 있다. 1989년 1월 아르헨티나의 바이아 파라이소호가 남극반도 인근에서 바위에 부딪혀 침몰하는 바람에 남극반도 인근이 오염되는 사고가 있었다. 이 사고 이후로 세계 여러 나라에서는 남극을 연구할 준비가 되어 있는 나라만이 남극에 와야 한다고 비아냥거리기도 했다. 이 사고로 아르헨티나는 쇄빙선과 함께 배에 탑재되어 있던 두 대의 헬리콥터까지 잃어버리는 경제적 손실과 함께 국제사회에서 망신당하고 말았다.

초기의 쇄빙선은 얼음을 깬다기보다는 얼음의 충격으로부터 배를 보호할 수 있는 정도의 내빙선 수준이었다. 20세기에 들어서면서 여러 나라에서 본격적으로 쇄빙선을 건조하기 시작했다. 러시아는 1959년 세계 최초의 핵추진 쇄빙선인 레닌Lenin호를 시작으로 총 4척의 핵추진 쇄빙선을 건조해 북극해 천연자원 개발에 활용하고 있다. 현재 러시아를 비롯한 세계 각국이 보유하고 있는 쇄빙선은 40여 척이지만 대부분

우리나라 첫 쇄빙선인 아라온호가
남극 로스해 해빙 지대를 뚫으며 장보고과학기지로 향하고 있다.

2019년 6월 부산 국제크루즈터미널에 입항한 아라온호를 맞이하기 위해 500여 명의 부산시민들이 부두 선착장을 찾았다.

이 북극 항로 개척과 북극해 자원개발, 해양환경 연구, 석유개발을 위한 작업용 쇄빙선이며, 10척 정도만 남극용 쇄빙선으로 운항되고 있다.

현재 남극에 기지를 운영하고 있는 나라들의 쇄빙선은 자국 기지에 물품을 보급하는 역할뿐 아니라 남극해역에서의 연구 활동도 수행하는 첨단 기능을 갖추고 있다. 이런 선박들을 쇄빙 연구선이라 하여 기존의 쇄빙선과 구별한다. 2009년 가을 시험운항에 나선 우리나라 첫 쇄빙선인 아라온호(6950톤급)는 쇄빙 능력뿐 아니라 첨단 연구 장비를 갖추고 있어 쇄빙 연구선으로 분류된다. 아라온호의 가장 큰 특징은 60여 종의 첨단 연구 관측 장비를 갖추고 있다는 점이다. 연구 관측 장비에는 해저 시료 채취 및 처리에 쓰이는 해양 지질 장비, 해저 지형과 지질 구조를 파악하는 다중채널 탄성파 장비 등도 포함되어 있어 해저자원 탐사에도 활용된다. 이밖에 기상자료 처리실, 중력계실, 전자계측 작업실을 갖춰 대기와 해양의 상호작용 등을 연구하게 된다.

코로나 팬데믹과 아라온호의 대항해

남극 세종과학기지와 장보고과학기지 월동대원 임무 교대를 위해 아라온호는 139일간(2020년 10월 31일~2021년 3월 19일) 대항해 임무를 수행했다. 아라온호의 대항해는 코로나 팬데믹으로 인해 비행기를 이용한 월동대원 교대와 연구 활동 등이 불가능해짐에 따라 불가피하게 진행되었다.

- **항로**: 대한민국 광양항 출항→뉴질랜드 크라이스트 처치→남극 장보고과학기지→남극 로스해 해양 조사를 위하 연구 항해→칠레 푼타아레나스→남극 세종과학기지→남극반도 해양 조사를 위한 연구 항해→남극 세종과학기지→칠레 푼타아레나스→대한민국 광양항 입항

'아라온'이라는 이름은 순우리말로 바다를 의미하는 '아라'에 전부나 모두라는 뜻의 관형사 '온'을 붙였다. '전 세계 모든 바다를 누비라'는 의미와 '어떠한 상황에서도 역동적으로 활약하라'는 기대를 담고 있다.

2009년 건조 후 연구 활동과 남극 세종과학기지와 장보고과학기지에 물자를 공급하기 위한 항해까지 전담하고 있는 아라온호의 피로도가 누적되자 해양수산부는 2026년 북극 연구를 전담할 친환경 차세대 쇄빙연구선(1만 5450톤, 3노트 속도로 1.5미터 평탄빙을 연속 쇄빙, 승선 인원 100명)을 건조해 2027년부터 운항에 나설 계획이다. 차세대 쇄빙 연구선이 투입되면 우리나라는 두 대의 쇄빙선을 운용하는 극지 연구 선도국으로 발돋움하게 될 전망이다.

남극 바닷속

남극 바닷속은 어떤 모습일까? 많은 사람이 빙산과 유빙이 둥둥 떠다니는 혹한의 환경이라 생명체가 살 수 없을 것으로 생각한다. 하지만 남극 바닷속은 안정되어 있어 다양한 바다생물이 삶의 공동체를 이루고 있다. 한마디로 말하면 바다생물의 천국이다. 땅 위는 영하 수십 도를 오르내리는 데다 강한 바람까지 몰아쳐 생명체가 살 수 없지만, 바닷속은 1년 내내, 아니 수만 년 동안 영하 1~2도를 유지하고 있다. 낮은 수온에 성공적으로 적응한 해양생물에게 이곳만큼 안정적인 곳이 없는 셈이다.

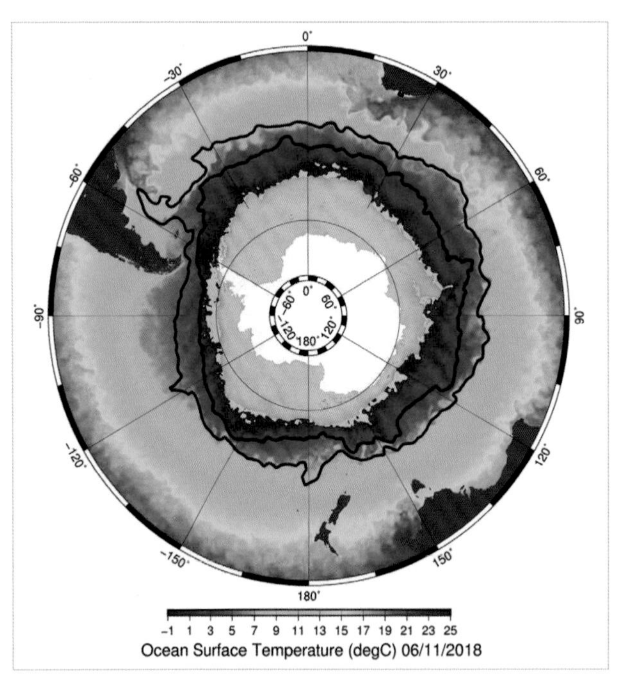

남극 순환해류는 태평양, 인도양, 대서양 등 다른 바닷물이 남극 바다로 섞여드는 것을 원천적으로 막아 버린다. 남극해는 남극 순환해류로 인해 여느 바다와는 다른 독특한 생태계를 유지하고 있다.

남극 바닷물을 차갑게 만드는 것은 남극 바다를 병풍처럼 둘러싸고 있는 남극 순환해류 때문이다. 남극 순환해류는 탁월편서풍**prevailing westerly wind**에 의해 남극대륙 주변을 서에서 동으로(시계 방향) 순환하며 태평양, 인도양, 대서양 등 다른 바닷물이 남극 바다로 섞여 드는 것을 원천적으로 막아 버린다. 남극 순환해류의 중심은 대서양과 인도양의 중심에서 남위 50도, 태평양에서는 남위 60도 부근이다. 유속은 1~1.5노트(약 50~75cm/s)로 비교적 저속이지만, 수직 두께가 약 3,000미터 이상이기에 해류 중 가장 규모가 크다.

남극 바다에서의 스쿠버다이빙

필자는 남극 세종과학기지, 장보고과학기지, 북극 다산과학기지에 다녀온 경험이 있다. 특히 남극 사우스셰틀랜드군도의 킹조지섬, 넬슨섬 해역과 드레이크해협 등에서 30회에 걸쳐 스쿠버다이빙을 진행했다. 바닷속에서 필자를 가장 먼저 반긴 것은 수 미터 길이로 쭉쭉 자란 다년생 갈조류로 이루어진 바다숲이었다. 바다숲 사이에는 삿갓조개, 어류, 성게, 말미잘, 해면, 불가사리 등의 생명체가 삶의 공동체를 이루고 있었다. 남극 바닷속이 풍요로운 것은 바닷말의 활발한 생명 활동 때문이다. 이들은 광합성을 통해 산소와 영양물질을 생산하는 1차 생산자로 남극 바다에 생명을 불어넣는다. 뿐만 아니라 많은 바다동물에게 서식처를 제공하며, 삿갓조개 등 연체동물이나 성게 같은 극피동물의 훌륭한 먹잇감이 된다.

광합성과 1차 생산자라는 관점에서 남극 바다에 살고 있는 식물플랑크톤의 역할은 주목할 만하다. 온대나 열대 바다에서 살아가는 식물플랑크톤의 경우 수면 가까이 살다가 죽기 때문에 광합성을 위해 흡수한 이산화탄소는 다시 대기로 돌아간다. 하지만 남극이나 북극 바다의 식물플랑크톤은 차가운 수온으로 인해 이산화탄소를 흡수한 채 바닥으로 가라앉아 켜켜이 쌓이게 된다. 극지 바다는 지구에서 가장 많은 이산화탄소를 소비하고 저장하는 곳이다. 지구 온난화가 가속화되고 있는 원인 중 하나가 대기 중에 늘어나는 이산화탄소에 비롯된다는 입장에서 볼 때 극지 바다는 지구 온난화를 막아주는 역할을 한다.

2006년 남극해 수중 탐사를 마치고 수면으로 올라오는데 바람에 떠내려온 얼음 덩어리들이 서로 엉겨 붙어 수면이 얼음 장판으로 변해 있었다. 얼음 속에 갇힌 꼴이었다. 밖으로 나오기 위해 이 얼음 덩어리를 피해 먼 바다로 돌아 나오느라 곤욕을 치러야 했다.

남극 바다의 조간대와 빙산

남극 바다에서는 조간대 부착생물들을 발견하기 어렵다. 대개의 바다는 만조와 간조의 차로 물에 잠겼다가 바깥 공기에 노출되기를 반복하는 조간대 갯바위에 따개비 등 부착생물이 자라지만 남극은 겨울철 바다의 결빙으로 수면과 가까운 결빙층까지는 해양생물이 살 수 없기 때문이다.

남극 바다에서 가장 흥미로운 관찰 대상 중 하나는 빙산이다. 거대한 빙붕이나 빙하에서 떨어져 나온 빙산은 조금씩 녹아 해수로 흡수되지만 발생 초기에는 생태계에 많은 영향을 준다. 빙산을 제대로 관찰하기 위해 빙산 벽면을 따라 바닷속으로 내려가 보았다. 빙산 표면은 매끈하다기보다 거친 편이다. 해수에 깎이고 쓸려나간 탓이다. 남극에 체류할 당시 물에 잠긴 부분만 20미터에 이르는 거대한 빙산을 살피고 있는데 아랫부분에 지름 1미터 정도의 구멍이 뚫려 있었다. 얼음 터널 속의 풍경이 궁금해 머리를 디밀었는데 도저히 들어갈 엄두가 나지 않았다. 자칫 터널이 무너지면 꼼짝없이 얼음에 갇힐 수밖에 없었다.

물속에서 빙산을 보고 있으면 그 자체만으로도 아름다움을 넘어 신비로움이 가득하다. 바닷속에 잠긴 부분은 바닷물에 녹아들며 끊임없이 아지랑이처럼 공기 방울을 뿜어 올린다. 그런데 이 공기 방울 속에 지구의 역사가 담겨 있다. 남극의 얼음은 물이 얼어서 만들어진 것이 아니라 눈이 쌓이고 쌓여 그 무게로 다져져 만들어진 것이다. 그러니 얼음이 녹으면서 노출되는 공기 방울은 눈이 내릴 당시 눈에 포함되

1 안정된 생육 환경으로 인해 남극 바다에서는 대형 바닷말을 쉽게 만날 수 있다.
2 물 아래 숨겨진 빙산면은 파도에 침식되고 녹아들면서 표면이 상당히 거칠다. 빙산이 바닷물에 녹으면 수십, 수백만 년 동안 얼음에 갇혀 있던 공기 방울들이 아지랑이처럼 뿜어져 나온다.

어 있던 공기인 셈이다. 수십만 년 아니, 어쩌면 수백만 년 동안 갇혀 있다 풀려나는 공기 방울을 올려다보며 그들의 자유를 찬미했다.

남극 물고기의 종류

바닷말 사이를 살피다 보면 몸을 숨기고 있는 어류가 눈에 띈다. 남극을 찾는 사람들은 큼직한 머리가 유별나게 보여서인지 남극대구라 부르지만 대구목의 대구와는 생물학적 관련이 없는 남극암치아목에 속하는 대머리암치이다.

남극에서 발견되는 물고기는 남극암치아목Notothenioidei에 속하는 5개의 과, 약 123종이 알려져 있다. 남극 바다는 2500만 년이라는 오랜 세월 동안 서서히 차가운 수온으로 내려가면서 유일하게 남극암치아목이 환경에 적응하면서 살아남았다. 이들이 살아남을 수 있었던 비결은 생체시계 유전자가 없거나 작동하지 않기에 극한 환경에서도 생존이 가능한 데다, 영하의 수온에서도 체액이나 혈액을 얼지 않게 하는 결빙방지 단백질을 가지고 있기 때문이다. 체액이 얼기 시작해 얼음 결정이 생기

영어로 Antarctic cod라고 하여 남극대구라 칭하는 종이지만 우리가 알고 있는 대구와는 아무런 생물학적 연관이 없는 남극암치아목에 속하는 대머리암치이다. 부레가 없는 이들은 대개의 시간을 바닥에 몸을 붙인 채 살아간다.

면 결빙방지 단백질이 표면에 달라붙어 얼음으로 변하는 것을 막아준다. 과학자들은 이러한 결빙방지 단백질을 통해 천연부동물질을 연구한다. 천연부동액을 인공적으로 합성하고 상용화하는 데 성공한다면 엄청난 경제적인 파급효과를 누릴 수 있다. 예를 들어 인공수정 시 수정란을 극저온 상태로 보관하려면 고가의 냉동시설이 필요한데 천연부동액은 좀 더 간편한 보존 방식을 제공할 수 있다.

남극암치과 어류 중 상업용 어업의 주요 대상 종은 메로라는 고급 식재료로 잘 알려진 파타고니아이빨고기*Dissostichus eleginoides*와 남극이빨고기*Dissostichus mawsoni*이다. 이 두 종은 분류학적으로 매우 가까운 종이지만 생태적으로는 구별된다. 남극이빨고기는 남극해에서만 서식하는 반면, 파타고니아이빨고기는 남극해 바깥쪽에서 주로 서식하므로 엄밀히 따지면 남극 물고기는 아니다.

25종으로 구성된 남극빙어과 어류는 주둥이가 앞으로 길게 튀어나와 아래로 처져 있어 그 모습이 악어를 닮아 악어빙어라고도 한다. 비교적 대형 종으로 몸길이는 최대 75센티미터까지 자란다. 남극빙어과 물고기는 다 자란 물고기의 혈액에 헤모글로빈이 거의 없는 전 세계에서 유일한 척추동물이다. 적혈구가 매우 적어 혈액이 거의 투명하게 보인다. 헤모글로빈이 적은 대신 심장이 매우 크게 발달해 몸 구석구석으로 산소를 보내주고 피부호흡으로 보충한다. 또한 부레 대신 뼈의 골밀도가 낮아 에너지 소모를 줄일 수 있게 몸이 진화되었다.

고무보트 조디악에 몸을 실은 연구원들이 남극 세종 과학기지 인근 해역에서 연구용 플랑크톤을 채집하고 있다.

스쿠버다이빙의 이해

바닷속 여행의 가장 일반적인 방법이 스쿠버다이빙SCUBA Diving이다. 스쿠버SCUBA는 'Self Contained Underwater Breathing Apparatus'의 약자로 수중에서 호흡을 유지하기 위한 장비를 의미한다. 그래서 이 장비를 사용하는 수중 활동이 스쿠버다이빙이 되는 것이다. 물속을 방문하는 데 필요한 잠수기구의 개발과 수중 세계로의 도전은 알렉산드로스 대왕(BC 356~BC 323) 시절까지 거슬러 올라가지만 현대적 개념의 스쿠버 장비는 1943년 프랑스 해군 장교 자크-이브 쿠스토Jacques-Yves Cousteau와 공학자 에밀 가냥Emile Gagnan이 발명한 것으로 비교적 역사가 짧다. 이후 공학의 발달과 함께한 스쿠버 장비의 진보는 인류가 바다와 수중에서 활동을 하는 데 큰 도움을 주고 있다.

스쿠버다이버들이 압축공기가 들어 있는 공기통(실린더)과 호흡기를 연결하고 있다. 스쿠버다이빙은 수중 활동을 할 때 필요한 호흡용 공기를 알루미늄 또는 스틸 실린더에 넣어서 휴대하는 방식이므로 물속에서의 활동이 제한적이다.

스쿠버다이빙은 압축공기를 넣은 용기를 물속으로 가지고 들어가야 한다는 점에서 번거로울 뿐 아니라 물속에 체류할 수 있는 시간도 제한적이다. 미래에는 스쿠버 장비가 아닌 인공 아가미를 이용한 다이빙 방식이 나타날지도 모른다. 해양동물이 아가미를 이용해 물속에 녹아 있는 산소를 흡수하는 방법을 기술적으로 응용하면 가능할 수도 있다. 만약 인공 아가미가 개발되고 실용화된다면 스쿠버다이빙에 사용하던 공기통이나 호흡기 등의 장비는 박물관에서나 만나게 되지 않을까?

인간은 얼마나 깊이 잠수할 수 있나?

1993년 개봉된 뤽 베송 감독의 「그랑블루Le Grand Bleu」는 '자크(장-마크 바 분)'와 '엔조(장 르노 분)' 그리고 '조안나(로잔나 아퀘트 분)'의 사랑과 우정이 주된 줄거리이지만 푸르디푸른 거대한 바다와 그 당시 프리다이빙 분야의 세계챔피언이었던 실제 인물 '자크 마욜Jacques Mayol'(가변 웨이트 잠수기록 수심 105미터)을 모델로 했다는 점에서 관심을 끌었다. 프리다이빙이란 호흡을 위해 스쿠버 장비 등 기구의 도움 없이 수면에서 공기를 들이켜고 물속으로 들어가는 방식이다.

「그랑블루」 개봉은 인간이 얼마나 깊이 잠수할 수 있을까 하는 대중의 관심으로 연결되었다. 원시시대 먹을거리를 구하기 위해 시작되었을 잠수 활동이 이제는 세계 최고라는 타이틀을 위해 시도되고 있는 셈이다. 모험가들이 도전하고 있는 종목은 크게 기구에 의존하지 않는 프리다이빙(무호흡 잠수)과 기구에 의해 공기를 공급받는 스쿠버다이빙 방식으로 나뉜다.

NLT No Limit

하강할 때나 상승할 때 사용 가능한 모든 장비를 이용해 수단과 방법을 가리지 않고 빠른 속도로 내려갔다가 올라오는 방식이다. 대개의 경우 엄청난 무게의 웨이트(몸이 가라앉기 위한 중량, 대개 비중이 높은 납을 사용한다)에 의해 바닷속으로 빨려 들어가 목표 수심에 도달한 다음 웨이트를 버리고 리프트 백(공기주머니)을 이용해 순식간에 상승한다. 다른 종목들보다 깊은 수심까지 도달할 수 있지만 인체의 한계를 넘어서는 위험을 안고 있어 현재는 금지된 종목이다.

❖ VWT Variable Weight

로프에 달려 있는 활차를 이용해 웨이트의 무게로 내려갔다가 올라올 때는 웨이트를 떼어내고 로프를 잡아당기는 등 핀을 사용하지 않고 올라오는 방식이다. 이때 웨이트는 몸무게의 3분의 1을 초과할 수 없도록 규정되어 있다.

❖ CWT Constant Weight

고정 웨이트 종목이다. 웨이트와 핀을 착용하고 핀킥으로 하강했다가 상승하는 방식이다. 수면으로 돌아올 때 웨이트를 그대로 몸에 지닌 채 상승하는 방식이라 고정 웨이트 종목이라 한다.

고정 웨이트 종목은 핀을 착용하는 종목과 핀을 착용하지 않는 종목으로 다시 나뉜다. 핀은 물속에서 에너지 소모를 줄이면서 최대의 추진력을 만들어내는 필수 장비이다. 핀을 착용하지 않으면 깊이 내려간 후 수면으로 돌아오는 데 상당히 힘이 든다. 이러한 이유로 핀을 착용할 때보다 깊이 내려갈 수 없다.

❖ CWTB Constant Weight With Bifins

CWT 종목이 추진력이 좋은 모노핀monofin을 이용한다면 이 종목은 한 발에 핀을 하나씩 신는 짝핀bifin을 사용한다.

❖ CNF Constant Weight No Fins

CWT 종목과 같이 고정 웨이트 방식이지만 핀을 착용하지 않고 하강 및 상승한다. 추진력을 주는 핀의 도움을 받지 않기 때문에 어려운 종목이다.

❖ FIM Free Immersion

핀을 사용하지 않고 로프를 잡고 하강 및 상승한다. 로프를 당기면서 속도 조절이 가능해 몸과 마음의 긴장을 풀어줄 수 있어 프리다이빙에 입문할 때 가장 먼저 배우는 방식이다.

❖ DYN Dynamic With Fins

모노핀을 사용해 수중에서 수평으로 이동하는 종목이다. 팔로 수영하는 동작까지 금지한다. 모노핀이 핀 두 개를 이용하는 짝핀보다 추진력이 좋다.

❖ DYNB Dynamic With Bifins

DYN 종목이 추진력이 좋은 모노핀을 이용한다면 이 종목은 한 발에 핀을 하나씩 신는 짝핀 방식이다.

❖ DNF Dynamic Without Fins

핀을 사용하지 않고 수중에서 수평으로 이동하는 종목이다.

❖ STA Static Apnea

거리를 이동하는 것이 아니라 숨을 참는 시간을 기준으로 한다.

국제 프리다이빙 교육 단체 AIDA International Association for the Development of Apnea

AIDA에서는 매년 종목별 세계기록 보유자와 기록을 공개하고 있다. 2020년 기준 종목별 세계기록은 다음과 같다.(100쪽 참조. 세계기록은 매년 공인 대회가 있을 때마다 변경되며 기록자 명단은 홈페이지 http://www.aidainternational.org에 수록된다.)

스쿠버 장비를 이용하는 방식으로는 이집트 육군 장교인 아메드 가브르 Ahmed Gabr 가 2014년 9월 19일 홍해에서 기록한 332.35미터가 최고 기록이다. 아메드는 332.35미터까지 14분 만에 도달했으며 수면으로 올라오는 데 92개의 공기통을 소모하며 13시간 36분이 걸렸다. 상승할 때 시간이 많이 걸리는 것은 깊은 수심에서 호흡할

여성부

종목	이 름	기록	기록 달성일
DYN	Magdalena Solich-Talanda (폴란드)	257미터	2019.10.13.
DNF	Magdalena Solich-Talanda (폴란드)	191미터	2017.07.01.
STA	Natalia Molchanova (러시아)	09:02분	2013.06.21.
DYNB	Mirela Kardasevic (헝가리)	208미터	2019.03.07.
NLT	Tanya Streeter (미국)	160미터	2002.08.17.
VWT	Nanja Van Den Broek (네덜란드)	130미터	2015.10.18.
CWT	Alessia Zecchini (이탈리아)	107미터	2018.07.26.
CNF	Alessia Zecchini (이탈리아)	73미터	2018.07.22.
FIM	Alessia Zecchini (이탈리아)	98미터	2019.10.16.
CWTB	Alenka Artnik (슬로베니아)	92미터	2019.06.11.

남성부

종목	이 름	기록	기록 달성일
DYN	Mateusz Malina (폴란드)	300미터	2016.07.02.
	Giorgos Panagiotakis (독일)	300미터	2016.07.02.
DNF	Mateusz Malina (폴란드)	244미터	2016.07.01.
STA	Stephane Mifsud (프랑스)	11:35분	2009.06.08.
DYNB	Mateusz Malina (폴란드)	250미터	2019.10.13.
NLT	Herbert Nitsch (오스트리아)	214미터	2007.06.09.
VWT	Stavros Kastrinakis (독일)	146미터	2015.11.01.
CWT	Alexey Molchanov (러시아)	130미터	2018.07.18.
CNF	William Trubridge (뉴질랜드)	102미터	2016.07.16.
FIM	Alexey Molchanov (러시아)	125미터	2018.07.24.
CWTB	Alexey Molchanov (러시아)	110미터	2019.08.05.

때 사용한 압축공기의 기포가 몸에서 완전히 배출되려면 수심과 체류시간에 비례하는 만큼의 시간을 수중에 머물러야 하기 때문이다.

아메드는 당시까지의 세계기록이었던 누누 고메즈Nuno Gomes의 318.25미터를 갱신하기 위해 육체적, 정신적 훈련과 기금 모으기, 지원팀 구성 등 준비과정에만 4년이 걸렸다. 한편 2001년 308미터 지점까지 내려가 300미터 수심을 처음 돌파했던 존 베넷은 2004년 3월 15일 우리나라 서해 56미터 수심에서 침몰 선박 조사 작업을 벌이던 중 실종되었다. 기록 달성을 위한 안정적인 수중 환경과, 예상치 못한 위험이 도사리고 있는 실제 작업 환경은 다를 수 밖에 없다.

바닷속 세상에 대한 호기심으로 스쿠버다이빙 인구는 해마다 늘고 있다. 초보자를 위한 스쿠버다이빙 교육은 안전한 수영장에서 진행하는 것이 일반적이다. 사진은 본격적인 교육에 앞서 수영장 적응 훈련 중인 교육생의 모습이다.

이외에 특수 기체를 이용해 장시간 수중에 체류하는 데 이용되는 포화 잠수 방식으로는 우리나라 해군 해난구조대SSU가 2003년 5월 프랑스 교육 연수 시 450미터 수심과 같은 환경에서 성공적으로 임무를 수행한 기록이 있다. 실제 작전에서는 1998년 거제도 해역으로 침투하다가 우리 해군에 의해 격침된 북한 반잠수정을 150미터 수심에서 인양한 사례를 들 수 있다.

잠수정 또는 잠수함을 이용해 가장 깊이 내려간 기록은 1960년 1월 23일 미국 해군 잠수정 트리에스트 2호에 승선한 조종사들이 태평양 마리아나 해구 챌린저 해연 1만 918미터까지 도달한 기록이다. 이들은 이곳까지 내려가는 데 네 시간이 채 걸리

프리다이버는 스쿠버 장비를 사용하지 않기에 수중에서 활동이 자유롭다.

지 않았으며, 20분을 체류한 후 다시 수면으로 올라왔다. 그 후로는 이와 같은 심해에 대한 도전은 이루어지지 않고 있다.

트리에스트 2호는 자체 동력으로 이동 가능한 현대식 잠수정이 아니라 모선에 예인되어 부력 조절만으로 하강과 상승을 할 수 있는 단순한 구조였다. 현존하는 심해 유인 잠수정 중 자체 동력으로 가장 깊은 수심까지 들어갈 수 있는 잠수정은 일본 신카이Sinkai6500으로 최대 잠수 가능 수심이 6,500미터에 이른다. 우리나라는 2006년에 6,000미터까지 내려갈 수 있는 심해 무인 잠수정 '해미래'를 건조했다.

우리나라에서 건조된 심해 무인 잠수정 해미래가 울릉도 해역 시험조사를 위해 모선에서 바다로 옮겨지고 있다.

일반인들의 잠수 한계

스쿠버 장비 없이는 수심 5미터 이하로도 내려가기가 힘들다. 좀 더 깊은 수심에서 오랜 시간 수중 환경을 관찰하고 즐기려면 스쿠버 장비를 사용하는 방법을 배우고 훈련을 거쳐야만 수중세계로 들어설 수 있다. 하지만 레저 다이빙의 경우 스쿠버 장비를 착용하고 즐길 수 있는 수심 범위를 30미터 이내로 규정하고 있다. 왜냐하면 질소 분압이 4기압이 되는 수심 30미터 이하부터는 질소마취로 신경세포의 작용을 방해하여 수중에서 정신을 잃을 수 있기 때문이다.

지구 대기에 가장 많은 기체인 질소는 대기압에서는 인체에 아무런 영향을 미치지 않는 불활성 기체이지만 분압이 높아지면 인체 조직에 녹아들게 된다. 뿐만 아니

1 특별한 훈련을 받지 않은 일반인이라면 수심 5미터까지 내려가기도 힘들다.

2 수중 활동을 마친 스쿠버다이버들이 수면으로 상승하고 있다. 스쿠버다이버들이 수면으로 상승할 때 '다이빙 소시지'에 공기를 주입해 수면으로 띄워 올린다. 이는 수중에 스쿠버다이버가 있다는 표식 역할을 한다.

라 질소 분압이 4기압이 되는 수심 30미터 지점에서는 질소마취 현상이 일어날 수 있다.

2004년 3월 15일 우리나라 서해에서 사고를 당한 존 베넷의 경우도 30미터가 넘는 수심에서 일어나는 질소마취에 의해 의식을 잃어버린 상태에서 서해의 강한 조류에 휩쓸리고 만 것으로 추정하고 있다.

질소마취는 30미터 이하에서 모든 사람에게 언제나 오는 것은 아니다. 사람에 따라 내성이 다르며 경험이 풍부한 다이버라도 그날 컨디션에 따라 질소마취가 오는 경우도 있고 괜찮은 경우도 있다. 30미터 수심 아래로 내려가야 할 때는 수심 25미터 지점부터 준비한다. 물속에서 노래를 흥얼거리고 구구단도 외어 보는 등 몸의 상태를 점검한다. 이때 상태가 좋지 않다고 판단되면 얕은 수심으로 상승해야 한다. 얕은 곳으로 올라오면 수압이 낮아져 질소 분압이 떨어지므로 질소마취 현상이 사라지게 된다. 질소마취는 그 상태만 벗어나면 후유증이 없다.

유네스코 인류무형문화유산으로 등재된 제주해녀문화

공기 공급장치 없이 수중에서 어로 채집활동을 하는 여성을 해녀라고 한다. 내륙지역에서 바다를 찾는 사람들의 눈에는 해녀를 통해 바다를 추억하겠지만 해녀들의 삶은 거친 바다만큼 치열하기만 하다. 해녀는 우리나라와 일본에만 있다. 우리나라의 해녀는 약 2만 명 정도로 추정되며, 각 해안과 여러 섬에 흩어져 있지만 대부분 제주에 있고 다른 지역 해녀들도 제주 출신이 많다.

해녀들은 무자맥질하여 보통 수심 5미터에서 30초쯤 작업하다가 물 위에 뜨곤 하지만, 필요한 경우에는 수심 20미터까지 들어가고 2분 이상 물속에서 견디기도 한다. 물 위에 솟을 때마다 "호오이" 하면서 한꺼번에 막혔던 숨을 몰아쉬는 소리가 이색적이다. 이를 '숨비소리', '숨비질소리' 또는 '솜비소리', '솜비질소리'라 한다. 염생식물인 순비기나무는 해녀들이 숨을 참고 물속으로 들어갔다가 나오면서 숨을 쉬는 소리인 '숨비기'에서 이름이 유래했다고 한다.

문헌의 기록으로는 1105년(고려 숙종 10년) 탐라군에 부임한 윤응균이 "해녀들의 나체 조업을 금한다"는 금지령을 내린 기록이 있고, 조선 인조 때 제주목사가 "남녀가 어울려 바다에서 조업하는 것을 금한다"는 엄명을 내렸다는 기록이 전해지고 있다. 오랜 세월 고립된 제주의 풍습을 혁신적으로 바꿨던 제주목사 기건奇虔(1443년 세종 25년 부임)은 해녀들이 한겨울에도 거의 벌거벗은 몸으로 조업하는 것을 안타깝게 여겨 평생 해녀들이 잡은 해산물을 먹지 않았다고 한다.

1628년부터 1635년까지 8년간 제주도에서 유배생활을 하면서 제주도의 기후와 토지 상태 · 풍습 · 생활상 등을 기록한 조선 후기 문인 이건李健의 『제주풍토기』에는 제주 해녀들의 생활 모습이 상세하게 묘사되어 있는데, 그녀들이 관가에 가혹하게 수탈당하고, 생활이 매우 비참했음을 보여주고 있다.

해녀의 장비로는 ① 망사리(그물로 주머니처럼 짜서 채취한 해산물을 담는 것으로 아가리가 좁고 그물 테에 태왁이 달려 있어 그물이 가라앉지 않도록 해준다), ② 태왁(부력을 이용해 가슴에 안고 헤엄치며 아래에 망사리를 달 수 있다), ③ 빗창(30센티미터 가량의 단단한 무쇠칼로 주로 전복을 따는 데 사용한다), ④ 호미(제주에서는 낫을 호미라고 한다), ⑤ 갈갱이(호미), ⑥ 갈쿠리, ⑦ 소살(1미터 정도의 작살), ⑧ 물수건(해녀들의 머리

태왁에 망사리를 걸어놓은 제주 해녀가 갈갱이를 들고 물질을 하고 있다. 국가무형문화재 제132호로 등재되어 있는 해녀의 기원은 인류가 바다에서 먹을 것을 구하기 시작한 원시어업시대부터 시작되었다고 할 수 있을 것이다. 제주해녀들의 문화는 2016년 유네스코 인류무형문화유산으로 등재되었다.

가 흩어지지 않도록 동여매는 수건), ⑨ 눈(수경으로, '통눈'과 '쌍눈' 두 가지가 있다), ⑩ 물옷(과거 무명 잠수복을 사용했지만 지금은 보온 효과와 부력이 있는 고무 재질의 잠수복을 주로 사용한다) 등이 있다.

기타 잠수 기록

2008년 4월 30일 데이비드 블레인이 물속에서 오래 버티기 17분 4.4초 기록을 세웠다. 의학적으로는 무호흡으로 6분이 지나면 저산소증으로 뇌 손상 등이 올 수 있다고 한다. 데이비드 블레인은 오랜 기간 반복적인 연습과 훈련, 실험을 거쳐 기록을 세울 수 있었다고 소감을 발표했다.

공기 공급 없이 물속에서 가장 오래 버티기는 2021년 3월 27일 크로아티아 시사크의 한 수영장에서 '부디미르 부다 쇼바트'(54세)가 세운 24분 33초이다. 그는 기록 도전을 위해 몇 년간 체내 산소가 몸에서 더 천천히 소비되도록 몸을 단련했다고 한다. 2008년 4월 30일에는 미국인 마술사 '데이비드 블레인'이 시카고에서 실황 중계된 '오프라 윈플리' 쇼에 출연해 17분 4.4초를 달성한 바 있다.

스쿠버 장비를 착용한 채 물속에서 가장 오래 버틴 기록은 2004년 9월 1일 미국 테네시주 출신의 '제리 헐'(39세)이 테네시주에 있는 호수 4미터 수심에서 버틴 120시간 1분 25초이다. 제리 헐이 물속에 머무는 동안 동료들이 음식물을 날라다주는 등 보조자 역할을 했으며, 그의 아내는 그에게서 한 번만 더 이런 모험을 하면 이혼을 감수하겠다는 각서를 받아냈다고 한다.

열악한 환경, 조간대

바닷물은 달과 태양의 인력과 지구 자전에 의해 주기적으로 상승하고 하강한다. 이를 조석 현상이라 한다. 조석 현상은 12시간 25분의 주기로 반복되기에 하루에 대략 두 번씩 만조와 간조가 일어난다. 이에 따라 바다와 육지가 만나는 곳은 바닷물에 잠겼다가 드러나는 일이 반복된다. 이처럼 만조에 바닷물에 잠기고 간조에 바닷물 밖으로 드러나는 곳을 조간대라 한다.

조간대는 우리에게 관찰의 기쁨을 주지만 이곳만큼 생존 환경이 척박한 곳도 드물다. 조간대에서 살고 있는 생명체는 물에 잠겨 있을 때와 공기 중에 노출될 때라는 상반된 환경에서 생존해야 하며, 갯바위에 부서지는 파도의 파괴력도 견뎌내야 한다. 또한 비가 내려 빗물이 고이면 민물에도 적응해야 하며, 여름에는 작열하는 태양을, 겨울에는 매서운 추위를 이겨내야 한다. 이뿐 아니라 강한 햇볕으로 바닷물이 증발하고 난 후에는 염분으로 범벅된 몸을 추슬러야만 한다. 이러한 극단적이고 변화무쌍한 환경에 적응할 수 있는 생물만이 조간대에서 살 수 있다.

높이에 따른 분포

바다를 끼고 있는 곳은 높낮이에 차이가 있지만 어디든 조간대를 형성한다. 조간대는 높이에 따라 조간대 상부, 중부, 하부로 나누어진다. 바다로부터 가장 높은 곳인 상부는 파도가 강해야만 물이 겨우 닿는 곳이다. 중부는 만조에는 물에 잠기지만 간조에는 공기 중에 노출되는 곳이다. 그런데 물이 빠져 공기 중에 노출되었다 해도 파도에 따라 수분이 어느 정도 공급된다. 가장 아래 있는 하부는 간조를 제외하고

1 조간대에서 살아가는 생명체는 끊임없이 반복되는 파도의 파괴력을 견뎌내야 한다.

2 조간대 중부와 하부에 걸쳐 검은큰따개비들이 모여서 살아간다. 이들은 바닷물에 실려 오는 플랑크톤을 사냥하기 위해 쉴 새 없이 만각을 휘두르는 분주한 일상을 되풀이한다.

항상 물에 잠기는 곳이다.

조간대 관찰의 묘미는 조간대 갯바위에 있다. 제법 큼지막한 갯바위를 찾아 올라서면 발밑으로 총알고둥류와 조무래기따개비들이 다닥다닥 붙어 있다. 총알고둥류와 조무래기따개비들을 발견했다면 그곳이 조간대에서 물이 가장 높이 올라오는 지점으로 생각하면 된다.

이들은 상당 시간 물밖에 노출되어도 수분 손실을 막기 위해 패각과 덮개판을 꼭 닫은 채 다시 물이 밀려올 때까지 버텨낼 수 있다. 그 아래로 거북손, 담치, 해변말미잘, 검은큰따개비, 해면류, 갯지렁이들이 서로 이웃하고 있다. 움직일 수 없는 고착성 동물들이 들고나는 물의 높이에 따라 삶의 터전을 잡는다면 움직일 수 있는 바위게, 갯강구들은 몸에 습기를 머금은 채 조간대 갯바위를 부지런히 오르내린다.

흥미로운 관찰 대상 조수웅덩이

갯바위 표면에 움푹 들어간 곳에 물이 고여 있곤 한다. 간조에도 바닷물이 그대로 남아 있어 조수웅덩이라 한다. 조수웅덩이는 흥미로운 관찰 대상이다. 바닷물을 가둔 작은 웅덩이에는 물이 빠질 때 미처 바다로 돌아가지 못한 작은 바다동물이 만조가 되기를 기다리며 숨어 있다. 물 위를 톡톡 튀어 다니는 새우류와 대나무 마디처럼 가늘고 잘록하게 생긴 바다대벌레는 조수웅덩이에서 흔하게 관찰되는 종이다. 운이 좋으면 집게류도 찾을 수 있다.

조수웅덩이는 간조에도 바닷물이 그대로 고여 있기에 이곳에 머물거나 갇혀버린 생물들을 관찰할 수 있다. 규모가 큰 조수웅덩이는 흥미로운 수족관이기도 하다.

제법 규모가 큰 조수웅덩이를 둘러보면 촉수를 움직이며 플랑크톤 사냥을 하고 있는 해변말미잘들이 보인다. 이들은 대단히 민감하다. 평소에는 촉수를 뻗고 있다가도 작은 위협이라도 있으면 순식간에 촉수를 강장 안으로 거두어들인다. 촉수가 사라진 말미잘은 아무 매력이 없다. 단지 원통형 몸통에 촉수가 '쏙' 들어가 버린 구멍만 남아 있을 뿐이다. 말미잘 옆으로 바닥에 납작하게 붙은 군부를 찾을 수 있다. 연체동물 다판류에 속하는 군부는 움직임이 느려 굼뜨다는 뜻의 '굼' 자가 붙어 '굼보'가 되었다가 '군부'로 바뀌게 되었다. 몸은 타원형이고 등 쪽에 손톱 모양의 여덟 개 판이 기왓장처럼 포개져 있다. 바위에서 떼어내면 몸을 둥글게 구부리는데, 딱딱한 각판을 제거하면 속살을 먹을 수 있다. 갯바위 낚시꾼들은 조수웅덩이에서 군부를 잡아 살을 발라내 낚시 미끼로 사용한다.

조간대 관찰의 절정

아침 일찍 조간대 갯바위를 찾으면 거북손들이 일제히 만각을 휘두르며 사냥하는 모습을 관찰할 수 있다. 밤새 휴식을 취한 거북손들이 햇살이 강하지 않은 이른 시간에 먹이 사냥을 하는 것으로 보인다.

관찰의 절정은 조간대 중부에서 하부에 걸쳐 살고 있는 검은큰따개비와 거북손이다. 겉모습만 보면 연체동물 조개류로 생각하기 쉽지만, 이들이 먹이를 잡아채는 데 사용하는 만각蔓脚(덩굴 모양의 다리)에 마디가 있어 새우나 게와 같은 절지동물로 분류된다.

부착성이 강한 따개비는 해안가 바위뿐 아니라 선박, 방파제 등의 인공적인 구조물이나 고래, 바다거북 등 대형 바다동물 몸에도 석회질을 분비하여 단단히 달라붙는다. 한번 달라붙고 나면 좀체 떨어지지 않아 선박이나 바다동물 등이 진행하는 데 마찰저항을 높인다.

폐그물에 대한 대책

제2차 세계대전 막바지에 일본은 중국과 동남아시아 그리고 우리나라에서 약탈한 물자뿐 아니라 자국민을 후송하는 작전을 벌였다. 이중 약탈한 물자들은 주로 선박 편으로 군산-목포-여수-부산을 잇는 해안선을 따라 이동했고, 이때 500여 척의 후송 선박들이 미국 공군기의 폭격으로 격침당하고 말았다. 1997년 IMF 외환위기를 겪으면서 당시 침몰한 선박에 보물이 실려 있을지도 모른다는 추정으로 보물선 발굴이 화제가 되었다. 보물을 찾기만 하면 국가 외환위기를 극복할 수 있다는 명분 또한 작용했다.

1998년 여름, 부산에 있는 한 사무실에서 우리나라를 대표하는 다이버 10여 명이 모여 가칭 '보물선 탐사팀'을 구성했다. 필자도 발굴 과정을 기록한다는 명분으로 팀에 합류했다. 탐사팀은 미국과 일본을 오가는 장기간의 조사와 현장 인터뷰를 거치면서 침몰 선박들의 좌표를 확보하고, 이 선박들에 실려 있던 화물에 대한 자료를 수집해 갔다. 탐사팀은 500여 척의 침몰 선박 중 보물이 실려 있을 확률이 가장 높은 선박으로 1945년 8월 14일 전라북도 고군산군도 선유도 앞바다에 침몰한 일본 수송선 '초잔마루(長山丸)호'를 특정했다.

1999년 여름 초잔마루호를 찾기 위해 탐사팀은 고군산군도에 캠프를 마련했다. 확보된 좌표에 도착한 탐사 선박은 음파탐지기로 침몰 선박의 위치를 확인했다. 탐사팀은 바닷속으로 뛰어들어 수심 25~50미터 지점의 침몰 선박으로 접근했다.

서해의 빠른 조류가 바닥의 개흙을 뒤집어대니 물속은 한 치 앞도 보이지 않는 펄탕인 데다 조류마저 거세 한 달 동안 계속되었던 수중 수색은 말로 표현할 수 없을

수거되지 않은 채 방치된 폐그물과 어구들은 바다를 찾는 사람뿐만 아니라 바다동물에게도 위험한 존재이다.

정도로 힘들었다.

더구나 50년이 넘는 세월 동안 서해 바다를 떠돌던 폐그물들이 얽히고설키면서 침몰 선박은 거대한 그물 덩어리로 변해 있었다. 탐사팀은 1년여 기간에 교대로 수중 탐사를 진행하면서 다양한 종류의 물건과 선박 부착물 등을 인양하는 데는 성공했지만 보물은 찾지 못했다. 결국 보물선에 대한 기대감은 다시 수면 아래로 가라앉게 되었다. 당시 탐사팀이 가장 힘들어했던 것 중 하나가 침몰 선박을 덮은 채 이리저리 흔들리던 폐그물의 존재였다.

죽음의 덫

바다에서 폐그물을 만나는 것은 달갑지 않다. 특히 한 치 앞도 보이지 않는 바닷속에서 몸이 그물에 엉키기라도 하면 벗어나기가 만만치 않다. 폐그물은 바다를 찾는 사람들에게 위험한 존재일 뿐 아니라 물고기들에게는 죽음의 덫이다. 폐그물에 갇힌 물고기들은 그곳을 벗어나지 못한 채 죽어서 썩어들고 이를 포식하기 위해 물고기들이 그물 안으로 들어가 갇히는 악순환이 반복된다. 이를 가리켜 '유령어업'이라 한다. 유령어업으로 인한 수산업 피해는 연간 1800억 원 정도로 추산된다.

물고기가 폐그물 속에 갇힌 채 부패되고 있다. 이러한 유령어업에 따른 수산업 피해는 연간 1800억 원 정도로 추산되며, 바닷물을 오염시키는 원인 중 하나로 지목되고 있다.

폐그물은 수산업에 피해를 줄 뿐 아니라 바다 오염이라는 더 큰 문제를 불러온다. 폐그물 안에서 죽어 부패하는 물고기들이 바로 직접적인 오염원이 되기 때문이다. 그물 재료는 합성수지인 나일론이 대부분이다. 과거에는 면사를 썼지만 1970년대를 기점으로 대량생산이 가능한 나일론으로 대체되기 시작했다. 나일론 등 합성수지로 만든 그물의 수명은 반영구적이지만 조업을 하다가 엉키거나 끊어지는 경우가 많다. 그래서 실제 그물의 평균수명은 짧게는 3개월, 길게는 2~3년 정도이다.

2002년 국립수산과학원의 동 · 서 · 남해안 실태조사 결과에 따르면 연안통발과 자망어구는 연간 사용량의 50퍼센트가, 근해통발과 자망어구는 20~30퍼센트가 바다에서 유실된다고 한다. 어림잡아 연간 5,000톤 정도 되는 엄청난 양이다.

폐그물에 대한 대책

당시 탐사가 이루어졌던 선유도 앞바다뿐 아니라 우리나라 해역 어디에든 버려진 통발이나 폐그물들을 발견할 수 있다. 안에는 자리돔, 베도

통발

통발은 그물감을 통같이 만들고 그 안에 미끼를 달아 유인하는 어구이다. 과거에는 대나무나 싸리 등으로 만들었으나 최근에는 그물이나 플라스틱 제품을 주로 쓴다. 붕장어통발의 경우 입구에 작은 발을 별도로 달아 대상물이 들어가면 되돌아나오지 못하게 한다.

라치, 쥐치, 게 등의 바다동물이 갇혀 죽음을 기다리고 있으며 겹겹이 쌓인 폐그물 안에는 언제 죽었는지도 모를 물고기 잔해들이 쌓여 있다. 통발이나 폐그물 안에 갇힌 물고기를 보고 있으면 측은함이 앞선다. 눈동자는 초점을 잃은 데다 먹이 활동을 하지 못해 수척해질 대로 수척해져 있다. 벗어나기 위해 얼마나 몸부림쳤는지 비늘이 떨어져 나간 몸은 상처투성이다.

바다에 유실되는 폐그물은 수거하면 피해를 줄일 수 있겠지만 넓고 깊은 바다를 떠돌거나 가라앉아 있는 그물을 100퍼센트 수거해낸다는 것은 불가능하다. 전국 각지에서 스쿠버다이빙 동호인들을 중심으로 폐그물 수거 및 바다 정화 작업이 진행되고 있지만 버려지는 양을 생각하면 이들의 활동으로 수거되는 양은 미비하다. 그렇다면 그물이 바다에서 녹아 없어진다면 문제를 해결할 수 있지 않을까.

인식의 전환은 개발로 이어졌다. 2002년 국립수산과학원은 일정 시간이 지나면 바닷물에 분해되는 생분해성 수지 그물 개발에 착수했다. 개발 초기에 일반 나일론 그물에 비해 강도가 떨어지는 등 실용화에 어려움이 있었지만 2007년을 기점으로 실용화 단계에 들어섰다. 세계 최초이며 국제출원 3건 등 7건의 특허가 출원 또는 등록되었다. 생분해성 그물은 유실되더라도 2~5년이 지나면 바닷물에 완전분해되어 없어진다. 나일론 소재보다 1.6~2배 정도 비싼 가격도 점차 해결되고 있다. 해양수산부와 지방자치단체는 어민들이 기존 그물을 생분해성 그물로 교체할 때 절반 이상의 금액을 지원해주는 시범 사업을 실시하고 있다.

전 지구적 재앙, 미세플라스틱

2015년 과학잡지 〈사이언스〉에 실린 「해양 플라스틱 쓰레기」 논문에 따르면, 2010년도에 바다로 유입된 플라스틱 쓰레기는 대략 480만~1270만 톤이었다고 한다. 우리는 언론 보도를 통해 이 플라스틱 조각을 먹은 물고기, 바다거북, 고래, 새 등의 생명체들이 고통받는다는 사실을 알고 있다. 이런 뉴스가 충격적이긴 하지만 사람의 문제로 곧바로 다가오지는 않는다. 눈에 보이는 크기의 플라스틱 조각을 사람이 직접 먹을 일은 없기 때문이다.

하지만 지름 5밀리미터 이하의 미세플라스틱이라면 문제가 달라진다. 바다로 유입된 플라스틱들은 시간이 지나면서 잘게 쪼개져 미세플라스틱으로 변한다. 눈에 보이지도 않는 크기의 미세플라스틱은 어패류 등의 호흡과 먹이 활동을 통해 체내에 흡수된 후 우리에게 고스란히 되돌아온다. 자연에 있는 어떠한 생명체도 미세플라스틱을 분해할 수 없다.

이제 미세플라스틱은 먼 나라 이야기가 아니다. 우리나라 연안, 특히 부산과 남해안은 심각함을 넘어 위기 상황이다. 바다를 찾는 사람들은 푸른 바다를 배경으로 떠 있는 하얀색 스티로폼 부표들의 기하학적인 형태를 보며 어촌 풍경에 감상을 더하곤 하지만 이것들이 햇빛과 파도에 들뜨고 잘게 쪼개져 미세플라스틱을 만들어낸다. 연구에 따르면 양식용 부표(62리터) 한 개는 60만~70만 개의 알갱이로 이루어져 있는데, 마이크로미터 단위까지 더 쪼개지면 조각 수는 수천조 개까지 늘어날 수 있다고 한다. 결국 스티로폼 부표에 매달려 양식되는 굴, 진주담치들은 미세플라스틱을 흡수한 채 우리 식탁에 오른다.

1 경남 통영시 사량면 선착장에 폐스티로폼 부표들이 쌓여 있다. 우리나라 바다를 떠도는 미세플라스틱의 상당량은 이 스티로폼 부표에서 만들어진다.

2 질량보존의 법칙은 바다라고 예외가 아니다. 양식장에서 사용하는 스티로폼 부표들은 햇빛과 파도에 들뜨고 잘게 쪼개져 해수면에 미세플라스틱들로 막을 형성한다.

바다 표층이 양식장 스티로폼에서 쪼개져 나온 미세플라스틱으로 막을 형성하고 있다면, 바닷속은 방치된 폐어구들로 몸살을 앓고 있다. 바다에 유실되는 폐그물 등 어구는 수거하면 피해를 줄일 수 있겠지만 넓고 깊은 바다를 떠돌거나 가라앉아 있는 그물을 100퍼센트 수거해내는 것은 불가능하다. 이에 대한 대책으로 2002년 국립수산과학원은 일정 기간이 지나면 바닷물에 분해되는 생분해성 수지로 만드는 그물 개발에 착수해 2007년을 기점으로 실용화 단계에 들어선 바 있다.

우리나라 바닷속에서 흔하게 만날 수 있는 풍경이다. 바다 정화작업에 나선 스쿠버다이버가 폐그물을 살펴보고 있다.

설상가상 코로나19는 바다를 더욱 심각한 위기 상황으로 몰아갔다. 비대면 사회활동으로 배달 음식과 일회용품 사용량이 늘어나면서 강이나 바다로 유입되는 생활 쓰레기 또한 늘어났기 때문이다. 이제 일상이 된

마스크 사용량 증가도 미세플라스틱 문제를 더욱 심각하게 만들고 있다.

식품의약품안전처에 따르면, 우리나라에서 2020년 8월 넷째 주 2억 7천만 장에 이르는 마스크가 생산되어 정점을 이루었고, 이후 최근까지 매주 1억 장 정도의 마스크가 생산되고 있다.

기본적으로 일회용인 이 마스크들은 플라스틱 폐기물이다. 입에 닿는 가장 안쪽은 섬유질, 외부환경에 노출되는 바깥쪽은 방수 처리된 부직포 등의 재질이지만 마스크의 핵심인 중간층 필터는 PP(폴리프로필렌) PS(폴리스티렌) PE(폴리에틸렌) 등 플라스틱 섬유로 만든다.

코로나19로 정부의 방역지침이 거리두기 4단계로 격상되었던 2021년 여름 경남 고성군 연안을 비롯해 부산 영도구 동삼동과 남구 백운포 연안의 수중 취재를 진행하면서 눈에 띄게 늘어난 생활 쓰레기와 함께 둥둥 떠다니는 마

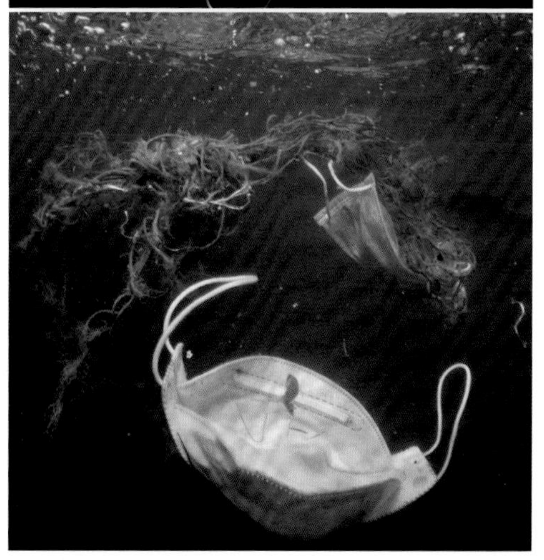

1 일회용품 소비 증가로 바다로 유입되는 생활 쓰레기가 늘어나면서 연안이 몸살을 앓고 있다.

2 코로나19로 바다로 유입되는 폐마스크 양이 늘고 있다. 플라스틱 섬유 재질인 마스크는 바닷속에서 쪼개지면서 미세플라스틱을 만든다.

스크들을 흔하게 만날 수 있었다.

위기에 빠진 바다를 살리기 위해 필요한 것은 정부의 정책적 결단과 1회용품 사용 자제 및 철저한 분리수거 등을 포함하는 국민 인식의 전환이다. 정책적 결단은 수산물 가격 상승을 불러올 수 있고 어민들이 받아들이기 어려운 부분도 숙제로 남을 수 있다. 현실의 어려움과 번거로움 때문에 바다를 내버려둔다면 바다는 더 이상 모든 것을 받아들일 수 없는 한계치에 도달하고 말 것이다. 미래세대에 건강한 바다를 물려주기 위한 실천이야말로 우리가 지금 가장 심각하게 고민해야 할 현안이 아닐까.

우리나라의 해양보호구역

해양보호구역Marine Protected Area, MPA은 1975년 IUCN(세계자연보전연맹)에서 제안했다. 2010년 제10차 생물다양성 협약당사국 총회에서는 2020년까지 전 세계 해양 및 연안 생태계의 최소 10퍼센트를 해양보호구역으로 지정하기로 결의한 바 있다. 이는 해양생태계는 한번 훼손되면 원래 상태로 되돌리는 것이 불가능하기 때문에 해양생태계 위협에 효과적으로 대응하고자 하는 국제사회의 노력으로 평가할 만하다. 이러한 추세에 발맞춰 우리나라도 해양보호구역 지정 범위를 점차 확대해 가고 있다.

해양환경공단에서는 해양보호구역의 체계적인 관리를 위하여 2010년부터 해양보호구역센터Marine Protected Area Center, MPA Center를 운영하고 있다. 2022년 기준, 우리나라는 「습지보전법」에 따라 14개소의 습지보호지역과 「해양생태계의 보전 및 관리에 관한 법률」에 따라 15개소의 해양생태계보호구역, 2개소의 해양생물보호구역, 1개소의 해양경관보호구역 등 총 32개소의 해양보호구역(총면적 1,798.692제곱킬로미터)이 지정되어 있다.

습지보호지역(14개소, 1437.8제곱킬로미터)

- 자연 상태가 원시성을 유지하고 있거나 생물다양성이 풍부한 지역
- 희귀하거나 멸종위기에 처한 야생 동 · 식물이 서식 · 도래하는 지역
- 특이한 경관적 · 지형적 또는 지질학적 가치를 지닌 지역
- 무안갯벌, 진도갯벌, 순천만갯벌, 보성 · 벌교갯벌, 옹진장봉도갯벌, 부안줄포만갯벌, 고창갯벌, 서천갯벌, 송도갯벌, 신안갯벌, 마산만 봉암갯벌, 시흥갯벌, 대부

도갯벌, 매향리갯벌

해양생태계보호구역(15개소, 261.522제곱킬로미터)

- 해양의 자연생태가 원시성을 유지하고 있거나 해양생물 다양성이 풍부하여 보전 및 학술적 연구 가치가 있는 해역
- 해양의 지형지질 생태가 특이하여 학술적 연구 또는 보전이 필요한 지역
- 해양의 기초 생산력이 높거나 보호대상해양생물의 서식지 · 산란지 등으로서 보전 가치가 있다고 인정되는 해역
- 다양한 해양생태계를 대표할 수 있거나 표본에 해당하는 지역
- 산호초 · 해초 등의 해저경관 및 해양경관이 수려하여 특별히 보전할 필요가 있는 해역
- 그 밖에 해양생태계의 효과적인 보전 및 관리를 위하여 특별히 필요한 해역으로서 대통령령이 정하는 해역
- 신두리사구 해역, 문섬 등 주변해역, 오륙도 및 주변해역, 대이작도 주변해역, 가거도 주변해역, 소화도 주변해역, 나무섬 주변해역, 남형제섬 주변해역, 청산도 주변해역, 울릉도 주변해역, 추자도 주변해역, 토끼섬 주변해역, 조도 주변해역, 통영 선촌마을 주변해역, 포항 호미곶

해양생물보호구역(2개소, 94.14제곱킬로미터)

- 보호대상해양생물의 보호를 위해 필요한 구역
- 가로림만 해역, 고성군 하이면 주변해역

해양경관보호구역(1개소, 5.23제곱킬로미터)

- 해양경관 보호를 위하여 필요한 구역
- 보령 소황사구 갯벌

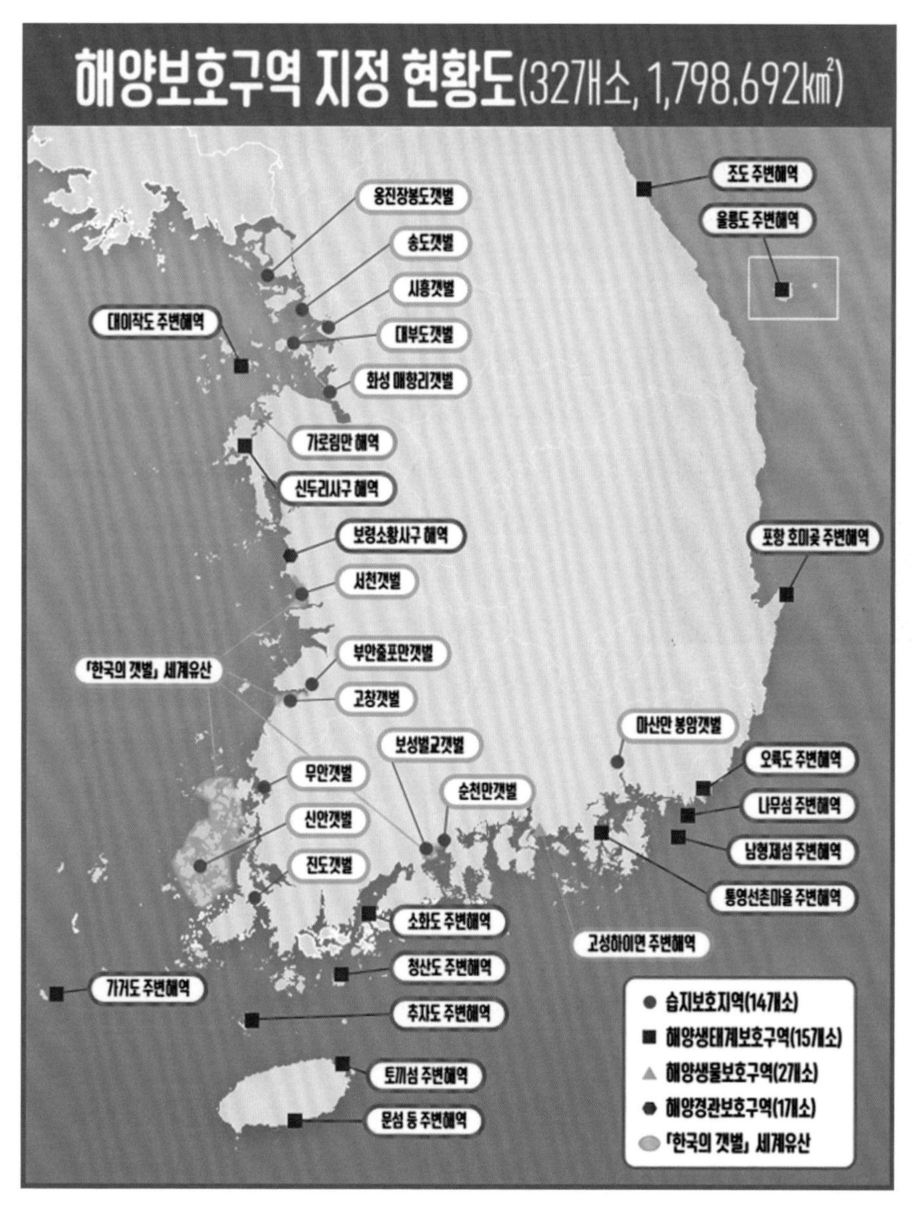
해양보호구역 지정 현황도(32개소, 1,798.692㎢)
조도 주변해역
울릉도 주변해역
옹진장봉도갯벌
송도갯벌
시흥갯벌
대부도갯벌
대이작도 주변해역
화성 매향리갯벌
가로림만 해역
신두리사구 해역
보령소황사구 해역
포항 호미곶 주변해역
서천갯벌
부안줄포만갯벌
「한국의 갯벌」 세계유산
고창갯벌
마산만 봉암갯벌
보성벌교갯벌
오륙도 주변해역
무안갯벌
순천만갯벌
나무섬 주변해역
신안갯벌
남형제섬 주변해역
진도갯벌
통영선촌마을 주변해역
소화도 주변해역
고성하이연 주변해역
청산도 주변해역
가거도 주변해역
추자도 주변해역
토끼섬 주변해역
문섬 등 주변해역
습지보호지역(14개소)
해양생태계보호구역(15개소)
해양생물보호구역(2개소)
해양경관보호구역(1개소)
「한국의 갯벌」 세계유산

해양보호구역(출처: 해양환경공단)

해양보호구역에 대한 성공적 관리와 기대

해양생태계보호구역 7호로 지정된 남형제섬 바닷속에서 아열대 해역이나 제주도가 주무대인 수지맨드라미와 해송 등을 관찰할 수 있다.

해양보호구역에 대해서는 과학적인 관리체계를 구축하고, 해양생태계 보호와 복원 사업 등을 진행해야 한다. 해양보호구역에 대한 성공적인 관리는 해양 생물량 증가, 수산자원 증가, 관광 수입 증가, 지역 브랜드 가치 상승 등의 긍정적인 효과로 이어질 수 있다. 필리핀의 대표적인 해양보호구역인 두마게티시티 아포섬의 경우 해양보호구역으로 지정된 이후 산호초에 서식하는 어류 개체 수가 늘면서 어민들의 지속적인 어업 활동이 보장되었을 뿐 아니라 지역의 관광 수입 또한 증가했다.

우리나라의 경우 전남 순천만은 2003년 습지보호지역으로 지정된 이후 연간 30만 명 수준이던 관광객이 2010년에 295만 명으로 늘어나면서 이로 인한 지역 소득이 2배 이상 증가했다. 뿐만 아니라 순천만의 친환경적 이미지를 브랜드화하면서 도시 이미지를 높이는 데 상당한 도움이 되었음은 두말할 나위 없다. 이는 지역경제 활동에도 무형적 파급효과를 가져다준다. 해양보호구역 지정 효과가 어느 정도 시간이 지나야 나타난다는 점을 고려할 때 주민들의 적극적인 참여와 정부의 지속적인 관심과 지원이 필요하다.

갯벌

갯벌은 밀물 때 물에 잠겨 있다가 썰물 때 바닷물이 빠져나가면서 드러나는 넓고 평평한 땅을 가리킨다. 주로 경사가 완만하고 밀물과 썰물 차가 큰 해안에 오랫동안 퇴적물이 쌓이면서 형성된다. 갯벌은 형상에 따라 퇴적물이 펄로 된 곳은 펄 갯벌, 모래로 된 곳은 모래 갯벌 그리고 펄과 모래, 작은 돌 등이 섞여 있는 곳은 혼합 갯벌

넓게 펼쳐진 충남 태안갯벌의 풍경이다. 인식이 부족했던 시절의 갯벌은 황무지 정도로 취급되었다.

이라 한다.

펄 갯벌은 물살이 느린 바닷가나 강 하구의 후미진 곳에 발달하며, 찰흙처럼 매우 고운 펄로 이루어져 발은 물론 허벅지까지 푹푹 빠지기도 한다. 모래 갯벌은 모래가 대부분이다. 물살이 빨라서 굵은 모래도 운반할 수 있는 바닷가에서 주로 나타난다. 혼합 갯벌은 펄 갯벌과 모래 갯벌 사이에 펄과 모래, 작은 돌 등 여러 크기의 퇴적물이 섞여 있는 곳이다. 대부분의 갯벌에는 이 세 가지 유형이 동시에 나타난다. 해양수산부 자료에 따르면, 우리나라 갯벌 면적은 2,482.0제곱킬로미터(2018년 기준)로 국토 면적의 약 2.5퍼센트이며, 연간 약 16조 원의 경제적 가치를 제공한다.

갯벌에 대한 인식이 부족했던 시절 사람들은 갯벌을 황무지로 여겨, 매립 준설을 통해 용지를 변경하기도 했다. 하지만 갯벌의 순기능이 알려지면서 갯벌의 역할과 보존에 대해 주목하게 되었다.

갯벌의 순기능은 다음과 같이 정리할 수 있다.

① 갯벌은 자연이 만든 최고의 정화조이다. 2006년 기준 국내에 있는 모든 하수 종말처리장의 1일 평균 오염물질 제거량은 약 20톤이다. 이는 약 5제곱킬로미

겨울철 부산 강서구 명지갯벌을 찾은 큰고니(천연기념물 제201호)들이 힘찬 날갯짓을 하고 있다.

터의 갯벌이 유기물을 제거하는 정도에 지나지 않는다. 바다로 흘러 들어가는 육지의 물이 갯벌을 지나면서 걸러지고, 수많은 갯벌생물이 유기물들을 분해한다. 이들의 먹이 활동으로 유기물이 줄어들면, 갯벌은 자연스레 정화된다.

② 갯벌은 우리에게 식량자원을 제공한다. 갯벌에 살고 있는 수백 종의 생물 대부분이 예로부터 식용으로 이용되어 왔다.

③ 갯벌은 어류의 산란장이다. 갯벌은 비교적 수심이 얕고 큰 파도가 없는 안정된 환경이기에 어류가 알과 새끼를 낳고 성장할 수 있는 좋은 환경이다.

④ 갯벌은 철새들의 에너지 충전소이다. 장거리 여행에 지친 철새들은 갯벌에 머물면서 영양분을 비축한다.

⑤ 갯벌은 염생식물들의 터전이다. 갯벌에는 다양한 종의 염생식물이 군락을 이루고 있다. 이들은 광합성을 통해 영양물질과 산소를 배출하기에 지구적인 차원에서 볼 때 중요한 산소 공급원이다.

⑥ 갯벌은 자연재해의 완충지이다. 태풍이나 해일이 갯벌을 만나면서 세력은 급격히 약화된다. 갯벌이 해양 재해의 힘을 흡수해 완충지대의 역할을 하는 것이다.

부유생물 플랑크톤

플랑크톤Plankton은 어떤 특정한 동물이나 식물에 대한 지칭이 아니라 스스로 움직일 수 있는 능력이 약한 부유생물을 가리킨다. '플랑크톤'이라는 용어는 1887년 독일의 동물학자인 헨젠Christian Andreas Victor Hensen이 처음 사용했는데 '떠다니다, 표류하다', 또는 '목적 없이 헤매다, 방황하다'라는 뜻의 그리스어 '플랑크토스'가 그 유래이다. 한자로는 '浮游生物부유생물'로 표기하고, 북한에서는 '떠살이생물'이라고 한다.

크기는 촉수 길이가 10미터 이상에 이르는 해파리에서부터 수 마이크로미터μm 또는 그 이하인 원생동물까지 포함하므로 분포의 폭이 넓다. 대부분의 플랑크톤은 크기가 작지만 개체 수는 아주 많아 바닷물 1리터 안에 식물플랑크톤은 수천만 개체, 동물플랑크톤은 수백 마리까지 들어 있다. 플랑크톤은 먹이사슬의 가장 아래쪽에 위치하여 다른 동물들의 생존을 가능케 한다.

플랑크톤의 종류

일반적으로 플랑크톤이라 하면 식물플랑크톤과 동물플랑크톤만을 생각한다. 하지만 이들은 사는 곳에 따라 바다에 사는 해양플랑크톤과 민물에 사는 담수플랑크톤으로 구분한다. 해양플랑크톤은 먼바다에 사는 외양플랑크톤, 얕은 바다에 사는 연안플랑크톤, 기수역에 사는 기수플랑크톤으로 세분된다. 민물플랑크톤 역시 호수플랑크톤, 연못플랑크톤, 하천플랑크톤, 우물플랑크톤 등으로 나눌 수 있다.

살고 있는 깊이에 따라서도 표층플랑크톤, 중층플랑크톤, 심층플랑크톤으로 구분되며, 햇빛이 충분한 곳에서 살아가는 양광성 플랑크톤이 있다면, 햇빛이 약한 곳을

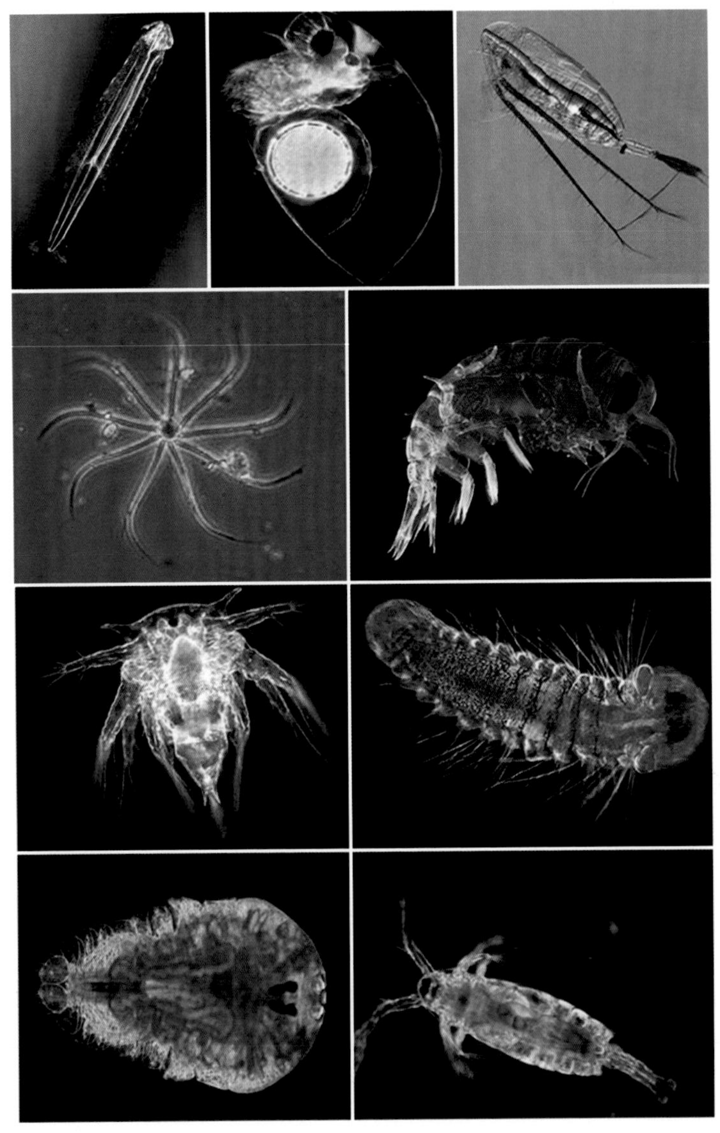

플랑크톤이라 하면 식물플랑크톤과 동물플랑크톤의 이분법으로만 분류하지만 이들은 사는 환경 또는 생의 주기에 따라 다양하게 분류된다. 사진은 현미경으로 관찰한 플랑크톤이다.

좋아하는 음광성 플랑크톤도 있다.

따개비, 성게, 불가사리와 같은 저서동물의 알은 유생기에는 일시적으로 물에 떠서 생활한다. 이들을 평생 동안 플랑크톤 상태로 살아가는 평생플랑크톤과 구별하여 일시플랑크톤이라고 한다. 이들은 성체가 되고 나면 한곳에 붙어서 살거나 움직임이 느리기에 유생기 때 물속에 떠다니면서 살기에 적합한 장소를 찾는다.

식물플랑크톤

식물플랑크톤은 땅 위의 녹색 식물처럼 광합성으로 유기물질을 만들며 초식동물의 먹이가 된다. 육상식물의 대부분은 초식동물보다 크지만 식물플랑크톤은 아주 작다. 식물플랑크톤이 작은 크기를 유지하는 것은 생존을 위해서이며, 크기가 작을수록 상대적으로 단위 부피당 표면적이 늘어나 영양분을 효율적으로 흡수할 수 있기 때문이다. 생태학에서는 이를 '표면적 대 부피의 비'라는 수식으로 해석한다.

예를 들어 크기가 큰 B의 부피는 $2\times2\times2=8cm^3$이며, 전체 표면적의 합은 $24cm^2$로, 부피에 대한 표면적의 비율이 8:24, 즉 1:3이다.

크기가 작은 A의 부피는 $1\times1\times1=1cm^3$이며, 전체 표면적의 합은 $6cm^2$로, 부피에 대한 표면적의 비율이 1:6이다. 즉 부피가 작은 A가 부피가 큰 B보다 표면적의 비율이 늘어난다.

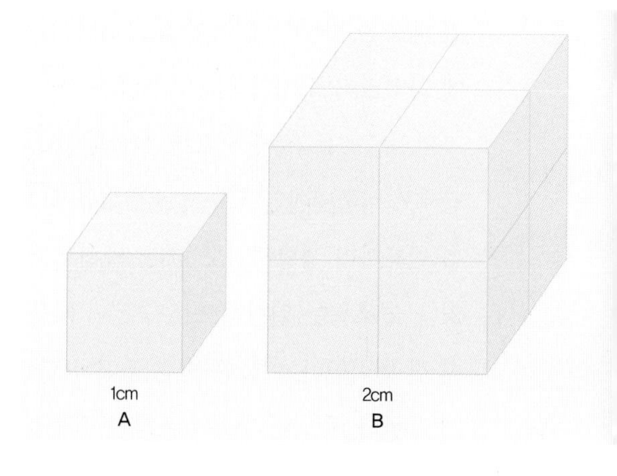

이렇게 표면적을 넓히는 예는 육상식물의 뿌리털, 동물 창자의 융털돌기(융모), 물고기의 아가미 구조 등에서도 볼 수 있다. 또한 부피에 비해 표면적이 넓으면 물과 접촉하는 면적이 커져 마찰저항도 커지게 되므로 그만큼 가라앉는 속도가 느려진다. 곧 크기가 작을수록 가라앉는 속도가 느려져 빛이

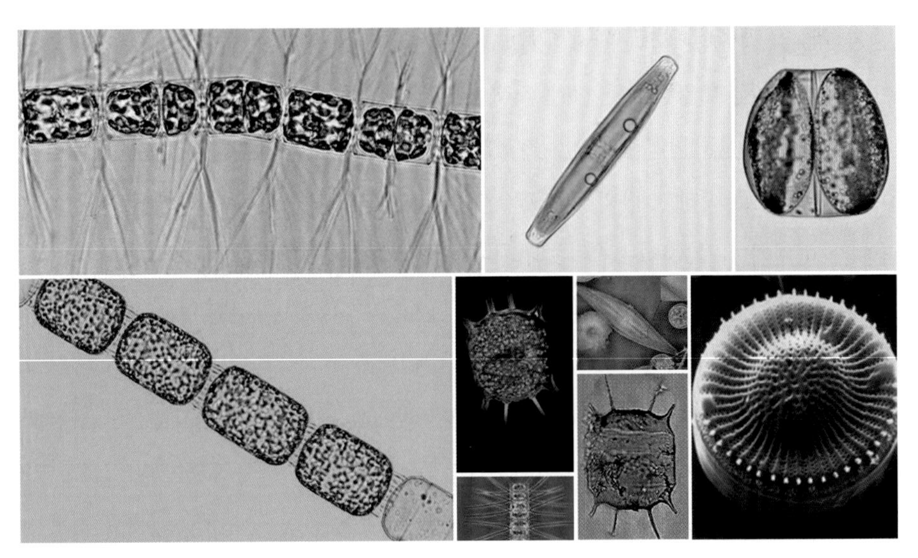

민물과 바닷물에 널리 분포하는 식물플랑크톤 돌말은 약 5,000종 이상이 알려져 있다. 눈에 보이지 않는 작은 개체이지만 현미경으로 관찰하면 각각이 지닌 아름다움과 신비로움에 감탄을 자아내게 된다.

풍부해 광합성이 원활한 표층에 오래 남아 있을 수 있으므로 식물플랑크톤은 몸의 크기를 더 작게 하는 쪽으로 진화하게 되었다.

식물플랑크톤 가운데 가장 흔한 것은 돌말이라 불리는 규소로 된 껍질이 있는 규조류이다. 육상식물이 생장을 토양 속의 광물질에 의존하고 있는 것과 같이 이 조그만 해조는 바닷물에 녹아 있는 광물질과 염류에 의존한다. 규조류는 죽은 뒤 바닥에 가라앉아 도자기 원료인 규조토가 된다.

와편모조류 역시 중요한 식물플랑크톤이다. 와편모조류도 규조류와 마찬가지로 단세포 식물이지만 모두가 광합성을 하지는 않는다. 일부는 동물처럼 기존의 유기물을 이용하며 생활하기도 한다. 와편모조류는 편모가 있어 미약하나마 운동을 할 수 있다. 규조류는 일반적으로 수온이 낮을 때 잘 번식하며 와편모조류는 수온이 높아야 잘 번식한다. 이들은 환경 조건이 맞으면 때때로 대량 번식해 적조 현상을 일으키기도 한다. 우리나라에서 조사된 식물플랑크톤은 규조류가 760여 종, 와편모조류가

190여 종이다. 규조류와 와편모조류 이외의 식물플랑크톤으로는 남조류, 녹조류, 유글레나류 등이 있다.

동물플랑크톤

동물플랑크톤은 생태계에서 생산자와 상위 소비자를 연결해주는 다리 역할을 한다. 즉 식물플랑크톤이 만든 에너지를 섭취해 상위 포식자들의 유익한 먹이원이 된다. 종류로는 바다에서 가장 흔하게 볼 수 있는 요각류, 크릴을 포함하는 난바다곤쟁이류, 해수보다는 연못이나 호수 등 담수에 더 많이 살고 있는 지각류, 크기가 수 센티미터에 이르는 화살벌레, 촉수의 길이가 1미터가 넘는 고깔해파리 등이 있다.

동물플랑크톤 중에는 식물플랑크톤만 먹는 초식성 동물플랑크톤과 동물플랑크톤을 먹는 육식성 동물플랑크톤이 있고, 아무거나 가리지 않는 잡식성 동물플랑크톤이 있다. 요각류는 전 세계 바다 어디에서나 발견되는 가장 흔한 동물플랑크톤이다. 우리나라 근해에서도 200여 종이 발견된다. 이들의 발 모양이 배를 저을 때 쓰는 노와 닮아서인지 우리말로는 노벌레라고도 한다.

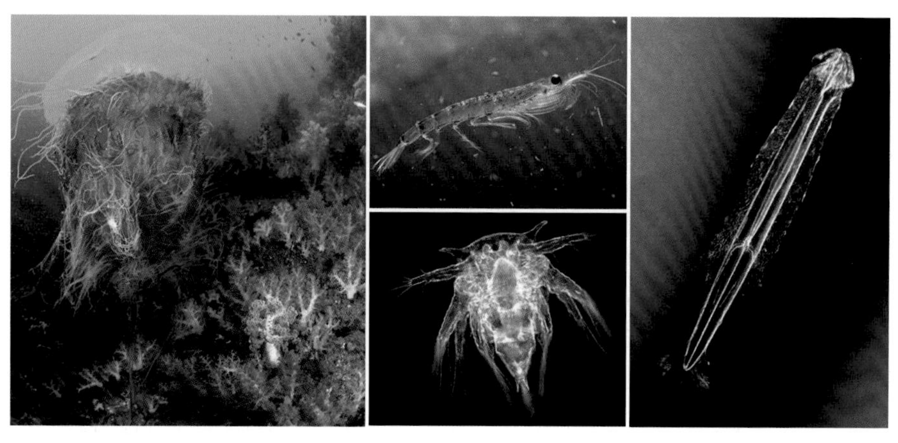

왼쪽부터 해파리, 난바다곤쟁이(위), 저서동물의 유생(아래), 화살벌레 등은 어느 정도 헤엄칠 수는 있지만 스스로 움직일 수 있는 능력은 제한적이다.

죽음의 바다, 적조

한여름 폭염이 지나면 연안은 적조赤潮로 몸살을 앓는다. 가두리양식장에 갇힌 물고기들은 허옇게 배를 뒤집은 채 물 위로 떠오르고, 고기잡이나 조개 채취가 법으로 금지된다. 어민들뿐 아니라 수산물을 유통하는 상인들에게도 이 시기는 고통스럽다. 적조는 연안 해수의 부영양화富營養化로 먹잇감이 풍부해진 와편모조류, 편모충류 등 식물플랑크톤이 폭발적으로 번식하면서 발생한다.

적조가 극성을 부릴 때는 해수 1리터당 식물플랑크톤이 수억 개체씩 들어 있는 경우도 있다. 이때 이들의 붉은 색소와 생리 상태 때문에 바닷물이 붉게 보인다. 우리나라 최초의 어보인 김려 선생의 『우해이어보』(1803)에 "팔구월이 되어 포수胞水가 갑자기 퍼지면, 물고기들은 파도가 밀려오고 산이 무너지는 것처럼 포수를 피해 도망치다가 얕은 물가에 와서 죽는다. 죽은 물고기들은 썩은 땅의 구더기 같아 냄새가 나서 먹을 수 없다"라고 적조를 묘사했다. 그리고 포수는 흉년이 들 때 더 심하다며 을해년(영조 31년, 1755년) 흉년을 예로 들었다.

그렇다면 을해년에 어떤 흉년이 들었을까? 『조선왕조실록』에는 을해년에 큰 홍수로 인한 흉년이 들었다고 기록되어 있다. 홍수로 인해 땅 위의 영양물질이 바다로 흘러들면 적조의 강도가 더욱 심해진다는 것은 과학적으로 증명된 사실이니 담정의 '포수는 흉년이 들 때 더 심하다'는 기록은 과학적 논리를 갖추었다고 볼 수 있다. 『조선왕조실록』에 등장하는 적조 기록은 몇 건이 더 있다. 1403년(태종 3년)에 진해만을 비롯한 남해안 일대 바닷물이 노란색, 검은색, 붉은색으로 변하고 물고기가 떼죽음을 당했으며, 1412년(태종 12년)과 1423년(세종 5년)에도 비슷한 현상이 나타났다는 기록이다.

적조 발생 전후에 같은 해역을 선박으로 이동하면서 촬영한 결과물이다. 바다 물색의 차이가 뚜렷하다.

적조 원인 생물

적조 원인 생물은 '무해성'과 '유해성'으로 구분된다.

'무해성 적조생물'에는 규조류, 남조류 같은 식물플랑크톤과 먹이사슬에서 중요한 위치를 차지하는 원생동물, 갑각류 등이 있다. 문제가 되는 '유해성 적조생물'은 와편모조류, 편모충류와 같은 종으로 어패류에 직접 해를 끼친다. 이들이 생명을 유지하고 번식하려면 바다로 흘러드는 영양물질이 필요하다. 따라서 바다에 먹을거리가 많아지면 유해성 적조생물은 폭발적으로 증식한다. 일반적으로 물이 붉은색을 띠어 적조라고 하지만 실제로는 플랑크톤의 색에 따라 오렌지색이나 적갈색, 갈색 등으로 나타나기도 한다. 이들이 엽록소 외에도 카로테노이드류의 붉은색이나 갈색 색소를 가지고 있기 때문이다.

1 2

1 1995년 부산광역시 기장군 소재 전복 양식장에 유해성 적조로 오염된 바닷물이 흘러들어 전복 수천 마리가 폐사하고 말았다.

2 경남 통영시 산양면 가두리양식장에서 키우는 어류가 적조로 폐사했다. 갇혀 있는 양식장 어류는 적조를 피할 방법이 없다.

적조로 인한 피해

바다에 적조가 발생하면 죽음의 바다가 된다. 이는 늘어난 유해성 적조생물이 어패류의 아가미를 막아버려 어패류가 질식사하거나, 적조생물이 죽으면서 유독 세균이 번식하거나, 산화분해로 인해 바닷물 속에 녹아 있는 산소를 다량 소비하여 물고기 등 해양생물이 호흡하는 데 필요한 산소가 고갈되기 때문이다.

특히 적조 현상을 일으키는 와편모조류 중에는 독소를 만드는 것이 있어 물고기의 신경이 마비되고 호흡 장애를 일으키기도 한다. 이 독소가 든 해산물을 사람이 먹으면 마비성 패독, 설사성 패독, 신경성 패독, 기억상실성 패독 현상 등을 일으켜 열이 오르고 몸이 마비되거나 설사를 하고 기억 장애가 나타난다. 이 가운데 코클로디니움*Cochlodinium*이라는 와편모조류로 인한 피해가 가장 심각하다. 그래서 적조 관련 주의보와 경보는 코클로디니움의 개체 수에 따라 구분한다. 적조 관심주의보는 10개체/ml, 적조 주의보는 100개체/ml, 적조 경보는 1천 개체/ml가 기준이다.

적조를 과학적으로 기록하기 시작한 1960년 이후 우리 연안에 100회가 넘는 적조가 발생했지만 대부분 규조류에 의한 것으로 큰 피해가 없었다. 그런데 1978년과 1981년 와편모조류로 인한 유해성 적조가 발생하고, 1995년 대규모 피해가 발생하자 적조에 대한 경계심이 높아지면서 대책을 마련하기 시작했다.

2013년 8월, 부산 연안에 들이닥친 적조로 바다동물이 도망가지 못하고 죽음을 맞고 말았다. 유독성 적조생물이 어패류의 아가미를 막아버려 어패류가 질식사한다.

대책

적조를 제거하는 방법으로는 화학약품 살포, 초음파 처리법, 오존 처리법 등이 제기되지만 대개는 황토를 살포한다. 황토가 적조 구제에 쓰인 것은 1976년 일본 과학자 '시로타 아키히코'가 황토가 적조 방제에 효능이 있다는 연구 결과를 발표한 것이 계기가 되었다. 우리나라는 1985년부터 황토에 대한 연구가 시작되었으며, 1995년 대규모 적조 피해(피해액 산출 764억 원)가 난 후 본격적으로 황토를 살포하기 시작했다.

정부는 2009년 8월 황토를 적조 구제 물질로 공식 고시하여 이후부터 적조가 나타나면 어김없이 황토를 뿌려왔다. 황토가 적조 구제에 사용되는 원리는 황토의 콜로이드 입자가 적조생물을 응집, 흡착해서 바다 밑으로 가라앉히는 방식이다. 하지만 황토 사용을 놓고 비판적인 입장도 만만치 않다. 황토가 일시적인 해결책은 되지만 가라앉은 토사가 바닷말과 바다 밑바닥에 사는 저서생물의 생육환경을 덮어 버리는 등 2차 오염을 일으킨다는 것이 비판론자들의 견해이다. 전라남도의 경우 황토

적조가 발생한 경남 통영시 사량도와 두미도 해역에 황토가 살포되고 있다. 적조가 발생할 때 황토 사용을 놓고 그 효과와 2차 오염에 대한 찬반이 엇갈리고 있다. (사진 출처: 〈국제신문〉 DB)

로 적조를 몰아내는 효과가 미비할 뿐 아니라 2차 오염의 문제가 있다는 점을 들어 2013년 적조 발생 해역에 황토를 뿌리지 않았다.

적조 감시반원이 유해성 적조생물의 개체 수를 조사하고 있다.

적조 구제 대책을 놓고 여러 주장이 엇갈리기도 하는데, 가장 근본적인 대책은 연안으로 흘러드는 하천수가 오염되지 않도록 산업하수나 생활하수를 줄이고 하수 정비 시설을 보강하는 데 있다. 또한 연안에 즐비하게 들어선 가두리양식장 아래에 쌓여 있는 어류의 배설물 등 부영양화 물질을 걷어내는 등의 어장 환경 개선에도 관심을 기울여야 한다.

바다의 색

적조로 인해 바다가 붉게 보이기도 하지만 일반적으로 바다는 푸른색이다. 이는 물을 통과하는 가시광선의 흡수와 산란 때문이다. 사람의 눈으로 볼 수 있는 가시광선은 장파장에서 단파장에 이르는 순서대로 빨강, 주황, 노랑, 초록, 파랑, 남색, 보라 계열의 스펙트럼으로 나뉜다. 이 가운데 장파장의 빨강, 주황, 노랑 계열은 바다의 표면에서 흡수가 이루어져 어느 정도 수심에 이르면 색이 모두 사라지지만 단파장의 파랑과 녹색 계열은 흡수가 거의 이루어지지 않고 물 입자나 바닷물 속의 작은 입자들에 의해 산란된다. 이 파란색 계열의 스펙트럼이 산란하면서 바다가 푸르게 보인다.

그런데 바닷물의 색은 물속에 있는 생물이나 부유 입자 등의 영향을 받는다. 열대 지역의 해수는 고온으로 인해 물속에 산소가 적게 녹아들어 있다. 물속에 산소가 적으면 플랑크톤의 성장이 제한되고, 플랑크톤이 적은 바다는 부유물이 적은 환경이 되므로 바닷물이 맑고 푸르다 못해 검푸르게까지 보인다. 필리핀에서 출발하는 난류는 검푸르다 해서 검은색을 뜻하는 일본어 쿠로Kuro가 붙어 '쿠로시오 해류'라고 이름 붙였다.

이에 비해 고위도의 차가운 바다에는 산소가 상대적으로 많이 녹아들어 있어 식물플랑크톤이 늘어나 녹색으로 보이는 곳도 있다. 아프리카 대륙과 아라비아반도 사이에 있는 좁고 긴 바다인 홍해는 붉은 색소가 있는 남조류의 일종인 트리코데스미움*Trichodesmium*의 영향으로 붉게 보여 붙인 이름이다.

우리나라 서해가 황해로 불리는 것은 한강이나 중국의 양쯔강을 통해 내륙의 여러 가지 혼탁물이 흘러들어와 바닷물이 누렇게 보이기 때문이다. 러시아의 북극권에 있는 백해는 연중 6~7개월 동안 얼음과 눈에 덮여서 하얗게 보이기에 붙인 이름이다.

터키와 러시아, 우크라이나, 루마니아, 불가리아에 둘러싸인 흑해는 폭풍이 몰아치거나 안개가 짙게 끼는 날이면 바닷물이 검게 보여 어두운 이미지를 내포하고 있

바다가 파랗게 보이는 것은 가시광선 중 단파장인 파란색 계열의 스펙트럼이 산란하기 때문이다.

다. 이러한 이름답게 실제 바다 환경이 좋지 않다. 육지로 둘러싸인 흑해의 바닥층은 오염이 심해 산소가 부족하고 황화수소가 많아 수심 150미터 아래쪽에는 생명체가 살기 어렵다.

하늘의 색

하늘이 푸르게 보이는 것은 가시광선의 산란 때문이다. 가시광선의 스펙트럼 중 파장이 짧은 푸른색 계열일수록 공기 분자에 의해 더욱 강하게 산란된다.

새우가 아니라 플랑크톤인 크릴

크릴Krill은 난바다곤쟁이목Euphausiacea에 속하는 갑각류로 플랑크톤의 일종이다. 크릴을 가리켜 플랑크톤이라고 하면 크릴새우라는 말이 귀에 익어 고개를 갸웃하겠지만 이는 새우를 닮아 편의상 부르는 명칭일 뿐 분류학상 연관은 없다. 이들은 먼바다에 사는 곤쟁이라 '난바다곤쟁이'라고도 불린다.

전 세계에 걸쳐 약 85종이 살고 있으며 이 가운데 우리나라에는 약 11종이 발견되는데 주로 남극대륙을 둘러싼 얼음 바다를 좋아해 남빙양이 주 서식지이다. 크릴이라는 이름은 노르웨이 포경선 선원들이 지었다. 노르웨이 말로 '작은 물고기 치어'라는 의미이다.

남빙양에서 우리나라 선원들이 크릴을 잡아들이고 있다. 우리나라의 크릴 조업량은 세계 2위 규모이다.

생태

크릴은 작은 새우를 닮았다. 머리가슴의 갑각은 옆구리에서 아가미를 완전히 덮지 않는다. 6쌍의 가슴다리에는 외지外肢(바깥다리)가 여러 개 있는데 외지는 먹이를 끌어당기기 알맞게 생겼다. 5쌍의 배다리에는 긴 센털이 있어 헤엄치기에 적합하며, 꼬리마디에는 센털로 된 1쌍의 교차된 다리가 있다. 최대 6센티

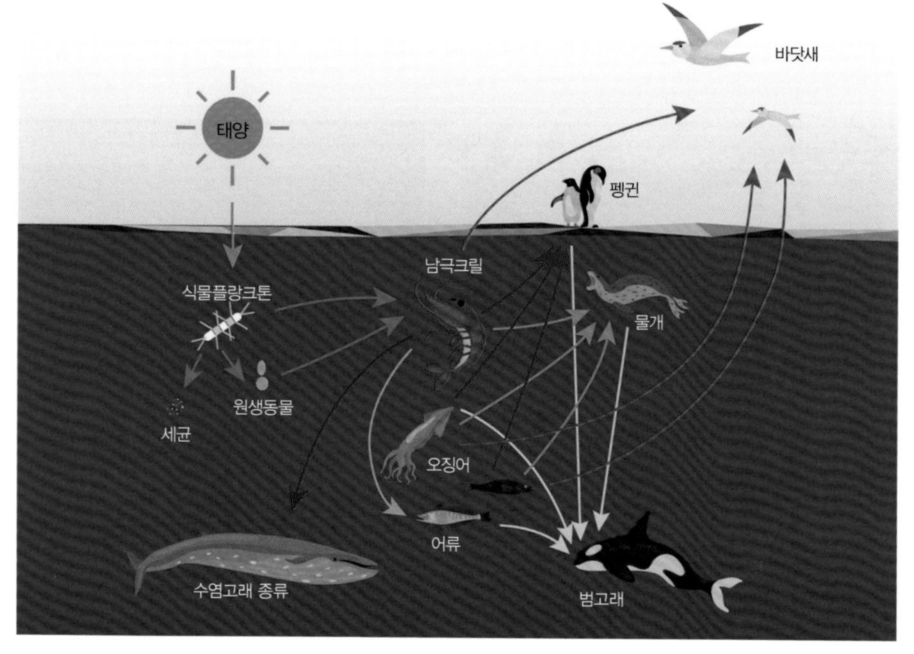

남빙양의 먹이망은 크릴을 중심으로 형성되어 상당히 독특하다. 크릴은 식물플랑크톤과 포식자 사이를 연결하는 고리 역할을 한다.

미터까지 자라는 크릴은 수명이 7년 정도인 것으로 알려졌다. 남빙양에서의 크릴 조업 시기는 3~8월 무렵으로 이 가운데 4~6월에 잡은 것을 최고 품질로 꼽는다. 이 무렵에 잡은 개체가 흰색을 띠고 덩치도 크기 때문이다.

크릴은 영양가가 높다. 살코기는 고단백질에 필수지방산을 포함하고 있으며 껍데기는 키토산 원료 성분인 키틴이 많이 있다. 키토산은 키틴을 인체에 흡수시키기 위해 탈아세틸화하여 만들어낸 물질로 식품, 의약품, 화장품, 농약, 종이 등의 재료가 되며, 인공피부나 장기를 만들 때도 사용된다. 특히 남극크릴은 오메가3라는 불포화지방산을 다량 함유하고 있어 인체 노화를 방지하려는 과학자들의 연구 대상이기도 하다.

하지만 크릴에는 인체에 해가 될 수 있는 불소 성분이 있어 식용으로 사용하려면 불소 성분이 포함된 껍질을 벗겨내야 한다. 식품으로 가공하기 쉽지 않아 우리나라에서는 크릴을 주로 낚시 미끼나 어류의 사료로 사용한다. 미국, 일본, 캐나다, 노르웨이 등 크릴의 식량자원화에 관심이 있는 나라에서는 미래 식량자원으로서 크릴에

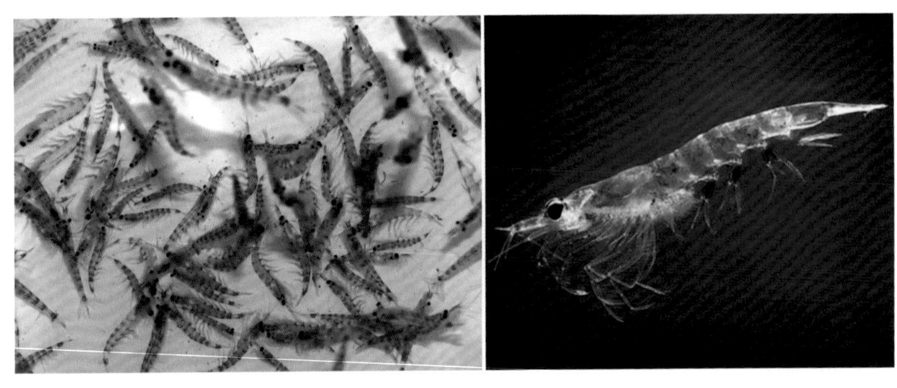

크릴은 외형이 새우를 닮았지만 분류학상으로는 난바다곤쟁이목에 속하는 갑각류로 플랑크톤의 일종이다. 투명한 크릴의 몸에는 붉은색 점들이 흩어져 있어 무리를 이루면 전체적으로 붉게 보인다.

대한 연구를 진행하고 있으며 오메가3 영양제, 크릴오일 등을 개발해 부가가치를 높이고 있다.

남극크릴

크릴은 남극 해양생태계에 없어서는 안 될 중요한 존재이다. 남극 바다는 편서풍에 의해 형성된 남극 순환해류의 영향으로 다른 바다와 단절된 독특한 환경이다. 무엇인가가 식물플랑크톤과 포식자 사이를 연결하는 역할을 맡아야 한다. 그 역할을 맡고 있는 것이 바로 동물플랑크톤인 크릴이다. 하루에 40킬로그램씩 몸무게가 불어나는 대왕고래(흰긴수염고래) 새끼를 예로 들어보자. 이들은 하루에 약 3톤의 크릴을 먹어 치운다. 이 고래는 1년 중 6개월을 남극에서 지내므로, 이 기간에 고래 한 마리가 먹어 치우는 크릴의 양은 500톤이 넘는다.

고래뿐만 아니다. 남극에 서식하는 동물 중 크릴을 먹지 않는 것은 없다. 남극권에서 발견되는 123종의 어류에서부터 다섯 종의 남극해표, 남극물개 등의 기각류와 7종의 남극권에서 발견되는 펭귄, 가마우지, 갈매기, 남방자이언트페트렐 등의 조류에 이르기까지 남극에 사는 모든 동물이 크릴을 먹고 산다.

이처럼 다양한 포식자들이 단 한 종류의 먹잇감에 매달리는 현상은 지구 어디에서도 찾아볼 수 없다. 이러한 현상이 가능한 것은 크릴의 양이 많은 데다 바닷물 1세제곱미터당 1만 5000마리 이상의 크릴이 모여 있는 등 이들이 떼를 지어 생활하기 때문이다.

극지연구소는 남극크릴 자원량을 5억 톤 안팎으로 추산하고 있다. 미국 국립자연과학재단의 페퀴낫Willis E. Pequenat은 남극에서 1년 동안 부화되는 크릴의 양을 15억 톤으로 계산했다. 이를 개체 수로 환산하면 1100조 마리에 해당한다고 한다. 전 세계 인류가 1년간 소비하는 수산물의 양이 1억 톤에 미치지 못하는 점을 고려하면 크릴의 자원량이 얼마나 엄청난지 알 수 있다.

크릴은 작은 바다 조류藻類를 먹이로 한다. 바다 조류는 바다 얼음 속에서 살다가 여름철 얼음이 녹으면서 배출된다. 크릴은 여름에는 해수면 가까이 떠올라 얼음에서 배출된 조류를 섭식하지만 겨울에는 해저로 내려가 죽어서 가라앉은 조류의 사체를 먹는다. 지구환경학자들은 지난 수십 년 동안의 지구의 기후변화로 온도가 상승하면서 바다 얼음이 빠르게 사라지고 있으며 이에 따라 크릴의 생태계도 영향을 받는다고 보고 있다.

크릴어업과 남극 진출

우리나라의 남극 진출은 1978년 12월 남북수산 남북호와 국립수산진흥원 조사단이 남빙양에서 크릴 시험 조업에 나서면서 시작되었다. 정부의 지원 정책에 따라 1988년까지 남북수산, 대호원양, 동방원양 3개사가 17회에 걸쳐 시험 조업으로 크릴을 잡았지만 어획량이 부진했고, 가공식품도 제대로 개

1978년 12월 7일 남북수산의 남북호가 크릴 시험 조업을 위해 부산항을 출항했다. 우리나라의 남극 진출 역사는 크릴 시험 조업에 나서면서부터이다.

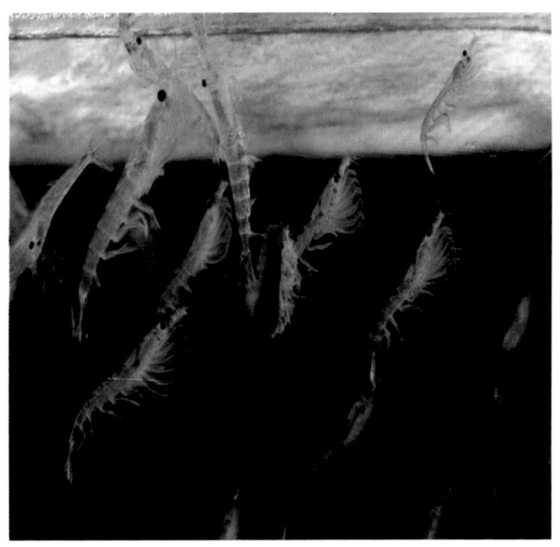

1 어미 젠투펭귄이 바다에서 잡아온 크릴을 새끼에게 먹이고 있다. 크릴은 남극 생태계의 중심에서 인류의 미래 식량자원으로까지 주목받고 있다.

2 크릴들이 얼음이 녹으면서 노출되는 조류를 먹고 있다. 크릴은 식물플랑크톤을 먹는 동물플랑크톤으로 남극에서 살아가는 거의 모든 동물의 먹잇감이 된다.

1 | 2

발되지 않아 크릴 조업은 경제적으로 큰 주목을 받지 못했다.

이후 인성실업이 2년간의 시험 조업을 끝내고 1999년 3000톤급 인성호를 남빙양 크릴 조업에 투입함으로써 본격적인 크릴의 상업화 시대가 열리게 되었다. 인성호가 크릴 조업을 시작하기 전까지만 해도 당시 낚시 미끼 등으로 국내에 소비되던 크릴 전량을 일본에서 수입했지만 지금은 일본에 역수출하고 있다.

현재 우리나라의 남빙양 크릴 조업량은 세계 2위로, 국제환경단체의 집중 감시 대상이 될 정도다. 국립수산과학원 집계에 따르면, 우리나라 원양업체(동원산업, 인성실업) 어선 3척이 2012~2013년 어획기(2012년 12월 1일~2013년 11월 30일)에 3만 9988톤의 크릴을 끌어올렸다. 전 세계 남빙양 크릴 어획량 21만 6569톤의 18.5퍼센트에 이르는 양이다. 가격은 1톤에 100만 원 선이다.

곤쟁이

곤쟁이는 곤쟁이과에 속하는 갑각류로 대부분 바다에 살며 작은 새우처럼 생겼다. 몸 색이 자색인 데다 새우를 닮아 '자하紫蝦'라고도 한다.

전 세계적으로 약 700종이 기재되어 있고 우리나라에는 27종이 알려져 있다. 몸길이는 2~80밀리미터 정도이지만 우리나라에서 발견되는 것들은 대개 20밀리미터 이하이다. 곤쟁이는 가슴다리가 여덟 쌍이고 가슴다리의 기부에 아가미가 노출된 점이 새우와 다르다. 이들은 우리나라 서해에서 많이 잡히는데, 그물코가 매우 작은 그물로 잡아 젓갈을 담가 먹는다.

바다의 사막화 갯녹음 현상

갯녹음(백화현상)이란 바닷물 속에 녹아 있는 탄산칼슘(석회)이 고체 상태로 석출되어 해저 생물이나 바위 등에 하얗게 달라붙는 현상을 말한다. 고체 상태의 탄산칼슘이 바위에 달라붙으면 수소이온 농도가 pH 9.5 정도의 강알칼리성으로 바뀌게 되어 pH 8 정도의 중성 조건에서 살아온 바닷말들은 살 수 없고, 석회 성분을 주영양분으로 섭취하는 석회조류 같은 쓸모없는 홍조류만 번성하게 된다.

광합성을 통해 산소와 영양물질을 만드는 1차 생산자 역할뿐 아니라 바다동물에게 직접적인 먹잇감이 되는 바닷말이 사라지고 나면 바닷속은 황폐화되어 이러한 갯녹음 현상을 '바다의 사막화'라고 한다.

발생 원인

갯녹음의 원인이 되는 탄산칼슘은 크게 중탄산칼슘(자연 상태의 석회석이 물에 녹은 석회수)과 수산화칼슘(인공적으로 만들어낸 산화칼슘 또는 생석회를 물에 녹인 석회수)으로 나눌 수 있다.

바닷물 속으로 녹아 들어간 탄산칼슘은 포화상태에서 과포화상태로 넘어가게 되면 석출되기 시작한다. 바다가 만들어진 이후 바닷물에 녹아 있는 탄산칼슘은 땅 위의 석회암에서 녹아 들어간 중탄산칼슘이 전부였다. 하지만 인간의 활동이 활발해지면서 바다로 유입되는 탄산칼슘의 양이 증가하기 시작해 바닷물 속의 탄산칼슘 농도가 포화상태(수온 섭씨 25도에서 1리터당 0.12그램의 탄산칼슘이 녹아야 정상이며, 0.82그램 정도가 포화상태이다)를 넘어서 석출되기 시작했다. 결국 갯녹음의 가장 큰 원인은 인간의 활동으로 인해 바다로 흘러 들어간 탄산칼슘 양의 증가로 보아야 한다.

그렇다면 사람들이 바닷속으로 탄산칼슘을 흘려보내는 경우에는 어떤 것이 있을까. 가장 대표적인 것은 콘크리트 공사 때 시멘트에 들어 있는 석회석이 바다로 유입되는 경우와 바다숲 조성을 위해 바다에 빠뜨리는 콘크리트 인공어초에서 녹아나는 석회석의 경우이다. 콘크리트를 구성하는 시멘트 원료의 63퍼센트 정도가 석회석으로 이루어졌음을 감안하면 도시화와 연안 개발을 위한 콘크리트 구조물로 인해 얼마나 많은 탄산칼슘이 바닷속으로 녹아드는지 짐작할 수 있다. 다음으로 화학비료 사용으로 산성화된 토양을 중화시키기 위해 사용하는 생석회가 빗물에 씻겨 수산화칼슘 형태로 바다로 유입되는 경우이다.

1 연안 개발을 위해 사용되는 콘크리트는 바다에 탄산칼슘 용해도를 높이는 원인물질이다.

2 청정해역이라 알려진 독도 해역도 갯녹음에서 자유로울 수 없다. 암반에 갯녹음이 진행되면 바닷말 서식지는 점점 줄어들고 만다.

여기에 더해 지구 온난화로 인한 해수의 온도 상승도 탄산칼슘의 석출을 가속화하고 있다. 탄산칼슘은 이산화탄소가 있는 물에만 녹아드는데 이산화탄소를 포함한 기체는 수온이 낮을수록 물에 많이 녹아든다. 이러한 인과관계로

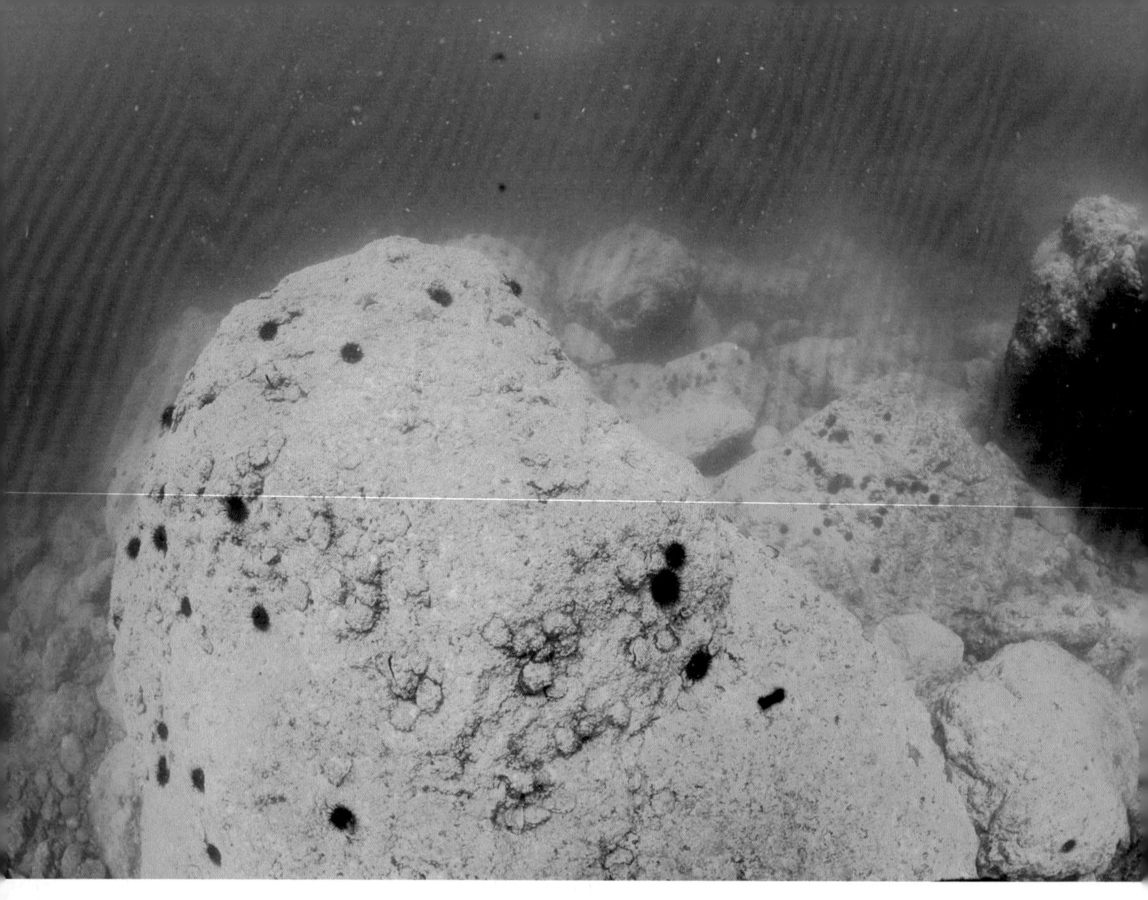

갯녹음이 진행된 해역이다. 바닷말이 사라지고 성게들이 곳곳에 보인다.

해수의 온도가 상승하면 바닷물 속의 이산화탄소 용해도가 낮아져 탄산칼슘 석출이 빠르게 진행된다.

한편 모든 형태의 바닷말을 먹어 치우는 성게의 왕성한 먹이 활동도 갯녹음 현상을 가속화하는 원인 중 하나로 지목되고 있다. 성게는 1990년대 초까지만 해도 많은 양이 일본으로 수출되어 어민 소득에 큰 보탬이 되었지만, 값싼 중국산이 등장하면서 수출길이 막히게 되었다. 어민들이 경제성이 없는 성게잡이를 포기하자 성게 개체 수가 급격하게 늘어나고 말았다.

이처럼 성게가 천덕꾸러기 신세가 되다 보니 이들이 바닷말을 먹어 치우는 먹이 습성을 바닷속에 바닷말이 사라지는 갯녹음과 연관 짓게 되었다. 경상남도에서는

2010년 5월부터 성게를 불가사리와 같은 유해종으로 규정하여 성게 퇴치를 위한 정책을 마련하고 있다.

발생 추이

우리나라 연근해에서 갯녹음이 처음 발견된 것은 1970년대 말이었다. 이후 발생 빈도가 높아지다가 1990년대 말부터는 제주도부터 남해안과 동해안 전 해역에서 갯녹음 현상이 발견되고 있다. 서해안에 갯녹음이 나타나지 않는 이유는 갯벌 덕분이다. 서해안에서는 콘크리트에서 녹아 나온 탄산칼슘이 석출되더라도 흙탕물 속의 펄이 탄산칼슘을 감싸기에 바위에 달라붙지 못한다.

우리나라 해역에서 갯녹음이 가장 심각한 곳은 제주도 해역이다. 그 이유는 방파제 공사 등 연안 개발로 콘크리트 구조물이 늘어나고 있는데 제주 연안의 암반은 꺼칠꺼칠한 화산암이라 콘크리트 구조물에서 녹아 나온 탄산칼슘이 부착하기 좋은 물리적 조건이기 때문이다.

일본의 경우 쿠로시오 해류와 대마 난류의 영향을 직접 받는 남부 해역에서 북해도까지 거의 전 해안에 갯녹음이 진행되고 있다. 미국의 경우는 1500킬로미터에 이르는 캘리포니아 연안과 북동부 가장 북쪽에 있는 메인Main주에서 캐나다 뉴펀들랜드섬에 이르기까지 약 2000킬로미터에 이르는 광범위한 해안에서 갯녹음이 발견되고 있다.

제주도 서귀포 해역이다. 무절석회조류가 바다숲 지대를 서서히 잠식하고 있다. 무절석회조류에는 산호처럼 석회질의 탄산칼슘이 있어 산호말이라고 하지만 자포동물로 분류되는 산호와는 전혀 다른 홍조류이다.

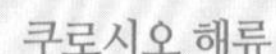

쿠로시오 해류

쿠로시오는 일본어로 흑조黑潮, 즉 검은 조류라는 뜻이다. 산소를 포함한 기체는 따뜻한 물에 비해 차가운 물에 많이 녹아든다. 난류인 따뜻한 바닷물에는 산소가 적게 녹아들어 산소가 필요한 플랑크톤 등이 서식하기 어려운 환경이다. 플랑크톤이 적게 살면 물속에 부유물이 적어 물이 맑다. 이러한 이유로 난류는 태양광이 수심 깊은 곳까지 뚫고 들어갈 수 있어 짙푸르게 보인다. 그래서 적도 인근에서 발생하여 대마도에 이르는 난류를 일본 사람들은 검푸른 물이라는 뜻의 쿠로시오라 이름 지었다.
필리핀 열대 해역에서 출발하는 쿠로시오 해류는 북쪽으로 올라오다가 동쪽으로 꺾인 후 북태평양 해류로 이어져 아메리카 서쪽 해안에 이른다. 이 거대한 물 덩어리의 흐름 중 한 갈래가 제주도 남단 서귀포를 기점으로 가거도를 거쳐 서해로 올라가면 황해난류가 되고, 남해에서 동해로 향하면 동한난류가 된다. 동한난류는 동해 전체 해수량의 1퍼센트가 안 되는 적은 양이지만 1~2노트의 유속으로 바다 상층을 흘러가면서 우리나라 기후와 수산업에 큰 영향을 미친다.
쿠로시오 해류가 대마도에서 갈라지면서 그 해수 덩어리 중 일부가 다른 물과 섞이지 않은 채 우리나라 연안으로 유입될 때 어민들은 '청물' 든다고 한다. 그런데 이 '청물'을 받아들이는 입장은 낚시꾼과 다이버들 사이에 온도차가 있다. 낚시꾼들 입장에서 볼 때 '청물'이 들면 물고기가 자취를 감추어 허탕 치기 일쑤지만, 다이버들은 '청물'이 들면 오랜만에 맑고 투명한 데다 비교적 따뜻한 바다에서 수중 경관을 제대로 구경할 수 있다. 운이 좋다면 난류에 실려온 열대어를 관찰하는 행운도 누릴 수 있으니 청물은 반가운 손님이다.

열대 바다 산호초 백화

산호는 촉수와 자포를 이용해 플랑크톤 등 작은 해양생물을 잡아먹지만, 이것만으로는 충분한 영양물질을 공급받을 수 없다. 산호는 이 문제를 편모조류의 일종인 주산텔라Zooxanthellae와의 공생을 통해 해결한다. 주산텔라는 산호 폴립에 살면서 광합성으로 영양물질과 산소를 공급한다. 이 편모조류에는 엽록소를 비롯한 다양한 광합성 색소가 있어 녹색, 갈색, 붉은색으로 보인다.

해양 오염이 진행되고 바닷물 속에서 탄산칼슘의 석출이 늘어나 산호를 덮어 버리면 공생조류는 더 이상 광합성을 할 수 없어 죽고 만다. 공생조류의 죽음은 영양분을 공급받지 못한 산호의 죽음으로 이어진다. 산호가 죽으면 몸을 구성하고 있는 석회 성분이 노출되면서 하얗게 보인다. 이것 또한 넓은 의미에서 백화현상이라 할 수 있다. 이로 인해 전 세계 산호초의 70퍼센트가 이미 죽었거나 죽어가고 있다. 산

산호가 죽으면 몸을 구성하고 있는 석회 성분이 노출되면서 하얗게 보인다. 이를 산호초 백화 또는 갯녹음이라 한다.

호초는 4천여 종의 어류를 포함해 모든 바다생물의 3분의 1에 보금자리와 먹을거리를 제공하는 바닷속 열대 우림의 역할을 하기에, 산호초 파괴는 해양생태계 교란으로 이어진다.

갯녹음 현상의 영향과 해결책

갯녹음으로 바닷말이 사라지면 바다숲을 중심으로 유지되어온 먹이사슬이 무너질 뿐 아니라 이산화탄소 흡수 능력이 떨어져 전 지구적 재앙을 불러오게 된다.

이에 대한 해결책으로 갯녹음이 발생한 연안 해역에 바닷말을 옮겨 심고 포자 방출을 유도하여 바다숲을 조성하거나 바닷말이 부착할 수 있게 갯녹음이 진행된 바위에 붙어 있는 무절석회질조류를 닦아내는 작업을 진행하고 있다. 하지만 무엇보다 중요한 것은 무분별한 난개발을 자제하고, 육상 오염물질들이 바다로 흘러 들어가는 것을 줄이기 위한 노력이 선행되어야 한다.

침몰 선박 인명구조와 인양

2014년 4월 16일 발생한 세월호 침몰 사고는 온 국민의 가슴을 먹먹하게 했다. 탑승자 476명 중 사고 발생 직후 174명을 구조한 이후 302명의 실종자 중 단 한 명의 생존자도 확인되지 않아 안타까움과 좌절은 극에 달했다. 침몰 사고가 난 맹골수도孟骨水道는 전라남도 진도군 조도면 맹골도와 거차도 사이에 있는 물길로, 밀물과 썰물이 섬과 섬 사이에서 병목현상을 일으켜 물살이 걷잡을 수 없이 빨라지는 곳이다. 설상가상으로 사고가 난 4월 16일은 조수간만의 차가 큰 사리 물때와 겹쳤다. 사고 직후인 17일부터 21일까지 조수간만의 차가 최대로 커져 조류가 가장 거센 '왕사리'였다.

이 기간이면 최대 유속이 시속 12킬로미터까지 빨라진다. 2008년 베이징 올림픽 400미터 자유형에서 금메달을 딴 박태환 선수의 기록인 3분 41초 86을 시속으로 환산하면 6.5킬로미터에 지나지 않는다. 사고 해역에서 박태환 선수가 역조류를 만나면 전력을 다해도 뒤로 밀린다는 뜻이다. 그래서 구조에 나선 잠수사들의 구조 작업은 매일 6시간 주기로 찾아오는 1시간 정도의 정조 시간에만 가능했다.

공기 공급 방식에 따라 나뉘는 수중작업

그렇다면 이처럼 빠른 유속에서 작업을 하는 잠수사에게 어떤 장비가 있어야 할까. 일반인이 기대하는 것처럼 특별한 장비는 없다. 수중작업은 공기 공급 방식에 따라 공기통을 짊어지고 물속으로 들어가는 스쿠버 방식과 표면 공급 방식 두 가지가 전부이다.

물론 해군 해난구조대SSU에서 깊은 수심 작전 시에 사용하는 포화 잠수 방식이 있기는 하지만 몸을 목표 수심의 환경압에 맞도록 적응하기 위한 사전 준비시간이 필요하다.

한 민간 잠수사가 2013년 6월 30일 부산 영도 앞바다에 침몰한 파나마 선적 벌크선 F호(31,643톤)에 대한 조사 작업을 벌이고 있다. 조류潮流가 심한 해역에는 안전줄이라 불리는 로프가 있어야 목표 지점에 접근할 수 있다.

스쿠버 방식

고압으로 압축된 공기가 들어 있는 공기통을 이용해 물속에서 호흡을 유지하는 방식이다. 그런데 통 안에 들어 있는 제한된 공기는 수심이 깊어질수록 소진 속도가 빨라진다. 이를테면 30미터가 넘는 세월호 사고 해역 같은 곳에서는 공기통 하나로 최대 10분 정도밖에 머물 수가 없다. 그래서 잠수사들은 수중 체류시간을 늘리기 위해 공기통 두 개를 메고 들어가기도 한다.

물속에서 작업한 후에는 몸속에 녹아 들어간 질소가스를 배출하기 위해 충분한 수면과 휴식 시간이 필요하다. 물속 체류 시간에 비례하여 수면과 휴식 시간도 늘어난다.

표면 공급 방식

공기통 대신 공기 호스를 이용해 잠수사에게 공기를 공급해주는 방식이다. 공기통 속의 한정된 공기만을 이용하는 스쿠버 방식보다 좀 더 오랜 시간 수중에 머물 수 있다. 하지만 길이 100~200미터에 이르는 호스를 끌고 다녀야 하므로 장애물이 많은 수중 환경에서는 호스가 꼬이거나 훼손될 위험이 따른다. 특히 시야가 전혀 확보되지 않은 복잡한 구조의 선박 안에서 100~200미터에 이르는 호스를 끌고 다닌다는 것은 일반인들이 상상할 수 없을 정도로 힘들고 위험한 작업이다.

최악의 환경에서 구조 작업이 느려지다 보니 다양한 구조 방법들이 쏟아졌다. 그중 하나가 국민적 관심을 받았고 영화로까지 제작된 '다이빙 벨Diving Bell'이었다. 다이빙 벨은 자체 동력이 없는 종 모양으로 생긴 잠수정이라 생각하면 된다. 다이빙 벨을 이용하면 목표 수심까지 수직으로 이동할 수 있고 잠수사들은 벨 안에서 휴식을 취하면서 반복적인 수중 작업을 할 수 있다.

세월호 사고 당시 JTBC 뉴스룸에 출연한 알파잠수기술공사 이종인 씨가 "다이빙 벨을 사용하면 잠수사들이 장시간 수중 작업이 가능하기에 세월호 실종자 구조에 효율적이다"라는 견해를 이야기하면서 다이빙 벨은 국민적 관심을 불러왔다. 하지만 구조 당국은 다이빙 벨이 사고 해역 여건에 맞지 않는다는 이유로 투입을 허가하지 않았다. 이로 인해 국민들은 구조 당국에 원성을 쏟아내며 구조 당국과 국민 간의 불신의 간극이 더욱 깊어지고 말았다. 결국 압박에 못 이긴 구조 당국이 다이빙 벨 사용을 허가했지만 다이빙 벨은 별다른 역할도 하지 못한 채 사고 해역을 떠났다.

다이빙 벨 투입을 놓고 다수의 전문가들은 애초부터 사고 해역에서의 다이빙 벨 사

1
2

1 세월호 구조 현장에서 공기통을 짊어진 잠수사가 수중 작업을 마치고 선박으로 돌아오고 있다.

2 표면 공급 방식으로 진도 앞바다 실종자 수색을 마친 민간 잠수사가 선박으로 돌아와 가쁜 숨을 몰아쉬고 있다. 잠수사는 노란색 호스를 통해 선박에서 공급하는 공기를 호흡하기에 표면 공급식 잠수라고 한다.

알파잠수기술공사 이종인 씨가 사고 해역으로 가지고 온 다이빙 벨이다. 다이빙 벨은 작업 수심으로 엘리베이터가 내려가듯 다이버를 이동시킬 수 있다는 장점이 있지만 로프, 공기 호스, 통신선 등이 선박과 연결되어 있어야 하기에 조류가 심한 해역에서는 사용할 수 없는 장비이다.

용이 불가능하다는 의견을 피력했다가 메시아처럼 등장했던 다이빙 벨에 대한 국민적 기대와 여론의 뭇매를 맞으면서 입을 다물어야 했다. 당시 (사)한국산업잠수기술인협회 차주홍 회장은 "유속이 느리고 수온이 따뜻한 해역이라면 몰라도 11.6도 수온에 유속이 시속 10~12킬로미터에 이르는 사고 해역에서 다이빙 벨을 사용한다는 것은 잠수사를 위험에 처하게 할 수 있고 조류에 떠밀린 다이빙 벨이 2차 충돌 등을 일으킬 수 있는 위험한 발상"이라고 지적했다.

다이빙 벨은 일반인에게는 낯설지만 산업잠수계에서는 일반적으로 사용하는 기구이다. 현장에서 사용할 때 잠수사는 벨 안에 편안하게 앉아 엘리베이터를 타듯 작업 지점으로 이동할 수 있고, 작업 도중 벨로 돌아와 휴식을 취할 수 있는 장점이 있다. 그런데 사고가 난 맹골해역은 조류가 빠른 곳이라 공기 공급 호스, 통신선, 안전줄, 연결줄 등 여러 가닥의 로프로 연결된 다이빙 벨을 수면 아래로 내리는 순간 조류에 휩쓸리면서 로프들이 서로 엉킬 수 있어 위험하다. 뿐만 아니라 수온도 낮아 잠수사가 다이빙 벨 안에서 장시간 머물다가는 저체온증을 겪게 된다.

세월호 구조 작업이 진행되었을 당시 가장 아쉬운 것은 잭업바지Jackup barge선 투입이 이루어지지 않았다는 점이다. 잭업바지는 기다란 철제 기둥 4개를 해저면에 박은 뒤 물 위에 바지선을 얹는 방식이다. 파도와 조류에 따라 바지의 높낮이를 조절할 수 있어 조류와 파도의 영향을 전혀 받지 않는다. 잭업바지에 현장 지휘부를 차리고 잠수사들이 이곳에서 체계적인 구조 작업을 수행했다면 선박으로 잠수사들을 이동시키는 방식보다 훨씬 능률적이었을 것이다.

잭업바지는 긴 철제 기둥을 해저면에 박고 물 위에 바지를 얹는 방식이다. 파도와 조류에 따라 바지의 높낮이를 조절할 수 있어 조류와 파도의 영향을 전혀 받지 않는다.

포화 잠수 방식

공기 중에는 약 79퍼센트의 질소가 포함되어 있다. 불활성기체인 질소는 대기압 상태에서는 인체에 아무 영향을 미치지 않지만 질소 분압이 높아지면 질소가 인체 조직 속으로 녹아들어 잠수병을 일으킨다. 10미터 깊어질 때마다 1기압에 상응하는 만큼의 수압이 올라가는 수중 환경은 질소 분압을 높인다. 그런데 수심이 깊어져 질소 분압이 높아진다 해도 신체 조직 속으로 녹아들어가는 질소량에는 한계가 있다. 조직이 이 한계점에 도달하는 것을 가리켜 신체 조직이 포화saturated된다고 한다.

대기압에서 신체는 약 1리터의 질소가 녹아들어 더 이상 질소가 녹아들지 않도록 포화되어 있다. 만약 다이버가 수심 20미터에서 작업을 하게 되면 신체 조직은 그 압력에서 더 많은 질소를 받아들일 수 있다. 그런데 한번 포화가 되면, 그 수심에서 아무리 오래 머물러도 질소가 더 이상 몸에 흡수되지 않는다.

결론적으로 목표 수심으로 들어가기 전 챔버chamber라 불리는 압력 조절 기구 안에서 인체를 목표 수심의 환경압에 맞춰 미리 포화해두면 잠수병의 위험을 줄이면서 장시간 머물 수 있다. 그런데 포화 잠수는 질소에 포화된 몸을 다시 대기압 상태의 정상으로 복귀하려면 오랜 시간이 걸리고, 포화 잠수 장비가 탑재된 대형 선박을 사고 해역까지 이동한 후 고정시켜야 하므로 신속한 인명 구조에는 적합하지 않다.

원초적 본능, 수중 사냥

사냥을 즐기는 사람은 동물 애호가들의 비난에도 아랑곳하지 않고 예찬론을 늘어놓는다. 특히 물에서 작살을 쏘아본 사람이라면 짜릿한 경험을 잊지 못한다. 포물선을 그리며 날아간 작살이 물고기에 꽂히는 장면은 잔인하지만 중독성이 있다. 갯마을에서 어린 시절을 보낸 사람이라면 꼬챙이를 들고 물고기를 쫓아다니던 추억이 있을 것이다.

그런데 우리나라뿐 아니라 대부분의 나라에서는 스쿠버다이버들의 어로와 채집 행위를 법으로 규제하고 있다. 필자도 건전한 스쿠버다이빙 문화 정착을 위해 무분별한 어로와 채집 행위는 금지되어야 한다는 데 동의한다.

수중 사냥이 허용되는 유어장

수중 사냥은 중독성이 있다. 스쿠버다이버들 중 수중 사냥을 취미로 인정해줄 것을 요구하는 부류도 분명 존재한다. 이들은 수중 사냥은 목표물을 눈으로 확인하고 몇 마리만 잡기에 그물로 바다 밑바닥까지 쓸어버리는 그물어업 방식이나, 밑밥을 바다에 뿌려 어류를 모아서 낚아 올리는 낚시보다 환경친화적인 포획 방법이라고 주장한다. 그 방증으로 바닷속에 방치되어 있는 폐그물, 낚시꾼들이 뿌린 밑밥, 납덩이와 봉돌, 낚싯줄 등을 펼쳐 보인다.

하지만 바다를 끼고 살아가는 어촌계 소속 어민들, 특히 해녀들은 스쿠버다이버를 못마땅하게 여긴다. 공기통과 호흡기 그리고 작살로 무장한 스쿠버다이버들이 수산자원을 싹 쓸어 간다고 생각하기 때문이다. 그래서 스쿠버다이빙을 즐기기 위해서는 어촌계 허락을 받아야 한다. 이에 대해 스쿠버다이버들은 우리나라 바다가 왜 어촌계 소유가 되어야 하는지 의문을 제기한다. 모든 국민이 자유롭게 바다를 즐길 수 있어야 한다는 게 논리의 근거이다.

우여곡절 끝에 스쿠버다이버들과 현지 어민들 간의 타협으로 공식적인 수중 사냥터가 마련된 곳이 있다. 2001년부터 제주도에만 지귀도, 북제주군 애월읍 애월리, 한림읍 수원리, 남제주군 대정읍 상모리, 성산읍 온평리, 서귀포시 토평동 등에 유어장이라는 이름으로 유료 수중 사냥터가 문을 열었으며, 남해와 서해, 동해에도 지역 어촌계와의 협의에 따라 스쿠버다이버들이 수중 사냥을 즐기게 되었다. 이제 유어장은 단순한 수산물 채취 공간이 아닌 몸으로 바다를 체험하는 관광지로 자리 잡고 있다.

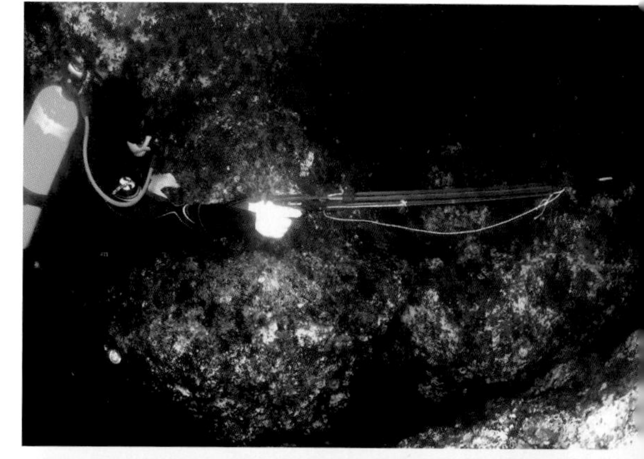

1 유어장으로 들어선 스쿠버다이버가 작살을 들고 수중 사냥에 나서고 있다. 허가받지 않은 해역에서의 수중 사냥은 법으로 금지되어 있다.

2 유어장에서는 스쿠버다이버가 잡을 수 있는 어류의 종류와 수가 정해져 있다. 하지만 대부분의 경우 여러 마리를 잡은 후 가장 큰 것만 골라서 나오기에 1인당 잡을 수 있는 수를 정해둔 유어장의 취지가 무색해지곤 한다.

유어장이라 해서 모든 물고기를 다 잡을 수 있는 것은 아니다. 참돔 · 돌돔 · 벵에돔 · 강담돔 등 회유성 어류는 포획할 수 있지만 능성어 · 자바리(다금바리) · 붉바리 등 고착성 어류는 잡을 수 없다. 또한 1인당 포획할 수 있는 마릿수가 정해져 있으며, 전복 · 소라 등의 패류는 채집하지 못한다. 잡을 수 있는 고기도 크

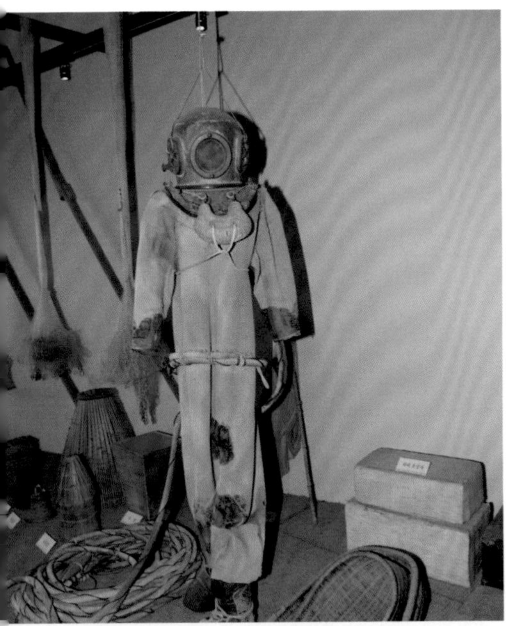

1 잠수기 어업에 종사하는 어부들의 장비이다. 잠수사들은 배에서 호스를 통해 공기를 공급받을 수 있어 장시간 물속에 머물 수 있다.

2 인도네시아 술라웨시 부나켄섬에서 만난 어민이다. 쇠꼬챙이를 들고 나선 그는 온종일 바닷속을 헤매며 사냥감을 찾았다.

1
2

기에 제한을 두어 일정 크기 이하의 작은 고기는 잡지 못한다. 또한 자신이 잡은 어류를 판매하는 것은 금지하고 있다.

이러한 유어장 개념은 우리나라에만 있는 것은 아니다. 뉴질랜드와 피지에서도 닭새우(랍스터) 사냥을 허용하되 잡을 수 있는 크기와 수량 등을 법으로 정하고 있다. 미국 캘리포니아 해변의 전복 유어장은 미국을 찾는 우리나라 스쿠버다이버들에게 크게 인기가 있는 곳이기도 하다. 그런데 유어장에서 잡을 수 있는 마릿수가 1인당 2~3마리씩으로 제한되다 보니 물속에서 여러 마리를 잡은 후 밖으로 나올 때 그중 가장 큰 것만 들고 나오고 나머지는 버리기도 한다. 이런 경우는 유어장 설립 취지와 맞지 않다. 규제가 있으면 틈새나 편법도 생기는 모양이다.

프로와 아마추어의 차이

스쿠버 장비를 이용하면 오랜 시간 물속에 머물 수 있으니 수중 사냥이 쉬워진다. 사냥꾼은 물고기를 발견하면 사정거리에 들어올 때까지 숨죽이며 기다린다. 이때 초보 사냥꾼은 호흡기를 이용해 공기를 잔뜩 들이마신 채 숨을 참고 기다리지만, 노련한 사냥꾼은 호흡 조절을 한 다음 숨을 내쉰 채 참는다.

1 2

1 작은 배에 몸을 실은 필리핀 어부가 바닷속을 들여다보며 낚아 올릴 만한 물고기를 찾고 있다. 어부는 물고기의 움직임을 보면서 줄에 매단 낚시를 이리저리 옮긴다.

2 낚시꾼들이 선상 낚시를 즐기고 있다. 스쿠버다이버들은 어류를 포획하는 관점에서 낚시꾼들과의 형평성 문제를 제기하곤 한다.

숨을 들이마신 뒤 참고 있으면 숨이 가빠졌을 때 공기를 내뱉어야 하므로 이때 나오는 소리에 놀란 물고기가 도망가지만, 숨을 내쉰 뒤 참으면 한 번 더 공기를 들이마시고 숨을 참을 수 있는 시간을 벌 수 있기 때문이다.

그리고 물고기가 작살에 맞은 부위를 보면 프로인지 아마추어인지 알 수 있다. 작살을 몸통에 맞춰 커다란 상처를 남기면 하수, 정확하게 아가미에 맞추는 사람은 고수이며, 머리를 스치듯 맞춰 기절시켜 몸에 상처를 남기지 않으면 절대고수로 대접받는다.

몇 년 전 전라남도 가거도에서 잠수기 어업을 하는 어민을 따라나선 적이 있었다. 야행성인 조피볼락은 낮에 암초지대에서 무리를 이루어 잠을 자는데 그 어민은 조피볼락들이 머무는 곳을 정확히 알고 있었다. 조피볼락 무리에 조심스레 다가가더니 가장자리에 있는 녀석부터 한 마리씩 작살을 쏘는데 30여 분 만에 100마리의 조피볼락을 잡아냈다. 아마 경험이 없는 사람이었다면 무리 가운데로 작살을 날려 조피볼락들을 사방으로 흩어지게 했을 것이다. 바닷속에서 광어 무리를 마주했을 때도 마찬가지이다. 능숙한 사냥꾼은 가장 바깥쪽에 있는 녀석부터 한 마리씩 찍어 올린다.

그런데 물고기 잡는 데 정신이 팔려 공기통 속에 남아 있는 공기량을 점검하지 못해 사고를 당하는 사람들의 이야기를 종종 듣는다. 지나친 욕심으로 물고기 뒤를 쫓아다니는 것은 용궁의 사신을 따라 용왕님을 만나러 가는 것과 같다.

수중 암초

2018년 10월 독도 수중생태계 조사를 위해 울릉도에서 5톤 남짓한 작은 어선을 빌려 독도로 향했다. 새벽 3시 울릉도 저동항을 떠난 어선은 시속 13~15노트의 속도로 뱃길을 열어 87킬로미터 떨어진 독도에 도착하는 데 세 시간이 걸렸다. 조류와 너울이 강했지만 3회에 걸친 수중 탐사는 원만하게 마무리되었다.

그때까지만 해도 모든 일정이 순조로워 보였다. 독도에서 진행한 다이빙만 30회가 넘었으니 독도 해역은 어느 정도 익숙한 편이었다. 탐사를 마치고 울릉도로 돌아가는데 갑자기 배가 왼쪽으로 기울기 시작했다. 선실 아래 기관실로 바닷물이 밀려들고 있었다. 배수펌프를 가동했지만 접지가 좋지 않아 펌프는 멈추기를 반복했다. 선장은 당황한 기색이 역력했다. 상황을 파악하니 필자와 한국해양과학기술원 울릉도 · 독도해양연구기지 연구원이 수중 탐사를 진행하는 동안 배가 너울에 떠밀리다 암초에 부딪혔다고 한다. 빌린 어선에 어군탐지기조차 없다 보니 암초가 있는지 파악을 못 했다는 것이다.

울릉도로 돌아오기 위해 배가 속도를 내자 깨어진 배의 틈이 점점 벌어지고 그 사이로 바닷물이 밀려 들어와 침수가 시작되었다. 설상가상 기관실에 있는 배수펌프마저 고장 나 필자를 비롯한 연구원들은 배에 차오르는 물을 퍼내야 했다. 그 긴박한 순간 속에도 동승했던 연구원은 사고보고서를 기록하고 있었다. 후에 무슨 일이 있더라도 기록은 남겨야 한다는 것이 연구원의 설명이었다. 우여곡절 끝에 5시간 30분 만에 울릉도로 돌아왔다. 배에 타고 있던 일행은 모두 긴장 속에 진이 빠졌다.

이날 사고는 울릉도 · 독도해양연구기지의 15년간 숙원이었던 '다목적 울릉도 · 독도 전용 조사선' 건조를 위해 정부를 설득하는 사례가 되어 2022년 1월, 45톤 규모의 전용 연구선 '독도누리호' 취항이 이루어졌다. 독도누리호는 스크루와 키가 없이 항해하는 워트제트 추진기로 울릉도에서 독도까지 두 시간 안에 도달할 수 있을 뿐 아니라 각종 연구 조사를 위한 장비를 갖추었다.

암초는 항해에 나선 뱃사람들에게는 공포의 대상으로 해난 사고의 가장 큰 원인 중 하나이다. 고대 그리스 서사시인 호메로스의 대서사시 『오디세이아』에는 트로이 전쟁의 영웅인 오디세우스가 10여 년에 걸친 귀향길에서 마주친 위기들이 묘사되어 있다. 노랫소리로 사람을 유혹하여 잡아먹는 '세이렌 자매'에게서 겨우 벗어난 오디세우스는 괴물 '스킬라'와 '칼립디스'가 살고 있는 두 바위 절벽 사이를 통과해야만 했다. 스킬라는 상체는 어여쁜 처녀 모습이지만 하체는 개 형상의 머리 여섯 개가 뱀처럼 길게 솟아나 울부짖는 괴물로 지나가는 배의 선원들을 낚아챘으며, 칼립디스는 소용돌이로 지나가는 모든 것을 빨아들였다. 둘 모두를 동시에 피할 수 없었던 오디세우스는 스킬라 쪽을 선택해 선원 여섯 명의 희생을 감수해야만 했다.

위험을 뜻하는 영어 단어인 '리스크risk'는 암초나 절벽을 뜻하는 그리스인들의 항해 용어 '리자rhiza' 또는 '리지콘rhizikon'에서 유래했다.

암초의 생성 원인과 이어도

암초는 크게 바위가 파도에 침식되면서 생기는 암반 형태, 모래가 퇴적된 모래톱 형태, 해저 화산의 분출로 융기된 형태, 죽은 경산호가 켜켜이 쌓인 산호초 형태 등이 있다. 암초는 물에 완전히 잠겨서 보이지 않거나 해수면 위로 보일 듯 말 듯이 드러나는 것, 밀물 때는 잠겼다가 썰물 때 드러나는 것, 파랑이 클 때 드러나는 것 등이 있다. 암초가 눈에 보였다 보이지 않았다 하기에 바다를 끼고 있는 나라마다 암초를 둘러싼 전설들이 전해 내려오고 있다.

우리나라는 '이어도 전설'이 대표 격이다. 제주 사람들, 특히 제주 여인에게 이어도는 바다에 나가 돌아오지 않는 아들이나 남편의 혼이 깃든 곳, 자신도 결국 그들을 따라 떠나게 될 곳으로 굳게 믿는 환상의 섬이요, 피안의 섬이었다. 고려 때부터 중국과 탐라(제주) 사이 바다 어디엔가 있다는 소문만 있을 뿐 아무도 가보지 못한 섬이었다. 그런데 1900년 영국 상선 '소코트라Scotra호'가 마라도 남서쪽 152킬로미터 떨어진 곳 암초에 부딪치면서 실제로 암초가 존재하는 것으로 밝혀졌다. 국제적으로는 이곳을 '소코트라 암초'로 이름 붙였지만 제주도 사람들은 이 암초를 전설 속에서 구전되던 '이어도'라 확신하게 되었다.

이어도는 해수면에서 4.6미터 아래쪽에 있다. 바다가 잔잔할 때는 물에 잠겨 보이지 않지만 강한 바람이 불어 파고가 높아지면 암초 윗부분이 수면 위로 모습을 드러내었다가 잠기기를 반복한다. 우리 정부는 2003년 이어도 정상부에서 남서쪽으로 약 700미터 떨어진 곳에 해양관측기지를 설치했다.

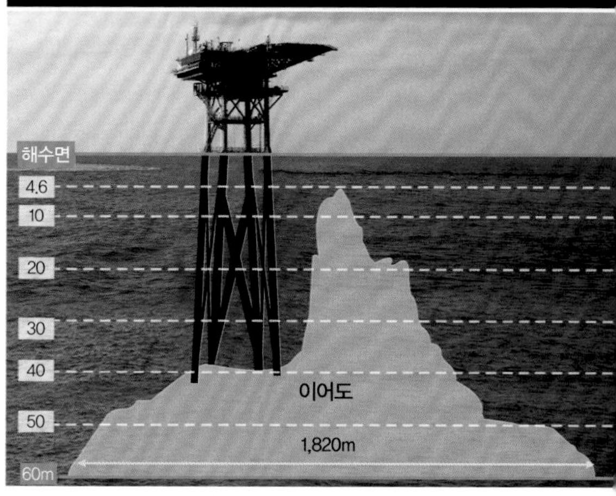

정부는 2003년 6월 이어도 정상부에서 남서쪽으로 약 700미터 떨어진 지점에 무인 해양관측기지를 설치했다. 이곳에서 한국해양과학기술원 직원들이 2~3개월에 한 번씩 1주일 정도 머물면서 관측장비 점검 작업 등을 벌인다.

수중생태계의 보고 암초

인류의 관점에서 암초는 위험의 상징이지만 수중생물에게는 훌륭한 삶의 공간이다. 암초 표면은 모랫바닥이나 펄

암초는 물 밑에 숨어 있어 선박 운항에 큰 위험을 주지만 바다 생명체에게는 삶의 터전이다.

처럼 단조롭지 않다. 생긴 모양에 따라 많은 틈과 굴곡이 있어 입체적이다. 물속을 떠다니는 플랑크톤이나 영양염류는 암초 틈이나 주름에 끼이거나 머물기에 암초를 중심으로 먹이망이 형성된다. 또한 암초는 바닷말이 부착할 수 있는 물리적 환경을 제공한다. 암초에 부착한 바닷말은 광합성을 통해 산소와 탄수화물 등의 영양물질을 끊임없이 바다에 공급한다.

인공어초

인공어초는 해저나 해중에 구조물을 설치해 해양생물을 정착시키거나 끌어모으고, 그에 대한 보호와 배양을 목적으로 하는 물고기집이다. 과거 콘크리트 구조물로 인

제주도 애월 해역의 모랫바닥에 조성된 인공어초들이다. 바닷말이 부착해 있고 줄도화돔이 무리를 이루고 있다.

공어초를 많이 만들었으나 콘크리트로 인한 백화현상 등 수중생태계의 악영향이 보고되면서 친환경 소재로 어초를 제작하고 있다. 또한 폐선박을 깨끗이 청소한 후 바다에 가라앉혀 해양생물의 거주 공간을 마련해주기도 한다.

2부

어류(魚類, Pisces)

척삭동물문 척추동물아문에 속하는 어류는 무악어강, 판피어강, 연골어강, 경골어강의 4개 강으로 나뉜다. 어류에는 물에 녹아 있는 산소를 걸러낼 수 있는 아가미와 이동하기 위한 지느러미가 있다. 대부분의 종은 몸을 보호하기 위한 비늘이 있으나 비늘이 없는 종도 있다. 비늘이 없는 종의 피부는 그 자체가 튼튼하거나 외부와 마찰할 때 몸을 보호하기 위해 점액질로 덮여 있다. 어류는 전 세계적으로 2만 1600여 종이 알려져 있는데 이는 전체 척추동물 종의 41퍼센트에 해당한다.

- **무악어강** : 턱이 없는 어류로 먹장어, 칠성장어 등이 포함된다.
- **판피어강** : 피부가 판으로 되어 있으며 턱이 있는 어류로 멸종되어 화석만 남아 있다.
- **연골어강** : 골격이 상대적으로 가벼운 물렁뼈(연골)로 되어 있다. 상어류, 홍어류, 은상어류를 포함한다. 화석은 데본기부터 나타나며 현생종은 약 1,500종이 알려져 있다. 주로 열대와 아열대 해역에 서식한다.
- **경골어강** : 골격의 일부 또는 전체가 단단한 뼈로 되어 있다. 땅 위 척추동물의 조상이며, 대다수의 현생 어류가 포함되고 전 세계 담수역과 해양에 널리 분포하고 있다.

어류는 전 세계적으로 2만 1600여 종이 알려졌는데 이는 전체 척추동물 종의 41퍼센트에 해당한다.

1
어류의 특성

전 세계적으로 2만 1600여 종이 알려져 있고, 전체 척추동물 종의 41퍼센트를 차지하고 있는 어류에는 어떤 특성이 있을까?
어류 하면 가장 먼저 아가미와 지느러미를 떠올릴 것이다. 여기에서는 물에서 산소를 흡수하는 아가미와 공기주머니인 부레를 조절하여 물 위에 뜨거나 가라앉을 수 있다. 물속에서 균형을 잡고 헤엄치는 데 절대적인 도움을 주는 지느러미를 비롯해 방추형을 비롯한 어류의 다양한 몸 형태와 환경에 따라 변하는 위장술과 보호색, 의사소통과 감정, 청소물고기의 서비스 등 우리의 호기심을 자극하는 어류의 특성에 대해 살펴본다.

민물고기와 바닷물고기의 차이

사람을 포함한 척추동물아문에서 어류는 가장 수가 많고 개체가 다양하다. 현재 알려진 바로는 지구상 어류는 2만 1600여 종이나 된다. 이 물고기는 생물분류학상 크게 경골어류와 연골어류로 나뉜다. 경골어류는 농어목, 청어목, 대구목, 가자미목, 숭어목, 복어목, 아귀목, 뱀장어목, 실고기목, 동갈치목 등으로 묶인다. 이 가운데 농어목은 갈치, 감성돔, 강담돔, 고등어, 고비, 그루퍼, 나비고기, 놀래기, 농어, 능성어, 도루묵, 돌돔, 동갈돔, 망둥이 등 가장 많은 물고기 종을 포함하고 있다. 연골어류는 상어, 가오리, 홍어 등 몇 종 되지 않는다.

어류는 민물에 사는지, 바닷물에 사는지, 아니면 양쪽을 오가는지에 따라 해수어, 담수어, 기수어로 분류한다. 이 가운데 해수어가 58퍼센트, 담수어가 41퍼센트, 기수어가 1퍼센트 정도를 차지한다.

지구상에 있는 지표수 중 바닷물이 97퍼센트이고 민물은 1퍼센트에 지나지 않아 물의 구성 비율로 본다면 해수어종보다는 담수어종이 상대적으로 다양하다고 할 만하다. 이는 바다는 열린 공간이라 전 세계 바다가 해류에 의해 섞이는 반면, 민물은 땅에 의해 지리적으로 격리되어 있어 지역 특성에 맞는 새롭고 다양한 종들로 독립했기 때문이다.

그런데 인류는 아직 광활한 바다에 살고 있는 모든 생명체를 조사하지 못했다. 인류의 발길이 닿지 않은 심해에 어류를 포함한 얼마나 많은 생명체가 존재하는지 알 수 없는 일이다.

민물고기와 바닷물고기의 가장 큰 차이점은 삼투압에 의해 세포막 안으로 물이

	2
1	3
	4

1 농어목에 속하는 나폴레옹피시다. 바닷물고기들은 삼투압으로 인한 탈수를 막기 위해 바닷물을 계속 들이마셔야 한다.

2 관상용으로 인기 있는 흰날개잉어가 화려한 몸짓을 선보이고 있다.

3 강제규 감독의 영화 「쉬리」(1999)를 통해 널리 알려진 민물고기 쉬리는 우리나라 고유종이다. 이들은 서남해로 흐르는 대부분의 하천과 동해안의 일부 하천, 거제도와 남해도에 분포하며 북한의 일부 하천에서도 발견된다.

4 10월 중순 연어들이 경북 울진군 왕피천을 거슬러 오르다 설치된 채포장에 막혀 있다. 청어목 연어과 연어속의 냉수성 어류인 연어는 민물인 하천에서 태어나 바다로 여행을 떠났다가 산란을 위해 자기가 태어난 하천으로 돌아온다.

들어오고 나가는 방식이 다르다는 데 있다. 삼투압은 농도가 다른 두 액체 사이에서 생기는 압력의 차를 말한다. 세포막 내의 체액은 반투막에 의해 외부와 격리되어 있다. 반투막은 물은 통과할 수 있으나 이온은 통과할 수 없다. 이온 농도가 높은 물과 농도가 낮은 물을 섞으면 중간 농도가 되는 것이 자연의 법칙이다. 그런데 세포막은 물만 통과되는 반투막이기 때문에 농도를 맞추려면 농도가 낮은 물이 반투막을 통과해 세포의 농도 차를 줄여줘야 한다.

민물고기는 체액의 농도가 민물의 농도보다 높다. 결국 삼투압에 의해 민물고기의 몸속으로 물이 계속 들어오고, 몸속으로 들어오는 물은 배설기관을 통해 밖으로 배출된다.

바닷물고기는 체액의 농도가 바닷물의 농도보다 낮다. 따라서 바닷물이 삼투압이 높은 고장액이다. 바닷물고기는 몸에 있는 물이 외부로 빠져나가는 탈수 현상을 막기 위해 바닷물을 계속 마셔야 한다. 이렇게 몸속으로 들어온 바닷물은 장 속에서 역삼투압 방식으로 물은 몸으로 전달하고 농축된 염분은 아가미에 있는 염분 배출 세포를 통해 밖으로 버려진다.

이러한 기능의 차이로 민물고기와 바닷물고기는 사는 곳이 다를 수밖에 없다. 그런데 민물과 바닷물이 섞인 기수역에 사는 은어와 숭어, 전어, 연어, 뱀장어 등의 어종은 삼투압을 조절할 수 있어 민물이나 바닷물 양쪽에서 다 살 수 있다.

물에서 산소를 흡수하는 아가미

세상에 존재하는 모든 동물에게는 산소가 필요하다. 1리터의 공기 속에 190~200밀리리터 정도의 산소가 포함되어 있지만 1리터의 물에는 산소가 1~8밀리리터에 지나지 않는다. 어류는 물에 녹아 있는 희박한 산소를 최대한 흡수하기 위해 표면적이 넓은 아가미에 모세혈관이 집중되어 있다. 경골어류는 아가미의 운동기능이 독립적이지만 상어, 가오리, 홍어 등과 같은 연골어류의 아가미는 운동기능이 없어 수동적이다. 이로 인해 연골어류는 물이 아가미를 통과할 수 있도록 늘 입을 벌리고 쉴 새 없이 움직여야만 한다.

1 어류의 아가미에는 모세혈관이 집중되어 있어 선홍색을 띤다.

2 가오리, 상어 등 연골어류의 아가미는 판 모양으로 생겨 판새어류로 분류한다. 이 아가미는 능동적으로 움직이지 않는다. 가오리류는 아가미가 몸의 배 쪽에 있으며 상어류의 아가미는 몸 옆에 있다.

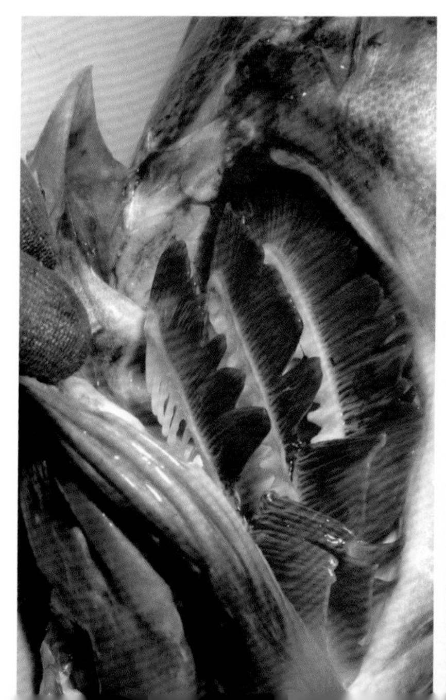

부레의 역할

물속을 다니다 보면 어류가 일정 수심에서 머물러 있거나 부단한 노력 없이 아래위를 오가는 것을 볼 수 있다. 어류의 노련하면서도 우아한 움직임의 비밀은 어디에 있을까. 정답은 바로 몸속의 공기주머니인 부레에 있다. 어류는 부레 속 가스량을 조절하면서 상승하거나 하강하며 부력과 중력이 같은 상태인 중성부력을 유지한다.

부레 속에 저장된 가스는 공기와 같이 산소와 질소, 약간의 이산화탄소 등의 혼합물이지만 혼합비는 공기와 다르고, 또 종류나 서식처에 따라 차이가 있다. 보통 민물어류는 산소량이 적고, 바다어류는 깊은 곳에 사는 종일수록 산소량이 많다.

부레는 경골어류의 특징이며, 상어나 가오리 등 연골어류에서는 발견되지 않는다. 지구상에 생명체가 탄생한 이후 원시 허파를 지닌 어류가 있었는데 이 허파가 부레로 진화한 것으로 추정된다.

허파가 있는 어류는 현재 호주, 아프리카, 남미의 아마존 등에서 모두 6종이 있으며, 모두 민물어류이다. 이들은 산소가 부족한 늪지나 고여 있는 물속 환경을 극복하기 위해 아가미 외에 추가로 허파가 있다. 허파 외에 별도의 공기호흡기관이 있는 민물어류도 있다. 미꾸라지나 메기는 장호흡을 하고, 가물치 등은 래브린스 기관labyrinth organ(미로기관)이라는 공기호흡기관이 있다. 상대적인 개념이지만 바닷물고기 중 아가미 외에 별도의 공기호흡기관이 있는 어류가 없는 것은 바다에는 해류의 흐름이 있고, 항상 파도가 치는 등 고립된 민물 환경보다는 상대적으로 산소가 풍부하기 때문이다.

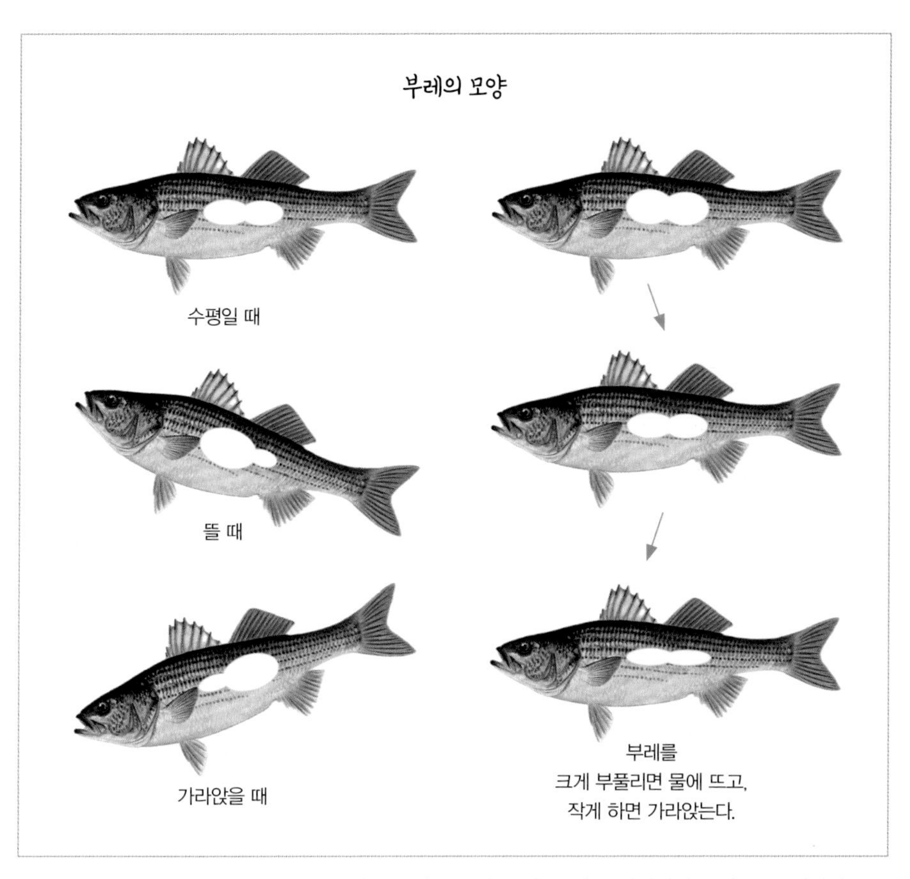

부레는 어류 몸의 비중을 조절하는 일 외에도 여러 역할을 한다. 귀와 연결되어 청각 또는 평형감각을 담당하기도 하고, 조기 등 일부 어류 중에서는 소리를 내기도 한다. 그리고 민어나 철갑상어 부레로 만든 부레 풀은 예로부터 최고의 접착제로 정평 나 있다.

어류의 몸 형태

어류의 몸은 크게 머리, 몸통, 꼬리의 세 부분으로 나뉜다. 머리는 아가미뚜껑까지를, 몸통은 항문까지를, 꼬리는 그 뒤쪽을 가리킨다. 어류는 공기보다 800배나 무거운 물 속 저항을 이겨내기 위해 살아가는 환경에 맞춰 방추형, 측편형, 종편형, 장어형, 리본형, 구형 등으로 몸의 형태를 진화시켜 왔다.

방추형fusiform

어류의 가장 일반적인 몸 형태로 물의 저항을 작게 받는 유선형이다. 과학자들의 모형실험 결과에 따르면, 방추형의 물체가 받는 저항이 최소화되려면 그 길이가 단면 최대 지름의 4.5배가 되어야 한다. 실제로 방추형에 속하는 고등어나 상어 같은 어류의 몸길이는 몸 단면 최대 지름의 3.5~5.5배이다. 대표적인 방추형 어류는 고등어, 가다랑어, 방어, 상어 등으로 비교적 얕은 수심대에서 살아가며 빠르게 헤엄친다.

측편형compressiform

몸이 옆으로 납작한 형태이다. 방추형에 비해 천천히 헤엄치기에 육지와 가까운 연안 수역이나 바다 밑바닥에서 살고 있다. 측편형 어류는 넙치와 가자미같이 극단적으로 측편된 종이 있는가 하면 참돔, 돌돔, 감성돔, 쥐치 등과 같이 몸높이(체고)가 높아 빠르게 움직이거나 순발력이 떨어져 한곳에 머무는 종이 있다. 바다낚시의 주요 대상어들이다.

어류의 체형

종편형depressiform

옆으로 납작한 측편형 어류와 달리 위아래로 눌려 납작한 형태이다. 몸높이는 낮지만 좌우의 폭이 넓다. 종편형 어류는 운동력이 약하고 높은 수압에서도 잘 견딜 수 있어 바닷속 깊은 곳의 밑바닥에 주로 살고 있다. 가오리류, 가래상어, 양태, 아귀 등이 여기에 속한다.

세장형anguliform

생김새가 뱀처럼 기다란 몸 형태이다. 대부분 바다 밑바닥의 모래나 펄 속에서 생활한다. 뱀장어, 갯장어, 붕장어 등이 있다.

구형globiform

방추형을 앞뒤에서 압축한 듯 둥근 형태이다. 복어류가 대표적이다. 이들은 몸 형태의 한계로 포식자에게 공격을 받아도 빠르게 헤엄쳐서 도망갈 수가 없다. 복어류는 이를 극복하기 위해 몸을 부풀려 상대를 위협하거나 독이 있는 먹이를 먹어 몸에 독을 비축한다.

각형squareform

몸 형태가 각을 이루고 있어 독특하게 보인다. 거북복이 대표적이다.

리본형taeniform

몸은 폭이 좁은 타원형의 형태로 갈치와 리본장어 같은 해수어와 꾹저구, 미꾸라지 같은 담수어가 있다.

어류의 지느러미

어류는 지느러미를 이용해 물속에서 몸의 균형을 잡고, 움직임의 방향을 정하며, 추진력을 얻거나 움직임에 제동을 걸 수 있다. 지느러미는 크게 홑지느러미와 쌍지느러미로 구별된다.

홑지느러미는 등 쪽에서 꼬리를 돌아 항문에 이르는데, 중간에 끊겨 등지느러미, 꼬리지느러미와 뒷지느러미로 나누어진다. 쌍지느러미는 가슴지느러미와 배지느러미처럼 몸의 양쪽에 쌍을 이루어 네발 동물의 다리 두 쌍에 해당된다. 홑지느러미는 몸의 수평을 유지하여 헤엄칠 때 뒤뚱거리지 않게 하고, 쌍지느러미는 위아래로 오르내릴 때 사용한다.

어류의 지느러미는 지느러미살로 지탱된다. 지느러미 기부에는 지느러미뼈가 있어 지느러미살을 받치고 있다. 다만 기름지느러미에는 이러한 지지 구조가 없다.

등지느러미

등에 난 지느러미로 대부분 하나로 이루어져 있지만, 가시고기같이 두 개가 있는 종도 있다. 일반적인 어류는 추진력의 일정 부분을 꼬리지느러미에 의존하지만, 꼬리지느러미나 배지느러미가 없는 갈치는 등지느러미에만 의존해서 꼿꼿이 선 채 유영한다. 이는 해마의 경우도 마찬가지이다.

가슴지느러미

아가미 뒤쪽 양옆에 하나씩 있다. 좌우 균형을 잡는 데 이용된다. 날치나 쥐가오리 같은 어류는 잘 발달한 가슴지느러미로 수면을 박차고 날아오르기도 하며, 성대류는

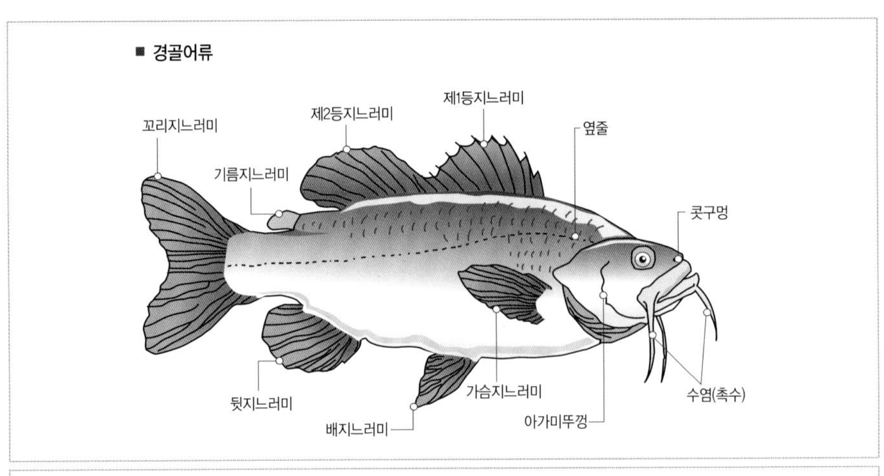
■ 경골어류
꼬리지느러미
제2등지느러미
제1등지느러미
옆줄
기름지느러미
콧구멍
뒷지느러미
가슴지느러미
수염(촉수)
배지느러미
아가미뚜껑

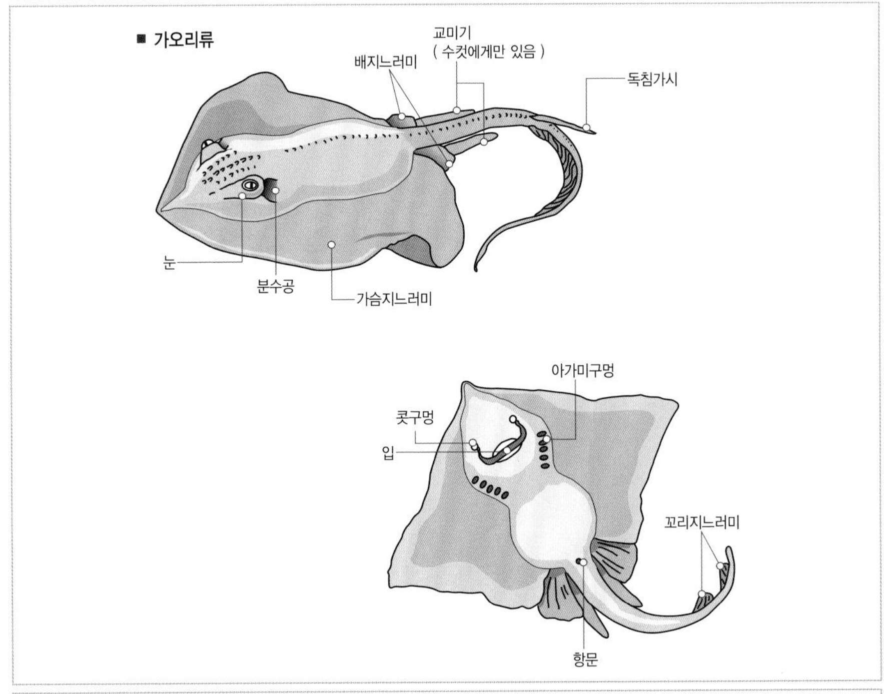
■ 가오리류
교미기
(수컷에게만 있음)
배지느러미
독침가시
눈
분수공
가슴지느러미
아가미구멍
콧구멍
입
꼬리지느러미
항문

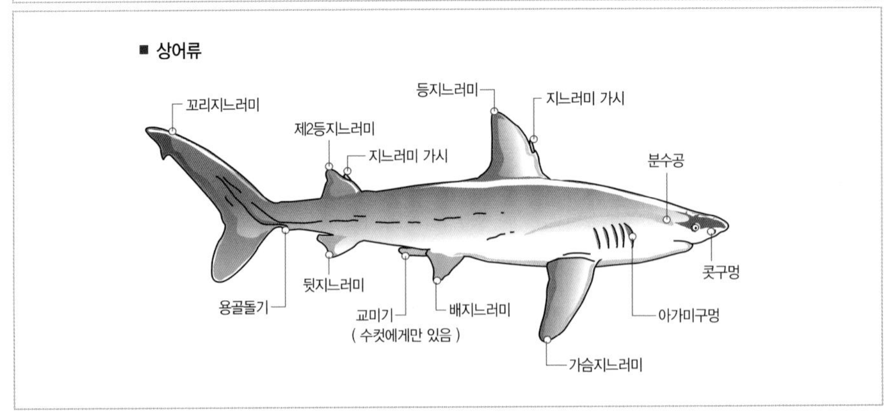
■ 상어류
등지느러미
지느러미 가시
꼬리지느러미
제2등지느러미
지느러미 가시
분수공
콧구멍
뒷지느러미
용골돌기
교미기
(수컷에게만 있음)
배지느러미
아가미구멍
가슴지느러미

지느러미

가슴지느러미를 발처럼 이용해 바닥을 기어 다닌다.

꼬리지느러미

몸 뒷부분에 달린 지느러미이며 선박이 항해할 때 방향을 조절하는 키의 역할을 한다. 또 어류는 몸통 뒷부분의 유연성이 좋아 꼬리자루가 꼬리지느러미와 함께 물을 좌우로 밀어 그 반작용으로 추진력을 만들어낸다. 빠르게 헤엄치는 종은 꼬리지느러미가 깊이 갈라져 있다. 어류에 따라 꼬리지느러미가 거의 위아래로 나누어진 것도 있지만, 대부분 중간부에서 가늘게 이어져 있다. 특히 상어 같은 연골어류는 지느러미의 위쪽이 아래쪽보다 큰데, 이를 부정형 꼬리지느러미라 한다.

기름지느러미

등지느러미와 꼬리지느러미 사이에 있는 크기가 작은 지느러미이다. 지방질이 매우 풍부하여 기름지느러미라고 하는데 등지느러미 옆에 있어 등지느러미와 혼동되기도 한다.

배지느러미

물고기 배에 달린 지느러미로 좌우에 한 쌍이 있으며 몸의 균형을 잡고 앞으로 나아가게 한다.

뒷지느러미

몸 아래 항문 쪽에 있는 지느러미라 항문지느러미라고도 한다. 꼬리지느러미를 향하고 있으며 헤엄칠 때 균형을 잡아준다.

기능적으로 변형된 지느러미들

❖ 등지느러미의 변형

노랑가오리에는 등지느러미가 퇴화하면서 변한 꼬리 가시가 있다. 날카로운 꼬리 가시에는 강력한 독이 있는데 위협을 느끼면 꼬리 가시를 치켜들어 상대를 찌른다. 노랑가오리 가시에 찔리면 참을 수 없는 통증이 밀려온다. 심한 경우 목숨을 잃을 수도 있다.

쏨뱅이목에 속하는 쏠배감펭, 쑤기미, 미역치 등은 등지느러미 가시에 독이 있다. 쏠배감펭은 위협을 느끼면 등지느러미를 최대한 넓게 펼쳐 18개의 독가시를 곧추세운다. 등지느러미에 돋아 있는 독가시의 바늘 끝은 장갑이나 잠수복을 뚫을 정도로 날카롭다.

빨판상어에는 등지느러미가 변형된 타원형 빨판이 있다. 이들은 빨판에 있는 20~28개의 흡반을 이용해 대형 바다동물의 몸에 붙어 다니면서 그들이 먹다 남은 음식 찌꺼기 등을 받아먹는다.

아귀는 등지느러미의 첫 번째 가시가 안테나 모양의 돌기로 변형되어 있다. 이를 본 물고기들이 작은 먹잇감인 줄 알고 가까이 오면 큰 입을 '쩍' 벌려 한입에 삼켜 버린다. 이러한 특성으로 영어권에서는 미끼를 가지고 낚시하는 물고기라 해서 '앵글러피시Angler-fish'라고 한다. 깃대돔(농어목 깃대돔과)과 두동가리돔(농어목 나비고기과)에는 등지느러미가 변형된 실 모양의 지느러미 가시가 있다.

❖ 꼬리지느러미의 변형

쥐치복과에 속하는 쥐치류는 꼬리지느러미 양쪽에 외과의사가 사용하는 메스와 같은 날카로운 가시가 있어 영어권에서는 서전피시Surgeon fish라고 한다. 쥐치류는 평소에는 가시를 몸에 붙이고 있다가 포식자가 나타나면 잽싸게 곧추세워 상대를 위협한다.

대형 어류인 개복치는 움직임이 둔하다. 이들은 등지느러미와 뒷지느러미는 있지만

1	4
2	
3	5

1 노랑가오리의 꼬리 가시는 등지느러미가 퇴화하면서 변형되었다.

2 나비고기과의 두동가리돔(왼쪽)과 깃대돔과의 깃대돔 두 종 모두 등지느러미가 변형된 지느러미 가시가 있지만, 주둥이 모양과 지느러미 가시 형태는 다르다.

3 미역치는 작은 어류이지만 등지느러미가 변형된 가시에 독이 있어 만만하게 대할 수 없다.

4 빨판상어는 등지느러미가 변형된 타원형의 빨판으로 대형동물의 몸에 붙을 수 있다.

5 아귀의 등지느러미 첫 번째 가시는 안테나 모양의 돌기로 변형되어 있어 먹이 사냥에 나설 때 미끼 역할을 한다.

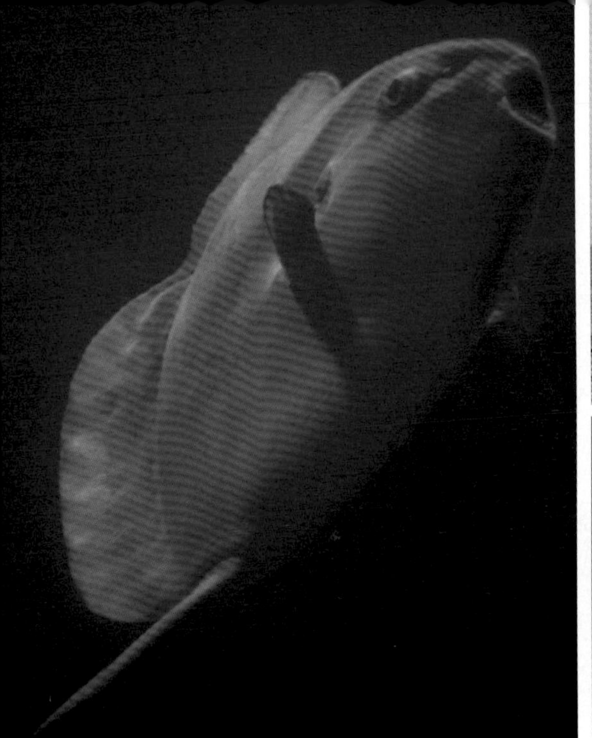

1 개복치의 꼬리지느러미는 골판 구조의 키지느러미로 변형되었다.

2 심해에 머물다 가쁜 숨을 쉬기 위해 고래는 빠르게 수면으로 상승해야 한다. 고래의 수평 꼬리지느러미는 물을 박차고 올라오는 데 효율적이다.

3 상어는 일반 어류와 달리 꼬리지느러미 위쪽이 아래쪽보다 큰데, 이를 부정형 꼬리지느러미라고 한다.

추진력에 도움을 주는 꼬리지느러미가 골판 구조의 키지느러미로 변형되어 있다. 수면으로 올라와 허파호흡을 해야 하는 고래는 어류와 달리 꼬리지느러미가 수평이다. 숭어는 꼬리지느러미로 수면을 쳐서 1미터 가까이 뛰어오르기도 한다.

❖ 가슴지느러미의 변형

연골어류 홍어목에 속하는 대형 어류인 쥐가오리는 커다란 가슴지느러미의 연장부가 머리지느러미로 돌출되어 있다. 우리나라에서는 이것이 쥐의 귀를 닮았다고 '쥐가오리'라 하고, 영미권에서는 악마의 뿔을 닮았다고 'Devil ray'라 한다.

쥐가오리는 성가신 일을 피하기 위해 거대한 가슴지느러미로 수면을 박차고 5미터

1 2

1 쥐가오리는 커다란 가슴지느러미의 연장부가 머리지느러미로 돌출되어 있다.

2 성대는 가슴지느러미를 펼쳐 상대를 위협하기도 하고, 이를 이용해서 바닥을 기어 다니기도 한다.

이상을 날아오를 수 있다. 날아오르는 어류 중 대표 격인 날치는 쥐가오리와 달리 꼬리지느러미로 수면을 강하게 쳐서 몸을 띄워 올린 다음 가슴지느러미를 활짝 펼쳐 활공한다. 날치의 활공거리는 수백 미터에 이른다.

쏨뱅이목 성대과에 속하는 성대에는 푸른빛이 도는 넓은 부채 모양의 가슴지느러미가 있다. 평소 모랫바닥에 숨어 지내다 위협을 받으면 갑자기 색이 화려한 가슴지느러미를 활짝 펼쳐 상대를 놀라게 한다. 몸과 지느러미 색이 부조화를 이루는 데다 갑자기 펼쳐진 푸른색의 지느러미는 보는 시각에 따라서 위협적일 수 있다. 성대류는 이 가슴지느러미를 이용해 바닥을 기어 다닐 수 있다.

❖ 배지느러미의 변형

꽃동멸은 배지느러미를 이용해 몸을 받쳐 앉을 수 있다. 송사리목에 속하는 민물고기 구피는 수컷의 배지느러미가 교미기로 변형되어 암컷 몸속에 정자를 뿌릴 수 있다.

꽃동멸이 배지느러미로 몸을 받치고 주변을 살피고 있다.

가로줄 무늬와 세로줄 무늬

어류의 무늬는 머리를 위로 세워 가로와 세로를 구분한다. 즉 등에서 배 쪽이 가로 방향이고, 머리에서 꼬리 쪽이 세로 방향이다. 사진에서 흰 바탕에 검은 줄무늬가 있는 돌돔은 가로줄 무늬이며, 노란 바탕에 검은 줄무늬가 있는 범돔은 세로줄 무늬이다.

나이를 어떻게 알 수 있을까?

어류의 나이는 비늘, 이석[동물의 속귀(내이)에 있는 뼛조각(골편)], 척추골 측정 방법 등을 통해 알 수 있다. 비늘에는 나무의 나이테와 같은 둥그런 무늬(윤문)가 있다. 대체로 1년에 한 줄씩 이 무늬가 늘어나므로 간단하게 이 무늬를 세어보면 된다.

비늘이 없는 어류나 비늘이 있는 어류라도 좀 더 정밀하게 나이를 측정하려면 귀에 탄산칼슘(이석)이 생기는 정도를 조사한다. 이석을 쪼개거나 갈아서 단면을 보면 나이테 같은 무늬가 드러난다. 비늘이 없고 이석의 생김까지 약한 상어는 척추골을 조사한다. 척추골에도 둥근 무늬가 있어 그 수치를 측정하면 나이를 알 수 있다.

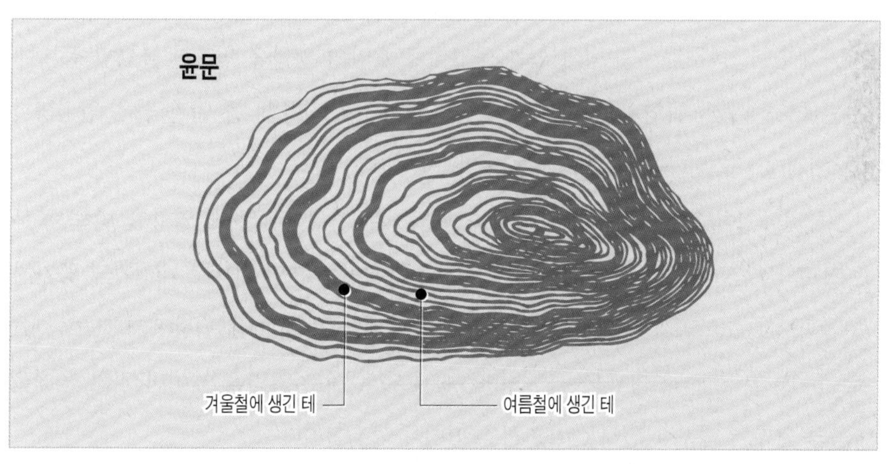

물고기는 여름과 겨울에 자라는 속도가 다르다. 일반적으로 성장이 빠른 여름철에는 폭이 넓고 옅은 무늬의 테가 생기지만 성장이 느린 겨울철에는 폭이 좁고 짙은 무늬의 테가 생긴다. 물고기 나이 측정은 짙은 무늬 테의 수를 기준으로 한다.

수압을 이겨내기 위해

최대 깊이가 11킬로미터 남짓한 바다의 대부분이 아직 미개척지로 남아 있는 가장 큰 이유는 수압이다. 육상에서 생활하는 인류를 포함한 동식물은 1기압(1제곱센티미터의 면적에 무게 1킬로그램의 공기기둥이 누르는 압력)의 대기압에 적응되어 있다. 그런데 물속으로 들어가면 10미터 깊어질 때마다 1기압에 해당하는 만큼씩의 수압이 올라가 수심 30미터에서는 4기압, 수심 100미터에서는 11기압에 해당하는 수압이 작용한다. 수압은 인류가 바다를 개척하는 데 극복해야 하는 가장 큰 물리적 부담 중 하나이다. 그렇다면 바닷속 생명체들, 특히 어류는 어떻게 수압에 적응할까?

상식적인 이야기이지만 압력은 액체의 부피에는 영향을 주지 않는다. 아무리 강한 힘으로 눌러도 액체의 부피를 줄일 수 없다. 물고기는 끊임없이 물을 먹으며 몸속에 물을 채우고 있다. 깊은 수심에 있는 물고기가 수압의 영향을 받으면 물고기 몸속에 있는 물도 외부의 압력과 동일한 압력이 바깥쪽으로 작용해 몸 안과 밖은 압평형이 이루어진다. 이러한 원리로 물고기는 수압을 견딘다.

스쿠버다이버도 마찬가지이다. 증가하는 압력에 가장 민감하게 영향을 받는 부분은 기체가 있는 귀속의 고막 안쪽이다. 스쿠버다이버는 수면 아래로 내려가면 증가하는 압력으로 고막이 안쪽으로 밀려 들어가 통증을 느낀다. 이때 펌핑pumping(코를 막고 귀로 공기를 보내 고막을 바깥쪽으로 밀어내는 방법)으로 내부 압력을 높이면 밀려 들어온 만큼의 고막이 외부로 밀려 나가면서 압평형이 이루어진다.

대기압에 적응되어 있는 인체가 의식적으로 펌핑을 해야 한다면 수압에 적응되어 있는 어류는 본능적으로 몸에 물을 채우며 주변의 압력과 체내의 압력을 맞출 수 있

물속은 수심 10미터 깊어질 때마다 1기압에 상응하는 만큼씩 압력이 증가한다. 스쿠버다이버는 고막 바깥쪽에서 밀고 들어오는 수압으로 인한 통증을 줄이기 위해 '펌핑'으로 내압을 외압에 맞춰줘야 한다.

다. 그런데 스쿠버다이버는 물론이거니와 어류도 깊은 수심에서 갑자기 얕은 수심으로 상승하면 체내에 흡수된 고압의 공기가 갑자기 팽창하면서 과팽창 장애로 심할 경우 목숨을 잃을 수 있다.

위장술과 보호색

모든 동물은 자신이 처한 환경에 적응하거나 천적에 대한 방어 수단을 본능과 학습을 통해 발달시키며 진화해 왔다. 현존하는 생명체들은 오랜 세월에 걸쳐 환경에 적응하며 진화한 종들이다. 주어진 환경에 적응하지 못하면 그 종은 멸종하고 만다. 이는 주어진 환경에 적응하지 못하는 종은 멸종한다는 찰스 다윈의 '자연 선택' 이론으로 정리되어 있다.

어류도 환경에 적응하고 천적에 대한 방어 수단으로 위장술을 본능적으로 익혀왔다. 통구멍과Uranoscopidae에 속하는 어류나 아귀, 넙치, 가오리 등의 저서성 어류는 모랫바닥과 몸 색을 비슷하게 바꾸는 위장술에다 모래 속에 몸을 감추는 엄폐술까지 동원한다. 주변 환경 속에 숨어든 이들에게 가까이 다가가면 팽팽한 긴장감이 느껴진다. 어느 순간 긴장의 끈이 끊어지면 순간적으로 '후다닥' 자리를 피한다.

아귀목의 씬벵이과 어류는 은폐의 귀재이다. 씬벵이는 주변 환경에 따라 몸 색이 바뀐다. 웬만한 관찰력이 아니면 씬벵이를 찾기 힘들다.

실고기목에 속하는 고스트파이프피시는 바닷말이나 산호 폴립 사이에 완벽하게 숨어드는데 유령처럼 그 존재를 찾기가 힘들어 고스트란 이름이 붙었다.

참오징어는 불과 3~5초 만에 주변 환경에 맞춰 몸 색을 바꿔 버린다. 산호초 지대에 서식하는 물고기들은 각양각색의 산호만큼이나 화려한 색을 뽐낸다. 이러한 방식은 산호의 화려한 배경 속으로 자신을 묻히게 하기 위함이다.

위장은 포식자로부터 자신을 숨기기 위한 것이 일반적이지만 반대로 먹이 사냥을 위해서도 응용된다. 먹잇감이 눈치채지 못하게 몸을 위장하고 기다리다가 사정거리

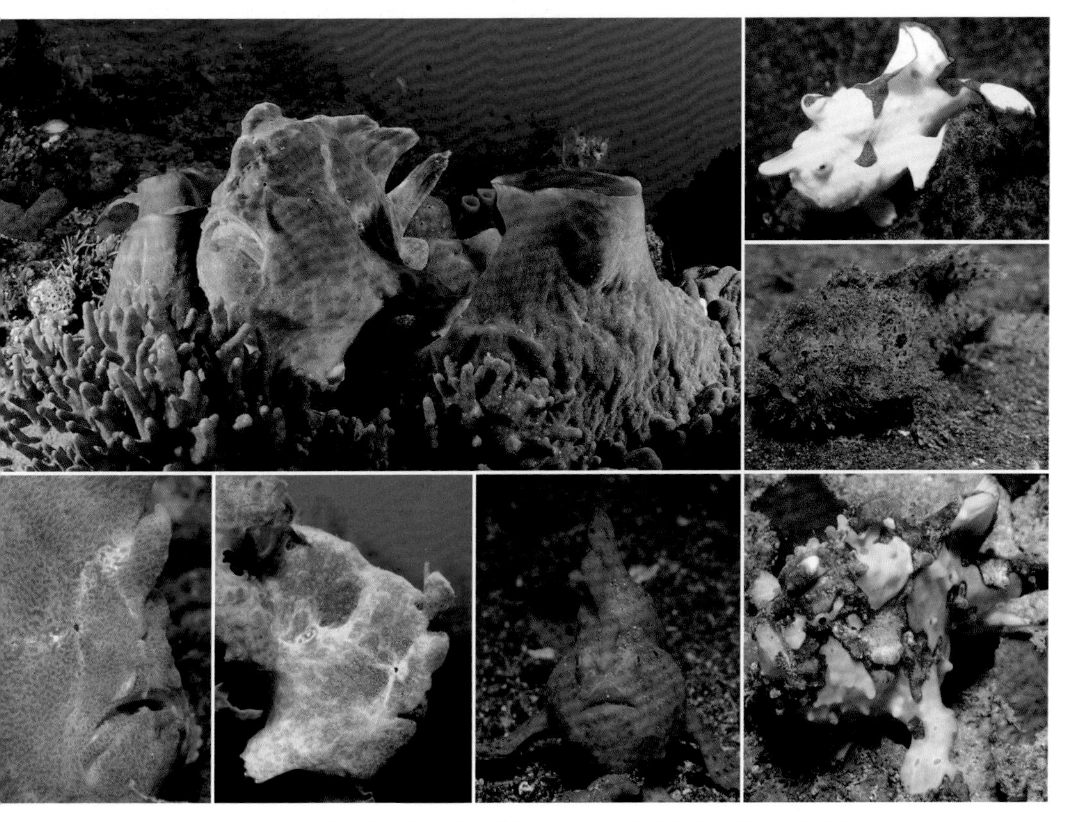

열대 바닷속을 다니다 보면 해면이나 주변 환경에 몸을 숨긴 다양한 씬벵이들을 만날 수 있다. 주의 깊게 관찰하지 않으면 이들이 숨어 있는 곳을 지나치고 만다.

안에 들어오면 잽싸게 낚아챈다.

위장과는 약간 다른 개념이지만 어류는 보호색으로 스스로를 지킨다. 고등어, 청어, 정어리, 전갱이와 같은 등푸른생선은 하늘에 떠다니는 조류鳥類가 내려다볼 때 바다색과 비슷하게 보이도록 등이 푸르고, 바닷속 포식자가 올려다볼 때는 수면의 색과 비슷하게 보이기 위해 배 부분이 흰빛이 나도록 진화했다.

1
2

1 고스트파이프피시가 산호 폴립을 배경으로 몸을 숨기고 있다.

2 어류는 보호색으로 포식자의 눈을 피한다. 등푸른생선은 하늘에 떠다니는 조류鳥類가 내려다볼 때 바다색과 비슷하게 보이도록 등이 푸르고, 바닷속 포식자가 올려다볼 때 수면의 색과 비슷하게 보이기 위해 배 부분이 흰빛이 나도록 진화했다.

성을 바꾸는 어류

태국을 대표하는 관광상품 중 게이 쇼가 있다. 화려한 무대에 오른 수십 명의 연기자들이 우리나라를 비롯해 세계 각국의 전통음악과 무용을 소개하는데 여성보다 더 여성스럽다. 생물학적 성과 내면적 성의 불일치로 방황했을 이들에게 현대 의학은 트랜스젠더라는 선물을 안겨주었고 이들은 당당하게 커밍아웃했다.

일부에서는 트랜스젠더를 두고 자연의 섭리를 거스르는 일이라고 하지만 자연계, 특히 바닷속 어류 가운데 종족 보존을 위한 본능으로 성性을 바꾸는 종이 더러 있다. 이런 선택을 가리켜 스탠퍼드대학의 생물학 교수 조안 러프가든은 저서 『진화의 무지개Evolution's Rainbow』에서 성적 다양성이 진화를 이끄는 한 축이라고 언급했다. 그녀는 기존 진화론인 다윈의 '성 선택' 이론을 비판하며 그 대안으로 '사회적 선택'이라는 새로운 관점을 제시했다. 조안 러프가든 역시 여성으로 성을 전환한 트랜스젠더이기도 하다.

자연계에서 성전환 양상은 어류로 대표되는 수생동물에게만 일어난다. 이유는 물이라는 매개 때문이다. 수컷의 정자는 액체에서만 움직일 수 있는 데다 수정란은 건조를 막기 위해 액체로 감싸고 있어야 한다. 물속에서야 수정란이 마르지 않지만 바다에서 땅으로 올라온 생명체는 수정란의 건조를 막아야 했다. 결국 땅 위 생명체는 수정란 보호를 위해 자궁을 가지게 되었고 자궁의 존재는 자연 상태에서 성전환을 불가능하게 했다.

자연 상태에서 성전환이 가능한 어류는 성을 전환하는 방식에 따라 크게 두 가지 양상으로 나뉜다. 첫 번째는 성장하면서 수컷에서 암컷으로 전환하는 경우이고, 두 번째는 암컷에서 수컷으로 전환하는 경우이다.

수컷에서 암컷으로 성을 바꾸는 어류

수컷에서 암컷으로 성을 바꾸는 대표 격은 장어목에 속하는 리본장어이다. 리본장어는 우리가 흔히 보는 리본처럼 몸이 얇고 긴 데다 색이 화려하다. 리본장어는 유어기를 거치며 수컷으로 성장기를 보낸 후 성장이 절정에 이르면 암컷으로 성을 바꾼다. 그런데 흥미로운 점은 성을 바꿀 때마다 커밍아웃하듯 몸의 색이 달라진다는 점이다.

먼저 유어기 때는 몸 전체가 검은색을 띤다. 이후 몸길이가 65센티미터 이상에 이르면 수컷의 성징이 나타나는데 이때 주둥이를 제외한 몸 전체가 화려한 청색으로 바뀐다. 성장을 거듭해 몸이 95~120센티미터로 커지면 선택받은 일부가 암컷으로 성이 바뀌는데 이때는 몸 전체가 노란색으로 물든다. 암컷인 노란색 리본장어는 여간해서는 찾기 어렵다. 모든 수컷이 암컷이 되는 것이 아닌 데다 암컷으로 살아가는 기간이 한 달 정도에 지나지 않기 때문이다. 또한 암컷으로 성을 전환한 후에는 종족 번식이라는 본능적 경계심이 강해져 움직임 또한 제한적이다.

말미잘과 공생하는 흰동가리도 수컷에서 암컷으로 성을 전환한다. 모계 중심의 군락생활을 하는 이 무리 가운데 암컷이 죽으면 가장 덩치가 크고 강한 수컷 한 마리가 암컷으로 성을 바꾼다.

리본장어와 흰동가리가 무리 중에서 선택된 한 마리만 성을 바꾸는 것과 달리 감성돔은 태어날 때는 모두 수컷이지만 5년 정도 자라서 몸길이가 30센티미터 이상이 되면 대부분이 암컷이 된다. 이는 수컷은 몸집이 작아도 정자가 수억 마리가 있지만 정자보다 상대적으로 큰 난자는 덩치가 커야 많기 때문이다. 그래서 좀 더 많은 난자를 가지려면 덩치가 클 때 암컷으로 성을 바꾸는 것이 종족 보존에 유리하다는 것을 진화를 통해 터득한 것으로 보인다.

리본장어는 성을 바꿀 때마다 커밍아웃을 하듯 몸 색을 바꿔 자신의 성징을 외부에 알린다. 먼저 유어기 때는 몸 전체가 검은색을 띠며, 성장하면서 수컷의 성징이 나타날 때는 몸이 청색으로 바뀌고, 암컷으로 성을 전환한 후에는 몸 전체가 노란색이 된다.

암컷에서 수컷으로 성을 바꾸는 어류

우리나라 바다에서 흔하게 볼 수 있는 용치놀래기는 보통 수컷 한 마리가 암컷 3~4마리와 함께 살며 번식한다. 우두머리 격인 수컷이 죽으면 가장 큰 암컷이 수컷으로 성을 전환한다. 수컷이 죽고 나면 무리의 암컷들은 서로 시각적 자극을 통해 큰 개체가 수컷으로 변하고, 작은 개체는 암컷으로 그대로 남는다.

연구 결과에 따르면 시각적 자극을 받은 후 한 시간 정도 지나면 남성 호르몬이 분비되어 수컷 행동을 하기 시작하고, 2~3일이 지나면 완전한 수컷이 된다고 한다. 무리 가운데 선택적으로 수컷으로 변하는 것은 우수한 유전자를 통해 종족을 보존하기 위해서다. 수컷으로 변하지 못하는 암컷은 수컷으로 변하기 위해 경쟁하다가 무리

1 말레이시아 시파단 해역에서 만난 앵무고기의 일종인 버펄로피시 무리이다. 암컷에서 수컷으로 성을 전환하는 이들은 넓적하고 날카로운 통니로 산호초를 긁어서 공생조류를 섭취하고 산호초를 구성하는 석회(탄산칼슘) 가루를 배설한다. 무리 지어 유영하면서 석회 가루를 배설하는 모양새가 마치 흙먼지를 일으키며 황야를 질주하는 버펄로 떼를 닮았다.

2 용치놀래기는 우리나라 바다에서 망둥이 다음으로 흔하게 발견되는 종으로 술뱅이라는 이름으로 더 잘 알려져 있다. 이들은 암컷 중 선택된 한두 마리가 수컷으로 성을 전환한다. 암컷일 때는 몸 색이 붉은색이며 수컷으로 성을 전환한 후에는 푸른색으로 변한다.

에서 도태되기보다는 암컷으로 남는 것이 유리하다는 것을 알고 있기에 무리하게 경쟁하지 않는다.

수컷으로 성을 전환하는 경우는 열대 바다에서 만나는 앵무고기도 마찬가지이다.

암수한몸

유성생식은 암컷과 수컷 각각의 배우자가 필요하다. 대부분의 종은 암컷과 수컷이 분리되어 있다. 그러나 어떤 종은 한 개체에 암컷과 수컷의 생식기를 모두 지닌 경우가 있다. 이런 종을 암수한몸이라고 한다. 무척추동물은 거의 암수한몸이지만, 암수한 몸이라도 번식하는 방법에는 종에 따라 차이가 있다.

예를 들어 환형동물에 속하는 갯지렁이는 번식을 위해 상대를 찾아 나설 수 있지만 해안가 바위 등에 단단히 들러붙어 고착생활을 하는 따개비, 거북손 등은 움직일 수 없다. 이들은 교미침이라는 길고 유연한 생식기로 문제를 해결한다. 여러 개체가 가까이 밀집해서 살아가는 따개비와 거북손은 옆에 있는 개체를 향해 교미침을 뻗는다. 어느 개체이든 암수 한몸이기에 이들의 짝짓기는 원만하게 진행된다.

암수한몸으로 한자리에 부착해 살아가는 따개비는 교미침을 뻗어내 이웃한 개체와 짝짓기를 한다.

무리를 이루는 어류

바다에는 2,000종이 넘는 어류가 무리를 이루며 살아간다. 이들 중에는 태어나서 평생 무리를 이루는 종이 있는가 하면 흩어져 있다가 산란기 때 모여드는 종도 있다. 무리를 이루는 어류는 같은 시기에 태어나기에 비슷한 크기로 자라고 일정한 간격을 유지한 채 평행하게 움직인다.

이들의 방향 전환이나 움직임은 일사불란하여 마치 거대한 하나의 개체가 움직이는 것처럼 보이기까지 한다. 무리를 이루는 어류는 안전을 위해 좀 더 크게 뭉치려 한다. 무리를 이루어 다니기에 포식자에게 발견되기 쉽지만 무리를 이루는 것이 포식자의 공격을 막아내는 데 유리한 점이 많기 때문이다.

안전을 위해서

많은 바다동물의 먹잇감이 되는 작은 어류인 정어리를 보자.

바닷속에서 정어리 무리를 바라보고 있으면 마치 거대한 하나의 생명체처럼 보인다. 빙글빙글 소용돌이치다가 뭉쳤다 흩어지고, 흩어졌다 다시 뭉치는 형상은 아름답다 못해 장엄하고, 장엄하다 못해 신비롭기까지 하다.

정어리가 무리 지어 있는 곳에는 정어리를 먹이로 삼는 고래, 참치, 상어, 바다거북 등 대형 바다동물들이 모습을 드러낸다. 이들은 정어리를 노리며 은밀하게 다가오지만 무리를 이룬 정어리 떼는 수많은 눈을 가진 것과 같아 포식자가 어느 방향에서 접근하든 어느 한 마리에게는 들킨다. 포식자를 가장 먼저 발견한 녀석이 몸을 숨기기 위해 비교적 안전한 무리 가운데 쪽으로 파고들면 주위에 있는 정어리들도 연쇄적으

1 무리를 이룬 어류가 스쿠버다이버들과 조우하고 있다.
2 무리를 이룬 어류는 같은 시기에 태어나기에 비슷한 크기로 자라고 일정한 간격을 유지한 채 평행하게 움직인다.

로 가운데로 파고들면서 무리 전체가 더욱 조밀한 피시 볼fish ball을 형성한다. 결국 정어리들이 만들어내는 거대한 덩어리와 수만 마리가 동시에 지느러미를 퍼덕이는 강렬한 진동음에 포식자는 당황하고 만다.

대개의 포식자는 자기보다 덩치가 큰 대상은 공격하지 않는다. 포식자가 거대한 덩치의 실체가 작은 정어리들이 모인 것에 지나지 않다는 것을 알아채고 공격을 시도한다 해도 폭발하듯이 사방으로 흩어지는 개체들 중에서 공격 목표를 정하기는 힘들 것이다.

포식자는 혼자 떨어져 있는 한 마리는 집중하여 쫓아가기 쉽지만, 한꺼번에 흩어지는 무리 중에서 한 마리에 집중하기는 어렵다. 무리를 이룸으로써 포식자에게 잡아먹히는 확률 또한 줄어든다. 넓은 바다에서 홀로 헤엄치면 크고 빠른 포식자에게 쉽게 잡히지만 무리 속에 있으면 어느 누군가의 희생으로 안전을 보장받을 수 있다.

필리핀 세부섬 모알보알 해역이다. 프리다이버가 나타나자 흩어져 있던 정어리들이 조밀하게 모여들며 거대한 무리를 형성하고 있다.

1 글라스피시 치어들이 포식자의 공격을 피하기 위해 흩어지고 있다. 대개 어류는 안전한 산란장을 확보하기 위해 노력하지만 치어기일 때 생존율이 가장 떨어진다.

2 물구나무선 채 유영하는 슈림프피시 무리이다. 이들은 위협을 느끼면 산호나 바닷말 사이로 숨어드는데 물구나무서서 다니는 것이 몸을 숨기거나 작은 새우를 '콕콕' 집어 먹는 데 유리하다.

무리를 이룬 물고기들이 흩어지지 않고 하나로 뭉치는 것을 두고 영국의 생물학자 윌리엄 해밀턴은 그의 논문 「이기적인 무리의 기하학」에서 물고기의 이기적 행동으로 설명하고 있다. 즉, 무리에서 가장 위험에 노출된 바깥쪽에 있는 물고기들은 그나마 안전한 무리 안쪽으로 파고들려 하는데 이러한 개체들의 행동이 연쇄적으로 일어나면서 무리가 밀집을 이룬다는 것이다.

사냥을 위해서

어류가 무리를 이루는 습성은 위기 탈출뿐 아니라 포식이라는 측면에서도 살펴볼 수 있다. 참치, 전갱이, 바라쿠다 등의 어류는 무리 지어 다니다가 작은 물고기 무리를 발견하면 포위망을 좁혀가며 바깥쪽 물고기부터 잡아먹는다.

상위 포식자인 바라쿠다는 작은 물고기 떼를 발견하면 빙글빙글 돌아가며 서서히 에워싼다. 포위망에 갇힌 물고기들이 패닉 상태에 빠지면 바라쿠다들은 동시에 물고기 떼를 향해 돌진한다. 시속 30킬로미터 이상으로 날아오는 바라쿠다에 부딪치는 물고기들은 그 충격만으로도 목숨을 잃는다.

이빨고래는 사냥할 때 무리를 이루며 서로 협동한다. 먹잇감을 발견하면 둥글게 원을 형성하면서 잠수한 뒤 분수공으로 공기를 동시에 뿜어낸다. 수심 깊은 곳에서 방출된 공기는 굉음과 함께 팽창하면서 공기 방울 기둥이 만들어진다.

거대한 고래들이 빙글빙글 돌면서 만들어내는 공기 방울 기둥들은 자연이 만들어낸 완벽한 그물이 되고 먹잇감들은 그물 안쪽으로 몰리고 만다. 먹잇감을 가두는 데 성공한 고래들은 자신들이 정한 순서에 따라 순차적으로 달려들어 먹잇감을 먹어 치운다. 자기 차례가 끝난 후에는 동료를 위해 공기 방울을 뿜어내며 공기 방울 그물을 유지한다.

번식과 이동을 위해서

무리를 이루면 번식에 유리하다. 어류는 물속에서 알을 낳아 체외수정을 하므로 체내수정을 하는 다른 고등 척추동물에 비해 수정될 확률이 낮다. 이에 대한 해결책으로 무리 전체가 같은 시기에 알을 낳고 정액을 뿌린다.

또한 앞서가는 동료가 물을 가르며 만들어주는 추진력에 몸을 맡기면 작은 힘으로도 앞으로 나아가기가 쉽다. 동료들의 몸짓을 통해 살아가는 방식을 배울 수 있다는 점도 물고기들이 무리를 이루며 다니는 이유이다.

무리를 이루면 남획 대상

무리를 이루는 어류는 남획 대상이 되어 멸종위기를 맞을 수 있다. 지구에서 가장 강력한 포식자로 등장한 인류는 어군탐지기 등 첨단 과학 장비를 동원하여 어류를 포획한다. 어군탐지기는 바닷속으로 음파를 쏘면 물고기에 맞고 반사된 음파가 모니터상에 그대로 나타나 어류의 규모와 정확한 위치까지 표시해준다.

오랜 세월 위기 탈출 방법을 익혀 종족을 보존해온 어류는 이제 인류의 남획에 대응하는 방어 수단을 찾아내지 못하거나 인류 스스로 남획을 자제하지 않으면 멸종을 맞게 될 위기에 있다.

어류의 산란장

어류는 본능적으로 안전한 곳을 찾아 산란한다. 산란을 마친 어류는 수정과 부화 과정을 거치는데 부화율을 조금이라도 높이기 위해 다양한 방법을 찾는다. 산란장과 산란 과정이 밝혀진 바다동물도 있지만 대부분 어류의 산란 과정은 여전히 비밀로 남아 있다.

과학자들은 뱀장어같이 수산자원으로 가치가 있는 바다동물의 산란장을 찾기 위해 오랜 기간 노력을 기울여 왔다. 이는 인공 양식의 부화율을 높이기 위해 산란장과 비슷한 환경을 조성해야 하기 때문이다.

부화율을 높이기 위한 노력

대개의 어류는 넓은 바다에 알을 낳는다. 수컷은 여기에 정액을 뿌려 체외수정이 이루어진다. 그런데 성체가 되기 전에 알과 치어들이 대부분 소멸된다. 이러다 보니 종족 보존을 위해 일단 많이 낳고 봐야 한다. 대구는 한 번에 500만 개 이상을 낳고, 개복치는 한 번에 2억~3억 개 정도로 어류 중에서 가장 많은 알을 낳는다.

이처럼 엄청난 양의 알을 뿌린 후 바다 환경에 맡겨 버리는 방식은 먼바다에서 살아가는 어류에는 적합할지 몰라도 연근해에서 살거나 비교적 알을 적게 낳는 어류에는 맞지 않다.

이들은 부화율을 조금이라도 높이기 위해 경제적인 방법을 찾아야 했다. 흰동가리는 포식자의 접근을 막기 위해 독이 있는 말미잘 촉수 사이에 알을 낳고, 연어는 자갈로 알을 덮어 보호한다. 도화돔이나 얼게비늘은 수정란이 부화하고 독립할 때까지

1 이른 봄 모자반 바다숲 산란장에서 태어난 볼락 치어들이 무리를 이루고 있다.

2 대양을 이동하는 어류는 바다에 알을 뿌리는 방식으로 산란하며 수정한다.

강력한 독으로 무장되어 있는 말미잘 촉수 사이를 산란장으로 삼은 흰동가리가 수정란을 지키고 있다. 이들은 수정란이 부화할 때까지 먹이 활동도 멈춘 채 산란장을 떠나지 않는다.

입 속에서 키운다. 해마는 수컷이 지닌 육아낭이라는 특별한 구조의 주머니 속에서 수정란을 부화시킨다.

종에 따라서는 알의 형태나 산란 방식도 다양하다. 날치 알은 모자반 등 바닷말에 휘감기기 쉽도록 긴 실 모양의 끈 형태이고, 동갈치 알은 무리를 이루도록 표면이 돌기처럼 되어 있다. 방출된 뒤 바닥에 가라앉는 청어 알은 돌이나 바닷말 등 적당한 곳에 붙을 수 있도록 점액성의 물질로 덮여 있다. 자리돔 수컷은 그럴싸한 산란장을 확보해 놓고 암컷을 맞아들인다.

연어 산란장

12월 중순 강바닥에 마련된 산란장에서 어린 연어들이 부화하고 있다.

연어가 위험을 감수하면서 강을 거슬러 오르는 것은 안전한 산란장을 찾기 위해서다. 어미들은 강바닥에서 물이 솟아오르는 곳을 고른다. 12월 중순의 혹독한 겨울 추위에도 알이 얼지 않고 산소 또한 적절하게 공급받기 위함이다.

적당한 자리를 찾으면 수컷은 몸을 옆으로 뉘어 꼬리지느러미를 맹렬히 흔들어 강바닥의 자갈을 파헤친다. 온몸이 상처투성이가 되는 치열한 몸부림이 끝나면 깊이 40센티미터 정도의 산란장이 마련되고, 암컷은 3천 개 안팎의 살굿빛 알을 쏟아낸다. 다른 수컷의 침입을 경계하며 산고를 지켜보던 수컷은 암컷의 마지막 몸부림을 신호로 알 위에 정액을 뿌려 수정시킨다.

뱀장어 산란장

알을 품은 뱀장어(민물장어)가 발견되지 않자 사람들은 뱀장어가 어떻게 생식하고 새끼를 낳는지 산란 과정을 수수께끼로 생각해 왔다.

『자산어보』에도 "어떤 이는 알을 밴다고 하고, 어떤 이는 새끼를 밴다고 한다. 또 다른 이는 뱀이 변한 물고기라고도 한다"고 기록되어 있는 것으로 보아 정약전 선생 역시 뱀장어의 발생 과정에 대해 고민했던 것으로 보인다.

19세기 중 · 후반까지도 유럽에서는 소형 딱정벌레가 뱀장어의 진짜 부모라는 이야기가 널리 퍼지기도 했다. 이런 이야기들이 생겨난 원인은 포획한 뱀장어들이 생식기관이 발달하지 않은 미성숙 개체들이다 보니 배 속에 알이 들어 있을 리 없기 때문이다. 뱀장어가 연안에서 수천 킬로미터 떨어진 깊은 바닷속에서 산란과 수정 과정을 거치는 것으로 어렴풋이나마 밝혀진 것은 1990년대 이후의 일이었다.

산란기에 접어들어 성숙하기 시작한 개체들은 알을 낳기 위해 먼 여행길에 올라 산란장에 도착할 무렵에야 완전히 성숙하게 된다. 이곳에서 산란 후 수정된 수정란은 부화해 렙토세팔루스Leptocephalus라는 대나무 잎사귀처럼 납작하게 생긴 유생이 되고, 이 유생이 해류를 타고 어린 실뱀장어로 변태해 강을 거슬러 올라와 성장한다. 민물에서 자란 후 산란할 때가 되면 깊은 바다로 회유하기에 연어와는 반대되는 생의 주기를 가진 셈이다.

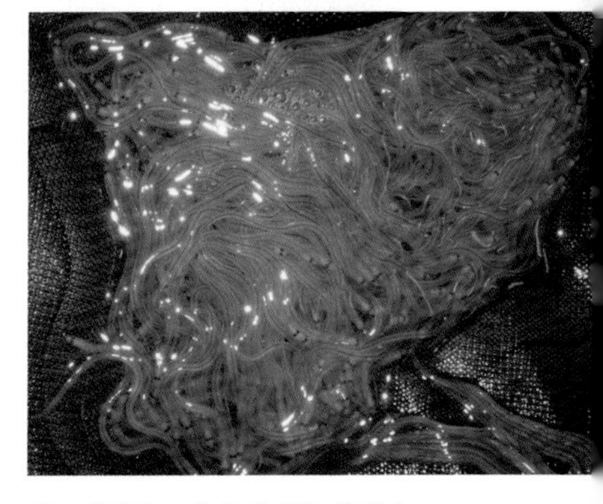
렙토세팔루스에서 변태한 실뱀장어의 모습이다. 이들은 강을 거슬러 오르며 뱀장어로 성장한다.

뱀장어의 생태가 알려진 이후 사람들은 강 하구에서 실뱀장어를 잡아 키우는 '반半 양식'을 실시했

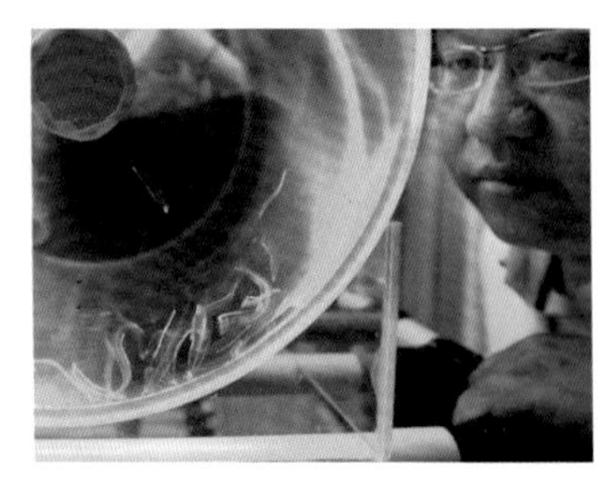

뱀장어 양식 연구를 진행하고 있는 국립수산과학원 연구원이 수조에 담긴 실뱀장어를 살펴보고 있다.

다. 이처럼 뱀장어 새끼를 미리 잡아 양식을 하다 보니 바다로 돌아가는 어미 뱀장어 수는 줄어들고, 그로 인해 산란하는 알의 수도 줄게 되는 악순환이 반복되고 있다.

국립수산과학원은 2012년 10월 실뱀장어 생산에 이어, 2016년 5월에는 수정란과 부화된 유생 생산에 성공했다. 아직 실용화 단계는 아니지만, 뱀장어 완전 양식 기술 개발은 일본에 이어 세계에서 두 번째이다.

입 속 보육

얼게비늘이 입 속에 수정란을 머금고 있다. 어미는 입 속에서 이들을 부화시킬 뿐 아니라 태어난 치어들이 독립생활을 할 수 있을 때까지 돌본다.

도화돔(금눈돔목 얼게돔과)이나 얼게비늘류(농어목 동갈돔과), 줄도화돔(농어목 동갈돔과) 등은 수정란을 입에 머금고 부화시킨다. 산란장이 자기 입 속인 셈이다. 부화된 후에도 어느 정도 크기로 성장할 때까지 치어들을 입 속에서 보호한다. 어미는 그 오랜 시간 동안 수정란과 치어들에게 신선한 물과 산소를 공급하기 위해 이따금 입을 뻐끔거릴 뿐 먹이를 전혀 먹지 않는다. 치어들이 성장해 입에서 떠나고 나면, 그동안 굶주렸던 어미는 매우 수척해진다. 더러는 탈진해서 죽기까지 한다니 자식을 위한 이만한 헌신도 없을 듯하다.

이들이 알을 입 속에 담고 보호할 수 있는 것은 지름 1밀리미터 안팎의 작은 알들이 실로 이어 놓은 것처럼 덩어리져 있기 때문이다. 입 속에 알을 넣어 보호하는 역할은 보통 수컷이 하지만 일부 어종은 암컷이 하거나 암수가 번갈아 하기도 한다.

가시고기의 산란장

우리나라 동해로 흘러드는 하천의 중 · 상류가 서식지인 가시고기는 귀하게 발견된다. 하지만 가시고기에 빗대어 소설과 드라마 등이 등장하면서 사람들에게 부성애의 상징으로 알려지게 되었다.

4~8월 번식기를 맞으면 수컷은 수초나 나무뿌리 등에 산란장을 만들고 수정란을 보호하기 위해 자리를 떠나지 않는다. 이 기간에 수컷은 먹지도 않고 신선한 물과 산소를 공급하기 위해 지느러미를 흔들어 물살을 일으킨다. 몸길이가 5센티미터에 지나지 않은 작은 물고기이지만 수정란을 노리는 포식자가 나타나면 죽을힘을 다해 싸운다. 수정란이 부화하고 치어가 어느 정도 성장하면 수컷은 그 옆에서 생을 마감한다.

인공 산란장

바다 환경 변화로 산란장이 훼손된 곳에는 인공 산란장을 조성하기도 한다. 이는 수산자원 보호라는 측면에서 긍정적이다. 동해 바다 수심 200~300미터의 바닥에서 살아가는 도루묵은 10월부터 12월까지 산란기가 되면 얕은 수심의 연안으로 모여들어 모자반 등 바닷말이 우거진 바다숲에 산란한다.

그런데 갯녹음으로 바닷말이 사라지자 도루묵들이 그물이나 통발 등에 알을 붙이게 되었고 이는 수정란 폐사로 이어졌다. 한국수산자원관리공단은 일정 크기의 구조물에 모자반 등 바닷말을 부착시켜 인공 산란장을 조성하고 있다.

갯녹음으로 바닷말이 사라진 해역에 인공 산란장을 만들어 두자 도루묵들이 알을 붙이기 위해 모여들고 있다.

바닷물고기의 의사소통

바다동물은 어떤 방식으로 자신의 이야기를 전할까? 언어가 인간과 동물을 구분하는 특징 중 하나라고 할 때 표정이나 몸짓 등의 비언어적 의사 표현은 인간과 동물 사이의 간극을 메워준다. 바다동물은 전기장, 소리, 몸 색, 특이한 몸짓, 표정 등 비언어적 방식으로 자신의 감정이나 상태를 상대에게 알린다. 이러한 방식은 포식, 번식, 상대에 대한 위협, 위협으로부터의 탈출 등에 긴밀하게 사용된다.

전기장을 통한 의사소통

대략 250여 종의 어류가 몸에서 전기장을 만들어내는 것으로 알려졌다. 물론 이 가운데 순간적으로 고압을 만들어 먹이 사냥에 나서는 전기뱀장어, 전기가오리, 전기메기 등의 전격 군단도 있지만 대개의 어류는 전기장을 자신의 정보를 전달하는 수단으로 사용한다. 이러한 정보는 짝짓기하거나 무리를 이룰 수 있다는 면에서는 장점이지만 자신의 존재를 포식자에게 노출하는 단점이 되기도 한다.

상어는 콧등 밑쪽 피부에 퍼져 있는 로렌치니의 기관이라는 감각기관을 통해 다양한 정보를 수집한다.

그래서 어류는 사냥 또는 위기 탈출을 위해 상대보다 빠르게 정보를 수집하고자 감각기관이 발달했다. 대표적인 것으로 상어의 콧등 아래 피부에 작은 구멍 형태로 퍼져 있는 로렌치니 기관

ampullae of Lorenzini이라는 감각기관을 들 수 있다. 젤리 물질로 채워진 이곳에 고성능 전류 감지 시스템이 있어 안테나 역할을 한다. 상어는 이 감각기관으로 상대 몸에서 나오는 미약한 전기장을 감지해 모래 속이나 바위틈 속에 숨어 있는 사냥감을 찾아낸다. 또한 동료가 방출하는 전기장을 구별하여 상대의 크기, 성별, 성숙도를 알아내기도 한다.

소리를 통한 의사소통

어류는 여느 척추동물의 발성기관에 비해 원시적이지만 몸의 일부를 이용해서 소리를 낸다. 깊은 바다에 머물다 수면으로 올라오는 어류는 수압차로 인해 부레 속에 들어 있는 공기가 빠져나가면서 소리가 난다. 특히 산란기를 맞은 조기 떼가 무리 지어 수면으로 올라올 때 '조기 떼 우는 소리'가 바다를 가득 메운다.

성대(쏨뱅이목)는 소리를 내는 대표적인 어류이다. 배 속에 있는 위장을 강한 근육으로 누르면서 마치 개구리가 우는 것과 같은 소리를 낸다. 쥐치는 찍찍거리는 소리를 내며, 놀래기는 북 치는 소리를 낸다. 고래는 다양한 소리로 서로 의사소통을 할 수 있다.

어류는 소리를 두 가지 방식으로 감지한다. 작은 뼈로 연결된 속귀와 부레가 마치 커다란 하나의 귀처럼 되어 있는 부류가 있는가 하면, 감각기관인 옆줄을 이용해 진동을 감지하는 부류도 있다.

시각신호를 통한 의사소통

시각신호는 색상, 자세, 형태, 움직임 등을 포함하기에 나타낼 수 있는 정보가 다양하다. 그러나 효과적으로 사용되는 시각신호에도 단점은 있다. 밤이나 햇빛이 들지 않는 깊은 바다에서는 쓸모가 없으며 또 어떤 방식이든 먼 곳까지는 미치지 못한다.

물고기는 시각 정보를 통해 상대와 비교하고, 자신의 성징을 나타내고, 상대를 위협하고, 우두머리로서의 권위를 세운다. 한국해양대학교 생명과학부 최철영 교수는

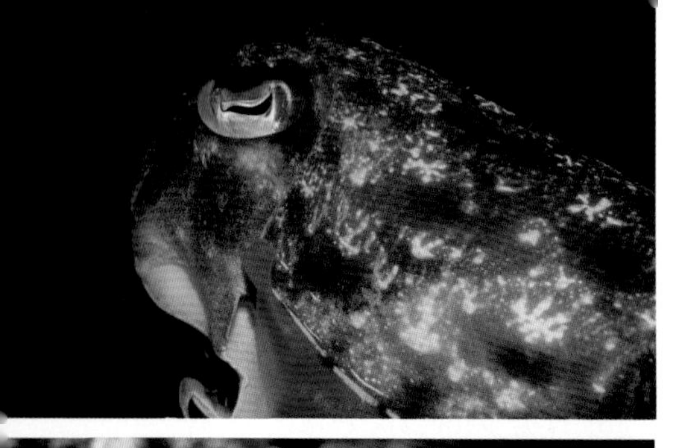

1 오징어는 바다의 카멜레온이라 불릴 만큼 몸 색을 자유롭게 바꿀 수 있다.

2 왕관불가사리는 위협을 느끼면 몸을 공처럼 둥글게 말아 가시돌기를 곧추세운다. 이때 돌기 끝부분은 선명한 붉은색을 띤다. 이는 자신에게 독이 있음을 외부에 알리는 적극적인 의사 표현이기도 하다.

3 말미잘의 촉수 끝에는 독이 있는 자포가 몰려 있어 색이 선명하고 화려하다. 말미잘은 자신이 독을 가지고 있음을 시각적으로 외부에 알린다.

어류의 성전환 과정이 관심 연구 분야이다. 최 교수는 말미잘과 공생관계에 있는 흰동가리 무리 중에 암컷이 죽거나 사라지면 덩치가 제일 큰 수컷이 암컷으로 성을 전환하는데 이때 흰동가리들은 서로의 크기를 시각적으로 판단한다는 연구 결과를 내놓았다. 즉 서로의 크기를 시각적으로 비교하고 그중 덩치가 큰 수컷이 암컷으로 성을 전환한다는 이야기이다.

오징어는 바다의 카멜레온이라 불릴 만큼 몸 색을 자유롭게 바꾼다. 특히 번식기에는 혼인색이라 하여 몸 색을 아름답게 치장하기도 한다. 이는 자신의 내적 상태, 이를테면 짝짓기 준비가 되었는지, 성별은 무엇인지 따위를 광고하는 효과가 있다. 사람으로 치자면 얼굴을 붉히거나 말을 더듬거나 수줍은 자세를 취하는 것과 같다.

땅 위의 동식물과 마찬가지로 독을 가진 바다동물은 색이 화려한 데다 무늬가 강렬하다. 이는 자신을 귀찮게 하는 상대에 대한 분명한 경고의 메시지이다. 산호초를 황폐화하는 주범으로 알려진 왕관불가사리는 가시돌기 끝부분이 선명한 붉은색을 띠는데 각각의 돌기마다 강렬한 독이 있다. 필자의 경우 인도네시아 해역에서 왕관불가사리에 너무 가

1
2
3

까이 다가갔다가 가시돌기에 손을 쏘인 적이 있었다. 불에 댄 듯한 순간적인 충격과 무시무시한 통증으로 물속에서 비명을 지르고 말았다. 얕은 수심에서 당한 일이었기에 서둘러 상승한 후 응급치료를 받았지만, 잠수병 방지를 위해 천천히 상승해야 하는 깊은 수심이었다면 어떻게 되었을까, 지금 생각해도 아찔한 경험이었다. 자포동물 말미잘은 촉수 끝에 자포가 몰려 있다. 독성이 강한 말미잘일수록 촉수 끝부분 색이 선명하다.

몸의 변화

위기를 맞은 복어는 자신의 의사를 적극적으로 전달하기 위해 몸을 서너 배 부풀리며 이빨을 드러낸다. 독이 없는 가시복어가 몸을 부풀리면 몸에 가지런히 누워 있던 가시들이 곧추선다. 가시복어의 가시들은 마치 송곳의 끝부분처럼 뾰족하고 날카롭다.

가시복어 몸에서 가시가 곧추서면 포식자가 함부로 대할 수 없다. 그런데 가시복어는 이러한 상태를 오랜 시간 유지할 수 없다. 가시복어뿐 아니라 복어류가 몸을 부풀리고 이를 유지하려면 상당한 에너지가 소모되기 때문이다.

어류의 감정

어류도 감정이 있을까? 눈높이를 맞추고 가만 들여다보면 표정 변화 속에서 감정이 전해진다. 그 속에는 희로애락으로 표현되는 일차적 감정뿐 아니라 이차적 감정인 동정심, 동료의 죽음에 대한 애도, 사랑, 자존감, 두려움 등도 숨어 있다.

물고기의 감정은 눈동자의 흔들림과 팽창, 안면 근육의 수축과 이완, 입 모양의 변화, 지느러미의 움직임 등을 통해 나타난다. 물고기의 감정을 이해하는 것은 바다생물을 관찰하는 데 더 많은 즐거움을 안겨준다.

인간과 동물의 감정 표현을 연구한 찰스 다윈은 인간과 동물의 표정이 진화의 산물이라고 주장한다. 특정 표정은 어떤 생명체의 유지와 번식 과정에서 진화적 선택을 통과한 형질에서 시작된다는 것이 다윈의 생각이다. 이러한 연구 결과로 인간의 감정에 진화론적 잣대를 댈 수 있으며 나아가서는 어류를 포함한 동물이 표현하는 다양한 감정 표현과 진화의 연관성을 이야기할 수 있다.

진화생물학자인 마크 베코프Marc Bekoff는 "감정은 우리가 조상에게서 받은 선물이며, 다른 동물들 또한 그렇다는 점을 잊어서는 안 된다"고 그의 저서 『동물의 감정』에서 이야기하고 있다.

건드리기만 해봐 긴장

흰동가리가 말미잘 촉수 사이에 몸을 숨긴 채 잔뜩 긴장하고 있다. '니모'라는 이름으로 더 잘 알려진 흰동가리는 귀엽고 연약한 어류의 상징이지만 자신의 영역을 지키기 위해서 상당히 공격적이 된다.

작은 어류가 산호초 틈새에 몸을 숨긴 채 밖을 내다보고 있다. 표정이 굳어지고 눈동자가 흔들리고 있다.

나도 화낼 줄 안다고 분노

망둑어과에 속하는 고비는 크기가 작아 만만해 보이지만 한 번 성이 나면 무섭다. 보금자리를 위협받은 고비 눈매에서 결연한 의지가 엿보인다. 자신의 영역을 지키고자 하는 모든 동물이 그러하겠지만 고비 또한 외부의 침입에 물러섬 없이 맞선다.

밤이 깊어지고 나비고기와 단꿈에 젖어 있던 복어가 갑작스러운 불청객의 등장에 화들짝 놀라고 있다. 꽁무니를 빼는 나비고기를 보호하려는 듯 복어가 몸을 부풀리며 이빨을 드러내고 있다.

무서워요 공포

필리핀 현지 안내인이 복어를 잡았다. 불의의 습격에 놀란 복어가 물을 들이켜 몸을 부풀린다. 본능적으로 몸을 팽창시키지만 벗어날 수 없는 자신의 처지를 아는 듯 공포와 절망에 눈동자가 휘둥그레졌다.

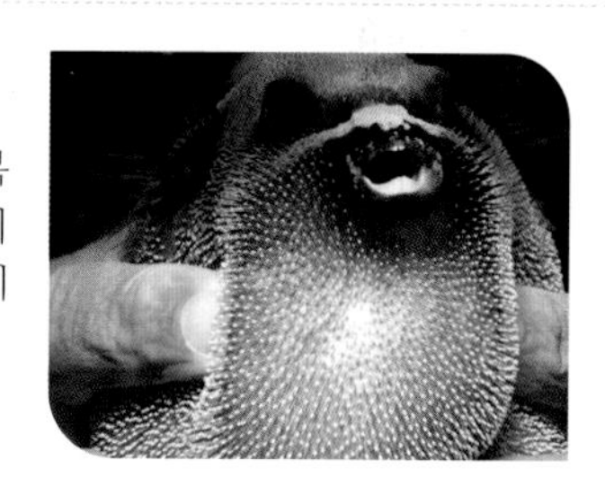

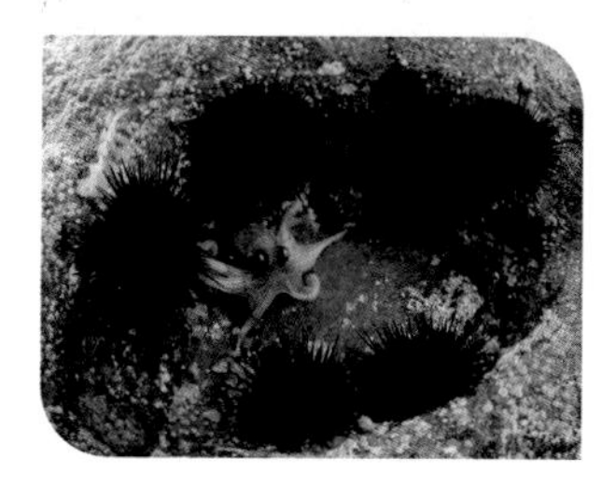

바위틈에서 빠져나온 문어가 갈 곳을 잃었다. 먹물을 뿜어대며 이리저리 도망가 보지만 포식자를 피할 수 없다. 날카로운 성게 가시의 보호라도 받으려는 듯 성게들 사이로 몸을 숨긴다. 긴장한 여덟 개 다리에 힘이 뻗치고, 확대된 동공에는 두려움이 가득하다.

아, 기분 좋아 만족

입을 쩍 벌린 그루퍼가 청소새우에게 클리닝 서비스를 받으며 나른한 듯 흐뭇한 표정을 짓고 있다. 이빨 사이에 낀 찌꺼기가 성가셨는데 때마침 찾아온 청소새우가 고마울 따름이다. 배불리 식사를 마치고 양치까지 했으니 오늘 하루는 완벽하다.

저희 행복하게 살게요 행복

작은 소라껍데기 속에 보금자리를 만든 베도라치 한 쌍이 세상 모든 것을 다 가진 듯 행복해 보인다. 이들에게 바깥세상의 부귀와 번민은 관심 밖이다. 저마다 생각하는 행복의 잣대는 다르겠지만 사랑하는 이와 함께하는 것 또한 우리가 찾고자 하는 행복이 아닐까.

제주도 문섬 해역 수심 20미터, 자신의 영역을 둘러보는 달고기가 퍽이나 여유자적하다. 사냥감이 풍부한 영역에는 아름다운 연산호가 꽃을 피우고 맑은 물속으로 고운 햇살이 부드럽게 투영되고 있다. 한껏 멋 부린 무늬와 기세등등한 등지느러미가 고상한 품격에도 손색이 없다. 모든 것이 여유가 있으니 어생魚生 또한 즐길 만하다.

아, 이제 끝이구나 체념

바닷속을 다니다 보면 통발이나 그물에 갇혀 있는 물고기들을 자주 만난다. 잡힌 지 얼마 되지 않은 물고기들은 탈출을 위해 이리저리 몸을 부딪쳐 보지만 점차 움직임이 잦아들며 체념에 빠진다. 이들의 눈빛을 가만 들여다보고 있으면 측은하다는 생각이 든다.

통발에 용치놀래기 한 쌍(푸른색이 수컷이고 붉은색이 암컷)이 갇혔다. 이들의 운명을 알아차린 불가사리가 기어들고 한달음에 찾아온 동료들의 마음은 안타깝기만 하다.

아니, 쟤는 누구야 호기심

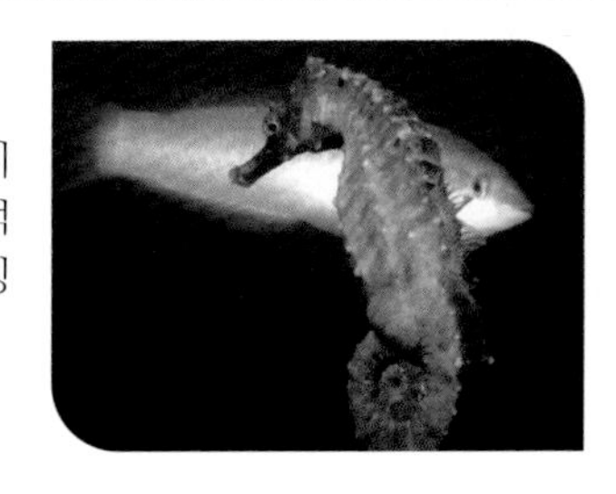

부산 연안에 해마가 나타났다. 열대성 어류인 해마의 출현이 토박이 용치놀래기 눈에는 신기하기만 하다. 더구나 이 녀석은 몸을 세우고 헤엄치지 않는가. 용치놀래기가 주변을 빙빙 돌며 호기심 가득한 눈빛으로 곁눈질하고 있다.

두동가리 한 마리가 조심스레 다가와 눈을 맞춘다. 입을 뻐금거리는 모양새가 마치 "누구세요?" 하고 묻는 듯하다.

재미있어요 즐거움

거친 팔라우 바다. 야생에서 길들여진 나폴레옹피시가 스쿠버다이버의 출현을 반기고 있다. 머리를 쓰다듬어주는 손길을 즐기는 듯 몸을 비비며 다가오는 나폴레옹피시의 표정이 오랜 친구를 대하는 듯하다.

사랑과 전쟁 사랑싸움

제주도 문섬 연산호 사이에 보금자리를 꾸민 황놀래기 한 쌍의 사랑싸움이 볼 만하다. 제주도에선 이 지역 특산 어종인 황놀래기를 '어렝이'라 한다. 어렝이는 '어렝이 물회'의 재료가 되며, 미역국을 끓일 때 넣으면 시원한 국물 맛을 낸다. 최근 수정란 생산과 치어 사육까지 성공해 본격적인 양식을 앞두고 있다.

청소물고기의 서비스

몸에 붙어사는 얄미운 기생충, 이빨 사이에 낀 음식물 찌꺼기, 피부의 죽은 조직 등 바다동물을 성가시게 하는 것들이 의외로 많다. 문제 해결을 위해 가려운 몸을 바닥에 비벼대는 종도 있고 수면을 박차고 튀어 오른 뒤 떨어질 때의 충격으로 성가시게 하는 것들을 떨어내는 종도 있다.

이런 시도들은 효율적이지 못하다. 손이나 도구를 사용할 수 있다면 문제를 쉽게 해결할 수 있을 텐데 바다동물에게는 언감생심일 뿐이다. 바다동물은 자신에게 발생한 문제를 해결하기 위해 다른 방법을 찾아야 했다.

청소놀래기, 청소고비, 나비고기, 청소새우 등의 청소물고기

바다동물은 문제 해결을 위해 다른 바다동물에 의존한다. 이와 같은 임무를 맡은 바다동물을 통칭해서 청소물고기clinic fish라고 한다. 청소물고기에는 청소놀래기, 청소고비, 어린 나비고기 등 다양한 종이 있으며 지역에 따라 산호새우 종류가 청소물고기의 역할을 대신하기도 한다. 산호초 지대에서 흔히 볼 수 있는 산호새우류는 산호나 말미잘 속에 살며 이곳을 찾는 바다동물에게 서비스를 제공한다. 뿐만 아니라 산호나 말미잘에 붙어 있는 성가신 찌꺼기까지 처리해준다.

일부 학자들은 바다동물이 청소물고기의 접근을 허용하는 이유를 두고 자신의 몸에 발생하는 문제를 해결하기 위함도 있지만, 이들이 입으로 쪼아댈 때의 신체접촉이 마사지 효과가 되어 신경 자극의 쾌감을 얻기 때문이라는 주장을 펴기도 한다.

청소물고기는 자신의 특별한 임무를 알리기 위해 다른 바다동물과 구별되는 화려

청소물고기가 대형 어류인 그루퍼 아가미 속을 드나들고 있다.

한 색깔과 뚜렷한 줄무늬로 몸을 치장한다. 바다동물은 이들의 겉모습을 보고 먹잇감과 구별한다. 웬만한 크기의 물고기라도 한입에 삼켜 버리는 그루퍼 같은 대형 어류나, 모든 바다동물이 가까이 가기를 꺼려 하는 사납고 거친 곰치에게도 청소물고기는 거리낌 없이 접근한다. 만약 이들이 청소물고기를 공격하면 이후로는 어떤 서비스도 기대할 수 없을 것이다.

고객을 맞이하기 위한 클리닉 스테이션

청소물고기는 서비스가 필요한 고객에 전속되어 붙어 다니기도 하지만, 대개 눈에 띄기 쉬운 곳에 마련된 클리닉 스테이션clinic station에 머문다. 일종의 거점을 마련해놓고 고객을 기다리는 셈이다. 양쪽 지느러미 너비가 7~8미터이고, 무게가 0.5~1.5톤에 이르는 대형 어종인 쥐가오리의 예를 들어보자.

클리닉 스테이션

쥐가오리 등 대형 어류는 기생충, 죽은 조직, 이빨 사이에 낀 음식물 찌꺼기 등을 제거하기 위해 일정한 구역에 습관적으로 모여든다. 이곳에는 청소놀래기 등 청소물고기가 머물면서 청소 서비스가 필요한 대형 어류에게 접근하여 몸을 청소해준다. 물론 이 과정에서 청소놀래기는 기생충, 죽은 조직, 음식물 찌꺼기 등을 먹잇감으로 제공받으니 이들의 공생은 원만하게 이루어지는 셈이다. 현지 안내인이 팔라우의 저먼 채널German channel의 특정 지점으로 다이버들을 안내하는 것도 쥐가오리와 청소놀래기의 공생이 이루어지는 클리닉 스테이션의 위치를 알고 있기 때문이었다.

클리닉 스테이션을 찾은 쥐가오리가 서비스를 기다리며 느긋하게 유영하고 있다. 쥐가오리 주변으로 작은 물고기들의 모습이 보인다.

이들은 매일 일정한 시간에 클리닉 스테이션을 찾아온다. 클리닉 스테이션에 도착한 쥐가오리는 느긋한 몸짓으로 유영하다가, 텀블링하듯 몸을 돌리면서 청소 서비스를 즐긴다. 쥐가오리는 스쿠버다이버들이 무척 보고 싶은 하는 바다동물 중 하나이다. 현지 안내인들은 쥐가오리가 즐겨 찾는 클리닉 스테이션이 어디인지를 알아둔다. 클리닉 스테이션의 위치를 파악하고 쥐가오리가 방문하는 시간을 알고 있다면 세계 각지에서 스쿠버다이버들을 모을 수 있기 때문이다. 이는 바로 관광 수입으로 연결된다.

원만하게 이루어지는 공생

청소물고기와 대형 바다동물은 일종의 거래관계이다. 우리는 이를 공생이라 한다. 공생은 서로에게 이익을 주는 상리공생도 있지만, 한쪽은 도움을 받지만 다른 쪽은 도움을 받지 않는 편리공생도 있다. 대형 바다동물은 청소물고기의 서비스를 통해 여러 문제를 해결하고, 청소물고기는 기생충, 죽은 조직, 음식물 찌꺼기 등을 먹잇감으로 제공받으므로 이들은 상리공생 관계에 있다.

편리공생의 예는 빨판상어의 경우가 대표적이다. 상어, 가오리, 거북이 등 대형 바다동물 몸에 붙어 다니는 빨판상어는 다른 포식자들의 공격을 대형동물의 위세로 막아낼 뿐 아니라 대형동물이 사냥하고 떨어뜨리는 찌꺼기를 받아먹기까지 한다. 그런데 대형동물은 빨판상어에게 어떤 도움을 받는지는 확인되지 않는다. 찰싹 달라붙어 다니는 것이 성가실 법도 한데 별 내색을 하지 않는 것을 보면 자기 몸의 일부로 착각하고 있는지도 모를 일이다.

조개류에 덕지덕지 붙은 굴도 편리공생의 예이다. 어딘가에 붙어서 살아야 하는 굴 입장에선 조개만큼 적당한 서식처도 없는 셈이다. 그런데 굴이 붙어 있다 해서 조개가 도움받는 것은 없다.

빨판상어들이 바다거북의 몸에 붙어 있다. 빨판상어는 상어라는 이름이 붙긴 했지만 분류학상으로 상어와 관계없는 경골어류 농어목에 속한다.

가짜 청소물고기

청소물고기의 대다수를 차지하는 청소놀래기와 모습이 비슷한 가짜 청소놀래기들이 등장하면서 이곳을 찾는 손님들이 피해를 입기도 한다. 청베도라치과에 속하는 클리너 미믹Cleaner mimic(mimic은 가짜, 모방한다는 뜻)인 청줄베도라치는 청소놀래기와 비슷하게 생겼다.

이들은 서비스를 제공하는 것처럼 바다동물에 접근하고는 날카로운 이빨로 무방비 상태에 있는 물고기의 살점을 순식간에 뜯어 먹고 도망친다. 고객의 입장에선 청소 서비스를 기대하며 방심했다가 호되게 당하는 꼴이다.

살아 있는 화석 어류, 실러캔스

지질시대 동식물들의 유해와 흔적이 지층에 남아 있는 것을 화석化石이라 한다. 화석은 오래전 존재하던 생물과 현존하는 생물과의 진화 관계를 규명하는 연구 자료로 가치가 있다. 대개 화석으로 나타나는 생물은 오랜 세월이 흐르는 동안 다른 모양으로 진화되었거나 멸종했기 때문에 지금은 볼 수가 없다. 그런데 화석 속의 모양과 지금 살아 있는 생물의 모양이 똑같은 경우도 있다. 이러한 생물들을 '살아 있는 화석'이라고 한다.

살아 있는 화석은 수억 년의 세월 동안 어떻게 똑같은 형태를 유지했을까? 단순하게 생각하면 어떠한 환경에도 잘 적응하는 강인한 생명력을 지녔고, 생겨날 때부터 효율적인 신체 구조라 구태여 새로운 기능을 갖춘 모습으로 진화할 필요성이 없었던 것은 아닐까. 화석 생물의 대표적인 예로는 중생대 트라이아스기(2억 3000만~1억 8000만 년 전) 이후로 그 모습이 변하지 않은 극피동물에 속하는 바다나리류 외에도 투구게, 앵무조개, 실러캔스 등을 들 수 있다.

화석으로 발견된 실러캔스

실러캔스는 1839년 스위스 고생물학자 루이 아가시Louis Agassiz가 영국 잉글랜드 북동부 고생대 페름기의 슬레이트 층에서 발견한 어류 표본에 붙인 이름이다. 그는 발견한 표본의 꼬리지느러미 가시 속이 비어 있는 것을 발견하고, 속이 빈 것을 의미하는 고대 그리스어 κοῖλ-οςkoilos와 가시를 의미하는 고대 그리스어 ἄκανθ-αakantha에 착안하여 화석의 이름을 실러캔투스Coelacanthus로 지었다.

실러캔스Coelacanth는 실러캔투스를 현대 라틴어화한 것으로, 한자로는 공극어류空棘魚類로 표기한다. 그렇게 화석으로 발견되었던 실러캔스는 지느러미에 뼈의 흔적이 있는 실루리아기(약 4억 43백만 년 전)에 나타난 어류가 데본기(약 4억 19백만~3억 6천만 년 전) 초기에 나타난 양서류로 진화하는 과정을 설명해주는 동물로 큰 관심을 모았다.

산 채로 잡힌 실러캔스

남아프리카공화국 J.L.B 스미스 어류연구소에는 1938년 처음으로 포획된 실러캔스가 표본으로 전시되어 있다. 이는 20세기의 위대한 생물학적 발견 중 하나로 꼽힌다.

그런데 흥미로운 것은 화석으로만 발견되던 실러캔스가 1938년 남아프리카공화국 연안에서 산 채로 잡혔다는 사실이다. 1938년 12월 22일 남아프리카공화국 이스트런던 박물관의 큐레이터인 라티머Marjorie Latimer는 이상하게 생긴 물고기가 잡혔다는 연락을 받고 현장으로 달려갔지만 그 역시 이 물고기 정체를 알 수 없었다. 라티머는 물고기를 스케치한 그림과 관찰기록을 남아프리카공화국 로데스대학교의 어류학자인 스미스 교수에게 보내 감정을 의뢰했다. 스미스 교수는 라티머가 보낸 자료를 보고 이 물고기가 이미 6600만 년 전에 지구상에서 멸종한 것으로 알려진 실러캔스임을 확인했다.

고생물학계에서는 살아 있는 실러캔스 발견을 '20세기의 가장 위대한 발견' 중 하나로 인정하고 있다. 이는 실러캔스 화석이 고생대 데본기부터 약 6600만 년 전인 중생대 백악기 사이의 암석에서만 산출되고, 그 이후의 암석에서는 산출되지 않아 실러캔스가 공룡과 함께 백악기 말에 절멸된 것으로 여겼기 때문이다. 1938년 살아 있는 실러캔스가 잡히면서 이들이 거의 4억 년 동안 현재 형태를 유지하며 살고 있다는 것이 확인되었다.

육상동물의 진화와 관련

실러캔스는 헤엄칠 때 오른쪽 가슴지느러미와 왼쪽 배지느러미를 같이 움직이고 다음에 왼쪽 가슴지느러미와 오른쪽 배지느러미를 함께 움직인다. 이런 움직임은 인간을 포함하는 네발 달린 척추동물이 걸을 때의 동작과 동일하다. 사람은 걸을 때 왼발이 앞으로 나갈 때 오른쪽 팔이, 오른발이 앞으로 나갈 때는 왼팔이 앞으로 나간다. 네발 달린 동물도 매한가지이다. 오른쪽 앞발과 왼쪽 뒷발을 함께 앞으로 내딛고, 그다음 왼쪽 앞발과 오른쪽 뒷발을 앞으로 내디뎌서 걷는다.

이 같은 육상동물의 동작을 근거로 과학자들은 실러캔스가 고생대 데본기에 최초로 나타난 네발로 걷는 육상동물의 진화와 관련 있다고 생각하고 있다. 최근 유전학적 연구에 따르면 네발로 걷기 시작하는 육상동물의 직접적인 조상은 폐어肺魚, lung fish로 여겨지며 실러캔스는 폐어의 사촌쯤 되는 것으로 보고 있다.

흥미로운 형태

신체 구조	특징
비늘	대개 경골어류가 2층 구조인 데 비해 두껍고 서로 겹쳐져 있는 3층 구조이다.
지느러미	제2등지느러미, 가슴지느러미, 배지느러미, 뒷지느러미에는 양서류의 다리와 비슷하게 지느러미를 지지하는 부분이 있다. 이러한 특징은 어류와 양서류의 중간 형태인 총기류總鰭類와 폐어류에서만 볼 수 있다.
아가미갈퀴	일반 어류는 부드럽지반, 경골로 되어 있어 뾰족한 이빨 모양이다.
척추	연골로 되어 있고, 속이 빈 관 모양이다.
두개골	현대의 척추동물이나 어류와 달리 눈의 후방에서 앞뒤 두 부분으로 나누어져 있다.
내비공	뇌 전방의 연골 속에 비교적 큰 콧구멍 같은 부분이 있으나 그 기능은 분명치 않다.
부레	가스가 차 있는 대부분의 어류와 달리 지방이 들어 있다.
창자	굵고 짧으며 내부는 나선관으로 되어 있어 상어류와 가오리류의 창자와 닮았다.
육질	기름이 많아 삶으면 젤리 모양으로 변한다.
혈액	상어류와 가오리류에서 볼 수 있는 요소Urea를 다량 함유하고 있다.
뇌	어류의 뇌 중량이 대개 체중의 0.1~1퍼센트 정도인데 실러캔스는 0.01퍼센트 정도로 매우 작다.
생식	난태생

2

연골어류(軟骨魚類, Chondrichthyes)

연골어류는 뼈가 딱딱하지 않고 사람의 귀 뼈와 같은 물렁뼈인 무리이다. 피부는 질기며, 부레가 없는 것이 특징이다. 은상어류와 가오리류, 홍어류가 있으며 모두 1,000여 종이 알려져 있다.

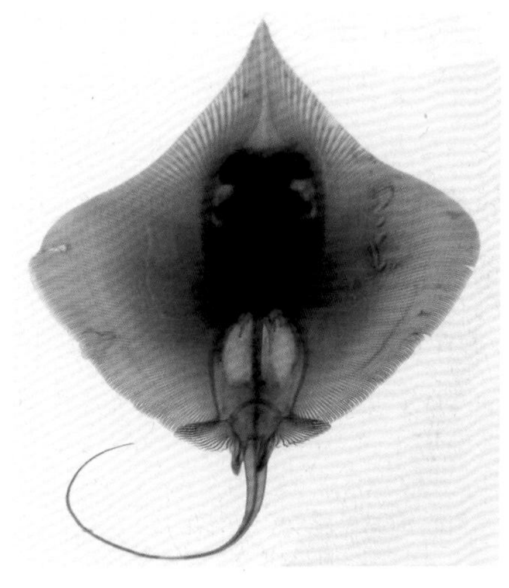

형광판을 배경으로 가오리를 특수 촬영했다. 가오리, 상어 등의 연골어류는 몸의 뼈가 물렁뼈로 되어 있다.

이미지가 강인한 상어의 몸이 물렁뼈로 구성되었다는 것이 약간 의아하게 들릴지 몰라도, 이는 환경에 적응하는 생명체의 신비로운 조화이다. 물렁뼈로 된 상어의 턱은 대단히 신축적이라 입을 크게 벌려 큰 물고기를 사냥하는 데 유리하며, 몸이 유연해 먹이를 입에 문 채 몸을 세차게 흔들어댈 수 있어 한번 걸려든 먹잇감에 치명상을 입힌다. 또한 물렁뼈는 경골어류의 딱딱한 뼈보다 상대적으로 가벼워 부레가 없는 연골어류가 물에 뜨는 데 도움이 된다.

바다의 포식자 상어

바다에서 상어를 만난다면?

상어는 스쿠버다이버의 잠재적인 공포의 대상 중 하나이다. 열대와 아열대 바다를 즐겨 찾는 필자는 상어를 자주 만나곤 한다. 물이 맑아 시야가 확보된 곳이라면 상어의 움직임을 확인하고 대비할 수 있어 두려움이 덜하지만, 물이 흐리거나 빛이 충분히 투영되지 않아 시야가 확보되지 않은 곳이라면 어디에서 상어가 나타날지 몰라 상당히 긴장된다.

우기가 끝난 직후 부유물이 조금 많아진 필리핀 해역에서였다. 함께한 동료가 물속에서 입을 벙긋거리며 뭐라고 이야기를 전하는데 입 모양을 뚫어지게 쳐다봐도 뭐라고 하는지 도무지 알 수 없었다. 물 밖으로 나온 후 동료가 했던 말이 '상어~'였다는 것을 알고 "모르는 게 약이다"며 웃어넘기긴 했지만, 필자의 뒤쪽에서 나타나 머리 위를 스치듯 지나갔다는 상어를 생각하면 지금도 아찔한 기분이 들곤 한다. 상어는 바닷속 위험한 동물의 대명사이자 최상위 포식자이다.

공격에 최적화된 상어 이빨

상어가 공포스러운 것은 날카로운 이빨 때문이다. 상어는 여느 육식동물들과 달리 이빨이 턱 앞쪽에 나 있고, 입 안쪽으로도 5~20열의 이빨들이 줄지어 나 있다. 이빨들은 앞줄에 가까울수록 크다. 보통 제1열은 서 있고, 제2열째부터 뒤쪽에 숨겨져 있다.

턱의 가장자리를 따라 줄지어 있는 제1열의 이빨이 먹잇감을 공격하다 부러지면 제2열의 이빨들이 뒤에서 앞으로 밀려 올라온다. 그리고 그 이빨들은 얼마 안 가 앞줄과 똑같은 크기로 자란다. 상어에게는 이빨 자체가 소모품이다 보니 상대를 만나면 일단 닥치는 대로 물어뜯는다. 이빨이 부러지더라도 얼마 지나지 않아 새 이빨이 채워진다는 것을 알고 있다. 이런 방식으로 상어들은 평생 동안 수천 개의 이빨을 갈아치울 수 있으니 이빨 빠진 호랑이는 있어도 이빨 빠진 상어는 없는 셈이다.

과학자들의 연구 결과 상어는 수억 년 전에 발생했을 때부터 지금과 같은 몸 형태였다고 한다. 상대를 공격하고 포식할 수 있게 최적화된 몸과 이빨은 원시상어 시절부터 완벽하게 갖추어져 더 이상의 진화가 필요 없었던 셈이다. 상어의 습성을 관찰한 프랑스의 해양 탐험가 자크-이브 쿠스토는 "상어의 입은 머리 밑쪽에 붙어 있어 먹이를 공격할 때 비스듬히 밑에서부터 습격하여 콧등을 들어 올리고 턱을 내밀어 물어 찢는다"라고 표현했다.

상어의 이빨 모양은 종류에 따라 다양하다.

스티븐 스필버그 감독의 영화 「조스Jaws」에 등장하는 백상아리는 삼각형 이빨 가장자리가 톱니 모양으로 되어 있다. 6.5미터 크기에 몸무게가 3톤인 백상아리는 아무리 큰 먹이라도 입에 물고 육중한 몸을 흔들어대는 탄력으로 잘라 버린다.

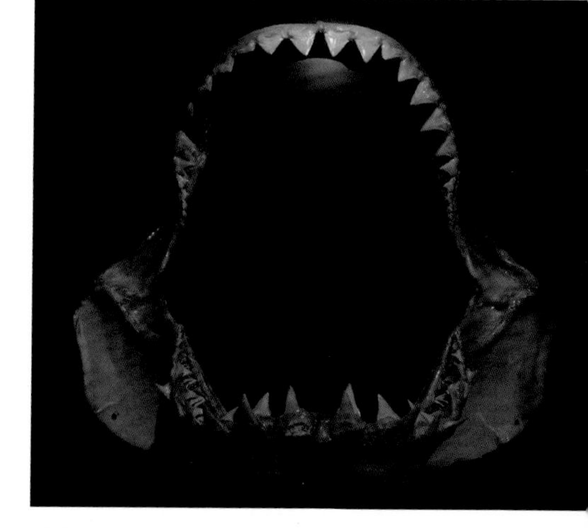
싱가포르 아쿠아리움에 전시되어 있는 백상아리 턱뼈와 이빨 표본이다. 백상아리는 삼각형 이빨 가장자리가 톱니 같아 입에 문 먹이를 쉽게 자를 수 있다.

헤밍웨이의 소설 『노인과 바다』의 모델인 청상아리는 뾰족한 송곳 모양의 이빨이 예리한 각도로 안쪽으로 휘어져 있다. 일단 먹이를 포크처럼 찔러 꼼짝 못 하게 하고 야금야금 씹어 먹는다.

이외에도 배암상어 이빨은 톱과 같고, 환도상어 이빨은 들쭉날쭉하게 굽어 날카로우며, 강남상어 이빨은 가느다랗게 뾰족 튀어나왔으며, 귀상어 이빨은 면도날처럼 예리하다. 미국 해군은 사람을 공격한 빈도별로 가장 위

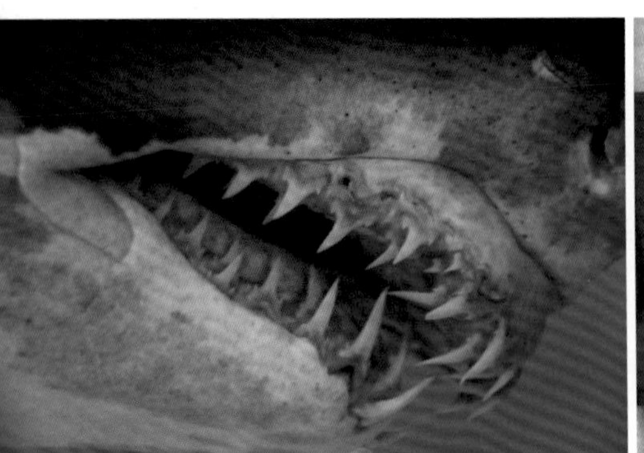

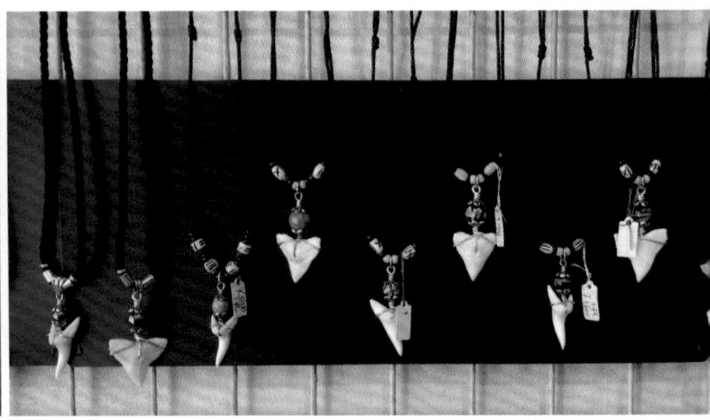

상어는 평생 수천 개의 이빨을 갈아 치우기에 상어가 서식하는 해역의 바닥에서 상어 이빨을 수집할 수 있다. 상어 이빨은 목걸이 등의 장신구로 상품화되어 관광객에게 판매된다.

험한 상어에 백상아리와 청상아리를, 그다음으로 귀상어와 화이트팁상어, 환도상어, 그레이너스상어, 배암상어, 레몬상어 등의 순으로 분류하고 있다.

1960년 이후 우리나라에서 확인된 백상아리로 인한 사망자는 모두 6명이다. 이 가운데 5명은 키조개와 전복을 채취하던 어민이었고 1명은 해수욕객이었다. 우리나라 연근해에서 발견되는 43종의 상어 중 사람을 공격하는 상어는 백상아리 외에도 배암상어, 청새리상어, 귀상어 등을 꼽을 수 있다.

몸 색깔이 푸르기에 'Blue shark'라 하는 청새리상어는 흉상어목 흉상어과에 속하며, 악상어목 악상어과의는 청상아리와는 다른 종이다. 청새리상어는 차가운 물을 좋아해 깊은 바다에 살며 전 세계 바다를 이동한다.

평생을 헤엄쳐야 하는 상어

대개 상어는 쉬지 않고 헤엄친다. 그 이유는 크게 두 가지이다. 먼저 숨을 쉬기 위해서다. 보통 어류는 아가미(아가미는 물속에 녹아 있는 적은 양의 산소를 흡수하기 위해 구조상 표면적이 아주 넓고 모세혈관이 밀집되어 있다)를 능동적으로 뻐끔거리며 펌프질하듯 물을 빨아들인 다음 산소를 흡수하지만, 아가미에 운동기능이 없는 상어는 입을 벌린 채 계속 움직여서 물이 아가미를 지나가도록 해야 한다.

아가미에 운동기능이 없기는 같은 연골어류인 가오리나 홍어도 마찬가지이다. 이들의 아가미는 넓적한 판 모양이라 판새아강板鰓亞綱으로 분류한다. 상어의 아가미구멍은 몸 옆면에 있고 홍어의 아가미구멍은 몸 아래(배)에 있으며 아가미덮개가 없다.

다음으로 가라앉지 않기 위해서다. 대부분의 어류에는 부레라는 공기주머니가 있다. 이 부레는 혈관이 풍부한 특별한 조직이며 필요에 따라 혈액에서 가스를 흡수하거나 혈액으로 가스를 돌려보낸다. 이렇게 어류는 부레의 가스량을 조절하면서 물에 뜨거나 가라앉거나 또는 중성부력을 유지할 수 있다. 중성부력을 유지하면 굳이 지느러미를 움직이지 않아도 일정한 수심에 편안하게 머물 수 있다. 그런데 상어에는 부레가 없다. 부레가 없는 상어는 몸이 가라앉지 않게 계속 지느러미를 흔들며 헤엄쳐야만 한다.

1 화석상 기록에 따르면, 상어는 약 3억 5천만 년 전 지구에 등장한 이후 수억 년에 걸친 세월 동안 거의 형태를 바꾸지 않았다. 처음부터 거의 완벽한 구조라서 더 이상 진화가 필요 없었을지 모를 일이다.

2 수족관을 찾은 관광객이 망치상어를 관람하고 있다. 상어는 수족관의 인기 어종이기도 하다.

숨을 쉬기 위해, 몸이 가라앉지 않기 위해 평생 헤엄쳐야 하는 상어이기에 몸의 구조도 움직임에 도움을 주는 방향으로 형성되었다. 가오리와 함께 연골어류에 속하는 상어의 뼈는 경골어류와 비교할 때 가벼운 연골(물렁뼈)로 이루어져 몸무게가 덩치에 비해 가벼운 편이다. 또한 부레만큼은 아니지만 내장의 대부분을 차지하는 간에는 비중이 가벼운 기름으로 가득 채워져 있어 몸이 가라앉는 것을 어느 정도 막아줄 수 있다.

기름

상어 간에는 기름이 많이 들어 있다. 과거 어촌 마을에서는 곱상어 간을 끓인 뒤에 나온 기름으로 호롱불을 밝혔다. 특히 심해상어 간유의 주요 성분인 스쿠알렌squalene은 발암 물질, 환경오염 물질, 중금속 등을 용해하여 조직 밖으로 배출시키는 해독 작용을 할 뿐 아니라, 면역 기능 강화와 암세포 성장 억제에 탁월한 것으로 알려지면서 건강기능식품으로 인기가 있다.

그런데 상어 중에는 위 속에 공기를 저장하여 얼마 동안 수중에 머물 수 있는 강남상어 같은 종도 있으며, 괭이상어나 두툽상어와 같이 암초 지대 바닥에 머무는 등 저서 생활을 하는 종도 있다.

상어 지느러미는 그 특별한 기능만큼 과거부터 노화를 방지하는 최고의 요리 재료로 대접받았다. 특히 중국의 경제 성장으로 구매력이 늘어나 상어 지느러미의 수요가 폭증했고, 전 세계적으로 상어가 마구잡이로 희생되고 있다. 잡아들인 상어는 지느러미만 떼어내고 바다에 다시 버려진다. 비싼 지느러미에 비해 몸통은 가격이 저렴할 뿐 아니라 부피도 많이 차지하기 때문이다.

지느러미를 잃은 상어는 과다출혈과 호흡을 위한 운동기능을 잃어버려 질식사하고 만다. 국제 환경단체인 세계자연기금World Wide Fund For Nature, WWF은 1994년에만 지느러미 채취를 위해 포획된 상어의 수가 4000만~7000만 마리에 이르는 것으로 추산했다. 무역 통계자료에 따르면, 1997년 전 세계 상어 지느러미 거래량은 1만 3614톤으로 1987년의 4,907톤보다 세 배 가까이 늘었다.

수백만 년에 걸쳐 환경에 적응해온 상어가 지느러미 때문에 멸종위기를 맞을 위기에 처하자 WWF는 상어를 멸종위기종으로 지정 · 보호에 나섰다. 세계 각국 또한 살아 있는 상어에서 지느러미를 떼어내는 행위를 규제하기 시작했다. 미국 하원은 2000년 10월, 유럽연합은 2003년, 호주는 2004년 연안을 지나는 어선들의 상어 지느러미 어업을 금지하는 법안을 통과시켰다. 또한 팔라우, 몰디브, 온두라스, 토켈라우

제도, 바하마, 마셜군도, 쿡제도, 프랑스령 폴리네시아, 뉴칼레도니아 등 9개국은 상어 보호구역을 지정했다.

1 지느러미가 잘린 망치상어가 바다에 버려지고 있다. 상어가 지느러미를 잃게 되면 호흡을 위한 운동기능이 사라져 질식사하고 만다.(사진 출처: WWF)

2 인간의 탐욕으로 잘려진 상어 지느러미들이다.

상어의 번식법

상어류 가운데 알을 낳는 종과 새끼를 낳는 종이 있지만, 암컷과 수컷이 교미해 체내수정으로 번식하는 것은 동일하다. 수컷은 두 개의 교미기로 암컷의 몸속에 정자를 방출하며, 수정된 후 발육하는 방식이 종에 따라 다르다. 고래상어, 괭이상어, 두툽상어, 복상어는 난생卵生으로 수정란이 질긴 알껍질에 싸여 몸 밖으로 나와 부화한다. 알은 대개 대형이며 지름 10센티미터가 넘는 것도 있다. 어미는 알주머니에 달려 있는 긴 끈을 해초에 잡아매어 알이 떠내려가지 않도록 한다.

그러나 대부분의 상어는 알이 아닌 새끼를 낳는다. 새끼를 낳는 방식에 따라 크게 난태생卵胎生과 태생胎生으로 나눌 수 있다.

환도상어, 청상아리, 악상어 등은 난태생이다. 난태생은 알을 배 속에서 품고 부화가 되면 밖으로 내보내는 방식이다. 난태생의 경우 새끼와 어미를 연결하는 태반이 없으며 태아는 발생 중인 배에 붙어 있는 난황의 영양분으로 자란다. 어떤 종은 자신의 난황을 다 먹은 다음 어미가 추가로 공급해주는 자궁 분비물, 수정되지 않는 알이나 수정된 알 등을 먹기도 한다. 심지어 빨리 자란 녀석이 성장이 느린 형제들을 잡아먹기도 한다.

백상아리, 귀상어, 청새리상어, 흉상어 등 강력한 포식자들은 태생이다. 이들은 포유류처럼 태반을 만든다. 상어의 태반은 새끼의 난황주머니와 자궁벽이 밀착하여 형성되며, 어미의 핏속에 든 영양분들이 태반을 지나 탯줄을 통해 발생 중인 새끼에게 공급된다. 태생을 하는 새끼 상어는 태어나자마자 독립한다.

일반적으로 사람에게 위협을 주는 상어는 거의 대부분 새끼를 낳는 태생이거나 난태생이며, 한배에서 태어나는 새끼 수가 적을수록 성격이 거칠다. 이는 새끼를 적게 낳기에 종족 보존을 위한 본능 때문인 것으로 이해할 수 있다. 환도상어는 한 해에 2마리를, 많이 낳는 청새리상어는 135마리를 낳는다. 임신 기간도 길다. 보통 9~12개월이며, 곱상어는 22개월이다. 또한 매년 출산하는 것도 아니다. 보통 1년 내지 2년 쉬었다가 낳는다. 새끼가 자라는 속도가 느리고 성적으로 성숙하는 기간도 상당히 길다. 성어가 되는 기간은 레몬상어가 15년, 곱상어가 20년이다.

거칠거칠한 상어 피부

올림픽 등 국제적인 스포츠 행사장은 선수들 간 경쟁만큼이나 스포츠용품 회사들의 제품 경쟁도 치열하다. 2000년 시드니 올림픽 수영 부문에서 호주의 이언 소프는 아디다스사에서 제작한 목에서부터 발목까지 전신을 감싸는 수영복을 입고 3관왕에 올랐다. 전신 수영복의 재질과 디자인은 빠른 속도로 물살을 헤치는 상어 피부 구조에서 아이디어를 따왔다. 하지만 2010년 세계수영연맹은 첨단 소재에 의지해 기록을 높이는 것은 스포츠 정신에 위배된다는 판단에서 전신 수영복 착용을 전면 금지했다.

물속에서 이동하는 물체가 받는 저항은 물과 표면의 마찰에 의한 마찰저항이 대부분이다. 물의 흐름은 유속에 따라 크게 두 가지가 있다. 하나는 저속에서의 흐름으로 물의 흐름이 균일한 층을 따라 미끄러지듯이 흐르는 '층류'이고, 다른 하나는 유속이 빨라짐에 따라 층간 유체입자의 이동이 생기는 '난류'이다. 난류는 유체입자가 빙글빙글 도는 소용돌이 현상으로 볼 수 있으며, 층류일 때보다 난류일 때 마찰저항이 훨씬 크다.

물속에서 빠르게 이동하는 상어는 난류일 때의 마찰저항을 효과적으로 줄이기 위해 피부가 V 자 단면 형태의 비늘이 수없이 붙어 있어 표면이 울퉁불퉁한 리블렛riblet 모양이다. 리블렛은 표면에서 격렬한 운동을 일으키는 난류 소용돌이 덩어리가 피부 표면으로 접근하지 못하게 마찰저항을 줄여준다.

사람의 경우도 마찬가지이다. 매끄러운 몸으로 수영을 하면 물이 피부에서 빙글빙글 맴도는 난류 소용돌이가 생겨 마찰저항이 커지겠지만 수영복 표면이 상어 피부와 같이 꺼칠꺼칠한 돌기로 이루어져 있다면 이 돌기가 난류로 인한 마찰저항을 줄여주기에 속도를 높일 수 있다.

조파저항을 줄이기 위해 선박 표면에 리블렛 형의 상어 피부를 응용한 소재 연구가 진행되고 있다.

현대 과학은 수영복, 요트, 항공기, 군사 무기 등의 마찰저항을 줄이기 위해 상어 피부 구조를 응용하고 있지만 과거에는 이 껍질을 말려서 사포砂布 대용으로 사용했다. 상어를 한자 문화권에서는 사어沙魚로 표기하는데 이는 상어 껍질이 마치 모래(沙) 처럼 거친 데서 유래한 이름이다.

상어 껍질의 돌기는 위협적이기도 하다. 큰 상어 꼬리에 맞으면 피부가 찢어지는 등 치명상을 입는다. 상어의 날카로운 이빨은 피부의 비늘과 같은 구조로 되어 있다. 어떻게 보면 상어는 온몸이 이빨로 덮여 있는 물고기라 할 수 있다.

한편, 물속에서 빠르게 유영하는 돌고래는 표피가 실리콘처럼 유연성이 있어 난류 발생을 억제한다. 상어를 나타내는 'Shark'는 독일어로 악당을 뜻하는 'Schurke'에서 유래되었다.

상어의 먹이 사냥

적도 인근 태평양의 팔라우군도는 300여 개의 아름다운 섬과 푸른 바다가 펼쳐져 있어 신들의 정원이라 불리는 곳이다. 하지만 대항해시대라는 이름으로 치장된 서구의 식민지 침략을 피할 수 없어 1574년 스페인령 동인도에 포함되었다가, 1898년 미국-스페인 전쟁 후에는 독일에 팔려 독일령 뉴기니에 속하게 되었다. 제1차 세계대전 후에는 연합국에 속했던 일본에 의해 점령되었으며, 태평양전쟁이 끝나고는 미국의 신탁통치를 받다가 1994년 독립했다.

특히 팔라우는 태평양전쟁 당시 일본군과 미군 사이에 치열한 전투가 벌어졌던 곳으로 아픈 상처를 지니고 있다. 일본 입장에서는 이곳을 미국에 빼앗기게 되면 태평양 항로가 차단될 뿐 아니라 자국의 본토가 폭격기의 사정권 안에 들게 되므로 한발도 물러설 수 없었다. 전략적 요충지였던 만큼 이곳에는 수천 명에 이르는 우리 선조들이 강제로 끌려와 피눈물을 쏟기도 했다.

섬이 넓고 깊은 태평양 한가운데에 위치해서일까? 아니면 아픈 역사를 간직한 곳이어서일까? 팔라우군도 해역은 산호초로 대변되는 열대 바다에서 느끼는 아기자기함보다는 남성적이고 거친 야성의 숨결이 꿈틀거린다. 이러한 야성의 바다에는 먹이사슬에서 상위에 있는 대형 어류가 서식한다. 이 가운데 상어의 사냥 장면은 팔라우군도의 대표적인 볼거리 중 하나이다.

대표적인 다이빙 포인트 중 한 곳인 '블루코너' 수심 20미터.

몸에 부착한 등산용 카라비너에 연결된 갈고리를 암초 사이에 끼우고 상승 조류를 버티고 있으니 심해에서 유유히 올라오는 상어들이 모습을 드러냈다. 순간 짙푸른

팔라우 블루코너. 수만 마리의 물고기 사이로 상승 조류를 타고 심해에서 올라온 상어들이 보인다.

바다를 배경으로 평화롭게 헤엄치던 수만 마리의 물고기들에게서 팽팽한 긴장감이 전해졌다. 물고기 떼 사이로 잠입해 들어간 상어는 먹잇감을 고르는지 한참을 빙글빙글 돌기만 했다. 그러다 순간적으로 턱을 아래로 당기며 몸을 잔뜩 웅크렸다. 상어가 턱을 당긴다는 것은 앞으로 튕겨 나가기 직전의 예비동작이다. 낌새를 눈치챈 물고기들이 단번에 사방으로 흩어졌다. 수만 마리나 되는 물고기들이 동시에 지느러미를 퍼덕이자 귓가에 '윙~' 하는 진동음이 공포의 파장으로 남았다.

결국 상어는 그중 한 마리를 낚아채고는 만족한 듯 심해로 돌아가고 물고기들은 동료의 희생을 대가로 다시금 제자리로 돌아와 무리를 이루었다. 심해로 돌아간 상어는 배가 고프면 상승 조류를 타고 다시 돌아올 테지만 물고기들은 이곳을 떠나지 못한다. 심해에서 올라오는 상승 조류에는 포식자 상어뿐 아니라 먹잇감인 플랑크톤이 풍부하기 때문이다.

팔라우 블루코너를 찾은 다이버들이 바위에 갈고리를 끼운 채 상승 조류를 버티고 있다. 상승 조류에 휘말리면 자신의 의지와 달리 갑자기 몸이 떠오를 수 있으므로 다이버에게는 상당히 위험하다.

자연의 먹이사슬은 이렇게 숙명적으로 되풀이된다. 땅 위나 바닷속 육식동물의 창자 길이가 짧다. 그런데 특이하게도 상어의 창자 내부는 나사 모양으로 꼬여 있다. 이러한 구조는 영양분의 흡수 면적을 넓혀주고 먹이가 장을 통과하는 시간이 길어져 장 길이는 짧아도 충분한 소화력을 발휘할 수 있다.

군산대 해양생명개발학과 최윤 교수는 저서 『상어』에서 상어는 먹이를 사냥하기 위해서 여러 가지 감각기관을 이용하는데 먼저 '소리'로 대략적인 위치를 파악하고, '냄새'로 수백 미터 떨어진 곳에 있는 먹이의 위치를 알아낸다고 한다. 이후 몸에 있는 옆줄(측선)로 먹이가 움직이는 '진동'을 감지해 100미터 이내까지 접근하며, 마지막 단계인 10미터 이내에서 '눈'을 사용한다고 한다.

이외에도 상어에는 로렌치니 기관이라는 정밀한 감각기관이 있다. 로렌치니 기관은 상어의 주둥이 아래쪽에 뚫려 있는 여러 개의 작은 구멍이다. 상어는 이 기관을 이용

바닷속에서 상어를 만나더라도 일정 거리를 유지하면 안전하다. 한 관광객이 상어를 관찰하며 촬영하고 있다.

해 생물의 몸에서 나오는 미약한 전기를 감지할 수 있어 가까운 거리에서 다른 감각 기관을 사용하지 않고도 숨어 있는 먹이를 찾아낸다고 한다.

상어는 공격하기 전 주위를 맴돌며 탐색전을 벌이다가 공격 준비가 되면 활시위를 당기듯이 몸을 잔뜩 웅크린 후 순간적인 탄력으로 쭉 뻗어나간다. 이때 뻗어나감과 동시에 '쫙 ~' 하고 입을 벌려 먹잇감을 덥석 문 다음 물렁뼈로 되어 있는 유연한 턱을 좌우로 세차게 흔들어 치명상을 입힌다. 혹여 바다에서 상어를 만났을 때 상어가 몸을 웅크린다면 가장 위험한 순간이므로 적극적으로 대비해야 한다.

상어를 만났을 때

상어 역시 사람을 두려워한다. 바닷속에서 상어를 만나더라도 위협하지 않고 일정 거리를 유지하면 거의 안전하지만, 신경이 예민해져 있는 번식기나 사람을 공격한 경험이 있는 상어는 난폭해질 수 있다. 전세계적으로 상어로 인해 가장 많은 피해가 발생하는 곳은 호주 동부 연안과 서인도제도이며, 우리나라 서해에도 종종 인명 피해가 발생하곤 한다. 이는 쿠로시오 해류에서 갈라져 나온 대마 난류를 타고 남해를 거쳐 서해안으로 올라온 번식기의 상어가 키조개 조업을 하는 잠수부들을 공격하는 경우이다. 키조개 조업 중에 선박의 소음과 조개의 비릿한 냄새가 상어를 자극한 때문인 것으로 추정할 수 있다.

우리나라 연해에 청상아리 등 위험한 상어가 출몰하고 있어 관심을 모으기도 한다. 사진은 부산 앞바다에서 그물에 걸려 포획된 청상아리로, 청상아리는 어류 중에서 최고의 수영선수이기도 하다. 방추형의 날렵한 몸매에 커다란 지느러미, 이를 움직이는 강력한 근육이 엄청난 추진력을 만들어낸다.

만약 다이빙을 하다가 주위 물고기들의 움직임이 이상하다는 것을 느끼면 주변을 주의 깊게 둘러봐야 한다. 왜냐하면 상어가 접근하고 있다면 빨리 발견할수록 공격에 대비할 수 있기 때문이다. 전문가들은 상어 공격을 대비하기 위해 다음과 같은 사항을 권하고 있다.

1. 상어 출몰 지역으로 들어가지 말 것
2. 두 사람 이상이 함께 행동할 것
3. 주위 물고기들이 이상한 행동을 할 때는 물에서 나올 것
4. 부상으로 출혈이 있을 때는 물에서 나올 것
5. 시야가 확보되지 않는 물에서의 수영은 피할 것
6. 밝은색 수영복이나 피부색과 대조되는 수영복은 피할 것
7. 다이빙 도중 상어를 만났을 때는 손을 몸에 붙일 것
8. 상어가 공격할 때는 가지고 있는 장비 등으로 적극적으로 상어를 밀어낼 것
9. 마지막 수단을 강구해야 할 때는 상어의 눈 부분을 공격할 것

지구상에서 가장 큰 어류, 고래상어

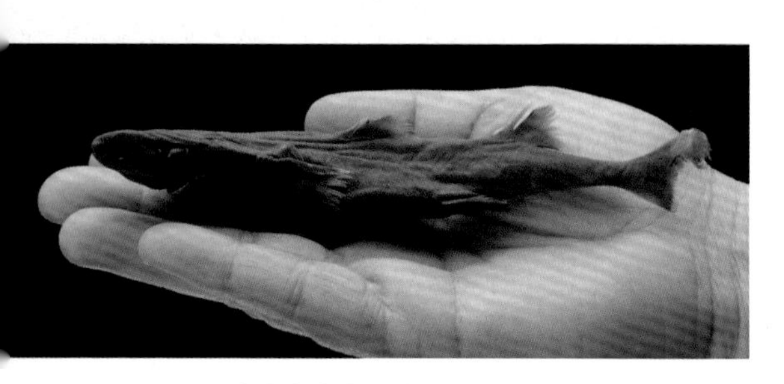

돔발상어과의 드워프랜턴샤크는 가장 작은 상어로 성체의 몸길이가 20센티미터 정도이다.

전 세계적으로 400여 종에 이르는 상어는 종의 수만큼이나 크기가 다양하다. 가장 작은 상어는 콜롬비아 해역에 서식하는 돔발상어과의 드워프랜턴샤크Dwarf lanternshark로 성체의 몸길이가 20센티미터 정도이다. 가장 큰 상어는 성체의 길이가 18미터, 몸무게는 15~20톤에 이르는 '고래상어'이다.

고래상어는 현존하는 어류 중 덩치가 가장 크지만 성격은 온순하다. 넓고 편편한 머리 아래쪽 양턱에는 300줄에 이르는 작은 이빨들이 촘촘하게 나 있다. 그런데 이빨의 크기는 상어라는 명성에 어울리지 않게 3밀리미터 안팎에 불과하다. 그래서 먹이도 수염고래처럼 물을 '쭉' 들이켤 때 함께 휩쓸려 들어오는 크릴 등의 플랑크톤을 스펀지처럼 생긴 막으로 걸러서 먹는다. 몸 빛깔은 등 쪽은 회색 또는 푸른색이거나 갈색이며, 배 쪽은 흰색이다. 배 위로는 흰 점과 옅은 수직의 줄무늬가 있다. 번식 방법은 알로 태어나서 부화하는 난생인지, 암컷의 몸속에 있던 알이 부화하여 새끼가 나오는 난태생인지를 두고 논란이 있지만 아직 명확하게 구별하지 못하고 있다.

고래상어Whale shark라는 이름은 1828년 앤드루 스미스Andrew Smith라는 사람이 남아프리카 테이블만에서 작살로 잡은 표본에 처음 이름을 붙인 것이 유래이다. 어류인데도 이름에 포유류인 고래를 붙인 것은 덩치가 고래만큼 크고 먹이 사냥 방식 또한 수염고래를 닮았기 때문이다.

지중해를 제외한 열대와 온대 바다에 걸쳐 광범위하게 분포하는 고래상어는 이따금 우리나라 연안을 찾아와 화제가 되기도 한다. 2004년 8월에 거제도 앞바다에서 현지 스쿠버다이버에 의해 촬영되어 방송매체를 통해 신비로운 몸짓을 선보이더니 2006년 9월에는 해운대 바닷가에서 기진맥진한 고래상어 한 마리가 발견되기도 했다. 이때 탈진한 고래상어를 바다로 돌려보내기 위해 많은 사람이 노력을 기울였지만 결국 죽고 말았다. 고래상어 죽음에는 복합적인 원인이 작용했겠지만 결정적인 사인은 익사였음이 밝혀졌다.

어류인 상어가 물속에서 숨을 못 쉬고 죽는다면 고개를 갸우뚱하겠지만, 일반적인 어류가 아가미를 능동적으로 펌프질하여 물속의 산소를 흡수하는 데 비해 상어는 아가미 기능이 수동적이라 물이 아가미를 통과할 수 있게 늘 입을 벌리고 헤엄쳐야 한다. 이때 그물에 걸리는 등으로 헤엄칠 수 없으면 상어는 체내에 산소 공급이 끊겨 죽고 만다.

2012년에는 제주도 서귀포시 성산읍 '한화 아쿠아플라넷 제주' 측이 고래상어 두 마리를 수족관에 전시해 화제가 되기도 했다. 한화 측은 이 고래상어들이 제주 앞바다 정치망에 걸린 것을 어민이 기증했다고 발표했지만 환경단체 등의 방생 요구에 곤혹을 치러야 했다. 이후 한 마리가 수족관 안에서 폐사하자 전시 50여 일 만에 나머지 한 마리를 서귀포 앞바다에 풀어주었다.

'한화 아쿠아플라넷 제주'가 고래상어에 관심을 가진 것은 일본 오키나와 츄라우미 수족관에서 고래상어를 전시하면서 세계적 명성을 떨치게 된 것에 영향을 받았기 때문일 것이다. 하지만 환경단체의 항의에 이어 한 마리가 폐사하자 사육을 포기해야만 했다. 고래상어는 국제자연보호연맹IUCN이 규정한 취약종으로 많은 나라에서 법적으로 보호를 받고 있으며, 「멸종위기에 처한 야생 동 · 식물종의 국제거래에 관한 협약」Convention on International Trade in Endangered Species of Wild Flora and Fauna, CITES에 따라 멸종위기 동물로 지정되어 2003년부터는 국제 거래가 금지되어 있다.

일본 오키나와 츄라우미 수족관을 찾은 관람객이 대형 수조 안의 고래상어를 보며 환호하고 있다. 고래상어가 전시된 대형 수조 '쿠로시오 바다'는 높이 8.2미터, 폭 22.5미터로 기네스북에 등재된 최대 규모이다. 수조의 벽은 7,500톤의 수압을 견딜 수 있도록 만들어졌으며 매일 신선한 바닷물을 채운다.

관광상품화된 고래상어

수족관이 아닌 자연 상태에서 고래상어를 관광자원화한 곳이 있다. 바로 필리핀 세부섬 동남쪽에 있는 오슬롭이라는 작은 어촌이다. 2011년 12월 마을 앞바다에 찾아온 고래상어들에게 어부들이 먹이를 주자 이들이 다른 곳으로 가지 않고 이곳에 머물게 되었다. 고래상어들이 마을 앞바다를 떠나지 않자 작은 어촌에는 고래상어를 보기 위해 하루에 수백 명의 관광객이 찾아드는 등 관광 명소가 되었다.

마을 입구에는 고래상어 그림이 그려진 입간판이 서고 해변에 임시 매표소도 세워졌다. 마을 곳곳에는 주민들이 운영하는 탈의장과 샤워실, 간이음식점, 기념품 판매점 등의 편의시설이 들어섰다. 오슬롭 주민들은 2011년 크리스마스 즈음에 나타난 고래상어를 산타가 안겨준 선물로 생각하고 있다. 그도 그럴 것이 고래상어를 보기 위

1 고래상어는 수염고래처럼 물을 쭉 들이켤 때 함께 휩쓸려 들어오는 새우나 플랑크톤을 스펀지처럼 생긴 막으로 걸러서 먹는다.

2 고래상어는 현존하는 어류 가운데 덩치가 가장 크지만 성격은 온순하다. 프리다이버가 고래상어와 함께 유영하고 있다.

1
2

필리핀 세부섬 오슬롭은 고래상어를 관광상품화한 곳이다. 현지인들이 작은 배를 타고 고래상어에게 크릴을 던져주고 있다. 이들은 관광객이 고래상어에 가까이 접근하지 않게 관리한다.

해 바다로 들어가는 입장료만 30분에 1,100페소(환율 1페소=23원)에다 스쿠버 장비를 착용하면 추가 요금을 받으니 필리핀 물가를 고려할 때 고래상어가 주민들에게 적지 않은 수입을 안겨주는 셈이다.

고래상어에게 먹이를 주어 관광객을 유치하는 것에 '그린피스Greenpeace' 등 환경단체의 반대운동도 만만치 않다. 야생의 대형 어류를 먹이주기로 길들인다는 것은 고래상어를 위해 올바른 행위가 아니라는 것이 그 입장이다. 하지만 오슬롭 주민들은 이에 대해 항변한다. 우리가 고래상어를 잡는 것도 아니고 먹이를 주는 것이 무슨 문제가 되냐고.

고래상어 관광이 구체화되자 필리핀 정부는 이를 양성화하기로 했다. 해양생물 전문가들을 초빙하여 오슬롭의 고래상어에 관한 연구를 진행할 뿐 아니라 관광객들에게 편의시설을 제공하는 한편, 관광객들이 지켜야 할 사안에 대한 규제도 강화하고 있다.

독가시를 지닌 가오리

필리핀 두마게티 시티 해역을 찾았을 때다.

수심 20미터의 모랫바닥 위로 돌출된 두개의 눈이 보였다. 가만 살펴보니 노랑가오리가 눈을 굴리며 주위를 경계하는 중이었다. 은신하고 있는 노랑가오리를 관찰하는데 현지 안내인이 탐침봉으로 노랑가오리를 건드려 버렸다. 순간 '휭~' 하는 파장을 남기며 노랑가오리는 시야에서 멀어져 갔다. 다이빙을 마친 후 안내인에게 해양생물을 건드리지 말 것을 당부했다.

국립수산진흥원에서 발간한 『한국연근해 유용 어류도감』에 따르면, 우리나라 연안에는 크게 노랑가오리, 상어가오리, 흰가오리, 목탁가오리, 시끈가오리(전기가오리) 등 다섯 종이 서식하고 있다. 이 가운데 목탁가오리와 시끈가오리는 주둥이가 약간 둥글지만 노랑가오리, 상어가오리, 흰가오리는 주둥이에 모가 져 있어 홍어로 오인하기도 한다.

일반적으로 가오리류는 꼬리 부분에 독가시가 있지만 홍어는 독이 없다. 가오리류의 눈은 등 쪽에 있고 눈 바로 뒤에 동공 크기의 분수공이 있다. 가오리는 이 구멍을 통해 물을 들이켜 산소를 흡수한다. 지나간 일에 대한 미련을 은유적으로 표현한 우리 속담에 "놓친 가오리가 방석만 하다"가 있다.

독이 있는 가오리 중에 가장 대표적인 것이 노랑가오리이다. 노랑가오리는 몸이 노란빛이나 붉은색이라 영어명도 'Red sting ray'이다. 노랑가오리는 공격적이진 않지만 위협을 느끼면 등지느러미가 퇴화하여 변한 꼬리 가시를 곧추세워 상대를 찌른다. 가시는 독이 있는 데다 매우 날카로워 사람의 살갗을 쉽게 파고든다. 가시에 찔리면 참

노랑가오리는 대형 종이다. 바닥에 납작 엎드린 채 대부분의 시간을 보낸다. 가까이 다가가면 위협을 느낀 노랑가오리가 공격할 수 있다.

을 수 없을 정도의 통증과 함께 죽음에 이를 수도 있다.

이익의 『성호사설』에는 "가오리 꼬리 끝에 독기가 강한 가시가 있어 사람을 쏘며, 그 꼬리를 잘라 나무뿌리에 꽂아두면 시들지 않는 나무가 없다"라고 했다. 2006년 9월 4일 호주 퀸즐랜드주 연해에서 환경운동가 스티브 어윈이 노랑가오리 가시에 찔려 목숨을 잃는 사고가 발생하면서 노랑가오리가 관심 종이 되기도 했다.

전기가오리

전기를 만들어내는 어류에는 바다에 사는 전기가오리, 민물에서 살아가는 전기뱀장어, 전기메기 등이 있다. 이들의 피부 속 발전기관에 있는 수천 개의 세포는 각각 발전소 역할을 하여 먹이 사냥을 하거나 포식자로부터 스스로를 지키기 위해 순간적으

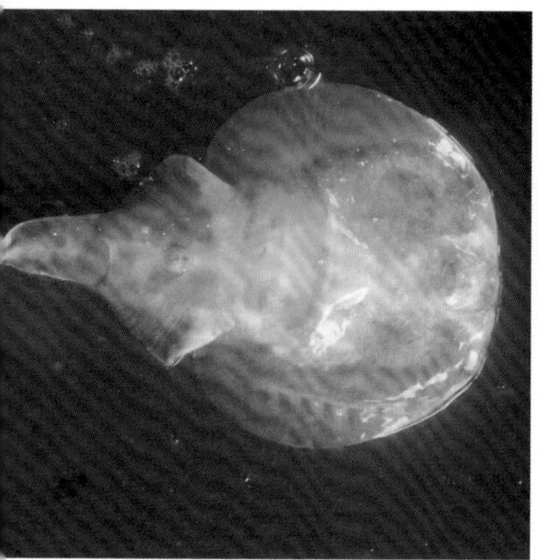

1 2

1 전기가오리는 순간적으로 200볼트의 전압을 만들 수 있다.

2 부산 아쿠아리움에 전시된 전기뱀장어이다. 아마존강 유역에서 발견되는 전기뱀장어가 만들어내는 전기는 말처럼 커다란 짐승까지 기절시킬 수 있다.

로 고압의 전기를 뿜어낸다. 이들이 만들어내는 전기는 전기가오리의 경우 200볼트, 전기뱀장어는 650~850볼트에 이른다.

전기가오리는 일반 가오리에 비해 몸체가 둥글고 윗면은 검고 아랫면은 하얀 편이다. 크기는 30센티미터에서 2미터에 이르는데 상업적으로는 가치가 없다. 그런데 이들은 고압의 전기를 만들어내면서도 왜 스스로는 감전되지 않을까? 이는 체내의 발전세포가 구획에 따라 병렬로 연결되어 있어 체내에 흐르는 전류량은 얼마 되지 않기 때문이다.

쥐가오리의 비행

연골어류 홍어목에 속하는 쥐가오리는 성체의 양쪽 지느러미 너비가 7~8미터, 몸무게는 0.5~1.5톤에 이르는 대형 어종이며 80년 이상 사는 것으로 알려졌다. 쥐가오리가 헤엄치는 모습이 마치 넓적한 모포가 둥둥 떠다니는 것 같아 대항해시대 태평양을 건너던 스페인 선원들이 만타Manta라고 부르기 시작했다. 만타는 스페인어로 모포나 넓적한 숄을 의미한다.

쥐가오리의 몸은 편평하고 넓다. 특이하게도 커다란 가슴지느러미의 연장부가 머리지느러미 형태로 돌출되었는데, 그 모양이 쥐의 귀를 닮아 우리나라에서는 '쥐가오리'라 한다. 영미권에서는 이 머리지느러미가 악마의 뿔을 닮았다 해서 '악마가오리Devil ray'라 이름 지었다. 쥐가오리는 생긴 모양이나 덩치에 비해 온순하다. 플랑크톤이 주요 먹이이며 크릴보다 큰 것은 먹지 못한다.

몸의 구조가 독특한 쥐가오리

쥐가오리는 특이하게도 머리지느러미의 길이가 폭의 두 배 정도이다. 머리지느러미는 헤엄칠 때는 말려들지만 먹이를 먹을 때는 곧게 펴져 물길을 만든다. 이러한 동작으로 물속의 플랑크톤을 모은 다음 직사각형 모양의 거대한 입을 벌려 바닷물과 함께 실려 온 크릴 등의 플랑크톤을 걸러 먹는다.

입 안쪽으로는 작은 이빨들이 돌을 늘어놓은 것처럼 줄지어 배열되어 있다. 꼬리에는 톱니가 있는 가시가 있으며, 꼬리의 길이는 체반(가오리류에서 몸통과 머리 부분이 가슴지느러미와 합쳐져서 이루어진 넓고 평평한 부위)보다 세 배 정도 길다. 눈은 옆쪽에 있고 아가미는 배에 있다.

넓적한 판 모양으로 생긴 아가미는 운동기능이 없다. 경골어류에 속하는 일반적인 어류는 아가미를 능동적으로 움직이며 물을 들이켜 물속에 녹아 있는 산소를 흡수하지만 쥐가오리는 연골어류에 속하는 어류와 매한가지로 아가미가 움직이지 않는다. 그래서 거대한 입을 벌린 채 끊임없이 헤엄치면서 물이 아가미를 지나도록 해줘야 한다. 이때 아가미에 몰려 있는 실핏줄들이 물에 녹아 있는 산소를 흡수한다.

쥐가오리 네 마리가 입을 벌린 채 다가오고 있다. 쥐가오리는 입을 통과하는 물에 녹아 있는 산소를 걸러서 호흡한다.

쥐가오리는 주로 북위 35도에서 남위 35도 사이의 온대성, 열대성, 아열대성 해역에 서식한다. 흥미로운 것은 우리나라 서해 흑산도 해역에도 쥐가오리가 출몰한다는 점이다.

쥐가오리가 바닷속에서 유영하는 모습은 마치 넓은 지느러미를 펼치며 하늘을 날아다니는 듯 보인다. 이들의 움직임이 물속에서만 관찰되는 것은 아니다. 강력하게 발달된 가슴근육 운동으로 수면을 박차고 5미터 이상을 날아오르기도 한다. 쥐가오리가 수면 위로 몸을 솟구치는 이유에 대해 한국해양과학기술원 블로그에는 "수컷만이 뛰어오르는데 이는 몸이 해수면과 부딪히면서 생긴 파동, 진동으로 암컷의 시선을 모으기 위해서"라고 설명되어 있다. 하지만 시사 잡지 〈라이프〉에서 발행한 「세계의 야생동물」 편에는 암컷이 새끼를 낳을 때 수면을 박차 오른다고 기록되어 있으며, 어떤 이는 암컷이나 수컷 모두 몸에 붙어 있는 성가신 것들을 떨어내기 위해서도 뛰어오른다고 한다. 쥐가오리의 점프는 한 가지 이유만으로 설명하기 어려울 듯하다.

클리닉 스테이션에 모습을 드러낸 쥐가오리가 바위 뒤에 몸을 숨긴 필자 옆을 지나가고 있다.

Pray to God!

멸종위기종인 쥐가오리는 자연 상태에서뿐 아니라 수족관에서도 만나기가 쉽지 않다. 일본 오키나와 츄라우미 수족관에 쥐가오리가 전시되어 관람객에게 인기를 끌자, 2012년 7월 개관한 '아쿠아플라넷 제주'에서 쥐가오리를 들여왔지만 고래상어에 이어 폐사하고 말았다. 스쿠버다이버들은 수족관에서 쥐가오리를 보는 것에 만족하지 않고 이들을 찾아 바다로 떠난다. 그래서일까, 쥐가오리가 출몰하는 해역을 찾는 것이 스쿠버다이버들의 로망이다.

쥐가오리가 출몰하는 해역으로 세계적인 명성을 떨친 곳으로는 팔라우의 저먼 채널German channel을 꼽을 수 있다. 저먼 채널은 1899~1914년 팔라우군도를 점령한 독일이 자국 선박의 원활한 항해를 위해 산호초를 발파하여 만든 항로이다. 저먼 채널은 주변 바다보다 비교적 수심이 얕은 데다 돌출된 수중 언덕이 산호초 형태로 발달되어 클리닉 스테이션으로서의 입지를 갖추었다.

그런데 쥐가오리가 언제 클리닉 스테이션을 찾는지 알 수 없다. 물속에 들어가 기다리다가 쥐가오리가 때맞춰 나타나면 볼 수 있고, 그렇지 않으면 그냥 돌아서야 한다. 저먼 채널로 입수하기 전 현지 안내인들은 진지한 표정으로 "Pray to God!"이라고 외친다. 쥐가오리를 보지 못하더라도 그건 신의 뜻이지, 자신의 잘못은 아니라는 복선이다. 아마 쥐가오리를 만나지 못한 다이버들이 종종 안내인에게 불만을 터뜨렸던 모양이다.

필자는 팔라우를 세 차례 방문했다. 쥐가오리와의 첫 번째 만남은 2005년 6월, 수심 15미터의 비교적 얕은 수심에서였다. 30여 분의 시간이 지나고 공기통 속의 공기가 얼마 남지 않아 수면 상승을 결정해야 할 때였다. 순간 거대한 그림자가 나타났다. 위를 올려다봤더니 3~4미터 크기의 비행물체가 머리 위를 지나고 있었다. 쥐가오리였다. 손을 뻗으면 닿을 정도의 거리에서 헤엄치고 있는 대형 어류의 모습은 환상적이었다.

짧은 만남에 대한 아쉬움으로 2011년 여름 다시 팔라우로 향했다. 혼자 떠난 여행이었기에 내가 원하는 대로 일정을 정할 수 있었다. 쥐가오리를 볼 때까지 저먼 채널에 머물 생각이었다. 간절한 기다림에 답이 있었는지 이틀 연속 쥐가오리를 만났다. 둘째 날은 네 마리가 줄지어 모습을 드러냈다. 물속에서 환호와 박수를 보냈다. 사라질 듯 멀어져 가던 쥐가오리들은 커튼콜에 화답하듯 다시 돌아오더니 눈앞에서 텀블링 묘기를 선보였다.

쥐가오리가 작은 물고기 무리 사이에서 텀블링하듯 몸을 회전하고 있다. 작은 물고기들은 잠시 자리를 내어줄 뿐 크게 동요하지 않았다. 쥐가오리는 크릴보다 큰 먹이를 먹지 못한다. 물고기들도 덩치만 큰 쥐가오리의 비밀을 알고 있는 듯이 보였다.

귀하게 만나는 매가오리

매가오리는 쥐가오리와 같이 연골어류 〉판새아강 〉가오리상목 〉독침가오리목에 속한다. 영어권의 이글레이Eagle ray를 우리말로 옮기면서 매가오리가 되었다. 쥐가오리가 온순한 편인 데다 클리닉 스테이션을 중심으로 살아간다면, 매가오리는 사냥을 즐기는 육식성으로 서식지가 잘 알려져 있지 않아 바다에서 만나기가 쉽지 않다. 사진은 미크로네시아 추크Chuuk섬에서 만난 매가오리들의 유영 장면이다. 매가오리는 성체의 양쪽 지느러미의 너비가 평균 1.7미터, 몸무게는 70킬로그램 정도이다.

1 광활한 푸른 바다를 배경으로 매가오리가 무리를 이루어 영하고 있다. 사는 곳이 일정하지 않은 매가오리는 귀하게 나는 어류이다.

2 매가오리는 코 부분이 맹금류의 부리를 닮았다. 사진은 몸 다른 빛깔의 점무늬가 있어 알락매가오리라 이름 붙인 종이

『우해이어보』에 등장하는 목탁수구리

우리나라 최초의 어보인 김려 선생의 『우해이어보』에 '한사어閑鯊魚'라는 어류가 등장한다. 김려 선생은 "모양이 홍어와 같다. 작은 것은 3~4척이며 큰 것은 7~8척이나 된다. 등과 양쪽 옆에 머리에서 꼬리까지 모두 칼날과 같은 등뼈지느러미가 있는데 3개의 등뼈지느러미가 마치 '川' 자 모양으로 붙어 있다. 성질이 급하고 용감해서 바위를 자를 수도 있다. 한사어가 화가 나면 어선의 중간 부분을 잘라 버리기도 한다"며 한사어라는 어류를 설명했다.

『우해이어보』를 번역하거나 연구한 많은 학자가 김려 선생이 묘사한 한사어가 무엇인지를 두고 의견이 분분하다. 필자는 이 한사어를 목탁수구리라고 단정한다. 먼저 '모래 사沙' 자와 '고기 어魚' 자를 조합한 '사어鯊魚'라는 이름에 주목할 필요가 있다. 이는 상어가 껍질이 미세한 돌기 구조로 되어 있어 모래처럼 거칠어서 한자로 '사어鯊魚'라고 표기했다는 점을 감안하면 김려 선생이 관찰한 어류 역시 피부가 상당히 거칠다는 것을 추정해볼 수 있다. 상어와 같은 연골어류에 속하는 목탁수구리 역시 피부가 미세한 돌기 구조이다.

김려 선생은 "몸통이 홍어를 닮았고, 등과 양쪽 옆에는 머리에서 꼬리까지 모두 칼날과 같은 등뼈지느러미가 있는데 넓이가 3촌이며, 큰 것은 이것의 2배인데, 마치 '川' 자 모양으로 붙어 있다"고 했다. 이는 목탁수구리의 외형과 정확하게 일치한다. 목탁수구리는 등 중앙을 따라 굵은 능선이 돋아 있으며, 이 능선에 날카롭고 억센 가시가 돋쳐 있다. 두 눈 앞쪽에도 가시가 돋친 능선이 하나 있으며, 눈에서 숨구멍 쪽으로 이어지는 선과 어깨선을 따라서도 가시 능선이 한 쌍씩 있다. 이 모양을 위에서 내려

코엑스 아쿠아리움에 있는 목탁수구리이다. 『우해이어보』에 등장하는 한사어는 목탁수구리의 모습과 일치한다.

다보면 마치 '川' 자처럼 보인다.

아마 이러한 특이한 생김새가 지역민 사이에 구전되면서 배의 중간 부분을 잘라버리는 무시무시한 어류로 둔갑했을 것이다. 목탁수구리는 연골어류 홍어목 수구리과에 속하는 어류로 생김새로 인해 상어가오리라고 불린다. 앞쪽에서 보았을 때 가오리 같고, 뒤쪽에서 보았을 때는 상어처럼 보인다. 목탁수구리는 드물게 관찰되지만 분포 지역은 매우 넓어서 인도-태평양의 거의 모든 열대 해안에서 발견된다.

삭혀서 먹는 홍어

홍어洪魚는 같은 가오리과에 속하는 어류와 구별할 필요가 있다. 두 마리를 나란히 놓으면 그 차이점이 쉽게 보인다. 우선 홍어는 마름모꼴로 주둥이 쪽이 뾰족하지만, 가오리는 원형 또는 오각형이며 전체적으로 몸이 둥그스름하다. 또 홍어는 배 부위 색깔이 등 부분과 비슷하거나 약간 암적색이지만 가오리는 흰색이다.

홍어라는 이름은 몸의 폭이 넓어 '넓을 홍洪' 자를 쓴다. 이 홍어를 가리켜 『본초강목』에는 '해음어海淫魚'라 적었다. 수컷의 음란함 때문이다. 옛날 어부들은 홍어를 잡을 때 암컷을 줄로 묶어서 바다에 던져 두었다. 그러면 수컷이 달려와 배지느러미 뒤쪽에 있는 대롱 모양의 생식기 두 개로 교접하는데 수컷의 생식기에는 가시가 나 있어 교접이 이루어지면 빨리 빼내기가 어렵다. 이때 어부가 줄을 당기면 암컷에 딸려 나오는 수컷까지 잡을 수 있었다. 음란함이 명을 재촉한 꼴이다.

잡혀 올라온 수컷은 배 위에서 생식기가 썩둑 잘려진다. 몸 크기의 3분의 1에서 5분의 1 정도가 되는 것이 꼬리 양쪽으로 보기 싫게 늘어져 있는 데다 가시까지 돋아 있어 어부들의 조업을 방해하는 탓이다. 수컷이 비싸게 팔린다면 수컷임을 알리기 위해 생식기를 남겨두겠지만 암컷에 비해 맛도 가격도 떨어지니 구태여 거추장스러운 성징을 남겨둘 필요가 없는 것이다. 그래서 별 볼 일 없는 사람을 비유할 때 '만만한 게 홍어 ×'이라 한다.

홍어를 제대로 발효하기 위해 잡아온 홍어를 씻지 않고 그대로 삭힌다. 홍어 몸에서도 다른 가오리류와 마찬가지로 진득진득한 점액이 분비되는데, 이 점액이 특별한 맛을 내기 때문이다. 이렇게 삭힌 홍어는 강렬한 암모니아 냄새가 난다. 바닷물고기는

가오리(위쪽)는 원형 또는 오각형으로 전체적으로 둥그스름하며, 홍어는 마름모꼴로 주둥이가 뾰족하다. 수컷인 경우 배지느러미 뒤쪽에 대롱 모양의 생식기가 두 개 있다.

삼투압 작용으로 수분이 바닷물 속으로 빠져나가는 것을 막기 위해 체내에 여러 가지 화합물이 충분히 녹아 있다.

연골어류인 홍어, 가오리, 상어 등은 요소 성분을 많이 함유하고 있으며 특히 홍어에 많다. 이들이 죽고 나면 요소 성분이 암모니아와 트리메틸아민TMA으로 분해되면서 자극적인 맛과 특유의 냄새를 풍기게 된다. 가오리를 삭혀도 암모니아 냄새가 나긴 하지만 홍어만큼 톡 쏘지는 못한다.

홍어의 독특한 냄새를 가리켜 썩힌 것이라는 표현은 잘못된 것이다. 이는 우리나라 음식문화의 특징 중 하나인 '삭히다'의 의미를 이해하지 못한 탓이다. 일반적으로 음식물이 썩게 되면 단백질이 아미노산으로 분해되는 과정에서 인체에 유해한 식중독균 등의 독성 물질이 생성되며 부패한 냄새를 풍긴다.

반면 홍어는 저장일로부터 열흘 정도가 지나면 암모니아가 본격적으로 발생한다. 이는 세균작용이 아니라 홍어 자체에 있는 효소에 의해 이루어지는 것이므로 오히려 인체에 유해한 세균의 침입을 막아주는 기능을 한다. 이렇게 인체에 무해하게 분해되는 과정을 '삭힌다'고 한다. 삭힌 홍어는 맛과 영양, 소화율 등이 처음보다 월등히 뛰어난 데다 중독성까지 있어서 한번 맛 들이면 도저히 끊을 수 없을 정도이다. 그래서인지 홍어를 즐겨 먹는 전라도 지방에선 홍어를 귀하게 여겨 예로부터 관혼상제에서 빠뜨리지 않았다. 홍어를 즐기는 사람들은 '1코, 2날개, 3꼬리'로 등급을 나눴는데 홍어 코 한 점이면 홍어 한 마리를 다 먹은 것이라 해도 과언이 아니라 했다.

홍탁삼합

홍어는 '없어서 못 먹는 사람이 있고, 있어도 못 먹는 사람이 있으니' 호불호가 강하다. 홍어를 즐기는 애주가라면 '홍탁삼합'을 최고로 친다. 홍어의 '홍' 자와 탁주의 '탁' 자를 딴 데다 삶은 돼지고기와 김치를 곁들여 이름 지었다. 홍어는 성질이 찬 편인데, 여기에 막걸리의 따뜻한 성질과 기름지고 찰진 돼지고기, 매콤한 김치가 한데 어우러져 궁합이 맞는 음식이 태어났다.

맛깔스러운 홍어는 보기만 해도 입에 침이 고이게 한다.

3

경골어류(硬骨魚類, osteichthyes)

어류 가운데 뼈가 딱딱한 어류를 경골어류라 한다. 바다에서 육지로 이동한 최초의 척추동물의 조상이며, 현재 우리가 말하는 물고기들의 조상이다. 경골어류는 크게 내비공이 있는 폐어류와 내비공이 없는 조기류, 완기류로 구분한다. 대다수의 현생 어류가 포함되고, 전 세계의 담수역과 해양에 널리 분포하며, 산간의 시냇물에서부터 수천 미터의 심해에까지 서식한다.

넓적하게 생겨 넙치

'넓을 광廣' 자에 '고기 어魚' 자를 붙인 광어의 표준말은 넙치다. 넓적하게 생겨서 그렇다. 넙치는 우리나라 사람들이 즐기는 횟감이다. 고기 맛이 좋은 데다 대량 양식에 성공한 덕이다. 그런데 넙치회를 좋아하기는 북한 사람들도 마찬가지인 듯하다. 1996년 강릉 잠수함 침투사건 때 생포되었던 이광수가 전향 의사를 밝히며 한 말이 "광어회가 먹고 싶다"였다고 한다.

성장하면서 바닥으로 내려가

저서성 어류인 넙치는 대부분의 시간을 바닥에 배를 붙인 채 살아간다. 이때 몸 색과 몸의 질감을 주변 환경에 맞출 수 있어 오징어, 문어와 함께 '바다의 카멜레온'이라 일컫는다. 예를 들어 모랫바닥에 있을 때는 모래의 색깔과 질감에 맞추고, 자갈 바닥에 있을 때는 자갈의 색깔과 질감에 맞춰 배경에 숨어든다.

자연 상태에서는 1미터까지 자라는데 보통 암컷이 수컷에 비해 10센티미터 정도 더 크다. 낚시로 잡은 최대어는 나도산(67세, 부산 사하구 괴정동) 씨가 2007년 5월 30일 부산 영도구 태종대 생도에서 잡은 111센티미터(무게 17킬로그램)가 현재까지 기록이다.

넙치 몸의 가장자리에는 조금 단단한 지느러미가 있으며, 등 쪽에는 77~81개, 배 쪽에는 59~61개의 뼈가 지느러미로 나와 있다. 넙치는 같은 저서성 어류인 가자미와 함께 눈이 한쪽으로 몰려 있다. 태어날 때는 다른 물고기처럼 머리 양쪽에 눈이 있고 수면 가까이에서 헤엄치지만 3주 정도 지나 몸길이가 10밀리미터 정도로 성장하면 눈이 이동하는 변태를 한다. 삶의 터전을 바닥으로 옮기는 것도 이 무렵부터다.

자연산과 양식산

넙치는 봄에 산란한다. 미식가들은 산란 전 영양분 비축으로 살이 도톰하게 오른 겨울 넙치의 담백한 맛을 즐긴다. 산란을 마치고 나면 영양분이 빠져 맛이 텁텁하다. 그래서 "3월 광어는 개도 먹지 않는다"는 속담이 생겼다. 하지만 최근에는 양식 기술 발달로 연중 알과 정자를 얻을 수 있어 산란기가 모호해졌다. 지금이야 대량 양식으로 서민도 부담 없이 넙치 맛을 즐길 수 있지만 자연산만이 전부이던 시절엔 넙치는 귀한 어류였다.

자연산만을 고집하는 미식가 중 입맛으로 자연산을 구별해낸다고 하지만 사실 자연산과 양식을 구별하기는 어렵다. 오히려 잡힌 지 오래된 자연산은 스트레스를 받아 양식보다 육질이 떨어진다. 굳이 구별한다면 양식은 배 밑에 푸른색 이끼가 있지만 자연산은 이끼가 없고 흰 편이다. 그리고 양식 넙치가 사람이 뿌려주는 사료를 먹고 성장하기에 이빨이 잔잔하고 고르다면 자연산은 거친 야성의 바다에 적응하느라 이빨이 크고 불규칙적이다. 그러나 이 모든 것은 자연산을 구별하는 단편적인 예에 지나지 않는다.

넙치 한 마리가 바닥의 색과 질감까지 그대로 흉내 내어 은신해 있다.

◈ 관찰

넙치는 우리나라 연근해 수심 20~40미터의 바닥에 분포해 있다. 배경에 숨어든 넙치를 찾으려면 집중력이 필요하다. 가까이 다가가면 돌출된 눈동자를 좌우로 굴리며 잔뜩 긴장한다. 그러다 눈이 마주치는 순간 비행접시가 날아가듯 '획~' 하고 자리를 피한다. 다른 어류처럼 공간을 3차원으로 이용하지 않고 거의 수평 이동만 하기에, 사라진 방향을 따라가면 멀지 않은 곳에서 다시 납작 엎드려 있는 넙치를 찾을 수 있다.

연안 수산자원 회복을 위한 넙치 종묘 방류 사업이 해마다 어업인을 중심으로 꾸준하게 진행되고 있다.

우리나라에서는 스쿠버다이버들의 수중 사냥이 법으로 금지되어 있다. 몇 년 전 자신의 블로그에 작살로 잡은 넙치 사진을 올렸던 다이버가 호된 여론의 질타와 함께 법적 처벌을 받기도 했다. 이를 두고 낚시는 허용하면서 작살을 사용하는 수중 사냥은 처벌하는 것은 형평성에 맞지 않다는 일부의 주장도 있다.

대부분의 스쿠버다이버들은 작살이나 채집망을 가지고 바닷속으로 들어가는 사람들을 곱지 않게 본다. 그만큼 스쿠버다이빙 문화도 관찰과 체험으로 바뀌고 있다. 만약 스쿠버다이버들에게 수중 사냥을 허용한다면 가장 많이 희생될 어종이 넙치일 것이다. 바닥에 넓적하게 배를 깔고 누워 있어 만만한 표적이 되기 때문이다.

도다리는 봄이 제철일까?

1 경남 통영시 사량도를 찾은 한 다이버가 가자미를 사진에 담고 있다.

2 사진 왼쪽이 가자미이고 오른쪽이 넙치이다. 구별은 배를 아래쪽에 두고 앞에서 볼 때 눈이 좌측으로 몰려 있으면 광어(넙치)이고 우측으로 몰려 있으면 도다리(가자미)이다. 그래서 '左광右도'라는 말이 생겨났다. 그런데 가자미과에 속하는 강도다리는 유일하게 눈이 왼쪽으로 몰려 있다.

도다리는 가자미류 중 어획량이 가장 많은 문치가자미를 가리키는 방언이다. 겉모습이 비슷한 데다 맛 또한 비슷해 넙치와 도다리를 두고 여러 이야기가 전해진다. 넙치가 본격 양식되기 전엔 도다리를 넙치로 속여 파는 경우가 많았는데 이제는 넙치가 도다리로 둔갑하곤 한다. 도다리는 양식이 어려워 횟감으로 더 인기가 있기 때문이다.

넙치는 일 년 반 정도이면 상품 가치가 있을 정도로 성장하지만 도다리가 자라는 데는 3~4년이나 걸려 수지 맞추기가 어렵다. 이와 비슷한 예로 로브스터(랍스터)로 잘 알려진 닭새우의 경우도 성체가 되는데 7~8년이나 걸려 양식은 엄두를 못 낸다.

도다리는 '봄 도다리, 가을 전어'라 부를 만큼 봄이 제철로 알려졌다. 경남 고성 지방에서 매년 봄 개최되는 도다리 축제도 도다리를 봄의 전령사로 등장시킨다. 그런데 흥미로운 것은 『우해이어보』에는 도달어鮡達魚,

즉 도다리는 가을이 지나면 비로소 살이 찌기 시작해 '추도秋魛(가을도다리)' 또는 '상화霜鮇(서리도다리)'라고도 한다며 도다리의 제철을 가을이라고 했다.

어류는 체내에 지방을 축적하는 산란기 전이 맛있다. 산란기와 산란 직후에는 모든 에너지가 산란에 집중되어 고기 맛이 떨어진다. 도다리, 즉 문치가자미의 산란기는 12월에서 이듬해 2월 말까지이므로 『우해이어보』에 기록된 것처럼 도다리의 제철은 가을로 봐야 한다.

그런데 왜 봄 도다리가 유명세를 누릴까. 이는 도다리 자원 보호를 위해 12월과 1월이 금어기로 정해져 있기에 겨우내 도다리 맛을 못 본 데다 봄이 되면서 금어기가 풀리고 때마침 들녘에서 뜯어온 '쑥'과 함께 끓여낸 '도다리쑥국'이 남해안을 대표하는 봄 메뉴로 등장한 때문이 아닐까?

멍게도 이와 비슷한 예이다. 멍게는 수온이 올라가는 여름에 제맛이 나지만 대개 사람들은 양식장에서 멍게가 출하되기 시작하는 봄을 제철로 알고 있다. 겨울이 지나고 봄을 맞아 멍게가 본격 유통되지만 멍게가 맛이 드는 제철은 수온이 올라가는 여름이다.

1 강도다리는 몸길이 40센티미터 정도이고 둥근 마름모꼴이다. 여느 가자미과 어류와 다르게 눈의 위치는 넙치와 같은 왼쪽으로 몰려 있다. 수심 150미터 내외의 연안역 저층에 서식하며, 종종 하천에 출현하기도 한다.

2 줄가자미*Clidoderma asperrimum*는 등 전체에 올록볼록한 작은 돌기가 줄지어 퍼져 있다. 비싸게 거래되는 돌가자미*Kareius bicolartus*와 구별하지 않고 돌가자미라 부르기도 하지만 별개의 종이다. 돌가자미는 물집처럼 생긴 돌기가 등, 중앙, 위아래에 모여 띠처럼 보인다.

금슬 좋은 비목어

당나라 시인 백거이白居易는 6대 황제 현종과 양귀비의 비련을 그린 「장한가長恨歌」에서 "하늘에서는 비익조比翼鳥가 되고 땅에서는 연리지連理枝가 되도다"라고 읊었다. 여기서 비익이라는 새는 암수가 날개 하나씩만 가지고 있어 나란히 한몸이 되어야만 날 수 있고, 연리지는 두 그루의 나뭇가지가 서로 연결되어 나뭇결이 상통한다는 데서 남녀 간의 깊은 정분을 상징한다.

「장한가」에 등장하는 비익조는 중국 전설상 동쪽 바다에 산다는 눈이 하나뿐인 물고기 비목어比目魚와 맥을 같이한다. 비목어는 눈이 하나뿐이기에 두 마리가 서로의 눈에 늘 의지하며 나란히 붙어 다닐 수밖에 없어 '나란할 비比'를 썼다. 비목어 역시 금슬 좋은 남녀를 지칭한다.

그런데 흥미로운 것은 가자미와 넙치를 비목어라 부른다는 점이다. 이들이 전설 속의 비목어가 된 사연은 금슬이 좋아서가 아니라 태어날 때는 눈이 머리 양쪽에 하나씩 있지만 성장하면서 한쪽으로 몰리는 탓이다. 전설상의 물고기 비목어는 두 마리가 나란히 다니기에 '나란할 비比' 자를 썼지만 가자미는 두 눈이 한쪽에 나란히 자리 잡았다 해서 '비比' 자가 붙였다.

엎드려 있는 개펄도 맛있다는 서대

가자미목 서대아목에 속하는 박대, 참서대, 개서대, 용서대, 흑대기 등을 총칭해서 서대라 부른다. 비슷하게 생긴 데다 지역에 따라 각기 다른 이름으로 불리기에 그냥 통칭하여 서대라 한다.

서대를 가리켜 『임원경제지』「전어지」 편에는 혀를 닮았다고 보았는지 설어舌魚라 썼고, 우리말로는 서대 또는 서대라 했다. 『자산어보』에는 "장접長鰈이라 하고, 몸은 좁고 길며 짙은 맛이 있다. 모양은 마치 가죽신 바닥과 비슷하다"고 하여 속명을 '혜대

바닥에 은신해 있는 노랑각시서대이다. 황갈색 바탕에 9~13쌍의 흑갈색 가로띠가 예쁘게 보여서인지 각시서대라는 이름이 붙었다. 노랑각시서대는 다른 서대에 비해 비리고 맛이 떨어진다.

어鞋帶魚'라고 했다. 이를 근거로 볼 때 서대 이름은 설어舌魚 또는 셔대에서 나온 것으로 보인다. 서대의 영어명이 'Tonguefish'인 것도 머리는 둥글고 꼬리 쪽으로 갈수록 뾰족해지는 길쭉한 모양새가 혀를 닮았다고 보았기 때문일 것이다.

서대는 넙치류나 가자미류와 달리 등지느러미와 뒷지느러미가 꼬리지느러미와 합쳐져 하나로 연결되어 있다. 서대류는 눈이 오른쪽으로 몰려 있는 것을 납서대과, 눈이 왼쪽으로 몰려 있는 것을 참서대과로 분류한다. 이들은 가자미와 넙치와 같은 저서성 어류로 바닥에 납작 엎드려 지낸다.

서대는 여수를 중심으로 한 남해안 중서부 지방과 충남 서천, 전북 군산 지방의 명물로 "서대가 엎드려 있는 개펄도 맛있다"고 할 만큼 맛 좋은 생선으로 대접받는다.

단단한 골질판으로 덮인 철갑둥어

1990년대 후반 제주도 북제주군 애월 해변을 찾았을 때다. 얕은 수심 바위 틈새로 철갑둥어 한 마리가 숨어드는 모습이 보였다. 귀하게 발견되는 종이다 보니 아쉬움에 기다리고 있으니까 조금씩 머리를 내밀며 모습을 드러냈다.

금눈돔목으로 분류되는 철갑둥어의 몸과 머리는 단단한 골질판(거북복류의 몸 표면을 덮고 있는 것과 같이 골화된 판 모양의 비늘)으로 덮여 있는데, 각각의 골질판에는 뒤로 향한 가시가 있다. 골질판을 구성하는 격자무늬의 단단한 노란색 비늘이 철갑鐵甲처럼 보여서인지 우리나라에서는 철갑둥어라는 이름이 붙었다. 영어권에서는 이 격자가 파인애플 무늬를 닮았다고 보았는지 '파인애플피시Pineapple fish'라 한다.

온몸이 단단한 골질판으로 덮인 철갑둥어는 노란색 격자무늬가 파인애플을 닮았다.

이들은 독특한 모양새가 예뻐 관상용으로 인기가 있다. 아래턱에 있는 검은색 발광기 한 쌍이 푸른빛을 낸다. 빛을 내는 원리는 아래턱 끝에 있는 크고 긴 타원형 주머니에서 몸 바깥쪽으로 연결되는 가느다란 관으로 발광 박테리아가 들어오기 때문이다.

저서성 어류로 성어의 크기는 17센티미터 정도이며, 수심 20~200미터 바위로 이루어진 암초 지대의 암붕岩棚(급경사나 직벽 같은 큰 구조물과 연결된 선반 모양의 암석 지형)이나 동굴에 무리 지어 살아간다. 주로 젓새우류, 새우류, 게류 등 작은 갑각류를 먹는다.

군인들의 행군 대열을 닮은 적투어

금눈돔목 얼게돔과에 속하는 적투어는 영어권에서 '솔저피시Soldier fish'라 한다. 산호초가 주 무대인 열대어류로 낮에는 산호초 틈이나 동굴 속에 머물다가 밤이 되면 먹이 활동에 나선다. 무리 지어 이동하는 모습이 마치 군인들의 행군 대열을 닮아 '솔저'라고 이름 지었다. 대부분의 어류가 먹이를 쪼아 먹는 데 비해 솔저피시는 먹이에 돌진해 큰 입으로 삼켜 버린다. 날카로운 등지느러미에 비늘도 갑옷처럼 뾰족하다. 눈이 커서 '빅아이피시'라고도 한다.

적투어는 피부가 빨갛다 해서 '붉을 적赤', 마치 화가 난 듯 눈을 부릅뜨고 있는 듯 보이는 데다 무리 지어 이동하는 모양새가 군인들 행군 대열을 닮아 '싸울 투鬪'가 붙었다. 낮 시간 대부분을 바위틈이나 동굴 속에 머무는데 이동하는 모습이 드물게 관찰되기도 한다.

농어목 대표 주자 농어

농어목은 물고기 전체 종의 40퍼센트를 차지한다. 척추동물 가운데 가장 큰 분류군이다. 농어목의 대표 격은 농어이다. 최대 1미터까지 성장하는 농어는 8등신의 균형 잡힌 미끈한 몸매를 자랑한다. 어릴 때는 담수를 좋아해 연안이나 강 하구까지 거슬러 오르지만 성장하면서는 깊은 바다로 이동한다.

여름이 제철인 농어

중국 진나라 시대 장한이라는 사람이 낙양에서 높은 벼슬을 하고 있었다. 어느 여름날 장한은 문득 고향 송강의 농어 맛이 생각났다. 농어로 인해 향수에 빠진 장한은 결국 관직을 버리고 고향 송강으로 돌아가고 말았다. 물론 부귀영화의 덧없음에 대한 이야기이겠지만 하필 녹음 짙은 여름철에 농어 맛이 그리워졌을까? 농어가 바로 여름 생선의 백미임이 이야기 속에 숨어 있다.

농어는 중국에서는 '길吉한 물고기'로 대접받았다. 주나라 무왕이 천하를 통일하고 전쟁에 승리한 이유가 바다를 건널 때 농어가 배 위로 뛰어오르는 좋은 징조에 사기가 올랐기 때문이라 한다. 농어의 일본명은 스즈키로, 일본에 스즈키 성씨가 많은 점을 비유해 '일본을 대표하는 물고기'라 하기도 한다.

이름의 유래

『자산어보』에 따르면, 농어라는 이름은 검은색 물고기라는 의미의 '노어鱸魚'에서 유래했음을 알 수 있다. 농어의 색을 단지 검다고만은 할 수 없지만 보는 방향이나 빛의 반사에 따라 금속성의 은회색이 약간 검게 보이기도 한다. 이런 노어가 농어로 불리게 된 것은 훈민정음 창제 이후 1933년 10월 19일 한글 맞춤법 통일안이 제정될 때까지 사용되던 한글 옛 자음의 하나인 'ㆁ'의 음가에 대한 설명이 따라야 한다. 과거에는 'ㆁ'와 'ㅇ'을 각각 구별하여 'ㆁ'는 분명한 음을 가졌다.

경상도 방언으로 어린 농어를 '까지매기'라 한다. 이는 크기 20센티미터 정도인 새끼일 때 몸통 위쪽으로 작고 검은색 점이 흩어져 있어 까맣게 보여서이다. 어린 농어는 기수역에서 진흙 바닥을 뒤지며 먹이 활동을 하기에 몸에서 흙냄새가 나지만 성장하면서는 흙냄새가 없어지며 맛이 좋아진다.

지금은 'ㆁ' 자가 없어져 'ㅇ' 자가 첫소리에 쓰이면 창제 당시의 'ㅇ'이 되어 음가가 없지만 받침에 쓰이면 창제 당시 'ㆁ' 자가 되어 음가가 있다.

이런 현상은 한자어를 우리식으로 옮길 때 두드러지게 나타난다. 정약용의 『아언각비』에 는 노어鱸魚를 '노응어', 리어鯉魚를 '이응어', 부어鮒魚를 '부응어'로 적고 있다. 이 발음들이 현재에 와서는 'ㅇ'이 앞 글자의 받침으로 붙어 각각 농어, 잉어, 붕어가 되면서 음가가 있게 된 것이다.

농어의 경우 발음에 맞춰 약간 쉬운 한자로 기록하다 보니 '농사 농農' 자를 붙여 농어農魚로 표기하기도 했는데 정약용은 '農魚'라는 표기는 우리나라에서 만든 말임을 『아언각비』에 밝혀두었다.

어두육미의 주인공 도미

흔히 '돔'이라고 부르는 도미는 우리나라 전 연안에 걸쳐 서식하다 보니 친숙하면서도 귀한 어류이다. 우리 연안에 도미류가 많다 보니 조선시대에는 일본인들이 이를 탐내어 국경을 넘어오기도 했다. 도미 종류로는 참돔 · 감성돔 · 청돔 · 새눈치 · 황돔 · 붉돔 · 녹줄돔 · 실붉돔 등이 있다.

참돔

우리나라 전 연안에 분포하며 특히 남해안이나 제주도 일대에 많이 서식한다. 몸의 형태는 감성돔과 비슷하지만, 눈이 크고 이마가 급경사를 이루고 있어 머리 쪽이 둥그스름하게 보인다. 참돔은 외형이 아름다운 데다 맛이 뛰어나 돔 중에서 최고라는 의미로 '참' 자를 붙였다.

참돔은 성체의 몸길이가 1미터 넘는 것도 있어 도미과 어류 중 가장 큰 편이며 수명이 40년에 이르기도 한다. '어두육미魚頭肉尾'라는 말이 참돔의 머리 부분의 맛이 뛰어난 데서 유래했다고 전해진다. 그 근거는 유중림의 『증보산림경제』에 "그 맛이 머리에 있는데, 가을의 맛이 봄 · 여름보다 낫고 순채를 넣어 국으로 끓이면 좋다"라는 기록에서 찾을 수 있다. 빙허각 이씨의 『규합총서』에는 채소, 국수 등 각종 고명을 얹고 양념해서 찐 도미찜을 '승기악탕勝妓樂湯'이라고 기록했다.

승기악탕의 유래에 대한 이야기는 다음과 같다. 조선 성종 때 변방의 오랑캐들이 함경도 일대를 침범해 양민들을 못살게 굴자 조정에서는 의주에 진영을 두고 허종으로 하여금 군사를 통솔하게 했다. 허종이 군사를 거느리고 의주에 도착하자 백성들은 허종을 환영하여 도미에 갖은 고명을 얹은 음식을 만들어 대접했다. 호탕하던 허종은 이 음식 맛이 기생과의 풍류보다 더 낫다 하여 그 이름을 '승기악탕'이라 붙였다고 한다. 이후 승기악탕은 조리법에 약간의 변화를 보이면서 지금까지 전승되고 있다.

참돔의 균형 잡힌 몸은 전체적으로 고운 빛깔의 담홍색을 띠어 '바다의 여왕'이라는 별칭이 붙는 등 귀하게 대접받았다. 그런데 양식으로 참돔 공급이 늘어나자, 돔 중에서 최고라는 지위가 흔들리기 시작했다. 무엇이든 흔해지면 대접받지 못한다.

참돔은 회나 찜 등 입맛을 돋우는 요리로 쓰이며, 수명이 길어 부모님의 무병장수를 비는 회갑연에 반드시 올려야 했다. 또한 일부일처를 유지하는 어류라 결혼 잔칫상에도 빠지지 않았다. 참돔은 우리나라뿐 아니라 일본에서도 최고로 대접받는다.

우리에게 "썩어도 준치"라는 속담이 있다면 일본에는 "썩어도 도미"라는 속담이 있다. 하지만 서양에서는 식문화 차이로 그다지 인기가 없다. 서양인들은 구이용으로 적합한 조피볼락 같은 종을 선호한다. 그래서인지 프랑스인들은 참돔을 두고 먹이나 축내는 물고기로 폄하하여 '식충어'라 하고 미국인들은 '낚시하기에 재미있는 고기' 정도로 취급한다.

감성돔

참돔에 비해 성장이 느려 양식으로는 수지 맞추기 힘들다. 대부분 자연산만 유통되다 보니 그 희소성으로 과거 참돔이 누리던 지위를 차지하고 나섰다. 민물낚시를 즐기는 사람들이 큼직한 붕어 낚시를 최고로 꼽는다면 바다에서는 감성돔 낚시를 최고로 생각한다. 제철에 잡은 감성돔은 어디 하나 버릴 것이 없다. 회를 뜨고 남은 서덜로 매운탕을 끓여내면 그 맛이 일품이고, 껍질마저도 고소한 맛을 내어 별미로 대접

지느러미가 잘 발달되어 있는 감성돔은 주둥이가 뾰족하며, 이빨이 강해서 소라나 성게처럼 단단한 것을 깨물어 부순다. 감성돔은 이 밖에도 새우, 게, 홍합, 거북손 같은 동물성 먹이부터 김이나 파래 같은 바닷말에 이르기까지 무엇이든 먹어 치우는 잡식성 어류이다.

받는다. 이들이 최고로 대접받는 데는 잡기가 까다롭기 때문도 한몫한다.

감성돔은 시력이 뛰어나다. 그물을 만나면 피하고, 미끼를 꿸 때 바늘 끝이 밖으로 나오면 바로 알아차린다. 뿐만 아니라 청각도 발달되어 있어 낚시할 때는 최대한 조용해야 한다. 귀하게 잡히다 보니 감성돔은 '바다의 은빛 백작', '갯바위의 황태자'로도 불린다.

감성돔이란 이름은 몸 빛깔이 금속 광택을 띤 회흑색이라 전체적으로 검게 보여서이다. 그래서 검은돔으로 불리다가 감성돔으로 이름이 바뀌었다. 지역에 따라 감상어(전남), 감성도미(경북), 감생이(부산), 구릿(제주도), 맹이, 남정바리(강원도) 등으로 불린다. 감성돔을 가리켜 '구로다이'라 하는데 이는 일본어 검다는 말 '구로kuro'에 돔을 뜻하는 '다이dai'가 붙은 말이다.

감성돔은 자라면서 성전환한다. 어릴 때에는 난소와 정소를 한몸에 지닌 양성이었다가 2~3년생 시기에는 정소가 발달한 수컷으로 변하고, 4~5년생이 되면 난소가 발달해 70퍼센트 정도가 암컷이 된다.

돌돔과의 돌돔과 강담돔

돌돔

육질이 단단하고 담백해 횟감으로 인기 있다. '돌' 자가 붙은 내력 가운데 주로 암초 지대에 서식하기에 돌 자가 붙었다는 것이 정설이지만 돌처럼 단단한 육질 때문이라는 이야기도 그럴싸하다. 돌돔이 뾰족한 가시로 몸을 덮고 있는 성게를 뒤집기 위해 머리로 들이받는 모습을 보면 머리가 돌처럼 단단해 보인다.

한 무리의 돌돔들이 독도 바다숲 지대를 지나고 있다. 돌돔은 일정한 보금자리를 두고 모여 사는 습성이 있다.

1 돌돔의 몸체에 있는 검은색 가로줄 무늬는 성장하면서 점차 희미해지며 전체적으로 은회색이 된다.
2 강담돔은 돌돔과 습성, 생태가 비슷한 것으로 알려졌으며, 돌돔과의 교배종까지 나오고 있다.

| 1 | 2 |

일본어로는 '돌'을 뜻하는 '이시isi'에 '다이dai'를 붙여 '이시다이'라고 한다. 어릴 때는 주로 떠다니는 '뜬말' 아래에 붙어 플랑크톤을 먹고 자라다가, 어느 정도 성장하면 암초 그늘로 숨어들어 저서 생활을 한다. 양턱의 이빨이 단단한 새의 부리 모양이라 딱딱한 소라나 성게 등을 부수어 먹을 수 있다. 특히 성게를 좋아해 바닥에 성게 껍데기가 널려 있는 곳이 있으면 그 근처에서 돌돔을 찾을 수 있다. 그래서 돌돔을 전문적으로 낚는 낚시꾼들은 말똥성게를 미끼로 사용한다.

어릴 때는 몸에 검은색 가로줄 일곱 줄이 뚜렷한데 성장하면서 점차 희미해지며 은회색이 된다. 부화한 지 얼마 되지 않은 돌돔은 작은 몸에 뚜렷한 검은색 가로줄 무늬가 있어 관상용 열대어처럼 보인다.

강담돔

40센티미터에 이르는 몸 전체에 큰 흑색 반점이 빽빽이 덮여 있다. 몸은 달걀 모양으로 몸높이가 높고 옆으로 납작하다. 입은 작고 입술은 흰색이다. 암초가 많고 조류 흐름이 원활한 해안에 서식한다. 이들은 돌돔과 습성, 생태가 비슷한 것으로 알려졌는데 돌돔처럼 이빨이 강해 바닥에 사는 조개나 성게류 등을 부수어 먹는다.

특이한 점은 다른 물고기에 비해 지능이 높아 학습을 통해 사물을 판단하는 능력이 있다는 점이다. 수족관에서 먹이 훈련을 할 수 있고 사람이 길들일 수도 있다. 따뜻한 바다에 주로 분포해, 육질이 단단하고 맛이 좋아 돌돔과 비슷한 고급 요리 재료로 다룬다. 생선회, 소금구이, 매운탕 등으로 먹으며, 여름에 가장 맛이 좋다.

전설의 바닷물고기 돗돔

입담 세기로 유명한 어느 스쿠버다이버의 이야기이다. 부산 영도구 생도 앞바다에서 스쿠버다이빙을 하는데 갑자기 머리 위가 캄캄해지더라는 거다. 깜짝 놀라 올려다보니 태양을 가릴 정도로 큼직한 물고기 한 마리가 자기를 내려다보고 있더라는 거다. 바로 전설의 심해어라는 돗돔이었다.

돗돔은 우리나라 연근해에 서식하는 어류 중 가장 큰 바닷물고기로 몸길이 2미터, 몸무게 280킬로그램에 이른다. 보통 400~600미터에 이르는 깊은 수심의 암초 지대에 사는데 5~7월 산란기를 맞으면 60~70미터의 얕은 곳으로 올라온다. 돗돔은 가끔 낚시나 그물에 잡혀 언론에 보도될 뿐 성장과 생활에 대해 자세히 조사된 자료가 없다 보니 전설의 바닷물고기라는 신비감이 더해지고 있다. 돗돔이 암흑의 심해에서 그 큰 덩치로 어떻게 엄청난 수압을 이겨내는지, 낮은 수온에는 어떻게 적응하는지 등등이 알려져 있지 않다. 다만 돗돔의 식성이 여느 농성어류처럼 육식성이며 살아 있거나 죽어서 가라앉은 오징어나 문어 등의 연체동물과 갑각류를 주로 먹는 것으로 짐작할 뿐이다.

돗돔은 신비함만큼이나 고가에 거래된다. 주로 회나 소금구이로 요리하는데 2017년 6월 대형 선망어선이 대마도 인근에서 잡은 돗돔(몸길이 175센티미터)이 280만 원에 위판되었다. 맛은 최고급 참치회와 비슷한 정도이다. 다만 간에 비타민A가 너무 많아 잘못 먹으면 비타민A 중독으로 열이나 두통 등 부작용을 일으킬 수 있다.

정약전 선생의 『자산어보』에는 상어를 잡아먹는 대면大鮸이라는 어류가 등장한다. 정약전은 "큰 놈은 길이가 1장 남짓 된다. 허리통도 굵어서 몇 아름이나 된다. 대면의

부산시 영도구 생도 해역에서 잡힌 191센티미터 대형 돗돔이 부산공동어시장 위판장으로 옮겨지고 있다. 돗돔은 성인 두 사람의 힘으로도 감당해내지 못할 만큼 힘이 세다. 자칫했다가는 낚싯대와 함께 물속으로 빨려 들어갈 수도 있다.

간에는 진한 독이 있어 이것을 먹으면 어지럽고 옴이 돋는다"고 했는데 이 신비의 물고기가 바로 돗돔으로 추정된다.

부성애를 지닌 줄도화돔과 얼게비늘

제주도 해역에서 흔히 발견되는 농어목 동갈돔과에 속하는 줄도화돔과 얼게비늘에는 가슴 뭉클한 사연이 있다. 이들은 암컷이 알을 낳으면 수컷이 정액을 뿌려 수정시키는 것까지는 여느 물고기와 다를 바 없지만, 수정란을 돌보지 않는 암컷을 대신할 뿐 아니라 알들이 부화한 후에도 스스로 살아갈 수 있을 때까지 치어들을 입 속에 넣어 보호한다. 오랜 시간 수정란과 치어에게 신선한 물과 산소를 공급하기 위해 이따금 입을 뻐끔거릴 뿐 전혀 먹이를 먹지 않는다. 성장한 치어들이 수컷의 입을 떠나고 나면 수컷은 매우 수척해진다. 더러는 탈진해서 죽기까지 하니 자식을 위한 이만한 헌신도 없을 듯하다.

선조들은 이들이 입 속에서 보육하는 동안 수척해져 머리가 바늘처럼 가늘어진다 해서 '침두어枕頭魚'라 하고, 헌신적인 부성애를 일컬을 때 '침두어 사랑'이라 칭송했다.

아름다운 분홍빛으로 광택이 나는 줄도화돔은 금눈돔목 얼게돔과에 속하는 도화돔에서 이름이 유래했다. 도화돔이 복숭아꽃처럼 붉은빛을 띠고 있어 도화桃花라는 이름이 붙었다면, 여기에 폭넓은 검은색 줄이 있어 줄도화돔이 된 것이다.

부성애를 이야기할 때 민물어류인 가시고기를 빼놓을 수 없다.

가시고기는 흔한 어류는 아니지만 가시고기 이름을 딴 소설, 드라마, 연극이 등장하면서 사람들에게 부성애의 상징으로 알려지게 되었다. 가시고기는 큰가시고기목 가시고기과의 민물고기로 우리나라 동해로 흘러드는 물 맑은 하천의 중상류에 산다.

4~8월 번식기를 맞은 가시고기 수컷은 수초나 나무뿌리 등에 동그란 집을 매달아 놓는다. 암컷은 그곳에 알을 낳고 사라져 버리고, 수컷은 이 알들에 정액을 뿌려 수정

1 2

1 산란기의 줄도화돔은 암수가 짝을 이루어 다닌다.

2 아열대 어종인 얼게비늘은 크기에 비해 비늘이 굵고 성긴 편이다. 얼게는 빗살이 굵고 성긴 큰 빗을 뜻하는 얼레빗의 방언이다.

시킨 다음 수정란을 보호하기 위해 집 앞을 떠나지 않는다. 그 기간에 수컷은 먹이도 먹지 않고 신선한 물과 산소를 공급하기 위해 지느러미를 흔들어 물살을 일으킨다.

간혹 수정란을 노리는 포식자가 나타나기도 하는데 몸길이가 5센티미터에 지나지 않는 작은 어류이지만 목숨을 걸고 싸움을 벌인다. 수정란이 부화되고 치어가 어느 정도 성장하면 수컷은 그 옆에서 생을 마감한다.

제주도를 살찌운 자리돔

봄에서 여름에 이르는 시기의 제주도 바다는 산란기를 맞은 자리돔으로 풍족해진다. 몸길이는 10~18센티미터로 붕어 크기인 자리돔은 '돔' 자 항렬인 물고기 중에서 가장 작고 못생겼다는 우스갯소리도 있지만, 제주도 사람들에게는 더할 나위 없이 고마운 존재다.

보릿고개를 넘어야 하는 배고픈 시기에 연안으로 몰려드는 자리돔은 서민들의 배고픔을 달래주며 단백질과 캄슘 공급원의 역할을 했다. 제주도 노인 가운데 허리가 굽은 사람이 드문 것도 어릴 때부터 자리돔을 통해 칼슘을 많이 섭취했기 때문이라 한다.

한자리에 머물러 산다 해서 자리돔

자리돔은 제주도에서는 자리, 제리, 자돔이라 하고 경남 통영에서는 '생이리'라 한다. 몸은 달걀 모양이며 몸의 크기에 비해 비늘이 큰 편이다. 등 쪽은 회갈색이며 배 쪽은 푸른빛이 나는 은색을 띠는데 물속에 있을 때는 등지느러미 가장 뒤쪽 아랫부분에 눈 크기의 흰색 반점이 보이지만 잡혀서 물 밖으로 나오면 곧 없어진다.

이들은 수심 2~15미터 지점에 형성되어 있는 산호 주변이나 암초 지대에 큰 무리를 이루어 넓게 퍼져 있다. 바닷속에서 관찰하면 수심에 따라 무리 지어 있는 개체들의 크기가 다르다는 것을 알 수 있다. 비교적 얕은 수심에 크기가 작은 자리돔들이 모여 있다면 수심이 깊어질수록 큰 개체들이 모여 있다.

5~8월 무렵, 산란기를 맞으면 수컷은 암초의 오목한 곳을 찾아 암컷을 유인해 산

란한 뒤 정액을 뿌려 수정시킨 후 수정란이 부화할 때까지 주변을 지킨다. 암컷은 한 번에 약 2만 개의 알을 낳으며, 수정 후 약 4일 정도가 지나면 부화한다. 아열대성으로 따뜻한 물을 좋아하는 자리돔은 멀리 이동하지 않고 한자리에서 일생을 보낸다. 자리돔이란 이름도 평생을 한자리에 머물며 산다 해서 붙인 것이라 전한다.

과거에는 제주도 연안에서만 볼 수 있어 제주도 특산으로 여겨졌지만 최근 들어 부산을 비롯해 남해안뿐 아니라 동해안의 울릉도, 독도 해역에서도 흔하게 발견된다. 이 해역들에서 여름뿐 아니라 겨울철에도 자리돔이 발견되는 것으로 보아 해류를 타고 옮겨간 자리돔이 성공적으로 정착한 것으로 봐야 한다. 이는 우리나라 연안 수온이 자리돔이 정착할 정도로 상승하고 있음을 보여주는 방증이다. 알려지기로는 자리돔이 산란하기에 적절한 수온은 섭씨 20도 이상이다.

자리돔 어업 방식

자리돔 어업 방식은 수평으로 설치한 긴 줄에 일정한 간격으로 낚시가 달린 줄을 매달아 한 번에 여러 마리를 낚아 올리거나, 수심 50미터 이하의 얕은 곳에 일정 기간 그물을 설치한 다음 잡아들이는 방식을 취한다. 또한 옆으로 기다란 사각형의 그물을 고기 떼가 지나가는 길목에 수직으로 펼쳐 고기가 그물코에 꽂히게 해서 잡아들이기도 한다.

과거 제주도 사람들은 '테우'라 불리는 전통 어선을 타고 나가 그물로 자리를 잡아 올렸다. 이렇게 자리돔을 잡는 것을 '자리 뜬다'라 했다. 제주 지역 속담 중에 "자리 알 잘 밴 해에 보리 풍년 든다"는 말이 있다. 보리 이삭이 팰 무렵에 그물로 떠올린 자리의 알밴 정도를 보고 그해 보리의 결실이 좋을지 나쁠지를 예측했기 때문에 생긴 말이다. 이는 자리돔은 따뜻한 물을 좋아하기

테우

주로 자리돔 어업에 사용하는 제주도의 전통적인 고깃배이다. 부력을 최대화하기 위해 이층으로 통나무를 나란히 엮은 뗏목이다. 2002년 한일 월드컵이 열린 서귀포 월드컵경기장의 외각 디자인이 테우를 형상화한 것이라 화제가 되기도 했다.

자리돔은 얕은 수심 지대에 모여 사는 것이 일반적이지만 수심 40미터 지점에서도 발견된다. 제주도 서귀포 범섬 해역 수심 40미터 지점에 있는 수지맨드라미 옆으로 자리돔의 모습이 보인다.

에 수온이 올라가면 자리돔 성장이 좋아져 알이 꽉 찰 것이고, 자리돔을 살찌운 수온은 육상 기후에도 영향을 주기 때문이다.

우리 선조들은 어류의 생태를 통해 농작물의 작황을 예측하기도 했다. "보목리 사람이 모슬포 가서 자리물회 자랑하지 말라"고 했다는데, 이는 같은 제주도라도 자기 마을의 자리돔 맛에 대해서 그만큼 자부심을 가지고 있음을 비유한다.

1 제주도 서귀포 문섬 해역 바닷말 지대에 자리돔들이 모여 있다. 자리돔은 5월 하순부터 8월까지가 산란기인데 이 무렵 맛이 가장 좋아 제철을 이룬다.

2 울릉도 도동 해역에 있는 살구바위 위로 자리돔들이 한가로이 유영하고 있다. 과거 제주도 특산으로 알려졌던 자리돔이 이제는 울릉도·독도 등 동해안에서도 흔하게 발견된다.

3 부산 북형제섬 해역에서 만난 자리돔들이다.

제주 어민들이 테우에서 자리돔을 잡는 장면을 시연하고 있다.

제주도를 대표하는 음식 자리물회

자리돔을 이용한 요리법 중 가장 대표적인 것이 자리물회이다. 예전에 조업을 나간 제주 어민들은 끼니때가 되면 그물에 잡힌 자리돔 몇 마리를 뼈째 썰어서 챙겨온 채소와 양념을 섞은 다음 물을 부어 마시곤 했다. 변변한 먹을거리를 준비하지 못했던 어로 현장에서 끼니를 때우기 위한 즉석 음식이 자리물회의 유래라는 이야기이다. 이러한 자리물회가 이제는 제주도를 대표하는 음식 중 하나가 되었다.

자리물회의 제철은 봄에서 여름까지이다. 이때 잡히는 어린 자리돔은 뼈가 아직 여물지 않아 물회 재료로 제격이다. 어린 자리돔의 비늘을 벗겨내고 머리와 지느러미, 내장을 제거한 후 뼈째 잘게 썰어서 시원한 얼음물에 띄운 다음, 된장과 미나리, 부추, 마늘 등을 썰어 넣고 먹는 자리물회는 비린내가 나지 않고 구수하면서도 시원한 맛을 낸다. 이뿐 아니라 싱싱한 자리돔을 날로 썰어 초고추장에 찍어 먹는 자리 강회 또한 유명하며, 구이, 무침, 젓갈, 찜, 해물전 등으로 먹기도 한다.

해마다 초여름 제주도 서귀포시 보목항 일원에 자리돔 축제가 열린다. 제주도를 찾는 관광객들은 이곳에서 자리돔을 잡는 전통 어업 방식과 자리돔을 재료로 한 여러 가지 음식을 체험해볼 수 있다.

『우해이어보』에 등장하는 자리돔

우리나라 최초의 어보인 김려 선생의 『우해이어보』에 원앙어가 등장한다. 김려 선생은 당시 진해 사람들이 원앙어를 잡아 눈깔을 빼내어 깨끗하게 말린 뒤 남자는 암컷의 눈깔을 차고 여자는 수컷의 눈깔을 차면 부부가 서로 사랑하게 된다는 풍습을 소개하고 있다.

산란기를 맞은 자리돔 한 쌍이다. 자리돔은 짝을 지어 다니는 어류이다. 『우해이어보』에 등장하는 원앙어의 단서를 종합해보면 원앙어는 자리돔으로 추정된다. 김려 선생은 원앙어가 항상 잡히지는 않는다고 했는데, 이는 제주도 특산인 자리돔이 난류가 확장될 때에야 진해 앞바다까지 올라오기에 항상 잡을 수 있는 어류는 아니었을 것이다.

김려 선생이 묘사한 원앙어가 어떤 종인지에 대해 학자들의 이견이 있지만 '입이 작다', '금 비늘', '붉은 아가미에 꼬리가 길고 중간이 짧아 제비와 같다', '암수가 반드시 같이 다닌다', '낚시를 하면 한 쌍을 같이 잡을 수 있다', '항상 잡히지는 않는다' 등의 단서를 종합해보면 제주지역 특산인 자리돔이라 할 만하다.

작지만 강한 흰동가리

흰동가리는 농어목 자리돔과에 속하는 물고기로 전 세계에 27종이 있다. 몸에 새겨진 빨강 또는 주황과 흰색의 배열이 어릿광대 분장처럼 보여 서구에서는 클라운피시Clown fish라고 하며, 말미잘Sea anemone과의 공생으로 아네모네피시라 불리기도 한다. 우리나라에서는 몸을 가로지르는 흰색 세로줄을 특징화해 흰동가리라고 한다.

흰동가리는 전 세계 어린이들에게는 '니모'로 통한다. 2003년 개봉한 앤드루 스탠튼 감독의 영화 「니모를 찾아서」 때문이다. 주인공 니모Nemo란 이름은 쥘 베른의 소설 『해저 2만리』에 등장하는 주인공 네모 선장Captain Nemo에서 따왔다.

모계 중심의 흰동가리

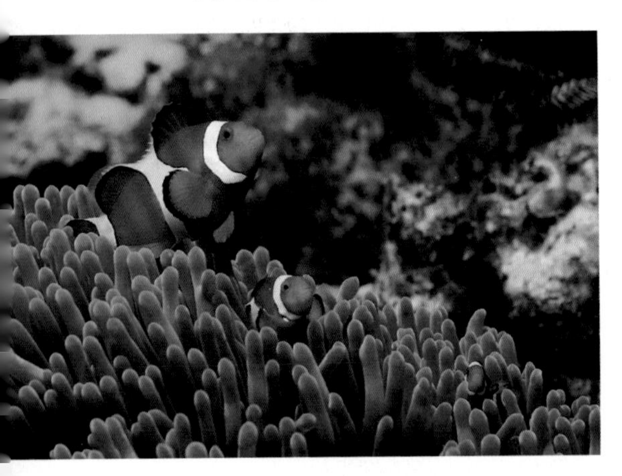

흰동가리 가족은 철저한 모계 중심 사회를 형성한다. 말미잘 하나에 가족 단위로 살고 있는 흰동가리 중 덩치가 가장 큰 녀석이 암컷이다.

흰동가리는 최대 약 15센티미터까지 성장하는 것으로 알려졌지만, 실제 관찰되는 개체 대부분은 손가락 크기만 하다. 타원형인 몸은 옆으로 납작하며 몸높이는 높은 편이다. 아래턱이 위턱보다 조금 튀어나왔고, 등지느러미 가시는 연조soft ray(마디가 있고 끝이 갈라져 있는 지느러미 줄기)부보다 낮거나 길이가 같다. 꼬리지느러미 가장자리는 움푹 들어갔거나 반달 모양이다. 몸 색은 빨강, 주황, 노랑, 검은색이 흰색 세로줄 무늬로 구분되어 색깔 대비가 선명하고 예쁘다.

흰동가리는 얕은 수심의 산호초 해역에서 말미잘과 공생한다. 대부분 말미잘 하나에 흰동가리 서너 마리가 살고 있다. 흰동가리 가족은 철저한 모계 중심으로 덩치가 가장 큰 녀석이 암컷이다. 암컷이 죽으면 수컷 중 한 마리가 암컷으로 성을 바꾼다. 이러한 방식이 다른 곳에서 암컷을 찾는 것보다 종족 보존에 유리하기 때문이다. 이들은 주로 부유성 갑각류 등을 먹으며, 수명은 13년 정도인 것으로 알려졌다. 주로 열대와 아열대 해역에서 살아가며 우리나라 제주도 남쪽 해안에서도 발견된다.

◈ 관찰

흰동가리는 대개 얕은 수심의 산호초 지대에서 말미잘과 공생한다. 아열대와 열대 해역에서 말미잘을 찾으면 그 촉수 사이를 부지런히 돌아다니는 흰동가리를 쉽게 발견할 수 있다. 이들은 자신의 영역을 지키는 습성이 강해 조금이라도 위협을 느끼면 상

산호초 지대에 흰동가리들이 모습을 드러내고 있다. 산호초 사이에는 이들의 보금자리인 말미잘이 자리하고 있다.

당히 공격적으로 바뀐다. 덩치가 큰 암컷과 여러 마리의 수컷이 말미잘 촉수를 박차고 튀어나와 맹렬한 기세로 움직이는 동안 새끼는 촉수 아래쪽으로 숨어든다.

침입자에 맞선 흰동가리 눈에 힘이 들어가고, 으르렁거리듯 벌리는 입 사이로 톱날처럼 날카로운 이빨이 드러난다. 작고 귀여운 물고기라는 선입관으로 손을 디밀었다가 날카로운 이빨에 물려 상처를 입은 다이버들도 더러 있다.

오래전 필리핀 세부섬 남쪽 산호초 지대에서 흰동가리가 수정란을 돌보는 장면을 지켜본 적이 있었다. 말미잘 촉수 사이에 마련된 산란장에는 한 덩어리의 수정란이 붙어 있고 흰동가리 부부는 수정란에 산소를 공급하기 위해 머금어온 물을 뿜어대고 있었다. 이들을 방해하지 않기 위해 조금 떨어진 곳에서 관찰했지만 알을 지키느라 신경이 예민해진 흰동가리가 필자의 얼굴을 향해 돌진해 왔다.

흰동가리는 말미잘 촉수 사이에 마련한 산란장에서 부화하고 일생을 말미잘과 함께 살아간다. 한자리에 머물며 사는 것은 자리돔과에 속하는 어류의 습성이다. 그런데 이들은 왜 다른 바다동물이 가까이하기 꺼리는 말미잘과 함께 살까? 이유는 말미

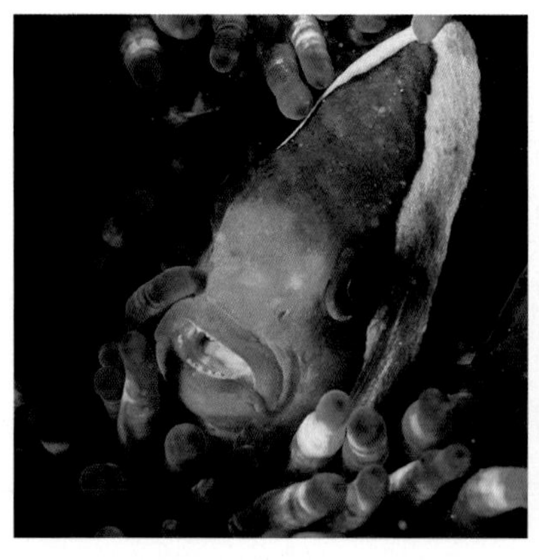

1 | 2

1 흰동가리는 작고 귀여운 어류이지만 위협을 느끼면 입 사이로 톱날처럼 날카로운 이빨을 드러내면서 공격적으로 돌변한다.

2 흰동가리는 말미잘 촉수 사이에 산란한다. 입 안 가득 맑은 물을 머금어 수정란에 뿜어대는 어미의 눈빛에 간절함이 묻어난다.

잘이 지닌 독을 방패 삼아 외부의 적을 막아내기 위함이다. 말미잘 역시 얻는 이득이 있다. 흰동가리를 쫓아오는 바다동물을 촉수에 있는 자포로 쏘아 잡아먹기 때문이다. 보금자리와 먹이라는 측면에서 이들의 공생은 원만하게 이루어진다.

관상어로서의 흰동가리

영화 「니모를 찾아서」가 흥행에 성공하자 전 세계적으로 관상어로서의 흰동가리 수요가 폭증했다. 그 수요에 따라 한동안 흰동가리는 무차별적으로 포획되었다. 관상어 산업이 블루오션으로 등장하며 수족관에서 키워내는 흰동가리 등 열대 관상어가 대량 유통되자 야생에서 흰동가리를 난폭하게 채집하는 경우는 많이 줄었다.

양식산은 수족관과 사람에게 적응되어 사람의 손을 타도 잘 죽지 않고 수명도 훨씬 길다. 현재 관상어 산업의 세계 시장 규모는 2020년을 기준으로 약 50조 원에 육박하고 있으며 우리나라 시장 규모도 5천억 원 규모로 추정된다.

새롭게 주목받고 있는 도루묵

도루묵은 냉수성 어류로 우리나라 동해, 일본, 사할린, 알래스카 등 북태평양 해역 수심 200~400미터의 모래가 섞인 바다가 주 서식지이다. 최대 28센티미터까지 자라는데 등 쪽은 황갈색이며 흑갈색 모양의 물결무늬가 있고 옆구리와 배 부분은 은백색이다. 도루묵은 예전에는 흔하게 잡혔지만 동해안의 갯녹음 확산 등으로 자원량이 많이 감소했다. 이후 바다숲 조성 등이 진행되면서 자원 복원 관심 대상 어종으로 주목받고 있다.

도루묵 어획량은 1970년 2만 5000톤에서 1990년대 1,000~2,000톤으로 급감했지만 2006년부터 시작된 복원 사업 이후에는 5,000~6,000톤으로 해마다 늘고 있다.

도로 묵이라 불러라

도루묵은 예로부터 흔하게 잡히던 물고기라 귀하게 대접받지 못했다. 제대로 된 이름도 없이 그냥 '묵'이라 불렸다. 조선 영조 · 정조 때의 문신 이의봉(1733~1801)이 어휘를 모아 편찬한 사전인 『고금석림』에 따르면 동해로 피난을 갔던 고려의 어떤 왕이 피난처에서 이 '묵(木魚)'을 맛있게 먹고는 '은어銀魚'라 부르도록 명령했다. 이후 환궁한 왕은 문득 피난길에 먹었던 은어가 생각났다. 하지만 다시 산해진미에 익숙해진 입맛으로는 모든 것이 아쉽던 피난 시절의 감칠맛을 찾을 수 없었을 것이다. 그래서 임금은 수라상을 물리며 "도로 묵이라 불러라" 했다고 전해진다. 결국 '묵'이라 불리던 물고기가 임금의 입맛에 들어 '은어'가 되었다가 다시 '묵'으로 돌아가 '도루묵'이 되고 말았다는 이야기이다.

11월이면 산란기를 맞은 도루묵들이 동해안의 물이 얕고 바닷말이 무성한 곳을 찾아 알을 낳는다. 한국수산자원공단은 도루묵 자원량 회복을 위해 갯녹음이 진행된 해역에 바다숲 조성 사업을 벌이고 있다. 사진은 강원도 양양군 동산리 모자반 바다숲 조성 지역에 도루묵들이 알을 낳은 모습이다.(사진 제공: 한국수산자원공단)

이후 일이 제대로 풀리지 않을 때나, 애쓰던 일이 수포로 돌아가 헛고생할 때 '말짱 도루묵'이란 말을 사용하게 되었다. 한자로는 목어木魚, 目魚, 은어銀魚, 환목어還木魚라고 표기하는데 '돌아갈 환還' 자를 사용한 것은 목어로 돌아간다는 의미를 표현하기 위함일 것이다. 영어명이 샌드피시Sand fish인 것은 모래가 섞인 펄 바닥에 몸의 일부를 묻고 살아가기 때문이다.

도루묵은 모래가 섞인 펄 바닥에 몸 일부를 묻고 산다 하여 영어명이 Sand fish이다.

2015년 12월, 강원도 고성과 강릉 해변이 도루묵 알로 뒤덮인 일이 일어났다. 수산전문가들은 도루묵 자원량이 증가한 데다 바다 밑 암반 갯녹음 현상으로 도루묵이 알 붙일 곳이 없어 물속에 낳은 알이 파도에 밀려왔을 것으로 추정했다.

훌륭한 먹거리 도루묵

도루묵은 고기가 연해 조금만 열기를 가해도 먹을 수 있다. 이 때문에 "도루메기(도루묵의 사투리)는 겨드랑이에 넣었다 빼도 먹을 수 있다"는 말까지 있다. "도루묵이 많이 잡히는 해는 명태도 많이 잡힌다"고 했다. 이는 도루묵 떼를 따라오는 명태의 습성을 제대로 관찰한 말로 함경도 지방에선 명태를 도루묵의 다른 이름인 은어에 빗대어 '은어받이'라고도 한다.

반면에 "여름에 명태나 도루묵이 많이 잡히면 흉년이다"라 했는데, 이는 냉수성 어종인 명태나 도루묵이 잡힌다는 것은 한류가 흐른다는 의미가 되고 차가운 바닷물로 인해 인접한 육지에는 냉해 피해가 들어 흉년으로 이어진다는 것으로 해석해볼 수 있다. 난류성 어종인 자리돔이 알을 많이 배면 제주도에 보리 풍년이 든다는 속설과

맥이 통한다.

겨울철 강원도 동해안을 여행하다 보면 '도루묵 전문'이라는 간판을 내건 음식점이 흔하게 보인다. 메뉴에 등장하는 소금구이, 찜, 찌개 등을 맛보고 나면 임금님이 왜 이 맛있는 물고기를 내쳤는지 의아해진다. 수라상의 산해진미에 비길 바는 못 되겠지만 비리지 않고 부드럽고 두툼한 고기 맛과 톡톡 씹히는 알이 별미이다. 수컷 도루묵은 주로 조림이나 구이로, 알이 가득 찬 암컷 도루묵은 얼큰한 찌개로 먹으면 제격이다.

도루묵은 부드러운 고기 맛과 톡톡 씹히는 알이 별미이다.

도루묵을 찾는 관광객이 늘어나자 강원도 양양군 물치항과 속초에서는 해마다 12월에 축제를 열어 별미를 찾는 관광객들의 입맛을 유혹하고 있다. 도루묵이 산란기를 맞아 알을 낳으려고 연안으로 몰려오는 겨울이 제철이지만, 이 무렵에 대량으로 잡은 것을 냉동해 연중 사용하기도 한다. 남해안에서 겨울철에 잡은 굴을 급속 냉동하여 사시사철 내놓는 것과 같다.

화려한 기품을 지닌 갈치

"못 가겠네 못 가겠네
놋잎 같은 갈치 뱃살 두고
나는 시집 못 가겠네."

섬 지방 처녀들이 명절 때 부르던 강강수월래 매김 소리 가운데 한 부분이다.

섬에서 나고 자란 처녀들은 뭍으로 시집가는 것이 소원인데, 섬을 떠날 수 없는 이유가 갈치 맛 때문이라니 갈치 맛에 대한 이만한 찬미도 없는 셈이다. 이뿐 아니라 "10월 갈치는 돼지 삼겹살보다 낫고 은빛 비늘은 황소 값보다 높다"라 했다. 이는 어류의 맛과 영양을 육고기에 비교한 속담으로 그만큼 갈치 맛과 영양이 뛰어나다는 이야기다. 특히 가을 갈치가 일품이다. 봄, 여름에 걸쳐 산란을 끝낸 후 겨울을 나기 위해 늦가을까지 폭식을 하기 때문이다. 이렇게 먹어 치운 양분들은 갈치를 살찌우고 기름지게 한다.

농어목에 속하는 갈치는 크게 은갈치(비단갈치)와 먹갈치로 나뉜다. 은갈치는 제주도 특산으로 주로 채낚기 어업으로 잡아들인다. 여름철 제주도를 찾는 관광객의 볼거리 중 하나가 바다에 집어등을 켜고 불야성을 이루는 갈치잡이 배들의 조업 풍경이다. 갈치잡이 어선은 해질 무렵에 출어해 여명을 안고 돌아온다.

선원들이 드리운 낚싯대에는 10개 이상의 바늘이 달려 있다. 고등어, 꽁치, 전갱이, 정어리 따위가 미끼로 쓰인다. 낚아 올린 은갈치는 맹렬히 몸부림친다. 몸의 금속광택을 띤 은빛을 유지하려면 바로 목을 꺾어야 한다. 제주도 특산인 은갈치를 낚시로 잡는다면 목포를 중심으로 한 서남해가 주산인 먹갈치는 그물로 잡는다. 먹갈치는 그물로 잡아들이는 와중에 색이 바래 지느러미부터 몸체가 먹물 묻은 듯 검은색 물이 든 것처럼 보인다 해서 먹갈치란 이름을 붙였다.

갈치와 칼치

갈치는 여느 물고기에 비해 몸 형태가 좌우로 납작하고 길게 뻗어 있다. 이러한 겉모습이 칼처럼 보여서인지 방언으로 '칼치'라 한다. '칼'의 고어古語가 '갈'이니 갈치가 칼치로 불린다 해서 이상할 것은 없다.

『자산어보』에는 '군대어裙帶魚'라는 이름으로 소개되어 있다. 가늘고 긴 갈치의 외양이 치마끈처럼 보여 '치마 군裙' 자에 '띠 대帶' 자를 붙인 것으로 보인다. 또한 갈치를 당시 발음대로 기록하는 속명에 '칡 갈葛' 자를 써서 갈치어로 적었다. 이는 갈치의 모습이 길게 뻗어 있는 칡 줄기를 닮았기 때문이다. 영어권에서는 갈치의 꼬리 부분이 사람 머리카락과 비슷하게 생겼다 해서 'Hair tail'이나 칼, 단검 따위의 칼집 모양으로 생겼다 해서 'Scabbard tail'이라고 한다.

갈치의 신선도는 갈치 머리 뒤에서 시작하여 꼬리까지 연결된 등지느러미를 보면 알 수 있다. 크고 싱싱한 갈치의 등지느러미는 반짝이는 은빛 몸체와 어우러져 화려하고 기품 있어 보인다. 잡은 지 오래된 갈치는 이 등지느러미가 축 늘어져 엉키는 등 윤기가 없다.

갈치를 말할 때 갈치회를 빼놓을 수 없다. 갈치를 회로 먹는다는 게 내륙 지방 사람들에게는 생소하게 들릴 것이다. 하지만 갓 잡아 올린 싱싱한 갈치로 장만한 회를 한 점 맛보고 나면 그 담백함에 갈치회 예찬론자가 되고 만다. 갈치는 구이나 찜이 가장 일반적이다. 양념을 발라 구워 먹어도 좋고 무, 호박과 같이 찌개를 끓여도 좋다. 또한 소금에 절여 오랫동안 보존할 수 있기에 과거 농어촌민들이 즐겼던 수산물이기도 했다. 1908년 농상공부 수산국에서 펴낸 『한국수산지』에 갈치가 모내기 철에 가장 많이 소비된 것으로 기록되어 있기도 하다.

1 두툼하게 구워낸 갈치구이는 미식가들의 입맛을 자극한다. 갈치는 귀하게 대접받긴 했지만 잔칫상이나 제사상에는 올리지 않았다. 비늘이 없고, 길쭉하니 뱀처럼 생겼기 때문이다. 그러나 민간에서는 귀하게 대접하는 민어보다 낫다 해서 '민어탕보다 갈치 백반'이라 했다.

2 갈치의 신선도는 갈치 머리 뒤에서 시작해 꼬리까지 연결된 등지느러미를 보면 알 수 있다. 갈치는 몸이 납작하고 살이 단단해서 소금에 잘 절여진다. 지금처럼 냉장 기술이 발달하지 못했던 시대에도 염장한 갈치는 내륙 지방까지 운송이 가능했다.

맛집으로 알려진 식당에 가면 두툼한 갈치가 선보인다. 갈치 굵기를 이를 때 삼지, 사지, 오지라 해서 '손가락 지指'를 쓴다. 몸통이 손가락 몇 개를 포개 놓은 정도인지를 이르는 말이다. 우리 연안에 서식하는 갈치는 보통 1미터 이상 성장하니 큰 갈치 한 마리면 여럿을 행복하게 만들 수 있다.

성장한 갈치는 보기에도 먹음직스럽지만 갈치가 귀하게 잡히다 보니 마구잡이로 잡아 올린 어린 갈치인 풀치가 유통되기도 한다. 어린 개체는 자원 보존 차원에서라도 어획해서는 안 된다. 갈치로 만든 별미 중 하나가 내장으로 만드는 갈치속젓이다. 처음 접하는 사람은 삭힌 홍어보다 강한 맛에 고개를 절레절레 흔들지만 익숙해지면 이를 따라갈 만한 젓갈이 없다.

추진력은 등지느러미에서

갈치는 물속에서 움직일 때 등지느러미에 의존한다. 꼬리지느러미와 배지느러미가 없고 뒷지느러미는 피부에 묻혀 있으므로 등지느러미만이 추진력을 낼 수 있다. 그래서인지 갈치는 머리를 위로 해서 꼿꼿이 선 채 등지느러미의 운동으로 유영한다. 갈치는 날카로운 이빨을 가진 육식성 어류이다.

치어기에는 요각류와 같은 동물플랑크톤을 주로 섭식하다가 성장하면서 날카로운 이빨이 생기면 고등어, 정어리, 오징어, 전어, 새우 등을 닥치는 대로 잡아먹는다. 먹을거리가 부족해지면 동료의 꼬리뿐 아니라 제 꼬리까지 잘라 먹는 동종포식 현상도 흔히 발견된다. 이를 빗대어 친한 사이에 서로를 모함하는 것을 가리켜 "갈치가 갈치 꼬리 문다"라 한다. 갈치의 폭식성 사냥의 비밀은 갈치의 날카로운 이빨에 있다. 이들은 이빨을 이용해 덩치가 큰 상대라도 잘라서 삼켜 버린다. 낚시로 갈치를 낚을 때는 이빨을 조심해야 한다. '아차' 하는 순간 살을 벤다.

갈치는 비늘이 없다. 신선한 갈치의 몸에 반짝이는 은빛 물질은 구아닌 guanine이란 유기염기로 모조진주나 매니큐어, 립스틱의 펄 성분으로 사용된다. 구아닌에는 약간의 독성 물질이 포함되어 있어 회로 장만할 때는 칼이나 호박잎으로 깨끗이 긁어내야 한다.

1 갈치는 이빨이 날카로운 육식성 어류이다. 낚시로 잡아 올린 갈치는 맹렬하게 퍼덕인다. 능숙한 낚시꾼들은 아가미를 쥐고 낚싯바늘을 뺀 다음 재빨리 목을 꺾어 버린다.

2 갈치는 수중에서 움직일 때 등지느러미에 의지해 몸을 꼿꼿이 세운 채 유영한다. 잠을 잘 때도 몸을 세운 채이다. 좁은 방에 여럿이 모로 누워 자는 잠을 가리키는 '갈치잠(칼잠)'은 갈치가 선 채로 잠을 자는 데서 따온 말이다.

등이 크게 부풀어 고등어

고등어高登魚는 '등이 둥글게 부풀어 오름'에서 유래한 이름이다. 『동국여지승람』에는 옛 칼 모양을 닮아 고도어古刀魚로, 『자산어보』에는 푸른 무늬에 빗대어 '벽문어碧紋魚'라고 기록했다. 우리 민족은 꽤 오래전부터 고등어를 잡아왔다. 대량으로 잡히는 데다 영양이 풍부해서 '바다의 보리'라고도 했다. 그래서인지 지역에 따라 방언도 다양하다. 주로 고동어, 고망어 등이라 하며 크기에 따라 고도리, 열소고도리, 소고도리, 통소고도리 등으로 구별 짓기도 했다.

고등어는 태평양, 대서양, 인도양의 온대와 아열대 해역에 군집을 이루어 분포하며 요각류, 갑각류, 작은 어류, 오징어 등을 닥치는 대로 잡아먹는 폭식성 어류이다. 가끔 남해안 해변까지 고등어 떼가 몰려올 때가 있다. 계절 회유성(계절에 따라 살기에 적당한 수온의 해역으로 떼를 지어 이동하는 성질)인 고등어가 대거 모습을 드러내는 경우다. 이때 낚싯줄에 바늘만 여러 개 매달아 던져도 줄줄이 걸려든다. 이렇게 잡혀 올라온 고등어는 맹렬히 퍼덕이다 바로 죽어 버린다.

여유 있는 낚시꾼은 낚싯대를 한쪽에 젖혀두고 회를 뜬다. 살이 무른 편이라 쫄깃한 맛은 없지만 담백함은 일품이다. 고등어는 잡은 직후에는 횟감으로 사용하지만 조금 지나면 날것으로 먹지 못한다. 자신의 몸을 분해하는 강한 효소가 있어 죽고 나면 단백질에 대량 함유된 히스티딘histidine이라는 아미노산이 독성을 띤 히스타민으로 빠른 속도로 바뀌기 때문이다. 이 물질이 민감한 사람에게는 두드러기, 복통 등의 알레르기 반응을 일으킨다. 또한 몸체에 강한 효소가 있어 죽자마자 분해 작용이 시작되는 등 다른 물고기에 비해 빨리 상한다. 이렇게 변질되는 과정 중에 식중독을 일으

1 부산공동어시장의 새벽 풍경이다. 고등어가 운반선 어창에서 출하되고 있다. 고등어 선망어업은 본선 1척과 등선 2척, 운반선 3척으로 선단을 이룬다. 등선이 불을 밝혀 고등어 떼를 모으면, 본선은 높이 200미터, 길이 1킬로미터에 이르는 그물을 둘러쳐 고등어를 잡아 올려 운반선에 담는다. 무리 지어 다니는 고등어는 한 번에 10톤 정도가 잡히기에 운반선은 잡히는 대로 항구로 실어 날라야 한다.

2 부산공동어시장에 어선에서 잡아온 고등어가 산더미처럼 쌓인 채 경매를 기다리고 있다. 고등어의 제철은 가을이다. 그래서 "가을 배와 고등어는 며느리에게 주지 않는다"라는 밉살스러운 속담이 생겨났다.

키는 물질인 프토마인ptomain이 생성되기도 한다. 프토마인에 중독되면 열이 오르는 등 고통을 느낀다.

1 고등어는 대중적인 구이 요리에서부터 어린이들이 좋아하는 파스타, 샌드위치 등의 식재료로 많이 사용되고 있다.

2 갓 잡아 올린 싱싱한 고등어는 횟감으로 사용할 수 있다.

안동 간고등어와 고갈비

고등어의 신선도를 유지하려면 소금으로 절이는 것이 최상의 방법이다. 이에 따라 대부분의 고등어는 소금에 절인 상태로 유통된다. 그런데 묘하게도 부패하기 쉬운 고등어를 특산물로 만든 곳은 바다에서 멀리 떨어진 내륙 지방인 경북 안동이었다.

어류는 잡자마자 바로 먹는 것보다 일정 시간 숙성을 거치면 맛이 좋아진다. 옛날 교통이 발달하지 않았을 때 동해에서 잡힌 고등어를 안동으로 수송하는 데는 하루여 시간이 걸렸다. 상인들은 안동에서 반나절 거리인 임동 챗거리장터에서 소금을 쳤다고 한다. 챗거리장터에 이르면 고등어가 얼추 상하기 직전인데, 이때 소금 간을 했더니 상하기 직전에 나오는 효소와 소금이 어우러져 가장 맛있는 간고등어가 되었다는 것이다. 이렇게 간을 한 고등어를 안동까지 가져왔는데 이것이 안동 간고등어의 유래이다.

간고등어를 자반고등어라고도 한다. 자반은 생선, 해물, 채소 등을 소금에 절이거나 조려서 저장해 놓고 오래 먹는 반찬을 말하며, 식사를 도와준다는 의미의 좌반佐飯이 변한 말이다.

같은 고등어라도 안동 간잡이의 손길을 거

치면 명품 고등어가 되어 비싸게 유통되지만 대개 고등어는 서민의 삶과 함께한 대중적인 수산물이었다. 1980년대 후반까지만 해도 부산 남포동 뒷골목에는 고갈비 집이 즐비하게 들어서 있었다. 일명 고갈비촌 입구에서부터 풍기는 고등어구이 냄새는 양은 주전자에 담은 막걸리와 함께 낭만을 자아내곤 했다. 고갈비는 고등어를 구워 갈비처럼 먹는다 해서 붙인 이름이다.

부산 남포동 고갈비 골목 풍경이다. 지난날처럼 사람으로 북적이던 모습은 볼 수 없지만, 옛 추억을 찾는 사람들의 발길이 이어져 명맥을 유지하고 있다.

벼슬길을 망치는 삼치

고등어과에 속하는 삼치는 고등어와 닮아서인지 학명이 Skombros(고등어)와 Homoros(닮은)의 합성어인 *Scomberomorus*이다. 하지만 등이 둥글게 부풀어 오른 고등어와 달리 몸이 가늘고 긴 측편형인 데다 미끈한 몸의 길이가 1미터에 이른다. 삼치라는 이름이 쭉쭉 뻗어 자라는 삼(대마)을 닮았기 때문이라고도 하고, 고등어보다 세 배는 크고 맛이 있어 삼치가 되었다고도 한다.

삼치는 경골어류임에도 부레가 없다. 아마 유영 속도가 빨라 자유자재로 상하 이동이 가능하므로 부레가 퇴화한 것으로 보인다. 빠르게 헤엄치는 삼치를 잡는 방식이 흥미롭다. 질주 본능을 가지고 있는 삼치는 자기보다 빠른 대상이 있으면 기어코 따라잡고 본다. 삼치잡이는 이런 성질을 이용한다. 반짝이는 은박지로 만든 미끼를 달고 빠른 속도로 배를 몰면 삼치는 이를 따라잡아 미끼를 덥석 문다. 이를 끌낚시라고 한다.

망할 망亡 자가 붙은 삼치

소금구이, 찜, 튀김, 회 등으로 요리해 먹는 삼치는 살이 연한 데다 맛이 고소하고 부드럽다. 특히 막 잡은 삼치를 회로 장만하면 기름지고 부드러워 노인들이 좋아한다. "쇠고기보다 삼치 맛"이라 했고, "삼치 한 배만 건지면 평안감사도 조카 같다"고 했다. 그런데 성질이 급한 삼치는 잡히면 금방 죽는다. 어민들은 신선도를 유지하기 위해 잡자마자 급히 항구에 들어와 팔고 다시 바다로 나가기를 반복한다.

삼치 주산지인 제주도 모슬포 수협 위판장의 경매 방식은 좀 특이하다. 현물을 보

삼치는 봄철인 4~5월에 알을 낳기 위해 연안으로 모인다. 그래서 봄철 생선으로 불리지만 가을, 겨울철에도 맛이 좋다. 제주도 근해에서 잡힌 삼치가 부산공동어시장으로 출하되고 있다.

지도 않고 경매가 이루어진다. 신선도를 위해 유통 시간을 줄이기 위함이다. 낙찰받은 경매인은 삼치 배가 들어오면 바로 얼음을 채워 수송한다.

삼치는 다른 생선에 비해 부패가 빠르다 보니 겉으로는 싱싱해 보여도 속은 상한 경우가 더러 있다. 서유구의 『임원경제지』「전어지」에는 삼치를 마어麻魚 또는 망어亡魚

라 기록했다. 어민은 즐겨 먹으나 사대부는 입에 대지 않을 뿐 아니라 기피했다는 설명을 붙였다. 삼치에 '망할 망亡' 자가 붙은 데는 다음과 같은 이야기가 전해진다.

강원도 관찰사로 부임한 아무개가 동해에서 잡히는 삼치 맛에 흠뻑 빠졌다. 소금을 뿌려 구우면 짭조름하고 고소함이 별미 중 별미였다. 관찰사는 자신을 이곳에 보내준 한양의 정승에게 고마움의 표시로 큼직한 삼치를 수레 가득 실었다. 강원도에서 출발한 수레가 한양 정승 집에 도착한 것은 며칠 지난 후였을 것이다. 삼치를 받아든 정승은 큼직큼직하고 미끈한 삼치 모양새에 흡족했다. 그런데 그날 밥상에 오른 삼치 맛을 본 정승은 입 안에 가득 찬 썩은 냄새에 비위가 상해 며칠 동안 입맛을 잃고 말았다 한다. 겉모습은 멀쩡해도 속은 이미 상할 대로 상해 버린 탓이다.

이후 관찰사는 어떻게 되었을까?

정승은 썩은 고기를 보냈다는 괘씸함에 관찰사를 파직시키고 말았다는데……. 관찰사 입장에선 삼치 때문에 벼슬길이 망한 꼴이다. 그래서 후세 사람들은 삼치를 망어로 부르게 되었으며 사대부는 벼슬길에서 멀어지는 고기라 해서 멀리했다고 한다.

고등어를 닮은 전갱이

부산에서 배편으로 1시간여 거리인 대마도는 한국 관광객이 대마도 경제를 좌지우지 할 정도로 한국 사람이 많이 찾는 곳이다. 대마도는 한국 관광객 유치를 위해 캠핑, 트레킹, 온천욕, 삼림욕, 낚시 등 다양한 상품을 개발하고 있다.

2004년 이른 봄, '쓰시마 부산사무소'로부터 한국인이 좋아할 만한 스쿠버다이빙 포인트를 개척해 달라는 요청을 받았다. 당시만 해도 대마도에는 마땅한 숙박시설이 없어 이즈하라항 인근에서 민박을 했다. 대마도가 해산물 산지여서인지 식사 때면 여

계절 회유성인 전갱이는 여름이 되면 우리나라 연안으로 무리 지어 모습을 드러낸다. 사진은 부산 가덕도 연안에서 만난 전갱이 떼이다.

전갱이과 어류는 공통적으로 몸체의 옆줄을 따라 모비늘(방패비늘)이라는 가시가 발달해 있다. 딱딱한 모비늘을 떼어내고 강한 불에 껍질 부분만 익힌 후 어슷하게 썰어 초고추장에 찍어 먹으면 제맛을 즐길 수 있다.

러 해산물들이 상을 가득 채우는데 그중 담백한 회와 구이가 입맛을 사로잡았다. 무슨 고기인지 물었더니 민박 주인이 '아지'라 답했다. '아지'는 일본말로 전갱이로 '맛'이란 의미가 있다. 우리나라 사람들은 전갱이 회를 즐기지 않지만, 일본 사람들은 횟감과 초밥 재료로 많이 사용한다.

전갱이는 고등어와 언뜻 모습이나 식습성이 비슷하지만 옆줄 뒷부분에 방패비늘(모비늘)이 있어 구별된다. 모습에 따른 구별뿐 아니라 맛 또한 고등어에 비해 쫄깃하고 비린내가 덜하다. 전갱이는 고등어, 정어리, 청어와 같은 등푸른 생선 계열 중에서 비타민B_1을 가장 많이 함유하고 있어 현대인의 스트레스성 질환을 누그러뜨리는 데 도움을 준다.

계절 회유성인 전갱이는 수온이 올라가는 여름이면 우리나라 전 연안에서 모습을 드러낸다. 이로 인해 부산에서는 매가리, 완도에서는 가라지, 제주에서는 각재기, 전라도에서는 매생이 등 전갱이를 가리키는 다양한 방언이 생겨났다. 전갱이는 『우해이어보』에 매갈鮇鰨로 소개되어 있다. 김려 선생은 19세기 초 전갱이 젓갈을 둘러싼 경남 어촌의 풍습을 다음과 같이 묘사했다.

"매갈鮇鰨은 작은 고기로 길이는 5~6촌寸에 불과하다. 모습은 조기와 비슷하지만, 조금 작고 옅은 황색이다. 맛은 담백하고 달며, 젓갈을 담그기에 좋다. 해마다 고성의 어촌 아낙이 작은 배를 타고 매갈 젓갈을 싣고 와서 시장 거리에서 판다."

우리나라 해역에서 발견되는 전갱이와 달리 동남아 해역에서는 잭피시Jack fish라 불리는 줄전갱이Bigeye trevally를 흔히 만날 수 있다. 작은 물고기를 사냥하는 포식자인 이

전갱이류인 잭피시는 바라쿠다와 함께 사냥을 위해 무리를 이루는 대표적인 어류이다.

들은 정어리 사냥을 즐긴다. 정어리 무리를 발견하면 소용돌이치듯 둘러싼 후 빠른 속도로 돌진한다.

겨울 방어와 여름 부시리

방어는 전갱이과에 속하는 어류로, 몸길이가 1미터에 이르는 대형 종에 몸은 긴 방추형紡錘形이다. 방추는 물레에서 실을 감는 가락, 즉 쇠꼬챙이로 가운데가 불룩하고 양쪽 끝이 뾰족하게 생겼다. 방어에 대한 한자어 기록이 '方魚 · 魴魚'이니 방어 이름이 방추에서 나왔음을 짐작케 한다.

중요한 수산물 자원이었던 방어

방어 몸빛은 등 쪽이 은빛을 띤 청색이고 배 쪽은 은백색이며 주둥이에서 꼬리자루까지 담황색의 불선명한 띠가 있다. 『세종실록지리지』에 따르면, 방어는 대구 및 연어와 함께 함경도 · 강원도의 주요 수산물이었다. 마구잡이로 잡아들이기 전에는 방어 자원량이 풍부했다. 『조선통어사정』은 동해안에서 가을에 멸치 떼를 쫓아 방어들이 해안까지 접근하곤 했는데 방어가 많이 걸려들면 그물이 무거워 끌어 올리지 못하고 파손되는 일이 더러 있었다고 전한다.

방어는 동해안의 대표적인 수산자원이다. 이름은 방추형으로 생긴 데서 유래했다.

겨울철 통통하게 살이 오른 방어의 대표적 생산지인 제주도 모슬포에서는 해마다 11월이면 방어 축제가 열린다. 대개의 어종이 어느 정도 크기를 넘어서면 맛과 향이 떨어지는 데 비해, 방어는 오히려 자라날수록 지방층이 축적되면서 풍미가 좋아진다.

방어와 비슷한 종류로 잿방어와 부시리가 있다. 잿방어는 방어나 부시리에 비해 몸높이가 높고 옆으로 납작하므로 쉽게 구별된다. 주둥이도 방어에 비해 뭉툭한 편이다. 몸빛은 등 쪽이 방어만큼은 아니지만 푸른색을 띠고 있으며, 배 쪽은 담회색이다. 가슴지느러미는 노란색, 등과 뒷지느러미는 연한 회색을 띤다.

부시리

방어와 비슷하게 생긴 대형 어종이다. 몸의 크기는 부시리가 방어보다 길어 약 2미터까지 자란다. 이 두 어종의 가장 쉬운 구별은 턱의 모양이다. 위턱의 후단부가 네모나게 각져 있으면 방어, 둥근 형태이면 부시리이다. 각진 정도가 애매하면 지느러미를 살펴보면 된다. 방어는 가슴지느러미와 배지느러미 길이가 비슷한 데 비해 부시리는 가슴지느러미가 배지느러미보다 짧다. 잡히는 철에 따른 구별도 흥미롭다. 방어가 겨울이 제철이라면 부시리는 여름에서 가을까지가 제철이다.

『우해이어보』에 등장하는 양타鱑鮀와 『자산어보』에 등장하는 대사어大斯魚는 부시리에 대한 기록으로 보인다. 『우해이어보』를 저술한 담정 김려 선생은 양타를 방어와 닮았는데 큰 것은 수레 한 대만 하고, 바다 어족 가운데 가장 크다고 묘사했고, 『자산어보』를 저술한 손암 정약전 선생 역시 대사어가 방어와 비슷하지만 몸이 약간 높고 전체가 황색을 띠고 있는데, 사납고 용맹스러우며, 성질이 매우 급하다고 했다.

부시리는 방어와 비슷하게 생겨 구별이 어렵지만 위턱의 후단부가 둥근 형태를 띠고 있다. 방어가 겨울이 제철이라면 부시리는 여름에서 가을이 제철이다.

부시리를 부르는 명칭은 지역마다 다양하다. 전북 지역에선 '평방어', 포항

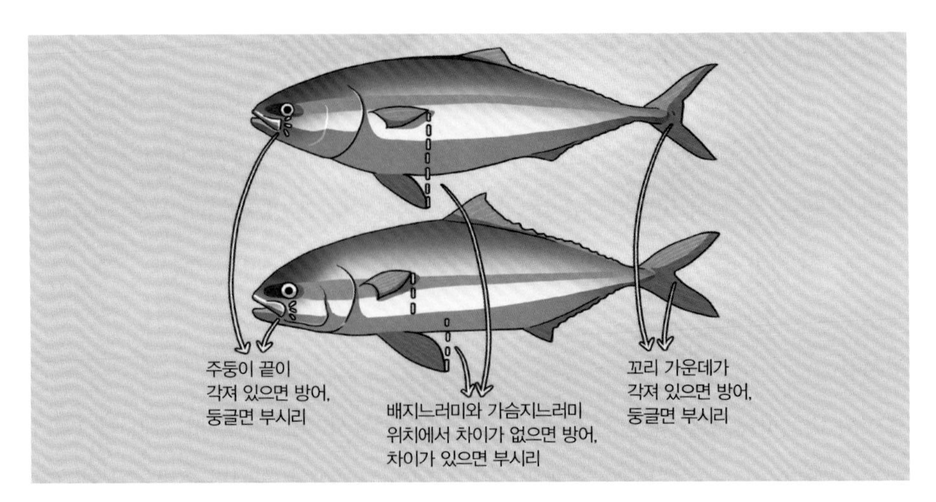
주둥이 끝이
각져 있으면 방어,
둥글면 부시리
배지느러미와 가슴지느러미
위치에서 차이가 없으면 방어,
차이가 있으면 부시리
꼬리 가운데가
각져 있으면 방어,
둥글면 부시리

방어(위)와 부시리(아래) 구별법

에선 '납작방어'라 하고, 강원도에서는 '나분대', 함경도 지방에서는 '나분치'라고 한다. 일본명은 '히라스ヒラス'이다. 부시리는 빠르게 헤엄치는 데다 힘이 넘친다. 빠를 때는 시속 50킬로미터가 넘는다. 부시리의 공격적이며 엄청난 힘은 낚싯줄은 물론이고 낚싯대까지 순식간에 망가뜨린다. 낚시를 하는 사람들 사이에서는 힘이 좋고 순식간에 수십 미터씩 나간다 해서 '미사일', '바다의 천하장사', '바다의 레이서' 등으로 부른다.

소용돌이치는 바라쿠다의 공포

바라쿠다는 농어목 꼬치고기과에 속하는 어류로 전 세계에 20여 종이 있다. 대개는 성체의 크기가 50센티미터 남짓하지만 가장 큰 종인 그레이트바라쿠다Great barracuda는 몸길이 2미터, 몸무게 40~50킬로그램에 이른다. 카리브해 연안 사람들은 공격적인 성향 때문인지 바라쿠다를 상어보다 위협적으로 생각한다.

바라쿠다는 이미지가 강해 우리나라 군용 장갑차와 미국 해군 잠수함 등 군사용 무기에도 이름을 붙였다. 바라쿠다 장갑차는 자이툰(이라크) 부대, 동명(레바논) 부대 등 해외 파병 부대에서 운용되었다.

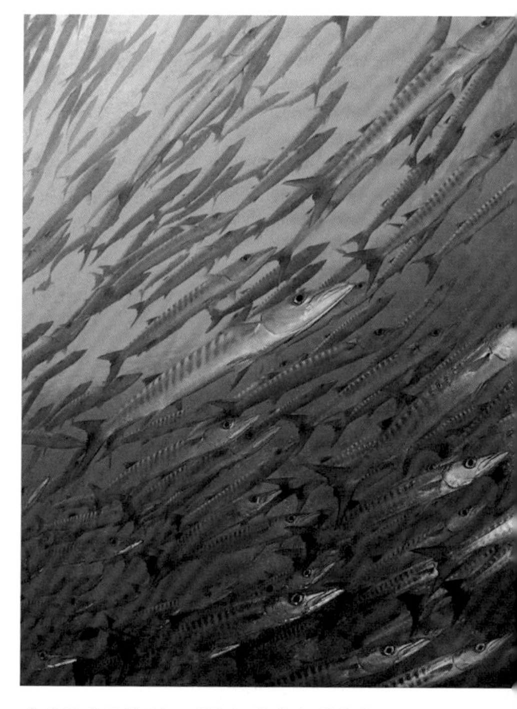

바라쿠다들의 무표정한 눈빛에서 팽팽한 긴장감이 느껴진다. 공격성이 강한 바라쿠다는 대상을 가리지 않고 달려들기에 공포스러운 존재이다.

공격적인 바라쿠다

바라쿠다는 몸이 길고 납작하며 주둥이가 길게 뻗어 있다. 등 쪽이 푸른빛을 띤 갈색, 배 쪽은 연한 갈색이고 지느러미는 노란색 또는 검은색이다. 바라쿠다는 큰 입이 눈가까지 찢어져 있는 데다 위턱보다 길게 튀어나온 아래턱으로 인해 상당히 거칠게 보인다. 입 사이로는 입을 완전히 다물 수 없을 정도로 크고 날카로운 이빨들이 단검을 세워둔 것처럼 삐죽 튀어나와 있어 위협적이다.

바라쿠다가 공포스러운 것은 겉모습에서 풍기는 분위기도 그러하지만 무리 지어 다니며 사냥하는 습성 때문이다. 이들은 수백, 수천 마리가 느린 속도로 빙글빙글 소용돌이치며 돌아가다 먹이가 될 만한 물고기들을 만나면 서서히 에워싼다. 바라쿠다의 포위망에 갇힌 물고기들은 패닉 상태에 빠지고 만다. 먹잇감을 음미하듯 천천히 관찰하다가 그중 한 마리가 대열에서 튀어나오면 자극을 받은 무리 전체가 창이 날아가듯 물고기 떼를 향해 돌진한다. 날카로운 이빨도 이빨이지만 시속 30킬로미터가 넘는 유영 속도로 달려드는 바라쿠다에 부딪치는 물고기는 그 충격만으로도 기절하거나 죽고 만다. 이러한 기세가 창이 날아가는 듯 보여서인지 바라쿠다의 우리말은 '창꼬치'이다.

바라쿠다의 학명 *Sphyraena*는 망치hammer를 뜻하는 그리스어에서 비롯되었다. 바라쿠다의 머리가 지질학자들이 사용하는 뾰족한 쇠망치와 비슷하게 보여서이다.

유영 속도

어류나 해양 포유류 중에는 바라쿠다 외에도 상당히 빠른 속도로 헤엄치는 종이 더러 있다. 항해하는 선박을 따라오다가 순간적으로 추월해 버리는 돌고래는 시속 40킬로미터 정도의 속도를 내며, 날치는 날아오르기 전 순간적으로 50~60킬로미터까지 속도를 올린다. 어류 중 최고의 유영 속도를 자랑하는 종은 100킬로미터 이상의 속도를 내는 돛새치Sailfish이다. 돛새치는 길고 날카로운 주둥이에 몸길이 3미터, 몸무게 500킬로그램에 이르는 대형 종으로 가속이 붙은 돛새치와 충돌한 선박에 구멍이 뚫린 사례도 있다.

열대 바다에서 흔하게 만나는 바라쿠다

열대 바닷속을 다니다 보면 바라쿠다를 흔하게 만난다. 익숙해져서일까, 처음 만났을 때 보다 긴장감은 덜하지만 무리를 이루어 휘감아도는 모습에 대한 경외감은 여전하다. 바라쿠다 무리를 처음 만난 것은 2000년 초반 필리핀 해양생태계보호구역인 두마게티 시티 아포섬을 찾았을 때였다.

당시 너무 가까이 다가가는 바람에 바라쿠다 소용돌이 속으로 들어가고 말았다. 몸 주위를 감싸며 돌아가는 무표정한 눈빛들의 섬뜩함에 팽팽한 긴장감이 느껴졌다. 만약 한 마리라도 긴장의 끈을 놓고 튀어나온다면 자극받은 무리 전체가 동시에 달려들지도 모를 일이었다.

바라쿠다는 강한 포식성과 빠른 몸놀림으로 거의 모든 물고기를 사냥하지만 이들보다 빠르게 움직이는 돌고래나 대형 어종인 다랑어의 사냥 대상이 된다.

세계적으로 20여 종의 바라쿠다

바라쿠다는 주로 열대와 아열대 바다에 서식하며 세계적으로 20여 종이 있다. 우리나라에서는 애꼬치Japanese barracuda, 창꼬치Blunt barracuda, 꼬치고기Red barracuda 등 세 종류가 발견되지만 크기가 30~40센티미터 정도에 지나지 않는다. 열대 해역에서 흔하게 발견되는 종은 블랙핀바라쿠다Blackfin barracuda이며 주로 무리를 이루어 다닌다.

이름에서 알 수 있듯이 꼬리지느러미는 대체로 검은색을 띠며, 은색 바탕의 몸 옆면에 18~22개의 줄무늬가 있다. 가장 큰 종인 그레이트바라쿠다Great barracuda는 카리브해가 주 무대이다. 은색 바탕에 검은색 얼룩이 몇 점 흩어져 있는 이들은 어릴 때는 무리를 이루지만 성체가 되면서 독립생활을 한다.

은색 바탕에 꼬리가 노란 옐로테일바라쿠다Yellowtail barracuda는 크기가 약간 작은 종으로 동남아의 열대 해역에서 흔하게 발견된다. 북아메리카 태평양 해안에서 서식하는 캘리포니아바라쿠다California barracuda는 엄청난 규모로 모여 다니기에 상업적 어획 대상으로 인기가 있다. 이외 브라스스트라이프바라쿠다Brass striped barracuda, 등지느러미 뒤끝이 흰 빅아이바라쿠다Bigeye barracuda, 몸의 위쪽에 물결모양의 줄무늬가 20줄 있는 파이크핸들바라쿠다Pickhandle barracuda 등이 있다.

가장 큰 종인 그레이트바라쿠다는 몸길이가 2미터, 몸무게는 40~50킬로그램에 이른다.

창꼬치 증후군

바라쿠다는 공격성이 강해 작은 물고기들을 만나면 돌진한다. 심리학자들은 수조 안에 바라쿠다와 작은 물고기를 넣어두고 그 사이에 투명한 유리 칸막이를 설치하는 실험을 했다. 먹잇감을 발견한 바라쿠다는 이들을 향해 달려들지만 막아놓은 유리벽에 부딪혀 번번이 실패하고 만다. 몇 번 실패를 경험하자 어느 순간부터는 더 이상 공격하지 않는다. 이후 유리 칸막이를 걷어내면 어떻게 될까? 바라쿠다는 실패했던 자신의 경험만 떠올려 여전히 작은 물고기를 공격하지 않는다.

이처럼 변화에 적응하지 못하고 과거 자신의 경험이나 관습으로만 현재 상황을 판단하는 것을 '창꼬치 증후군pike/barracuda syndrome'이라 한다. 결국 판단의 근거가 되는 것이 기존의 관습과 자신의 경험뿐이다 보니 새로운 가능성과 기회는 전혀 고려하지 못한다. 만약 회사 조직 내 의사 결정권자에게 '창꼬치 증후군'이 있다면 그 조직은 발전하지 못한다. 그는 변화를 받아들이지 않고 모든 판단 기준을 과거 자신의 경험에만 의존하기 때문이다.

숭상받던 물고기 숭어

벚꽃이 필 무렵, 부산 가덕도로 향했다. 진해 용원항에서 낚싯배를 타는데 수면 위로 뛰어오르는 숭어의 몸짓에 봄의 활력이 더해졌다. 뱃전에 선 낚시꾼들이 숭어 떼를 향해 갈고리 모양의 훌치기 낚싯바늘을 던졌다. 숭어가 얼마나 많았는지 아무렇게나 던져대는 낚시 추에 맞은 숭어들이 물 위로 떠올랐다. 숭어는 우리나라 전 연안에 서식하는 만큼 각 지역마다 숭어를 잡는 전통 어로법이 발전해 왔다.

지역별 전통 숭어잡이

가덕도에는 육수망 또는 육소장망六艘張網이라는 전통 어업법이 전해지고 있다. 여섯 척의 배와 긴 어망에서 비롯된 이 어업법은 숭어가 들 만한 물목에 좌우로 세 척씩 여섯 척이 그물을 펼쳐두고 진을 짜듯 벌려서 숭어가 들기를 기다린다. 산 중턱에서 망을 보는 어로장은 숭어가 몰려올 때 짙어지는 물색의 변화를 가늠한다. 어로장은 숭어들이 그물 안으로 몰려드는 때를 노려 "후려랏!" 하고 소리친다. 어로장의 신호에 맞춰 선원들은 재빠르게 그물을 들어 올리며 바짝 조

가덕도 어민들이 전통적인 어로법으로 숭어잡이를 재현하고 있다. 어로장의 "후려랏!" 소리에 주변에 진을 치고 있던 배들이 빠른 속도로 돌면서 물고기 떼 주위를 그물로 둘러싸면, 배 위에 있는 사람들은 숭어가 그물 밖으로 도망가지 못하도록 기다란 대나무 막대로 수면을 탕탕 치며 숭어를 그물 안으로 몰아넣는다.

부산 가덕도에서는 해마다 봄에 숭어 축제가 열린다. 숭어잡기 행사에 참가한 학생들이 맨손으로 낚아챈 숭어를 들고 활짝 웃고 있다.

여서 숭어를 잡아낸다.

한 번의 어로 작업에 많게는 2만 마리까지 잡아들인 숭어들은 전국 각지로 팔려 간다. 가덕도 어촌계는 매년 4월 말 전통 숭어잡이를 지역축제로 재현하고 있다. 호남 지역에서는 수로나 하구를 가로질러 떼줄을 쳐두고 그 뒤에 갈대를 엮어 만든 떼발을 펼쳐둔다. 몰이꾼들이 물을 때리면서 고함을 지르면 놀란 숭어들이 도망치다 떼줄을 넘으려고 뛰어오르다 건너편에 넓게 펼쳐둔 떼발에 떨어지고 만다.

숭어와 가숭어

숭어는 바닷물과 민물을 오가는 대표적인 기수어이다. 10월에서 이듬해 2월 무렵 먼 바다로 나가 산란을 하고 알에서 깨어난 치어들은 봄이 되면 무리를 이루어 연안 기수역으로 몰려와 부유생물을 먹는다. 여름에는 성장이 빨라 초가을이 되면 몸길이가 20센티미터가 넘는다. 이렇게 성장한 숭어는 늦가을에 민물을 떠나 바다로 내려가는 생의 순환을 이룬다.

광범위한 해역에 분포하는 숭어와 구별하기 위해 주로 서해안에 서식하는 개체에 가숭어라는 이름을 붙였다. 그런데 가숭어는 숭어보다 훨씬 씨알이 커서 1미터에 이르는 것들도 흔하다. 생김새도 늘씬해 서해안에서는 가숭어를 '참숭어'로, 숭어를 '개숭어'라고도 한다. 두 종을 구별하는 방법은 가숭어는 눈이 노란색을 띠며 기름 눈꺼풀이 없고 숭어보다 기수역에 더 가까운 곳에 서식한다. 서해안 사람들은 가숭어가 개흙을 빨아 먹어 맛이 달다고 하는 반면, 동해와 남해안에서는 깊고 푸른 바다에서 사는 숭어가 흙 맛이 없어 좋다고 한다.

1	2

1 광범위한 해역에 분포하는 숭어와 구별하기 위해 주로 서해안에 서식하는 개체를 가숭어라 했다. 가짜 숭어라는 의미였지만 서해안에서는 숭어보다 더 크고 늘씬한 가숭어를 '참숭어'로, 숭어를 '개숭어'라 한다. 사진은 바닷속 얕은 수심대를 오가는 가숭어이다.

2 먼바다에서 겨울을 보낸 숭어들이 봄이 되자 연안 기수역에 모습을 드러낸다. 숭어는 기수역 바닥의 펄을 빨아 먹으며 유기물과 미생물을 걸러 먹는다. 숭어는 윗입술이 두툼하고 아랫입술은 삽처럼 생겨 펄을 떠먹기 좋은 구조로 진화했다.

숭어와 관련된 속담

숭어와 관련된 속담에는 선조들의 해학이 깃들어 있다. 숭어는 빠르게 헤엄치다 꼬리지느러미로 물을 박차고 뛰어오르는 습성이 있다. 그런데 흔하게 발견되는 데다 생김새도 귀티가 나지 않는 망둥이도 갯벌에서 풀쩍풀쩍 뛰어오른다.

선조들은 숭어와 망둥이가 뛰는 꼴을 비유해 남이 하니까 분별없이 덩달아 나선다는 의미로 "숭어가 뛰니까 망둥이도 뛴다"라고 빗대었다. 제주도 속담 가운데 "삼월엔 숭어 눈 어둡다"가 있다. 숭어는 봄이 되면 눈에 기름기가 잔뜩 끼여 눈꺼풀까지 덮어 버린다. 이러한 눈꺼풀은 추위에 반응하여 생겨난다. 눈이 멀게 된 숭어는 얕은 곳으로 떼를 지어 몰려든다. 이때는 투망으로 쉽게 잡을 수 있고, 심지어 막대기로 두들겨서 잡기도 한다.

수온에 따라 서식 환경을 바꾸는 숭어는 계절에 따라 맛이 다르다. 이를 비유해 "여름 숭어는 개도 안 먹는다", "겨울 숭어 앉았다 나간 자리 펄만 훔쳐 먹어도 달다", "한겨울 숭어 맛"이라고 했다. 그런데 이와 반대로 여름 숭어가 맛이 좋다는 "오 농어, 육 숭어, 사철 준치"라는 속담도 전해지고 있다.

숭어는 대중적인 어종으로 양식을 많이 한다. 경남지역 가두리 양식장에서 숭어들이 힘차게 퍼덕이고 있다.

이는 가숭어와 숭어의 산란 시기가 달라 이들이 주로 잡히는 지역별로 다른 속담이 전해진 탓이다. 가숭어는 5~6월에 산란하니 산란 전인 겨울~이른 봄이 제철이고, 숭어는 10월에서 이듬해 2월에 산란하니 산란 전인 여름~가을이 맛이 있다. 그러니 "여름 숭어는 개도 안 먹는다"에 등장하는 숭어는 가숭어이고, "오 농어, 육 숭어, 사철 준치"에 등장하는 것은 숭어인 셈이다.

이외에도 "그물 던질 때마다 숭어 잡힐까", "숭어 껍질에 밥 싸먹다가 논 판다" 등의 친숙하며 해학적인 이야기들이 갯마을을 중심으로 전해지고 있다. 물고기 하나를 두고 이렇게 방언과 속담이 많은 것은 숭어가 우리나라 전 연안에서 흔히 볼 수 있는 데다 오랜 세월 동안 선조들의 삶과 함께했다는 방증이기도 하다.

방언을 가장 많이 가진 어류

숭어는 한자 표기어 '崇魚'나 또 다른 이름인 '秀魚'에서 짐작할 수 있듯, 특별한 대접을 받아왔다. 모양새만 보아도 미끈하고 큼직한 몸매에 둥글고 두터운 비늘이 가지런히 정렬되어 있어 퍽 기품 있다. 금상첨화로 맛 또한 뛰어나 제사상, 잔칫상의 단골 메뉴가 되었을 뿐 아니라 임금님 수라상에도 올랐다.

숭어가 수어秀魚로 불린 데는 다음과 같은 이야기가 전한다. 옛날 중국 사신이 와서 숭어 맛을 보고 흡족한 듯 고기 이름을 묻자 역관이 '水魚'라 대답했다고 한다. 사신이 물에서 나는 고기이면 다 '水魚'가 아니냐며 빈정대자 옆에 있던 다른 역관이 '빼어날 수秀'를 붙여 '秀魚'라고 한다고 하자 그제야 고개를 끄덕였다는 것이다.

숭어는 최대 몸길이 120센티미터에 몸무게는 8킬로그램까지 나가는 데다 몸매 또한 균형 잡혀 있어 보기에도 좋다. 이렇듯 귀하게 대접받는 숭어이지만 우리나라 전 해역에서 잡히다 보니 방언과 속담 또한 많다.

1974년에 발행된 정문기 박사의 『어류박물지』에 따르면 숭어의 방언이 100개 이상(북한 포함)인 것으로 나타나 있다. 평안북도 지방에서는 굴목숭어 · 뎅이 · 덩에 · 나머렉이 · 쇠부둥이라 하고, 황해도에서는 동어 · 애정어 · 사릅 · 나모래정어라 하고, 서울과 경기 지역에서는 동어 · 모쟁이 · 뚝다리라 했다. 충남 서산 쪽에서는 몰치 · 모쟁이 · 준거리 · 숭어라 하고, 경남 통영 쪽에서는 모모대미라고 한다. 이외에도 살모치 · 모그래기 · 모대미 · 걸치기 · 객얼숭어 · 나무래기 · 댕기리 · 덜미 · 수치 · 숭애 · 애사슬 · 언지 등의 이름이 있다.

방언이 가장 많은 지방은 한강 하류 지역에 속하는 황산도黃山島(현재 강화군 길상면 초지리)로 크기에 따라서만 이름이 열한 가지이다. 먼저 몸길이 6센티미터 이하의 작은 녀석은 '모치'라 하며, 8센티미터 정도면 '동어冬魚'라 하고 13센티미터 이상은 '글거지'라고 한다. 18센티미터 이하는 '애정이', 21센티미터 이하는 '무근정어', 25센티미터 이하면 '애사슬', 27센티미터 이하이면 '무근사슬', 30센티미터 이하인 것은 '패', 34센티미터 이상이면 '미령이', 50센티미터 내외이면 '덜미', 65센티미터 이상이면 '나무래기' 등이라 한다. 성장함에 따라 이름이 다르다 해서 숭어를 두고 출세어出世魚라고 한다.

방언들의 유래는 저마다 흥미로운 이야기를 담고 있다. 대표적인 것으로 서 · 남해 해안가에서는 큰 것을 '숭어', 작은 것을 '눈부럽떼기'라 하는데 크기가 작다고 무시했더니 성이 난 녀석이 '나도 숭어다'라며 눈을 부릅떠서 붙인 이름이라 전한다.

출세어

성장을 거치며 이름이 바뀌는 어류를 가리킨다. 어류는 새끼 이름을 따로 붙이는 경우가 많다. 가오리는 간자미, 농어는 껄떼기, 잉어는 발강이, 조기는 꽝다리, 열목어는 팽팽이, 명태는 노가리, 고등어는 고도리이다. 전어는 성장 단계에 따라 이름이 세 가지로 나뉜다. 가장 작은 것이 새살치, 조금 더 크면 전어사리, 더 커서 사람으로 치면 사춘기쯤의 전어는 엇사리라 한다. 방어 새끼도 아주 작은 것은 떡마래미, 조금 큰 것은 마래미로 불린다.

슈베르트의 가곡은 숭어가 아니라 송어

독일 작곡가 슈베르트는 1817년 가곡 「송어Forelle」를 작곡했다. 낚시꾼이 거울같이 맑은 물속에 사는 송어를 잡기 위해 물을 흐려놓고 송어가 어리둥절한 틈을 타 낚아 올린다는 내용으로, 어수선한 사회 분위기 속에서 설쳐대는 간교한 사람들의 속임수를 은유적으로 표현한 가곡이다.

그런데 이 'Forelle'가 일제 강점기 일본인들이 숭어로 번역해 전달하는 바람에 아직 슈베르트의 가곡 이름을 '송어'가 아닌 '숭어'로 잘못 알고 있는 사람이 많다.

어란

임금님에게 진상했던 어란魚卵은 숭어 알젓을 지칭한다. 거의 모든 물고기가 알을 낳지만 일반명사인 어란이 고유명사처럼 쓰이게 된 것은 그만큼 맛이 좋아 귀하게 대접받기 때문이다.

숭어 어란은 맛보기 힘든 최고의 진미였다. 잘 드는 칼로 뒷면이 비칠 정도로 얇게 썰어 혓바닥 위에 올려놓으면 그윽한 향과 녹아드는 단맛이 일품이다. 일본의 에도江戶시대에는 어란을 성게 생식선, 해삼 창자와 함께 천하 3대 진미라 했다.

어란은 산란기 체중의 5분의 1에 달하는 두 개의 커다란 알집을 끄집어내어 옅은 소금물에 담가 알집에 붙은 핏물과 이물질을 제거한 후, 하루 정도 묽은 간장에 절여 색깔과 맛을 낸 다음 그 위에 나무판자를 대고 돌을 올려 모양을 잡는 과정을 거친다. 이때 조금만 무게를 잘못 맞춰도 알집이 터지기에 세심한 정성이 필요하다.

납작하게 모양이 잡힌 어란은 바람이 잘 통하는 그늘에서 말리는데, 하루에 두 번씩 뒤집어가며 참기름을 발라줘야 한다. 어란은 참기름이 스며듦에 따라 윤기가 흐르기 시작하고 20일 정도가 지나면 딱딱해진다. 딱딱해진 어란은 뜨거운 물에 2분 정도 담가 보존 처리를 한다. 세심한 정성과 반복되는 작업 과정을 거쳐 만들어지는 어란은 생산량이 많지 않은 귀한 음식이다.

예로부터 영암 어란을 으뜸으로 쳤다. 기름진 펄을 먹고 알이 통통하게 밴 가숭어(영암에서는 '참숭어'라 한다)가 알을 낳으러 올라오는 영산강이 전남 영암에 인접해 있기 때문이다.

숭어 배꼽

어류는 배꼽이 없다. 그런데 숭어 배 아래쪽에 있는 콩알 크기만 한 돌기가 있는데 이를 배꼽이라 부른다. 이는 위장에서 소장으로 나가는 출구인 유문이 발달한 것으로 닭의 모이주머니와 비슷한 역할을 한다.

펄을 빨아 먹는 숭어는 위장에서 유기물이나 미생물 등 영양물질을 흡수하고 찌꺼기는 체외로 배출한다. 이 배출기관이 바로 배꼽처럼 생긴 유문이다.

국민의 물고기 민어

조기 · 부세 · 수조기 · 보구치 등 민어과에 속하는 270여 종의 어류 중 대표 종은 민어이다. 대표 종답게 몸집도 당당해 다 자라면 몸길이 1미터에 몸무게도 20킬로그램에 이른다. 민어는 전체적으로 어두운 흑갈색을 띤다.

예로부터 백성의 물고기라는 의미로 민어民魚라 이름 지었는데 삼복더위 복달임에서부터 제사상에 오르기까지 선조들의 삶과 함께 해왔다. 『동의보감』에는 회어鮰魚라 표기하고 "남해에서 나는데 맛이 좋고 독이 없다. 부레로는 갓풀(아교)을 만들 수 있다. 일명 부레를 어표라고도 하는데 파상풍을 치료한다"고 했다. '돌아올 회回' 자를 붙인 것은 민어가 가을부터 이듬해 봄까지 먼바다 깊은 수심에 머물다가 여름이 되면 연안으로 돌아오는 것을 상징적으로 표현한 것으로 보인다.

갓풀(아교)

천연 접착제의 대명사가 아교阿膠이다. 아교는 동물의 가죽이나 뼈를 원료로 한 것과 물고기의 부레를 원료로 한 것으로 나뉜다. 민어 부레를 이용해 만든 어교魚膠는 접착력이 매우 뛰어나 나전칠기, 고급 장롱과 각궁角弓을 만드는 데도 사용되었다. 민어 부레뿐 아니라 철갑상어 부레로 만든 어교도 으뜸으로 쳤다.

여느 생선 대부분은 부레를 버리지만 민어 부레는 교질 단백질인 젤라틴이 주성분이다. 선조들은 민어 부레를 끓여 만든 풀로 고급가구나 합죽선 등을 만들었다. 그래서 "이 풀 저 풀 다 둘러도 민어 풀 따로 없네"라는 강강술래 매김 소리나 "옻칠 간데 민어 부레 간다"는 속담이 생겨났다. 민어 부레는 회로도 먹는다. 쫀득쫀득하게 씹히는 맛이 별미이다. 씹히는 맛뿐 아니라 부레에 포함되어 있는 콘드로이틴은 노화 방지와 피부에 탄력을 주는 기능성 성분으로 알려졌다. 선조들은 이 부레 속에 쇠고기,

두부, 오이 등으로 소를 넣고 삶은 부레 순대를 만들어 먹기도 했다.

민어는 맛뿐 아니라 보양식으로도 정평이 나서 서울과 경기 지역에선 삼복더위에 복달임으로 애용하곤 했다. 큼직한 민어 한 마리로 국을 끓이면 온 가족이 둘러앉아 먹을 수 있어 맛과 영양에다 양까지 금상첨화 격이었다. "복더위에 민어찜은 일품, 도미찜은 이품, 보신탕은 삼품"이라는 말이 있을 만큼 더위에 지친 기력을 회복하는 데 으뜸이었다. 이뿐 아니라 횟감, 구이용으로도 인기가 있다.

부산 아쿠아리움 메인 수조에서 민어 떼가 아쿠아리스트를 에워싸고 있다. 민어는 민어과 어류의 대표 종답게 당당한 몸집을 자랑해 다 자라면 1미터에 이른다.

선조들은 민어를 두고 "비늘밖에 버릴 것이 없다"라 할 정도였다. 오죽하면 『난호어목지』에 "무릇 바닷물고기로서 수요가 큰 것 가운데 이 물고기처럼 요긴한 것이 없다"고 했을까?

그런데 최근 백성의 물고기라는 민어의 의미가 조금 퇴색되고 말았다. 킬로그램당 8만 원 이상의 비싼 가격으로 거래되다 보니 민어와 비슷하게 생긴 중국산 홍민어가 대량 수입되어 국내 민어 수요량의 70퍼센트 이상을 차지한 탓이다. 홍민어는 잉어와 민어의 교잡종으로 중국 남부의 복근성 일대에서 대량 양식되고 있다. 신안군은 국내산 민어의 우수성을 홍보하기 위해 매년 8월 초 신안군 임자도 대광해수욕장에서 '섬 민어 축제'를 열고 있다.

샛서방 고기, 군평선이

바다생물 이름 중에 사람 이름에서 따온 것이 더러 있다. 명천군 태씨 어부가 잡아 왔다는 '명태', 김씨 성을 가진 사람이 처음 양식했다는 '김', 어부 임연수가 잘 잡았다는 '임연수어' 등이 그러하다.

농어목 하스돔과의 바닷물고기 군평선이도 사람 이름에서 따왔다. 군평선이는 임진왜란 때 군軍 관기였던 '평선'이가 이순신 장군에게 대접했던 고기라 전해진다. 맛이 담백하면서도 감칠맛이 특별해 구이를 하면 내장은 물론, 머리까지 아삭하게 씹어 먹을 수 있다. 산란 전에는 등지느러미와 가시 뿌리까지 지방이 잘 배어 있어 통째로 씹어 먹을 만큼 그 맛이 최상이다.

군평선이의 전체적인 생김새는 몸 전체가 거칠고 단단한 비늘로 덮인 데다 등에는 날카롭고 억센 지느러미 가시가 줄지어 돋아 있어 상당히 다부져 보인다.

군평선이를 제대로 대접하는 여수 지방에서는 군평선이를 굴비보다 더 값지게 여겨 '샛서방 고기'라 한다. 미운 짓만 하는 본 남편에게는 주지 않고 아껴 뒀다가 샛서방(남편이 있는 여자와 정분이 난 외간 남자)에게만 몰래 준다 해서 생긴 말이다.

이외에도 아름답게 생겼다 해서 '꽃돔', 뼈가 억세고 거칠어 '딱돔' 또는 '골도어', 살이 희고 닭고기 맛이 나는 데다 닭의 볏을 연상케 하는 커다란 등지느러미가 돋아 있어 '닭돔', 황금빛이 도는 몸 색이 재물을 불러온다 해서 '금풍쉥이', 날카롭고 딱딱한 제1등지느러미 가시가 빗살이 굵고 성긴 얼레빗처럼 보여서인지 '얼게빗등어리'라 불리는데, 이와 대비되게 제2등지느러미 가시는 빗살이 촘촘한 참빗을 닮아 '챈빗등이'라는 별칭으로도 불린다.

영어권에서는 입 모양이 불만에 찬 듯 보여 불평 소리라는 뜻의 '그룬트Grunt'라고 하며, 턱 밑에 작은 수염이 여럿 돋아 있어 'Belted beard grunt'라고도 한다.

약속을 지키는 조기

우리나라 사람이 가장 많이 먹는 어류는 고등어, 명태, 오징어 등이다. 이 트로이카 어종은 엎치락뒤치락 해마다 순위 경쟁을 벌이지만 가장 선호하는 어류라는 타이틀은 늘 조기 차지다. 서해가 주산지인 조기는 제사상이나 명절 차례상에 반드시 올려야 하는 어류이며, 잔칫상에도 빠지지 않았다.

조기는 민어과의 참조기, 보구치, 수조기, 부세 등을 통틀어 이르는 말로 몸길이는 30~40센티미터이며, 잿빛을 띤 은색으로 광택이 있다. 굴비는 조기를 소금에 절여 말린 것이며 대량으로 잡히는 조기를 보관하는 방법에서 유래했다.

사람의 기운을 돕는 조기

조기는 전 세계에 약 162종, 우리나라 연해에는 참조기, 보구치, 부세, 흑구어, 물강다리, 강다리, 세리니 등의 11종이 분포한다. 이 가운데 황색을 띠어 황조기라고도 하는 참조기가 으뜸이다.

조선 영조 때의 언어학자 황윤석(1729~1791)의 「화음방언자의해」에 따르면, 조기의 우리말은 머릿속에 있는 단단한 뼈가 돌처럼 보여 석수어石首魚인데 중국명인 종어鯼魚라는 음이 급하게 발음되어 '조기'로 변했다고 한다. 하지만 조선 영조 · 정조 때의 문신 이의봉의 『고금석림』에는 석수어의 속명이 '조기助氣'인데 이는 사람의 기운을 돕는 것이라고 했다.

조기 머리에 있는 단단한 뼈는 사람의 속귀에 몸의 방향과 평형을 유지해주는 이석耳石과 같은 기능을 담당한다. 옛사람들은 조기가 유영을 할 때 이석의 도움으로 수평을 유지한다고 생각해서인지 조기가 아래위로 움직이지 않는 것을 두고 예의 바른 어류라 여겼다.

동해안의 명태처럼 많이 잡힌다 해서 '전라도 명태'라는 별칭으로도 불렸던 조기는 전라남도 영광을 중심으로 어촌에 부를 안겨주었다. 이곳 뱃노래에 "돈 실로 가자 돈 실로 가자 칠산 바다로 돈 실로 가자"가 있을 정도였다. 칠산 바다는 법성포 근해에서도 중심 어장이다. 칠산은 인근 해역에 있는 일산도 · 이산도 · 삼산도 · 사산도 · 오산도 · 육산도 · 칠산도 등 작은 일곱 섬을 모두 합친 것으로 이를 한자식으로 표현한 것이다.

조기는 고온다습한 시기에 대량 어획되므로 그 보관 방법으로 굴비와 같은 염장 가공법이 발달했다. 곡우(양력 4월 20일께) 무렵에 잡힌 산란 직전의 조기는 살은 적지만 알이 있는 데다 연하고 맛도 좋아 '곡우살 조기' 또는 '오사리 조기'라 하여 최상품으로 대접했다. 이 무렵에 잡은 조기를 말린 것을 '곡우살 굴비' 또는 '오가재비 굴비'라 한다. 곡우 때가 되면 산란을 위해 어김없이 칠산 바다에 나타나는 조기의 습성에 빗대어 약속을 지키지 않는 사람을 '조구만도 못한 놈'이라 했다.

산란기가 되면 '꾹…… 꾸구……' 하는 조기 떼 소리가 바다를 가득 메운다. 종류에 따라 차이가 있지만, 한결같이 저층에서 살던 조기가 수면 위로 올라올 때 수압 차이로 부레에서 공기가 빠져나가면서 나는 소리이다. 칠산 앞바다로 조기 떼가 몰려들면 참조기 우는 소리가 배 위에까지 크게 울려퍼져 선원들이 잠을 설칠 정도였다고 한다. 보구치도 참조기처럼 크게 운다. 보구치라는 이름은 이들이 '보굴보굴' 소리를 내는 데서 유래를 찾을 수 있다.

조기 어장에 성어기가 되면 수천 척의 안강망 어선과 운반선이 운집하여 바당(바다를 가리키는 경상, 제주 방언) 위에 어시장이 벌어진다. 이와 같이 어류를 직접 해상에서 매매하는 시장을 '파시波市'라고 한다. 우리나라에는 연평도 앞바다의 조기 파시를 비롯하여 청산도의 고등어 파시와 전남 비금도의 강달이 파시가 유명하다.

2015년 초가을 전남 신안군 가거도를 찾았을 때다. 조기 금어기가 끝난 직후여서인지 가거도는 조기 조업으로 활기를 띠고 있었다. 초저녁 조기잡이를 마친 어선들이 가거도항으로 들어오면 주민들은 선원들과 함께 그물에서 조기를 털어내고, 털어낸 조기는 그 자리에서 염장되어 운반선에 실려 목포와 영광으로 향했다. 조기 자원량이 줄어들자 조기잡이 선원들이 칠산 어장까지 조기가 들어오는 것을 기다리지 못하고 미리 가거도 해역과 동중국해까지 나와서 조기를 잡아들이는 실정이다.

참조기 금어기(4월 22일~8월 31일)가 풀리는 9월부터 전남 신안군 가거도는 참조기 출하로 분주하다. 근해에서 잡아들인 참조기들이 항으로 들어오면 이곳에서 염장 과정을 거친 다음 운반선에 실려 목포나 영광으로 보내진다.

구별

참조기, 수조기, 보구치, 부세는 구별이 어렵다.

참조기는 몸이 통통하고 머리가 반원 모양이며 몸빛은 회색을 띤 황금색이라 호아조기, 노랑조기 등으로도 불린다. 무엇보다 입술이 붉고 아가미 안쪽이 까맣다. 꼬리자루가 가늘고 긴데, 등지느러미 연조부와 뒷지느러미의 테두리까지 비늘이 있다. 큰 것이 30센티미터 정도여서 넷 중에서 가장 작은 편이다.

수조기는 몸이 비교적 길고 납작하다. 아가미뚜껑이 붉고 위턱이 아래턱보다 길어서 아래턱을 약간 덮는다. 비늘은 약간 붉은색을 띠며 검은색 점이 박혀 있다. 다 자란 것이 40센티미터 정도이다.

보구치는 참조기와 쉽게 구별된다. 꼬리지느러미 끝이 참빗 모양이고, 몸빛이 은색을 띤 흰색이라 백조기, 흰조기라고도 한다.

부세는 참조기보다 훨씬 커서 50센티미터 이상으로 자라 몸이 작은 민어처럼 보인다. 머리 모양은 삼각형이며 아가미뚜껑이 까맣고 비늘이 촘촘히 나 있어서 매끄럽다. 참조기처럼 배 쪽이 황금색을 띠는 데다, 입술이 붉다는 공통점이 있다. 크기가 작은 부세는 참조기와 구별하기가 쉽지 않다. 그런데 참조기가 부세보다 비싸게 거래되니 소비자 입장에선 두 종을 놓고 곤혹스러울 수 있다. 주의 깊게 살펴보면 참조기는 몸통 중간이 약간 불룩하며 꼬리가 두툼하고 짧은 데 비해, 부세는 몸이 야위고, 꼬리 부분이 참조기보다 훨씬 가늘고 길다는 것을 알 수 있다.

천혜의 자연조건 명품 영광 굴비

조기 이야기에 빼놓을 수 없는 것이 굴비이다. 굴비는 조기 가공품이지만 조기보다 더 유명하다.

굴비라는 이름은 소금에 아무리 절여도 모양이 굽어지지 않기에 붙었다는 것이 정설이지만 역사적 사실을 기반으로 한 다음과 같은 이야기가 전한다. 고려 말, 왕의 척신 이자겸은 인종을 폐하고 스스로 왕이 되고자 난을 일으켰지만 실패하여 정주(전남 영광의 별칭)로 귀양을 간다. 귀양살이를 하던 그는 말린 조기에 정주굴비靜州屈非라는 글을 써서 임금에게 보냈다. 이자겸이 말린 조기에 굴비屈非라고 쓴 것은 왕에게 선물을 보내는 자신의 행동이 죄를 감면받고자 하는 비굴함 때문이 아님을 전하기 위함이었다는

굴비는 조기를 염장해서 말린 것이다. 영광 굴비가 유명한 것은 질 좋은 소금에다 이 지역의 천혜의 기상 조건(해풍, 습도, 일조량)이 조화를 이루기 때문이다.

이자겸의 난

고려 말 왕의 척신 이자겸은 자신의 둘째 딸이 예종 비로 들어가 인종을 낳자 인종에게 셋째, 넷째 딸을 비로 들여보내며 인종의 외할아버지이자 장인으로 왕권을 위협하는 권력을 가지게 되었다. 지나친 권력으로 인종의 견제를 받은 이자겸은 스스로 왕이 되고자 난을 일으켰다가 뜻을 이루지 못하고 정주(전라남도 영광의 별칭)로 귀양을 떠나게 된다.

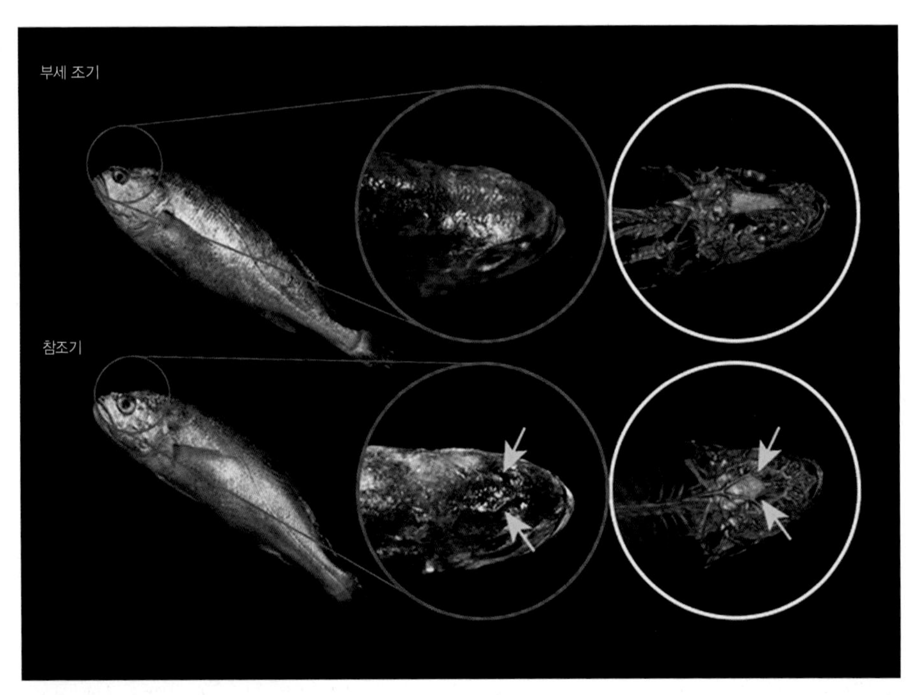

참조기와 어린 부세는 구별하기 어렵다. 서울대학교 수의과대학 수의사 김상화 씨가 참조기와 부세를 구별하기 위해 CT 촬영한 자료가 흥미롭다. 김상화 씨는 참조기 이마에는 다이아몬드 모양의 유상돌기가 있는 반면, 부세의 경우에는 융기의 각도가 달라 거의 11자 형태를 띠고 있다는 것이다. 민어과 어종 가운데 이 융기의 형태가 다이아몬드를 띠는 종은 참조기 말고도 더러 있지만 다른 어종은 몸 색, 몸의 형태 등으로도 구별하기 쉽기 때문에, 다이아몬드 융기 구조는 참조기와 부세를 구별할 때 가장 유용하게 쓰일 만한 단서이다.

데……. 이때부터 사람들이 말린 조기를 두고 굴비라 불렀다고 한다. 어떤 이는 이에 대해 이자겸이 굴비를 보낸 대상은 왕이 아니라 인조에게 시집보낸 두 딸이며 자신은 비록 귀양살이를 하지만 목숨을 부지하기 위해 비굴해지지 않겠다는 의지를 보인 것이라고 설명하기도 한다.

이야기의 사실 여부를 떠나 예나 지금이나 영광 지역 굴비 맛이 뛰어났음은 분명한 듯하다. 영광 굴비가 유명한 것은 영광 법성포 근해는 수심이 얕고 기름진 펄이 형성되어 있어 제주도 남서쪽에서 겨울을 보낸 후 북상하는 조기에 최적의 산란장이었

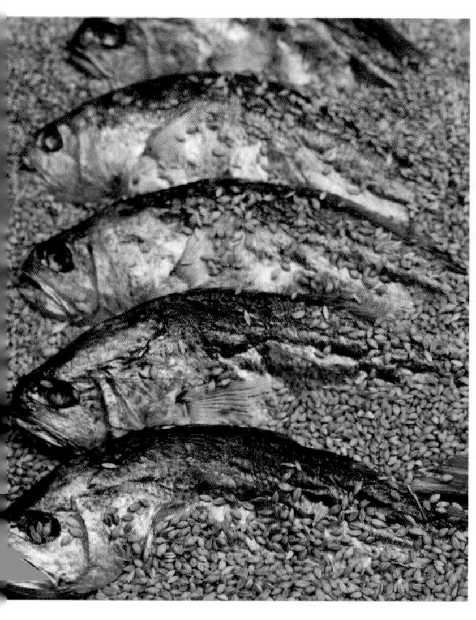

1 | 2

1 한식당 메뉴로 등장하는 보리굴비는 굴비를 통보리 항아리 속에 보관하여 숙성시킨다. 이렇게 숙성시키면 굴비가 보리 향을 흡수하여 비린내가 사라지고 맛이 좋아진다. 보리굴비를 요리할 때는 비린 맛과 짠맛을 줄이기 위해 쌀뜨물에 다섯 시간 이상 불린다. 보리굴비는 주로 부세를 사용한다.

2 조기는 전 세계에 약 162종, 우리나라 연해에는 11종이 분포한다. 이 가운데 황색을 띠어 황조기라고도 불리는 참조기가 으뜸이다.

기 때문이다. 이곳에서 잡아들인 조기는 간수를 뺀 천일염을 뿌려 하루쯤 두었다가 염도가 낮은 깨끗한 소금물로 다섯 번 이상 헹구고 걸대에 걸어 2~3일 정도 말린다.

영광 지역의 갯바람은 낮에는 습도가 낮고 밤에는 습도가 높아 조기가 급히 마르거나 썩지 않는다. 질 좋은 소금에다 천혜의 기상 조건이 조화를 이루며 명품 영광 굴비가 탄생하게 되었다. 굴비는 식재료뿐 아니라 제수용으로도 중요한 생선이었다. 굴비는 여느 건어물들과 달리 전혀 손질을 하지 않고 온몸을 통째로 바닷바람에 말린 것이기 때문에 제수용으로 대접을 받았다.

다랑어류와 새치류를 아우르는 참치

참치는 다랑어류 중 참다랑어를 가리키는 말이었으나 지금은 다랑어류뿐 아니라 새치류까지를 통틀어 가리킨다. 다랑어는 분포 해역에 따라 열대성 다랑어(가다랑어, 눈다랑어, 황다랑어), 온대성 다랑어(참다랑어, 날개다랑어), 연안성 다랑어(백다랑어, 점다랑어)로 분류한다. 다랑어와 맛이 비슷해 횟감으로 공급되는 새치류에는 청새치, 녹새치, 흑새치, 황새치, 돛새치 등이 있다. 대부분 횟감과 통조림으로 수출되는 다랑어는 우리나라 수산물 수출 1위 품목이다.

원양어선에서 잡아들인 참치류가 어시장에서 위판되고 있다.

참치 이름의 유래

참다랑어의 별칭인 참치 이름에 얽힌 유래는 유별나다. 박일환의 『우리말 유래사전』에 따르면, 광복 직후 이승만 대통령이 수산시험장(지금의 국립수산과학원)에 들렀을 때다. 대통령이 어류학자 정문기 박사에게 참다랑어를 가리키며 고기 이름을 물었다. 갑작스러운 질문에 말문이 막힌 정 박사는 우리나라 물고기 이름에 준치, 눈치, 갈치, 넙치, 꽁치 따위의 '치'가 많다는 생각에 "참, 참~" 하고 한참을 맴돌던 끝에 "참치입니다"라 했다고 한다. 이로 인해 참다랑어를 참치라고 부르게 되었다는데…….

이에 대해 수산인들의 이야기는 다르다. 1957년 6월 29일 처음 항해에 나선 첫 원양어선 지남호가 인도양에서 참다랑어 10여 톤을 잡아 부산항으로 들여왔다. 크기나 맛 등 모든 면에서 으뜸이라 할 만한 이 물고기를 다른 어류와 구별 지어야 했다. 그래서 참다랑어의 일본식 이름인 마구로眞黑의 진眞 대신에 비슷한 뜻을 지닌 우리말 '참'을 쓰고 그 뒤에 어류를 뜻하는 '치'를 붙였다는 것이다. 마구로는 참다랑어가 전체적으로 검은색을 띠고 있어 붙인 일본식 이름이다. 동원수산의 참치 홍보관 자료에 부산항에 내려진 참다랑어를 두고 참치라 부를 것인지, 진치라 부를 것인지 논의가 있었다는 기록을 감안하면 참치의 유래는 일본식 이름인 마구로에서 따왔다는 것에 비중이 실린다.

1 참치 이름의 원주인공인 참다랑어가 무리를 이루어 유영하고 있다.

2 1957년 6월 29일 우리나라 첫 원양어선 지남호가 인도양으로 참치 조업에 나선 이래 원양어업은 외화 획득에 크게 공헌하고 있다. 당시 지남호가 잡은 참치 앞에서 이승만 대통령이 기념 촬영하고 있다.

참치 양식

수출 효자 어종이기도 한 참치의 국내 소비량도 만만찮다. 소득 수준이 올라가면서 참치를 찾는 사람들이 늘어났기 때문이다. 국립수산과학원은 2010년 지중해 몰타에

완전 양식이란 수정란을 채취해 인공수정으로 자라난 참치의 종자를 생산해 기르는 것을 가리킨다. 세계 참치 소비량의 80퍼센트를 차지하는 일본은 2002년 참치 완전 양식에 성공해 양식 참치가 유통되고 있다. 우리나라의 경우 참다랑어 종자 생산에 성공해 육상 양식 실증시험에 들어갔다. 사진은 서귀포시 표선면에 있는 참치 시범양식장이다.

서 수정란을 들여와 1년 만에 인공종자를 생산했으며, 2014년에는 인공종자를 중간 육성하는 기술까지 확보했다. 2015년 8월에는 국산 참다랑어 어미로부터 수정란을 채집하는 데 성공했다. 참다랑어 양식 기술을 수정란 생산, 종자 생산, 중간 육성, 완전 양식 등의 4단계로 분류한다면 현재 3단계까지 성공한 셈이다.

한편, 2011년 전남 여수 앞바다 정치망에 새끼 참다랑어 100여 마리가 잡혔다. 이 참다랑어 새끼들을 여수 거문도 가두리에서 키워 30만 개의 수정란을 만들었는데, 새끼 참다랑어를 키워 수정란을 대량 확보함으로써 참다랑어 완전 양식에 한 걸음 더 다가서게 되었다.

종류 및 특성

참치류는 다랑어류와 새치류로 구분할 수 있으며 우리나라 원양어업의 주요 어획종으로 수산물 어획량 및 수출 1위 품목이다. 이들의 종류별 특징은 다음과 같다.

❖ 참다랑어

참다랑어는 우리나라, 일본, 대만, 미국, 멕시코 해역에 분포하는 태평양참다랑어, 대서양에 분포하는 대서양참다랑어, 남반구에 분포하는 남방참다랑어의 3종이 있다. 북대서양에 서식하는 종은 최대 몸길이 3미터, 몸무게 560킬로그램까지 성장한다. 다랑어 가운데 가장 클 뿐 아니라 고급 종으로 '바다의 귀족'이라 불린다. 몸은 뚱뚱하고 방추형에 가까우며 꼬리자루는 가늘다. 몸의 등 쪽은 짙은 청색을 띤다.

◈ 날개다랑어

날개다랑어는 가슴지느러미가 크게 발달되어 마치 날개처럼 보인다. 온대 수역에서 주로 어획되는데 살이 흰색이다. 서구에서는 바다 닭고기라고 하여 인기가 있다.

◈ 눈다랑어

몸길이가 2미터에 이르는 열대성 다랑어다. 다랑어류 중에서 눈이 가장 커서 눈다랑어라는 이름이 붙었다. 살은 연한 붉은색으로 초밥용으로 이용된다. 다랑어류 가운데 가장 깊은 수심에 서식한다.

◈ 황다랑어

등지느러미와 뒷지느러미, 토막지느러미(꽁치, 고등어, 가다랑어 등의 등지느러미와 뒷지느러미 뒤쪽에 줄기가 있는 돌기 모양의 작은 지느러미) 대부분의 지느러미가 밝은 황색을 띤다. 열대성으로 살은 밝은 분홍색이다. 횟감이나 초밥용으로 이용된다.

◈ 가다랑어

몸빛은 등이 짙은 청색을 띠고, 배 부분은 은백색 바탕에 4~6줄의 검은색 세로띠가 있다. 다랑어 중에서 가장 많이 잡히는 종으로 주로 통조림으로 가공된다. 일본 사람들은 전통적으로 가다랑어를 이용해 조미용 국물을 얻으려고 건조가공품을 만드는데 이것을

참치는 통조림으로 가공되면서 대중화되었다. 통조림 가공용 참치는 참치류 중 가장 많이 잡히는 가다랑어가 그 재료이다.

가쓰오부시라고 한다. 가쓰오부시는 가다랑어를 알맞게 다듬어 건조, 발효를 반복하여 얇게 썰어서 만든다. 주로 국물을 우려낼 때 사용하는데 핵산 조미료 성분인 이노신산, 이스티딘염이 많이 들어 있다.

❖ 연안성 다랑어

우리나라 연해에서 잡히는 종으로 몸빛이 흰색인 백다랑어와 몸에 점이 있는 점다랑어 등이 있다.

❖ 청새치

어니스트 헤밍웨이의 소설 『노인과 바다』에 등장하는 청새치는 턱이 강하고 긴 창 모양이다. 최대 몸길이 350센티미터, 몸무게는 200킬로그램까지 성장한다. 선명하고 짙은 푸른색은 옆구리와 배를 거치면서 은빛을 띤 백색으로 변해간다. 청새치는 힘이 엄청나 스포츠 낚시꾼들에게 인기가 있다.

❖ 흑새치

열대와 아열대 해역에서 발견되는 새치류이다. 측정된 최고 몸길이 4.65미터, 몸무게는 750킬로그램으로 새치류 중에서 가장 크다. 돛새치, 황새치와 함께 매우 빠른 어류로 손꼽힌다. 몸 색이 검은색인 흑새치는 상업적으로 어획되며 낚시 대상어로 인기가 높다. 주둥이는 짧으며, 지느러미는 둥글고 낮은 편이다. 몸 쪽으로 접을 수 없는 단단한 지느러미는 그 무게만 75킬로그램이나 되어 여느 새치들과 구별된다.

❖ 녹새치

몸길이는 약 3미터이다. 겉모습은 청새치와 비슷하나 등 쪽이 어두운 녹색이고 배는 연한 빛을 띤다. 청새치 · 황새치 등과 함께 바다낚시 최상의 대상 어류이다. 녹새치를 비롯해 새치들은 소형 어류, 갑각류, 두족류를 엄청나게 먹어 치우는 최상위 포식자다.

◈ 황새치

새치들은 마치 펜싱 칼처럼 생긴 주둥이로 먹이들을 베고 찢으며 사냥하거나 상대를 공격한다. 시속 100킬로미터 이상의 빠른 속도로 헤엄치며 배와 충돌해 침수 사고를 일으키기도 한다. 황새치의 몸 색은 전체적으로 갈색이며 등 쪽은 어두운 빛을 띠고 배 쪽으로 갈수록 점차 밝아진다. 최대 몸길이는 4.5미터, 몸무게는 540킬로그램에 이른다. 낚시어로 인기가 많고, 새치류의 살이 불그스름한 빛을 띠는 것과 달리 황새치의 살은 짙은 우윳빛이다. 고소한 맛이 있어서 생선회나 구이 재료로 이용하지만, 같은 새치류인 청새치에 비해서는 맛이 못하다.

황새치 표본이다. 새치billfish는 주둥이가 매우 두드러진 부리 모양의 대형 포식어를 가리키는 말이다. 황새치는 최대 몸길이가 4.5미터에 이른다.

식품으로서의 참치

다랑어와 새치류를 가리키는 참치류는 열대성 표층어 중에서 가장 큰 육식성 어류로 성장이 빠르고 맛이 좋아 귀중한 수산자원이다. 부위에 따라 각종 영양소의 함유량이 다르며 성인병을 예방하는 건강식품으로 각광받고 있다.

참치류에서 가장 맛이 좋은 부위는 등살보다 지방이 수십 배 더 함유되어 있는 뱃살이다. 참치에는 특별한 불포화지방산인 EPA가 들어 있다. EPA는 혈액 응고를 억제한다. 혈전 예방효과가 있는 EPA가 많은 어종은 참치를 비롯한 연어, 고등어, 정어리, 전갱이 등이며, 이 점이 등푸른생선류의 특징이다.

참치는 단백질의 아미노산 조성도 우수하며 비타민B군, 토코페롤, 칼슘, 철분, 마그네슘 등이 많아 어린이의 균형 있는 성장을 도울 뿐 아니라 고단백 저열량 식품으로

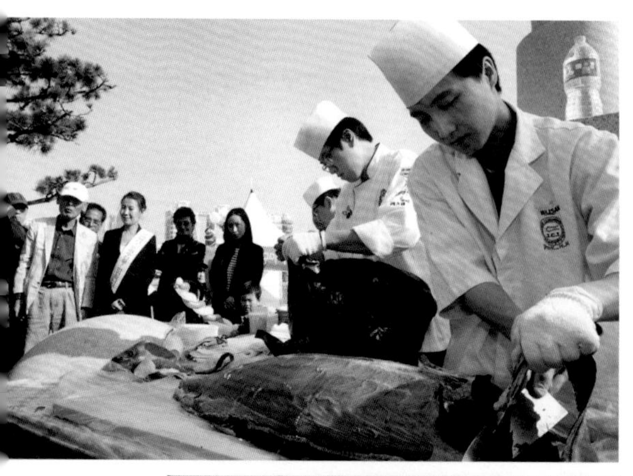

1 '수산물 소비 촉진 행사'에 참치를 해체하는 볼거리가 진행되고 있다.

2 참치는 여러 식재료로 사용되는데 특히 횟감으로 인기가 있다.

비만이나 고혈압 당뇨환자의 영양식으로도 추천된다. 핵산 조미료의 구성 성분인 이노신산이 많아 참치 고유의 감칠맛을 더한다.

참치살은 왜 붉을까? 빠르게 헤엄치려면 끊임없이 근육에 산소를 공급해야 하므로 모세혈관이 잘 발달되어 있기 때문이다. 근육에 있는 모세혈관에 가득 차 있는 혈액으로 인해 살이 붉은색을 띤다. 참치 유통업계에서는 참치 소비 촉진을 위해 3월 7일을 '참치데이'로 지정하기도 했다.

먹으면 안 되는 기름치

참치로 둔갑해서 팔리던 기름치라는 어류가 있었다. 기름치는 오일피시Oil fish라고도 하는 갈치꼬리과 어류로 수심 100~800미터에 서식하는 심해어이다. 보통 어류의 지방 함유량은 4~5퍼센트 정도이지만, 이 어류의 지방 함유량은 20퍼센트 이상이나 된다.

기름치 지방은 세제나 왁스의 원료로 사용되는 에스테라라는 성분이라 사람이 먹으면 소화불량이나 복통을 일으킨다. 일본은 1970년부터, 미국에서는 2001년부터 판매가 금지되었으며, 우리나라에서는 2012년 6월에 식품 원료 사용이 전면 금지되었다. 하지만 가끔 불법 유통된 기름치가 참치 또는 메로구이로 둔갑해서 판매되고 있

불법 유통되다가 적발된 기름치이다. 기름치는 사람이 먹으면 소화불량이나 복통을 일으킨다. 지금은 식용으로 유통이 금지되었다.

다. 이는 기름치 가격이 참치회 또는 메로보다 5분의 1에서 7분의 1 정도로 싸기 때문이다.

기름치가 우리나라에 소개된 것은 1960년대 참치 어선이 남태평양에서 본격적으로 참치잡이에 나설 때부터이다. 잡아들인 참치를 수송할 때 냉동 상태의 참치가 서로 부딪혀 훼손되지 않도록 함께 잡힌 기름치를 적당하게 썰어서 고정대로 사용했는데, 참치는 수출하고, 고정대 역할을 했던 기름치가 국내로 들어오면서 참치회로 둔갑하게 되었다. 기름치는 지방 함량이 많아 그냥 먹으면 맛이 느끼하다. 그 맛을 없애기 위해 김에 싸서 먹었던 것이 지금까지 이어지고 있다.

바다의 하이에나 용치놀래기

사투리 술뱅이로 더 잘 알려진 용치놀래기(농어목 놀래기과)는 우리나라 연안에서 흔하게 볼 수 있는 어류이다. 무리 지어 다니는 이들은 호기심이 많고 눈치가 빠르다. 먹잇감을 만나면 탐색전을 벌이다가 허점을 찾아 한꺼번에 달려든다. 덩치가 큰 바다동물

바닷속으로 들어가면 용치놀래기들이 일정한 거리를 두고 따라온다. 아마 이들 눈에는 필자가 덩치 큰 바다동물로 보일 것이다. 덩치 큰 바다동물을 따라다니다 보면 이들이 사냥할 때 생기는 부산물을 챙길 수 있다. 용치놀래기의 기대에 부응하기 위해 큼직한 바위를 들추어 주었다. 바위 밑에 몸을 숨기고 있던 갯지렁이, 새우뿐 아니라 작은 갑각류 등이 단박에 노출되었다. 이들은 용치놀래기가 가장 즐기는 먹잇감이다. 필자 주위를 맴돌던 수십 마리의 용치놀래기들이 한꺼번에 달려들어 그들만의 잔치가 벌어졌다.

이 사냥한 먹이도 가로채는데 이를 보고 있으면 백수의 왕이라 불리는 사자가 사냥한 먹이를 노리는 아프리카 초원의 하이에나들이 연상된다.

식탐이 강한 용치놀래기

잠수 도중 멍게나 성게 조각을 손바닥에 올려두면 가장 먼저 용치놀래기 떼가 달려든다. 먹이 앞에서는 물불을 가리지 않는다. 이런 특성을 이용하면 용치놀래기를 쉽게 잡을 수도 있다. 양파망에 멍게 조각을 넣고 입구를 벌리고 있으면 용치놀래기들이 망 안으로 들어간다. 잠시 후 망의 주둥이 부분을 끈으로 조이면 한 망태기의 용치놀래기를 잡을 수 있다.

낚시꾼들에게 용치놀래기는 천덕꾸러기 대접을 받는다. 그럴싸한 대물을 낚으려는데 식탐 강한 용치놀래기들의 입질이 부산하기 때문이다. 용치놀래기는 그다지 환영

1 성게 내장과 생식소는 향이 강해 바다동물들이 좋아하는 먹잇감이다. 성게 배를 갈라 손바닥 위에 올려놓자 용치놀래기들이 달려들고 있다.

2 용치놀래기들이 쥐치와 함께 해파리를 뜯어 먹고 있다. 일반적으로 해파리 천적은 쥐치로 알려졌는데 식탐 강한 용치놀래기가 해파리까지 즐기는 것으로 보인다. 쥐치보다 개체 수나 번식력이 강한 용치놀래기들을 제대로 활용하면 해파리 퇴치에 도움이 되지 않을까?

1 천적이 없는 것으로 알려진 불가사리도 용치놀래기의 공격 대상이다. 불가사리가 포식하고 있는 먹이를 용치놀래기가 노리고 있다.

2 한 무리의 용치놀래기가 성게를 포식하기 위해 달려들고 있다.

3 소라를 발견한 용치놀래기가 딱딱한 패각의 빈틈을 찾고 있다.

받는 어종은 아니다. 흔한 데다 몸 색이 현란하게 번들거려 횟감으로 먹기에는 혐오스럽다. 하지만 육식성인 이들은 육질이 단단하고 담백해 횟감뿐 아니라 구이나 매운탕 재료로도 괜찮은 편이다. 제주도 어민들은 여름철 별미로 물회를 만들어 먹기도 한다.

용치놀래기가 속해 있는 놀래기류 물고기는 뾰족한 입에 두툼한 입술이 돌출되어 있다. 놀래기류의 이런 두툼한 입술에 빗대어 영어명은 늙은 아내란 뜻의 레스Wrass이다. 지역에 따라서는 놀래기류의 튀어나온 입이 돼지 입 모양을 닮았다고 보았는지 호그피시Hogfish라고도 한다. 용치龍齒라는 이름은 송곳니가 용의 이빨처럼 날카롭고

1 용치놀래기는 수컷과 암컷의 몸 색이 다르다. 수컷(왼쪽)은 등 쪽이 청록색이고 배 쪽이 황록색인 반면, 암컷은 전체적으로 붉은빛이 강하고 등과 배 쪽 모두 황록색을 띤다.

2 용치놀래기란 이름은 돌출된 이빨이 용의 이빨과 닮은 데서 유래한다.

뾰족해서 빗대었고, 서구에서는 번들거리는 몸 색이 무지개를 닮아서인지 레인보우피시Rainbow fish라고도 한다.

성전환하는 용치놀래기

용치놀래기는 암컷과 수컷의 색깔이 다르다. 수컷은 등 쪽이 청록색이고 배 쪽이 황록색인 반면, 암컷은 전체적으로 붉은빛이 강하고 등과 배 모두 황록색을 띤다. 수컷은 가슴지느러미 끝에 검은색 반점이 있어 암컷과 구별되며, 암컷의 경우 몸 옆면을 따라 긴 갈색 띠가 뚜렷하다. 이러한 색은 놀래기과에 속하는 물고기의 특징인 2차 성징이다.

용치놀래기는 보통 서너 마리의 암컷이 수컷 한 마리와 함께 살다가 우두머리 격인 수컷이 죽으면 가장 큰 암컷이 수컷으로 성전환한다. 이는 다른 무리 중에서 수컷을 데려오는 것보다 무리의 암컷 중 한 마리가 수컷으로 성을 바꾸는 것이 종족을 유지하는 데 유리하기 때문이다. 수컷이 죽고 나면 남아 있는 암컷들은 서로 시각적 자극을 통해 크기에 따라 큰 것은 수컷으로 변하고, 작은 것은 암컷으로 그대로 남는다. 연구 결과에 따르면, 시각적 자극 후 한 시간가량 지나면 남성 호르몬이 분비되어 수컷 행동을 하기 시작하고, 2~3일이 지나면 완전한 수컷이 된다.

어렝놀래기

어렝놀래기 한 쌍이 제주도 서귀포 해역 용치놀래기 무리 사이에서 모습을 드러내고 있다. 수컷(오른쪽)은 흑자색에 황갈색 반점이 있으며 암컷(왼쪽)은 황갈색 또는 적갈색에 검은색 점이 있다. 난류의 영향을 받는 남해와 제주도 해역에 주로 서식하는 어렝놀래기는 용치놀래기와 생활 공간이 비슷하다. 몸길이는 최대 20센티미터까지 성장한다.

제주도 서귀포 해역에 용치놀래기 좌우로 어렝놀래기가 모습을 드러냈다. 제주도 방언으로 '어렝이'라 불리는 이들은 난류의 영향을 받는 제주도 해역에 주로 서식한다. 몸길이는 최대 20센티미터까지 성장하며, 제주도에서는 중요한 수산자원으로 대접받는다.

가장 종이 많은 망둥이

농어목 망둑어과로 분류되는 망둑어류는 적응력이 뛰어나다. 염분이나 수온 변화에 대한 내성이 클 뿐 아니라 식욕이 왕성해 어디서든 쉽게 먹이를 찾아낸다. 이에 걸맞게 망둑어류는 지구상에 존재하는 어류 중 종의 수가 가장 많다. 조사 방식에 따라 조금 차이가 있으나 전 세계적으로 600여 종, 우리나라에는 문절망둑, 풀망둑, 말뚝망둑어, 짱뚱어, 밀어 등 42종 정도가 서식하는 것으로 알려졌다.

『난호어목지』에는 "눈이 툭 튀어나와 마치 사람이 멀리 바라보려 애쓰는 모양과 같아서 망동어라고 한다"고 망둥이(망둑어)의 어원을 풀이했다.

너무 흔해서 귀하게 대접받지 못한 어류

우리나라에 서식하는 망둥이 가운데 대표 종인 문절망둑은 몸 앞쪽이 원통 모양에 가까우며 담황갈색 또는 담회황색의 몸 색에 흐릿한 암갈색 반점이 세로로 다섯 줄 정도 있다. 연안에서 흔히 볼 수 있는 데다 생김새도 귀티가 나지 않아서인지 고급 어종과는 거리가 있다. 그래서 제 분수를 모르고 남이 하는 대로 따라 하는 것을 비유할 때 "숭어가 뛰니 망둥이도 뛴다"라 하고, 쉽게 잡을 수 있어서인지 "바보도 낚는 망둥이"라는 속담도 생겨났다.

망둥이에 대한 평가는 눈앞의 이익을 좇다가 더 큰 손해를 본다는 속담인 "꼬시래기 제 살 뜯기"에서 절정을 이룬다. 여기서 꼬시래기는 회로 먹는 맛이 고소해서 붙인 경상남도 방언이다. 제 살 뜯어 먹는 습성을 두고 손암 정약전 선생은 조상도 알아보지 못한다고 무조어無祖魚라 했다. 이는 먹을 것 앞에선 물불을 가리지 않아 제 부모

1 망둥이는 바닥 면에 구멍을 파고 산다. 위협을 느끼면 구멍 속으로 몸을 숨기는데 구멍은 출구가 여러 곳이라 포식자들의 추적을 피한다.

2 망둥이는 전 세계적으로 600여 종이 있다. 우리나라 해역뿐만 아니라 열대 해역에서도 흔하게 발견된다.

3 문절망둑은 가을 낚시용으로 인기가 있고 횟감 등 다양한 요리 재료로 사용되는데 가을이 제철이어서인지 '봄 보리멸, 가을 망둥이'란 말이 생기기도 했다. 충청남도 태안군 해안에 마련된 덕장에서 망둥이들을 가을 햇살에 말리고 있다. 곧바로 잡은 것은 횟감으로 이용하지만 보관과 유통을 위해 덕장에서 내다 걸어 말리기도 한다. 건망둥이는 찜이나 구이용으로 인기가 있다.

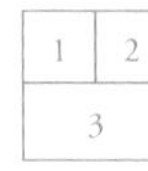

의 살을 베어줘도 한입에 삼켜버리는 망둥이의 경박한 습성 때문이다. 그래서 망둥이를 낚을 때 적당한 미끼가 없으면 앞서 잡아 올린 망둥이 중 만만한 놈을 사용하기도 한다.

문절망둑이 예로부터 우리 연안에 흔했음은 담정 김려 선생의 『우해이어보』에 소개된 104종의 어패류 중 망둥이가 문절어文鰤魚라는 이름으로 가장 먼저 등장하는 것만 봐도 알 수 있다. 문절어라는 이름은 무늬를 뜻하는 '문文' 자에, 마디 또는 구획을 의미하는 '절節' 자를 붙였다. 이는 몸 가운데 불규칙한 얼룩무늬와 등지느러미의 검은색 반점이 비스듬하게 열을 이루는 것을 특징화한 것으로 볼 수 있다.

담정은 문절어를 두고 잠을 의미하는 '수睡' 자를 붙여 '수문睡鮫'이라고도 기록했다. 이들이 밤이 되면 무리를 이루어 구슬을 꿴 것처럼 머리를 물 바깥쪽으로 향하고 잠을 자는데 이를 느긋하게 잠을 잘 자는 물고기로 보았기 때문이다. 담정은 귀양지에서의 고충과 두고 온 인연들에 대한 그리움으로 화병이 나 잠을 잘 이루지 못했는데, 마을 사람들이 성질이 찬 문절망둑을 권해서 이를 먹고 잠을 잘 자게 되었다고 한다.

잠둥어에서 짱뚱어로

짱뚱어는 갯벌을 뛰어다니는 물고기로, 가슴지느러미를 이용해 갯벌 위를 날다시피 뛰어다닌다. 전남 무안갯벌을 기준으로 순천, 보성, 강진, 해남, 신안 등 남쪽에서 볼 수 있는 남방형 어류이다. 짱뚱어는 특이하게도 펄 속에서 11월부터 이듬해 4월 초까지 겨울잠을 잔다. 이 때문에 '잠둥어'라는 별칭이 있다. 그래서 짱뚱어란 이름이 잠둥어에서 비롯되었다는 속설도 전해진다.

기온이 올라가는 봄이 되어서야 모습을 드러내기에 서 · 남해안 지역에서는 여름철 보양식으로 대접받는다. 탕, 구이, 전골로 요리되어 인기가 있다. 횟감으로 장만하기도 하는데 검붉은 속살이 마치 잘 숙성된 쇠고기 같아 '바다 쇠고기'라는 별칭도 있다. 짱뚱어 요리를 즐기는 이들은 짱뚱어가 늘 햇볕 아래에서 일광욕을 하기에 비린내가 나지 않으며 아무리 과식해도 탈이 나지 않는다고 예찬한다.

식재료로 주로 사용되는 짱뚱어는 비단짱뚱어이다. 등지느러미를 펴면 비단처럼 화려한 무늬가 드러난다. 짱뚱어는 '훌치기낚시'나 맨손으로 잡는다. 훌치기낚시는 네 개의 바늘을 각기 다른 방향으로 향하게 묶은 채비로, 미끼 없이 잽싸게 낚아채는 낚시법이다.

짱뚱어가 물 밖에서 오랜 시간 버틸 수 있는 것은 아가미 안에 물을 보관하고 있다가 산소를 걸러낼 수 있기 때문이다. 짱뚱어의 호흡 방식은 물과 육지에서 모두 생활할 수 있는 개구리 같은 양서류가 어류에서 진화했을 가능성을 보여주는 모델로 연구되고 있다.

먼저 훌치기 할 짱뚱어를 물색하여 짱뚱어 뒤쪽으로 낚싯줄을 던진 다음 끌어당기면서 낚아챈다. 오랜 기간 숙련이 필요하며 능숙한 사람은 한두 시간에 100여 마리도 족히 잡아내지만 손이 서툰 사람은 한 마리도 낚아채기 어렵다. 짱뚱어는 도망치기 쉽게 갯벌에 구멍을 두 개 정도 파고 산다. 손으로 잡을 때는 구멍 두 곳에 양손으로 밀어 넣어 잡거나, 한쪽 구멍을 막아 퇴로를 차단한 후 다른 한쪽 구멍의 펄을 파내면서 잡는다.

『자산어보』에는 짱뚱어가 '철목어凸目魚'로 등장한다. 눈이 튀어나온 모양을 본뜬 이름이다. 짱뚱어는 초식성이기에 유기물 찌꺼기나 미생물이 섞인 갯벌의 펄을 긁어 먹는다. 오염이 안 된 곳에 살기에 갯벌 오염도를 가늠할 수 있다.

1 전북 신안군 증도에 있는 짱뚱어 해수욕장은 아름다운 풍광과 함께 지역 특산물인 짱뚱어를 알리는 데 기여하고 있다.

2 짱뚱어는 횟감으로 장만하기도 하는데 검붉은 속살이 마치 잘 숙성된 쇠고기 같아 '바다 쇠고기'라고도 한다.

1 | 2

주어진 여건을 잘 이용하는 베도라치

베도라치 역시 망둥이만큼 흔한 물고기이다. 이들이 흔하게 된 것은 비슷한 환경에 적응한 물고기들에게 모두 베도라치라는 이름을 붙인 탓도 있다. 베도라치라 불리는 물고기들은 '황줄베도라치과'에 속하는 베도라치, 흰베도라치, 점베도라치, 오색베도라치뿐 아니라 '장갱이과'에 속하는 그물베도라치, 황점베도라치, 민그물베도라치, 장어베도라치, 벼슬베도라치, 송곳니베도라치, 큰줄베도라치, 세줄베도라치, 민베도라치, 우베도라치, 등지느러미가 3개인 '먹도라치과'의 가막베도라치, '청베도라치과'에 속하는 400여 종의 베도라치, '비늘베도라치과'의 비늘베도라치 등을 모두 포함한다. 이중 '황줄베도라치과'에 속하는 베도라치가 이들의 대표 격이다.

낚시로 곧잘 잡히는 베도라치, 흰베도라치, 그물베도라치, 황점베도라치 등은 회, 탕의 식재료로 이용된다. 서해 바다 특산이기도 한 흰베도라치 치어 말린 것을 실치포 또는 뱅어포라고 한다. 3~4월에 갓 잡아 올린 싱싱한 실치를 쑥갓이나 깻잎, 미나리 등과 함께 초고추장에 버무리고 참기름을 살짝 쳐서 먹는 것은 별미이기도 하다. 매년 4월 말에 충남 당진군 장고항에서는 실치 축제가 열린다. 한편, 실치를 뱅어라고 하는데 이는 잘못된 말이다. 흰베도라치와 바다빙어목 뱅어과인 뱅어는 완전히 다른 종이다.

베도라치는 보금자리를 만들 때 주어진 조건을 적절히 이용한다. 바닥에 뒹굴고 있는 빈 병이나 파이프를 살펴보면 그 속에 들어앉은 베도라치를 찾을 수 있다. 이들은 몸이 들어갈 정도의 공간만 있으면 그것이 자연적인 구조물이든 인공적인 구조물이든 가리지 않는다. 자세히 관찰하기 위해 가까이 다가가면 구멍 속으로 몸을 숨기지

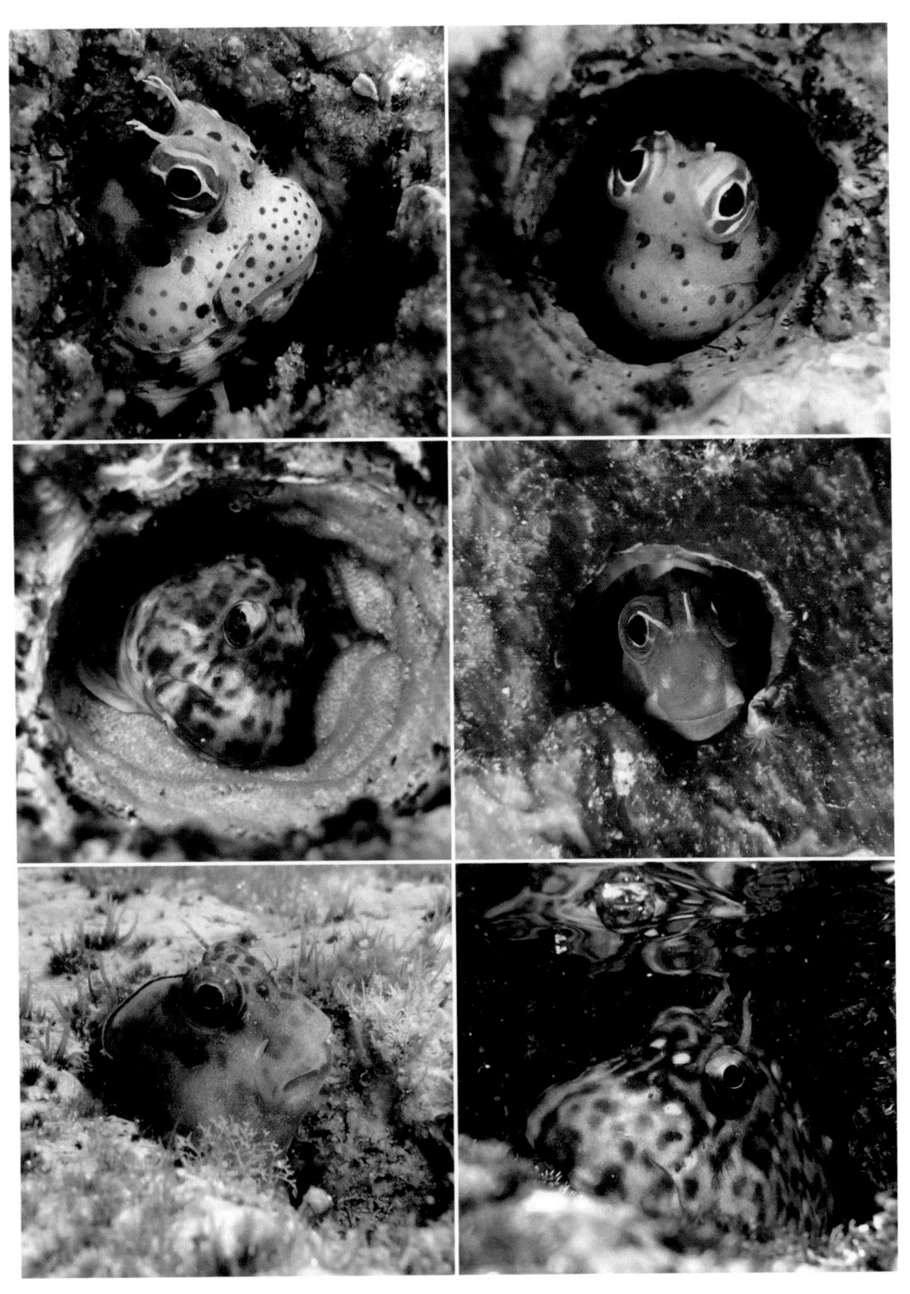

열대 해역에서 발견되는 다양한 베도라치들이다. 이 베도라치는 자연적인 구조물을 보금자리로 삼았다.

1	2
3	4

1 뱀장어처럼 몸이 길쭉한 베도라치가 파이프 속에 몸을 숨기고 있다.

2 바다에 버려진 닻에 베도라치가 보금자리를 틀었다. 베도라치는 몸이 들어갈 만한 틈만 있으면 자연적인 구조물이든 인공적인 구조물이든 가리지 않는다.

3 보금자리를 두고 배타적인 베도라치가 서로 신경전을 벌이고 있다.

4 바다에 버려진 빈 병 역시 베도라치에게는 훌륭한 보금자리가 된다.

만 잠시 후면 머리를 쑥 내밀고 호기심 가득한 눈빛으로 주위를 살피곤 한다.

베도라치는 대부분 작으며, 우리나라 연안의 암반 지대에서부터 열대의 산호초 지대에 이르기까지 폭넓게 분포한다. 생긴 모양도 손가락 크기만 한 것에서부터 뱀장어처럼 길쭉한 것에 이르기까지 다양하다. 그러나 베도라치류는 어느 것이나 등지느러미가 길며, 가시 하나와 지느러미 줄기가 2~4개 있다.

망둥이와의 구별

농어목에 속하는 망둥이와 베도라치는 겉모습이 닮았다. 둘을 비교하면 망둥이의 등지느러미가 두 개로 분리되어 있다면 베도라치는 몸 전체를 덮을 정도로 등지느러미가 하나로 길게 이어져 있다. 또 얼굴을 살펴보면 베도라치는 앞머리를 장식하는 특이한 돌기 구조가 있지만 망둥이는 매끈한 편이다.

이처럼 겉모습으로 둘을 구별하지만 스스로 집을 짓느냐 주어진 공간을 이용하느냐를 놓고 관찰하는 것도 흥미롭다. 망둥이는 바닥에 구멍을 파고 사는데 위기를 맞으면 재빠르게 구멍 속으로 몸을 숨긴다. 이때 바닥에 흙먼지가 일어나면서 시야가 흐려진다. 이 모습은 마치 포식자의 추적을 피하기 위한 연막처럼 보이기까지 한다. 집을 짓는 습성을 놓고 보면 망둥이 중에서 짱뚱어가 대표 격이다. 갯벌에 구멍을 파고 사는 짱뚱어는 위기에 대처하기 위해 구멍 중간에 별도의 구멍을 뚫어 비상구로 이용한다.

나폴레옹피시 길들이기

나폴레옹피시는 농어목 놀래기과에 속하는 대형 어류로 영어명은 '험프헤드레스Humphead wrasse' 또는 '나폴레옹레스Napoleon wrasse'이다. 나폴레옹피시라는 이름은 툭 튀어나온 이마가 프랑스 황제 나폴레옹이 모자를 쓴 모습을 닮았기 때문이다. 최대 크기는 230센티미터로 주 서식지는 홍해와 인도양, 태평양의 산호초 지대이다. 같은 놀래기과에 속하는 혹돔Bulgyhead wrasse 수컷도 윗머리가 혹처럼 불룩하게 튀어나왔지만 서로 다른 종이다.

암컷과 수컷

나폴레옹피시는 낮에는 주로 먹이 활동을 하며 자신의 영역을 지키다가 밤이 되면 산호초나 바위틈에서 잠을 잔다. 대개 혼자 다니지만 때로는 짝지어 다니기도 한다. 수컷은 유어기를 지나면서 이마에 혹이 생긴다. 이 혹은 정소 호르몬에 의해 부풀어 오른 것으로 안에는 지방이 들어 있다. 수컷의 경우 툭 튀어나온 혹과 두툼한 입술로 기괴하게 보이지만 몸에 새겨진 무늬는 상당히 아름답다. 머리 쪽에 파란색 바탕에 미로 모양의 무늬가 있고, 몸통에는 녹색 바탕에 검은색 줄무늬가 있다.

암컷은 5년 정도이면 성숙하는데 이때 몸길이는 35~50센티미터 정도이다. 9년이 되면 개체 중 암컷에서 수컷으로 성전환이 일어나며 성전환 후부터는 매우 빠르게 성장한다. 성전환을 하지 않는 개체는 수컷에 비해 성장이 느리다. 수컷 나폴레옹피시는 대략 150센티미터까지 자라고, 최대 몸길이는 230센티미터에 이른다. 대부분 물고기의 수명이 3~4년 정도이고 대형 종인 경우 10여 년을 사는 데 비해 이들은 25년까지 산다.

나폴레옹피시는 성장하면서 이마에 혹이 생기고, 입술이 두툼해진다. 나폴레옹피시와 같은 놀래기과 어류는 두툼한 입술로 영어명이 늙은 아내란 뜻의 '레스Wrass'이다. 아마도 처음 레스라고 이름 지은 사람의 아내가 나이 들면서 늘 입을 삐죽 내밀며 다닌 듯하다.

◈ 멸종위기종

나폴레옹피시는 멸종위기종이다. 고기 맛이 좋아 동남아시아와 중국에서 인기가 있는데 자기 방어 능력이 부족하다 보니 쉽게 잡을 수 있다. 이들은 CITES 부속서 II 종으로 분류되었다. 최근 자료에 따르면, 각국의 적극적인 보호 결과 나폴레옹피시의 개체 수가 조금씩 늘고 있다.

나폴레옹피시를 대상으로 한 파블로프의 실험

나폴레옹피시는 일정한 장소에 머무는 특성이 있어 서식지로 알려진 곳을 찾으면 언제든 만날 수 있다. 하지만 경계심이 강해 가까이 다가오는 것을 허락하지 않는다. 그런데 팔라우공화국의 세계적인 다이빙 포인트 중 한 곳인 블루코너에서는 나폴레옹피시를 가까이서 관찰할 수 있다. 이곳에는 안내인이 길들인 나폴레옹피시가 있기 때문이다. 이를 두고 나폴레옹피시의 야성을 잃게 만드는 행위라는 지적도 있지만 길들인 나폴레옹피시는 매력적인 관광자원임은 분명하다.

팔라우의 현지 안내인이 나폴레옹피시의 툭 튀어나온 혹을 쓰다듬고 있다. 안내인은 소시지로 나폴레옹피시를 길들이고 있었다.

2000년 초 블루코너를 찾았을 때다. 함께 다이빙에 나선 현지 안내인이 탐침봉으로 공기통을 두드렸다. 순간 나폴레옹피시 한 마리가 안내인 옆으로 다가오더니 오랜 친구를 반기듯 몸을 비비며 반가움을 표했다. 주머니에서 소시지를 꺼낸 안내인은 이를 반으로 뚝 잘라 나폴레옹피시 입에 넣어 주었다. 이후 나폴레옹피시는 야성의 바다에서 친구를 지키려는 듯 우리 뒤를 따라다녔다. 마치 블루코너의 군주가 그의 왕국을 방문한 친구를 에스코트하는 듯 신비롭고도 환상적인 경험이었다. 다이빙을 마칠 즈음 남아 있던 소시지 반 조각을 마저 꺼내주자 나폴레옹피시는 한입에 삼키고는 미련 없이 사라졌다.

나폴레옹피시가 다이빙 내내 우리를 따라다녔던 비밀이 풀렸다. 그것은 바로 남아 있는 소시지 반 조각 때문이었다. 나폴레옹피시는 안내인이 '땅땅' 공기통을 두드리면 소시지 반 조각이 나타나고, 나머지 반 조각은 다이빙을 마칠 즈음 얻을 수 있다는 것을 학습과 경험을 통해 알고 있었던 것이다. 19세기 말 러시아의 생리학자 파블로프 Ivan P. Pavlor, 1849~1936 가 개에게 먹이를 주기 전 불

파블로프

소화액의 분비구조를 밝혀낸 러시아의 생리학자이다. 그의 소화 연구는 동물의 행동 연구로 연결되어, 개에게 먹이를 주기 전 불빛을 비추면 나중에는 불빛만 비추어도 개가 먹이를 생각해 침을 흘린다는 사실을 알게 되었다. 파블로프는 이러한 개의 행동이 단순한 조건반사에 의한 반응이 아니라 대뇌의 작용에 의한 학습 결과라는 결론에 도달하여 뇌의 작용이 생리학적 방법으로 연구될 수 있음을 증명해냈다. 파블로프는 1904년 '소화샘 생리학의 연구'로 노벨 생리의학상을 수상했다.

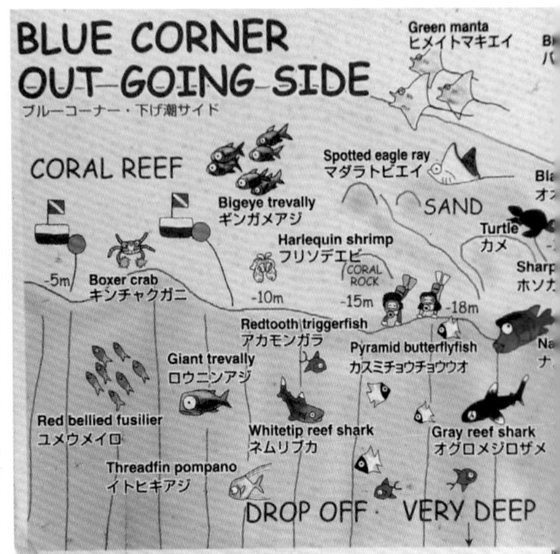

1 나폴레옹피시는 멋진 관광자원이다. 관광에 나선 스쿠버다이버가 나폴레옹피시와 가위바위보를 하듯 반기고 있다.

2 팔라우에는 세계적인 다이빙 포인트가 여러 곳 있다. 이중 블루코너는 나폴레옹피시, 상어류, 바라쿠다 등을 관찰할 수 있어 스쿠버다이버들에게 인기가 있다. 사진은 현지 안내인 수첩에 있는 수중 지형도이다.

빛을 비추며 동물의 학습을 실험했다면 21세기 초 팔라우의 다이빙 안내인은 공기통을 두드리는 방식으로 파블로프의 연구를 응용하고 있었다.

혹돔

혹돔은 이마에 주먹 크기만 한 혹이 있다. 혹은 성장한 수컷에게만 생겨난다.

놀래기류에 속하는 온대성 어류로 몸길이가 100센티미터에 이르는 대형 종이다. 섭씨 16도 전후의 수온을 좋아하며, 수심 20~30미터의 암초지대에 주로 서식한다. 이마에 주먹만 한 혹이 있어 혹돔이라 한다. 그런데 혹돔이라 해서 모두 혹이 있는 것은 아니다. 혹은 성장한 수컷만의 전유물이다.

『자산어보』에는 '혹 류瘤' 자를 붙여 '유어瘤魚'라 기록하고, 맛은 도미와 비슷하지만 그만 못하다고 전하고 있다. 경남 통영 지방에서는 엥이, 제주도에서는 웽이, 전라도에서는 딱도미, 혹도미라 부른다. 이들은 잡식성으로 전복, 소라, 새우, 게 등을 튼튼한 이빨로 깨뜨려 쪼아 먹는다.

무르익은 누런 호박을 닮아 호박돔

호박돔은 몸빛이 황적색으로 누런 호박색을 닮았지만 전체적인 색의 조화가 상당히 아름답다. 제주도 서귀포 해역을 찾았을 때 사냥에 나선 용치놀래기 무리 틈으로 호박돔이 모습을 드러냈다. 주위를 두리번거리는 호박돔의 호기심 가득한 눈빛이 흥미로웠다.

호박돔은 이름에 돔 자가 붙었지만 놀래기류다. 같은 놀래기류인 혹돔을 닮았지만 혹돔처럼 머리에 혹이 튀어나와 있지는 않다. 몸길이는 40센티미터 이상이며 몸은 긴 타원형으로 옆으로 납작하다. 머리가 크며 눈은 상대적으로 작은데 옆줄이 뚜렷하며 비늘이 크다. 호박돔이란 이름은 몸 색이 황적색으로 무르익은 누런 호박색을 닮았기 때문이다. 입가의 보라색, 등지느러미와 뒷지느러미 위의 노란색 · 보라색 띠무늬, 꼬리지느러미의 보라색 반점이 화려하고 아름답다.

이들은 제주도 등 따뜻한 연안 암초와 가까운 모래밭에 살며 밤에는 바위 틈 등에서 잠을 잔다. 먹이를 먹는 방식은 입 안 가득히 모래를 넣은 후 뱉어내는 동작을 네다섯 번 되풀이하면서 갯지렁이, 새우, 갑각류 등을 걸러 먹는다.

앵무새 부리를 닮아 앵무고기

앵무고기Parrotfish는 전 세계 열대 바다에 걸쳐 80여 종이 살고 있다. 이들이 앵무고기라 불리는 것은 머리와 돌출된 이빨 구조가 앵무새의 부리를 닮아서이다. 여기에다 몸 색마저 앵무새처럼 화려하다. 앵무고기류는 동남아 해안 지역의 바위와 산호초 등 얕은 바다에 살기에 현지인들은 간단한 줄낚시로 낚아 올려 구이나 찜으로 식용한다.

통니 앵무고기

대부분 앵무고기의 몸길이는 50~70센티미터 정도이다. 버펄로피시 같은 종은 성체의 길이가 1.3미터를 넘어서기도 한다. 흔히 통니라고 하는 날카롭고 폭이 넓은 판 모양의 돌출된 앞니는 입술로 모두 덮을 수 없어 항상 밖으로 노출되어 있다. 앵무고기류는 이 통니로 산호를 긁어 먹은 후 입 속에서 잘게 부수어 위장으로 넘기는데 산호 분쇄물 속에 들어 있는

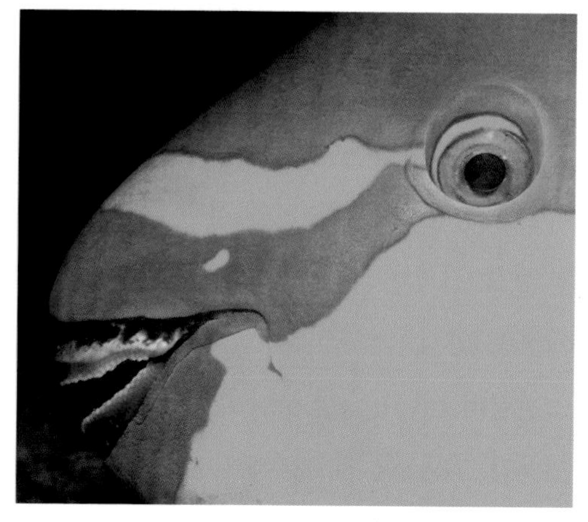

앵무고기류의 이빨은 판 모양의 통니라 산호초를 긁어 먹기에 최적화되어 있다. 이빨을 덮고 있는 녹색 물질은 산호를 긁어 먹을 때 옮겨 붙은 산호 공생조류이다.

주산텔라 등의 조류는 소화되고 석회질 가루는 그대로 배설된다. 대개가 초식성으로 알려졌지만 일부 종은 강력한 이빨로 성게를 뜯어 먹기도 한다.

앵무고기들이 성게를 사냥하는 장면을 지켜보는 것은 흥미롭다. 성게는 자기 몸을 지키기 위해 가시를 곧추세우지만 앵무고기는 돌출된 이빨이나 머리로 들이받아 뒤집어 버린다. 성게는 몸이 가시로 덮여 있어 외부의 적으로부터 스스로를 방어할 수 있을 것으로 보이지만 아래쪽 배 부분에는 가시가 없다. 뒤집힌 성게는 이빨을 앞세운 앵무고기의 공격에 속수무책이다.

놀래기과 어류와 닮은 앵무고기

이빨 구조를 제외하면 앵무고기는 놀래기과 어류와 비슷하다. 대개의 어류가 꼬리지느러미로 추진력을 더하지만 놀래기과 어류와 앵무고기류는 어지간히 급한 일이 아니면 꼬리지느러미 대신 가슴지느러미만을 이용한다. 또한 종족 보존을 위해 무리에서 가장 큰 암컷이 수컷으로 성전환하는 것도 공통점이다.

우리나라 근해에서는 앵무고기류에 속하는 어종 중 비늘돔과 파랑비늘돔 두 종만이 발견되고 있어 앵무고기류를 파랑비늘돔과로 분류한다. 학명은 비늘돔이 *Calotomus japonicus*, 파랑비늘돔은 *Scarus ovifrons*이다. 비늘돔의 속명 *Calotomus*은 그리스어로 '아름다운kalos'과 '절단tomos'의 합성어로 비늘돔류의 화려한 외모와 강력한 이빨을 상징한다. 비늘돔의 경우 수컷은 푸른색이 강하고 암컷은 붉은색이 강하다. 암컷 중 전체가 적갈색인 개체 또는 붉은색, 갈색, 푸른색 등 여러 색이 무늬를 이룬 개체도 있다.

파랑비늘돔의 속명 *Scarus*은 지중해에 살고 있는 비늘돔이나 놀래기를 의미하는 옛말인 그리스어 'Skaros'에서 유래했는데 원래 Skaros는 목초지라는 뜻이다. 이는 비늘돔류가 얕은 수심의 산호초 지대에 널리 서식하는 데서 유래한 것으로 보인다.

고치를 만들어 잠자는 앵무고기

앵무고기 중 퀸패럿(Queen parrotfish, 학명 *Scarus vetula*) 종은 잠을 잘 때 입에서 점액을 분비해 자신의 몸을 투명한 막(고치)으로 감싼다. 퀸패럿이 잠자리를 준비하는 데는 약 20~60분이 걸리며 아침에 빛이 들면 약 30분 후 막에서 빠져나온다.

이들이 잠자리에 이용하는 막은 젤라틴 형태로 투명해서 수중랜턴을 비춰도 형태를 알아채기 힘들다. 이때 부드러운 산호 가루나 모래 등을 뿌리면 막의 존재가 드러난다. 이들이 막을 만들고 그 속에서 잠을 자는 것은 자신의 냄새를 포식자에게 전달하지 않기 위해서라는 풀이가 대세이지만, 어떤 이는 막(고치)에서 고약한 냄새가 뿜어 나와 포식자가 달려들지 않게 하기 위해서라는 주장을 펼치기도 한다.

바닷속 들소 버펄로피시

스쿠버다이버들에게 친숙한 앵무고기로는 말레이시아 시파단섬에서 흔하게 만날 수 있는 버펄로피시(험프헤드패롯피시Humphead parrotfish, 학명 *Bolbometopon muricatum*)를 들 수 있다. 보르네오섬 북쪽에 있는 시파단섬 해역(말레이시아령 사바주)은 세계적인 다이빙 포인트 중 한

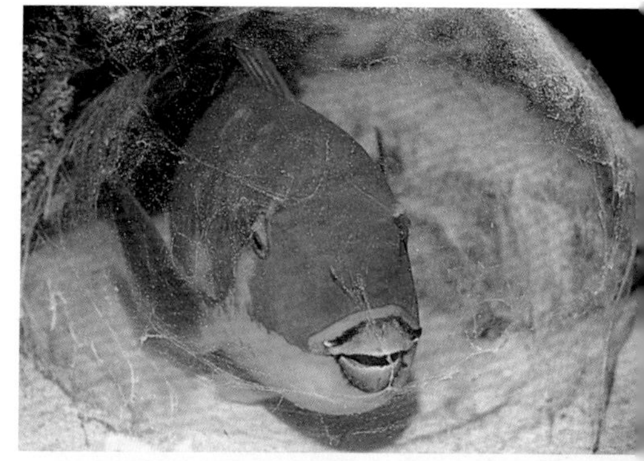

1 퀸패럿이 점액질의 고치 속에서 잠을 자고 있다. 이들이 만든 고치는 투명해서 모래나 산호 가루 등을 뿌려야 그 윤곽이 드러난다.

2 밤이 되면 앵무고기는 산호초나 바위틈으로 들어가 잠을 청한다. 말레이시아 시파단에서 야간 다이빙을 진행하던 중 깊은 잠에 빠진 앵무고기를 만났다.

얕은 수심에서 대형 종인 버펄로피시들의 유영을 지켜보는 것은 경이로운 경험이다.

곳이다. 이곳에서는 다양한 바다동물을 관찰할 수 있는데 이중 무리 지어 다니는 버펄로피시는 대표적 볼거리 중 하나이다. 햇살이 투영되는 얕은 바다에서 덩치가 큰 물고기 수백 마리가 일정 방향으로 헤엄치는 모습을 보는 것은 경이로운 경험이다.

거구를 유지하기 위해 쉴 새 없이 산호를 긁어 먹고, 먹은 만큼의 석회 가루를 배설하기에 버펄로피시 뒤로는 물이 뿌옇게 흐려진다. 이러한 모양새가 마치 들소(버펄로) 떼가 황야를 질주할 때 일으키는 흙먼지가 연상되면서 버펄로피시라는 이름을 붙였다.

버펄로피시는 잠자리가 일정하다. 낮 동안 얕은 수심의 산호초 지대를 몰려다니며 먹이 활동을 하다가 해가 지면 바위틈이나 수중 동굴 등을 찾아든다. 밤이 이슥해진 후 바닷속으로 들어가 보면 바위틈에 모여 잠자는 모습을 만날 수 있는데 시파단섬에서 관찰할 수 있는 진풍경 중 하나이다.

바닷속에서 '나불나불' 나비고기

아무도 그에게 수심水深을 일러준 일이 없기에
흰나비는 도무지 바다가 무섭지 않다.

청靑무우 밭인가 해서 내려갔다가는
어린 나래가 물결에 절어서
공주처럼 지쳐서 돌아온다.

삼월달 바다가 꽃이 피지 않아서 서거픈
나비 허리에 새파란 초승달이 시리다.

한국 모더니즘 문학의 문을 연 시인 김기림(1908~ ?, 한국전쟁 당시 납북)은 1939년 연약한 나비와 거친 바다를 대비한 「바다와 나비」를 발표했다. 비평가들은 시에서 당시 지식인들의 새로운 세계에 대한 동경과 좌절을 노래했다고 이야기한다. 만약 시인 김기림이 바닷속에서 나비고기를 만났다면 어떤 시를 썼을까? 청무 밭같이 짙푸른 바닷속을 다니다 나비고기를 만날 때 문득문득 드는 생각이다.

지느러미가 나비 날개를 닮아

나비고기(농어목 나비고기과)는 전 세계적으로 120여 종이 분포한다. 이들은 몸이 작고 납작하며 주둥이가 앞으로 튀어나와 있다. 몸길이는 약 20센티미터 정도이다. 몸 색은 노란색이며 일부 종은 머리 부분에 눈을 가로지르는 검은색 세로띠가 있다. 대개는 몸에 띠, 줄무늬, 반점 또는 그 밖의 일정한 형태의 무늬가 있어 매우 화려하다. 화려하게 몸을 치장하는 것은 자신들이 살고 있는 형형색색 산호초의 화사함에 맞추기 위함이다. 포식자의 눈으로 보면 나비고기의 움직임이 산호색에 묻혀 들면 그 존재를 찾기 힘들다.

나비고기는 가슴지느러미뿐 아니라 다른 지느러미도 큰 편이며 특히 배지느러미가 가시 모양으로 길게 드리워져 있다. 나비고기란 이름은 이 지느러미들 중 유난히 큰 가슴지느러미를 펼치면 나비 날개처럼 보인다 해서 붙였다고 한다. 이들은 나비가 연상되는 이미지가 예쁜 데다 수족관에서도 잘 적응해 관상용 물고기로 인기가 있다.

반가운 손님 나비고기

우리나라 연안에서도 나비고기가 발견되곤 한다. 사진은 부산광역시 영도구 연안에서 만난 나비고기와 토착 어류인 망둥이다. 우리 연안에서 발견되는 나비고기를 아열대화에 대한 우려의 시각보다는 난류에 실려 찾아온 반가운 손님으로 대하는 것은 어떨까?

거친 파도와 조류에 맞서는 나비고기는 땅 위 나비와 달리 연약하지만은 않다. 이들은 열대와 아열대 바다 산호초나 수중 절벽 지대에서 자기 영역을 지키며 살아가다 침입자가 있으면 맹렬한 기세로 맞서기도 한다. 그런데 산호초가 없는 우리나라 연안, 특히 한류의 영향을 받는 동해에서도 나비고기가 발견된다. 어떤 이는 이를 두고 우리 연안이 아열대화하는 방증이라며 우려의 목소리를 높이기도 하지만, 이는 난류가 확장될 때의 일시적인 현상으로 봐야 한다. 바다생물은 해류

얕은 수심의 산호초 지대에 나비고기가 무리를 이루고 있다.

를 타고 이동한다. 해류에 떠밀려 온 곳이 살 만하면 정착하겠지만 그렇지 않으면 얼마 지나지 않아 소멸한다.

나비고기의 위기 탈출 방법

나비고기는 포식자의 기세가 강하면 산호초 사이로 몸을 숨기느라 꽁무니를 뺀다. 이때 꼬리 부분에 있는 눈 모양의 점무늬가 인상적이다. 뒤에서 몰래 다가가는 포식자는 동그란 점이 자신을 노려보는 눈처럼 보여 혼란에 빠질 수 있다. 나비고기는 이 틈을 이용해 위험에서 벗어난다는 것이 어류학자들의 일반적인 견해이다.

인도네시아 술라웨시섬의 항구도시 마나도 렘베해협에서 야간 다이빙을 진행할 때다. 깜깜한 밤바다 속을 수중랜턴 불빛에 의존해 둘러보는데 산호초 사이로 복어와 나비고기 한 마리가 잠든 모습이 보였다. 인기척에 놀란 이들은 각각의 본능대로 반응을 보였다. 몸에 독을 지닌 복어는 몸을 부풀리며 이빨을 드러낸 채 맞섰고, 나비

팔라우 수중 절벽 지대에 나비고기들이 무리 지어 있

고기는 잠시 머뭇거리다 도망치려고 몸을 돌렸다. 이때 꼬리 부분에 있는 눈 모양의 점이 마치 노려보는 것처럼 보였다.

팔라우를 찾았을 때는 수백 마리의 나비고기가 수중 절벽 지대에 모여드는 모습을 관찰했다. 대부분 산호초에 삼삼오오 모여 사는 것과 차이를 보였다. 무리를 이루는 것은 포식자에 함께 맞서기 위함일 것이다.

관상용으로 인기가 있는 멜론나비고기이다. 이들은 수심 4~20미터의 산호초 지대에서 단독 또는 쌍으로 발견된다.

산호초의 천사 에인절피시

에인절피시는 나비고기와 함께 산호초 지대를 화려하게 수놓는 아름다운 어류이다.

산호초는 어류를 비롯한 여러 바다생물이 모여 사는 공동체이다. 그 가운데 단연 돋보이는 종은 나비고기와 보통 에인절피시라 부르는 청줄돔일 것이다. 에인절피시의 몸통 여기저기에는 파랗게 빛나는 형광색 줄무늬가 있다. 사람들은 그 모양새가 너무 예뻐 '에인절angel'이라는 이름까지 붙였다.

이따금 제주도 남단에서 에인절피시를 발견할 때가 있다. 아마도 필리핀 근해에서 발생하는 쿠로시오 해류를 타고 제주도까지 올라오는 듯하다.

호가호위의 위세 빨판상어

호랑이가 여우를 잡았다. 위기에 처한 여우는 임기응변을 발휘한다.

"나는 천제의 명을 받은 귀하신 몸이다. 네가 나를 해치게 되면 천제의 명을 어기는 것이니 큰 벌을 받을 짓이다. 천제의 명을 다른 동물들은 다 알고 있는데 너는 어찌 모른단 말이냐. 만약 내 말이 믿기지 않는다면 내 뒤를 따라와 봐라……."

호랑이는 고개를 갸웃거리며 여우를 앞세우고 길을 나섰다. 그런데 만나는 짐승마다 모두 꼬리를 내리고 달아나기 바쁜 게 아닌가. 사실 짐승들이 달아나는 것은 여우 뒤를 따라가던 자신 때문이었지만 호랑이는 그 사실을 깨닫지 못했다.

이는 중국 고사에 등장하는 호가호위狐假虎威에 대한 이야기로 아랫사람이 윗사람의 권위를 빌려 위세를 부리는 행위를 말한다.

상어와는 분류학적 연관이 없어

바닷속에는 상어나 바다거북 등 대형동물과 함께 살아가는 동물들이 있다. 빨판상어도 그중 하나다. 빨판상어는 경골어류 농어목 빨판상어과Echeneidae에 속하는 어류로 이름에 상어가 붙었지만 연골어류에 속하는 상어와는 전혀 다른 어종이다. 상어 몸에 붙어 다니는 것이 유별나 빨판상어라는 이름을 붙였을 뿐이다.

빨판상어 머리 위에는 등지느러미가 변형된 타원형 빨판이 있다. 여기에는 흡반이 20~28개 있는데 빨판상어는 이 흡반을 이용해 자유자재로 몸을 붙이고 떼어낼 수 있다. 이들이 대형 바다동물과 함께 살아가는 것은 여러모로 이득이 있다. 대형 바다동물이 사냥할 때 떨어뜨리는 부스러기를 받아먹을 수 있을 뿐 아니라 먼 거리를 힘

빨판상어가 자신의 몸을 붙이기 위해 상어에게 접근하고 있다.

들이지 않고 다닐 수 있다. 뿐만 아니라 상어처럼 위세 등등한 수중 포식자와 함께 물속을 휘젓고 다니며 혼비백산 흩어지는 다른 바다동물들을 내려다보는 호가호위의 허세 또한 누릴 만하다.

편리공생일까, 상리공생일까

빨판상어는 머리가 납작하며 몸길이는 30~90센티미터 정도로 비교적 길다. 비늘이 없는 몸은 전체적으로 갈색을 띠며, 배 쪽 가장자리 부위가 흰 편이다. 아래턱이 위턱보다 돌출되어 있으며 양턱에는 융털 모양의 이빨이 여러 줄 나 있다. 위턱의 뒤끝은 눈 앞 가장자리까지 이어져 있다. 등지느러미와 뒷지느러미는 몸 가운데에서 시작해 꼬리지느러미 바로 앞까지 길게 뻗어 있다. 눈과 입은 큰 편이며 최대 몸길이는 약 110센티미터, 몸무게는 약 2.3킬로그램 정도이다.

빨판상어는 주로 열대 해양에서 발견되지만 드물게 우리나라 남해안 등 온대지방

상어의 배 부분에 몸을 붙인 빨판상어 두 마리가 보인다. 다른 동물들이 가까이하기 꺼리는 상어 몸에 붙어 다니는 것이 유별나게 보여 이들에게 빨판상어라는 이름을 붙였을 것이다. 빨판상어의 흡반은 몸을 붙이고 있는 동물이 전진하면 달라붙는 구조로 되어 있어 아무리 빠른 속도로 헤엄쳐도 떨어지지 않는다.

연안에서 발견되기도 한다. 이들이 어디에서 발견되는지는 모두 그들이 붙어 다니는 개체의 활동 영역에 달려 있다. 크기가 큰 빨판상어는 대왕고래나 향유고래, 고래상어, 쥐가오리 등 대형 종과 함께 다니며, 소형 종은 다랑어에 붙어살기도 한다.

빨판상어와 이들과의 관계는 주로 편리공생(생물의 공생 중 한쪽만 이익을 받고, 다른 쪽은 이익이나 불이익을 받지 않는 관계)으로 설명된다. 붙어 다니는 동물은 빨판상어에게 얻는 것이 없지만, 잃는 것 또한 없다고 보기 때문이다. 반면, 빨판상어가 이득을 얻는 것은 먹이, 보호 그리고 이동 수단이다. 상대의 몸에 붙어 이동에 도움을 받는 관계를 운반 공생phoresy, 숨는 장소나 서식처로의 도움을 받는 관계를 더부살이 공생inquilinism이라고 하는데 빨판상어는 운반 공생과 더부살이 공생 모두에 포함된다. 어떤 이는 빨판상어가 큰 동물 몸에 붙은 세균, 기생충 등을 제거해주므로 서로에게 도움을 주는 상리공생 관계라고 이야기하기도 한다.

몸을 붙이는 데 사용하는 흡반

빨판상어의 가장 큰 특징은 머리 등 쪽에 있는 타원형의 납작한 빨판이다. 이 달걀형 빨판은 제1등지느러미가 타원형으로 변형되어 흡반처럼 되어 있다. 각 흡반은 좌우로 나뉘어 정중선에서 뒤쪽으로 약간 구부러져 있다. 빨판상어는 이 흡반을 이용해 자신보다 큰 물고기나 생물체에 몸을 붙일 수 있다. 흡반이 달라붙는 원리는 20~28개의 주름 사이를 넓혀 주변보다 압력을 낮게 하는 방식이다.

스쿠버 장비를 착용하고 바닷속을 다니다 보면 빨판상어가 공기통에 몸을 붙이곤 한다. 빨판상어에게는 스쿠버다이버도 자신이 의존할 만한 대형 바다동물로 보이기 때문일 것이다. 빨판상어가 상대의 몸에 쉽게 몸을 붙일 수 있고 유영 중에도 떨어지

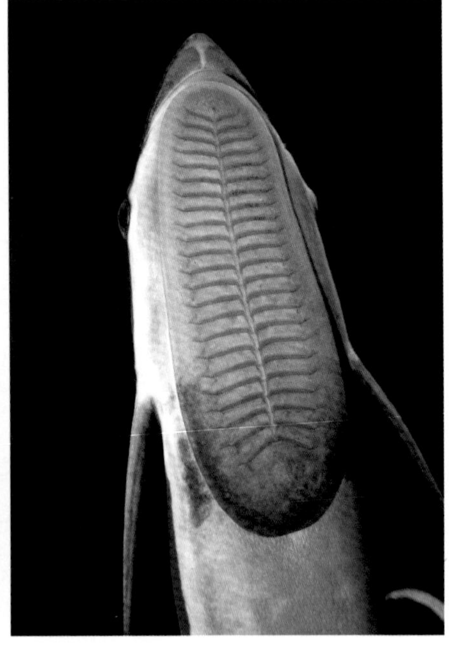

1 빨판상어가 쥐가오리 배 부분에 몸을 붙이고 있다.

2 빨판상어 머리 위의 빨판에는 흡반이 20~28개 있는데 빨판상어는 이를 이용하여 자유자재로 몸을 붙이고 떼어낼 수 있다. 각 흡반은 좌우 2반으로 나뉘어 정중선에서 뒤쪽으로 약간 구부러져 있다.

지 않는 것은 각 흡반 가장자리에 육질 돌기가 있어 떨어지는 것을 막아주기 때문이다. 흡반은 몸을 붙이고 있는 동물이 전진하면 딱 달라붙는다. 그래서 흡반을 앞으로 밀면 쉽게 떨어지지만 뒤로 밀어 떼어내려면 절대로 떨어지지 않는다.

이러한 구조적 특성으로 빨판상어가 배 밑바닥에 달라붙으면 운항 속도가 떨어진다. 고대 그리스인들은 빨판상어를 바람이 불든 폭풍이 불든 배를 꼼짝달싹 못 하게 붙잡아 결국 침몰시키는 음흉한 물고기라 여겨 '에케네이스'라 했고 이에 따라 *Echeneis naucrates*가 빨판상어의 학명이 되었다. 배에 들러붙는 정도가 아니라 '배를 붙잡는 것'이란 뜻이다.

빨판상어의 강한 흡착력을 이용해 대형 바다동물을 사냥하기도 했다. 프랑스 작가 쥘 베른의 소설 『해저 2만리』에는 노틸러스호 선원들이 빨판상어 몸에 줄을 묶은 다음 바다거북을 잡아 올리는 장면이 묘사되어 있다.

빨판상어 외에도 흡반이 있는 동물이 더러 있다. 빨판상어와 같은 척추동물 중 미끈망둑은 배 부분에, 도마뱀은 발가락에 흡반이 있으며 두족류인 낙지, 오징어의 흡반은 다리에 보통 세로 4줄로 배열되어 있다. 거머리류는 몸의 앞뒤 양 끝에 각각 하나씩 있다.

화려한 체색의 만다린피시

만다린피시Mandarin fish는 농어목 돛양태과의 바닷물고기이다. 만다린은 16세기 후반부터 기록에 등장하는 영어명으로, 주로 서양인들이 중국 왕조의 고급 관리를 지칭할 때 사용되었다. 그 용어에는 중국 관료들이 입었던 화려하고 다채로운 색상의 관복에서 풍기는 경외감과 권력이 함축되어 있다. 열대와 아열대 산호초 해역의 얕은 수심에서 발견되는 작은 물고기를 만다린이라 부르는 것은 이 어류의 화려하고 선명한 몸 색 때문이다. 빨간색, 녹색, 파란색이 강렬하게 대비를 이루면서도 경계선에서는 부드럽게 어우러진 색감이 무척 화사하다.

해 질 무렵 모습을 드러내는 만다린피시

크기가 5~6센티미터 정도에 지나지 않는 만다린피시는 몸길이에 비해 머리가 넓고 납작하다. 이들은 먹이를 세심하게 관찰한 다음 사냥에 나서는데 주로 원생동물이나 단각류, 등각류와 같은 갑각류가 표적이다. 만다린피시는 몸을 보호하는 비늘을 대신해 몸 전체가 고약한 냄새가 나는 점액질로 덮여 있다. 또한 지느러미 촉수에는 강한 독이 있다.

움직임이 느리고 별다른 방어 수단이 없는 바다동물은 몸에 독을 지니고 화려한 몸 색으로 치장한다. 이는 포식자에게 자신이 만만하지 않은 존재임을 적극적으로 알리는 방법이다. 만다린피시는 몸 색이 화려한 데다 덩치도 작아 관상용으로 인기가 있지만 빛을 싫어해 수족관에서는 잘 적응하지 못한다.

바닷속에서 만다린피시를 만나기가 쉽지 않다. 거의 대부분의 시간을 산호 가지 사이에 몸을 숨기고 있다가 석양에 바다가 물드는 짧은 시간 동안에만 모습을 드러내기 때문이다. 넓디넓은 바닷속 어디에다 보금자리를 틀고 있는지 찾기도 힘든 데다 모습을 드러내는 시간 또한 짧다 보니 이들은 만나기 귀한 존재가 되었다.

하지만 만다린피시가 머물고 있는 곳을 한번 찾게 되면 거의 매일 관찰할 수 있다. 만다린피시는 한곳에 머물러 사는 특성이 있기 때문이다. 그래서 경험이 많고 지혜로운 현지 안내인은 만다린피시가 살고 있는 곳을 미리 찾아 놓고 스쿠버다이버를 안내한다. 만다린피시를 제대로 관찰하기 위해 스쿠버다이버는 많은 돈을 지불해서라도 그 안내인을 찾아갈 수밖에 없다.

만다린피시의 혼인색

만다린피시 관찰의 으뜸은 짝짓기 장면이다. 이들은 석양 무렵 짧은 시간에 짝짓기에 나선다. 그래서 사람들은 만다린피시가 석양이 뿜어내는 붉은색을 좋아한다고 믿으며 붉은색을 만다린피시의 혼인색이라고도 한다. 그런데 해 질 무렵이면 바닷속은 어둑어둑하다. 시야가 확보되지 않은 바닷속에서 만다린피시를 제대로 관찰하려면 수중랜턴 등의 조명 장비를 사용해야 하는데 만다린피시는 빛을 싫어한다.

그래서 착안한 것이 전구 앞에 붉은색 필터를 붙이는 방식이다. 물속에서 은은하게 퍼져 나가는 붉은빛의 조명은 밝은 곳을 싫어하는 만다린피시를 크게 자극하지 않는다. 붉은색 조명을 사용하는 것은 만다린피시뿐 아니라

만다린피시 불빛에 민감한 바다동물을 관찰할 때는 조명 장비에 붉은색 필터를 사용하는 것이 좋다.

1 만다린피시 한 쌍이 짝짓기를 하고 있다. 수컷(오른쪽)은 암컷에 비해 덩치가 크고 푸른색이 짙다.

2 수컷은 여러 마리의 암컷과 짝짓기를 한다. 짝짓기가 이루어지는 아래쪽을 살펴보면 순서를 기다리고 있는 암컷들을 볼 수 있다.

빛에 민감한 바다동물을 관찰할 때 사용하는 일반적인 방법이기도 하다.

2005년 필리핀 세부섬을 찾았을 때다. 안내인을 따라 산호 가지 사이에 숨을 죽인 채 기다리고 있으니 산호 가지 사이로 화려한 색으로 치장한 수컷이 보였다. 신중하게 렌즈 초점을 맞춘 후, 붉은색 조명을 밝히자 암컷 한 마리가 수컷에게 다가와 배를 맞댄다. 배를 맞댄 두 마리는 공중 부양이라도 하듯 20센티미터 남짓 떠올랐다. 2~3초 정도 걸렸을까. 두 마리의 몸짓은 파르르 떨림과 함께 마무리되고 가라앉듯 아래쪽으로 떨어져 내렸다.

암컷은 떨어지는 탄력대로 산호 가지 아래로 빠르게 몸을 숨긴 반면, 수컷은 일정한 높이에서 멈췄다. 그런데 흥미로운 것은 산호 가지 아래에 암컷 여러 마리가 줄지어 기다리고 있다는 점이었다. 한 마리와의 짝짓기가 끝나면 기다리던 다른 암컷이 수컷에게로 향하고 다시 두 마리는 배를 맞댄 채 '부웅 ~' 떠오르기를 반복했다. 이날 관찰한 수컷은 여섯 마리의 암컷과 짝짓기를 했다. 만다린피시의 암수를 구별하기는 쉽다. 덩치가 크고 푸른색이 짙은 쪽이 수컷이며 덩치가 작고 붉은색을 띤 개체가 암컷이다.

바다생물을 관찰하는 시점

만다린피시의 짝짓기를 관찰하기 위해 해 질 무렵 바닷속으로 들어가는 것을 '선 셋 다이빙sun set diving'이라고 한다. 스쿠버다이빙은 하루 중 언제 하느냐에 따라 크게 '선 라이즈 다이빙sun rise diving', '모닝 다이빙morning diving', '데이 다이빙day diving', '선 셋 다이빙sun set diving', '나이트 다이빙night diving' 등의 다섯 가지로 나뉜다. 각각의 다이빙은 저마다 매력이 있다.

- **선 라이즈 다이빙**: 일출 20~30분 전 바닷속으로 입수해서 일출 시간에 맞춰 수면으로 돌아오는 방식으로 진행된다. 깜깜한 바닷속에 머물렀다가 수평선 너머로 솟아오르는 태양을 눈높이에서 마주하는 장면이 강렬한 인상을 준다. 선 라이즈 다이빙은 여러 동호회에서 새해맞이 행사로 진행되곤 한다.
- **모닝 다이빙**: 정오 전까지 진행하는 다이빙이다. 밤새 휴식을 취한 바다생물이 새로운 하루를 시작하고 강렬하지 않은 오전 햇살이 바닷속으로 부드럽게 투영되어 상쾌한 다이빙을 즐길 수 있다.
- **데이 다이빙**: 가장 일반적인 형태의 다이빙이다. 밤이 오기 전 배를 채우기 위해 바다동물들이 활발하게 움직인다. 이들을 마주하는 것은 다이빙이 안겨주는 매력 중 하나이다.
- **선 셋 다이빙**: 일몰 시간에 맞춰 바닷속으로 들어가는 다이빙이다. 하루 일과를 끝내고 황혼에 물든 바닷속으로 들어가는 것은 꽤 낭만적이다. 다이빙을 마친 후 수면으로 올라오면 세상은 암흑으로 바뀌어 있다. 수면에서 어둠이 내려앉은 밤바다를 둘러보는 것은 시간과 공간을 초월한 기분이 든다. 선 셋 다이빙의 가장 큰 매력 중 하나가 바로 만다린피시의 짝짓기를 관찰할 수 있다는 점이다.

1 석양이 드리워진 바다가 붉게 물들어 있다.

2 야간 다이빙은 밤에 활동하는 바다생물을 관찰할 수 있다는 점에서 매력적이다.

- **나이트 다이빙:** 낮 시간의 휴식을 마치고 활동을 시작하는 야행성 바다동물을 만날 수 있다는 점에서 매력적이다. 밤바다 속에는 산호가 폴립을 활짝 펼친 채 먹이 활동을 하고, 낮 시간에 숨어 있던 장어, 문어, 곰치, 성게, 쏠종개 등 야행성 바다동물이 역동적으로 움직인다. 운이 좋다면 산호초나 바위틈에 잠든 대형 어류를 관찰할 수도 있다. 나이트 다이빙은 오후 10시 이후 낮과 밤이 완전히 바뀐 다음 진행하는 것이 좋다. 대개의 리조트에선 일정 조절을 위해 해가 떨어지자마자 나이트 다이빙을 진행하기도 하는데 야행성 바다생물을 제대로 관찰하기에는 적절하지 않다.

무리를 이루어 그루퍼

그루퍼Grouper는 농어목 바리과 어류로 온대와 아열대 해역에 걸쳐 서식한다. 대개 몸길이가 12센티미터 정도로 작은 편이지만, 몸높이가 높으며 몸과 머리는 모두 옆으로 납작하다. 주로 구이, 튀김, 찜 등의 식용으로 이용된다. 그루퍼는 무리group를 이룬다고 해서 붙인 이름이다. 우리말로는 '바리바리', 즉 많다는 데서 유래해 '바리과' 어류로 분류한다.

다금바리

최고급 어종인 다금바리는 뻘농어라는 방언으로도 불린다. 뾰족한 입 모양이 특징이다.

제주 바다에서 간간이 잡히는 희귀종으로 최고급 어종이다. 성체의 몸길이는 1미터에 이른다. 몸은 일정한 무늬가 없는 회갈색이며 등은 자줏빛을 띤 담청색이고, 배는 은백색, 등지느러미와 꼬리지느러미는 검은색이다. 주로 100~140미터에 이르는 깊은 수심의 모래가 섞인 펄 바닥이나 암초 지대에 서식한다. 깊은 수심에서 사는 데다 한곳에 자리 잡으면 이동을 거의 하지 않아 생태학적 정보를 수집하기 어렵다.

다금바리는 '다금'과 '바리'의 합성어이다. 여기서 '다금'은 제주어로 '깊은 밑바닥' 또는 '야무지다'라는 뜻이다. 등지느러미가 톱날처럼 생겨서 영어명은 'Saw-edged perch'이다.

자바리

다금바리가 귀하게 대접받다 보니 제주 지역에서는 흔하게 잡히는 자바리를 다금바리로 혼용해서 부르기도 한다. 다금바리에 밀리긴 하지만 자바리 역시 고급 어종이다. 몸은 타원형으로 약간 측편되었으며 자갈색 바탕에 앞쪽으로 휘어진 흑갈색 무늬가 있다. 몸길이는 보통 60~80센티미터이며 최대 136센티미터에 33킬로그램까지 자란다.

제주 해역에서 흔하게 발견되는 자바리는 능성어와 비슷하게 생겼으며, 불규칙한 세로줄 무늬가 뺨으로 이어져 있다.

능성어

능성어 역시 바리과 어류 중 고급 어종이다. 몸길이는 90센티미터까지 성장하는데 몸은 회갈색 바탕에 진한 갈색 무늬가 7개 있다. 배지느러미와 뒷지느러미는 검은색이다. 꼬리지느러미는 둥글고 꼬리자루가 높다. 연안과 심해의 바위 지역에 서식하며 새우, 게 등의 갑각류와 작은 물고기 등을 잡아먹는다.

능성어는 회갈색 바탕에 진한 갈색 무늬가 7개 있다.

붉바리

붉바리는 몸에 붉은색 반점이 흩어져 있다. 낮에는 바위틈 따위에 몸을 숨기며 밤을 기다린다.

붉바리는 몸에 붉은색 반점이 흩어져 있어 붉은 바리라는 뜻으로 지은 이름이다. 낮 시간에 바위 구멍이나 바위틈새에 숨어 지내다 밤이 되면 먹이 활동에 나선다. 다금바리, 자바리, 능성어 등과 함께 고급 어종인 데다 개체 수가 적어 귀하게 대접받는다.

자이언트그루퍼

자이언트그루퍼Giant grouper는 바리과에 속하는 어류 중 가장 대형 종이다. 우리말로는 대왕바리라 한다. 몸길이는 2.5~3미터에 이르며 독립생활을 한다. 치어일 때는 검은색과 노란색의 불규칙한 무늬가 온몸에 흩어져 있으나 커 갈수록 온몸의 무늬가 잿빛으로 희미해진다. 탐식성이 강해 딱딱한 닭새우, 바다거북 새끼, 소형 상어 등도 큰 입을 벌려 통째로 삼켜 버린다. 덩치가 큰 데다 움직임이 느려 포획하기 쉽다.

자이언트그루퍼이다. 3미터까지 자라는 대형 종인 이들은 작은 상어까지 삼켜버려 '바다의 진공청소기'라는 별칭으로도 불린다.

필리핀 등 동남아시아를 여행하다 보면 식당 메뉴로 그루퍼가 등장하곤 한다. 갓 잡아 싱싱해 보이지만 이들에게는 '시구아테라'라는 독이 있을 수 있으므로 주의해야 한다.

자이언트그루퍼를 포함한 그루퍼는 식용으로 많이 사용된다. 그런데 이들에게는 시구아테라ciguatera라는 독이 있어 주의해야 한다. 시구아테라는 독이 있는 산호 공생 조류를 작은 물고기가 섭취하고 이 작은 물고기를 그루퍼 등 큰 물고기들이 포식하는 과정에서 몸에 축적되는 신경마비성 독이다. 시구아테라에 중독되면 구토, 복통, 마비 증세가 오며 심할 경우 사망에 이른다.

구슬 옥玉 자를 붙인 옥돔

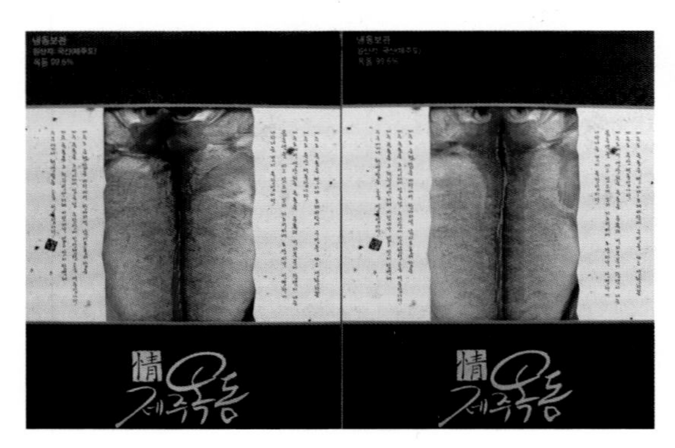

제주 특산인 옥돔은 과거부터 제주도를 알리는 귀한 선물이다.

제주도 특산인 옥돔은 고급어종이다. 제주도에 양식 넙치, 갈치, 참조기에 이어 네 번째로 수익을 가져다주는 고부가가치 수산물이다. 주로 건조 · 냉동 처리하여 유통되는데 살이 희며 맛이 좋다. 반짝거리는 붉은 비늘이 옥처럼 예뻐서 구슬 옥玉 자가 붙었는데 맛 또한 좋다 보니 옥처럼 귀하게 대접받는다.

몸 모양은 옆으로 납작하며 머리 앞쪽이 매우 경사져 말의 머리를 연상케 한다. 그래서 유럽에서는 '붉은말의머리Red horsehead'라고 한다. 옥돔은 최대 몸길이 45센티미터, 몸무게 1.25킬로그램이며, 수심 30~200미터에서 바닥이 모래와 진흙으로 된 대륙붕 가장자리에 서식한다.

새끼 낳는 망상어

망상어는 연안에서 흔하게 발견되는 종이다. 대개 성체의 몸길이는 15~20센티미터이지만 경우에 따라 30센티미터를 넘기도 한다. 몸 색은 등 쪽이 청색인데 사는 곳에 따라 일정하지는 않다. 몸은 납작하고 머리와 입이 작다. 특히 입이 민물에 사는 붕어처럼 작다 해서 '바다붕어'라고도 한다. 이름에 '상어'를 붙인 것은 귀상어나 흉상어처럼 어린 새끼가 어미의 배 속에서 나오는 태생胎生이기 때문이다.

망상어는 5~6개월의 임신기간이 지나면 5~6.5센티미터까지 자란 새끼를 한 번에 10~20여 마리를 낳는데 배 속에서 나올 때 꼬리부터 먼저 나온다. 우리나라 남부 지방에서는 꼬리부터 태어나는 것을 사산死産을 의미하는 불길한 징조로 여겨 임산부는 먹지 않았다.

가거도 해역에서 만난 망상어 떼이다.
나라 전 연안에서 흔하게 발견되는 망상어는
를 이루어 얕은 수심대에서 몰려다닌다.

바다에 빠진 밥주걱 주걱치

주걱치는 제주도 해역 암초 지대의 얕은 수심에서 흔하게 발견되는 어류이다. 낮 시간에는 얕은 수심의 동굴이나 암초 그늘진 곳에 무리 지어 휴식을 취하다가 밤이 되면 먹이 사냥에 나선다. 성체의 몸길이는 18센티미터 안팎이며, 타원형 몸이 심할 정도로 옆으로 납작하다가 꼬리자루 부분에 와서 갑자기 가늘어지는 모습이 마치 '밥주걱'을 연상케 한다.

주걱치는 얕은 수심대에서 흔하게 관찰할 수 있어 초보 스쿠버다이버들에게 훌륭한 볼거리를 제공한다.

호랑이에서 이름을 따온 범돔

범돔은 호랑이에서 따온 이름이다. 백수의 제왕 호랑이를 떠올리면 카리스마가 상당할 듯하지만, 몸길이가 20센티미터 정도에 지나지 않는 작은 어류이다. 이름에 '범' 자를 붙인 것은 황색 바탕에 새겨진 검은색 줄무늬가 호랑이 무늬를 닮았기 때문이다. 식용으로 상업성은 없으나 크기가 작고 수족관에서 적응을 잘해 관상용으로 인기가 있다.

범돔은 얕은 수심대에 무리를 이루어 살고 있다. 아열대 종이지만 경남과 부산 연안에서도 종종 발견된다.

율동적인 블루라인스내퍼

산호초 지대에서 무리를 이루는 블루라인스내퍼는 화려한 몸 색과 율동적인 움직임에 이곳을 찾는 관광객들에게 시각적 행복감을 전해준다.

산호초가 꽃밭을 이룬 얕은 수심에서 발견되는 블루라인스내퍼Blue-line snapper 무리는 그 화려함으로 보는 이에게 시각적인 행복감을 안겨준다. 수백 마리가 한 덩어리가 되어 산호초 사이를 통통 튀듯 다니는데 그 현란함이 마치 오케스트라 지휘자의 지휘봉 끝에서 나오는 듯 율동적이다.

멀리서 보면 전체적으로 노란색이지만 가까이서 살펴보면 몸에 푸른색 세로줄이 4줄 있다. 블루라인스내퍼는 통돔과에 속하며 인도양과 태평양의 열대 해역에 주로 서식한다.

코가 길어 편리한 롱노우즈호크피시

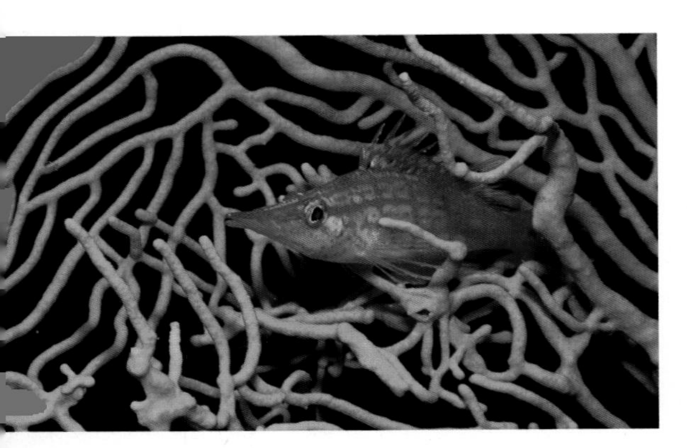
롱노우즈호크피시는 촘촘하게 자라는 산호 가지 사이를 쉽게 오갈 수 있도록 주둥이가 길쭉하게 돌출되어 있다.

산호초는 수많은 해양생물의 보금자리이다. 이곳을 삶의 보금자리로 삼는 생물들은 생명체가 지닌 신비로움과 함께 주변 여건에 몸을 맞추는 방식으로 몸 구조가 진화되었다. 산호초 어류 중 롱노우즈호크피시Long nose hawkfish는 길쭉하게 튀어나온 주둥이가 특징이다.

이들의 주둥이가 길게 튀어나온 것은 촘촘하게 벌어진 산호 가지 사이를 옮겨 다니며 작은 물고기를 쉽게 잡기 위해서이다. 긴 주둥이도 유별나지만 몸 전체에 새겨진 붉은빛의 격자무늬 또한 강렬한 인상을 준다. 이는 많은 산호초 어류가 산호의 화려한 색상 속으로 숨어들기 위해 점선이나 화려한 얼룩무늬를 지닌 것과 같은 맥락에서 이해할 수 있다.

등에 깃대를 꽂고 다니는 깃대돔

깃대돔은 등지느러미에 가느다란 실 모양의 지느러미 가시가 있는 열대성 어류이다. 금슬이 좋아 늘 암수 한 쌍이 짝을 이루는데 경계심이 강해 가까이 다가가면 재빠르게 몸을 숨긴다.

이들은 산호초 사이를 부지런히 오가며 돌출된 원통형 주둥이로 산호 폴립 속에 있는 공생조류를 뜯어 먹는다. 나비고기과의 두동가리돔에게도 가는 실 모양의 지느러미 가시가 있어 깃대돔처럼 보이긴 하지만 깃대돔은 두동가리돔과 달리 주둥이가 원통형으로 돌출되어 있어 구별된다.

금슬이 좋은 깃대돔은 암수가 짝을 지어 다닌다. 이들은 제주도 남단 해역뿐 아니라 산호초가 있는 열대 바다에서 흔하게 관찰된다.

다이버와 친숙한 박쥐고기

농어목 제비활치과에 속하는 박쥐고기는 몸길이가 짧지만 몸높이는 매우 높아 독특하게 보인다. 영어권에서는 'Batfish' 또는 삽 모양처럼 납작하게 생겨 'Spadefish'라고 한다. 성격이 느긋한 데다 움직임도 느려 다이버들이 가까이 다가가도 별 경계를 하지 않는다. 박쥐고기는 유어기 때와 성체가 되었을 때 생긴 모양이 달라 다른 종으로 생각할 수도 있다.

산호초 바다에서 박쥐고기를 만나는 것은 흥미로운 경험이다. 움직임이 느린 데다 성격 또한 온순해 가까이에서 관찰할 수 있다.

1 2000년 초반 부산시 사하구 북형제섬 해역의 난파선 내부를 둘러보던 중 어린 박쥐고기를 만났다. 쿠로시오 해류에 실려 부산 연안까지 온 것으로 추정된다.

2 어린 박쥐고기 한 마리가 얕은 수심대 해역에서 유영하고 있다. 이들은 어릴 때는 등지느러미와 뒷지느러미가 위아래로 매우 길지만 성장하면서 짧아진다.

이들은 대부분 아열대나 열대 해역의 산호초 지대에 서식하는데 2005년 9월 부산 인근 북형제섬에 침몰한 어선을 살펴보던 중 선실 내부에서 박쥐고기를 만난 적이 있었다. 필리핀 근해에 서식하던 종이 쿠로시오 해류를 타고 부산 연안까지 올라온 것으로 보였다. 박쥐고기는 식성이 까다롭지 않고 환경을 가리지 않아 수족관 등에서 관상용으로 인기 있다.

염소수염의 노랑촉수

노랑촉수가 제주도 성산포 광치기해변 바닥을 더듬으며 지나고 있다. 쉴 새 없이 촉수를 움직이며 바닥을 헤집고 다니는 모습을 보고 있으면 참 부지런한 물고기라는 생각이 든다.

『우해이어보』에 '염고髥鮎'라는 어류가 등장한다. 김려 선생은 생긴 모습이 쏘가리와 비슷하지만, 입 옆에 긴 수염이 있는데 이 수염이 밑으로 처진 것이 마치 염소수염 같다고 묘사했다. 많은 학자가 이 어류를 두고 의견들을 달리하고 있다. 필자는 김려 선생이 이야기한 염고는 촉수고기과에 속하는 노랑촉수라고 생각한다.

노랑촉수는 몸이 긴 원통형으로 등은 붉은색이며 배는 흰색이다. 성체의 몸길이는 20센티미터로 턱 아래에 노란색 긴 촉수가 한 쌍 있다. 노랑촉수는 촉수에 있는 감각세포로 펄 아래에 사는 게나 새우류 등의 저서동물을 탐지해낸다. 영어명은 촉수가 염소수염처럼 보여서인지 염소물고기Goat fish이다. 북한에서는 수염고기라 하며, 지역에 따라 노란수염고기라고도 한다.

아열대 어종 파랑돔

파랑돔은 코발트색 타원형 몸에 배가 노란색인 예쁜 어류이다. 열대와 아열대 산호초 지대에서 무리 지어 다니는데, 쿠로시오 해류를 타고 제주도는 물론이고 우리나라 울릉도 · 독도 연안까지 북상한다. 산란 습성은 자리돔과 비슷하다. 몸길이는 7~8센티미터 정도로 소형 어종이며 수족관에서 적응을 잘해 관상어로 인기가 있다.

1 | 2

1 파랑돔은 몸 전체가 코발트색이다. 열대와 아열대 산호초 지대에서 흔하게 발견된다.

2 쿠로시오 해류를 타고 부산 연안 나무섬 해역을 찾은 파랑돔들이 토착어종인 용치놀래기와 어우러져 있다. 열대성 어류이지만 수온에 적응을 잘하는 것으로 보인다.

'병졸 병兵' 자가 붙은 병어

병어는 몸 모양이 납작하고 몸 색은 청색과 은색을 띤다. 대부분 무리를 이루어 다니는데 마치 병졸들이 행진하는 것처럼 보인다. 그래서 이름에 '병졸 병兵' 자가 붙었다. 몸 색이 금속광택을 띤 은백색이라 아름답게 보여서인지 '아름다울 창昌' 자를 붙여 '창어鯧魚'라고도 한다.

『자산어보』에는 "큰 놈은 두 자 정도이다. 머리가 작고 목덜미는 움츠러들어 있다. 꼬리는 짤막하다. 등이 툭 튀어나오고 배도 튀어나와 그 모양이 사방으로 뾰족하며, 길이와 높이가 거의 비슷하다. 입이 매우 작다. 몸빛은 청백색이다. 맛이 달고 뼈가 연하여 회나 구이, 국에 모두 좋다"라고 설명하면서 몸 모양이 납작해서인지 '편어扁魚', 작은 항아리 모양이라 '병어甁魚'라고 기록했다.

병어는 입이 매우 작고 꼬리는 짤막하다. "병어 주둥이, 메기 입"이라는 속담이 있다. 이는 입이 작은 사람과 입이 매우 큰 사람을 농담조로 이르는 말이다.

병어는 몸 색만 보아도 신선도를 알 수 있다. 푸른색이 도는 은빛이 풍부하고 맑아야 한다. 흰살생선으로 맛이 담백하여 회, 구이, 조림, 맑은국 등 다양한 요리에 이용된다. 특히 회로 장만할 때는 뼈째 세로로 어슷하게 썰어낸다. 뼈가 연하고 고소해 뼈째 먹는 것이 제맛이다. 또한 중국에서는 병어를 약으로 이용하기도 했다. 여러 약초와 함께 달여 먹으면 소화불량이나 사지마비 같은 병을 고칠 수 있다고 한다.

까나리액젓으로 친숙한 까나리

까나리액젓으로 가공되면서 친숙한 어류가 된 까나리는 미꾸라지와 비슷하게 생겼으나 미꾸라지보다 몸통이 굵다. 우리나라 전 연안과 일본, 알래스카 등에 분포하고 있으며, 연안의 모랫바닥에 무리를 지어 서식한다.

액젓을 만들 때는 주로 서 · 남해에서 잡은 까나리를 사용하는데, 특히 백령도산이 유명하다. 동해산 까나리는 서해산보다 크기가 훨씬 커서 전혀 다른 종처럼 보이며 소금구이로 많이 이용된다. 동해에서 잡히는 까나리를 양미리라고도 하는데, 큰가시고기목에 속하는 양미리와는 다른 종이다.

까나리와 달리 양미리는 등지느러미가 몸의 뒷부분에만 나 있으므로 구별된다.

강릉 주문진항에서 어민들이 그물에서 까나리를 떼어내고 있다. 동해에서 잡히는 까나리를 양미리라고도 하는데 큰가시고기목에 속하는 양미리와는 다른 종이다. 까나리와 달리 양미리는 등지느러미가 몸 뒤쪽에만 나 있으므로 구별할 수 있다.

전복치라 불리는 괴도라치

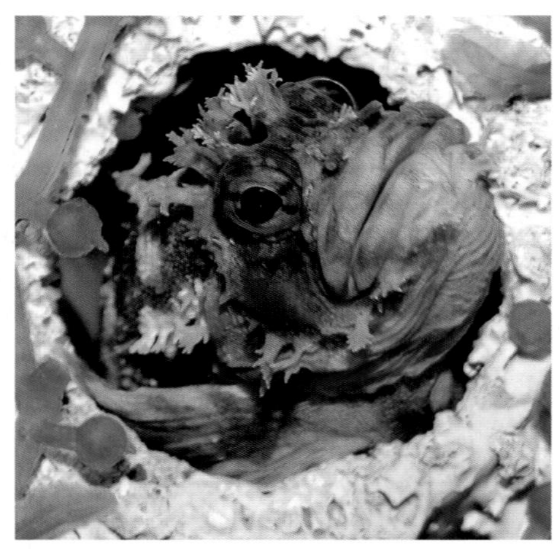

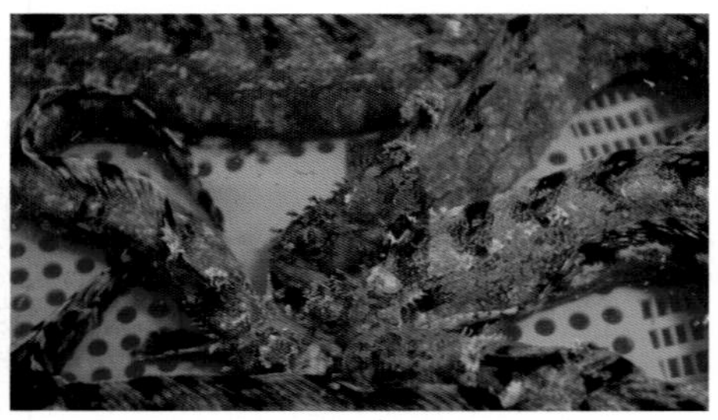

1 괴도라치는 온몸에 촉수처럼 튀어나온 돌기가 있어 흉측스럽게 보인다.

2 강원도 지역을 여행하다 보면 어시장에서 전복치라고 소개하는 괴도라치를 흔하게 만날 수 있다. 식용으로 인기가 있는 이들은 2015년 양식에 성공, 대량 생산이 가능해졌다.

농어목 장갱이과에 속하는 괴도라치는 튀어나온 눈동자, 뭉텅하고 두툼한 입술, 머리, 뺨, 턱 할 것 없이 온몸에 촉수처럼 튀어나온 돌기가 있어 그렇게 호감 가는 외모는 아니다. 이러한 생김새가 괴물처럼 보여서인지 괴도라치란 이름이 붙었다. 하지만 험상궂은 외모와 달리 성격이 온순하고 맛이 좋아 식용으로 인기가 있다.

괴도라치는 전복을 주로 잡아먹는다 해서 전복치라 부르기도 하지만 정말 전복을 사냥하는지는 알려지지 않았다. 괴도라치가 식용으로 인기를 끌다 보니 2015년에 강원도 수산자원연구원이 국내 최초로 괴도라치 양식 과정을 거쳐 대량 생산하는 데 성공하기도 했다.

별을 보는 물고기 통구멍

자연 상태에서 동물은 천적에 대한 방어 수단으로 은신과 엄폐술을 본능적으로 익힌다. 이들의 본능적인 행동은 일반적으로 포식자의 공격으로부터 자신을 숨기기 위함이지만 반대로 먹이 사냥에 응용되기도 한다.

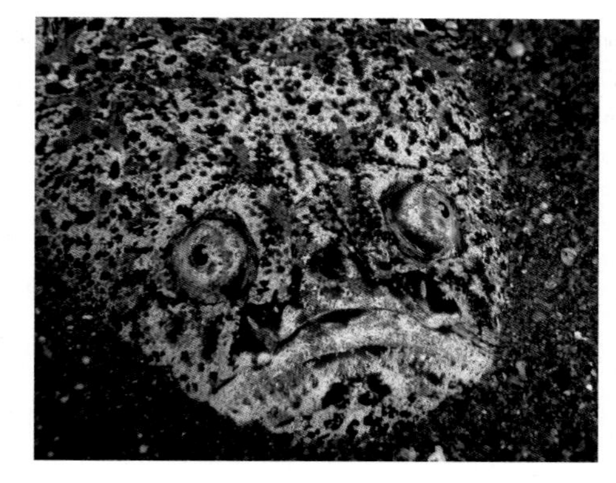

통구멍이 눈을 위로 치켜뜬 모습이 흥미롭다. 영어권에서는 이러한 모습을 별을 관찰하는 것으로 생각한 듯하다.

농어목에 속하는 통구멍은 몸길이가 30센티미터 정도이고 머리와 몸의 앞부분은 가로로 약간 넓적하며, 꼬리에 가까울수록 세로로 납작하다. 이들은 수심 10미터 정도 바닥에 모래나 개흙을 덮어쓴 채 입과 눈만 내놓고 있다가 먹잇감이 사정거리 안으로 들어오면 통구멍이라 불릴 만큼 큰 입을 순간적으로 벌려 먹잇감을 낚아챈다. 작은 물고기나 새우, 게 등을 통째로 삼켜 버리는 육식성 어류이다. 흥미로운 것은 영어권에서는 이 어류에 스타게이저Stargazzer(점성가)라는 그럴싸한 이름으로 불린다. 위턱이 몸과 수평을 이루면서 눈을 위로 치켜뜬 모습이 별을 응시하는 것처럼 보이기 때문이다.

몸에 보름달을 새겨둔 달고기

2018년 4월 27일에 열린 남북정상회담 만찬에 달고기가 올라 화제가 되었다. 달고기는 바다 밑바닥에 서식하기 때문에, 그물의 아랫깃을 해저에 닿도록 하여 어선으로 그물을 끌어 올리면 다른 고기들과 함께 잡혀 올라온다. 다른 고기와 함께 혼획되는 어종이긴 하지만 살이 희며 맛이 담백해 인기가 있다. 넙치 양식이 정착되기 이전에는 넙치회로 둔갑하여 팔리기도 했지만 지금은 달고기 자체가 귀하게 거래된다.

달고기는 이름만큼이나 생김새도 독특하다. 몸에 둥글고 큰 검은색 반점이 있으며 그 주위를 둥근 흰색 테가 둘러싸고 있어 마치 보름달처럼 보인다. 또한 실 모양으로 길게 늘어져 있는 등지느러미의 가시막은 평소 움직이지 않을 때는 가지런히 누워 있지만 위협을 느끼거나 방향을 전환할 때 꼿꼿이 서면서 기품 있어 보인다.

달고기의 학명 *Zeus faber*는 그리스 신화에 등장하는 최고의 신 '제우스'를 뜻한다. 등지느러미 가시막의 우아하고 위엄 있는 모습에서 붙였다.

달고기는 기독교에서는 '베드로피시St. Peter' s fish'라고 한다. 성 베드로는 이스라엘 북부 갈릴리 호수에서 그물로 물고기를 잡는 어부였다. 복음서에 따르면, '성전세Tribute Money(성전을 유지하기 위해 거둔 세금)'를 거두는 사람들이 베드로에게 예수는 성전세를 내지 않는지 물었다고 한다. 베드로가 예수에게 사람들의 이야기를 전하자 예수는 "왕(하느님)은 자녀(예수)에게 세금을 거두지 않는다"고 답하며 자신이 하느님의 아들임을 상기시켰다고 한다. 그러면서 "호수에 가서 낚시를 던져 먼저 올라오는 고기를 잡아 입을 열어 보아라, 은화(1세겔)를 얻을 것이다. 그것을 가져다가 나와 네 몫

달고기는 몸에 보름달을 닮은 둥글고 큰 검은색 반점이 있으며 그 주위를 흰색의 둥근 테가 둘러싸고 있다.

으로 그들에게 주어라"라고 했다. 베드로가 예수의 말에 따라 물고기 입에서 은화를 꺼내기 위해 엄지와 검지로 물고기 몸을 꾹 눌렀는데 그때 손자국이 물고기 몸에 새겨졌다는 것이다. 영미권에서는 달고기 몸의 무늬가 화살 과녁처럼 보인다 해서 'Targetfish'라고 한다.

입과 머리가 커서 대구

대구는 먹성이 대단한 어류이다. 치어기 때는 요각류 등 플랑크톤을 잡아먹고, 덩치가 커지면 고등어, 청어, 가자미, 정어리, 전갱이, 꽁치 등 어류에서부터, 오징어, 문어, 게, 새우 등 눈에 띄는 생명체는 모두 잡아먹는다.

대구는 끊임없이 먹어야 하기에 아래턱 밑에 잘 발달된 '수염'이 하나 있다. 이 수염은 감각기관으로 물이 흐려 먹이가 잘 보이지 않을 때 그 촉각으로 먹이를 찾는다. 무리를 이룬 대구 떼가 휩쓸고 지나가고 나면 살아남는 것이 없을 정도라 폭격기 편대가 융단폭격에 나서는 것에 비유하기도 한다.

대구 주둥이 아래 가운데에 수염이 하나 있어 비슷하게 생긴 명태와 구별된다.

대구의 특징

대구大口는 입과 머리가 크다. 몸 앞쪽이 두툼하고 뒤쪽으로 갈수록 점점 납작해진다. 두 개의 뒷지느러미는 검은색이며, 넓게 퍼져 있는 등지느러미는 세 개인데 가슴지느러미와 함께 노란색이다.

대구는 체외수정을 한다. 짝짓기를 마친 암컷과 수컷은 1밀리미터 정도 크기의 수정란을 바닥이나 돌 표면 등에 붙여놓고 자리를 뜬다. 수정란은 29일 정도 지나면 부화하고, 이후 빠르게 성장한다. 1년이면 20~27센티미터, 2년에 30~48센티미터, 5년이면 80~90센티미터가 된다. 몸길이 1미터에 몸무게가 20킬로그램을 넘어서는 개체도 종종 발견된다. 같은 대구과에 속하는 명태와 비슷하게 생겼지만 명태보다 크고, 주둥이 아래 가운데에 수염이 하나 있어 쉽게 구별된다. 이 수염은 대구의 끊임없는 먹성을 위한 훌륭한 감각기관이다.

버릴 것 없는 대구

대구는 명태, 조기, 갈치와 더불어 대표적인 흰살생선으로 동서양을 막론하고 오래전부터 식용해 왔다. 흰살생선의 경우 지방 함량이 5퍼센트를 웃도는 수준이지만, 대구는 1퍼센트 미만이고 단백질 함량이 17.5퍼센트나 되어 맛이 담백하면서도 고소하다. 덕분에 생선 비린내를 꺼리는 사람도 대구를 즐긴다.

주로 트롤어업과 걸그물을 이용하는 방식으로 포획하며, 신선도를 유지해 싱싱한 채로 판매하기도 하고 얼리거나 말려서, 또는 소금에 절이거나 훈제하기도 한다. 어촌 사람들은 대구를 소에 비유하기도 한다.

소를 잡으면 먹지 않는 부위가 없고 조리 방식도 육회를 비롯해 굽고, 삶고, 찌고, 끓이고, 말리는 등 다양한데, 대구 역시 버리는 부위 없이 다양한 방법으로 요리되기 때문이다. 대구는 회, 찜, 튀김, 탕 등으로 조리하며 아가미, 알, 창자 그리고 정액 덩어리인 이리(곤이는

겨울철 경남 진해군 용원(현재 창원시 진해구 용원동) 선착장은 어선에서 갓 내린 대구를 위판하는 곳이다. 좌판에 널려 있는 큼직큼직한 대구들은 보기만 해도 마음이 풍족해진다.

대구는 겨울이 제철이다. 생대구로 끓여낸 대구탕은 계절의 미각을 자극한다.

물고기 배 속의 알을 가리킴)로는 젓갈을 만든다. 비타민A가 많이 들어 있는 간은 약재용으로 귀하게 취급된다.

서양인들도 대구를 즐기지만 이들은 머리는 식용으로 개발하지는 못했다. 하지만 우리 미각에는 머리만큼 맛있는 부위가 없다. 머리 중에서도 양쪽 아가미뚜껑 부위에 붙은 볼때기 살은 쫄깃쫄깃하기가 일품이라 대구뽈찜이라는 특별한 요리가 탄생했다. '어두육미魚頭肉尾'라는 말이 대구 볼때기 살에서 비롯되었다는 이야기가 있을 정도이다. 또한 부레로는 부레풀을 만들어 접착제로 사용하기도 했다. 이 정도이다 보니 대구는 버릴 것 없는 어류라는 찬사가 따라다닌다.

금어기 해제 요구와 자원 보호

무리를 이루는 대구는 수심 30~250미터에 이르는 깊은 바다에 산다. 겨울철 산란기에는 자신이 태어난 얕은 바다로 돌아와 알을 낳는다. 산란장으로 알려진 남해 가덕만과 진해만 일대는 대구의 주 어장이다. 산란기의 대구는 영양을 비축하기에 맛이 있어 이곳에서 잡히는 가덕대구는 고려시대부터 임금님 수라상에 오르던 명품으로 어민들의 소득에 큰 보탬이 되어 왔다.

예전에 많고 많던 대구였지만 1980년대 중반에 접어들면서 개체 수가 크게 줄어들자 귀한 수산물이 되었다. 1990년대 60~70센티미터 정도인 대구 한 마리 가격이 20만~30만 원 정도였으니 서민들에게 대구는 '언감생심'이었다. 상황이 이렇자 대구 회귀율을 높이기 위해 관계 당국과 어민들이 발 벗고 나섰다.

1987년부터 시작된 수정란 방류 사업과 산란기인 1월 한 달간의 금어기禁漁期를 지키는 어민들의 노력이 결실을 거둬 2000년대 들어서자 우리 연안으로 많은 개체 수가 돌아오게 되었다. 1990년 우리나라 전체 대구 어획량이 487톤에 지나지 않던 것이 2000년 1,766톤을 시작으로 꾸준하게 상승해 2014년에는 9,940톤의 어획고를 올렸다. 20배가량 늘어난 수치이다. ,

대구 자원량이 회복되자 가덕 어민들을 중심으로 한 부산 · 경남 어민들은 1월 금어기 제도 개선을 요구하고 나섰다. 대구 금어기는 부산 · 울산 · 거제에서만 지정되는데 대구가 가장 많이 몰려드는 시기가 금어기에 묶이다 보니 눈앞에서 펄떡이는 대구 떼를 보고도 잡지 못하는 어민들의 답답함이 클 수밖에 없었던 것이다. 어민들은 대구 자원량이 늘었으니 금어기를 해제하거나 금어 기간을 조정해 좀 더 잡아내도 되지 않느냐는 이야기이다.

이에 대해 대구 수산자원을 보존해야 한다는 측의 주장도 만만치 않다. 2014년 역대 최고치 어획고를 기록한 것은 서해에서 대구가 6,897톤이나 잡혔기 때문이며 부산 · 울산 · 거제 연안을 비롯한 동 · 남해 어획고는 2010년 6,189톤에서 매년 감소해 2014년에는 3,043톤으로 절반 정도로 줄었다는 것이 그 근거이다. 만약 산란기에 대구 조업을 허용하게 되면 지금까지 기울여 왔던 노력이 무의미해져 다시 1990년대의 대구 자원 감소 시기로 돌아갈 수 있다는 주장이다.

지역 어민 간의 갈등

대구 조업을 놓고 경상남도 어민들과 강원도 어민들 간에 갈등을 빚기도 한다. 한류성 회귀 어종인 대구는 가덕만과 진해만에서 부화한 뒤 캄차카반도를 지나 알래스카 연안까지 갔다가 산란기가 되면 태어난 곳으로 되돌아온다. 그런데 남해안에서 출발한 어린 대구들은 먼 여행을 떠나기 전 동해에서 2년 정도 머물면서 성장기를 거친다. 이때 강원도에서 어린 대구를 포획하는 일이 종종 발생하고 있다.

법령상 대구는 21센티미터 이하는 잡을 수 없지만 불법 어업으로 잡아들이는 대구는 10~15센티미터 정도로 북태평양으로 떠나기 전 동해에 머물던 개체들이었다. 이

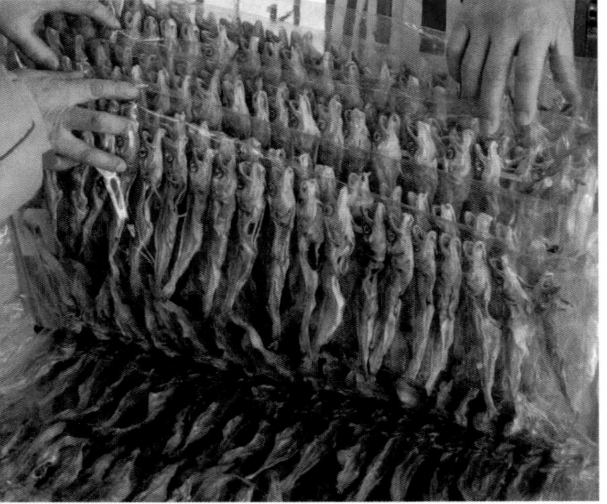

1 매년 부산시 수산자원연구소 직원들과 어민들은 부산시 강서구 해역에 대구 종묘를 방류한다. 방류에 사용되는 종묘는 알을 인공 부화시켜 30일 정도 연구소에서 키운 8밀리미터 정도의 어린 대구이다.

2 불법 조업으로 잡아들인 대구 치어들이 단속을 피하기 위해 명태 새끼를 가리키는 노가리란 이름으로 유통되고 있다. 간혹 술집 메뉴판에서 명태 새끼인 노가리보다 가격을 더 받기 위해 '대구 노가리'라는 안주를 보곤 하는데 이는 스스로 불법을 저지르고 있음을 인정하는 꼴이다.

렇게 잡아들인 대구는 단속을 피해 노가리(명태 새끼)라는 이름을 붙여 판매되곤 했다. 암컷 한 마리가 수만~수십만 개의 알을 낳지만 무사히 성어로 성장하는 생존율은 아주 낮은 편인데 어린 대구를 불법 포획해 버리면 성체가 되어 남해안으로 돌아와야 할 대구 자원이 또다시 고갈될 위기에 처할지도 모른다.

대구로 인한 국가 간 분쟁

대구가 중요한 수산자원이다 보니 국가 간 분쟁이 일어나기도 했다. 수산업이 주요 산업인 아이슬란드는 영국 어민들의 대구 남획을 방지하기 위해 1972년 9월 아이슬란드의 어업전관수역(자국 연안의 수산자원을 배타적으로 관리하고 이용하기 위하여 설정할 수 있도록 한 수역)을 12해리에서 50해리까지로 확대하여 선포했다. 쉽게 말하면 아이슬란드 육지 기점에서부터 50해리까지 다른 나라 어민들은 조업할 수 없다는 선포였다.

자국 어민들을 보호한다는 명분으로 출동한 아이슬란드와 영국 해군 함정 간 발포 사태가 빚어지고 국교가 단절되는 사태에 이르렀다. 이후 「해양법」 추세가 200해리 경제수역 시대로 접어들면서, 1976년 12월 영국이 아이슬란드 근해 200해리 밖으로 어선을 철수하는 조치를 취해 대구를 둘러싼 전쟁은 끝이 났다.

아이슬란드 사람들에게 대구는 각별하다. 제2차 세계대전 당시 참전국들이 자국의 민간 어선들을 군수용으로 징발하자 아이슬란드만이 독점적으로 대구를 잡아들일 수 있었다. 전쟁 통에 대구 가격은 폭등했으며, 아이슬란드는 대구와 대구 간유를 비싼 값에 수출해 부를 쌓았다. 이후 전쟁이 끝나고 발달한 어업 기술을 바탕으로 인접한 영국 어민들도 조업에 나섰는데, 대구 개체 수가 줄어들자 양국 간 충돌이 빚어진 것이다.

국민 생선 명태

명태(대구목 대구과)는 우리나라 사람들이 가장 즐겨 먹는 어류로 '국민 생선'이라 할 만하다. 살은 국이나 찌개를 끓이고, 내장은 창난젓, 알은 명란젓, 아가미 밑을 모아 귀세미젓을 담가 먹으며, 간에 들어 있는 기름은 시력 회복의 특효약으로, 짓이긴 살에다 향료를 넣어 맛살 등의 어묵 재료로 사용한다. 또한 명태를 말린 북어는 제사상에 빠져서는 안 된다.

국민 생선 명태 살리기 프로젝트

명태는 단일 어종으로는 세계에서 어획량이 가장 많아 600만 톤에 이른다. 농촌경제연구원의 2014년 연구자료에 따르면, 우리 국민 1인당 명태 소비량은 연간 2.066킬로그램이라고 한다. 명태는 1980년대 초반만 해도 동해 어획량이 16만 톤에 이를 정도로 많이 잡혔지만 2000년에는 700톤으로 급감하더니 2008년에는 어획량이 '0'으로 공식 보고되었다. 2009년 이후에도 생산량은 1톤 내외로 매우 저조하다.

그러다 보니 유통되는 명태의 대부분은 얼린 상태로 유통되는 오호츠크해, 베링해 등 북양北洋에서 잡아들인 원양산이다. 그런데 북양의 명태도 무한정 잡아들이지 못한다. 인접국인 미국과 러시아가 자국의 수산자원 보호를 명분으로 우리나라 조업을 막고 나섰기 때문이다.

명태가 우리나라 동해에서 자취를 감춘 데다, 북양에서의 조업도 점점 힘들어지자 해양수산부는 2014년부터 '국민 생선 명태 살리기 프로젝트'를 시작했다. 명태 종묘를 확보하기 위해 동해 바다에서 살아 있는 명태를 잡아 오면 최고 50만 원의 포상금을 지급하기도 했다. 이러한 국민적 관심 속에 국립수산과학원 동해수산연구소 연구진은 2016년 10월 10일 세계 최초로 명태 완전 양식 성공을 발표했다. 완전 양식이라 함은 수정란에서 부화시켜 기른 명태 새끼를 어미로 키워 다시 알을 생산하게 하는 단계까지의 기술이다. 뿐만 아니라 연구소는 인공종자 대량생산 기술까지 확보했고 명태 사료도 개발했다. 2018년 양식을 통해 동해에 방류한 명태가 북양으로 가지 않고 동해안에 서식하는 것으로 확인되었다.

1 우리나라 동해에 적응한 명태의 종자를 구하기 위해 2014년 해양수산부가 살아 있는 명태에 최고 50만 원의 포상금을 내걸었다.

2 2016년 10월 10일 해양수산부 윤학배 차관이 세계 최초로 명태 완전 양식 기술개발 성공을 발표하고 있다.

냉수성 어종

명태는 수온이 섭씨 2~10도의 찬물을 좋아한다. 수온에 따라 하절기에는 북위 50도 이북인 오호츠크해, 베링해, 일본 홋카이도 부근까지 이동했다가 동절기에는 37도 선까지 내려온다.

우리나라 동해는 북태평양에서 명태가 서식하는 남방한계선이다. 동해까지 내려오는 명태는 주로 대륙붕과 대륙사면의 수심 200미터 이상의 깊은 바다에 산다. 12월부터 이듬해 4월까지 명태 한 마리가 25만~40만 개의 알을 춥고 깊은 바다에 산란한다.

명태는 배 부분이 흰색이고 등 부분은 연한 갈색 또는 청색 바탕에 폭이 좁은 파상 무늬의 암갈색 가로띠가 머리 뒤쪽에서 꼬리까지 길게 뻗어 있다. 같은 대구목에 속하는 대구와는 생김새가 다르다. 대구가 위턱이 앞쪽으로 돌출되어 있다면 명태는 아래턱이 앞쪽으로 돌출되어 있고, 대구는 주둥이 아래 가운데에 수염이 하나 있다.

다양한 이름과 속담

예로부터 명태가 친숙하다 보니 언제, 어디서, 어떻게 잡느냐뿐 아니라 어떻게 가공하느냐에 따라 다양하게 불렸다. 냉동하지 않고 싱싱하게 유통되면 '생태', 유통기한을 늘리기 위해 얼리면 '동태', 제사상에 올리거나 뽀얀 국물이 우러나는 국을 끓이기 위해 바짝 말리면 '북어北魚'가 된다. 북어란 이름은 말린 명태가 상인들에 의해 전국으로 유통되면서 북쪽 지방에서 온 고기라 해서 북녘 북北 자를 붙였다.

명태 가공품 중 최고로 대접받는 것은 누르스름한 '황태黃太'다. 황태는 겨울철 바닷가 덕장에 걸어두고 눈이 오면 오는 대로 바람이 불면 부는 대로 40여 일간 얼었다 녹기를 20번 이상 되풀이하면서 만들어진다. 삼한사온三寒四溫이 반복되는 우리나

강원도 황태 덕장 풍경이다. 40여 일간 얼었다 녹기를 20번 이상 되풀이하여 명태가 누르스름하게 변하면 명태 가공품 중 최고인 황태가 된다.

라 겨울철, 덕장에 걸린 명태는 살속 수분이 얼면서 간격이 벌어지고 녹으면서 빈자리가 생기기를 되풀이하여 육질이 스펀지처럼 부들부들해지고 누르스름하게 변한다. 이렇게 만들어진 황태는 말린 더덕같이 보여 '더덕북'이라고도 한다.

황태를 만들 때 날씨가 따뜻해 물러지면 '찐태', 너무 추워 하얗게 마르면 '백태', 날씨가 너무 따뜻해 검게 되면 '흑태' 또는 '먹태', 너무 깡마르면 '깡태'라 불렀다. 황태를 만들다가 머리나 몸통에 흠집이 생기거나 일부가 잘려 나가면 '파태', 머리를 잘라내고 몸통만 걸어 건조시키면 '무두태', 작업 중 실수로 내장을 제거하지 않은 채 건조하면 '통태', 건조 중 바람에 날려 덕대에서 땅바닥으로 떨어지면 '낙태'라 불렀다. 이들은 제대로 말린 황태에 비해 상품 가치가 낮다.

애주가들에게 안주로 인기 있는 '코다리'는 내장과 아가미를 빼고 코를 꿰어 보름 정도 반쯤 말려 꾸덕꾸덕해진 것이고, 막걸리상에 올려 서민의 애환과 함께해온 '노가리'는 1년 정도 자란 어린 명태로 '애기태', 또는 '애태'라고 한다.

1 명태를 바짝 말린 북어는 장기간 보관이 가능해 과거부터 내륙 지방까지 유통되어 왔다. 예로부터 자식들이 잘 크고 후손도 많이 낳기를 바라는 마음에서 제사음식으로 반드시 올렸다.

2 북양(북태평양 북위 45도 이북의 오호츠크해와 베링해를 포함하는 어장)으로 진출한 트롤어선에서 명태를 잡아 올리고 있다. 예전에 동해에서 그토록 흔히 잡히던 명태가 연안의 수온 변화로 요즘 들어 원양산으로 대체되고 있다.

잡는 방식에 따라서도 그물로 잡은 것은 '그물태' 또는 '망태'라 하고, 연승어업으로 잡은 것은 '낚시태' 또는 '조태'라 한다.

잡는 시기에 따라 봄에 잡은 것은 '춘태', 가을에 잡은 것은 '추태'인데 이를 더 구분하여 섣달에 잡은 것은 '섣달받이', 동지 전후에 잡힌 것은 '동지받이'라 했다. 이외에도 함경도에서 봄 막바지에 잡히는 것을 '막물태'라 했고, 산란을 마친 후 뼈만 남은 것은 '꺾태'라 하여 최하급품으로 취급했다.

어디에서 잡히느냐에 따라 이름도 달라진다. 먼바다에서 잡히는 것을 '원양태', 우리나라 동해에서 잡히는 것을 '지방태'라 했다. 예전 동해에서 그토록 흔하게 잡히던 명태가 연안의 수온 변화로 요즘 들어 원양산으로 대체되자 '지방태'가 금처럼 귀해져 '금태' 또는 진짜 동해산이라 하여 '진태'라고 대접을 달리하고 있다. 여기에다 북방 바다에서 잡힌 것을 '북어北魚', 강원도 연안에서 잡힌 것을 '강태', 함경도 연안에서 잡힌 작은 것을 '왜태倭太'라고 구분했다. 함경도에서 '은어'라고 부르는 도루묵을 잡아먹기 위해 뒤따라오다가 잡히는 명태를 '은어받이'라 한다.

명태에 얽힌 속담과 은어도 여럿 전해지고 있다. 몹시 인색한 사람을 가리켜 "명태 만진 손 씻은 물로 사흘을 국 끓인다"라 하고, 과장된 행동을 두고 "북어 뜯고 손가락 빤다"라 했다. "북어 껍질 오그라들 듯"이란 일이 순조롭게 되지 않고 계속 꼬이거나 재산이 점점 줄어듦을 비유한 말이며, "동태나 북어나"라는 말은 이것이나 저것이나 마찬가지라는 뜻이다. 쓸데없이 말이 많은 경우를 가리켜 "노가리 깐다"라고 하는데 이는 명태가 다른 어류에 비해 알을 많이 낳지만 부화에 성공하는 개체 수는 많지 않음을 비유한 말이다. 변변치 못한 것을 주면서 큰 손해를 입히는 것을 "북어 한 마리 주고 제사상 엎는다"고 했으며, 하고 있는 일은 소홀히 하면서 일과 상관없는 엉뚱한 일을 하는 것을 두고 "명태 한 마리 놓고 딴전 본다"라고 했다. 남의 집에서 하는 일 없이 빈둥빈둥 놀며 낮잠이나 자는 것을 "북어 값 받으러 왔나"라며 빈정거렸는데 과거 우리나라 바다에서 명태가 많이 잡힐 때 북어 장수들이 전국 곳곳에 객주를 지정해 판매를 맡기고는 돈이 걷힐 때까지 몇 달이고 머물곤 했다. 일단 북어를 넘겨준 북어 장수는 하는 일 없이 낮잠이나 자면서 돈 받을 날만 기다리면 되었기에 이런 말이 나왔다.

명태 이름의 유래

그렇다면 이토록 이름도 많고 얽힌 이야기도 많은 명태라는 이름은 어디에서 왔을까? 조선 인조 임금 때다. 함경도에 새로 부임한 관찰사가 동해안 명천군明川郡에 들렀다. 명천군 관아에서는 관찰사를 대접하기 위해 여러 반찬을 올렸는데 그중 생선을 넣고 끓인 국도 있었다. 관찰사는 맛나게 국을 먹은 후 생선 이름을 물었지만 주변 사람들로부터 태太씨 성을 가진 어부가 잡아온 고기인데 이름은 잘 모르겠다는 답을 들었다. 이에 관찰사는 명천군의 '명' 자에 태씨 성의 '태' 자를 붙여 명태라는 이름을 지어주었다고 한다. 이는 조선 후기 문신 이유원이 조선과 중국의 사물을 고증해 놓은『임하필기林下筆記』에 전해지는 이야기이다.

명태 이름의 유래를 두고 다른 설도 있다. 명태 간으로 기름을 짜서 등잔불을 밝히기도 했으니, 어두운 곳을 밝게 한다는 의미에서 명태 이름에 붙은 밝을 '명明' 자의 의미를 이야기하기도 한다. 밝게 한다는 의미는 명태의 간유肝油가 연료로 사용되었다는 의미에만 국한하지는 않는다. 명태 살은 지방기가 적어 육질이 좀 퍽퍽하지만 간에는 엄청난 지방이 축적되어 있다. 간에 들어 있는 지방에는 비타민A 성분이 많아 예로부터 시력 회복에 특효약이었다. 예전에 영양 부족으로 시력이 약해진 사람들이 해안 포구를 찾아 한 달 정도 명태 간을 먹고 시력을 회복했다고 하니 명태에 붙은 '밝을 명明' 자는 눈을 밝힌다는 의미로도 받아들일 수 있을 것이다.

냉장 상태의 명태로 생태탕을 끓인다. 신선도 유지를 위해 명태를 포획한 후 얼음 사이에 끼워 빠르게 국내로 들여온다. 그래서 대부분이 비교적 가까운 일본 홋카이도(북해도) 해역에서 잡힌 명태들이다. 이에 비해 동태는 좀 더 먼 러시아 해역에서 잡아들인 것으로 잡자마자 냉동고에서 꽝꽝 얼린다.

동갈치의 공격

날아가는 새가 항공기 엔진 속으로 빨려 들어가 항공기가 추락하는 조류 충돌사고 bird strike가 가끔 일어난다. 2004년 팔라우에서 다이빙을 진행할 때 '조류 충돌사고'를 떠올릴 만한 '물고기 충돌사고fish strike가 있었다. 필자와 동행했던 여성 다이버 A씨가 날아오른 물고기와 충돌한 일이었다. 당시 A씨는 입수 전 장비를 점검하며 필자 바로 뒤편에 떠 있었는데 갑자기 '퍽' 소리와 함께 비명소리가 들렸다. 뒤돌아보니 A씨의 볼에 손가락 굵기만 한 구멍이 뚫려 피가 뿜어져 나오고 있었다. 고통과 출혈로 패닉 상태에 빠진 A씨를 지혈하며 쾌속정을 이용해 병원으로 향했다. 사고 순간을 목격한 현지 안내인은 니들피시Needlefish가 수면을 박차고 날아올랐다고 한다.

막 태어난 동갈치 새끼는 아래쪽 주둥이가 더 길어 학공치와 비슷하게 생겼지만, 그 이후로 위턱의 주둥이 성장이 빨라져 위아래 길이가 거의 같아진다. 동갈치는 이렇게 잘 발달한 부리와 날카로운 이빨로 수면 가까이 떠다니는 정어리나 전갱이, 까나리, 멸치 등의 작은 물고기들을 사냥한다.

성체의 몸길이가 1미터에 이르는 데다 주둥이가 날카롭고 뾰족해 바늘물고기라 불리는 니들피시는 위험한 어류이다. 귀국 후 필자가 니들피시로 인한 사고 사례를 조사하던 중 1999년 3월 말레이시아 어부가 날아오른 니들피시에 가슴이 찔려 사망했다는 외신 보도를 찾을 수 있었다. 니들피시가 인체에 충돌하는 부위와 주변 여건에 따라 죽음에 이를 수도 있다는 이야기이다.

특히 몸에 반짝이는 반사체가 있는 경우 이들을 자극할 수 있다. 당시 사고를 당한 여성 다이버도 수면에 떠 있는 동안 마스크의 유리면이 햇빛에 반사되면서 니들피시를 자극한 것은 아닐까?

그 여성 다이버는 어떻게 되었을까? 그녀는 현지에서 응급 수술을 받고 귀국 후 두 차례에 걸친 재수술과 성형수술을 받아야 했다. 그해 가을 안부가 궁금하던 중 휴대전화를 통해 쾌활한 목소리로 전한 소식에 따르면, 자신의 얼굴에서 빼낸 니들피시 부리와 이빨 조각으로 목걸이를 만들었다고 한다. 니들피시는 동갈치목에 속하는 어류로 우리나라에서는 동갈치라고 한다. 동갈치목에는 동갈치과, 꽁치과, 학공치과, 날치과 등 4개의 과가 있다.

날아오르는 은빛 날개, 날치

2017년 여름 인도네시아 술라웨시 우타라Sulawesi Utara주의 주도인 마나도Manado에서 부나켄 국립공원으로 항해하는 도중 날치 떼를 만났다. 끝없이 펼쳐진 푸른 바다 위를 수놓는 은빛 날개의 비상은 한 폭의 그림과도 같았다. 몸길이가 30센티미터 정도인 날치가 물에서 떠오르는 순간 속도는 시속 50~60킬로미터에 이르며, 한번 날아오르면 400미터까지도 이동한다. 이들이 날아오르는 이유는 여러 가지로 설명되지만, 수면 근처에 머물다가 천적을 피하기 위함이라는 것이 가장 일반적인 이론이다.

날치는 외부의 자극 때문에 날아오르기도 한다. 밤바다를 항해할 때면 불빛에 자극을 받은 날치들이 수면을 박차고 튀어 오르는 모습이 종종 관찰된다. 날치의 이러한 습성을 이용해 어부들은 밤에 그물을 쳐놓고 횃불을 밝혀서 날치를 잡아들이기도 했다. 날치가 날아오른다 해서 새처럼 날개를 퍼덕이는 것이 아니다. 전속력으로 헤엄치다가 수면 밖으로 상체를 일으킨 다음 꼬리지느러미로 수면을 강하게 쳐서 몸을 공중에 띄운 다음 가슴지느러미를 활짝 펼치고 글라이더처럼 활공하는 방식이다. 이들은 활공하는 도중 방향을 자유자재로 바꿀 수 있다.

날치가 지나는 길목에 벼 짚단 등을 부려 놓으면, 수초로 착각한 날치가 알을 뿌린다.
이것을 수거해서 씻은 뒤 간을 하면 톡톡 튀는 식감으로 인기가 있다.

푸른 바다를 배경으로 한 무리의 날치들이 날아오르고 있다. 날치는 몸길이가 30센티미터 정도이며 몸꼴은 숭어를 닮았다. 등은 푸르고 배는 희다. 수면을 박차고 날아오르는 날치는 무료한 항해에 지친 선원들을 반기는 친구가 되어준다.

날치를 이야기할 때 빼놓을 수 없는 것은 헤밍웨이의 소설 『노인과 바다』에서 자신이 잡은 물고기를 노리는 청상아리와 사투를 벌이기 전 노인이 날치를 먹으면서 원기를 회복하는 장면이다. 극한상황에서 노인은 날치를 '꼬득꼬득' 씹어 먹지만 사실 날치는 육질이 텁텁하고 맛이 싱거워 식용으로는 별 인기가 없다. 하지만 중국에서는 임산부의 고기라 하여 난산일 경우를 대비해 출산 예정 달에 날치 살을 태워 술과 함께 먹였다고 한다. 일본에서도 구워 먹거나 말려 먹기도 했는데 산모 젖을 잘 나오게 하는 약재로 쓰인다.

학의 부리를 닮아 학공치

우리 민족은 학을 신성하게 여겼다. 그래서인지 단정한 성품과 모습을 지닌 대상에 학 이름을 붙이곤 한다. 어류 중에도 학의 이름을 딴 물고기가 있는데 바로 학공치이다. 몸길이가 40센티미터 정도에 이르는 학공치는 등 쪽이 연한 갈색이다. 가슴지느러미에서 꼬리지느러미를 연결하는 푸른색 테두리의 은백색 띠를 경계로 아랫부분은 은백색이다. 이러한 단정한 몸매 외에도 위턱의 배 이상으로 길게 뻗은 아래턱이 학의 부리가 연상된다.

외모도 외모이지만 학공치는 횟감으로 인기가 있다. 눈에 잘 띄지 않는 얇은 비늘을 벗겨내 회를 뜨는데 지방이 적어 맛이 달고 담백하다. 말려서 어포 형태로 가공한 '사요리'는 맥주 안주로 먹기도 한다. '사요리'는 학공치의 일본식 이름이다.

학공치는 앞쪽으로 길게 뻗어 기다란 침처럼 생긴 아래턱이 학의 부리를 닮았다. 아래턱 끝은 살아 있을 때는 선명한 붉은색을 띠지만 죽으면서 검은색으로 변한다.

학공치는 '강공어'라고도 한다. 강공어는 중국 주나라(BC 1046~BC 771)의 강태공이 학공치의 아래턱에 있는 곧고 길쭉한 뼈를 낚싯바늘 삼아 낚시를 한 데서 유래한다. 강태공이 곧은 낚싯바늘을 사용한 것을 가리켜 물고기를 잡기 위함이 아니라 자신을 알아줄 세상을 기다리며 세월을 낚기 위함이었다고 하지만, 어떤 이는 이시진

학공치는 얕고 잔잔한 바다에 떼 지어 살면서 계절에 따라 회유하는 표층 어류로 많은 개체 수가 몰려 다니는 특성이 있다.

의 『본초강목』이나 서유규의 『난호어목지』에 학공치의 뾰족한 주둥이 뼈를 낚싯바늘로 사용했다는 기록이 있는 것을 근거로 강태공이 세월과 함께 물고기도 낚았을 것이라는 주장을 펴기도 한다. 강태공이 물고기를 낚았는지 세월을 낚았는지는 강태공만이 알 듯하다.

우리나라 전 연안에 서식하는 학공치는 계절 회유성 어류로 봄과 여름에 북상했다가 수온이 내려가는 가을에서 겨울철에 남하한다.

아가미 근처에 구멍이 있어 꽁치

꽁치는 고등어, 정어리, 전갱이와 함께 대표적인 등푸른생선으로 친숙한 어종이다. 지금이야 참치에게 어류 가공 통조림 1위 자리를 빼앗겼지만 1980년대까지만 해도 통조림 하면 꽁치였다. 꽁치가 많이 잡히다 보니 이를 오랜 기간 보관하고 유통하기 위해 과메기를 만들어 왔다. 원래 과메기는 청어의 눈을 꿰어 말린 관목貫目에서 유래되었는데 청어가 귀해지자 꽁치를 이용한 것도 과메기로 통용된다.

정약용의 『아언각비』에는 아가미 근처에 침을 놓은 듯한 구멍이 있어 '구멍 공孔' 자에 물고기를 뜻하는 '치'를 붙여 '공치'라 했다는 기록이 있다. 『임원경제지』「전어지」에는 공어貢魚, 공치어라는 표기 외에도 가을에 나는 생선으로 칼처럼 생겼다 하여 '추도어秋刀魚', 빛을 좋아해 불빛을 따라 움직이는 물고기라고 '추광어秋光魚' 등으로도

1 | 2

1 꽁치는 동해의 최대 어획량을 자랑하던 수산물로 값이 싼 데다 영양가 또한 풍부하다.
2 꽁치구이를 통째로 넣은 꽁치김밥은 바닷가에서만 맛볼 수 있는 특미이다.

함께 표기하고 있다.

어류는 산란기가 되면 다른 물체에 몸을 비벼대는 습성이 있다. 동해안에서는 이와 같은 어류의 습성을 이용한 전통적인 '손꽁치 어업'이 있다. 5~8월 산란기를 맞아 꽁치들이 연안으로 몰려와 뜬말(표층을 떠다니는 모자반과 같은 바닷말류) 등에 알을 낳는다. 이 무렵 배를 타고 나가 가마니에 바닷말을 매달아 띄워 놓으면 산란을 위해 꽁치들이 모여든다. 뱃전에 몸을 기댄 채 가마니 아래에 손을 넣어 천천히 흔들면 꽁치들이 손가락 사이에 몸을 비벼댄다. 이때 맨손으로 낚아채 신선한 꽁치를 잡는다.

동해안 어민이 손꽁치 어업으로 꽁치를 잡아 올리고 있다.

동해안에서는 물회, 구이, 추어탕, 꽁치김밥 등 꽁치를 식재료로 한 다양한 음식들이 소개되고 있다. 이 가운데 독특한 음식 중 하나가 포항 구룡포의 '당구국'이다. '당구'는 '칼로 생선을 잘게 다진다'는 뜻이다. 말 그대로 꽁치를 통째로 도마에 올려놓고 형체가 없어질 때까지 다져서 파와 양파, 밀가루 등에 버무려 어묵 재료처럼 연육 상태로 만든다. 된장을 풀고 시래기 등 채소를 넣고 끓인 국물에 다진 재료를 뚝뚝 떼어 넣고 끓이면 맛깔스러운 꽁치 당구국이 된다. 산초가루나 방아잎 등을 넣으면 등 푸른생선의 비린내가 사라진다.

메기목에 속하는 쏠종개

쏠종개는 메기목 쏠종개과에 속하는 어류이다. 몸은 가늘고 긴 편이며, 머리는 위쪽으로 갈수록 납작하다. 등지느러미는 2개인데 제1등지느러미의 기저는 짧고 제2등지느러미와 뒷지느러미의 기저는 길어 꼬리지느러미와 합쳐져 있다. 다른 어류와 비교할 때 가장 큰 특징은 민물메기처럼 납작하고 둥근 주둥이 주위에 수염이 4쌍 있다는 점이다. 이런 생김새 때문인지 제주도에서는 '바다메기'라 하며, 영어권에서는 고양이 수염과 연관 지어 '캣피시'라고 한다. 몸 색은 흑갈색 바탕에 머리 아래쪽과 배 부분이 연한 황색이며 몸 옆구리에 폭이 좁은 황색 세로띠가 2줄 있다. 제1등지느러미와 양 가슴지느러미에는 가시가 하나씩 있는데 이 가시에 찔리면 맹독이 분비되어 상당한 통증으로 고통받는다.

어릴 때는 무리를 이루고, 성장하면서는 독립생활

야행성인 쏠종개는 어릴 때는 수백 수천 마리씩 무리 짓지만 성장하면 독립생활을 한다. 다 자라면 몸길이는 30센티미터에 이르는데, 가시에 독이 축적되므로 큰 녀석일수록 위험하다. 어릴 때 뭉쳐서 다니는 것은 스스로 지킬 수 있는 독가시가 완전 성숙하지 못했기 때문이다. 쏠종개 가시독이 얼마나 강력한지 당해본 사람의 말을 빌리면, 참을 수 없을 정도라고 한다. 쏘인 부위가 빨갛게 부어오르고 감각이상 증상이 나타나며 통증이 1~2일 지속된다.

쏠종개에 쏘였을 때는 응급처치로 뜨거운 물에 쏘인 부위를 담그는 것이 좋다. 뜨

1 2

1 쏠종개의 가장 큰 특징은 민물메기처럼 납작하고 둥근 주둥이 주위에 수염이 4쌍 있다는 점이다. 이 수염은 먹이를 찾을 때 기능적으로 이용된다.

2 제주도 성산포 광치기해변을 찾은 스쿠버다이버가 쏠종개를 살펴보고 있다. 어린 쏠종개들은 독이 없지만 성장하게 되면 강한 독을 지녀 위험하다.

거운 물은 단백질 성분인 독을 없애는 데 도움을 주며 근육의 경련성 수축을 해소하는 효과가 있다. 쏠종개는 죽은 후에도 가시에 독이 남아 있다. 낚시나 그물에 걸려든 쏠종개를 멋모르고 만지다가는 화를 당할 수 있다.

흥미로운 것은 어릴 때 그토록 활발하게 모여 다니는 녀석들이 성체가 되면 바위 틈 등 일정한 장소에 은신하며 독립생활을 한다는 점이다. 번식기가 되면 등지느러미와 가슴지느러미의 가시를 기부의 뼈에 문질러 마찰음을 내면서 상대를 찾는다. 이렇게 소리를 내는 어류를 '발음어'라 한다. 어류는 상대에게 경고를 보내거나, 번식기를 앞두고 짝을 찾기 위해 다양한 방식으로 소리를 낸다.

'발음어'는 바닷물고기뿐 아니라 담수어에도 발견된다. 쥐치와 복어는 이빨을 문질러서 마찰음을 내며, 성대, 동갈민어, 벤자리 등은 부레 근육을 떨어서 진동음을 낸다. 민물어류인 미꾸라지는 장호흡에 필요한 공기를 들이마실 때 소리를 낸다.

쏠종개는 작은 어류나 바닥에 몸을 숨기고 있는 요각류, 갑각류 등을 포식한다. 수

쏠종개는 어릴 때는 무리 지어 생활하지만 성장한 후에는 독립생활을 한다. 성장한 쏠종개는 제1등지느러미와 양 가슴지느러미에 독가시가 있어 위험하다.

백 마리씩 무리 지어 다니는 어린 쏠종개들이 바닥을 뒤적이며 사냥에 나서면 가라앉아 있던 침전물들이 떠올라 주변이 뿌옇게 흐려진다. 이들은 먹이를 찾을 때 입 주위에 있는 수염을 이용한다. 학자들은 이 수염이 미각기 역할을 해서 상대에게 나오는 화학물질을 감지할 수 있다고 본다. 뿐만 아니라 쏠종개에게는 상어류, 가오리류처럼 주위의 전기장 변화를 감지할 수 있는 로렌치니 기관이 있다. 야행성인 쏠종개는 깜깜한 밤바다 속에서 로렌치니 기관을 이용해 주위의 전기장 변화를 감지해 포식자와 먹잇감을 구별하며 상황에 대처한다.

야행성인 쏠종개

필리핀, 인도네시아, 말레이시아 등 동남아 해역에서 야간 다이빙을 진행하다 보면 쏠종개를 흔하게 만난다. 산호초 얕은 수심에서 수중랜턴을 비추면 수백 마리씩 무리를 이룬 어린 쏠종개들이 모습을 드러낸다. 전체가 앞으로 튀어나왔다가 다시 뒤로 물러나고, 산호초 사이를 미끄러지듯 옮겨 다니는 율동적인 움직임을 지켜보는 것은 퍽이나 흥미롭다.

야행성 쏠종개는 밤에만 만날 수 있는 것은 아니다. 드물지만 낮 시간대에도 어린 쏠종개들이 무리 지어 이동하는 장면을 볼 수 있다. 때로는 바닥을 빠르게 휘젓고 다니다 소용돌이치듯 상승하기도 하는데 수면을 덮을 듯한 거대한 무리는 마치 가을이면 우리나라 갯벌을 찾아와 하늘로 날아오르는 가창오리 떼를 보는 듯하다.

1 쏠종개는 야행성이지만 낮에도 관찰할 수 있다. 무리를 이룬 채 상승하는 쏠종개들의 움직임은 철새들이 무리를 이루어 날아오르는 모양새와 닮았다.

2 쏠종개 무리가 율동적인 몸짓으로 바닥을 이동하고 있다.

옥처럼 맑은 뱅어

바다빙어목 뱅어과에 속하는 뱅어는 예로부터 옥어玉魚라고 표현할 만큼 몸 색이 옥玉처럼 맑다. 김려 선생은 『우해이어보』에 '날아갈 비飛'에 '구슬 옥玉' 자를 붙여 비옥飛玉이라 썼는데 이는 물살을 타고 빠르게 헤엄치는 모습이 마치 날아가는 듯 보였기 때문이다.

우리나라에는 뱅어가 7종이 있다. 이 가운데 벚꽃뱅어, 도화뱅어, 실뱅어, 붕퉁뱅어는 주로 서해안에 살고 뱅어, 젓뱅어, 국수뱅어는 서해와 남해에 모두 서식한다.

뱅어는 4~5월께 강을 거슬러 올라 알을 낳으며, 부화해서 자란 새끼는 가을이 되면 바다로 내려간다. 뱅어는 바닷가 사람들에게 매우 인기 있다. 이로 인해 "월하시(홍시) 맛에 밤새는 줄 모르고, 뱅어국에 허리 부러지는 줄 모른다"는 속담이 전하기도 한다. 하지만 수질이 오염되고 하구가 방조제로 막히면서 뱅어 자원이 눈에 띄게 감소하자 뱅어회의 명성을 실치회가 대신하고 있다. 식당에서 뱅어회라고 내놓는 것의 대부분이 농어목 황줄베도라치과의 실치회다.

뱅어는 회로 먹기도 하지만 달걀이나 오리알을 입혀서 기름으로 지지면 별미이다. 사진 왼쪽부터 경남 고성군 어촌식당에서 마주한 뱅어회, 뱅어전, 뱅어국 등이다.

뱀처럼 길어서 장어

장어長魚는 뱀처럼 긴 어류이다. 분류학적으로는 경골어류 뱀장어목에 속하는 종이 포함되지만 무악류인 먹장어도 장어라 불린다. 그렇다면 우리 주변에서 흔히 접하는 뱀장어, 갯장어, 붕장어, 먹장어 등은 어떻게 구별할까?

어류가 아닌 먹장어

어류는 턱뼈가 있는 '악구상강顎口上綱'에서 경골어류와 연골어류로 나뉜다. 생태학적으로 뱀장어, 갯장어, 붕장어 모두 뱀장어목에 속하는 경골어류이지만 먹장어는 턱뼈가 없어 무악류로 분류한다. 학자에 따라서는 둥근 입 때문에 원구류로 분류하기도 하는데 무악류 또는 원구류는 척추동물 중 가장 하등한 무리이다. 전 세계 광범위한 해역의 얕은 바다 밑에 서식하며 주로 밤에 활동하는 이들은 대부분의 시간을 바다 밑 모래 또는 진흙바닥에 몸을 파묻고 지낸다.

턱이 없는 원시어류인 먹장어는 여느 척추동물과는 달리 독특한 생리적 특성이 있다. 그중 하나가 진흙바닥 속 같은 저산소 환경에서 잘 버틴다는 것이다. 특히 먹장어의 심장은 36시간 정도 산소 공급 없이도 작동한다. 아무리 원시적이라고 해도 대부분의 진핵세포와 다세포동물에 산소가 필요하지만 이들은 오랜 세월에 걸쳐 무산소 환경에 적응한 것으로 보인다.

겔프대학의 토드 길리스 교수Prof. Todd Gillis가 이끄는 연구팀은 먹장어 심장 세포의 비밀을 풀기 위해 연구를 진행했다. 연구팀은 먹장어의 심장 세포가 포도당이나 글리세롤, 글리코겐에서 에너지를 얻는다고 생각하고 각각의 배양 용액과 아무것도 넣지 않은 배양 용액에 먹장어를 넣어 무산소 환경에서 수축력과 수축 시간을 비교했다. 그 결과 글리세롤이 있는 배양 용액에서 심장 세포가 눈에 띄게 잘 뛴다는 사실을 확인했다. 물론 저산소 환경에서 오래 버틸 수 있는 낮은 대사율 역시 중요한 이유이겠지만, 먹장어는 혈중 글리세롤 농도가 높고 간에 이를 저장해 에너지원으로 사용하는 것으로 보인다.

또 다른 생태적 특징으로는 몸속에 정소와 난소가 모두 있어 암컷, 수컷이 모두 될 수 있다는 점이다. 발생 과정에서 난소가 더 많이 발달하면 암컷, 정소가 더 많이 발달하면 수컷이 된다. 때때로 정소와 난소가 모두 발달하여 자웅동체가 되기도 한다. 짝짓기를 하는 계절이 정해져 있으며 알을 낳을 때에는 서식지보다 조금 더 깊은 바닷속으로 이동한다.

먹장어란 이름은 피부에 퇴화된 눈이 흔적으로만 남아 있어 '눈이 먼 장어'라 해서 붙인 이름이다. 먹장어는 생김새와 더불어 물고기에 달라붙어 살과 내장을 파먹는 식습성이 혐오스러워 식용하는 나라는 많지 않다. 하지만 우리나라에서는 스태미나 식품으로 상당히 인기가 있다. 먹장어가 스태미나 식품이 된 것은 가죽을 벗겨내도 한동안 살아서 '꼼지락꼼지락' 움직이는 것을 힘의 상징으로 여겼기 때문이다. 먹장어는 꼼지락거린다 해서 곰장어(꼼장어)라는 속칭으로 더 잘 알려져 있다. 먹장어의 원조 격인 부산 자갈치 시장 곳곳에는 사시사철 먹장어를 구워내는 고소한 냄새가 지나가는 사람들의 발길을 잡는다.

서구에서는 식용보다는 껍질ell skin을 가공해서 만든 지갑이나 손가방, 벨트 등이 고급제품으로 인기가 있다. 껍질이 질기고 부드러운 데다 행운을 가져온다는 속설 때문이다. 2002년 국내 피혁 가공업체 중 일부가 가죽 가공용으로 수입한 냉동 먹장어를 식용으로 유통시키다가 적발되기도 했다. 해방 직후 먹을거리가 부족하던 시절, 가죽을 벗겨내고 버렸던 고기를 구워보니 맛이 그럴듯해 식용으로 이용하기 시작했다. 지난날 어려웠던 시절에 먹었던 먹장어 중에 악덕 상인이 유통한 공업용도 다수 있었을지 모를 일이다.

먹장어는 스트레스가 심해지면 머리 뒤에서 꼬리지느러미까지 줄지어 있는 점액공에서 끈끈한 점액을 뿜어낸다. 이렇게 뿜어져 나온 점액질은 한 동이의 물을 한천질로 만들 정도이다. 때에 따라서는 이 점액질 덩어리가 포식자의 아가미를 덮어 버려 질식사시키기도 한다.

부모가 살던 하천을 찾아오는 뱀장어

멀고 깊은 바다에서 태어난 뱀장어(민물장어)는 자신의 부모가 살던 하천을 찾아와 5~10년을 산다. 생의 막바지에 이르면 자신이 태어난 수심 2,000~3,000미터의 심해로 돌아가 알을 낳은 후 죽는다. 뱀장어는 다 자란 후 태어난 하천으로 돌아오는 연어와 반대로 유생기 때 자신들의 부모가 살던 하천을 찾아온다.

뱀장어의 유생은 투명하고 납작한 대나무 잎 모양으로 성체를 전혀 닮지 않았다. 그래서 이 시기의 뱀장어를 댓잎뱀장어(렙토세팔루스Leptocephalus)라 한다. 해류를 타고 온 댓잎뱀장어

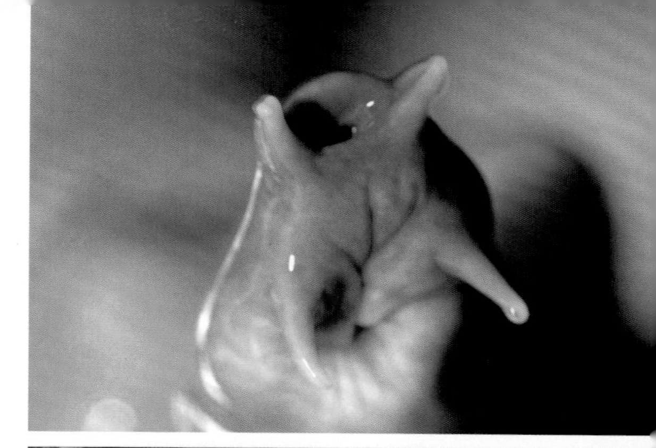

1
2
3

1 먹장어는 '해그피시hagfish'라는 이름으로 불린다. 'hag'가 '보기 흉한 노파'를 뜻하므로 턱이 없고 쭈글쭈글한 먹장어 형태가 흉한 노파의 모습으로 비친 듯하다.

2 먹장어는 인기 있는 먹거리로 주로 구이용으로 소비된다. 사진은 부산시 기장군 특산인 짚불구이 모습이다.

3 먹장어는 수족관에 갇히는 등 스트레스를 받으면 점액을 더 많이 분비하는데 큰 놈의 경우 무려 7리터나 쏟아낸다고 한다. 이 점액질은 뮤신이란 물질로 단백질의 흡수를 촉진하고 위벽을 보호하며 장내 윤활제 역할을 하는 당단백질이다.

가 자신들의 어미가 떠난 하구에 이르면 실처럼 가늘고 투명한 실뱀장어 형태로 변태해 하천을 거슬러 오른다. 실뱀장어 어업에 종사하는 어민들은 매년 3월 초에서 말까지 하구에 모여드는 실뱀장어를 잡아 뱀장어 양식의 종묘로 사용한다.

뱀장어 양식은 하구에서 잡은 실뱀장어를 키우는 것에 100퍼센트 의존해 왔지만, 1980년대 이후 아시아, 유럽, 아메리카 등 온대산 실뱀장어 자원량이 90퍼센트 이상 줄어들자 유럽연합은 2009년부터 수출을 규제하고 나섰다. 우리나라 수요를 충족하려면 연간 16만 톤 정도의 실뱀장어가 필요하다고 한다. 그런데 2011년에 우리 연안에서 잡힌 양은 2톤에 불과했고 수입량도 6톤에 그쳤다. 이마저도 매년 줄고 있다. 공급이 수요를 따라갈 수 없게 되자 실뱀장어 가격이 천정부지로 치솟고 말았다. 1980년대 중반 킬로그램당 수십만 원이던 것이 2018년 1월 일본에서 킬로그램당 3600만 원에 거래될 정도였다.

뱀장어는 심해에 도착해서야 생식기관이 나타나므로 오랜 기간 어떻게 번식하는지 베일에 싸여 있었다. 뱀장어가 심해에서 알을 낳고 부화한다는 사실이 밝혀진 것은 19세기 후반에 와서다. 우리나라에 사는 뱀장어는 서부 태평양의 오키나와 동쪽 깊은 바다에서 산란하는 것으로 알려져 있다. 뱀장어 양식을 위해서는 산란지에 대한 정보가 필요하다. 많은 관심을 가지고 연구하고 있는 나라는 뱀장어 소비량이 가장 많은 일본이다.

일본 과학자들은 수십 년간의 연구 끝에 2010년 부화 단계에서부터 댓잎뱀장어, 실뱀장어 과정을 거쳐 완전한 성체까지 키워내는 데 성공했다. 우리나라 국립수산과학원도 2016년 일본에 이어 완전 양식에 성공했다. 실험실에서 성공한 인공 종묘가 산업화되려면 상당한 시간이 필요하다.

뱀장어 양식의 핵심은 댓잎뱀장어에서 실뱀장어로 성장하는 단계이다. 현재까지 발표된 여러 자료를 볼 때 댓잎뱀장어가 성장하려면 적절한 먹이와 바닷물의 특수한 성분 등 환경 조건을 갖춰야 한다. 부화한 새끼 뱀장어는 바다 바닥으로 가라앉는 플랑크톤의 사체 부스러기와 유기물 등을 먹고 살아가는데 이러한 성분을 인공적으로 만들어내기가 쉽지 않다.

뱀장어 중에는 풍천장어를 최고로 친다. 여기서 풍천은 지역을 가리키는 말이 아니다. 뱀장어가 바닷물을 따라 강으로 들어올 때 대개 육지 쪽으로 바람이 불기 때문에 바람을 타고 강으로 들어오는 장어라는 의미에서 '바람 풍風' 자에 '내 천川' 자가 붙었다.

풍천장어의 유래가 된 곳이자 특산으로 유명한 전라북도 고창군 선운사 앞 인천강은 서해안의 강한 조류와 갯벌에 형성된 풍부한 영양분으로 인해 장어가 살 수 있는 천혜의 조건을 갖추고 있다. 그래서 양식 장어는 물론이거니와 다른 지역에서 잡아들이는 뱀장어보다 이곳에서 잡아들이는 뱀장어를 최고로 친다.

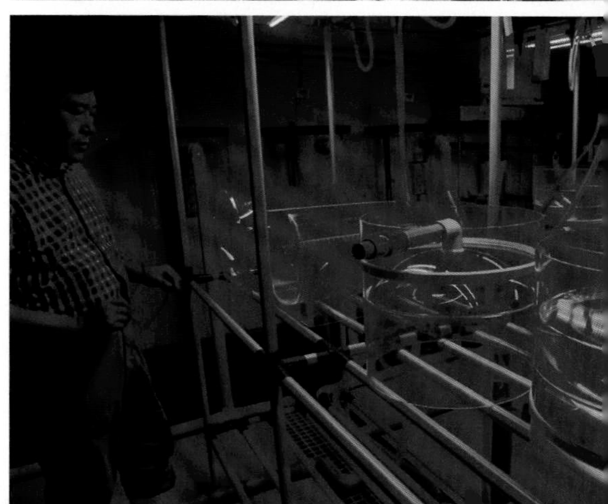

1
2
3

1 음식점 등에서는 뱀장어를 손질하기 전 전기 충격기로 기절시킨다. 뱀장어 피부에는 점액선이 있어 미끌거리는 데다 강한 힘으로 퍼덕거려 손으로 잡기가 힘들기 때문이다.

2 뱀장어 요리는 전통적인 보양식으로 인기가 있다. 『자산어보』에는 맛이 달콤하여 사람에게 이롭고, 오랫동안 설사를 하는 사람은 이 고기로 죽을 끓여 먹으면 이내 낫는다고 기록되어 있다. 그런데 뱀장어는 복숭아와는 상극이다. 함께 먹으면 복숭아에 많은 유기산이 장어의 지방 분해를 방해하기에 설사와 복통을 일으킨다.

3 2016년 국립수산과학원은 국내에서 뱀장어 인공 양식에 성공했다고 발표했다. 연구팀은 2012년 뱀장어의 알과 정자로 수정란을 만들어 실뱀장어 생산에 성공했다. 이어서 다 자란 뱀장어를 길러냈다. 2010년 성공한 일본에 이어 세계 두 번째다.

아나고가 아니라 붕장어

붕장어라 하면 머릿속에 잘 떠오르지 않는 사람들도 '아나고'라 하면 고개를 끄덕인다. 아나고穴子는 붕장어가 모랫바닥을 뚫고 들어가는 습성에 빗대어 '구멍 혈穴' 자를 붙인 일본식 이름이다. 붕장어의 학명 '*Congermyriaster*'에서 'Conger'는 그리스어로 구멍을 뚫는 고기란 의미의 'Gongros'에서 유래했으며, 학명에도 구멍을 뚫고 사는 붕장어의 생태적 습성이 잘 드러나고 있다. 중국에서는 항문에서 머리 쪽으로 뚜렷이 나 있는 38~43개의 옆줄 구멍이 별 모양 같다 하여 '싱만星鰻'이라고 한다.

붕장어는 원통형으로 갯장어의 생김새와 비슷하지만, 등지느러미가 가슴지느러미의 중앙 부분보다 약간 뒤쪽에서 시작되고 옆줄 구멍에 선명한 흰색 점이 있어 구별할 수 있다.

야행성인 붕장어는 모랫바닥 구멍에 몸통을 반쯤 숨긴 채 낮 시간을 보내다가 밤이 이슥해지면 활동을 시작하는데 이때 새우나 게, 작은 물고기 등을 닥치는 대로 잡아먹는다. 서구에서 발견되는 붕장어는 몸길이 2.5미터에 몸무게가 70킬로그램에 이르기도 한다. 밤에 돌아다니며 먹이를 한번 물면 죽을 때까지 놓지 않는 습성을 좀 흉포하게 보았는지 서구에서는 이들을 '바다의 갱'이라는 별칭으로 부른다.

우리나라에서는 붕장어가 구이뿐 아니라 횟감으로도 인기가 있다. 붕장어를 횟감으로 손질할 때 물에 깨끗이 씻어서 핏물을 완전히 제거해야 한다. 이는 핏속에 들어 있는 이크티오톡신ichthyotoxin이라는 독을 빼내기 위함이다. 이크티오톡신이 인체에 들어가면 구역질 등 중독 증상을 일으키며, 눈이나 피부에 묻으면 염증이 생긴다. 이크티오톡신은 민물장어인 뱀장어의 혈액에도 많이 들어 있는데, 다행히 주성분이 단백질이기 때문에 열에 약하다. 60도 전후에서 분해되므로 익혀 먹으면 전혀 걱정할 필요 없다.

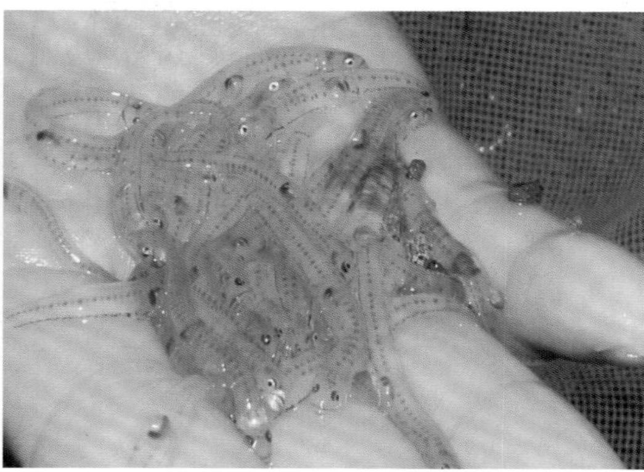

1 붕장어는 횟감으로 장만할 때는 핏속에 들어 있는 이크티오톡신이라는 단백질 독을 빼내기 위해 물로 깨끗이 씻어내야 한다.

2 붕장어 역시 뱀장어처럼 산란 장소와 시기가 명확히 밝혀지지 않았다. 지금까지의 조사 결과로 미루어보면, 붕장어 역시 뱀장어와 마찬가지로 아열대 해역의 해구 가까운 곳까지 옮겨가 봄~여름에 걸쳐 산란하고 댓잎뱀장어 형태로 모천회귀하는 것으로 알려졌다. 경남 연안에서 백어, 실치, 사백어라 생각하며 병아리라는 이름으로 많이 먹어왔던 어류의 대부분이 모천회귀한 실붕장어인 것으로 조사되었다.

붕장어는 주로 기선저인망, 주낙, 통발 등으로 잡아들인다. 기선저인망은 어선 두 척이 자루 모양의 그물을 양쪽으로 벌리면서 바다 밑바닥을 끌어 물고기를 잡아들이는 어법이고, 주낙은 낚싯줄에 여러 개의 낚시를 달아 얼레에 감아 물살을 따라서 감았다 풀었다 하는 낚시어구이며, 통발은 물고기가 일단 들어가면 다시 빠져나올 수 없도록 만든 함정 어구이다.

경남 남해군, 고성군, 통영시 연안 주민들이 횟감으로 즐기는 작은 어류가 있다. 주민들은 이를 병아리라 부르며 백어(바다빙어목 뱅어과), 사백어(농어목 망둑어과), 실치(농어목 황줄베도라치과) 등으로 생각했다. 하지만 2011년 6월 경남 수산자원연구소는 유전자 분석 등 연구를 통해 이 어류가 붕장어의 치어인 실붕장어라는 연구 결과를 발표했다.

사나운 개처럼 물어대는 갯장어

갯장어는 날카로운 이빨로 사나운 개처럼 무는 습성이 있다.

갯장어는 전체적으로는 붕장어와 많이 닮았지만 붕장어에 비해 주둥이가 길고 뾰족하며 등지느러미가 가슴지느러미보다 앞에서 시작된다. 성체의 몸길이도 붕장어보다 긴 편이라 2미터에 이른다. 그리고 갯장어는 여느 장어류와 달리 비늘이 없다. 뱀장어는 피부에 점액이 많아 비늘이 없는 것처럼 보이지만 실은 피부 속에 조그만 비늘이 묻혀 있다.

갯장어의 외형상 가장 큰 특징은 억세고 긴 송곳니를 비롯한 날카로운 이빨에 있다. 이들은 성질이 사나운 데다 생명력 또한 강해 물 밖에서도 잘 죽지 않는다. 뭍에 올려 놓으면 달려들기에 이빨에 물리지 않도록 조심해야 한다.

이러한 특성을 『자산어보』에는 개의 이빨을 가진 뱀장어로 묘사하며 견아려犬牙鱺라고 기록했다. 일본인들은 갯장어를 '하모ハモ'라 한다. 이들은 뭐든지 잘 물어대는 습성이라 '물다'라는 뜻의 일본어 '하무ハム'에서 유래한 이름이다. 여름철이면 횟집 메뉴에 '하모'가 등장하는데, 우리에게 갯장어라는 이름보다 하모로 더 잘 알려진 것은 갯장어를 즐겨 먹는 일본인들이 일제 강점기 때 우리나라에서 잡히는 갯장어를 자국으로 전량 빼돌리기 위해 '수산통제어종'으로 지정한 탓이 크다. 당시 갯장어는 하

야행성인 갯장어는 주낙을 바다에 던져 넣은 뒤 하루, 이틀 후 걷어 올린다.

모라는 일본식 이름과 함께 우리나라 사람들이 가까이할 수 없는 어종이었던 셈이다. 참으로 어처구니없는 수탈의 역사 중 한 토막이다.

갯장어는 여름이 제철이다. 주산지는 경남 고성군으로 여름철 바다를 찾으면 갯장어를 낚아 올리는 주낙어업을 흔하게 볼 수 있다.

해양 실습에 나선 여고생들이 그물에 잡힌 갯장어를 들어 보이고 있다. 갯장어는 장어 중 큰 편이라 길이가 2미터에 이른다.

드라마틱한 관찰 대상 곰치

곰치(뱀장어목 곰치과)는 스쿠버다이버들에게 드라마틱한 관찰 대상 중 하나이다. 한치 앞도 보이지 않는 밤바다 속 산호초나 바위틈을 수중랜턴으로 비춰가다 보면 날카로운 이빨을 드러내고 있는 곰치를 만나게 된다.

대개 몸길이가 약 60~100센티미터인데 인도양과 태평양 열대 해역에서 발견되는 대왕곰치Giant moray는 최대 3미터까지 자란다. 그런데 곰치는 몸을 똬리 튼 채 숨기고 머리 부분만 밖으로 내밀고 있어 그 크기를 가늠하기 어렵다. 가까이 다가가면 용수철 튀듯 튀어나와 흉측하게 생긴 얼굴을 전후좌우로 격렬하게 움직인다.

외양적 특성

가늘고 긴 곰치의 몸은 꼬리가 얇고 넓으며 끝이 뾰족하다. 몸 전체는 비늘이 없는 두꺼운 가죽으로 덮여 있어 마치 철갑을 두른 듯 강해 보인다. 머리는 비교적 작고 입은 크게 찢어져 있는데 강한 턱에 일렬로 늘어서 있는 이빨들이 상당히 날카롭다.

곰치는 가슴지느러미 · 배지느러미가 없으며 뒷지느러미 언저리는 흰빛이다. 이들은 쉴 새 없이 입을 벌린 채 물을 들이켜야 한다. 대개 어류는 아가미뚜껑을 움직이며 물속의 산소를 걸러낼 수 있지만, 아가미가 움직이지 않는 곰치는 물이 아가미를 지날 수 있도록 입 근육을 움직여야 하기 때문이다.

곰치는 육식성이기에 고기가 담백하고 맛이 좋다. 동남아 일부 지역에서는 우리나라 사람들이 장어구이를 즐기듯 곰치를 식용한다. 『우해이어보』에 표범 무늬를 닮았고 성질이 탐욕스러워 다른 물고기들이 두려워하는 '표어豹魚'라는 어류가 등장한다.

1 2

1 이빨이 날카롭고 턱이 강력한 곰치는 성격마저 난폭해 바다에서 상위 포식자의 지위에 있다. 바위틈에 도사리고 있던 곰치가 어류를 공격하기 위해 튀어나오고 있다.

2 한 스쿠버다이버가 곰치에게 먹을거리를 전하고 있다. 자칫 하다가는 곰치의 공격으로 큰 상처를 입을 수 있다.

김려 선생은 진해 어민들이 이 표어를 잡으면 두껍고 견고한 가죽을 말려 동래시장에서 왜倭 상인들에게 팔았다고 한다. 『우해이어보』에 등장하는 표어는 곰치에 대한 설명임이 분명하다.

공격적 성향

성질이 포악한 곰치는 눈에 띄는 것이라면 무엇이든 공격한다. 한번 물리면 빠져나오기 어렵다. 턱뿐 아니라 입천장에 솟아 있는 날카로운 이빨들이 안으로 휘어진 채 늘어서 있기 때문이다. 입을 벌릴 때 흉측하게 보이는 턱과 입천장의 이빨은 먹이를 자르는 기능보다는 먹이가 도망가지 못하도록 고정하는 역할을 한다. 한번 걸려든 먹이는 안으로 휘어진 이빨 구조에 따라 조금씩 목구멍 쪽으로 이동하며, 목구멍 쪽에 있는 예비 이빨들이 먹이를 씹어 넘긴다.

곰치는 몸을 바위틈에 숨기고 있어 밖으로 나온 머리 부분이 한 뼘 정도에 지나지 않는다. 만만하게 생각하고 손을 내밀었다가 큰 화를 당할 수 있다. 똬리 튼 몸이 용수철처럼 튀어나와 날카로운 이빨로 쐐기 박듯 손을 물기 때문이다. 곰치의 공격적인 성향을 이용해 그리스 · 로마 시대에는 곰치가 들어 있는 큰 항아리에 죄인을 집어넣어 잔인하게 처벌했다고 전해지며, 「DEEP」 등 할리우드 영화에서는 날카로운 이빨로 다이버를 괴롭히는 무서운 바다동물로 묘사되고 있다.

몇 년 전 말레이시아를 찾았을 때 손가락이 잘린 안내인을 만난 적이 있었다. 그는 곰치에게 먹이를 주는 장면을 보여주기 위해 소시지를 손에 들고 흔들다가 '쭈욱~' 뻗어 나오는 곰치의 탄력을 피하지 못했다. 개인에게는 불행한 일이었지만 그 곰치는 한동안 인기 있는 볼거리가 되었다.

1 청소새우가 곰치 콧잔등에 앉아 있다. 난폭한 포식자 곰치도 자기 몸의 불편함을 해결해주는 청소새우 앞에서는 고분고분하다. 이들을 공격했다가는 다시는 도움을 받지 못하기 때문이다.

2 곰치가 안으로 휘어져 일렬로 늘어서 있는 날카로운 이빨을 드러내고 있다.

공생과 앙숙

포악하고 공격적인 곰치이지만 공생 관계에 있는 바다동물도 있다. 바로 청소놀래기와 청소새우류이다. 이들은 곰치 이빨 사이에 낀 음식 찌꺼기와 곰치 몸의 여러 문제를 해결해준다. 곰치도 그 필요성을 알기에 이들을 공격하지 않는다.

바닷동물 중 곰치와 가장 앙숙지간은 문어이다. 곰치와 문어는 모두 바위

틈이나 굴을 생활 터전으로 한다. 적당한 크기의 바위틈은 곰치와 문어 모두에게 훌륭한 보금자리이다 보니 이를 차지하기 위해 치열한 싸움이 벌어진다. 흥분한 문어가 수백 개의 빨판이 붙은 여덟 개의 팔로 곰치를 휘감아 조이지만 곰치의 강한 턱과 이빨을 당해내기는 어렵다.

구멍 속으로 숨어드는 가든장어

가든장어Garden eel는 상당히 예민하다. 바닥에 구멍을 파고 몸을 숨긴 채 머리만 내밀고 있다가 물의 파장이 조금만 변해도 구멍 속으로 숨어 버린다. 이들의 꼬리는 자신의 보금자리이자 도피처인 구멍을 파기에 적합하도록 기능적으로 진화되어 있다. 한 뼘가량 되는 머리만 밖으로 내민 채 무리 지어 있는 모습이 마치 정원에 피어 있는 풀처럼 보여서 붙인 이름이다.

예민한 가든장어를 제대로 관찰하려면 상당히 신중하게 접근해야 한다. 조금이라도 이상한 낌새를 느끼면 구멍 속으로 숨어 버려 오랜 시간 꼼짝하지 않기 때문이다.

천연기념물로 지정되었다가 해제된 무태장어

무태장어無泰長魚, Giant mottled eel는 뱀장어보다 크고 몸에 암갈색 구름무늬와 작은 반점이 있는 열대성 대형 종이다. '무태無泰'는 '매우 크다'는 뜻의 한자어이다. 우리나라에서는 희귀하게 발견되지만 중국(남부) · 타이완 · 일본(남부) · 필리핀 · 인도네시아 등지에서 흔하게 발견된다.

무태장어의 무태는 '매우 크다'는 의미로 쓰인다. '이보다 큰太/泰 장어가 없을無 것'이라는 뜻인데 비슷한 용례로 최대 길이가 3미터에 이르는 대형 상어 '무태상어'를 들 수 있다. 또한 「전어지」에는 큰 방어를 무태방어라고 기록하고 있다.

삶의 순환은 뱀장어와 같다. 어려서는 강어귀나 바다에서 서식하다가 성어가 되면 5~6년간 민물에서 지낸다. 이후 산란을 위해 깊은 바다로 내려가는데 부화한 후 다시 난류를 따라 강을 거슬러 올라오는 모천회귀성이다.

무태장어의 산란지는 뉴기니 북부에서 보르네오 동북부에 걸친 바다와 수마트라 서부로 추정되고 있지만 확실하게 밝혀지지는 않았다. 남방계 열대성 어종으로 우리나라 제주도 천지연폭포는 무태장어의 최북단 서식지로 알려져 왔다. 이곳에서 귀하게 발견되다 보니 1978년 8월 18일 천연기념물 제258호로 지정되었으나 이후 전라남도 장흥군 탐진강, 경상남도 거제 구천계곡, 하동군 화개면 쌍계사 계곡에도 소수가 살고 있음이 확인된 데다, 양식용으로도 수입되자 2009년 6월 9일 천연기념물 지정에서 해제되었다. 다만 서식지인 제주도 천지연폭포는 천연기념물 제27호로 계속 보호되고 있다.

죽어서라도 복수하는 복어

봄에서 여름에 이르는 시기, 산란기를 맞은 복어는 독이 잔뜩 오른다. 청산가리의 10배가 넘는 테트로도톡신tetrodotoxin은 해독제조차 없다 보니 사람들에게는 두려움의 대상이다. 이따금 복어 독에 목숨을 잃는 사건이 보도되면서 마치 복어가 흉측한 괴물이라도 되는 듯 보이지만 복어 독은 자기 방어를 위한 소극적인 수단일 뿐이다.

복어의 위기 탈출 방법

복어는 몸놀림이 민첩하지 못해 적을 따돌리기 어렵다. 위협을 느끼면 몸집에 비해 상대적으로 작은 가슴지느러미와 꼬리지느러미를 열심히 파닥거려 보지만 그런 느린 움직임으로는 위험에서 벗어날 수 없다. 한계에 부닥친 복어는 입으로 물을 마셔 위장 아랫부분에 있는 '확장낭'이라는 신축성 있는 주머니에 물을 채운 후 식도 근육을 축소해 물이 빠져나가지 않도록 하여 몸을 서너 배까지 부풀린다. 물속에서 들이마시는 물의 양은 몸무게의 네 배 이상도 가능하다. 몸을 원상태로 회복시킬 때는 식도 근육의 긴장을 풀어 입이나 아가미로 물을 뿜어낸다.

복어는 물 밖으로 잡혀 나와서도 몸을 부풀린다. 아가미구멍을 통해 물 대신 공기를 들이마셔 확장낭을 채우는 방식이다. 영어로 '퍼퍼피시Pufferfish'라 부르는 것도 복어가 물과 공기를 빨아들이면 '펍' 하고 부풀어 오르는 데서 따왔다. 대개의 경우 복어를 쫓던 포식자는 몸을 부풀리는 기세에 주춤거릴 수밖에 없다. 또한 복어는 날카롭고 강한 이빨로 상대를 공격하기도 한다. 만약 복어의 적극적인 경고에도 이들을

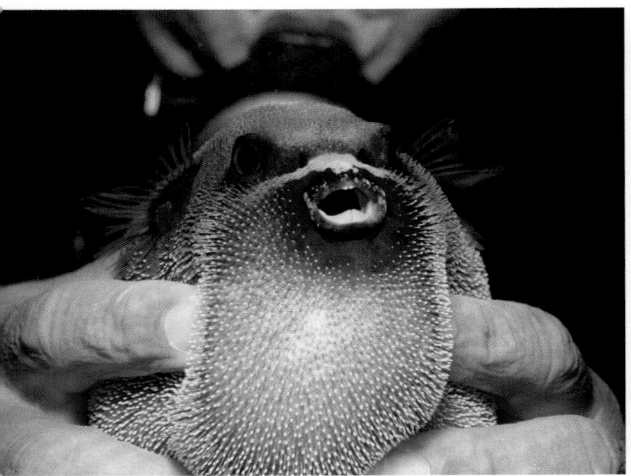

1 스쿠버다이버가 수중에서 복어를 잡자 위협을 느낀 복어가 몸을 부풀리고 있다. 사진에서 보는 것과 같이 복어는 날카롭고 강한 이빨로 상대에게 치명상을 입힐 수 있다.

2 움직임이 느린 복어가 바위틈에서 휴식을 취하고 있다.

1	2

잡아먹을 경우 복어는 껍질과 내장, 생식소 등에 포함되어 있는 테트로도톡신이라는 맹독 성분으로 포식자에게 치명상을 입힌다.

그런데 전 세계적으로 분포하는 120~130종의 모든 복어에게 독이 있는 것은 아니다. 황복, 자주복, 까치복, 검복, 졸복은 독성이 강하고 밀복, 가시복, 거북복의 독성은 약하다. 독이 있는 부위도 달라서 자주복과 검복은 간과 난소에 독이 있지만 근육이나 정소에는 독이 없으며, 자주복은 껍질에 독이 거의 없지만 검복의 껍질에는 독이 있다. 독이 강한 복어일수록 맛이 좋아 사람들이 즐기는 편이니 복어 독과 맛은 어느 정도 상관관계가 있어 보인다.

복어 한 마리에 물 서 말

복어는 반드시 전문가가 조리한 것만 먹어야 한다. 난소와 알, 간, 내장, 껍질 등 독성이 있는 부위를 완전히 제거하고 물로 깨끗이 씻어내야 한다. 혹시 있을지도 모를 독

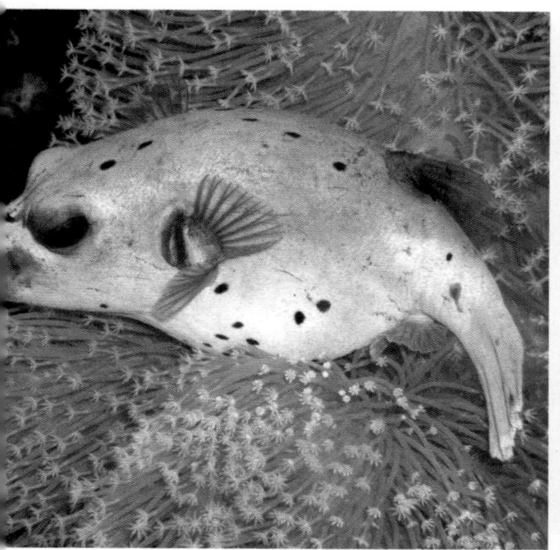

1 | 2

1 열대와 아열대 해역에서 흔하게 만날 수 있는 복어이다. 몸에 검은색 점이 있어 블랙스팟티드퍼퍼 Black-spotted puffer라 한다.

2 남해안에서 흔하게 발견되는 졸복이다. 졸복은 강한 독이 있어 조리할 때 주의해야 한다.

을 씻어내기 위해 물을 많이 사용하다 보니 “복어 한 마리에 물 서 말”이란 속담이 생겨났다. 어류학자인 정문기 박사는 테트로도톡신의 위력이 청산가리의 열 배가 넘는다고 했다. 중독되면 입술 주위나 혀끝이 마비되면서 손끝이 저리고 구토를 한 뒤 몸 전체가 경직되는데 결국 호흡 곤란으로 사망에 이른다. 이런 증상은 30분 이내에 시작되어 한 시간 반에서 여덟 시간 만에 죽음에 이르는데 치사율이 40~80퍼센트나 된다고 한다.

이처럼 복어 독에 의한 사망 여부는 보통 중독 뒤 여덟 시간 이내에 결정된다. 테트로도톡신은 색깔, 냄새, 맛이 없는 데다 섭씨 120도에서 한 시간 이상 가열해도 파괴되지 않으며 해독제가 없다. 중독되면 독을 희석시키기 위해 다량의 물을 투입해 위를 씻어내야 한다.

복어 독에 중독되었을 때 생사 여부는 초기 대응에 달려 있다. 일단 중독되면 호흡기관을 포함해 몸의 근육들이 마비되어 스스로 숨을 쉴 수 없으므로 병원으로 이송하는 동안 반드시 인공호흡으로 호흡을 유지시켜야 한다. 구사일생으로 살아난 사람의 이야기를 들어보면 몸의 모든 근육이 마비되어 움직일 수는 없는데 의식과 감각은 살아 있으니 죽음에 대한 두려움으로 극심한 공포를 겪었다고 한다.

독이 있는 먹이를 먹어서

복어가 어떤 방식으로 독을 만들어내는지는 오랜 연구 과제였다. 어떤 이는 유전적으로 독을 가지고 있다고 하지만, 일본 나가사키대학의 아라카와 오사무 해양생물학 교수가 독이 없는 복어 양식에 성공하면서 복어 독에 대한 비밀이 벗겨졌다. 아라카와 교수는 복어에게 고등어 등 무독성 먹이만 먹였다. 이렇게 수년 동안 양식한 복어에는 독 성분이 검출되지 않았다고 한다.

결국 복어는 불가사리와 갑각류, 납작벌레 등 독이 있는 먹이 때문에 몸에서 독이 만들어진다는 사실이 입증된 것이다. 독이 없는 복어를 양식하는 데 성공하긴 했지만 본격적으로 유통하지는 못했다. 양식 복어와 자연산 복어의 생김새가 똑같아 자연산 복어를 독이 없는 양식 복어로 착각할 수도 있다는 우려 때문이다.

단백질 함량이 100그램당 거의 20그램에 달하는 복어는 고기 맛이 담백하다. 복어는 다양한 요리로 개발되어 왔다. 사진은 복어를 주재료로 한 샤브샤브이다.

사람이 한 번 죽는 것과 맞먹는 맛

복어는 전 세계적으로 120~130종이 있다. 식용할 수 있는 종은 황복, 자주복, 검복, 까치복, 은복, 복섬, 밀복, 졸복, 가시복, 거북복 등 몇 종 되지 않는다. 이 가운데 까치복, 밀복, 은복, 졸복 등은 가격이 저렴해 대중적이라면 참복은 맛이 좋은 데다 비싸다. 복어는 다양한 요리법이 소개되어 있다.

이중 백미는 회이다. 복어 회를 주문하면 쟁반 바닥이 비칠 정도로 얇게 썰어 내온다. 이는 복어 육질이 너무 단단하고 질기기 때문이다. 두껍게 썰면 고무를 씹는 듯해 최대한 얇게 썰어야 한다. 그래서인지 얼마나 얇게 썰어내느냐를 놓고 요리사를 평가하기도 한다.

중국 북송시대의 시인 소동파는 복어 맛을 "사람이 한 번 죽는 것과 맞먹는 맛"이라 극찬했다. 또한 중국인들은 뛰어나게 맛있는 음식 앞에 중국 역사상 최고 미인이라 일컫는 '서시西施' 이름을 붙이곤 하여 수컷 복어 배 속에 있는 부드럽고 흰 이리를 서시의 가슴에 비유하여 '서시유西施乳'라 했다. 서시는 춘추전국시대 월나라 미인으로 적국인 오나라 국왕 부차에게 보내졌다. 서시의 미색에 빠진 부차는 나라를 다스릴 수 없게 되었고, 결국 오나라는 멸망하고 말았다고 한다.

복어를 좋아하기는 일본인도 매한가지이다. "복어를 먹지 않는 사람에겐 후지산을 보여주지 말라"는 말이 있을 정도다. 복어는 한국과 중국, 일본 등 동아시아 사람들뿐 아니라 이집트인들도 식용해 왔다. BC 2700년의 이집트 제5왕조의 묘에서 발견된 상형문자에 복어 독에 대한 기록이 남아 있다. 또한 이집트인들은 복어 껍질로 만든 지갑이 행운을 가져다준다고 믿고 있다. 아마 복어 몸이 부풀어 커지는 데서 연유한 상징적 의미일 듯하다.

우리나라에서는 참복을 최고로 치지만, 중국에서는 황복, 일본에서는 자주복(2019년 부경대학교 어류학실험실은 유전학적 분석을 통해 참복보다 비싸게 거래되는 자주복이 참복과 동일종이라는 연구 결과를 발표했다)이 인기가 있다. 미식가들은 복어를 철갑상어 알인 '캐비아caviar'와 떡갈나무 숲의 땅속에서 자라는 버섯인 '트러플truffle', 거위 간 요리인 '푸아그라foie gras'와 함께 세계 4대 진미로 꼽는다.

가시가 길고 날카로운 가시복어

독이 없는 복어 가운데 특이하게 생긴 종이 가시복어이다. 가시복어는 포식자에게 쫓기면 여느 복어처럼 몸을 부풀리는데, 이때 평소 옆으로 누워 있던 가시들이 몸이 팽창되면서 꼿꼿하게 곧추선다. 이쯤 되면 가시복어를 쫓던 포식자가 놀랄 수밖에 없다. 몸이 부풀어 커진 데다 가시까지 돋아 있으니 한입에 삼킬 수도, 물어뜯을 수도 없는 노릇이다. 또한 가시복어는 이빨이 튼튼해 포식자의 기가 꺾이면 바로 반격에 나선다. 가시복어는 우리나라를 포함해 온대와 열대의 전 세계 해역에 광범위하게 분포하며, 고기에 독이 없어 식용할 수 있다.

위기를 맞은 가시복어는
몸을 부풀려 날카로운 가시를 곧추세운다.

거북의 등딱지를 닮은 거북복

복어목에 속하는 거북복의 몸은 통통하고 둥글며 거의 네모나 있다. 거북복이란 이름은 여느 복어와 달리 딱딱한 피부가 거북의 등딱지처럼 육각형의 굳은 갑판으로 되어 있기 때문이다. 거북복은 몸을 부풀리지는 못하지만, 딱딱한 갑판으로 몸을 싸고 있어 포식자들이 만만하게 대할 수 없다.

1	2

1 거북복의 피부는 거북의 등딱지처럼 굳은 갑판으로 되어 있다.

2 롱혼즈카우피시Long-horns cowfish는 열대 산호초 지대가 고향이지만 제주도 해역에서도 가끔 발견된다. 특이한 생김새로 수족관에서 관상용으로 인기가 있다.

어류 중 알을 가장 많이 낳는 개복치

복어과에 속하는 개복치는 한 번에 2억~3억 개 정도의 알을 낳아 바다에서 가장 많은 알을 낳는 어류이다. 연어가 한 번에 2,000~3,000개 정도 알을 낳고, 좀 많이 낳는 축에 속하는 어류가 2000만~6000만 개를 낳는 것과 비교해보면 실로 엄청나다.

이들이 알을 많이 낳는 것은 알들이 성체로 자랄 확률이 낮기 때문이다. 그래서 종족 보존을 위해 일단 많이 낳고 본다. 만약 부화율이 높다면 전 세계 바다는 개복치로 뒤덮이고 말 텐데 다행인지 불행인지 그렇지는 않다. 어미 개복치는 알을 낳기만 할 뿐 전혀 돌보지 않는다. 또한 움직임이 둔하고 성격마저 유순해 치어기 때뿐 아니라 수백 킬로그램에서 최대 2톤까지 자라는 거대한 크기의 성체가 된 후에도 범고래와 바다사자 등 해양 포유류와 대형 어종의 먹이가 되곤 한다.

개복치는 경골어류 중 가장 무겁다. 기록에 따르면 몸무게가 2톤, 몸길이는 3.3미터이다. 덩치가 큰 데다 모양새가 뭉텅해 약간 우스꽝스럽게 보인다. 밀폐된 공간에 적응을 잘해 전 세계 각 도시의 수족관에서 인기리에 전시되고 있다.

개복치는 몸이 구형이라 빠르게 움직일 수 없다. 등지느러미와 뒷지느러미가 있지만 추진력을 발휘해야 할 꼬리지느러미가 골판 구조의 키지느러미 모양으로 변형되어 있다. 물고기의 날렵한 유선형 몸 형태에 익숙한 시각으로 개복치를 보면 생긴 꼴이 마치 몸의 중간 부분이 잘려 나간 듯해 허전해 보인다. 이렇듯 이상한 생김새와 둔한 몸짓 때문에 개복치는 복어과에 속한다는 의미의 '복치' 앞에 좀 낮춰서 부를 때 사용하는 접사인 '개' 자를 붙였다.

개복치는 하늘이 맑고 파도가 없는 조용한 날이면 표면에 떠올라 옆으로 누운 채 가만 떠 있다. 서구에서는 이런 모습을 느긋하게 일광욕을 즐기는 것으로 보았던지 '선피시Sunfish'라는 이름을 붙였다. 이런 습성을 두고 먹이를 먹고 난 뒤 소화 촉진을 위해 몸을 데운다는 견해가 있고, 자외선으로 외피의 기생충을 제거하기 위해서라는 견해 등도 있다.

『우해이어보』에 등장하는 범어

『우해이어보』에는 물고기 53종, 갑각류 8종, 패류 11종이 등장한다. 함께 소개된 근연종까지 모두 합하면 어류 81종, 갑각류 8종, 패류 15종에 이른다. 이 가운데 당시 김려 선생이 관찰한 것이 무엇인지를 두고 논란이 되는 종이 많다. 이는 같은 시대를 살았던 정약전 선생이 『자산어보』에 기록한 226종 대부분이 밝혀진 것과는 차이가 있다. 정약전 선생이 실학자적 관점에서 객관적이고 사실적으로 묘사한 것과 달리 한학자인 김려 선생은 대상을 관찰하면서 은유적이고 약간 과장해서 표현한 경우가 많았기 때문이다.

『우해이어보』에 등장하는 '범어䲑魚'도 그러하다. 김려 선생은 이 범어가 물고기 눈에 자라 머리인데 등은 각이 지고 평평하며 옆구리가 뼈로 가늘게 올록볼록 덮여 있어 마치 기와지붕 같고 승두선僧頭扇을 펼친 것 같은 꼬리가 있다고 했다. 특히 이 어류는 바람을 만나면 일어서서 다니는데 그 모습이 돛을 펼친 것 같아서 '범어'라 이름 붙였다고 했다.

승두선

승려의 머리처럼 끝을 동그랗게 만든 부채

필자는『우해이어보』에 등장하는 범어가 개복치라고 단정한다. 개복치는 대개 바다 중층에 머물지만 하늘이 맑고 파도가 없는 조용한 날에는 크게 돌출되어 있는 삼각형 등지느러미를 수면 위에 드러내면서 천천히 헤엄친다. 이러한 모양새가 당시 어민들 눈에 '돛을 펼친 것'같이 보였을 것이다.

김려 선생은 "독이 있어 먹지 못한다"고 했는데 이는 사실과 다르다. 개복치는 경북 포항을 중심으로 한 중・남부해안 지역에서는 잔치나 제사상에 빠지지 않는 음식이다. 식재료로 장만하기 위해 잘라 놓은 토막은 마치 흰 묵처럼 생겼다. 콜라겐 성분이 많아 삶으면 살이 투명한 묵처럼 되고 젓가락으로 집어 초장이나 양념장에 찍어 먹으면 식감이 좋다. 그런데 아무 맛이 없다. 무색, 무미, 무취가 개복치 맛의 특징이다.

김려 선생은 아귀를 가리키는 흑호포黑鯱鮑, 노랑가오리를 가리키는 귀홍鬼魟, 한쪽 집게발이 기형적으로 큰 농게를 가리키는 변편蝙蚹 등도 독이 있어 먹지 못한다고 했다. 당시 사람들은 기괴하게 생기거나 색채가 강한 종은 먹기를 꺼려 했던 것으로 보인다. 이를 두고 김려 선생은 독이 있다고 생각했을 것이다.

쥐를 닮아 쥐치

쥐치는 말려서 가공한 식품인 쥐포(쥐치포)로 잘 알려져 있다. 그런데 이 쥐치가 복어와 사촌 간이라면 고개를 갸웃거릴 사람도 있을 것이다. 쥐치는 분류학상 복어목에 속한다. 예전에 낚시를 하다 쥐치가 걸려들면 땅 위의 '쥐'가 연상되어 그냥 버리곤 했다는데 요즘 들어서는 말린 포뿐 아니라 횟감용으로도 인기가 높다. 쥐치를 최고의 횟감이라 하는 사람도 있다. 맛이 좋을 뿐 아니라 껍질이 한 번에 잘 벗겨져 요리하기도 편하고, 경골어류임에도 뼈가 연해 뼈째 썰어 먹을 수도 있기 때문이다. 또한 쥐치의 간은 홍어 간처럼 맛이 고소해 미식가에게 인기가 있다.

쥐치복과와 쥐치과

쥐치류는 크게 쥐치복과와 쥐치과로 나뉜다. 쥐치복과에 속하는 쥐치류는 열대 해역이 주 무대라 우리나라 근해에서는 찾아볼 수 없다. 영어권에서는 쥐치복과에 속하는 쥐치류의 꼬리지느러미 양쪽에 외과의사가 사용하는 메스를 닮은 날카로운 가시가 있다 해서 서전피시Surgeon fish라고 한다. 이들은 평소에는 꼬리지느러미 쪽으로 가시를 뉘어 몸에 붙이고 있지만 위기를 느끼면 가시를 잽싸게 곧추세워 상대를 위협한다. 열대 바다를 여행하다 보면 무리를 이룬 서전피시를 만나곤 하는데 유유자적 헤엄치는 모습이 멋진 볼거리가 되기도 한다.

이에 반해 쥐치과의 쥐취류에는 쥐치, 말쥐치, 별쥐치, 흑백쥐치, 그물코쥐치, 객주리, 날개쥐치, 생쥐치 등이 있다. 이들이 쥐치 또는 쥐고기라 불리게 된 것은 돌출된 주둥이에 있는 넓적하고 끝이 뾰족한 이빨이 마치 쥐의 이빨을 닮았기 때문이다. 영

1 열대 바다에서 만나는 서전피시 무리는 훌륭한 볼거리이기도 하다.

2 열대 해역에 서식하는 쥐치복과에 속하는 쥐치류는 꼬리지느러미 양쪽에 외과의사가 사용하는 메스와 같은 날카로운 가시를 지니고 있다 하여 '서전피시'라고 한다.

3 쥐치는 치어기 때는 바닷말 사이에 몸을 숨기며 지내다가 성장하면서 약간 깊은 수심으로 내려간다.

1	
2	3

1 말쥐치는 등 쪽은 회청색, 배 쪽은 담색을 띤다. 길쭉한 타원형의 몸이 말의 얼굴을 닮았다 해서 붙인 이름이다.

2 쥐치의 몸은 누른빛 또는 회갈색 바탕에 모양이 불규칙한 암갈색 반점들이 많다.

어권에서는 쥐치에 마치 줄이나 가죽처럼 꺼칠꺼칠한 껍질이 있어서인지 파일피시File fish 또는 레저재킷Leather jacket이라 한다. 쥐치는 포식자의 위협으로부터 몸을 감싸고 있는 거친 껍질의 도움을 받는다. 포식자 입장에서 꺼끌꺼끌한 껍질은 아무래도 불편할 수밖에 없다.

쥐치와 말쥐치

쥐치나 말쥐치 모두 쥐치로 통칭하지만 겉모습은 다르다. 쥐치가 넓적하다면 말쥐치는 길쭉한 타원형인 데다 상대적으로 큰 편이다. 쥐치가 노란색 또는 회갈색 바탕에 여러 개의 암갈색 무늬가 있다면, 말쥐치는 몸 전체가 짙은 흑회색이다.

바닷속에서 쥐치를 발견하고 가까이 다가가면 무리 중에서 우두머리가 앞으로 튀어나오며 경계를 한다. 이때 자세히 살펴보면 암갈색 무늬가 선명한 색으로 변한다. 쥐치는 흥분하거나 경계심을 보일 때 몸의 무늬가 선명해지는데 무리 가운데 힘이 약한 개체는 무늬가 거의 없다. 우리나라 근해에서 잡히고 있는 쥐치류의 대부분은 말쥐치이다.

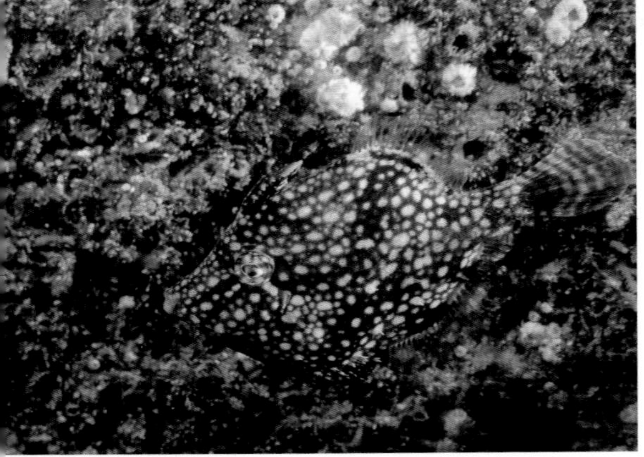

1 쥐치가 주둥이로 물을 뿜어내며 바닥에 몸을 숨기고 있는 작은 바다동물을 찾고 있다. 그 주변에 모여든 용치놀래기들이 먹잇감이 드러나기를 기다리고 있다.

2 울릉도 해역에서 발견한 그물코쥐치이다.

3 쥐치 한 마리가 제주도 서귀포 연산호 사이를 유유자적 헤엄치고 있다. 배지느러미와 꼬리지느러미를 좌우로 흔들며 세상 바쁠 것이 없이 여유를 부리는 쥐치를 보고 있으면 '바다 속 신사'라는 별칭이 퍽 어울린다. 쥐치는 이러한 느린 움직임 탓에 적으로부터 자신을 보호하기 위해 거친 껍질과 등, 배지느러미에 날카로운 가시가 있다.

쥐치의 먹이 사냥

쥐치는 움직임이 느리지만 먹이 사냥에 나설 때면 강한 앞이빨을 앞세운 채 상당한 순발력을 발휘한다. 이들의 집요한 공격은 갑각류, 환형동물, 해파리뿐 아니라 산호나 해면 등 대상을 가리지 않는다. 모래나 펄 바닥에 갑각류나 갯지렁이 등이 몸을 숨기고 있어도 쥐치의 사냥 기술을 피하지 못한다.

쥐치는 잔뜩 들이켠 물을 쭉 내민 주둥이로 강하게 뿜어낸다. 마치 호스 끝을 납작하게 눌러 강한 수압으로 물을 뿜어내는 것과 같은 방식이다. 물총 세례에 모래와 개흙이 흐트러지고 먹잇감이 노출되면 쥐치는 느긋하게 이들을 포식한다. 쥐치가 사냥에 나설 때면 호기심 많은 용치놀래기들이 따라붙는다. 이는 쥐치의 공격으로 노출되는 먹잇감을 가로채기 위함이다.

쥐치는 강하게 물을 뿜어내는 방식으로 성게를 사냥하기도 한다. 성게는 몸에 뾰족한 가시가 있어 포식자의 공격을 막아내지만 가시가 없는 배 부분이 노출되면 속수무책이다. 쥐치는 성게의 배 부분을 공략하기 위해 물총을

1
2
3

말쥐치가 주둥이로 물을 뿜어내는 모습이다. 뿜어져 나오는 물에 맞아 바닥의 모래 자갈이 흐트러지면 그 속에 숨어 있던 작은 바다동물들이 모습을 드러낸다.

쏴 성게를 뒤집어 버린다. 쥐치는 날카로운 이빨로 뒤집어진 성게의 배를 찢어 알과 생식소를 포식한다.

쥐치는 해파리를 포식하는 것으로도 알려져 있다. 최근 우리나라 연안에 해파리가 급증한 원인 중 하나로 해파리 천적인 쥐치를 너무 많이 잡아들인 탓이라는 주장이 제기되었다. 이에 따라 해마다 관련 기관에서 어민들과 함께 해파리 퇴치를 위해 쥐치 치어 방류 사업을 펼치고 있다.

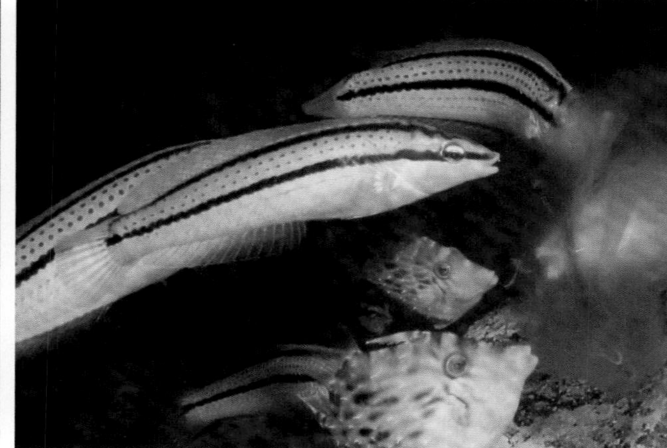

1 말쥐치가 주둥이를 활짝 벌린 채 물을 들이켜고 있다.

2 쥐치들이 해파리를 뜯어 먹고 있다. 쥐치는 해파리의 천적으로 알려져 있다.

유니콘피시

유니콘피시 이마에 뿔이 나 있어 전설 속에 등장하는 동물 유니콘을 연상하게 한다.

유니콘피시Unicon fish는 쥐치복과에 속하는 어류로 아열대와 열대 해역에서 발견되는 종이다. 유니콘은 이마에 뿔이 하나 있는 말 형상의 상상 속 동물이다. 환상적이면서도 아름답게 묘사되지만 중세 유럽 우화에는 잔혹한 괴물로 등장하기도 한다. 이마의 뿔도 칼처럼 날카로워 코끼리마저 관통시키는 것으로 묘사하고 있다.

바다에서 만나는 유니콘피시는 이마에 뼈로 된 뿔이 나 있어 유니콘에서 이름을 따왔다. 묘하게 이들도 위험한 어류이다. 이마에 나 있는 뿔보다 쥐치복과에 속하는 어류의 공통점으로 꼬리지느러미 양쪽에 외과의사가 사용하는 메스와 같은 날카로운 가시 때문이다. 이들은 평소에는 가시를 뉘어 몸에 붙이고 있지만 위험을 느끼면 가시를 잽싸게 곧추세워 상대를 위협한다. 가시에 베이면 상당한 고통을 겪게 된다.

막대 모양의 파이프피시

실고기는 긴 원통 모양으로 생겼다. 그래서 영어명이 '파이프피시Pipefish'이다. 파이프피시는 움직임이 둔하다. 대개 산호 가지 사이를 천천히 옮겨 다니거나 바닥에 붙어서 지낸다. 빨대처럼 생긴 주둥이로 동물플랑크톤을 잡아먹고 연안의 얕은 수심에 모여 지내는데 성체의 몸길이가 15센티미터 정도에 지나지 않는다.

모든 실고기과에 속하는 종은 암수가 몸을 휘감고 짝짓기를 하는데 대개 수컷들이 알이 부화할 때까지 수정란을 몸에 매달고 다닌다. 파이프피시 표면은 해마류와 마찬가지로 여러 장으로 연결된 딱딱한 갑옷비늘이 몸 전체를 덮고 있다. 종류는 밴디드파이프피시Banded Pipefish, 메스메이트파이프피시Messmate Pipefish, 고스프파이프피시Ghost Pipefish 등이 있다.

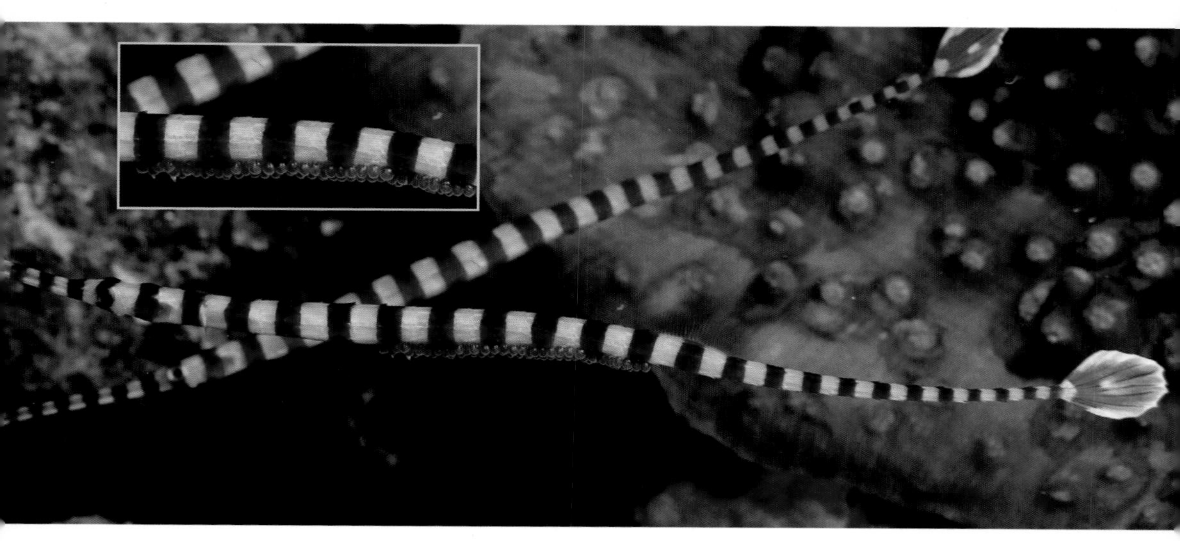

밴디드파이프피시는 몸 전체에 검붉은 막대 모양의 가로줄 무늬가 몸 전체에 규칙적으로 나열되어 있다. 주로 얕은 수심의 돌이나 모랫바닥에 서식한다. 두 마리 중 배 밑에 수정란이 붙어 있는 아래쪽이 수컷이다.

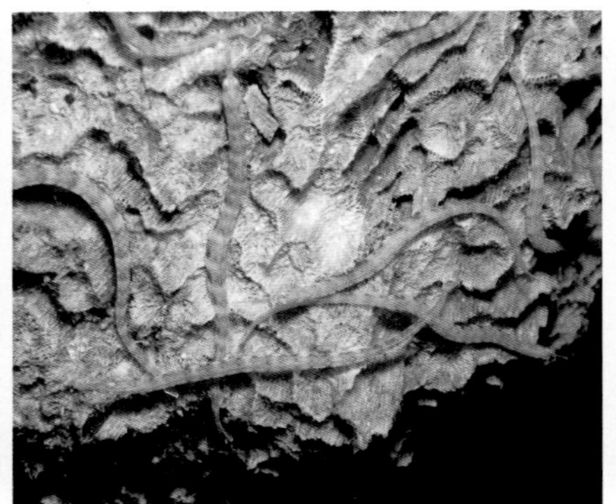
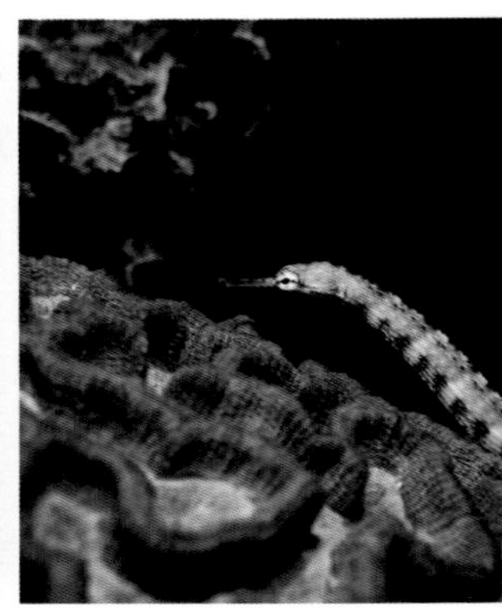

1 고스트파이프피시 한 마리가 바닷말의 모양과 색에 완벽하게 묻혀 있다. 고스트, 즉 유령은 바닷말 등 주변 여건에 맞춰 지내기에 좀처럼 찾기 힘들다 해서 붙인 이름이다.

2 함께 무리 지어 다니는 모양새가 특이해 메스메이트Messmate라는 이름이 붙었다. 메스메이트는 군대의 식사 동료를 뜻한다.

3 메스메이트파이프피시는 생긴 모양이 용을 닮아 드래곤파이프피시라고도 한며, 산호초 상단부에 살고 있어 리프탑파이프피시Reeftop Pipefish라고도 한다.

1	2	3

악기 이름이 붙은 트럼펫, 플루트, 코르넷피시

트럼펫피시, 플루트피시, 코르넷피시는 주둥이가 긴 관 모양으로 생겨 관악기 이름이 붙었다. 이 가운데 트럼펫피시는 독자적인 과가 있으며, 플루트피시와 코르넷피시는 대치과에 속한다.

대치과에 속하는 플루트피시와 코르넷피시는 최대 1.5미터까지 자란다. 각각 홍대치와 청대치라는 우리말 이름이 있다. 플루트피시는 전체적으로 몸 색이 붉으며, 코르넷피시는 올리브색 바탕에 푸른색을 띤다.

1 얕은 수심의 산호초 지대에 서식하는 트럼펫피시는 보통 40~60센티미터, 최대 80센티미터까지 자란다. 몸 색은 환경에 따라 어두운 색, 황색, 줄무늬를 나타내는 등 다양하게 변이된다.

2 트렘펫피시의 먹이 활동을 지켜보는 것은 흥미롭다. 이들은 입 크기에 맞는 작은 물고기, 갑각류 등 동물성 먹이를 나팔 같은 긴 주둥이를 활짝 벌려 순식간에 낚아챈다.

1	2

우리가 청대치라 부르는 종이다. 몸이 납작하며 주둥이가 앞쪽으로 돌출되어 있어 관악기를 닮았다.

물구나무선 슈림프피시

슈림프피시Shrimpfish(등꼬리치)는 머리를 아래로 물구나무선 채 무리 지어 다닌다. 신기한 모양새를 관찰하기 위해 가까이 다가가면 율동적인 동작으로 자리를 옮긴다. 이들이 물구나무선 채로 헤엄치는 것은 작은 새우를 잡아먹을 때 주둥이를 아래로 향하는 것이 효율적이기 때문이다. 수직으로 서서 다니기에 삐죽 튀어나온 성게 가시나 산호 가지 사이에 몸을 숨기기도 좋다.

슈림프피시라는 이름이 붙은 것은 이들이 주식으로 작은 새우Shrimp를 잡아먹기 때문이다. 면도날고기Razorfish라고도 하는데 배가 면도날처럼 얇기 때문이다. 슈림프피시는 10센티미터 내외로 작지만 하루에 1천 마리 정도의 새우를 잡아먹는 대식가이다.

한 무리의 슈림프피시가 물구나무선 채 먹이 사냥을 하고 있다.

안쓰럽고 신비한 해마

실고기목 실고기과에 속하는 해마는 해마속*Hippocmpus* 어류의 총칭이다. 학명은 고대 그리스어로 '말'을 뜻하는 'Hippo'와 '바다괴물'을 뜻하는 'Kampos'에서 유래되었다. 해마는 전 세계에 54종이 있으며 모든 종의 몸이 골판으로 덮여 있으며 머리는 말을 닮았다. 그래서 한자권에서는 '海馬', 영어권에서는 'Sea Horse'로 표기한다.

해마는 그리스 신화에서 '바다의 신' 포세이돈의 마차를 끄는 역동적인 모습으로 등장한다. 하지만 현실 속의 해마는 다르다. 작은 골판骨板으로 연결된 몸길이는 6~10센티미터 정도에 지나지 않으며 조류에 떠밀리지 않기 위해 잘피, 바닷말, 산호 가지 등에 꼬리를 감고 매달려 버티는 모습이 안쓰럽기까지 하다.

매력적인 생명체와의 인연

해마는 우리나라 해역에서 귀하게 발견된다. 따뜻한 물을 좋아하는 특성 때문이기도 하지만 오염되지 않은 바다 환경에서만 살기 때문이다. 그래서인지 우리 연안에서 해마가 발견되는 것만으로도 화제가 되곤 한다. 필자는 부산시 영도구 한국해양대학교 연안, 경남 남해군 상동면 갯벌, 통영시 사량도, 제주도 성산포 광치기해변 등에서 해마를 관찰하고 기록하는 데 성공했다. 이들은 움직임이 느린 데다 행동반경 또한 넓지 않아 서식지를 찾기만 하면 상당한 기간 같은 장소에서 반복 관찰이 가능하다.

2006년 경남 남해군 삼동 갯벌에서 열렸던 여성과학인력양성센터WISE 주최 해양탐사 프로그램에 참가한 여학생이 갯벌 조수웅덩이에서 해마 한 마리를 발견했다. 1센티미터 남짓 크기의 부화한 지 얼마 되지 않은 새끼였다. 밀물 때 떠밀려 온 후 조수웅덩이에 갇혀 바다로 돌아가지 못한 것으로 보였다. 당시 학생들을 인솔했던 신라대 생명과학과 고현숙 교수(2018~2020, 국립부산과학관 관장 역임)는 새끼 해마가 발견된 것으로 보아 남해군 삼동 갯벌 앞바다를 해마 서식지로 봐야 한다고 했다. 2006년 삼동해변에서의 새끼 해마와의 인연으로 필자는 해마에 관심을 가지게 되었다. 그 후 스쿠버다이버나 어민들에게 해마를 보았다는 이야기를 들으면 장비를 챙겨 그 해역으로 달려가곤 했지만 해마와의 인연은 쉽게 이어지지 않았다.

그러던 2009년 5월, 부산시 영도구 한국해양대학교 연안에서 잘피 군락지를 관찰하던 중 잘피에 꼬리를 감고 있는 해마가 눈에 들어왔다. 머리 부분의 돌기가 두드러진 왕관해마였다. 그해 7월에는 제주도 성산포 해역에서 손바닥 크기만 한 점해마를 발견했다. 2020년 봄에는 경남 통영시 사량도 해역에서 점해마 한 쌍을 기록하는 데 성공했다.

국내에서는 해마가 귀하게 발견되지만 필리핀 세부, 인도네시아, 태국 등 동남아 해역에서는 쉽게 만날 수 있다. 해마 서식지를 알고 있는 현지 안내인은 자기를 찾아오는 고객을 해마가 있는 곳으로 이끈다. 해마는 현지 안내인에게는 소중한 존재이다. 한국에서 온 스쿠버다이버들은 해마를 관찰하는 것만으로도 만족하기 때문이다.

말레이시아 시파단섬에서는 해마와 다른 종인 피그미해마Pygmy seahorse를 관찰하고 기록으로 남기기도 했다. 피그미해마는 1969년 뉴칼레도니아 누메아에서 처음 발견된 이후 수중사진가들이 한 번은 꼭 만나보고 싶어 하는 바다생물 중 하나이다. 몸길이가 2센티미터 남짓해 키가 작은 아프리카 종족인 피그미족에서 이름을 따왔다.

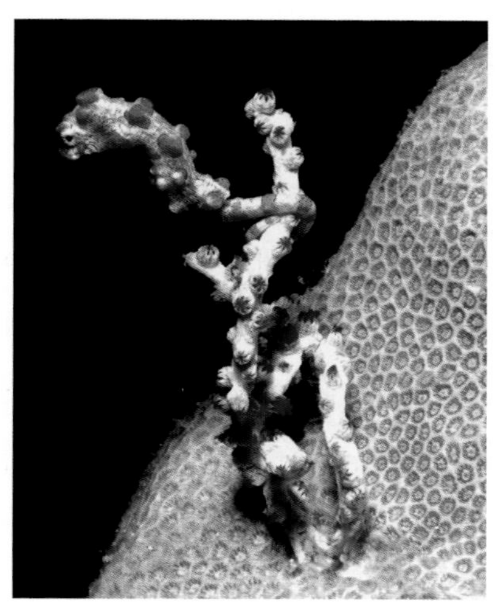

피그미해마가 산호에 꼬리를 감고 있다. 산호 폴립을 흉내 낸 몸의 돌기 구조로 주변 환경에 완벽하게 몸을 숨기고 있다.

오스트레일리아 온대 해역에만 서식하는 것으로 알려진 해룡은 해마와 달리 용을 닮았다. 크게 바다풀 모양 해룡Weedy seadragon(왼쪽)과 나뭇잎 모양 해룡Leafy seadragon이 있다. 이들 역시 조류가 약한 얕은 해역에서 살아간다.

서서 다니는 독특한 모양새, 수컷이 출산하는 기이함

해마는 관 모양의 기다란 주둥이로 물을 빨아들여 그 속에 있는 동물플랑크톤이나 작은 새우 등을 먹는다. 해마의 입은 눈 뒤쪽의 머리 길이와 같고 머리가 다른 어류에 비해 거의 직각으로 구부러져 있다. 몸의 크기에 비해 부레가 커서 일정 수심에 머무를 수 있는데 평소에는 꼬리를 아래로, 머리를 위로 하고 등에 붙어 있는 하나의 지느러미를 좌우로 움직이며 몸을 세운 채 헤엄친다.

해마에 대한 관심이 늘고 있지만 집에서 관상용으로 키우기는 힘들다. 이들이 주로 먹는 바다곤쟁이같이 살아 있는 먹이를 지속적으로 공급하기 어렵기 때문이다.

해마는 특이하게 수컷이 새끼를 낳는다. 늦봄에서 여름 사이 번식기가 되면 수컷은 움직임이 활발해지고 몸 색이 회색으로 변하는 등 혼인색이 나타남과 동시에 육아낭의 구멍이 열리고 암컷을 유인하는 유영을 시작한다. 암컷이 수컷의 구애를 받아들이면 서로 꼬리를 감아 교미한다. 이 과정에서 암컷은 산란관을 뻗어 수컷의 육아낭 속으로 알을 집어넣는데 산란은 보통 한 번에 이루어지며 11~16초 정도가 걸린다.

암컷이 떠난 뒤 알을 수정하고 수정란을 돌보며 부화시키는 것은 수컷의 몫이다. 배가 점점 불러오고, 새끼 해마가 1센티미터 정도까지 자라면 수컷은 몸에서 새끼 해마를 내보낸다. 한 번에 한두 마리씩 1백 마리가 넘는 새끼들이 연이어 나오는데 새끼들은 이미 성체의 모습을 닮았다.

성숙한 암수 한 쌍은 출산 직후 다시 짝짓기에 들어간다. 수컷 배에서 새끼들이 연이어 한 마리씩 톡톡 튀어나오는 모습과 출산 후 바로 짝짓기에 들어가는 특성이 순산과 다산의 의미로 받아들여져 오래전부터 민간에서는 임산부의 난산에 해마를 특효약으로 사용해 왔다. 『동의보감』에는 부인이 난산할 때 해마를 손에 쥐면 순산한다고 기록했으며, 『물명고』에는 암수를 잡아서 말린 다음 부인의 출산에 즈음하여 손에 이것을 쥐게 한다고 기록되어 있다.

보호해야 할 해마

해마는 중국을 비롯한 중화 문화권 국가에서 정력제뿐 아니라 난치병의 특효약으로 포획되어 왔다. 국제무역 자료에 따르면, 1995년에만 최소 2천만 마리의 말린 해마가 전 세계적으로 유통되었는데 주로 중국 전통 약재나 그 파생 상품으로 활용된 것으로 보인다. 예전에 물고기를 잡다가 부산물로 잡던 해마 어업이 1990년대 이후 중국의 경제성장으로 중국인들의 구매력이 늘어나자 해마만을 집중적으로 잡는 어업이 생겨나면서 해마는 멸종위기를 맞게 되었다. 2004년 5월부터 해마는 CITES에 의해 보호받고 있다. 하지만 불법 어업과 불법 유통은 사라지지 않는 실정이다.

우리나라에 서식하는 7종의 해마

최근 연구에 따르면, 우리나라에는 해마*Hippocampus haema*, 복해마*H. kuda*, 산호해마*H. mohnikei*, 가시해마*H. histrix*, 점해마*H. trimaculatus*, 신도해마*H. sindonis*, 왕관해마*H. coronatus* 7종이 보고되어 있다. 과거 국내에서 언급되었던 진질해마*H. aterrimus*란 종은 복해마의

1	2
3	4
5	6

1 2009년 5월 한국해양대학교 연안에서 멸종위기 종 해마 중 가장 멸종에 임박한 것으로 알려진 왕관해마를 발견, 기록으로 남겼다.

2 수면까지 상승한 점해마의 몸이 수면에 반영되어 데칼코마니처럼 보인다.

3 필리핀 보홀에서 관찰한 가시해마의 짝짓기 장면이다. 해마는 꼬리를 서로 감아 교미한다. 이 과정에서 암컷은 산란관을 뻗어 수컷의 육아낭 속으로 알을 집어넣는데 산란은 보통 한 번에 이루어진다. 가시해마는 몸에 가시 모양의 돌기가 나 있어 붙인 이름이다.

4 배가 불룩 튀어나와서 배불뚝이해마라는 이름을 붙인 종이다.

5 얕은 수심의 잘피 군락지에서 복해마가 유영하고 있다. 복해마는 해마와 비슷하게 생겼으나 종이 다르다. 이들은 해마보다 몸통의 체륜 수가 하나 많다.

6 해마는 연약한 존재이다. 작은 조류에 몸이 떠밀리지 않게 몸을 지탱할 수 있는 산호 가지나 바닷말 등에 꼬리를 감는다.

동종이명으로 귀속되었다. 이들의 구별은 몸통 체륜(몸통을 가로지르는 마디 또는 주름)의 개수, 꼬리 체륜(꼬리를 가로지르는 마디 또는 주름)의 개수, 가슴지느러미의 연조(마디가 있는 지느러미 줄기)의 개수, 등지느러미의 연조 수, 머리 위에 있는 정관(왕관)의 높이와 형태 등에 따른다.

머리 위에는 흔히 왕관이라고 부르는 정관이 있고, 정관 아래쪽에 아가미구멍이 있으며, 아가미구멍 옆으로 반투명한 가슴지느러미가 있다. 아가미구멍 뒤로 목을 가로지르는 마디가 있는데 여기가 몸통의 제1체륜이다. 여기서부터 체륜을 세기 시작하는데 첫 번째 체륜 뒤에 솟아 있는 비교적 큰 돌기에는 체륜이 없다. 이후로 쭉 몸통을 가로지르는 체륜을 세어가다 보면 항문(몸통과 꼬리가 만나는 지점) 위치에도 체륜이 있음을 볼 수 있다. 여기부터는 꼬리 체륜으로 분류한다.

❖ 복해마

꼬리부 체륜이 34~37개로 해마와 비슷하지만 머리 위의 관상 돌기가 짧고 몸통부 체륜이 11개로 해마보다 1개가 더 많다. 몸 색은 황갈색 또는 흑갈색 등으로 변이가 심하며 몸에는 어두운 색 띠가 있다. 몸길이는 대개 18센티미터 정도이다.

❖ 산호해마

해마보다 몸이 작으며 꼬리는 가늘고 길다. 체륜은 몸통에 11개, 꼬리에 39개가 있으며 주둥이는 짧고 몸길이의 3분의 1가량이다. 정관은 매우 낮고 옆으로 납작하나 실모양인 것이 달려 있지 않다. 각 가시는 몹시 작고 둥글며 끝이 둔하다. 몸 색은 갈색에 무늬가 없거나 불규칙한 띠 무늬가 있다.

❖ 가시해마

해마종과 비교할 때 가장 뚜렷한 차이점은 코 주위에 있는 검은색 줄무늬이다. 몸 색은 갈색 바탕에 흰색 점이 있으며, 후두부 관상 돌기는 높고 보통 5개의 가시가 있으

경남 통영시 사량도 해역에서 점해마 한 쌍이 모습을 드러냈다.

며, 관상 돌기 뒤쪽에 가시가 2개 있다. 체륜의 골절 결절은 모두 길고 날카로운 가시로 되어 있다.

❖ 점해마

몸은 암갈색을 띠며 전체적인 형태는 해마와 유사하지만 등 쪽에 뚜렷한 검은색 점이 3개 있다. 머리는 몸에 비해 상대적으로 작은 편이며 관상 돌기는 낮다. 크기는 10~15센티미터이다.

❖ 신도해마

그리 흔치 않게 관찰되는 종으로 몸의 체륜 수가 10개로 해마와 같아 과거에는 같은 종으로 분류되었지만 최근 분류학적 재검토로 별개의 종으로 구분한다.

가시로 쏘는 쏨뱅이

해양생물 중에는 위험한 종이 더러 있다. 날카로운 이빨로 공격하는 상어, 바라쿠다, 곰치, 갯장어에서부터 몸에 독을 지닌 복어, 독가시로 위협하는 쏨뱅이, 쏠배감펭, 독가시치, 쑤기미, 쏠종개 등에 이르기까지 다양하다. 이들이 날카로운 이빨이나 독을 지니게 된 것은 포식을 위한 무기이자 스스로를 지키기 위한 수단이기도 하다. 이 가운데 독가시가 있거나 약간 기괴하게 생긴 어류들을 모아 쏨뱅이목으로 분류한다. 쏨뱅이란 이름은 가시로 쏜다는 뜻에서 '쏘다'가 '쏨'으로 변한 데서 유래한다. 쏨뱅이목의 학명 '*Scorpaeniformes*'에서 'Scorpion'은 전갈을 의미한다.

쏨뱅이는 350여 종에 이르는 쏨뱅이목 어류 중 대표 종이다.

쏨뱅이목은 전 세계적으로 350여 종이 있으며 이중 57종에서 독침이 발견된다. 독침에 있는 독은 등지느러미 기부의 피부선이 변한 독샘에

> **독샘**
>
> 다른 동물에게 독성 물질을 분비하는 샘을 가리키며, 어류의 쏠종개, 쑤기미, 미역치 등에서는 피부선이 변한 독샘이 등지느러미 뼈의 기부에 있다. 노랑가오리의 등에는 가시 밑동에 독샘이 발달되어 있다.

잠재적인 위기를 극복하기 위해 바다동물은 주변 환경에 맞춰 몸 색을 바꾼 채 숨어들기도 한다. 이러한 위장은 먹이를 노리는 포식동물의 교묘한 눈속임으로도 작용한다. 강력한 포식자이기도 한 쏨뱅이가 주변 색에 몸의 색을 맞춘 채 먹이를 기다리고 있다.

서 순간적으로 충전된다. 독은 물고기가 능동적으로 뿜는 것이 아니라 가시가 눌렸을 때 지느러미 가시 양면에 있는 가느다랗게 파인 홈groove을 타고 가시 끝 쪽으로 올라오는 원리이다.

쏨뱅이목 어류는 수심 10~100미터의 암초 지대에 서식하며 깊은 수심에서 겨울을 나고 봄에 연안으로 돌아오는 계절 회유성이다. 이들의 살은 단단하고 맛이 담백하며 비타민A가 풍부하다. 쏨뱅이는 쏨뱅이목 어류의 대표 종이다.

사자 갈기를 지닌 쏠배감펭

독을 지닌 생물은 자신에게 독이 있음을 적극적으로 알린다. 대개 이들은 몸 색이 화려하고 무늬가 강렬하다. 그런데 독이 있다는 자신감 때문인지 움직임은 느리다 못해 느긋하기까지 하다. 역설적으로는 움직임이 느리다 보니 위기에서 벗어나기 위해 독이 필요한지도 모른다.

독이 있는 어류 중 쏠배감펭(쏨뱅이목 양볼락과)은 화려하기로는 둘째가라면 서러워할 만하다. 부채 같은 가슴지느러미, 레이스 장식 같은 등지느러미를 공작새처럼 펼쳐서 천천히 헤엄치는데 느릿느릿한 움직임이 우아하게까지 느껴진다. 영어권에서는 지느러미 모양이 마치 사자 갈기를 닮아 '라이온피시Lionfish'라 한다. 쏠배감펭은 제주도나 동중국해 등 온대에서 열대에 이르는 광범위한 해역에서 발견된다.

쏠배감펭은 위기를 느끼면 지느러미를 최대한 넓게 펼쳐 18개의 독가시를 곧추세운다. 이렇게 되면 포식자가 한입에 삼키기 어려울 뿐 아니라 잘못 건드렸다가는 독가시에 찔려 혼쭐이 난다. 물속에서 가까이 다가가면 도망가지도 않고 눈을 맞추곤 한다. 자기가 지닌 비장의 무기를 과신하는 듯 사람을 별로 겁내지 않는다. 거리를 두고 지켜보기만 해야 하는데 잘못 건드렸다가는 혼쭐이 난다.

등지느러미에 돋아 있는 독가시의 바늘 끝은 장갑이나 잠수복을 뚫을 정도로 날카롭다. 개개의 가시에서 나오는 독의 양으로는 사람 목숨을 앗아갈 수 없지만, 순간적인 쇼크로 물속에서 정신을 잃을 수도 있다. 물속에서 정신을 잃으면 상당히 위험하다. 만약 바다에서 쏠배감펭 등 독이 있는 물고기 가시에 찔렸을 때는 상처 부위를 작게 째고 피를 짜낸 다음 빠른 시간에 전문 의료진의 치료를 받아야

1 제주도 서귀포 연안에서 만난 쏠배감펭이 수지맨드라미 위를 지나고 있다. 쏠배감펭은 독가시가 있다는 자신감 때문인지 움직임이 느리고 느긋하다. 옆에서 보고 있으면 상당히 여유가 있어 보인다.

2 쏠배감펭의 가시에는 강한 독이 있다. 쏠배감펭이 잔뜩 흥분하면 독가시 끝이 더욱 짙게 변하며 독이 있음을 시각적으로 드러낸다.

3 열여덟 개의 등지느러미 가시마다 강한 독이 있는 쏠배감펭이 잔뜩 긴장하고 있다. 평소에는 가지런하게 누워 있는 등지느러미를 활짝 펼치자 독가시들이 곧추섰다. 아프리카 전사들의 분장처럼 온몸에 새겨진 현란한 무늬는 상대를 위협하기에 충분하다. 이쯤 되면 아무리 강력한 포식자라도 함부로 대할 수 없다.

1	2
	3

한다. 이때 응급처치로 뜨거운 물수건으로 찜질을 해주면 통증을 줄이는 데 도움이 된다.

치명적인 독가시를 지닌 쑤기미

경남 통영시 사량도에 만난 쑤기미이다. 바위틈에 몸을 숨기고 있는 모습이 섬뜩했다.

쑤기미의 등지느러미 독가시는 쏨뱅이목에 속하는 어류 중 가장 강력하다. 툭 튀어나온 큰 입과 작은 눈, 온몸에 나 있는 울퉁불퉁한 사마귀 같은 돌기로 겉모습이 흉측스럽게, 때로는 퉁명스럽게 보인다. 성체의 몸길이는 30센티미터 정도로 바위틈에 꼼짝하지 않고 웅크리고 있다. 몸 색은 연안에 서식하는 개체는 흑갈색 또는 유백색이며, 깊은 곳에 서식하는 개체는 적색 또는 노란색이다.

혐오스러운 생김새와 위험한 독이 있음에도 육질이 뛰어나 상업적으로 가치가 있다. 강력한 독이 있어 전갈고기, 범치라 불리는 쑤기미는 생김새가 농어목에 속하는 삼세기와 빼닮았다.

삼식이라 불리는 삼세기

삼세기를 '범치아재비'라고도 한다. '아재비'는 꽁치아재비, 미나리아재비처럼 원종과 비슷한 생물에 붙이는 말로, 범치아재비는 범치와 비슷한 물고기란 뜻이다. 호랑이를 가리키는 범 자를 붙인 범치는 서해안 지방에서 쑤기미를 달리 부르는 이름이다. 실제로 같은 쏨뱅이목에 속하는 삼세기와 쑤기미는 닮았다. 쑤기미가 맹독을 지닌 무서운 어종인 반면 삼세기는 순하디순한 어종이다.

필자가 자주 찾는 한 식당에서는 삼세기가 들어오는 날이면 연락이 온다. 날이면 날마다 있는 어종이 아니다 보니 삼세기로 인해 제대로 단골 대접을 받는 셈이다.

삼세기는 못생기고 어리숙하다는 놀림으로 삼식이라 불린다. 삼세기는 온몸에 지저분한 돌기 같은 것들이 잔뜩 돋아나 있고, 툭 튀어나온 눈 아래 떡 벌어진 입이 머리 크기의 반 정도이며, 배는 복어처럼 크게 부풀어 올라 균형감도 떨어지는 데다 참 못생겼다.

균형감 없는 몸 형태와 좀 못생겼음에도 삼세기를 제대로 아는 사람은 바다에서 나는 어류 중 최고라 칭한다. 회, 매운탕, 조림, 찜의 식재료로, 특히 얼큰하게 끓여내는 매운탕은 시원한 국물 맛과 쫄깃한 살이 어우러져 인기가 있다.

겨울철 산란기를 맞아 알을 낳기 위해 얕은 바다로 몰려드는 삼세기는 동작이 느려 해녀들에게도 만만한 사냥감이다. 위기를 느끼면 도망가지도 않은 채 배만 부풀리고 있으니 멍청하게까지 보인다.

멍텅구리 뚝지

뚝지의 '뚝'은 뚝머슴, 뚝심 등에서 보듯 무뚝뚝하고, 미련하고, 융통성이 없는 대상을 지칭한다. 뚝지를 살펴보면 무뚝뚝하고 무언가 불만이 가득해 보이긴 하다.

동해안에서 베링해까지 널리 분포하는 냉수성 어종인 뚝지는 멍텅구리, 심통이, 도치라는 별칭으로 더 알려져 있다. 미련하게 보일 정도로 통통한 모습에 꾹 다문 큰 입은 뭔가에 심통이 잔뜩 나 있는 것처럼 보인다. 동작마저 굼뜨고 느린 데다 위급해도 미동조차 하지 않다 보니 사람들은 뚝지에게 멍텅구리라는 이름을 붙였다. 배의 앞뒤가 뭉툭하고 밑바닥이 평탄해 움직임이 둔한 새우잡이 배를 멍텅구리배라 부르는 것도 같은 맥락이다.

뚝지는 보통 깊은 수심에서 살아가지만, 겨울철 산란기에는 연안으로 이동해 바위틈에 알을 낳는다. 이때가 어획 시기이며 맛이 좋다. 뚝지는 한 번에 약 6만 개 정도의 알을 낳는다. 뚝지 알로 조리한 뚝지 알탕은 도루묵과 함께 겨울철 동해에서 만날 수 있는 별미이다.

돌처럼 보여 식별하기 어려운 스톤피시

인도네시아 부나켄 해역에서 야간 다이빙 도중 스톤피시를 만났다. 잘피 군락에 몸을 숨긴 채 도사리고 있는 모양새가 매우 흉측스럽게 보였다.

스톤피시Stone fish는 바닥에 놓여 있는 돌처럼 생겨 붙인 이름이다. 이들은 배 밑에 있는 부채 모양의 큰 가슴지느러미로 몸을 지탱하고 앉아 거의 움직이지 않는다. 등에는 독침이 12~14개 있는데 독침 밑에 독주머니가 달려 있다. 독침에는 맹독이 있어 독전갈물고기라고도 불린다. 독침은 상당히 뾰족하고 강해 사람이 밟을 경우 신발을 뚫고 들어올 정도이다. 가시에 찔리면 엄청난 통증으로 호흡 곤란이나 신경마비가 일어나 사망에 이를 수 있다.

눈은 매우 작고 투명한 편인데 입과 위장은 자신보다 큰 먹이를 통째로 삼킬 수 있을 정도로 크다. 입 모양은 아래턱이 위쪽으로 향하고 있어 위쪽에서 다가오는 먹이를 잡아 한 번에 삼킬 수 있을 만큼 기능적으로 발달했다.

기어 다니는 성대

물고기 중에는 소리를 내는 종이 더러 있다. 대표 격이 성대이다. 성대는 배 속에 있는 위장을 강한 근육으로 누르면서 부레를 압축시켜 마치 개구리가 우는 것처럼 '꾸륵꾸륵' 소리를 낸다. 성대를 여럿 잡아 어선 안 창고에 넣어 두면 머리를 내밀고 울어대는 소리가 소란스럽다. 영어권에서는 성대를 불평, 불만을 의미하는 'Gurnard'라고 하는데, 시끄럽게 떠드는 모습에 빗대어 이름 붙였을 것이다.

성대는 소리를 내는 것 외에도 독특함이 있다. 모랫바닥에 숨어 있다가 위협을 느끼면 갑자기 화려한 색상의 가슴지느러미를 활짝 펼쳐서 상대를 놀라게 한다. 가슴지느러미의 색채나 크기가 몸통과 부조화를 이루고 있어 시각에 따라 위협적일 수 있다.

가슴지느러미 밑부분에는 길고 두꺼

1 성대는 머리 부분이 각져 있고 가슴지느러미 밑부분에 있는 지느러미살을 손이나 발처럼 이용할 수 있다.

2 인도네시아 렘배해협에서 만난 쭉지성대Oriental flying gurnard가 유영하는 모습이다. 크고 화려한 가슴지느러미를 펼친 모습이 아름답고도 위협적으로 보인다.

운 지느러미살이 3개 있다. 성대는 이것을 손이나 발처럼 이용해서 바닥을 걸어 다니고 파헤치기도 한다. 또한 이 부위를 촉각기로 이용해 먹이를 찾아내기도 한다. 성대의 머리는 각이 져 있으며 단단하다. 생선을 좋아하는 고양이가 성대 대가리를 물어다 놓고 단단해서 먹지도 못하고 한숨만 쉰다는 우스개 이야기도 전한다.

보라어에서 유래한 볼락

볼락은 쏨뱅이목 양볼락과에 속한다. 그런데 양볼락과에는 볼락과 생김새와 이름까지 비슷한 불볼락, 조피볼락, 개볼락, 띠볼락 등 여러 종이 있다. 게다가 이들은 지역마다 뽈락, 뽈라구, 꺽저구, 열갱이, 열광이, 우럭, 우레기, 열기, 볼낙, 감성볼낙, 술볼래기, 검처구 등의 사투리로도 불려 구별할 필요가 있다. 양볼락과에서 가장 잘 알려진 종은 볼락, 불볼락, 조피볼락 등이다.

이른 봄, 태어난 지 얼마 되지 않은 치어들이 제주도 서귀포 해역의 바다숲에 머물고 있다. 이들은 성장하면서 점점 깊은 수심으로 내려가 자리 잡는다.

1 『우해이어보』에 따르면, 볼락이라는 이름은 고운 몸 색에서 유래했음을 알 수 있다.

2 볼락은 10~20마리가 무리를 지어 항상 머리를 위로 하고 하늘을 쳐다본다. 이러한 행동은 먹이를 잡아먹거나 적을 감시하기 위한 본능으로 보인다.

❖ 볼락

볼락*Sebastes inermis*은 양볼락과 어류 중 대표 종이다. 우리나라 남해, 동해 남부, 제주도 등에 서식하며, 일본 북해도 이남에도 분포한다. 특히 경남 연안이 주 무대인 데다 대규모로 양식되면서 경상남도 도어道魚로 지정되었다.

볼락 이름은 『우해이어보』에 그 유래가 전한다. 김려 선생은 볼락을 '보라어甫羅魚'로 기록하고 "진해 사람들은 보락甫鮥 또는 볼락어乶犖魚라 부른다"고 했다. 보라어에 대한 풀이로 "우리나라 방언에 엷은 자주색을 보라甫羅라 하는데, 보甫는 아름답다는 뜻이니 보라는 아름다운 비단이라는 말과 같다"라며 이름의 유래를 볼락의 고운 몸 색에서 찾고 있다.

볼락 몸은 타원형으로 옆으로 납작하며 주둥이는 뾰족하고 아래턱이 위턱보다 길다. 몸 색은 수심과 서식지에 따라 차이가 있지만 보통 회갈색이며, 몸통 옆에는 불분명한 갈색 가로띠가 5~6줄 희미하게 나 있다. 볼락류의 가장 큰 특징은 도드라지게 큰 눈이다.

낮 시간대에는 암초 부근을 회유하거나 암초의 벽면을 따라 머리를 위로 하고 머물다가, 밤이 이슥해지면 눈을 크게 뜨고 먹이 활동에 나선다. 가끔 머리를 위로 하여 수면 가까이 떠오르기까지 한다.

볼락은 한번 서식처를 정하면 좀체 옮겨 다니지 않는다. 낚시꾼들은 이들이 활동을 시작하는 밤 시간대를 노리지만 머무는 곳을 정확하게 안다면 낮 시간대에도 한자리에서 수십 마리를 낚아 올릴 수 있다. 맛이 뛰어난 데다 개체 수가 많은 볼락은 우리나라에 낚시를 대중화한 주역이기도 하다.

볼락류에 속하는 어류는 특이하게 난태생으로, 교미를 마친 암컷이 배 속에서 알을 부화시킨 뒤 새끼를 낳는다. 11월 하순에서 12월 초순 무렵 교미기가 지나면 이듬해 1~2월 즈음 크기 4~5밀리미터인 어린 새끼들이 태어난다. 1년생 암컷의 경우 5,000~7,000마리, 3년생의 경우 약 3만 마리의 새끼를 낳는다. 이른 봄에 태어난 새끼들은 얕은 수심대의 바닷말 사이에서 무리를 이루다가 어느 정도 성장하면 점점 깊은 수심으로 내려간다.

볼락은 크기를 보면 몇 년 생인지 알 수 있다. 1년생은 8~9센티미터, 2년생은 13센티미터 정도, 5년이 되면 크기가 19~20센티미터에 이른다. 최대 몸길이 30센티미터, 몸무게 0.8킬로그램까지 성장한다. 표층에서 저층으로 내려갈수록 큰 개체들을 만날 수 있으며 무리를 이룬 볼락들의 크기는 일정하다. 같은 시기에 태어난 끼리끼리 무리를 이루며 서식지를 옮겨 다니는 것으로 보인다.

❖ 불볼락

'열기'라는 이름으로 잘 알려진 불볼락*Sebastes thompsoni*은 볼락, 조피볼락과 더불어 양볼락과의 대표 종이다. 볼락과 생긴 형태는 비슷하지만, 전체적으로 붉은색을 띠며 등에 짙은 갈색 무늬가 4~5개 있어 쉽게 구별된다. 몸길이는 보통 20센티미터 전후, 최대 30센티미터까지 자란다. 불볼락 역시 난태생이다. 길이 2센티미터까지의 치어기 때는 얕은 수심의 바닷말 엽상체 사이에서 생활하다가 4.5센티미터 전후가 되면 표층을 벗어나 아래로 내려간다.

불볼락의 대표 산지는 전남 신안군 홍도, 흑산도, 가거도 등이다. 홍도에서는 매년 9월이면 신안 불볼락 축제가 열린다. 홍도, 흑산도, 가거도로 이어지는 바다 여행은

전남 신안군 가거도 해역에서 만난 불볼락 무리이다. 푸른 바다를 배경으로 볼락들이 화려한 군무를 펼치고 있다.

불볼락을 빼고는 이야기할 수 없을 정도이다. 이 무렵 관광선은 낚시꾼과 관광객들로 북적인다. 서둘러 예약을 하지 않으면 배편을 구하기 힘들 정도이다. 일반인들도 나무 작대기에 낚싯줄을 매고 나서는데 포인트만 잘 고르면 어렵지 않게 불볼락을 낚아 올릴 수 있다.

스쿠버다이버에게 불볼락은 훌륭한 볼거리이다. 맑고 푸른 바다를 배경으로 하늘거리는 바닷말 사이를 오가는 불볼락들의 화려하고 정열적인 몸짓은 바다가 안겨주는 멋진 선물이다. 2010년 가을 가거도를 찾았을 때였다. 바닷속으로 들어가자마자 나타난 수백 수천 마리의 불볼락 무리에 빠져 있자 현지 안내인이 "가거도에 와서 불볼락에 꽂히면 다른 건 아무것도 볼 수 없다"라고 우스갯소리를 전하기도 했다.

❖ 조피볼락

조피볼락*Sebastes schlegeli*은 볼락류 중에서 가장 큰 종으로 몸길이가 60센티미터 이상에 이르기도 한다. 생김새는 볼락과 비슷하지만 몸 색이 암회갈색이고 배 쪽은 연하다. 도드라진 두 눈 사이는 너비가 넓고 거의 평탄한 편이지만 약간 튀어나왔다. 몸 옆에 분명하지 않은 흑갈색의 가로띠가 서너 줄 있고 위턱의 상반부는 검은색이다.

우리나라 전 연안에 서식하는데 여느 볼락류처럼 치어기에는 바닷말 지대에 살다가 성장하면서 점점 깊은 수심의 암초를 찾아간다. 조피볼락이라는 이름은 고운 색의 볼락과 달리 암회색의 몸 색이 거칠게 느껴져 식물의 줄기나 뿌리 따위의 거칠거칠한 껍질을 뜻하는 우리말 '조피'를 붙인 것으로 보인다.

조피볼락을 흔히 우럭이라 부른다. 이는 서유구의 「전어지」에 울억어鬱抑漁라 기록

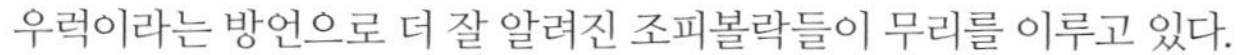
우럭이라는 방언으로 더 잘 알려진 조피볼락들이 무리를 이루고 있다.

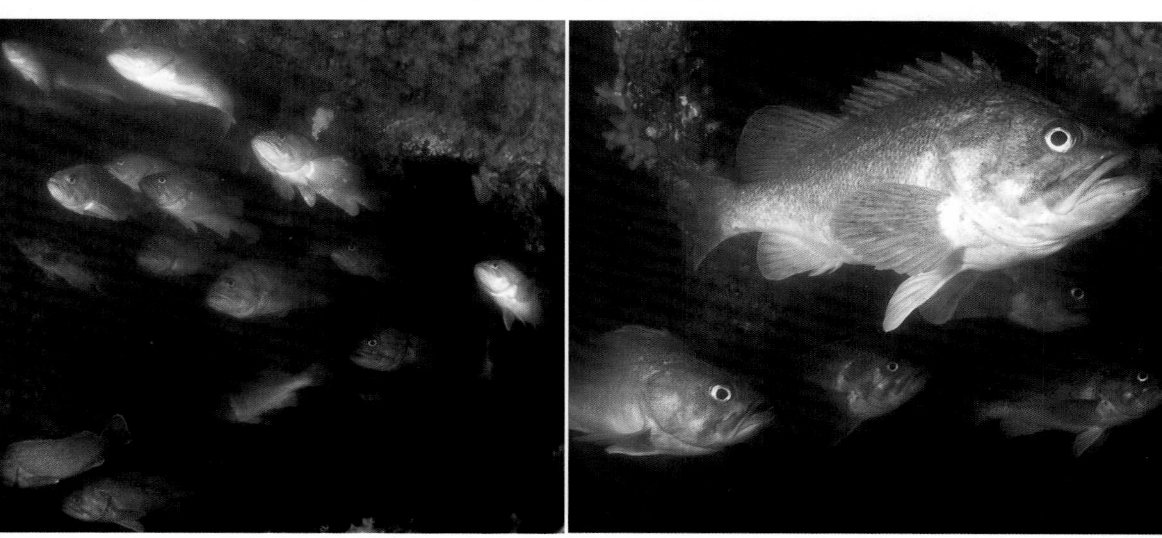

한 것에서 유래한다. 아래턱이 위턱보다 튀어나온 조피볼락은 입을 꾹 다물고 있으면 상당히 고집스럽고 답답해 보인다. 그래서 '막힐 울', '누를 억' 자를 썼을 것이다. 입을 꾹 다물고 말하지 않는 답답한 상황을 "고집쟁이 우럭 입 다물 듯"이라고 하는 속담도 이런 맥락에서 짚어볼 수 있다.

조피볼락은 난태생으로 4~6월께 연안 암초 지대에 길이 7밀리미터 남짓한 새끼를 낳는다. 3년생 암컷(몸길이 33~37센티미터)은 2만~6만 마리, 6년생(몸길이 42~45센티미터)은 약 10만~19만 마리의 새끼를 낳는 것으로 알려져 있다.

조피볼락은 암초가 발달된 얕은 바다에 주로 서식하는 데다 몸 빛깔이 암초와 닮은 검은색이라 서구에서는 록피시Rock fish라는 이름을 붙였다. 회나 탕을 즐기지 않는 서양인들은 조피볼락을 구이용 생선으로 즐긴다. 볼락류는 단백질이 많고 지방질이 거의 없는 전형적인 고단백 저칼로리 수산식품이다. 영양 면에서 이와 반대되는 어류로는 흰살생선의 대표 격인 갈치를 꼽을 만하다. 갈치는 볼락에 비해 칼로리가 두 배 이상 높다. 조피볼락은 대규모로 양식된다. 횟집 수족관에서 광어와 더불어 가장 흔하게 찾을 수 있는 종이 조피볼락이다.

전남 가거도 해역에서 먹이 활동 중인 띠볼락을 만났다. 띠볼락은 방언으로 참우럭이라 불리는 종이다. 주로 먼바다 40~50미터 깊은 수심대에서 살아가는 종으로 여느 볼락류에 비해 지방 함유량이 많아 고급 어종으로 분류된다. 조피볼락과 비슷하게 생겼으며, 물속에서 보면 지느러미가 약간 푸른색을 띠고 뒤쪽에 흰색 테두리가 있어 구별된다.

❖ 띠볼락

띠볼락*Sebastes zonatus*은 엷은 분홍색을 띤 흰색 바탕에 자흑색 점들이 흩어져 있다. 여느 볼락류와 구별되는 가장 큰 특징은 꼬리지느러미 뒤쪽에 있는 흰색 테두리이다. 몸길이는 40센티미터까지 자란다.

❖ 개볼락

개볼락*Sebastes pachycephalus*은 몸 전체가 황갈색, 적갈색, 흑갈색, 남색 등 매우 다양한 색을 띠는 등 주변 환경에 따라 체색 변화가 심하다. 대체로 적갈색 바탕에 검은색 무늬가 불규칙하게 흩어져 있거나, 흑갈색 바탕에 노란색 점이 흩어져 있다.

개볼락 한 마리가 바위틈에 몸을 숨기고 있다. 개볼락은 여느 볼락류보다 무늬나 몸 색의 변화가 더 심한 편이다.

작은 고추가 매운 미역치

양볼락과에 속하는 미역치는 성체의 몸길이가 7~10센티미터 정도인 작은 물고기이다. 크기가 작은 데다 몸 색까지 화려하다 보니 예쁜 관상어 정도로 여길 수 있다. 하지만 만만하게 보고 손이라도 내밀었다가는 낭패를 당한다. 쏨뱅이목에 속하는 어류가 그러하듯 미역치도 자신을 지키기 위한 독이 있기 때문이다.

먹성 좋은 미역치

미역치는 연안 정착성 어류로 얕은 바다의 암반 지대 또는 펄과 모래자갈이 섞인 내만에 주로 서식한다. 대개 바닥에 앉은 채 머물러 있는데 가끔은 떼를 지어 헤엄치기도 한다. 산란기는 수온이 상승하는 5~8월 사이이며 산란은 연안 암초 지대 등 서식지에서 이루어진다.

미역치의 몸은 작고 옆으로 납작한 달걀형이다. 몸은 머리의 뒷부분이 가장 높고 뒤로 갈수록 가늘어진다. 눈은 몸집에 비해 큰 편이며 눈의 앞 가장자리를 둘러싸고 있는 골격에 날카로운 가시가 2개 있다. 등지느러미는 눈 위쪽에서 시작하며, 세 번째 가시가 가장 길고 다섯 번째 가시까지 가시와 가시 사이를 연결하는 막이 깊게 파여 있지만 그 뒤로는 얕게 파여 있다.

미역치는 탐식성이 강하다. 요각류, 단각류 같은 작은 동물플랑크톤을 비롯해 새우, 게, 어린 물고기, 갯지렁이류 등을 닥치는 대로 잡아먹는다. 일부 애호가 중에는 미역치를 관상어로 키우기도 한다. 행동반경이 그리 넓지 않고 한곳에 정착하는 성향이 있어 수조 안에서도 적응을 잘하기 때문이다. 수조 안에 있는 미역치에게 사료를 주면 끊임없이 먹어대는데 왕성한 먹성 또한 흥미로운 볼거리이다.

맹독을 주입하는 독침

미역치는 움직임이 활발한 어류는 아니다. 가까이 다가가도 건드릴 테면 건드려 보라는 듯 몸을 피하지 않는다. 이러한 경고를 무시하면 미역치는 등지느러미 가시에 나 있는 1.5~2밀리미터 정도의 반투명한 독침으로 피부를 뚫어 맹독을 주입한다. 그 독은 카라톡신karatoxin이라는 단백질 독이다.

독침에 쏘이면 맹렬한 통증이 밀려온다. 심약한 사람이라면 순간적인 충격으로 기절할 수도 있다. 통증은 3~5시간 정도 지속되며 이와 함께 근육 마비를 일으킨다. 그런데 불행 중 다행인 점은 미역치 독은 일정 시간이 지나면 자연 해독되어 후유증은 크지 않다. 만약 독에 쏘인다면 섭씨 40도 정도의 뜨거운 물로 찜질을 해주는 것이 효과적이다. 또한 요소비료를 물에 녹여 상처 부위에 발라주면 통증이 잦아들고 마비 증상이 풀린다. 이는 독의 산성 성분이 요소비료의 알칼리에 중화되기

1 미역치는 대개 바닥에 머물러 있다. 미역치가 바닷말이 무성한 바닥에서 주위를 경계하고 있다.

2 미역치는 등지느러미를 제외한 다른 지느러미 끝이 붉은색인 데다 몸이 매끄럽고 색깔도 곱고 아름답다. 이러한 외형적 특징으로 영미권에서는 'Redfin velvetfish'라 한다.

3 미역치 한 마리가 멍게의 돌기 사이에 몸을 숨기고 있다. 미역치의 행동 방식이 궁금해 탐침봉으로 슬쩍 건드려 보았다. 화들짝 놀란 미역치가 메뚜기 뛰듯 자리에서 튀어 올라 바로 옆으로 자리를 옮겼다.

1
2
3

때문이다. 민간요법으로 미역치 눈알을 짓이겨 상처 부위에 발라 주는 방식이 전하고 있다.

미역치의 등지느러미는 눈 위쪽에서 시작하며, 세 번째 가시가 가장 길고 다섯 번째 가시까지 가시와 가시 사이를 연결하는 막이 깊게 파여 있다. 등지느러미 가시를 곧추세우면 말갈기를 닮았다.

미역이 많이 자라는 바닷말 지대에서 주로 발견

미역치는 미역이 많이 자라는 연안의 바닷말 지대에서 주로 발견된다. 방언으로는 쐐기, 쏠치, 똥수구미, 개쐬미, 쐐치, 쌔치 등으로 불리는데 정감이 가는 이름은 없다. 식용으로 쓸 만한 어류도 아닌 것이 독침으로 쏘아대니 혐오스럽게 생각했음 직하다. 이름에 '쌔'이나 'ㅅ'이 붙은 어류는 침이나 가시로 '쏘다'라는 뜻이 있는데, 어촌 사람들은 이 앞에 '똥' 자나 '개' 자까지 붙여 적대감을 표현했다.

영어권에서는 'Racehorse' 또는 'Redfin velvetfish'라고 한다. 'Racehorse'는 유영할 때 덩치에 비해 상대적으로 큰 등지느러미가 뒤로 젖혀지는 모습이 경주마처럼 보이기 때문이고, 'Redfin velvetfish'는 등지느러미를 제외한 다른 지느러미 끝이 붉은색인 데다 몸이 매끄럽고 색깔도 곱고 아름다워 융단같이 보인다 해서 붙인 이름이다.

사납고 거친 이름 쑥감펭

연안의 암초나 산호 지대에 서식하는 쑥감펭은 서식 환경에 따라 몸 색이 다양하다. 주변 환경에 맞춰 몸 색을 바꾸며 도사리고 있다가 작은 물고기가 다가오면 순간적으로 입을 벌려 삼켜 버린다. 포식자가 다가올 경우에도 가까이 올 때까지 움직이지 않는다.

연안의 암초 지대에 서식하는 쑥감펭은 양볼락과에 속하며 머리에 여러 개의 가시가 발달했다.

쑥감펭 바로 앞에서 눈을 맞추고 있어도 들키지 않았다고 생각하는지 꼼짝 않는다. 긴장의 끈을 무너뜨리기 위해 지니고 있는 탐침봉으로 '툭' 건드리면 그제야 강렬한 몸짓으로 모래 먼지를 일으켜 시야를 흐려놓고 달아난다. 하지만 이동성이 떨어지기에 달아난 곳을 따라가 보면 멀지 않은 곳에 몸을 숨기고 있는 쑥감펭을 다시 찾을 수 있다.

이들의 머리와 몸에는 수많은 수염 모양의 돌기가 빽빽하게 나 있고 가시에는 독이 있다. '쏘다'에서 유래한 '쏙'에, 사납고 거칠다는 뜻의 '감풀다'에서 유래한 '감푼이'의 합성어 '쑥감푼'이 변형되어 쑥감펭이 되었다. 상업적인 어업 대상은 아니지만 식용할 수 있다.

꼼치와 물메기

쏨뱅이목 꼼치과에는 꼼치, 분홍꼼치, 아가씨물메기, 보라물메기, 노랑물메기, 미거지, 물미거지 등이 있다. 이중 대표 격은 꼼치와 물메기이다. 꼼치와 달리 물메기는 비교적 얕은 수심에서 잡힌다. 두 종은 비슷하게 생겼지만 꼼치는 입이 가슴지느러미 기저 상단부의 수평선상에 있어 물메기와 구별된다.

이 두 종은 서로 혼용해서 부르기도 한다. 꼼치가 물메기가 되고 물메기가 꼼치가 되는 셈이다. 일반적으로 남해안에서는 커다란 머리와 길고 넓적한 몸뚱이가 메기를 닮아 바다에 사는 메기라 해서 물메기라 부르고, 강원도 지역에선 둔해 보이는 몸짓이 물에 사는 곰같이 보여 물곰 또는 곰치라 부른다.

이들은 생김새가 괴이한 데다 일정한 모양새가 없다. 손으로 쥐어 볼라치면 흐물흐물해서 제대로 잡히지도 않는다. 생김새가 이렇다 보니 가지런히 정렬된 비늘로 기품을 갖춘 어류를 선호해온 선조들에게 제대로 대접받지 못했다. 『자산어보』에는 바다메기라 하여 '해점어海鮎魚'라 적고, 속명으로 '혼미할 미迷' 자에 '역할 역役' 자를 써 '미역어迷役魚'라 기록되어 있다. 정약전 선생이 잡힌 녀석을 보고 '어디에다 써야 하나' 의문을 가졌던 듯하다. 영어로는 꼼치를 스네일피시Snailfish라 한다. 아마도 흐물거리는 살이 달팽이를 닮아 붙인 이름인 듯하다.

꼼치과 어류를 두고 어부들은 아귀와 매한가지로 물텀벙이라 불렀다. 다른 물고기와 함께 그물에 딸려오면 흉한 몰골을 재수 없이 여겨 다시 바다에 던져 버렸다는데 이때 물이 튀기는 '텀벙' 소리에 빗댄 이름이다. 이토록 괄시받던 꼼치이지만 요즘 들어서는 탕이나 찜용으로 각별한 대접을 받는다. 무나 호박, 콩나물 등을 넣어 끓인 탕

1 2

1 겨울이 제철인 물메기들이 어물전에 진열되어 있다. 과거에는 괄시받던 어류이지만 지금은 탕이나 찜으로 각별한 대접을 받는다.

2 꼼치는 겨울이 제철이다. 물메기와 비슷하게 생겼지만 입이 가슴지느러미 기저 상단부의 수평선상에 있어 외형상 구별된다.

은 개운하고 시원해 과음한 다음 날 애주가들의 속풀이용으로 인기 있으며, 꾸덕꾸덕 말린 것으로 장만하는 찜은 쫄깃쫄깃한 맛이 미식가들의 입맛을 당기는 데 제격이다.

째려보듯 쳐다보는 양태

남해안 바닷속을 다니다 보면 바닥에 납작 엎드려 있는 양태를 흔하게 만난다. 가까이 다가가면 날카롭게 째려보듯 좌우로 눈을 굴리며 바짝 긴장하는데, 팽팽한 긴장의 끈이 끊어지는 순간 후다닥 자리를 피한다.

납작한 머리에는 살이 거의 없다. 그래서 "고양이가 양태머리 물어다 놓고 먹을 게 없어 하품만 한다"거나 "양태머리는 미운 며느리나 줘라"는 말이 생겨났다. 그런데 양태머리에 붙은 볼때기 살은 대구 볼때기 살에 견줄 만큼 맛이 좋다. 그래서 밉상을 보였던 며느리는 "양태머리에는 시엄씨 모르는 살이 있다"라고 맞받아쳤다고 하니 양태를 두고 고부간 장군멍군인 셈이다.

양태의 눈은 반듯한 모양이 아닌 찌그러진 타원형인 데다 홍채가 반달 모양으로 약간 뻗어 있어 날카롭게 째려보는 듯하다. 이 때문일까? 남해안 어촌에서는 양태에 독이 있다고 보았는지 "양태를 먹으면 눈병이 생긴다" 하고 예쁜 아기를 낳기 위해 "산모에게 양태를 먹이지 않는다" 했다. 이러한 관점은 경상남도 우해(현재 진해)로 유배를 온 담정 김려 선생의 『우해이어보』에도 잘 드러나 있다. 김려 선생은 양태를 '침자어沈子魚'로 쓰고 독이 있다고 했다. 그리고 침자어가 '침자침자沈玆沈玆' 소리를 내며 돌아다닌다고 했다. 물론 어류 중에는 부레 같은 특별한 기관을 이용해 소리를 내는 어류가 있긴 하지만 양태는 소리를 내지는 않는다.

부레가 퇴화된 양태는 바닥에 납작 엎드려서 살아간다. 그래서 '가라앉을 침沈' 자를 붙였을 것이다. 미끈하고 비늘이 가지런한 어류를 선호하던 선조들 입장에선 양태가 주는 것 없이 밉게 보였나 보다. 하지만 최근 들어 양태는 생선회뿐 아니라 탕, 찜

양태는 머리가 납작하고 몸통은 가늘고 길다. 부레가 없다 보니 대부분의 시간을 바닥에 납작 엎드린 채 지낸다.

등의 식재료로 많이 활용되고 있다.

먹는 음식물의 형태와 태아를 연결 짓는 관습은 오래전부터 전해왔다. 임신부가 게를 많이 먹으면 아기가 옆으로 나온다든지, 자라고기를 먹으면 아기 목이 움츠러든다든지, 토끼고기를 먹으면 언청이가 된다든지 하는 등이 그 예이다.

임연수가 잘 잡아온 임연수어

"옛날 관북지방(함경북도)에 살던 어부 임연수는 수심 1백~2백 미터 바닥에 사는 물고기를 잘 잡아 올렸다. 그물 아랫부분을 바다 밑바닥에 닿도록 끄는 기술이 각별했던 듯하다. 사람들은 임연수가 잡아온 물고기를 임연수어라 불렀다."

서유구의 「전어지」에 전하는 임연수어에 대한 이야기이다. 임연수어는 경남에서는 이면수어, 함경남도에서는 찻치, 강원도에서는 새치, 다롱치, 가지랭이라고 한다. 강원

강원도 어민들이 잡아온 임연수어를 그물에서 떼어내고 있다. 흔하게 잡히던 임연수어는 주머니가 가벼운 서민에게 인기가 높았다. 전체적인 몸 형태가 노래미나 쥐노래미를 닮았지만, 이들과 달리 꼬리지느러미 끝이 깊게 갈라져 있다.

도 지역에서는 어릴 때 청색을 띠어서 인지 청새치라 부르기도 한다.

쥐노래미과에 속하는 임연수어는 크기가 30~50센티미터 정도인 냉수성 어종이다. 해마다 2~4월이면 산란을 위해 연안으로 돌아온다.

임연수어는 전 세계에 임연수어와 단기임연수어 2종만 있다. 동해안에서 잡히는 종이 '임연수어'(위쪽)이며, 오호츠크해, 베링해 등 북태평양 수역에서 잡히는 원양종이 '단기임연수어'이다.

봄철 임연수어는 두꺼운 껍질에까지 지방이 가득 올라 구워내면 고소하니 맛이 일품이다. 강원도 지역 어민들은 노릇하게 구운 껍질을 벗겨 밥을 싸 먹기도 한다. 그 맛이 워낙 좋아 "강원도 남정네 임연수어 껍질 쌈밥만 먹다가 배까지 팔아먹는다"거나 "임연수어 쌈 싸 먹다가 천석꾼이 망했다", "임연수어 쌈밥은 애첩도 모르게 먹는다"라는 이야기가 전해질 정도이다. 임연수어는 쉽게 껍질을 벗겨낼 수 있어 횟감으로 인기가 있다.

그런데 임연수어가 천덕꾸러기 대접을 받기도 한다. 먹성이 좋아 동해안의 소중한 어족자원인 노가리(명태 새끼)를 닥치는 대로 잡아먹기 때문이다. 그래서일까, 어민들은 '데기'라는 천대하는 접미사를 붙여 임연수어를 '횟데기'라고 한다.

노래미와 쥐노래미

노래미는 만만한 낚시 대상 종이다. 개체 수가 많은 데다 얕은 수심에 살고 탐식성마저 강하다 보니 미끼를 던지면 잘 낚인다. 노래미와 쥐노래미는 다음과 같이 구분한다. 식용으로 판매되거나 낚시 대상어가 되는 것은 거의 쥐노래미다. 노래미 몸길이가 기껏해야 15~20센티미터라면 쥐노래미는 50센티미터까지 자란다. 두 마리를 놓고 보면 쥐노래미에는 몸통에 옆줄이 5줄 있지만, 노래미는 옆줄이 한 줄이다. 쥐노래미는 배가 회색(쥐색)이라 황갈색인 노래미와 다르다.

식성은 갯지렁이, 갑각류, 작은 물고기 등 무엇이든 잡아먹는데, 주로 낮에 활동하고 밤에는 잘 움직이지 않는다. 쥐노래미는 대부분의 시간을 배를 깔고 지내는데 특이하게도 부레가 없다. 그래서 이동할 때는 꼬리지느러미와 몸통으로 움직이고 그 움직임을 멈추면 바로 바닥에 가라앉는다. 쥐노래미를 두고 경상도에서는 게르치, 전라도에서는 놀래미라 한다. 그런데 진짜 게르치는 깊은 바다에 사는 희귀한 어류로 전 세계에 1속 1종밖에 없다.

부레가 퇴화한 쥐노래미는 움직임을 멈추면 바닥에 가라앉기에 대부분의 시간을 바닥에 엎드려 지낸다.

쥐노래미란 이름은 배가 회색이고 입 모양이 뾰족한 게 쥐를 닮은 데서 유래한다. 『우해이어보』에 '서뢰鼠鱩'라는 어종이 등장한다. 김려 선생은 "서뢰鼠鰡는 쥐고기(鼠魚)이다. 온몸이 쥐와 비슷하고 귀와 네 다리가 없다. 색은 엷은 회색이며, 껍질은 모두 비릿하고 끈끈해서 손으로 만질 수 없다. 큰 것은 1척尺이며 항상 물속에 엎드려 있다. 낚시 미끼를 잘 물지만 입이 작아서 삼키지 못하고 옆에서 갉아먹는 것이 마치 쥐와 같다"고 설명하고 있다.

김려 선생의 풀이를 두고 여러 학자들이 서뢰를 쥐치라 했다. 하지만 항상 물속에 엎드려 있다거나, 껍질이 끈끈해서 손으로 만질 수 없다는 등의 묘사에서 서뢰는 쥐노래미로 보는 것이 맞다. 쥐노래미는 부레가 퇴화하여 움직임을 멈추면 바닥에 가라앉아 지낸다. 또한 쥐치의 껍질은 거칠고 질겨, 껍질이 끈끈하다는 묘사와는 맞지 않다.

지옥에서 온 아귀

아귀는 참 기괴하게 생겼다. 몸의 대부분을 차지하는 머리는 위에서 짓눌린 것처럼 납작하고, 그 머리의 대부분을 차지하는 입은 매우 큰 데다 괴물처럼 흉측하다. 입속에는 날카로운 이빨이 줄지어 있어 흉포하게 보인다. 실제 아귀라는 이름은 불가佛家에서 굶주림의 형벌을 받은 귀신을 일컫는 아귀餓鬼에서 유래되었다. 다만 목구멍이 너무 작은 귀신 아귀는 허겁지겁 먹은 음식을 삼키지 못해 늘 배가 고프다면, 물고기 아귀는 입이 크고 위도 크고 신축성이 있어 입에 들어갈 정도의 크기라면 일단 삼키고 본다. 또한 큰 입 속에 줄지어 있는 이빨은 촘촘하고 날카로워 한번 걸려들면 빠져나갈 수 없다.

해양 체험에 나선 학생들이 트롤 그물에 걸려든 대형 아귀를 살펴보고 있다.

아귀를 잡아 보면 배 속에 온갖 물고기가 가득 들어 있다. 이 때문에 “아귀 먹고 가자미 먹고”라는 속담이 생겼다. 일거양득인 셈이다. 그런데 아귀가 등장하는 속담은 그리 호감이 가지 않는다. 식탐이 강해 게걸스럽게 먹는 사람을 보고 “아귀처럼 먹는다” 하고 여럿이 뒤엉켜 자기

1 2

1 그물로 잡아 올린 아귀 입 속에 미처 삼키지 못한 작은 물고기들이 가득하다. 아귀 입 속에는 날카로운 이빨들이 줄지어 있어 한번 붙잡은 먹이는 절대 놓치지 않는다. 아귀는 자기 몸무게의 30퍼센트 이상을 먹어도 소화에 전혀 문제가 없다. 이러한 식성 때문인지 아귀는 탐욕과 욕심의 상징으로 회자되기도 한다.

2 아귀가 큰 입을 벌리면 날카로운 이빨들이 드러난다. 입 속에 줄지어 있는 이빨은 촘촘하고 날카로워 한번 걸려든 먹이는 빠져나갈 수 없다.

욕심을 채우고자 악다구니를 쓰는 꼴을 '아귀다툼'이라 한다. 또한 먹기는 엄청 먹는데 일은 도무지 하지 않는 것을 가리켜 "아귀같이 먹고, 굼벵이같이 일한다"라 했다.

아귀는 헤엄치는 속도가 느리다 보니 먹잇감을 따라다니며 잡을 수 없다. 그래서 먹잇감을 유인한다. 바닥에 납작 엎드린 채 머리 앞쪽에 있는 가느다란 안테나 모양의 돌기를 흔들어 댄다. 이 돌기는 등지느러미 첫 번째 가시가 변한 것이다. 이를 본 물고기들이 먹잇감인 줄 알고 가까이 다가가면 아귀가 큰 입을 순간적으로 벌려 날카로운 이빨로 낚아챈다. 이러한 특성으로 영어권에서는 미끼로 낚시를 하는 물고기라 해서 'Anglerfish'라 한다. 정약전 선생도 『자산어보』에 낚시하는 물고기라는 뜻으로 '조사어釣絲魚'라 기록했다. 아마 그물에 잡혀 대야로 옮겨진 아귀가 미끼를 흔들며 같이 잡혀온 다른 물고기를 낚아채는 모습을 관찰하지 않았을까.

아귀는 깊은 수심 바닥에 머무는 어종이지만 먹이가 적은 경우 얕은 곳으로 올라

안강망

물고기를 잡는 데 쓰이는 큰 주머니 모양의 그물로 입구를 벌려 떠밀려 오는 물고기 등을 잡는 방식이다.

오기도 한다. 경북 월포에서 수산물을 채취하는 어민 중 아귀를 잘 잡는 사람이 있었다. 아귀는 주로 안강망으로 잡아들이지만, 이 어민은 스쿠버다이빙 장비를 이용해 긴 쇠꼬챙이 하나만 가지고 수심 30미터 정도의 바닥에 엎드려 있는 아귀들을 줄줄이 꿰곤 했다.

아귀가 식용으로 개발된 역사는 그리 길지 않다. 예전에는 그물에 아귀가 걸려들면 흉측한 모습 때문에 재수 없이 여겨 다시 바다에 '텀벙' 소리가 나도록 던져 버렸다고 한다. 그래서 아귀를 '물텀벙'이라 했다. 그렇게 대접받지 못한 아귀였지만 경남 마산 지방에서 아귀를 이용해 찜, 탕, 수육 등의 요리가 개발되면서 지금은 훌륭한 먹거리가 되었다. 특히 아귀 간은 달콤하고 담백한 데다 비타민A가 풍부하게 들어 있어 아귀 요리는 간이 얼마나 들어 있느냐에 따라 평가가 달라진다.

아귀는 훌륭한 식재료로 대접받는다. 시원한 국물이 일품인 아귀탕은 특히 애주가들에게 인기가 있다.

위장의 귀재 씬벵이

바다동물 중 주위 환경에 맞춰 몸 색을 자유자재로 바꿀 수 있는 종들이 있다. 가자미, 넙치 등의 저서성 어류에서부터 아귀목에 속하는 아귀와 씬벵이, 연체동물에 속하는 오징어와 문어 등이 대표적이다. 이 가운데 씬벵이는 몸 색뿐 아니라 피부와 몸의 형태까지 주변 환경에 맞게 바꿀 수 있으니 위장의 귀재라 할 만하다. 특히 해면 주위에 은신하는 노랑씬벵이는 피부 질감까지 해면을 흉내 내 울퉁불퉁하게 바꾸기도 한다. 몸 색뿐 아니라 피부 질감까지 바꾸고 나면 어지간한 관찰력이 아니면 배경에 묻힌 씬벵이를 찾아내기 힘들다.

이처럼 씬벵이가 뛰어난 위장 능력을 가지게 된 것은 약간 통통한 몸 형태에 움직임이 느리다 보니 포식자에게 발각되면 도망가 봤자 얼마 못 가 잡히기 때문이다. 씬벵이와 사촌 간인 아귀도 바닥에 납작 엎드려 있으면 바닥과 구별되지 않는다.

이러한 위장은 먹이 사냥에 나서는 포식동물의 교묘한 눈속임으로도 작용한다. 이들은 움직임이 느리다 보니 먹잇감을 쫓아가서 잡기보다는 주변 환경에 숨어든 채 기다린다. 그렇다고 마냥 기다리는 것은 아니다. 등지느러미 끝에 붙은 미끼처럼 생긴 살갗을 입 바로 위에서 흔들어대는데 이를 본 작은 물고기들은 만만한 먹이인 줄 알고 가까이 다가온다. 이때 씬벵이는 아귀처럼 엄청난 순발력으로 입을 '쩍' 벌려 물고기를 삼켜 버린다. 먹이를 삼키는 속도가 얼마나 빠른지 바로 옆에 있는 물고기조차 눈치채지 못할 정도이다. 씬벵이와 아귀의 소화기관은 신축성이 있어 큰 입으로 삼킨 먹이를 그대로 받아들인다.

씬벵이는 주변 환경에 따라 몸의 색깔과 피부의 질감까지도 바꿀 수 있다.

바다의 쌀, 정어리

정어리는 '바다의 쌀'이라고도 한다. 이들이 플랑크톤을 먹고 성장한 다음 고등어, 전갱이, 명태, 방어, 다랑어, 상어 등 육식성 어류뿐 아니라 해양 포유류인 물개와 돌고래, 해양 파충류인 바다거북, 바다뱀 등의 먹잇감이 되기 때문이다.

정어리는 등 쪽이 암청색이고, 옆구리와 배는 은백색이다. 옆구리에 한 줄로 된 검은색 점이 일곱 개 남짓 줄지어 있으며 성체의 몸길이는 25센티미터 정도이다. 20세기 초까지 우리나라 동해안으로 물개가 대량 회유한 것도 남하하는 정어리 떼를 쫓아온 것으로 보인다.

단일 어종으로 최고의 어획고를 올렸던 정어리

1923년 가을 함경도 해안에 엄청난 수의 정어리 떼가 몰려왔다. 얼마나 많던지 밀려온 정어리를 주워 담은 것이 집집마다 몇 가마씩 되었다고 한다. 1923년 10월 31일자 〈동아일보〉 기사에 "요사이 성진 부근의 바다에는 난데없이 고기 떼가 몰려와서 손으로도 건질 만한 형편이므로 성진 시민들은 남녀노소를 불문하고 해안에 나가 주워 들이는 형편이다. 벌써 7, 8일 동안 모든 시민이 일제히 잡아들인 까닭으로 지금 성진 해안은 마치 정어리 천지가 된 모양이어라"고 보도했다. 이로 인해 당시 함경도 지역에 소금이 품귀 현상을 빚었고 300톤급 기선이 우글거리는 정어리 떼에 막혀 항해를 제대로 못 할 정도였다고 한다.

1923년 이후 우리나라 동해안으로 대규모 회유하기 시작한 정어리는 1930년대 후반

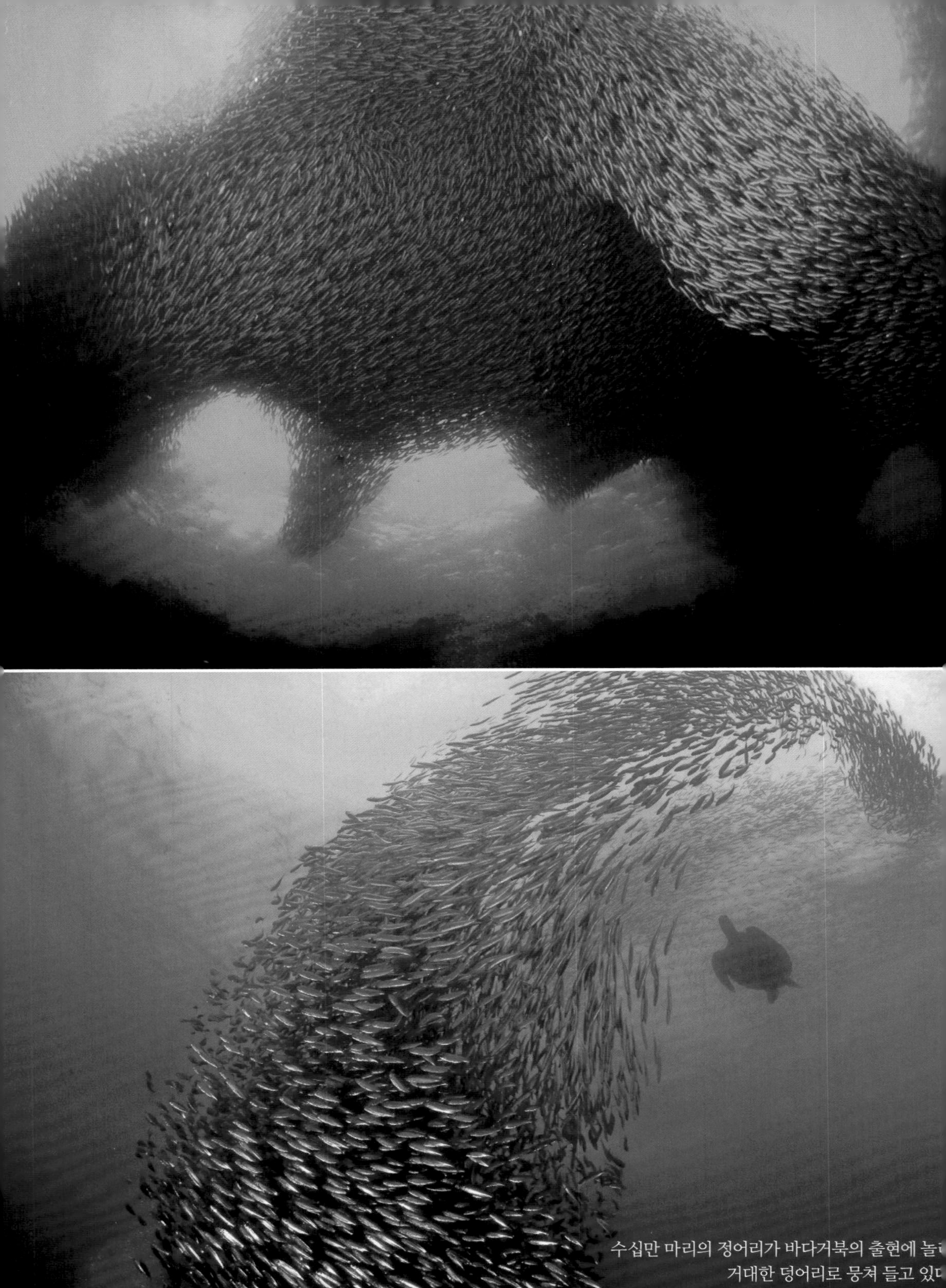

수십만 마리의 정어리가 바다거북의 출현에 놀
거대한 덩어리로 뭉쳐 들고 있

정어리가 무리를 이룬 곳은 스쿠버다이버들에게 훌륭한 볼거리를 제공하기에 관광상품으로 개발되고 있다. 필리핀 세부섬 남단 모알보알은 연중 정어리를 관찰할 수 있는 곳으로 관광객의 발길이 이어지고 있다.

에 이르러 최성기에 이르렀다. 1937년에는 138만 8천2백 톤의 어획고를 올렸는데 우리나라 수산업에서 단일 어종으로 한 해 100만 톤의 어획량을 기록한 것은 지금까지도 정어리가 유일하다. 일본 제국주의는 태평양 전쟁을 준비하면서 우리 연안으로 몰려드는 정어리 떼에 고무되었다고 한다. 일제는 선박용 연료를 비롯한 군수용 기름의 상당량을 정어리 기름으로 충당할 생각이었다는 것이다. 그런데 1939년을 정점으로 정어리 회유량이 줄어들자 일제는 공황 상태에 빠져들고 말았다는 거다. 그래서인지 당시 어민들은 정어리가 일본을 망하게 했다는 의미에서 '일망치'라 불렀다.

우리 연안에서 사라져 가던 정어리는 1970년대 다시 모습을 보이기 시작해 1980년

1 성체 몸길이가 25센티미터 정도인 정어리 옆구리에 한 줄로 된 검은색 점이 일곱 개 남짓 줄지어 있다.

2 2014년 3월 부산공동어시장에서 311톤의 정어리가 위판되면서 관심을 모았다. 어시장에 쌓인 정어리들이 위판을 기다리고 있다.

대에는 연간 20만 톤에 이르는 어획량을 기록했다. 1980년대 군 생활을 한 남성들이라면 부식으로 나오던 정어리 튀김을 추억할 것이다. 그런데 1990년대에 접어들면서 정어리는 다시 자취를 감추고 말았다.

정어리가 다시 관심을 받게 된 것은 2014년 3월 부산공동어시장에서 311톤이 위판되면서부터다. 2008년부터 2013년까지 부산공동어시장에 위판된 정어리의 전체 물량이 단 29톤에 그친 것을 생각하면 2014년 3월 한 달 동안 311톤이 위판된 것은 엄청난 양이었다.

『우해이어보』에는 '증울'로 소개

정어리는 여느 물고기에 비해 변질이 빨라 예로부터 귀하게 대접받지 못했다. 대개 통조림으로 가공되거나 선도가 떨어지면 사료로 사용했다. 선도가 떨어지는 정어리를 먹으면 입에 매운맛이 나며 혀끝이 마비되는 듯한 중독 증세가 나타난다. 이러한 증세를 『우해이어보』에서는 '증울蒸鬱'이라 하여 "매우 찌는 듯이 덥고 답답해서 머리가 아프다"라고 기록했다. 이는 정어리라는 이름이 증울에서 나왔음을 유추해볼 수 있는 단서가 된다.

『우해이어보』에 전하는 기록을 좀 더 자세히 살펴보면 "증울은 색깔이 푸르며 머리는 작다. 맛은 좋지만 약간 맵고 떫다. 잡으면 바로 구워 먹어도 좋고, 혹은 국을 끓여도 먹을 만하다. 잡은 지 며칠 지나면 살이 더욱 매워져서, 사람들에게 두통을 일으키게 한다. 이곳 사람들은 정어리를 '증울'이라고 하는데, 증울이란 '덥고 답답해서 머리가 아프다'는 말이다. 그래서 이곳 사람들은 정어리를 많이 먹지 않고, 잡아서 인근의 함안, 영산, 칠원 등 어족이 귀한 지방에 가서 판다"라고 기록했다.

이처럼 하급 어류로 대접받던 정어리가 건강에 대한 관심이 높아지자 등푸른생선이라는 프리미엄을 타고 건강식품으로 각광받게 되었다. 정어리 기름에는 혈전과 심근경색을 예방하고 두뇌를 좋게 하는 EPA, DHA와 골격이나 치아를 튼튼하게 하는 칼슘, 칼슘의 흡수를 돕는 비타민D, 세포를 활성화하는 핵산이 풍부하고 혈액순환을 좋게 하는 니아신niacin, 건강한 피부, 모발, 손톱을 만드는 데 도움을 주는 비타민 B_2 등이 다량 들어 있다.

가난한 선비를 살찌운 청어

청어는 가난한 선비를 살찌우는 고기라 해서 '비유어肥儒魚'라는 별칭이 있다. 청어와 선비를 연결한 것은 하늘빛을 닮은 청어의 푸른빛이 가난하지만 절개를 지키는 선비의 품성을 닮았다고 본 것은 아닐까. 청어가 우리나라 근해에서 많이 잡혔음은 『세종실록지리지』와 『신증동국여지승람』 등의 기록에 전한다.

청어는 사는 곳을 옮겨 다녀 자원량 변동이 심하다. 갑자기 사라졌다가 엉뚱한 곳에서 다시 나타나는 청어를 두고 민간에서는 큰 난리를 예지하는 어류로 여기기도 했다. 유성룡의 『징비록』에는 임진왜란이 일어나기 직전에 발생했던 기이한 일들 가운데 "동해의 물고기가 서해에서 나고, 원래 해주에서 나던 청어가 근 10여 년 동안이나 전혀 나지 않다가 중국 요해遼海로 이동하여 나니 요동 사람들이 이를 신어新魚라고 일컬었다"고 했다. 지금은 동해에 출현하는 어종이지만 당시에는 서해가 주산지였음을 알 수 있다.

그런데 당시 서해뿐 아니라 남해에서도 청어가 많이 잡힌 것으로 보인다. 『난중일기』에 따르면, 1597년 원균이 죽은 뒤 다시 통제사로 임명된 이순신 장군이 남해안에서 청어를 다량으로 잡아 팔아 군량을 마련했다는 기록이 등장하기 때문이다.

예로부터 우리나라 곳곳에서 청어 어업이 활발했다는 사실은 청어잡이와 관련된 여러 가지 속담으로도 증명된다. "눈 본 대구요, 비 본 청어다"라는 속담은 대구는 눈이 많이 오는 겨울철에 많이 잡히고, 청어는 봄철 비가 와야 많이 잡힌다는 사실을 나타낸다. "진달래꽃 피면 청어 배에 돛 단다"라는 속담은 진달래꽃이 피기 시작하는 4월 초순부터 본격적인 청어잡이가 시작된다는 것을 뜻한다. "맛 좋기는 청어, 많이

우리 연안 청어 자원량 감소로 우리가 먹고 있는 대부분의 청어는 주로 알래스카 해역에서 잡히는 원양산이다. 이 원양산 청어는 냉동 상태로 부산공동어시장을 통해 국내로 유통된다.

먹기는 명태"라는 말이 있듯이 청어는 고소하고 담백한 맛이 일품이다. 조상들은 청어를 '비웃'이라 했고 여기서 "비웃 두름 엮듯 한다"는 속담이 비롯되었다. '두름'은 조기나 비웃 등의 생선을 10마리씩 두 줄로 엮은 20마리를 이르거나 파래, 고사리 따위의 나물을 엮은 것을 가리킨다. 그래서 죄인들이 오랏줄에 묶여 줄줄이 끌려 나갈 때 "비웃 두름 엮듯 한다"라고 표현했다.

옮겨 다니는 청어의 특성은 유럽의 경제 지형을 뒤흔들기도 했다.

유럽인들에게도 청어는 대체 단백질원으로 소중한 어족 자원이었다. 유럽인들은 내장에 기름기가 많아 부패하기 쉬운 청어를 오랜 기간 보존하고 유통하는 방법을 찾는 것이 큰 관심거리였다.

13세기 초 독일 북부 뤼베크에 청어 떼가 대규모로 몰려왔다. 이 청어 떼를 유통하기 위한 무역 상인들 간의 동맹 결성은 13세기 초반부터 200년 가까이 유럽 경제 패

> **한자동맹**
>
> 13세기 초에서 17세기까지 독일 북부 도시들을 중심으로 여러 도시가 연합하여 이루어진 무역 공동체이다. 원래 중세 독일의 도시에서 활동하던 상회商會(상인조합)를 가리키며, 이들은 서쪽으로는 영국, 동쪽으로는 발트해까지 영향력을 넓혔고, 자체적인 해군을 보유하여 교역로를 독점하면서 대항해시대 이전 중세 유럽의 유력자로 자리 잡았다.

권을 쥔 한자Hansa동맹의 시초가 되었다. 하지만 청어 떼가 발트해를 떠나 북해로 향하면서 유럽의 경제 지형이 흔들리기 시작했다. 결국 독일 중심의 한자동맹은 쇠퇴하고 네덜란드가 청어 조업과 염장 및 가공 기술로 우뚝 일어섰다. 국토의 대부분이 해수면보다 낮은 유럽 변방의 작은 나라 네덜란드는 청어를 매개로 수산업의 분업화, 조선업, 창고 물류, 금융 등 산업 전반에 부가가치를 창출하며 막대한 부를 쌓아 세계 최초 상장 주식회사인 네덜란드 동인도회사를 설립했다.

1653년 일본 나가사키로 항해하는 도중 표류해 제주도에 도착한 하멜 일행이 바로 네덜란드 동인도회사 소속 선박 선원들이었다. 일행과 함께 14년 만에 조선을 탈출한 하멜은 네덜란드로 돌아가 조선에 머물렀던 경험을 『하멜 표류기』라는 책으로 남겼다. 하멜 일행이 머물렀던 전남 강진군 병영마을 돌담길에는 하멜 일행의 흔적이 남아 있다. 이 돌담은 줄마다 서로 엇갈리는 사선 무늬로 돌을 쌓았는데, 이곳을 방문한 네덜란드 대사가 '청어뼈 양식 돌담'이라며 이는 네덜란드의 전통 양식이라 증언한 바 있다. 『하멜 표류기』에는 네덜란드 선원들이 청어를 소금에 절이는 방법을 강진 사람들에게 전수했음이 기록되어 있다.

청어 자원량이 많은 것은 엄청난 생식 능력 덕분이다. 청어 떼는 겨울철 산란기가 되면 먼바다에서부터 바닷말류가 무성하고 암초가 많은 연안이나 내만으로 떼를 지어 몰려와 알을 낳는다. 암컷이 끈적끈적한 알을 바위틈이나 모래밭, 바닷말류 등에 붙이면 수컷이 그 위에 정자를 뿌려 수정시킨다. 이 무렵 청어가 대규모로 회유하는 캐나다 밴쿠버섬의 동해안에는 수컷이 뿌려대는 정액으로 바닷물이 우윳빛으로 변한다고 한다.

조선시대와 유럽 역사에 이런저런 자취를 남긴 청어였지만 최근 들어 우리 연안에

1	2

1 네덜란드 어선들은 청어 이동 경로를 따라 스코틀랜드, 잉글랜드, 도거뱅크 등지에서 조업했다. 당시 네덜란드에서 청어 어업은 국가사업이었다. 1669년 통계에 따르면, 네덜란드에는 어부가 3만 명, 보존 가공업과 그물 제조업 등을 포함하면 45만 명이 청어 어업에 종사했다고 한다. 이는 전체 인구의 5분의 1에 해당했다.

2 네덜란드 청어 어업의 성공 신화에 상징처럼 등장하는 인물이 '빌럼 부켈스존Willem Beukelszoon'라는 어부이다. 그는 기름기가 많아 쉽게 부패하는 청어 내장을 제거해 통 속에 염장하는 기술을 개발했다. 이 새로운 염장법에 따라 청어의 장거리 교역과 원양어업이 가능해졌다. 청어를 잡은 즉석에서 내장을 제거해 염장해야 했기에 작업 공간이 필요했다. 이를 위해 개발된 선박이 1416년 처음 등장한 폭넓은 갑판을 갖춘 '뷔스buss'라는 청어잡이 전문 선박이었다. 네덜란드는 청어 염장법과 폭넓은 갑판을 갖춘 선박 제조 기술을 기반으로 유럽의 부국으로 성장할 수 있었다.

서 자취를 감추어 버렸다. 대표적인 냉수성 어종으로 포항 근해까지 내려와 산란하던 청어가 연안 수온이 올라가면서 삶의 터전을 북쪽으로 옮겨간 탓이다. 현재 시중에 유통되는 청어 대부분은 원양산이다. 연근해에서 청어가 잡히지 않자 포항 영일만 특산인 '과메기'의 본뜻도 변하게 되었다.

과메기는 청어의 눈을 꿰어 만든다는 관목貫目에서 유래한 말로 청어를 겨울철 바람이 잘 통하는 곳에 걸어두고 얼렸다 녹였다를 되풀이하면서 자연 건조하여 만들어왔다. 이는 과거 흔하게 잡히던 청어를 장기간 보존하기 위한 방법이었다. 그런데 이제 청어가 많이 잡히지 않자 과메기 재료로 꽁치를 대신 사용하고 있다. 청어는 여느 등

포항을 중심으로 한 동해안 어촌에서는 대량으로 잡히던 청어를 보관하기 위해 바람이 잘 통하는 그늘에 걸어두고 말려왔다. 그늘에서 말리는 것은 청어에 기름기가 많아 햇빛을 받으면 산패하기 때문이다. 이렇게 말린 청어는 기름기가 몸 전체에 고루 퍼지면서 서서히 발효되어 과메기에 감칠맛을 더해주었다. 최근 청어 어획량이 줄어들자 꽁치를 재료로 사용하고 있다.

푸른생선과 마찬가지로 DHA와 EPA 성분이 풍부하여 동맥경화나 중풍 예방에 효과가 있다. 청어는 정어리와 비슷하게 생겼으나 아가미뚜껑에 방사상의 융기선이 없고 옆구리에 검은색 점이 없는 것으로 구별된다.

『우해이어보』와 『자산어보』에 등장하는 청어

김려 선생은 『우해이어보』에 청어를 '진청'이라 기록하며 해주산 청어와 우해, 즉 지금의 진해 어부들이 잡은 청어를 구별하고 있다.

정약전 선생도 『자산어보』 '청어' 항목에서 우리나라에는 남해안에서 잡히는 것과 서해안에서 잡히는 것의 두 종류가 있다고 기록했다. 물고기는 같은 종이라도 지역에 따라 조금씩 형질의 차이를 보인다. 이를 계군系群, strain(또는 계통군)이라 한다. 독일 어류학자 프리드리히 하인케Friedrich Heincke, 1852~1929는 물고기가 지닌 여러 형질 중에서 등뼈(척추)의 수로 계군을 나누는 방법을 처음 고안했다. 그는 1875~1892년에 잡힌 청어의 등뼈 수가 지역에 따라 차이를 보이는 것을 통계적으로 분석해서 수산학계의 중요한 업적으로 평가받고 있다.

가을철 귀빈 전어

"가을 전어 대가리에는 참깨가 서 말", "가을 전어는 썩어도 전어", "전어 굽는 냄새에 집 나갔던 며느리 돌아온다", "전어는 며느리 친정 간 사이 문 걸어 잠그고 먹는다", "봄 도다리 가을 전어……."

어류에 빗댄 속담 가운데 맛을 비유하는 이야기가 전어처럼 다양한 것도 드물다. 이름의 유래도 맛에서 찾을 수 있다. 서유구의 『임원경제지』의 「전어지」 편에 고기 맛이 좋아 사람들이 값도 생각하지 않고 사들인다 해서 '전어錢魚'가 되었다고 전한다.

전어는 남쪽에서 겨울을 보내고 4~6월에 난류를 타고 북상하여 연안의 기수역에서 산란한다. 연안에서 부화한 치어들은 여름을 보내면서 성장하는데 가을이 되면 몸길이가 20센티미터 전후로 자란다. 가을 전어가 인기를 끄는 것은 봄에 비해 지방질이 3배 이상으로 많아져 맛이 고소하기 때문이다. 초가을 횟집에 내걸리는 '가을 전어 개시' 현수막은 사람들의 입맛을 자극할 뿐 아니라 가을이 왔음을 알리는 상징이기도 하다.

"전어 굽는 냄새에 집 나간 며느리도 돌아온다"고 했던가. 석쇠 위에 노릇노릇 구워지는 전어는 고소한 맛이 일품이다.

횟감으로는 여름 전어가 제격이다. 가을 전어에 비해 기름기와 고소함은 덜하지만 뼈가 연해서 뼈째 썰어 먹기가 좋다. 이렇게 장만하면 살과 함께 잔뼈가 입 속에서 아삭아삭 씹혀 맛깔스럽다. 횟감으로 사용할 수 없는 전어는 구이나 젓갈용으로 사용한다. 전어젓갈은 내장 중에서 완두콩만 한 밤이라 부르는 위장을 골라 담근 전어밤젓은 씹는 맛이 독특한 데다 담백해 인기가 높다. 전어밤을 따내고 내장만을 모아 담근 것은 전어속젓, 전어 새끼로 담근 것은 엽삭젓 또는 뒈미젓이라 한다.

낙동강 하구에서 어부들이 그물을 이용해 전어를 잡고 있다.

전어는 우리나라 전 연안에서 어획되기에 대중적이다. 산란기가 되면 내만으로 몰려와 민물과 만나는 만 근처의 저층에서 산란한다. 그래서 하천과 맞닿고 만이 발달한 해역에는 전어가 많이 난다. 남해안에는 부산 명지, 삼천포, 광양만, 보성 율포, 하동군과 남해군 사이의 강진만, 서해안에는 홍원항, 보령 무창포 등이 주산지이다.

전어는 성미가 급해 어선에 있는 어창에서 하루를 넘기기 어렵다. 그래서 그날 잡은 전어는 그날 바로 횟집으로 수송해야 한다. 파도가 높아 조업을 나가기 어려운 날은 시중에 전어 값이 크게 뛰어 "전어 값이 금값"이라는 말이 생겨났다. 2005년 10월에는 일부 어민들이 경남 진해 해군부대 작전 해역에까지 들어가서 조업을 하다가 해군 경비함과 신경전을 벌이기도 했다.

경상도 지방 횟집에서 전어를 주문하면 '세꼬시'로 준비할지 물어본다. 세꼬시는 뼈째 막 썰어낸다는 뜻의 일본말 '세고시背越'에서 유래했다. 순우리말 '뼈째 썰기'로 순화해 나가야겠다.

고향 하천을 찾는 연어

바람에 옷깃을 세우고, 떨어지는 낙엽의 바스락 소리에 고개를 돌려보면 어느새 가을의 중턱에 서 있다. 필자는 이 무렵이면 가슴 가득 설렘을 안고 추수를 끝낸 들판을 가로질러 동해 바다로 떠난다. 고향 하천으로 돌아오는 연어를 맞이하기 위함이다.

강을 거슬러 올라 알을 낳고 수정하는 연어

연어는 청어목 연어과 연어속의 냉수성 어류로 해역에 따라 북대서양에 서식하는 대서양연어, 태평양에 서식하는 태평양연어로 구분한다. 우리가 즐겨 먹는 연어 요리의 대부분은 노르웨이와 칠레 등지에서 수입하는 대서양연어들이며, 우리나라 하천으로 돌아오는 연어는 태평양연어에 속하는 종이다.

대서양연어는 2종이며, 태평양연어는 첨연어 · 곱사연어 · 황연어 · 홍연어 · 은연어 · 시마연어 · 아마고연어 등 7종이 있다. 이 가운데 우리나라 동해안으로 회유하는 종은 첨연어Chum salmon로 성체의 몸길이는 대략 50~80센티미터에 몸무게는 2~7킬로그램 정도이다. 여느 어류와 달리 연어에 대해 감성적이 되는 것은 알래스카와 베링해를 거치는 이역만리 타향을 떠돌다가 자기가 태어난 하천으로 돌아와 분신을 남기고 생을 마감하는, 이들만의 독특한 생의 순환 때문이다. 연어가 바다에서 하천으로 올라와 생을 마칠 때까지의 과정을 지켜보는 것은 감동 그 자체이다.

10월 중순 연어를 찾아 강원도 삼척 오십천 물속으로 들어갔다. 바다에서 은백색으로 빛나던 몸빛이 산란을 앞두고는 거무스름해지며 불그스름한 반점이 생겨난다.

수컷은 코끝이 휘어지고 이빨이 날카로워진 데다 등이 부풀어 올라 약간 공격적으로 보인다. 암컷을 보호하느라 예민해진 수컷이 필자를 경계한다. 날카로운 이빨을 드러낸 채 주둥이로 들이받는데 얼굴에 둔탁한 무게감이 느껴졌다.

강원도 오십천으로 연어들이 회귀하고 있다. 번식기를 맞으면 수컷(오른쪽)의 코끝이 휘어지고 이빨은 날카로워지는 데다 등이 부풀어 올라 공격적으로 보인다.

암컷은 알을 낳기 위해 강바닥에서 물이 솟아오르는 곳을 고른다. 그래야만 12월 중순의 혹독한 겨울 추위에도 알이 얼지 않는다. 적당한 자리를 잡은 암컷은 몸을 옆으로 뉘어 꼬리지느러미를 맹렬히 흔들어 강바닥의 자갈을 파헤친다. 사력을 다한 몸짓으로 지름 1미터, 깊이 30센티미터 정도인 구덩이가 만들어지고 암컷은 상처투성이가 된 몸을 바로 세워 생의 마지막 힘을 짜내면서 3,000개 안팎의 살굿빛 알을 쏟아낸다.

안절부절 주위를 맴돌던 수컷은 암컷의 마지막 몸부림을 신호로 미완의 생명체인 알 위에다 정액을 뿌리면 힘든 수정 과정이 마무리된다. 수정을 마친 연어는 다시 꼬리지느러미를 흔들어 자갈로 알을 덮는다. 3년 전 자신의 부모가 그랬던 것처럼 고향으로 돌아와 자신의 분신을 남기는 과정이다. 모든 것을 마친 두 마리는 탈진해서 강바닥으로 가라앉고 이들은 서서히 고향 하천의 일부로 돌아간다.

새 생명의 탄생과 출발

12월 중순이면 자갈 틈 사이로 생명의 활기가 느껴진다. 지름 3밀리미터 안팎의 알 속이 갑갑한지 '빙글빙글' 몸을 돌리는 모습이 알 밖으로 투영된다. 알의 약한 부분을 찾으려는 탐색의 시간이 지난 후 순간적으로 머리가 '톡' 튀어나온다. '바르르' 떨면서 몸과 꼬리가 알에서 빠져나오는데, 여기에 걸리는 시간은 1초 정도의 찰나이다.

알에서 갓 태어난 새끼는 배 밑에 난황이라 불리는 노란색 먹이 보따리를 달고 있다. 그런데 이 난황 무게가 만만치 않다. 갓 태어난 새끼는 알을 깨고 나올 때의 탄력으로 조금 튀어 오르지만 묵직한 난황 때문에 강바닥으로 바로 가라앉아 버린다. 아직 지느러미에 힘이 없는 새끼는 본능적으로 자갈 틈을 비집고 들어간다. 머뭇거리다가는 난황의 달콤한 향을 맡고 달려드는 물고기의 공격을 막아낼 재간이 없다. 자갈 밑으로 숨어든 새끼는 두어 달 동안 난황에 담겨 있는 양분에 의존하며 조금씩 지느러미에 힘을 붙여간다.

알에서 태어난 지 두 달이 지나고 강에는 봄이 찾아왔다. 지느러미에 힘이 붙기 시작한 새끼 연어들은 스스로 먹이를 찾기 시작한다. 알을 품은 어미가 강을 거슬러 오르는 것과 달리 새끼 연어는 강의 흐름을 따라 내려가면서 먼바다로 떠날 준비를 한다. 무리 지어 바다로 향하는 새끼 연어들의 몸짓은 무척이나 강렬하다. 멀고 험한 바다로의 여행을 격려라도 하듯이 강물을 뚫고 들어오는 봄 햇살이 따사롭기 그지없다.

이렇게 강을 떠난 새끼 연어는 태평양을 가로질러 알래스카, 베링해를 돌아 3년 후

1 12월 중순 자연 상태에서 수정된 연어들이 부화하고 있다. 지름 3밀리미터 남짓한 작은 알을 뚫고 새끼 연어가 탄생하는 장면을 지켜보며 가슴 벅찬 감동을 느꼈다.

2 갓 태어난 어린 연어들의 몸에는 먹이 보따리인 난황이 달려 있다.

새 생명을 가득 잉태한 채 다시 이곳으로 돌아올 것이다. 그런데 연어들은 어떻게 고향 하천을 찾을까? 이에 대해 여러 가지 학설이 있다. 태양설, 지구 자기장설, 수온 기억설 등이다.

태양설은 북극 해역까지 가면서 보아둔 태양의 위치를 역으로 기억해 모천을 찾는다는 설이다. 지구 자기장설은 자기장의 세기를 구별해내 위치를 찾는다는 설이다. 수온 기억설은 연어의 피부에 전달되는 바닷물의 수온을 기억한다는 설이다. 이외에도 염분 농도를 기억한다는 설, 고향 하천의 냄새를 기억한다는 설 등이 있다.

소중한 자원 연어

자연 상태에서 연어가 산란 · 부화하는 경우는 극히 드물다. 우리 하천으로 돌아오는 연어 대부분은 강을 가로질러 그물을 쳐두고 강제로 채포採捕하여 인공수정시킨다. 인공수정한 수정란은 양어장에서 양육한 다음 매년 2월 중순에서 3월 중순 사이 하천에 방류한다. 방류된 연어는 30~50일 정도 하천에 머문 후 바다로 나아간다.

연어 방류 사업은 바다를 끼고 사는 나라에서는 중요한 국책사업 중 하나이다. 중요한 식량자원이기도 한 연어 보존에는 관심을 가지지 않고 잡기만 한다면 연어도 멸

연구사들이 연어를 인공수정하는 모습이다. 암컷에서 알을 빼낸 후 여기에다 수컷의 정액을 뿌려 골고루 섞어주면 인공수정 과정이 마무리된다.

1 연구원들은 연어의 회귀율을 조사하기 위해 방류하는 해를 구별해 꼬리지느러미를 잘라 표식을 해둔다. 이를테면 짝수 해에는 왼쪽 일부를 자른다면 홀수 해에는 오른쪽 일부를 자르는 방식이다.

2 이역만리 여행 끝에 고향 하천으로 돌아온 후 자기 분신을 남긴 연어가 자연의 일부로 돌아가고 있다.

종위기를 맞게 될 것이다. 그래서 국제사회는 연어를 방류하는 나라만이 어업권을 가지기로 약속했다. 매년 각국에서 방류되는 어린 연어의 수는 국제적으로 검증을 거쳐 공인받는다. 이렇게 공인된 수는 그 나라가 한 해에 잡아들일 수 있는 연어 양을 결정하는 근거가 된다. 결국 연어를 많이 잡으려면 어린 연어의 방류량을 늘려야 하고, 방류량을 늘리려면 더 많은 연어들이 강으로 돌아와야 한다.

연어가 돌아오는 우리네 하천은 강원도 양양의 남대천, 고성의 명파천과 북천, 강릉의 연곡천과 낙풍천, 삼척의 오십천과 마읍천, 가곡천, 경북 울진군의 왕피천과 남대천, 영덕군의 오십천으로 11개소 정도이며 2009년 우리나라 전체 회귀율은 0.6퍼센트로 집계되었다.

우리나라 사람의 해산물 소비는 갈수록 증가하고 있다. 유엔식량농업기구의 2016년 기준 국민 1인당 연간 해산물 섭취량 자료에 따르면, 우리나라는 58.4킬로그램으로 1위를 차지해 2위 노르웨이 53.3킬로그램, 3위 일본 50.2킬로그램을 가볍게 제쳤다. 해산물 섭취량 증가에는 매년 3만 톤 이상 수입되는 대서양연어도 크게 한몫하고 있다. 연어 수입으로 연간 지출되는 돈이 2000억~3000억 원 정도이다 보니 식량안보와 수산자원 확보라는 차원에서 연어 국내 생산에 관심을 가져야 한다는 주장이 제기되었다. 우리나라로 돌아오는 북태평양연어의 품질이 국내에서 주로 소비되는 대서양연어에 비해 뒤지지 않는다는 것도 연어 국내 생산 주장을 뒷받침한다.

전문가들은 우리나라의 연어 생산량이 저조한 것은 방류량이 적고, 연어가 너무 먼 거리를 이동해야 하는 등 연어가 회귀하는 데 불리하기 때문이라고 이야기한다. 2018~2020년 북태평양 소하성 어류위원회NPAFC 제13대 의장을 맡았던 김수암 부경대학교 명예교수는 어류는 치어보다 큰 상태에서 방류할수록 분포 범위가 좁아지는 특성이 있으므로 연어 또한 봄에 치어 상태에서 방류하는 것보다 어느 정도 크기로 성장한 후인 가을에 방류한다면 멀리까지 가지 않고 동해에 잔류하는 연어가 늘어나 동해가 연어 목장화될 수 있다는 의견을 제시했다. 연어 목장화 사업이 성공한다면 대서양연어 수입을 대체할 수 있어 수산식량자원 확보 차원에서 상당히 고무적인 결과를 얻을 수 있으리라는 것이 김 의장의 주장이다.

> **북태평양 소하성 어류위원회**
>
> 북태평양 소하성 어류위원회North Pacific Anadromous Fish Commission, NPAFC는 1993년 2월 16일 발효된 「북태평양 소하성 자원보전협약」 제8조에 따라 협약 수역 내 소하성 자원의 포획 금지 및 자원 보존을 목적으로 1993년 2월 설립된 국제기구이다. 사무국은 캐나다 밴쿠버에 있다. 우리나라는 모천국 지위 확보와 방류 연어에 대한 회유 경로 파악 등 자원 조사와 선진기술 습득을 위해 2003년 5월에 가입했다.

남쪽 하천에서의 연어 방류, 어떻게 볼 것인가

매년 2월 말에서 3월 초가 되면 부산 낙동강 하구, 울산 태화강, 부산 기장군 일광천과 좌광천, 섬진강 등에서 연어 방류 행사가 열린다. 관련 기관과 지방자치단체는 방류 사업을 위해 강원도 양양에 있는 연어연구사업소에서 새끼 연어를 분양받아 온다.

이에 대해 연어 연구기관의 연구사들 사이에도 찬반이 엇갈린다. 다수의 연구사들은 하천을 깨끗이 정비했다는 지역자치 단체장이나 관련 기관의 홍보 수단으로

1 겨울을 이겨낸 새끼 연어들은 이른 봄 바다로 떠난다. 더 넓은 세상을 향하는 어린 연어들의 활기찬 몸짓으로 강은 생명이 넘친다.

2 강원도 하천에서 태어난 새끼 연어들이 남쪽 하천으로 옮겨져 방류되고 있다. 냉수성 어종인 이들이 모천을 버리고 남쪽에서 방류되는 것이 옳은 일인지에 대해 찬반양론이 있다.

연어가 이용되고 있다고 지적한다. 연어 방류철이 되면 상급 기관으로부터 협조 지시가 내려와 어쩔 수 없이 새끼 연어를 남쪽으로 내려보내지만 북쪽 강에서 태어난 새끼 연어를 차에 실어 남쪽 강으로 데려가 방류하는 순간부터 생존율이 떨어질 수밖에 없다는 것이 그들의 주장이다. 또한 하천 환경을 볼 때 연어가 도저히 살 수 없음에도 행사치레로 방류 사업을 추진하는 경우도 있어서 안타깝다는 이야기도 들려준다.

이에 대해 다른 견해도 있다. 경상북도 수산자원개발연구소 김옥신 연구사는 연어의 상징성을 이야기한다. 맑고 깨끗한 물에서만 사는 연어를 방류하고 돌아오기를 기다리는 것은 강을 지키겠다는 연어와의 약속이라는 것이 그의 생각이다. 이런 관점에서 연어 방류 사업과 함께 진행되고 있는 울산 태화강의 생태계 개선의 성공 사례를 언급했다.

송어와 산천어

송어는 연어과에 속하는 소하성(어류 생태형의 하나이다. 번식기가 되면 하천, 호수 등지로 거슬러 올라가 알을 낳는 형태를 말한다. 연어, 송어, 철갑상어 따위가 이에 해당한다) 어종이다. 우리나라 동해와 동해로 흐르는 하천과 북한, 일본, 연해주 등지에 분포하며, 몸길이는 60센티미터로 비슷하게 생긴 연어보다 작고 주둥이는 약간 뭉뚝하다. 몸 색은 등 쪽은 짙은 푸른색, 배 쪽은 은백색이고 등과 꼬리지느러미에 검은색 반점이 있다.

매년 겨울 강원도 평창군에서는 송어 축제가, 화천군에서는 산천어 축제가 열려 지역의 대표 축제로 자리매김하고 있다. 강원도 평창군 송어 축제에 참가한 관광객이 송어를 낚아 올리며 밝게 웃고 있다.

자연 상태에서는 5~6월께 하천을 거슬러 올라와 8~10월께 상류에 산란을 하고 죽는다. 부화된 치어는 1년 내지 2년 정도 하천에서 살다가 9~10월 바다로 내려가 2~3년 정도 지낸 후 산란을 위해 자기가 태어난 하천으로 되돌아온다. 어릴 때는 몸 양옆에 10개 내외의 크고 둥근 검은색 무늬가 있다. 바다로 내려가지 않고 하천에 남아 있는 잔류형은 몸 양옆에 있는 얼룩얼룩한 무늬가 일생 동안 사라지지 않는다.

송어는 평균 수온 섭씨 7~13도의 깨끗하게 흐르는 물에서만 살아가는 까다로운 냉수 어종이다. 강원도 평창군은 국내 최대 송어 양식지라는 명성에 걸맞게 2007년부터 매년 12월 말에서 1월 말까지 송어 축제를 열고 있다.

송어 중 생활 습성이 바뀌어 강에 머물러 사는 어류가 산천어이다. 산천어는 원래 연어나 송어처럼 바다로 나갔다가 강을 거슬러 계곡으로 돌아오는 회유 어종이다. 그런데 태어난 곳이 안전하다고 생각되면 바다로 나아가지 않는다. 먹이가 많지 않더라도 안전한 곳을 더 좋아하기 때문이다. 산천어는 60센티미터까지 자라는 송어와 달리 몸길이가 그 절반에도 못 미친다. 예로부터 고급 식용어로 이용되었으며 현재는 양식을 하기도 한다.

산천어는 송어 크기의 절반에도 못 미치지만 예로부터 고급 어종으로 대우받았다.

산천어는 10~11월 강이나 계곡에 알을 낳는다. 겨울이 되어 얼음이 두껍게 얼면 외부의 침입을 막을 수 있어 안전하다. 강원도 화천군에서는 1990년대 후반부터 파로호, 화천천에 산천어 치어를 방류하기 시작했다. 2003년부터 선보인 화천 산천어 축제(매년 1월 중에 개최)는 해를 거듭할수록 인기를 끌어, 어느덧 산천어는 화천을 대표하는 어종이 되었다. 얼음장처럼 차가운 물에 사는 산천어는 사람의 체온에도 화상을 입는다는 속설이 있다. 그래서 산천어를 잡아 올릴 때에는 나뭇잎 같은 것으로 감싸서 잡고, 회를 뜰 때에도 얼음물에 손을 담가 체온을 차갑게 한다.

송어 이름의 유래

『난호어목지』에는 살 색이 붉고 선명하여 소나무 마디와 같으므로 그 이름을 송어라고 했고, 『오주연문장전산고』에는 몸에서 소나무 향기가 나므로 송어라 했다. 지금은 아름다운 색을 지닌 무지개송어가 많이 사육되고 있다. 이는 수산자원을 늘리기 위해 1965년 미국 캘리포니아에서 무지개송어 종란 1만 개를 수입하여 강원도 평창에서 양식을 시작한 것에서 비롯되었다.

산천어 축제장을 찾은 관광객들이 낚시를 위해 꽝꽝 언 하천 위에 자리 잡고 있다.

너무나 친숙한 멸치

"어라이~ 데야…어라이~ 데야…."

봄에서 여름에 이르는 시기, 부산 기장군 대변항은 어부들의 멸치 후리는 소리에 활력이 넘친다. 멸치잡이 배가 만선 깃발을 휘날리며 항구에 들어서면 여기저기서 바구니를 든 아낙들이 모여들고 어선 옆에 나란히 선 예닐곱 명의 어부들은 그물 끝을 잡아채며 멸치를 털어낸다. 그물코에 촘촘히 박힌 멸치는 어부들의 장단에 맞춰 춤추듯 튀어 올라 펼쳐둔 그물에 수북이 쌓인다. 이를 담아 나르는 것은 바구니를 든 아낙들의 몫이다. 싱싱한 멸치는 횟감으로 팔리지만 대개는 젓갈용이다.

봄을 맞는 부산시 기장군 대변항의 풍경이다. 그물을 털어내는 어부들의 가락 소리에 맞춰 멸치들이 춤을 추고 있다.

가장 개체 수가 많은 어류

멸치는 청어목 멸치과에 속하는 작은 물고기이다. 최대 15센티미터까지 자라며 수명은 1년 반 정도이다. 몸의 횡단면은 타원형에 가깝다. 아래턱이 위턱에 비해 상당히 작고, 양턱에는 작은 이빨이 있다. 몸 등 쪽은 짙은 청색이며, 배 쪽은 은색을 띤다.

동물플랑크톤을 주 먹이로 삼는 멸치는 생태계 먹이사슬에서 가장 낮은 위치이지만 바다에 서식하는 물고기 중 개체 수가 가장 많다. 육식성 어류의 먹이가 되어야 할 운명이다 보니 빨리 자라서 새끼를 많이 낳아야 했다. 한 마리가 보통 4,000~5,000개의 알을 낳고 수정란은 1~2일 만에 부화하니 종족 보존을 위한 본능이 엄청나다.

전 세계적으로는 8종이 알려졌으며, 대부분의 종은 연안에 서식한다. 우리나라 연안으로 회유하는 종은 일본, 중국 등 동아시아 연근해 따뜻한 바다에 분포하는 종으로 1년에 두 차례 봄과 가을에 산란한다. 계절상 봄 멸치가 유명한 것은 겨울에 비교적 따뜻한 외해에 머물다가 봄이 되면 연안으로 몰려오는데 체내에 지방질을 많이 함유하고 있기 때문이다.

멸치와의 황홀한 만남

남해안이나 제주도 바닷속을 누비다 보면 멸치 떼와 멋진 만남이 이루어진다. 난류성인 멸치는 특성상 비교적 수온이 높은 수면 바로 아래에 떼를 지어 다니는데, 수면을 뚫고 들어오는 햇살에 반짝이는 은빛 비늘은 황홀할 지경이다. 뿐만 아니라 포말을 뚫고 유영하는 작은 물고기들의 날렵한 모습에서 역동적인 삶의 의미를 느낄 수 있다.

이른 봄 수면을 뚫고 들어오는 햇살
반사되는 멸치 비늘의 반짝거림은 바
속에서 맛보는 황홀한 풍경이다.

멸치 어업 방식

멸치 어업 방식에는 크게 세 가지가 있다.

첫째는 고깃배들이 멸치 떼를 따라다니면서 잡는 '유자망'과 '기선권현망' 어업 방식이다. 유자망 어업 방식은 그물을 수면에서 수직으로 아래로 펼쳐지게 한 다음, 펼쳐진 그물을 물의 흐름과 바람에 따라 이리저리 떠다니게 하면서 물고기가 그물코에 꽂히거나 둘러싸이게 해서 잡는 방식이다. 어획 성능이 좋지만 대상물을 남획할 우려가 있다. 우리나라 동해에서는 꽁치 · 명태 · 오징어 등을, 남해에서는 멸치 · 삼치 · 고등어 · 전갱이 등을, 서해에서는 참조기 · 전갱이 등을 잡는 데 쓰인다. 부산 기장군 대변항은 전국 유자망 멸치 어획량의 70퍼센트를 차지하고 있으며 이렇게 잡아들인 멸치들은 대개 젓갈용으로 가공된다.

둘째 '기선권현망' 어업 방식은 그물을 끄는 2척의 끌배, 1척의 어탐선, 1척의 가공선, 2~3척의 운반선 등 6척 내외의 선박이 선단을 이루는 기업형 어업이다. 어군탐지기가 장착되어 있는 어탐선이 멸치군을 탐색한 다음 작업지시를 내리면 2척의 끌배에서 그물을 던져 양쪽에서 끌어당긴다. 잡아들인 멸치는 가공선에서 삶아, 운반선에 의해 육지로 옮겨져 자연 건조 또는 열풍 건조한다. 주로 경남 통영과 거제, 전남 여수 등 남해안에 분포해 있고, 우리가 먹는 마른 멸치(건멸치)의 대부분이 기선권현망 어업 방식으로 잡아들인다.

셋째는 멸치 떼가 주로 이동하는 바다 길목에 미리 그물을 쳐 놓는 '정치망' 어업 방식이다. 정치망 어업 방식은 그물을 일정한 장소에 일정 기간 고정해 놓아야 하므로 멸치 떼가 지나가는 길목을 찾는 것이 중요하다. 또한 한자리에 상당 기간 그물이 고정되어 있어야 하므로 대상 해역은 조류가 강하지 않고 수심이 얕아야 한다. 물고기 떼를 따라다녀야 하는 유자망 어업 방식과 달라 조업 비용은 적게 든다. 대상 어종은 회유성 어종인 돔류, 갈치, 방어, 오징어, 멸치 등이다.

넷째는 원시 어업인 '죽방렴' 어업 방식이다. 죽방렴은 수심이 얕고 물살이 빠른 곳에다 참나무 말뚝을 V 자로 박아 대나무로 그물을 엮어 두는데 조류에 떠밀린 물고

우리가 먹는 마른 멸치(건멸치)의 대부분이 기선권현망 어업 방식으로 잡아들인다. 기선권현망은 경남 통영시와 고성군을 중심으로 남해안의 대표적인 조업 방식이다.

기가 V 자 끝에 설치된 불룩한 임통(통발) 안으로 들어오면 빠져나가지 못하는 구조로 되어 있다. 임통은 밀물 때는 열리고 썰물 때는 닫힌다. 단순하면서도 상당히 과학적이다.

죽방렴 어업의 가장 오래된 전통은 경상남도 남해군 지족해협으로 알려졌다. 지족해협은 남해군 창선도와 남해읍 사이에 있는 좁은 수로로 물살이 빨라 죽방렴 어업의 최적지이다. 어민들은 하루 두세 번 죽방에 갇혀 있는 멸치를 뜰채로 건져낸다. 이곳의 멸치는 빠른 물살에 적응하느라 운동량이 많아 육질이 단단하다. 뜰채로 건져 올린 멸치들은 그물로 잡아들인 것과 달리 원형이 잘 보존되어 있는 데다 육질과 신선도가 우수해 명품으로 대접받는다.

죽방 안에는 멸치뿐 아니라 다양한 어종이 함께 갇히는데 어민들은 멸치 외에는 큰 관심이 없다. 족보가 없는 어류는 바다에 던져 버리거나 죽방렴을 찾은 관광객들에게 건네진다.

경남 남해군 지족해협의 죽방렴 모습이다. 밤새 빠른 물살에 실려 온 멸치들이 죽방 안으로 들어가면 새벽에 어부들은 죽방에 갇힌 멸치들을 뜰채로 퍼 담는다.

죽방멸치는 그물코에 멸치가 걸려 훼손되지 않기에 원형 그대로의 모습이다.

그날 잡은 멸치를 바로 가마솥에 넣고 삶아 말리면 명품 죽방멸치가 탄생한다.

다양한 먹거리를 제공하는 멸치

우리나라 사람들에게 멸치는 상당히 친숙하다. 갓 잡은 멸치는 초고추장과 미나리에 버무려 날것으로 먹거나, 구이용 또는 찌개용으로 사용한다. 젓갈을 담아 사시사철 입맛을 돋우기도 하며, 커다란 가마솥에 삶아서 말린 마른 멸치는 칼슘의 대명사로 대접받는다.

멸치를 비롯한 생선뼈는 주로 인산칼슘으로 이루어졌는데 이 화합물은 비타민D의 도움을 받아야만 흡수가 잘된다. 그런데 비타민D는 생선 내장에 많이 함유되어 있으므로 내장과 뼈를 통째로 먹을 수 있는 마른 멸치가 칼슘 흡수 면에서 탁월하다. 불안하거나 화가 나는 것은 몸속에 칼슘이 부족하기 때문인데 매일 일정량의 칼슘을 섭취하면 몸 건강뿐 아니라 정신 건강에도 매우 좋다.

한편, 우리나라 수산물 검사법에 따르면 건조품 중 전장(전체 몸길이) 77밀리미터 이상을 대멸, 46~76밀리미터를 중멸, 31~45밀리미터를 소멸, 16~30밀리미터를 자멸, 15밀리미터 이하를 세멸이라 한다. 마른 멸치 요리에 풋고추는 궁합이 좋은 식재료이다. 풋고추에 들어 있는 철분 성분은 칼슘의 흡수를 도울 뿐만 아니라 멸치에 부족한 식이섬유와 비타민을 보충해주기 때문이다.

1 마른 멸치는 크기에 따라 대멸, 중멸, 소멸, 자멸, 세멸 등으로 구분된다.

2 갓 잡은 멸치로 만든 멸치구이와 멸치회는 어촌의 봄을 풍성하게 해준다.

속 좁은 밴댕이

살아 있는 밴댕이는 쉽게 볼 수 없다. 스트레스에 민감해 물에서 잡아 올리면 성질을 이기지 못하고 몇 번 '파다닥'거리다 바로 죽어 버리는 탓이다. 흔히 속이 좁고 성격이 급한 사람을 두고 '밴댕이 소갈머리'라고 한다. 이는 밴댕이의 성질을 빗댄 표현이다. 실제로 밴댕이 속은 상당히 좁다. 비슷하게 생긴 멸치와 비교하면, 길이가 15센티미터 정도라 멸치보다는 크지만 내장을 포함한 배 속은 멸치 반에도 못 미친다.

서유구의 『난호어목지』에는 밴댕이를 한글로 '반당이'로 적고 있는데 이는 몸이 현저하게 납작한 데다 멸치의 반에도 못 미치는 배 속을 비유한 것으로 보인다.

밴댕이는 산란기를 맞아 기름기가 오르는 5~6월이 제철이다. 그래서 변변치 않지만 때를 잘 만났다는 것에 빗대어 '오뉴월 밴댕이'라고 한다. 밴댕이 말린 것을 띠포리라 한다. 띠포리는 마른

1 밴댕이는 같은 청어목에 속하는 멸치보다 크지만 내장을 포함한 배 속은 멸치의 반에도 못 미친다.

2 밴댕이 말린 것을 띠포리라 한다. 띠포리는 마른 멸치와 매한가지로 다시 국물을 낼 때 사용한다. 경남 진동 지방에서는 납작하게 보여서인지 '납사구'라 부르기도 한다.

강화도 후포항 밴댕이 마을은 5월이면 제철 밴댕이를 즐기기 위한 관광객들의 발길이 끊이지 않는다. 밴댕이 요리를 주문하면 회, 무침, 구이, 조림, 젓갈, 찌개 등이 한 상 가득하다. 그런데 강화도를 비롯해 경기도에서 유명한 '밴댕이 회'와 '밴댕이 젓갈'의 식재료가 되는 밴댕이는 멸치과에 속하는 '반지'라는 어류로, 청어과에 속하는 남해안 밴댕이와 다른 종이다. 둘 다 몸이 납작하지만, 위턱이 아래턱보다 앞으로 튀어나와 있으면 반지이고, 아래턱이 위턱보다 길고 입이 위로 열린 모양이면 밴댕이다.

멸치와 같이 국물 맛을 낼 때 사용하며 시원한 특유의 국물 맛으로 인기가 있다.

내륙 지방 사람들에게는 익숙하지 않지만 바로 잡은 밴댕이는 회로 먹을 수 있다. 봄이 오는 5월 강화도 후포항 '밴댕이 마을'은 밴댕이를 찾는 사람들로 북적인다. 회를 뜰 때는 먹기 좋게 양옆면으로 두 번만 살을 발라내는데 살이 아주 부드럽고 달콤하다. 하지만 부패가 빨라 대부분 젓갈용이나 말려서 식재료로 사용한다.

제대로 삭힌 밴댕이 젓갈은 조선시대 수라상에 오르기도 했다. 조선시대 궁중 음식을 맡아 보던 사옹원에 밴댕이 젓갈을 담당하는 전담반이 있을 정도였다. 이순신의 『난중일기』 을미년 5월 21일 자에 "전복, 어란과 함께 밴댕이젓을 어머니께 보냈다"는 글이 있는 것으로 보아 밴댕이 젓갈이 오래전부터 우리 음식 문화와 함께했음을 짐작할 수 있다.

썩어도 준치

준치는 청어과 물고기로 몸이 옆으로 납작한 것이 밴댕이와 비슷하게 생겼으나 뒷지느러미의 밑동이 길고 몸집이 훨씬 커서 50센티미터까지 자란다. 몸의 등 쪽은 암청색이고 배 쪽은 은백색이다.

"썩어도 준치"라 했다. 평생 한 번도 준치를 보지 못한 사람이라도 "썩어도 준치"라는 속담은 들어봤을 거다. 이는 본바탕이 좋은 것은 비록 어느 정도 훼손되었다 해도 그 바탕만은 변하지 않음을 이르는 말이다. 그만큼 준치 맛이 일품이라는 뜻이다. 준치는 생선 중에 가장 맛있어 '진어眞魚'라 했다.

준치를 이르는 말 가운데 '시어다골時語多骨'이라는 사자성어가 있다. 중국 송대 문인 유연재가 세상을 살면서 느낀 다섯 가지 가운데 하나로 세상살이에 좋은 면이 있으면 좋지 않은 면도 있음을 뜻하는데, 준치가 맛은 뛰어나지만 뼈가 많아 먹기에 불편함을 빗대었다.

다섯 가지

중국 송대 문인 유연재는 준치에 가시가 많은 것, 금귤이 너무 신 것, 순채가 너무 찬 것, 모란에 향기가 없는 것, 홍어에 뼈가 없는 것 등을 세상을 살면서 느낀 다섯 가지로 꼽았다.

민담에 따르면 원래 준치는 가시가 없었다고 한다. 맛이 좋은 데다 가시까지 없다 보니 바다에 사는 동물이든 사람이든 준치만 잡아먹기 시작하자 준치의 씨가 마르기 시작했다. 이에 용왕은 바다에 사는 물고기들의 가시를 하나씩 빼서 준치 몸에 꽂아 주었다는데……. 과유불급이라 했던가, 준치는 꼬리지느러미에까지 가시가 박혀 결국 가시투성이 몸이 되고 말았다고 한다. 준치가 맛있는 생선이지만 잔가시가 많아 욕심

부려 먹다가는 목에 가시가 걸려 화를 당하기 십상이다. 이를 빗대어 권력이나 명예, 재물에 너무 치우치면 반드시 그 반작용으로 불행이 닥친다는 훈계용으로 준치를 선물하기도 했다.

『규합총서』에는 "토막 낸 준치를 도마 위에 세우고 허리를 꺾어 베나 모시 수건으로 두 끝을 누르면, 가는 뼈가 수건 밖으로 내밀 것이니 낱낱이 뽑으면 가시가 적어진다"라고 준치의 뼈를 발라내는 방법을 설명하고 있다.

'시어다골'에서 알 수 있듯 준치는 '때 시時' 자를 넣어 시어時魚라 불렀다. 준치가 초여름이면 완전히 사라졌다가 이듬해 봄에 다시 나타나는 습성 때문에 시간을 지키는 어류로 보았기 때문이다. 그런데 시기에 맞춰 회유하는 물고기는 준치만이 아니다. 조기만 해도 곡우 때가 되면 산란을 위해 어김없이 전남 칠산 바다에 나타나기에 시간 약속을 못 지키는 사람을 '조구만도 못한 놈'이라고 했으니 말이다. 그런데 준치를 각별히 시어라 한 것은 그만큼 중요 어종이라 여겼기 때문이다.

준치는 지난날 갖가지 요리로 만들어졌다. 신선한 준치는 소금에 절여 자반을 만들었고, 준치로 끓여낸 국도 일품이었으며, 그 밖에 찜, 조림, 회, 구이용으로 사용하기도 했다. 그러나 요즘에는 산출량이 적어 점점 구경하기 힘든 어류가 되었다.

꽃무늬 물고기 꽃동멸

아열대 종에 속하는 꽃동멸은 이따금 제주도 해역에서도 모습을 드러낸다. 배지느러미로 몸을 받친 채 머리를 치켜들고 있다가 사정거리 안으로 만만한 물고기가 지나가면 번개처럼 낚아챈다. 안쪽으로 휘어져 촘촘하게 늘어선 날카로운 이빨은 잡은 먹이를 목구멍으로 넘기는 데 기능적으로 특화되어 있다. 한자리에 가만 앉아 있다가 위기를 느끼면 '휭~' 하는 지느러미의 마찰음을 남긴 채 자리를 피한다. 기세로 보아서는 멀리 사라질 듯도 하지만 꽁무니를 따라가 보면 얼마 떨어지지 않은 곳에 조금 전과 같은 자세로 머리를 치켜들고 앉아 있다.

산호 가지 위에 꽃동멸이 앉아 있다. 꽃동멸은 날카로운 이빨이 안쪽으로 휘어져 배열되어 있어 한 번 잡힌 먹이는 빠져나갈 수 없다.

영미권에서는 이렇게 머리를 치켜들고 있는 모양새가 도마뱀을 닮았다고 보았는지 리자드피시Lizardfish라 부른다. 우리나라에서 꽃동멸로 이름 붙인 것은 물고기 몸체에 적갈색의 화려한 반점이 어우러져 있어 마치 꽃무늬가 연상되었기 때문이다.

3부

바다에는 물고기만 살까?

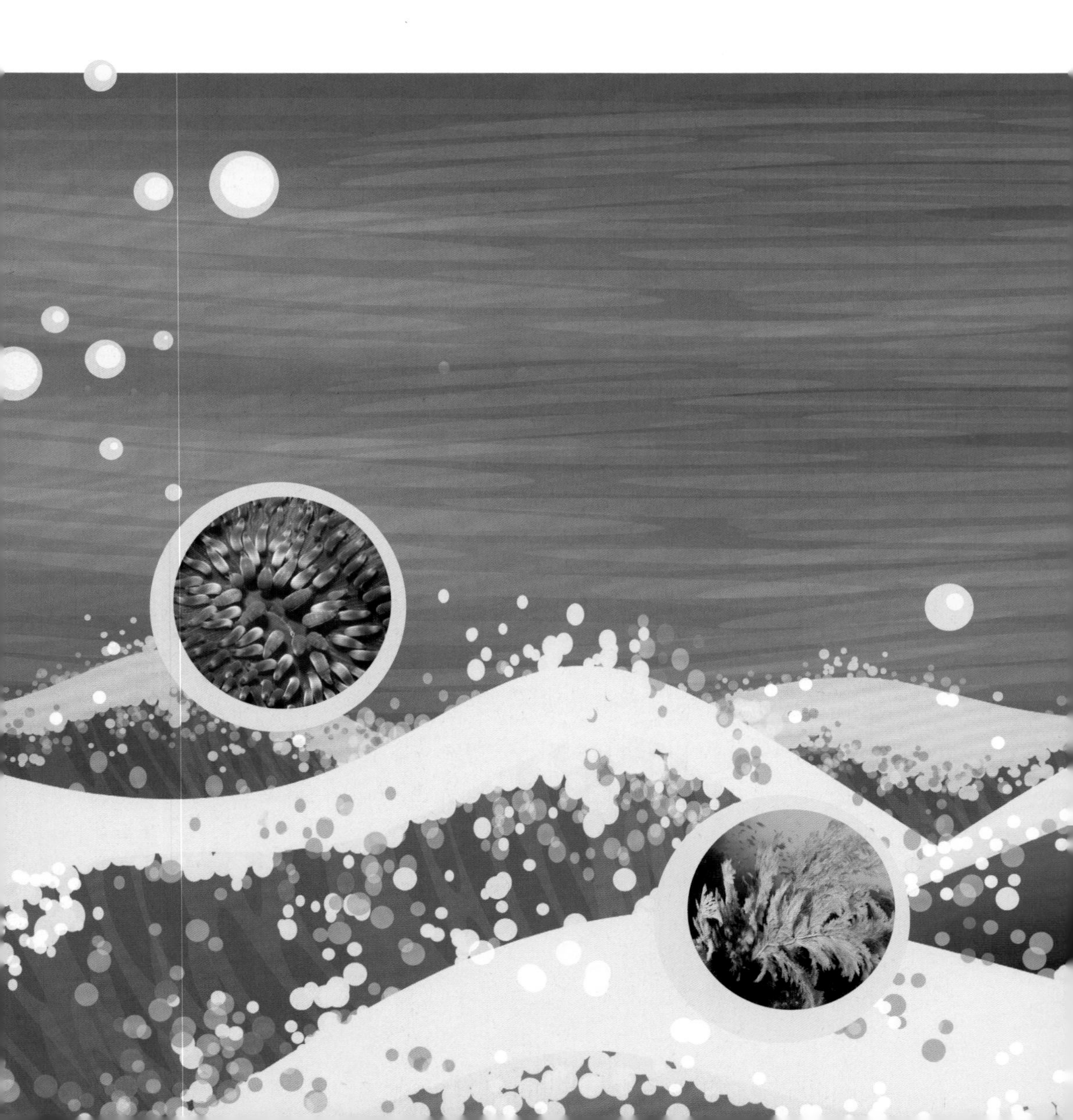

생물체에 이름 붙이고 분류하는 학문을 분류학taxonomy이라고 한다. 분류학의 체계에 따라 작성되는 학명은 국제적인 명명규약에 따르며, 용어는 라틴어 또는 라틴어화한 말을 사용한다. 생물을 분류하는 범주는 일반적으로 계界, kingdom > 문門, phylum > 강綱, class > 목目, order > 과科, family > 속屬, genus > 종種, species의 단계로 설정했으며, 각각의 단계 밑에는 편의상 아문亞門, 아강亞綱, 아목亞目 등과 같이 중간단계를 두고 있다.

1969년 미국 코넬대학의 생태학자 R.H. 휘태커Robert Harding Whittaker, 1920~1980는 〈사이언스〉에 발표한 논문에 생물을 동물계animalia, 식물계plantae, 진균계fungi, 원생생물계protista, 모네라계monera의 다섯 가지 계界, kingdom로 분류할 것을 제안했다. 원생생물계는 한 세기 전에 스코틀랜드의 생물학자 존 호그John Hogg, 1800~1869가 제안했던 '*Protoctista*'를 수정한 것으로, 식물도 아니고 동물도 아닌 생물을 나타내기 위한 것이다.

이 책은 동물계와 식물계에 속하는 생명체 중 해양에 살고 있는 종에 관한 이야기이며, 분류의 체계는 동물계와 식물계의 생물 분류 방식에 따른다.

동물계 아래의 분류 개념인 약 30개의 동물의 문 가운데 해양동물과 관련이 있는 것에는 해면동물문, 자포동물문, 유즐동물문, 편형동물문, 연체동물문, 환형동물문, 절지동물문, 극피동물문, 태형동물문, 유형동물문, 척삭동물문 등의 11개가 있다.

이 가운데 가장 다양하게 분화되어 있는 문門은 발생 초기의 배胚에 몸을 지지하는 유연한 심지 끈인 척삭脊索이 형성되는 척삭동물문이다. 척삭동물문에는 척추동물, 두삭동물, 미삭동물의 3개 아문亞門이 있으며 척추동물아문은 어류인 무악어강, 판피어강, 연골어강, 경골어강의 4개의 강과 양서강, 파충강, 조류강, 포유강의 4개의 강을 합해 8개의 강이 있다.

지금부터 소개하는 3부는 어류를 제외한 바다생물에 관한 이야기이다. 이는 어류의 종이 다양해 바다생물의 분류를 어류와 어류 외의 것으로 분류하는 것이 이해를 도울 수 있기 때문이다.

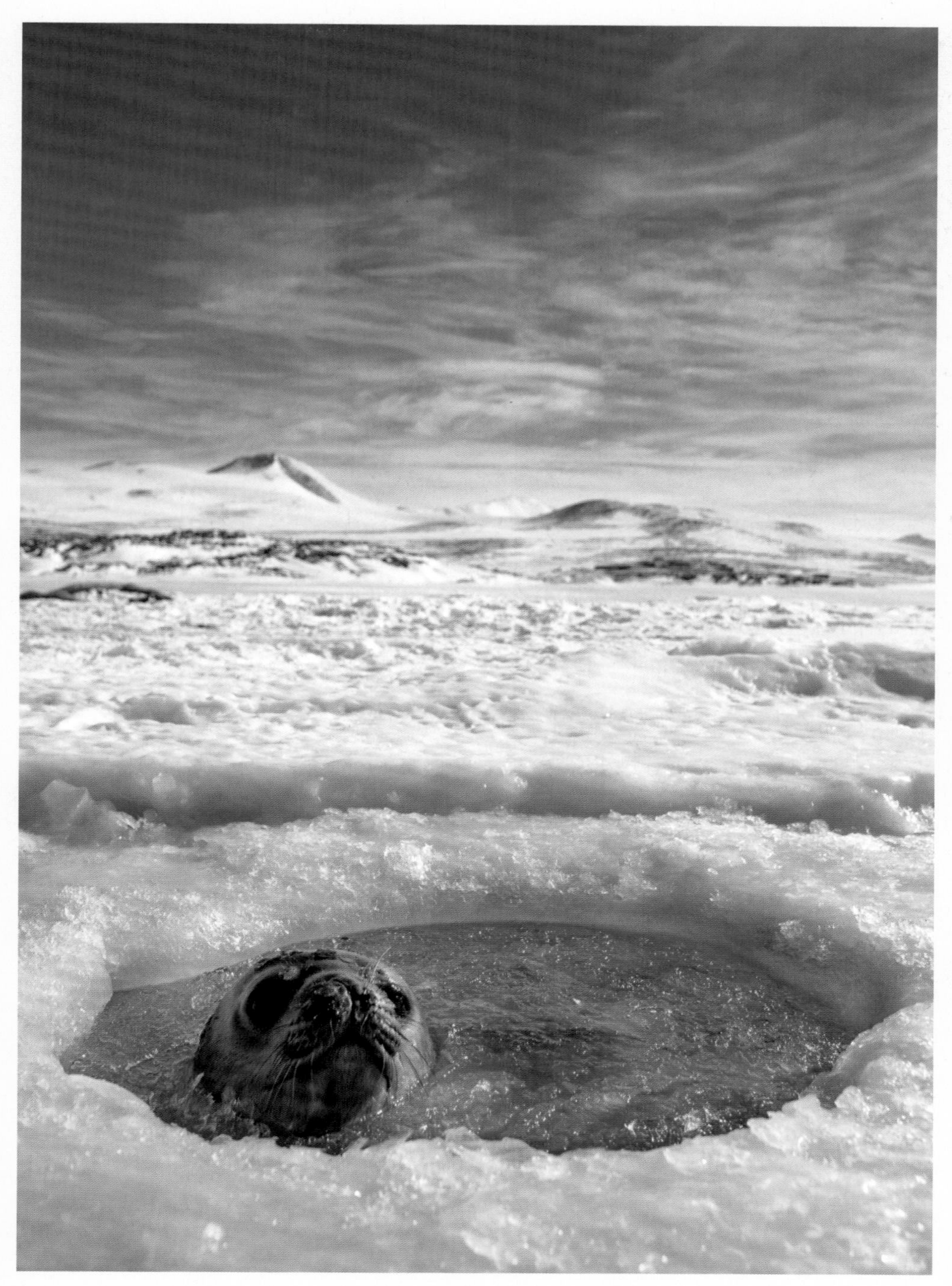

남위 74도, 얼어붙은 로스해 해빙에 숨구멍을 뚫고 올라온 웨들해표가 주변을 살피고 있다.

1

극피동물(棘皮動物, Echinodermata)

극피동물은 가시를 뜻하는 그리스어인 Echino와 피부를 뜻하는 Derma의 합성어에서 유래했다. 이들의 가장 큰 특징은 피부에 가시가 나 있으며 몸은 중앙의 한 점에서 사방으로 거미줄이나 바큇살처럼 뻗어나가는 방사상 구조로, 기본적으로 다섯 갈래로 나누어져 있다는 점이다. 이외에도 몸의 조직 일부가 떨어져 나가더라도 재생하는 것 또한 극피동물의 특징이다. 전 세계적으로 6,000여 종이 알려져 있으며 거의 모든 종이 바다에서 발견된다.

극피동물은 다음과 같이 5개의 동물군으로 나뉜다.

- 불가사리류: 대표적인 극피동물이다. 몸체는 중심부에서 방사상으로 뻗어나간 5개의 부위로 구성되어 있다. 이러한 5방사 대칭은 극피동물의 공통점이다. 현재 세계적으로 1,800여 종, 국내에는 100여 종이 발견되었다.
- 거미불가사리류: 몸통의 중심부에서 나와 있는 다섯 개의 팔이 거미발처럼 아주 가늘고 길어서 붙인 이름이다. 바닷속 각종 유기물을 섭취해 바다의 지렁이로 불린다. 현재 전 세계 바다에 1,900여 종이 서식하고 있다.

- 해삼류: 바다의 인삼이라는 별칭으로 우리와 친숙하다. 1,500여 종에 이르며 식용으로 애용되는 돌기해삼은 색에 따라 홍삼, 흑삼, 청삼 등으로 불리기도 한다.
- 성게류: 바닷말을 주식으로 하는 극피동물로 움직일 수 있는 가시가 몸을 덮고 있다. 각각의 가시에는 근육이 있어 몸을 보호할 뿐 아니라 몸체를 이동하는 기능도 한다. 우리에게 친숙한 보라성게, 말똥성게 외에도 860여 종이 남극과 북극을 비롯한 전 세계 바다에 분포한다.
- 바다나리류: 극피동물 중 가장 원시적이며 오래된 종으로 고생대 최초의 지질시대인 캄브리아기에 출현했다. 크게는 줄기가 있어 고착생활을 하는 종과 줄기 없이 이동하는 두 가지 형태로 분류된다. 현재 620여 종이 조사되었다.

스쿠버다이버가 유영하는 바다나리와 눈을 맞추고 있다.
바다나리는 불가사리, 해삼, 성게 등과 같은 극피동물이다.

불가사리에 대한 오해

'바다의 해적', '천적이 없는 포식자.' 사람들은 불가사리에 무시무시한 수식어를 붙였다. 그러고는 불가사리를 백해무익하고 지구상에서 없어져야 할 나쁜 종족으로 몰아갔다. 물론 불가사리가 어패류 등 수산자원을 무차별적으로 포식해 먹거리를 놓고 인류와 경쟁 관계에 있을 뿐 아니라 생태계를 교란하는 것은 분명하다.

그런데 모든 불가사리가 백해무익하기만 할까? 결론부터 이야기하면 그렇지만은 않다. 사람들은 잘못 알려진 정보로 인해 불가사리에 대해 나쁜 선입관을 가지고 있다. 그래서 불가사리라면 종을 구분하지 않고 잡아내 이로 인한 2차 피해를 일으키고 있다. 이제 불가사리에 대한 오해를 풀어보기로 하자.

'Starfish' 또는 'Seastar'라 불리는 불가사리는 대표적인 극피동물로 세계적으로 1,800여 종, 국내에는 100여 종이 서식하고 있다. 우리나라 해역에서 흔하게 볼 수 있는 종은 토착종 별불가사리, 캄차카와 홋카이도 등 추운 지역에서 건너온 아무르불가사리, 바다의 지렁이라 불리는 거미불가사리와 빨강불가사리 등의 4종이다. 이 중 바다생물을 무차별적으로 잡아먹어 어민들의 시름을 깊게 하는 종은 아무르불가사리 한 종에 지나지 않는다. 나머지 종 역시 바다생물을 포식하기는 하지만 바다 오염을 막아주는 순기능도 있다.

그런데 불가사리 구제 작업을 할 때 잡혀 나온 대부분은 별불가사리들이다. 이는 잡아내는 시점이 잘못되었기 때문이다. 일반적으로 불가사리 구제 작업은 산란기인 봄에서 여름에 이르는 시기에 이루어진다. 하지만 수온이 따뜻해지는 이 무렵 냉수성 아무르불가사리들은 수온이 낮은 깊은 바다로 떠난 후이다. 아무르불가사리들은

스쿠버다이버들이 별불가사리를 잔뜩 잡아 선창에 널어놓았다. 해양생태계에 위협적인 존재는 아무르불가사리인데 불가사리 구제 작업이 주로 봄에서 여름에 이르는 시기에 이루어지다 보니 연안에 머물러 있는 별불가사리만 포획되었다.

연안에서 멀리 떨어진 곳에서 여름잠을 잔 후 수온이 내려가기 시작하는 늦가을이 되어야 연안으로 스멀스멀 기어든다. 결국 연안에서 이루어지는 불가사리 구제 작업은 봄에서 여름보다는 수온이 떨어지는 가을에서 겨울에 이르는 시기가 적절하다.

아무르불가사리

외래종 가운데 북쪽 추운 지방에서 건너온 종의 이름 앞에는 '아무르'가 많이 붙는다. 아무르불가사리, 아무르표범, 아무르산개구리, 아무르장지뱀 등이 그러하다. 이는 아무르강(중국 흑룡강의 러시아말) 주변 지역이 고향임을 의미한다. 아무르강은 러시아 시베리아 남동부에서 발원하여 중국과의 국경을 따라 동북쪽으로 흘러 오호츠크해로 유입되는 총길이 4,350킬로미터인 세계 8위 규모의 강이다.

추운 지방에서 건너온 아무르불가사리

'바다의 해적'이라 불릴 만한 아무르불가사리는 엄청난 포식자이다. 이들을 물속에서 보면 소름 끼칠 정도의 크기에(큰 놈은 길이가 40센티미터에 이르는데 물속에서는 빛의 굴절 현상으로 실제보다 25퍼센트 정도 더 크게 보인다)

1 아무르불가사리가 수중 바위에 붙어 있는 멍게를 포식하고 있다. 한자리에 붙어서 살아가는 멍게는 아무르불가사리 공격을 막아낼 재간이 없다.
2 아무르불가사리가 미더덕을 움켜쥔 채 포식하고 있다.

희거나 누르스름한 몸체 위에 얼룩덜룩한 푸른색 점무늬가 덮여 있어 시각적으로도 상당히 혐오스럽다.

북쪽에 있는 캄차카반도나 홋카이도 등 추운 지방에서 건너온 영향으로 수온이 내려가는 겨울철에 움직임이 활발하다. 반대로 물이 따뜻해지는 여름이 되면 연안에서 떨어진 깊은 곳으로 이동해서 여름잠을 잔다. 아무르불가사리는 쉴 새 없이 먹을거리를 찾아다닌다. 전복이나 소라 등 복족류는 아무르불가사리가 다가오면 도망친다. 하지만 팔이 길어 움직임이 빠른 아무르불가사리를 따돌리기는 쉽지 않다.

아무르불가사리는 몸의 중심부에서 뻗어나간 다섯 개의 팔로 조개류를 서서히 감싼 후, 팔 밑에 무수히 붙어 있는 관족으로 압박을 가해 맞물린 패각의 틈을 벌린다. 일단 조금이라도 틈새가 벌어지면 조개는 살아남을 수 없다. 불가사리는 이 틈새로 위장을 밖으로 꺼내 조개에 밀어 넣어 소화효소를 뿜어내며 조갯살을 흡수하기 때문이다.

조개를 포식 중이던 아무르불가사리를 뒤집어보았다. 가운데 있는 반투명한 막이 불가사리의 위장이다. 불가사리는 위장을 밖으로 꺼내 먹이를 포식한다.

아무르불가사리 떼가 휩쓸고 가면 살아남은 조개를 찾기 힘들다. 말 그대로 싹 쓸고 지나간다는 표현이 적당하다. 실험에 따르면, 성숙한 아무르불가사리 한 마리가 하루에 멍게 4개, 전복 2개, 홍합 10개를 거뜬히 먹어 치운다.

외래종인 아무르불가사리가 우리나라 연안뿐 아니라 전 세계에 급속도로 퍼지게 된 것은 선박의 활발한 이동 때문이다. 선박은 자체 무게 중심을 맞추기 위해 화물을 내리는 항구에서 바닷물을 채우고, 화물을 싣는 항구에서는 바닷물을 버리기를 반복한다. 이때 바닷물과 함께 선박으로 들어온 유생들이 배를 타고 전 세계로 퍼져나가게 되었다.

아무르불가사리 무리가 바닥을 휩쓸며 지나고 있다.
이들이 지나간 자리에는 살아 있는 생명체를 찾아보기 힘들 정도이다.

특히 이들은 플랑크톤 상태로 이곳저곳을 떠다니다가 살아가기 적합한 곳에 이르러서야 변태를 시작한다. 또한 성체가 된 후 사는 곳이 마땅치 않으면 몸에 공기를 채워 부력을 확보한 후 조류를 타고 이동할 수도 있다. 이러한 이유 등으로 UN과 국제해양기구에서 지정한 다른 지역으로 이동할 때 심각한 생태계 파괴가 우려되는 유해 생물 10종에 적조, 콜레라 등과 함께 아무르불가사리가 포함되어 있다.

우리나라 토착종 별불가사리

별불가사리는 토착종이다. 윗면은 파란색 바탕에 붉은색 점이 있고 배 쪽은 주황색을 띤다. 별불가사리도 조개류를 포식하지만 팔이 짧고 움직임이 둔해 먹이 사냥에 제한적이다. 이러한 제한적인 조건으로 이들보다 빠르게 움직이는 조개류를 따라잡을 수 없을 뿐 아니라 충분히 감싸서 압박할 수 없다. 결국 포식할 수 있는 먹잇감도 죽은 물고기나 병들어 부패한 바다생물 등에 맞춰져 있다.

별불가사리가 죽은 물고기를 포식하고 있다. 별불가사리의 이러한 식습성은 바다의 부영양화를 방지한다.

별불가사리의 이런 습성은 바다의 부영양화를 막는 순기능으로 작용한다. 바다 밑바닥에 물고기가 죽어 썩어 간다면 바닷물이 오염되겠지만 별불가사리가 사체를 분해한다면 바닷물의 오염을 줄일 수 있다. 별불가사리는 먹잇감이 떨어지면 여름철에 움직임이 둔해진 아무르불가사리를 공격하기도 한다.

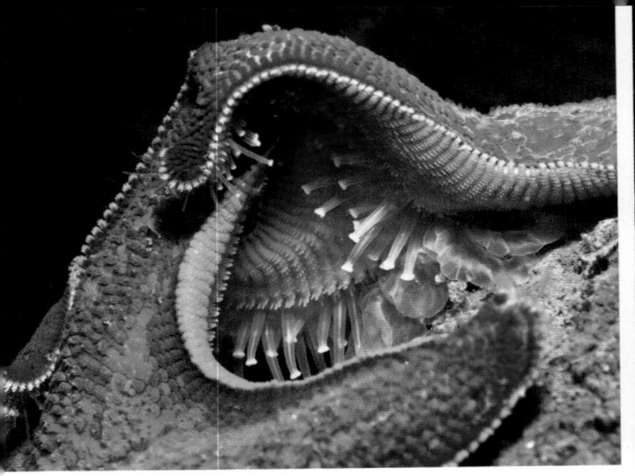

1 별불가사리 두 마리가 고싸움을 하듯 먹이를 다투고 있다. 배 아래로 노출된 위장과 팔 아랫부분 가운데의 홈을 따라 달려 있는 관족들이 보인다. 관족은 먹이 사냥뿐 아니라 몸을 움직이는 데도 사용하는데, 위협을 느끼면 몸을 수축시켜 홈 속으로 거두어들인다.

2 불가사리들이 그물에 달라붙어 그물코로 위장을 밀어 넣고 있다. 불가사리들은 위장을 밖으로 빼내 먹잇감을 소화할 수 있어 그물 안에 갇힌 바다생물도 이들에게는 좋은 먹잇감이 된다.

바다의 지렁이 거미불가사리와 빨강불가사리

이러한 관점에서 볼 때 제주 연안에서 많이 발견되는 거미불가사리와 빨강불가사리류는 해양환경 개선에 도움을 준다고 할 만하다. 제주도 해양수산자원연구소 발표자료에 따르면, 이들은 조개류를 전혀 공격하지 않고 물속에서 부패한 고기와 유기물만을 먹이로 섭취한다. 이들의 습성은 육지에서 중금속으로 오염된 토양을 옥토로 만드는 지렁이에 비유될 정도로 해양환경에 유익하다.

1 빨강불가사리는 제주 바다가 주 무대이다. 이들은 죽은 바다동물을 섭식하기에 바다의 부영양화를 방지하는 순기능을 한다.

2 거미불가사리는 대부분 야행성이다. 낮에는 바위틈에서 잠을 자다가 밤이 이슥해지면 슬금슬금 기어 나와 먹이 활동에 나선다. 재생력이 강한 거미불가사리는 건드리기만 해도 스스로 팔을 잘라내고 도망간다.

불가사리에 대한 연구

불가사리라는 이름은 죽일 수 없다는 '불가살이不可殺伊'에서 유래한다. 이름 그대로 쉽게 죽일 수 없다. 이는 극피동물의 특성인 조직 재생력에서 비롯된다. 만약 팔이나 신체 일부가 잘려 나가더라도 얼마 후면 새로운 팔이 생겨난다. 팔 한쪽에 몸통 부분이 조금만 남아 있어도 다시 살아나서 완전한 성체가 된다. 물에서 쉽게 죽일 수 없기에 잡아내면 땅 위에서 말려야 한다.

불가사리가 육식성이다 보니 이들이 부패하면서 지독한 냄새를 풍겨 마을 인근에서 처리하기가 난감하다. 해양생태계 보전을 위해 지방자치단체에서는 불가사리 구제驅除에 나서서 잡아 올린 불가사리를 수매한다. 지방자치단체마다 약간 차이가 있지만 킬로그램당 600~1,200원 정도이다. 어민들은 불가사리 수매가격이 현실적이지 못하다고 입을 모으며 불가사리 구제를 위해 정부가 좀 더 적극적으로 나서줄 것을 요구하고 있다.

이에 불가사리를 식용 또는 약용으로 이용하기 위한 연구에 관심이 모아지고 있다. "몸에 좋다면 개똥도 귀해진다"는 속담이 있듯이 불가사리를 원료로 한 약품이나 식품이 큰 관심을 끌게 된다면 불가사리 구제는 누가 시키지 않아도 자연스레 될 법도 하다. 현재 불가사리에 대한 약용 연구는 국내외 연구진에 의해 활발히 이루어지고 있다.

불가사리를 이용해 항암제를 개발하기도 하며, 절단 부위가 감염되지 않고 완벽하게 재생되는 데 착안해 감염 저항 박테리아를 분리하기도 했다. 감염 저항 박테리아의 분리는 새로운 개념의 항생제 시대를 예고한다.

아무르불가사리 몸에서 팔이 재생되고 있다. 불가사리는 극피동물의 특성으로 신체조직 재생력이 뛰어나다.

불가사리는 종에 따라서 해적으

1	2	3

1 불가사리는 각 팔 끝에 있는 안점眼點에서 빛을 감지하여 주변의 간단한 상황을 파악할 수 있다.

2 불가사리의 팔의 개수는 다섯 개가 가장 흔하지만 팔손이불가사리는 8개, 햇님불가사리는 8~10개, 문어다리불가사리는 22~39개 등으로 종류에 따라 다양하다. 대형 종인 문어다리불가사리는 움직임이 빠른데 물에서 보면 마치 문어가 기어가는 것처럼 보인다.

3 열대 해역에서 흔하게 볼 수 있는 왕관불가사리이다. 몸을 둥글게 움츠리면 왕관처럼 보인다. 가까이 다가가면 가시의 끝부분을 붉은색으로 물들이며 자기에게 맹독이 있음을 알린다. 가시에 찔리면 엄청난 고통과 함께 출혈과 염증이 생기는 등 상당히 위험하다.

로 분류할 수도, 해양환경과 인간에게 유익한 동물로 분류할 수도 있다. 그런데 지금까지 연례 행사처럼 진행되고 있는 민관의 불가사리 구제 작업을 보면 불가사리는 모두 나쁘다는 선입관에 따라 종에 대한 구별 없이 무차별적으로 잡아 올리는 보여

거미불가사리의 일종인 삼천발이는
삼천 개나 달렸다 해서 붙인 이름이지
사실은 여느 불가사리처럼 팔이 다섯
다. 이 팔들이 잘게 갈라져 여러 개의
럼 보인다.

주기식 행사가 많지 않았나 반성해야 한다.

자연은 스스로 생태계 균형을 맞춰 나가는 능력이 있다. 건강한 바다에는 어느 한 종의 동식물이 그 지역을 독차지하는 일이 일어나지 않고 생태계가 균형을 이룬다. 이러한 관점에서 해양생태계를 파괴하는 책임은 연안에 빽빽이 가두리양식장을 만들거나 생활하수를 흘려보내 불가사리에게 풍부한 먹잇감을 제공하는 인류에 있는 것은 아닐까 생각해봐야 한다.

바다에서 나는 삼蔘, 해삼

해삼海蔘은 '바다海에서 나는 삼蔘'이란 의미이다. 『자산어보』에도 해삼海蔘으로 기록된 것으로 보아 그 이전부터 해삼이란 말이 사용되었음을 짐작할 수 있다. 그런데 해삼에 인삼의 사포닌 성분의 일종인 홀로톡신holotoxin이 있음이 밝혀졌으니, 바다의 삼이란 뜻의 해삼으로 명명한 옛사람들의 통찰력이 대단했음을 알게 한다.

서유구는 『임원경제지』 「전어지」에 "해삼은 바다에 있는 동물 중에서 가장 몸을 이롭게 하는 생물이다. 동해에서 나는 것이 살이 두껍고 좋으며, 서해나 남해에서 나는 것은 살이 얇아서 품질이 떨어진다"라고 기록했다.

『음식디미방』에는 "해삼 배 속에 꿩고기·진가루·버섯·후춧가루 등을 넣고 실로 동여맨 다음 쪄내는 해삼찜, 삶은 해삼을 썰어서 간장과 기름에 볶은 해삼초, 볏짚을 썰어 한데 안쳐서 삶으면 해삼을 쉽게 무르게 할 수 있다"는 등 해삼을 식재료로 사용한 요리를 소개하고 있다.

중국 사람들은 남삼여포男蔘女鮑라 했다. 남자에게는 해삼이 좋고, 여자에게는 전복이 좋다는 뜻이다. 해삼에는 사포닌 성분 외에도 연골을 구성하는 콘드로이틴, 철분, 비타민B 등이 다량 함유되어 있어 면역강화 및 원기 회복에 도움을 준다. 2020년 봄 코로나19로 전국이 몸살을 앓았을 때 해삼이 면역강화 식품으로 소개되어 관심을 끌기도 했다.

생명체에 각각의 이름을 붙이기를 좋아하는 우리 민족은 식용할 수 있는 해삼을 청삼·홍삼·흑삼으로 구별했으며 먹지 못하는 해삼을 나무삼이라 해서 가치를 달리했다. 이들의 색깔이 다른 것은 주로 섭취하는 먹이가 다르기 때문이다. 개흙 속 유기물을 섭취하는 것이 흑삼이나 청삼이라면, 홍삼은 바닷말 중 홍조류를 주 먹이로 삼는다. 이 가운데 흑삼이나 청삼이 비교적 흔하다면, 홍삼은 드물게 눈에 띄어 식도락가에게 귀하신 몸으로 대접받는다. 실제로 이들의 영양 가치는 별반 차이가 없다. 하지만 몸길이가 30센티미터 정도인 나무삼은 몸통이 딱딱한 나무토막처럼 생겼으며, 육질이 단단하고 질겨서 먹지 못해 개해삼이라고도 한다.

해삼은 불가사리나 성게와 같은 극피동물이다. 두껍고 투박해 보이는 근육 속에 석회질의 작은 골편들이 흩어져 있는데 이것이 극피이다. 겉보기에 불가사리나 성게와 달리 몸이 길쭉하지만, 단면으로 잘라보면 해삼 역시 극피동물의 공통점인 5방사 대칭형임을 알 수 있다.

1 해삼 창자는 날것으로 먹을 수 있는 훌륭한 식재료이다. 하지만 해삼 자체가 성질이 차갑다 보니 평소 몸이 차거나 소화기관이 약한 사람은 소화불량이나 설사 등의 부작용에 주의해야 한다.

2 홍삼은 바닷말을 즐겨 먹어 몸 색이 붉은색을 띤다. 홍삼의 돌기 부분을 확대 촬영했다.

해삼의 위기 탈출 방법

바다동물의 위기 탈출 방법은 다양하다. 복어처럼 몸을 크게 부풀려 포식자를 놀라게 하는 종이 있는가 하면, 오징어나 문어, 넙치처럼 주변 환경과 비슷한 색으로 몸 색을 바꾸는 바다의 카멜레온도 있다. 각각의 종은 오랜 경험과 학습을 통해 저마다의 위기 탈출 방법을 터득했지만, 아무래도 '빠른 몸놀림'으로 도망치는 것이 가장 일반적이다. 그렇다면 움직임이 느린 데다 별 뾰족한 재주가 없어 보이는 해삼은 어떻게 위기에서 벗어날까?

해삼은 바닥을 기어 다니며 유기물을 흡수하거나 바닷말을 뜯어 먹으며 살기에 몸놀림이 빠를 필요는 없다. 하지만 이렇게 느려서는 포식자로부터 벗어나기가 힘들다. 그래서 해삼은 도망치는 것 말고 다른 방식을 찾아야 했다.

열대 바다에서 살아가는 레오파드해삼은 위협을 받으면 항문으로 국수 면발같이 생긴 하얀색 관을 뿜어낸다. 이 관은 프랑스의 동물학자 **퀴비에**Cuvier, 1769~1832 가 처음 학계에 보고해 퀴비에관이라 한다. 퀴비에관은 굉장히 끈적인다. 포식자가 멋모르고 가까이 갔다가 이 관이 달라붙으면 꼼짝 못 하게 된다. 퀴비에관을 뿜어내고도 적을 제압하지 못하면 몸을 수축하여 단단하게 만든다. 그러다 더 이상 선택의 여지가 없다고 판단하면 항문으로 창자를 밀어낸다. 해삼 입장에서 보면 창자만 먹고 살려달라는 마지막 협상 카드인 셈이다. 극피동물은 특성상 신체 일부가 훼손되더라도 재생이 가능하다. 뱉어낸 창자는 30~40일 정도 지나면 완벽히 재생된다.

> **퀴비에Cuvier**
>
> 프랑스 동물학자로 비교해부학과 고생물학의 창시자. 해삼이 내뿜는 국수 면발 모양의 흰색의 관을 퀴비에관이라 부르는 것은 퀴비에가 처음 발견하여 그의 이름을 붙였기 때문이다.

1 산호 가지 사이에 자리를 잡은 레오파드해삼이 퀴비에관을 뿜어내고 있다. 퀴비에관은 상당히 끈적거려 해삼을 노리는 포식자를 꼼짝 못 하게 만들 수 있다.

2 성질 급한 레오파드해삼이 퀴비에관을 뿜어내다 창자까지 쏟아 버리고 있다.

1 | 2

해삼은 배 쪽의 관족으로 물 밑바닥을 기어 다닌다. 해삼이 기어간 흔적을 따라 배설물인 모래무지가 남아 있다.

별미로 인기가 높은 해삼 창자

퀴비에관은 레오파드해삼 등 일부 종만 지닌 특징이지만 창자를 내놓으며 위험에서 벗어나고자 하는 것은 해삼의 일반적인 위기 탈출 방식이다. 그런데 흥미로운 것은 이 창자가 사람들에게도 인기가 있다는 데 있다. 몸길이 방향으로 자리 잡은 긴 창자에는 개흙이 들어 있어 손가락으로 훑어낸 뒤 날것으로 삼키면 달콤한 향이 입 안에 번진다.

해삼 창자를 이용한 젓갈이 바로 횟집에서 단골에게만 내어준다는 '고노 와다'이다. 적당히 삭힌 고노 와다는 갯내음과 함께 미각을 자극하여 일본인들에게는 최고의 식재료로 대접받는다. 해삼의 재생력을 연구한 일본의 양식업자들은 해삼을 자극해 창자를 뱉어내게 한 다음 몸을 횡으로 잘라 양식장에 던져둔다. 일정 기간이 지나면 해삼은 두 마리가 되고, 그 두 마리 몸속에는 다시 창자가 가득 찬다. 그렇다면 창자까지 내어놓았음에도 위기에서 벗어나지 못하면 어떻게 될까? 스트레스의 한계점을 넘어선 해삼은 몸이 흐물거리는 코처럼 풀어지면서 죽고 만다.

유기물 범벅인 바닥을 정화하다

광범위한 지역과 수심에 걸쳐 살고 있는 해삼은 5~100센티미터로 크기 또한 다양하다. 우리나라 해역에서 주로 볼 수 있는 종은 돌기해삼류이며, 열대 해역에서는 검은색의 대형 종이 주를 이룬다. 열대 해삼류는 삶은 후 말려서 요리용으로 수출되는데, 솔로몬제도와 피지 등 열대 도서 지역주민들의 중요 수출 품목이다.

해삼은 식재료로 사람들에게 유익한 해양생물일 뿐 아니라 바다 환경에서도 없어서는 안 되는 존재이다. 이들은 모래나 개흙을 입으로 삼킨 다음 유기물은 걸러서 소화하고 찌꺼기는 항문으로 배설한다.

이와 같이 반복되는 식습성은 유기물로 범벅된 바닥을 정화하여 바다의 부영양화를 막는다. 마치 땅 위의 지렁이가 땅을 비옥하게 해주는 것과 같다. 물속에서 해삼을 찾기는 쉽다. 바닥에 작은 모래무지들이 쌓여 있다면 그 근처에 해삼이 있다. 이 작은 모래무지들은 해삼이 배설한 흔적들이다.

대형 열대 해삼은 열대 도서 지역주민들에게 큰 수입원이다. 이들은 말려서 건해삼으로 유통된다. 건해삼은 찬물에 24시간 정도 불린 후 데쳐서 사용한다.

해삼 몸체의 앞쪽 끝에는 입이 열려 있는데, 입 주위에 발달한 여러 개의 촉수를 사용해서 모래와 진흙을 통째로 삼킨 다음, 그 속에 들어 있는 작은 생물이나 유기물을 걸러 먹는다. 다 먹고 남은 배설물들은 몸 뒤쪽에 있는 항문을 통해 밖으로 내보낸다.

차가운 물을 좋아하는 해삼

겨울에서 봄에 이르는 시기 우리나라 전 해안의 얕은 바다에서 관찰되는 해삼은 수온이 올라가면 자취를 감춘다. 해삼의 성장은 수온이 섭씨 17도에 이르면 둔화하기 시작하다가 25도에 이르면 정지된다. 그래서 해삼은 여름이 오면 수온이 낮은 외해나 깊은 수심의 동굴 속으로 들어가 여름이 지나가기를 기다린다.

경험 많은 해녀는 여름철에도 해삼을 건져 올린다. 이를 가리켜 해녀들끼리 사용하는 은어로 "냉장고에서 꺼내온다"라고 한다. 여기서 냉장고란 말은 수온이 상대적으로 낮아 해삼이 여름잠을 자는 작은 동굴이나 바위 틈새 등에 빗댄 말이다. 바닷속 자신만 아는 곳에 큼직한 냉장고를 몇 개 가지고 있으면 사시사철 싱싱한 해삼을 맛볼 수 있을 듯하다.

밤바다의 파수꾼, 성게

야간 다이빙 도중 수중랜턴을 비추자 바닥을 가득 메우고 있는 성게들의 모습이 드러났다. 야행성인 성게는 밤이 이슥해지면 바위틈에서 기어 나와 활동을 시작한다.

밤바다 속은 어떤 모습일까? 해가 저물어 낮에 활동했던 바다동물이 잠자리에 들면 그동안 휴식을 취했던 바다동물이 모습을 드러낸다. 낮과 다른 새로운 세계가 펼쳐지는 밤바다 속은 주인공이 바뀐 무대처럼 새로운 활력이 넘쳐난다.

스쿠버다이빙을 시작한 지 얼마 되지 않은 대학 2년 여름, 의기투합한 동료들과 부산시 영도 바다에서 첫 야간 다이빙을 감행했다. 밤바다에 대한 호기심의 발로였다. 칠흑 같은 바닷속을 수중랜턴에서 뿜어져 나오는 한 줄기 빛에 의지하며 둘러보는데 눈앞에 엄청난 장면이 펼쳐졌다. 우리의 야간 다이빙을 경계라도 하듯 가시를 곧추세운 성게들이 바닥을 뒤덮고 있는 것이 아닌가. 야행성 동물인 성게는 낮에는 빛이 들어오지 않는 바위틈에 머물다가 밤이 되면 슬금슬금 기어 나와 밤바다의 주인공으로 등장한다.

가시 돋친 극피동물을 대표하는 성게

피부에 가시가 돋친 극피棘皮동물을 'Echinodermata'라 하는데 성게의 영어명도 '가

1 가시를 곧추세우고 있는 성게를 들여다보았다. 각각의 성게 가시에는 근육이 있어 몸을 보호할 뿐 아니라 몸을 움직이는 역할을 맡는다. 가운데의 은빛이 나는 원구형은 성게의 항문이다. 성게의 입은 아래쪽에 위치한다.

2 긴가시성게는 열대 해역에서 흔하게 만나는 종이다. 20~30센티미터나 되는 가시에 찔리면, 가시의 끝이 살에 깊이 박혀 들어가서 근육 마비를 일으키고 호흡이 곤란하게 될 정도로 아프다. 이 가시는 매우 가늘고 날카로워 잠수복 정도는 쉽게 뚫어 버리기에 조심해야 한다. 바다동물 중에는 이들의 긴 가시를 방패막이 삼아 살아가는 종도 있다.

시로 뒤덮인'이란 뜻의 'Echino'이다. 성게가 극피동물의 대표 격인 셈이다. 성게와 같은 극피동물은 몸 벽에 소골편이라는 석회질 판이 있다. 성게 가시는 제일 바깥쪽 부분의 소골편이 길게 변하면서 뼈같이 단단한 조직이 튀어나와 마디를 이룬다. 성게는 각각의 가시 사이에 관족이 나오는데, 관족은 여러 기능을 하도록 변형되어 있으며 이 관족과 가시를 이용해 이동한다.

선조들은 가시가 밤송이처럼 보였는지 성게를 '밤송이조개'라 불렀다. 그래서인지 『자산어보』는 성게를 '율구합栗毬蛤'으로 기록했다. 성게 역시 극피동물의 공통적인 특징인 다섯 갈래로 나누어진 방사상칭(생물체의 형태와 구조에서 중심을 지나는 대칭면이 세 개 이상인 체제) 구조이다. 가시와 겉껍질을 잘 벗겨 놓으면 표면에 나 있는 줄무늬 다섯 줄을 뚜렷이 관찰할 수 있고, 껍질을 쪼개어 속을 보아도 같은 구조임을 확인할 수 있다.

백화현상의 원인 동물로 지목되다

성게는 모든 바닷말을 닥치는 대로 먹어 치운다. 몸통 아래쪽 입 가장자리에 있는 다섯 개의 이빨은 바닷말 엽상체를 잘게 긁어 먹을 수 있게 진화했다. 이러한 식습성으로 바닷말이 사라지는 백화현상의 원인 중 하나로 성게가 지목되고 말았다.

바닷말은 광합성으로 산소와 영양물질을 만드는 1차 생산자로 바닷속 먹이사슬에서 가장 중요한 위치를 차지하는데, 바닷말이 사라지는 원인으로 성게가 의심받자 성게에 대한 인식이 달라지기 시작했다. 특히 경상남도에서는 성게를 불가사리와 함께 바다에서 몰아내야 할 해적동물로 지정했다. 1990년대 초까지 많은 양이 일본으로 수출되면서 어민 소득에 큰 보탬이 되었지만, 값싼 중국산 등장으로 수출길이 막히게 되자 개체 수가 급격하게 늘어난 탓이다.

보라성게와 말똥성게

성게는 전 세계에 800여 종이 서식한다. 우리나라 해역에는 식용이 가능한 보라성게와 말똥성게가 주종을 이룬다. 성게 배를 갈랐을 때 나오는 황색의 생식선은 맛과 향이 뛰어나 과거 일본으로 수출되는 등 주요 수산자원이었다.

말똥성게는 잘 익은 밤송이 모양으로 성체가 지름 4센티미터 전후인 원형이다.

1 성게는 먹성 좋게 바닷말을 뜯어 먹는다. 독도를 비롯해 우리나라 해역 곳곳에서 바닷말이 사라지는 백화현상이 발생하자 개체 수가 늘어난 성게들이 원인 중 하나로 지목받고 있다.

2 말똥성게가 바닷말 엽상체를 뜯어 먹기 위해 줄기를 기어오르고 있다.

1 | 2

몸 색은 보통 녹색이고, 가시 길이는 5~6밀리미터 정도이다. 특히 동해안 북쪽에 서식하는 북방 말똥성게는 생식선의 맛과 향이 뛰어나다. 이들은 1~3월, 주로 겨울철에 많은 양의 알과 생식선을 형성한다.

생식선(생식소)

일반적으로 사람들이 성게 알이라 부르는 것은 성게의 생식선이다. 암컷은 황갈색, 수컷은 황백색을 띤다. 생식선에는 단백질과 비타민, 철분이 많아 빈혈 환자나 병을 앓은 후 회복기 환자에게 특히 좋다. 또한 인삼과 같이 사포닌 성분이 들어 있어 결핵이나 가래를 제거하는 효능이 있다. 날것으로 먹어도 되며, 성게죽·성게젓·성게국으로 먹는 등 기호에 따라 다양한 조리법이 개발되었다.

보라성게는 껍데기가 반구형으로 견고하며, 가시가 날카롭고 크고 강하다. 이들은 우리나라 전 연안 얕은 바다의 조간대에서부터 수심 70미터의 암초 사이에 널리 서식하는데 제주도 해역에서 흔하게 발견된다. 말똥성게와 달리 8~10월이 산란기라 이때 많은 알과 생식선을 만든다. 그래서 여름철에 성게국 인심이 좋아진다는 말이 생겼다.

열대 바다에서 발견되는 독성게(불성게)는 성게 중 가장 크고 독성이 강하다. 독이 있는 날카로운 가시가 피부를 뚫으면서 상처 속으로 독을 주입한다. 가시에 찔리면 극심한 통증으로 실신하거나 호흡 곤란, 마비 증세가 오는데 심할 경우에는 목숨을 잃을 수 있다.

1 보라성게는 껍데기가 반구형으로 견고하며, 가시가 날카롭고 크고 강하다.
2 말똥성게는 잘 익은 밤송이 모양으로 성체가 지름 4센티미터 전후인 원형이다.

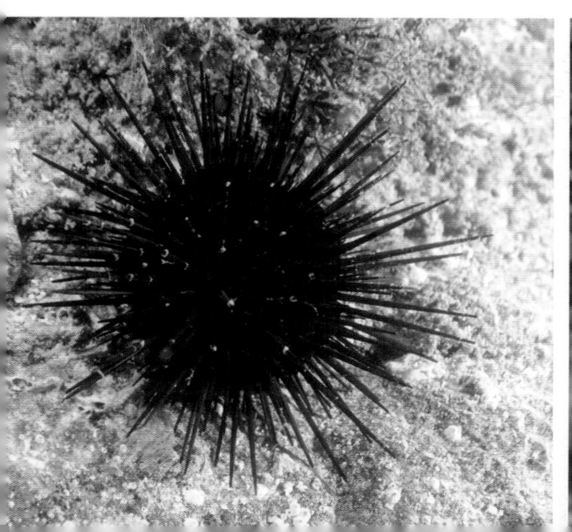

해녀들이 잡아온 성게 배를 갈라 생식선을 장만하고 있다. 이 생식선은 특히 강장제로 효능이 탁월한 데다 해삼보다 단백질 등의 함유량이 훨씬 많아 '바다의 호르몬'으로 불린다. 주로 바닷말을 먹는 성게는 자웅이체로 생식선의 색이 암컷은 황갈색, 수컷은 황백색을 띤다.

성게의 위기 탈출 방법

주둥이가 딱딱한 앵무고기 한 마리가 성게를 들이받아 뒤집은 뒤 배 부분의 껍질을 찢고 있다.

잘 알려진 대로 성게는 고슴도치 같은 가시를 곧추세우고 몸을 보호한다. 가시는 낚싯바늘 같은 미늘 구조라 한번 찔리면 심한 통증으로 며칠을 고생해야 한다. 그런데 가시에 아랑곳하지 않고 성게를 포식하는 동물이 더러 있다. 대표적인 동물은 쥐치와 돌돔, 바닷가재, 게, 불가사리 등이다.

이들은 곧추서 있는 성게 가시를 피해 옆에서 공격해 넘어뜨린 다음 가시가 적은 배 부분의 껍질을 찢어 내장과 생식선 등을 먹어 치운다. 복

인도네시아 해역에서 만난 성게 무리가 스크럼을 짜듯 이동하고 있다. 이들은 옆에서 공격받아 몸이 뒤집히는 것을 막기 위해 서로 몸을 붙이고 있다.

어목에 속하는 쥐치류는 들이켠 물을 힘차게 내뿜어 성게를 넘어뜨리고, 주둥이가 딱딱한 돌돔류는 성게를 들이받아 뒤집은 다음 배 부분을 뜯어 먹는다. 성게 입장에선 몸이 뒤집혀 배가 노출되는 것을 막아야 한다. 그래서 이들은 촘촘히 붙어 있다. 서로 의지해 공격을 막아내기 위함이다. 성게가 바위틈 사이에 몸을 꼭 끼우고 잠을 자는 것도 옆에서 공격당하지 않기 위해서이다.

성게는 독특한 방식으로 몸을 숨긴다. 이들은 머리 위에 바닷말 등을 짊어지고 몸을 숨긴다. 마치 전장에 나선 군인들이 철모에 풀을 꽂아 위장

1 야행성인 성게들은 낮에는 바위틈에 몸을 숨긴 채 휴식을 취한다.

2 말똥성게가 자신의 몸을 위장하기 위해 바닷말 엽상체를 머리에 이고 있다. 바닷말이 없으면 조개껍데기나 자갈까지 머리에 짊어진다.

하는 것과 비슷하다. 바닷말을 구하기 힘들 때는 빈 조개껍데기를 짊어지기도 한다. 이러한 성게의 위장술은 남극이나 열대 바다 등 세계 모든 바다에서 관찰되는 공통점이다.

멸종위기종 의염통성게

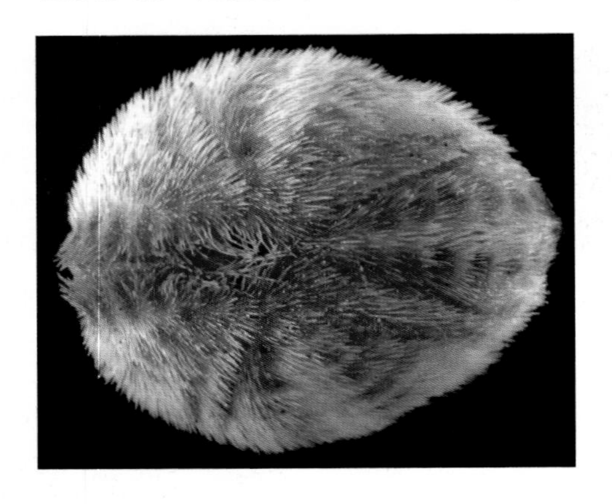

의염통성게는 몸길이 약 5센티미터에 옅은 회색을 띤다. 등에 있는 여러 갈래의 붉은색 무늬가 마치 꽃잎처럼 보인다. 의염통성게는 퇴적물 속 유기물을 먹어 해양 오염을 막아주기에 생태적 가치가 높으며, 아직 거의 연구되지 않아 학술적 가치도 크다.

보라성게나 말똥성게 등 흔하게 발견되는 종과 달리 가시가 짧고 염통(심장)과 비슷하게 생겼다. 우리나라에서는 1970년 서귀포에서 처음 발견된 후 귀하게 발견되고 있으며 환경부 멸종위기 야생동식물 2급으로 지정되어 있다.

1 열대 바다에서 발견되는 독성게(불성게)는 성게 중 가장 크고 독성이 강하다.

2 남극 바다에서 연구용으로 채집한 성게 배를 가르자 생식선이 가득하다. 남극 바다는 수온이 낮지만 1차 생산자인 바닷말이 풍성해 수온에 적응한 바다동물에게는 최고의 서식지이다.

1	2

나리꽃을 닮은 바다나리

바다나리류는 생긴 모양이 나리꽃Lily을 닮아 바다나리Lily-like라 이름 지었지만, 꽃과는 거리가 먼 불가사리나 해삼과 같은 극피동물이다. 이들은 고착생활을 하는 종과 줄기 없이 이동하는 종의 두 부류가 있다.

줄기가 있는 종은 바다백합류라고 하며 몸을 바닥에 고정시킨 채 살아간다. 이들은 100미터 이상의 깊은 수심에 서식하므로 쉽게 관찰할 수 없다. 잠수 도중 물속에서 흔하게 만나는 부류는 갯고사리류라 불리는 줄기가 없는 종이다. 갯고사리류는 아래쪽에 있는 갈고리같이 생긴 다리로 바닥에 고착하거나 이동할 수 있다. 위쪽으로는 갈라진 팔이 있고, 팔에는 점액질로 덮인 깃털 같은 가지가 무수히 뻗어 있다.

열대 해역의 갯고사리가 갈고리같이 생긴 다리를 이용해 붉은색 회초리산호 가지에 붙어 있다. 위쪽의 갈라진 팔에는 점액질로 덮인 무수한 깃털 같은 가지가 뻗어 포식자의 공격으로부터 몸을 지키는 기능을 한다.

바다나리는 팔과 가지를 그물처럼 활짝 벌리고 있다가 달라붙는 플랑크톤을 잡아먹는다. 사촌지간인 불가사리나 해삼의 입이 아래쪽에 있는 데 반해, 바다나리의 입은 플랑크톤을 걸러 먹기 위해 위쪽에 자리 잡았다.

우리나라 연안에서 발견되는 범얼룩무늬갯고사리가 멍게에 붙어 있다. 멍게와 범얼룩무늬갯고사리는 짧은 기간 공생을 한다. 갯고사리는 멍게가 출수공으로 뱉어내는 유기물을 섭취하고, 멍게는 천적인 불가사리의 공격으로부터 몸을 숨기거나 보호받는다.

1 | 2

바다나리는 포식자들로부터 몸을 보호하기 위해 가지에 독이 있다. 이 때문에 몸을 제대로 가누지 못하는 초보 스쿠버다이버가 버둥거리다가 바다나리를 건드리면 점액질 가지가 얼굴이나 피부에 달라붙어 따끔한 통증을 겪기도 한다.

2
자포동물(刺胞動物, Cnidaria)

생물분류학상 강장동물문에는 자포가 있는 자포류와 자포가 없는 무자포류의 2개 아문亞門이 있다. 그런데 무자포류가 유즐동물문으로 떨어져 나가면서 강장동물은 자연스레 자포동물문으로 독립되었다.

여기에서 자포는 가시가 있는 세포라는 뜻의 그리스어 'Cnid'에서 유래한다. 자포동물의 가장 큰 특징은 외부의 위협을 방어할 때나 먹이 사냥에 나설 때 독이 있는 자포를 무기로 사용한다는 점이다. 자포동물은 전 세계적으로 9,000여 종이 있으며 크게 산호충강, 해파리충강, 히드로충강의 3개 강으로 나뉜다.

- 산호충강 : 촉수의 수에 따라 팔방산호충강과 육방산호충강으로 구분한다. 팔방산호충강은 일반적으로 연산호를 지칭하며 바다맨드라미류와 고르고니언산호류가 포함된다. 육방산호충강은 일반적으로 말미잘과 경산호를 지칭한다.
- 해파리충강 : 유즐동물문의 빗해파리류도 물에 떠다니는 습성이 있어 해파리류라고 하지만 해파리는 강장이 있으면서 자세포를 지닌 자포동물문 해파리강에 속하는 종만을 일컫는다. 여기에는 식용이 가능한 것부터 맹독의 자포를 지닌

바다말벌에 이르기까지 200여 종이 있다.

- 히드로충강 : 폴립형과 해파리형이 있으며 3,000여 종이 알려져 있다. 히드로충목, 히드로산호목, 경해파리목, 관해파리목 등으로 구분한다.

산호는 대표적인 자포동물로 산호충이 모인 군집체이다.

생명의 바다 척도, 산호

자포동물인 산호를 두고 동물이냐 식물이냐 하는 논쟁은 너무도 구시대적이다. 하지만 18세기 초까지만 해도 산호는 식물로 분류되었으며, 더 오래전에는 석회질 골격으로 인해 광물로 오인되기까지 했다. 분류학의 아버지라 불리는 린네조차도 『자연의 체계』에서 산호를 식물로 분류했다. 그러나 산호는 식물이 아니라 엄연한 동물의 일종이다. 산호는 강장과 입이 있는 작은 산호충이 모여서 형성된 군체이다.

무수히 많은 산호충이 모인 산호

산호충류의 폴립은 종에 따라 크기와 형태가 다양하지만 기본 구조는 모두 비슷하다. 산호충은 작고 투명한 통 모양의 젤라틴 같은 몸꼴이며 통의 한쪽에 열린 부분이 입이다. 입 둘레에는 깃털 같은 작은 촉수가 많이 달려 있으며 이 촉수로 플랑크톤 같은 작은 먹이를 잡아먹는다. 먹이가 촉수에 닿으면 일단 자포의 독으로 마취시킨 다음 입 속으로 집어넣는다. 입 안쪽에는 강장이 있어 먹이를 소화하고 흡수하는데, 배설기관이 따로 없어 소화하고 남은 찌꺼기는 다시 입으로 내보낸다.

촉수를 폴립polyp이라고 한다. 폴립은 그리스어로 '많은 다리'라는 뜻이다. 산호충은 양성생물이다. 때로는 암컷이 되기도 하고 수컷이 되기도 한다. 수컷이 된 산호충은 바닷속에 정자 세포를 뿌려 알을 수정시킨다. 알에서 태어난 유생인 플라눌라planula는 바닷속을 떠다니다가 살기에 적합한 바위 표면 등 일정한 장소에 정착하여 석회질의 껍데기와 격벽을 만든다. 그리고 몸의 윗부분에서 촉수를 내밀어 플랑크톤 등을 잡아먹으며 몸 둘레에 딱딱한 석회질의 외골격을 형성해 간다.

산호의 번식법은 위의 경우처럼 정자와 난자가 만나 유성생식도 하지만 폴립 한 마리가 갈라져서 여러 마리가 되거나, 싹이 돋아나듯이 폴립에서 작은 개체를 만드는 무성생식도 한다. 전 세계에 분포하고 있는 2,500여 종의 산호는 이렇듯 폴립의 성질이나 결합 방식에 따라 나뭇가지 모양, 회초리 모양, 연육질의 덩어리 모양 등 다양한 형태와 색을 지닌다.

1 폴립의 수가 여덟 개인 팔방산호류는 일반적으로 연산호를 지칭한다.

2 폴립의 수가 여섯 또는 6의 배수인 육방산호류는 일반적으로 경산호를 지칭한다.

경산호와 연산호

산호는 크게 경산호와 연산호로 나뉜다. 경산호는 촉수의 수 여섯 개를 기준으로 하여 그 두 배, 세 배로 늘어난다. 이에 따라 경산호를 육방산호라 한다. 연산호는 촉수의 수가 여덟 개 또는 8의 배수이므로 팔방산호류라 구분한다. 제주도를 비롯한 우리나라 근해에서 색이 화려한 연산호는 흔하게 볼 수 있지만, 경산호는 거의 볼 수가 없다. 연산호는 수온에 대한 관용도가 높은 반면, 경산호는 연중 수온이 섭씨 20도 이상은 되어야 살 수 있기 때문이다.

제주도와 남해안 해역은 쿠로시오 해류의 영향으로 약간 따뜻하지만 경산호가 살 수 있을 정도의 수온 조건에는 미치지 못한다.

그런데 폴립의 수로 연산호와 경산호를 구별하는 것은 전문적이라 할 수 있지만,

1 바다맨드라미류: 부드러운 무를 닮은 줄기 끝에 가시가 달린 폴립이 꽃을 피운다. 바다맨드라미류는 빨강, 연보라, 분홍, 파랑 등으로 몸 색의 변화가 다채롭다. 우리나라 제주도 서귀포 연안은 세계적인 바다맨드라미 서식지이다.

2 양배추산호: 옆으로 펼쳐진 모양이 양배추잎 같아 붙인 이름이다. 양배추산호가 군락을 이룬 곳을 관찰할 때는 조심해야 한다. 두께가 얇아 작은 충격에도 부서지기 때문이다.

3 빨간부채꼴산호 : 독도 해역에서 찾은 빨간부채꼴산호이다. 수온에 대한 관용도가 높은 빨간부채꼴산호는 우리나라 전 해역에서 발견된다.

일반적으로는 몸에 딱딱한 외골격이 있느냐 없느냐에 따른다. 연산호 무리는 외골격 대신 작은 가시가 몸을 받치고 있어 약간 무른 데 반해, 경산호에는 석회질로 된 골격이 있어 딱딱하다.

연산호는 고르고니언산호류와 수지맨드라미류로 나뉜다. 고르고니언산호류에 속

1 가지뿔산호: 산호초 지대에서 가장 흔하게 볼 수 있는 종이다. 모양은 사슴뿔산호와 비슷하지만 가지의 굵기와 길이는 사슴뿔산호에 미치지 못한다. 모양이 아름답고 가지가 뻗는 방향도 변화가 풍부하다. 가지뿔산호의 가지가 빽빽이 퍼진 곳에는 많은 생물들이 모여들어 바다생물들이 삶의 공동체가 형성된다.

2 뇌산호: 둥근 돌 같은 거죽에 미로 모양으로 구불구불한 무늬가 포유동물의 뇌를 닮았다. 큰 것은 지름이 4~5미터에 이른다.

1	2

하는 해송·부채산호·회초리산호는 군체 중심에 단단한 축이 있으나 수지맨드라미류는 물렁물렁한 육질로만 구성되어 있다. 경산호에는 사슴뿔산호·가지산호·뇌산호·테이블산호 등이 있다. 이 가운데 사슴뿔산호가 가장 크다.

산호는 무엇을 먹고 사나

산호가 좋아하는 먹이는 동물플랑크톤이나 게, 새우, 작은 물고기 등이다. 먹이를 잡기 위해 촉수를 사용하는데 낮에는 오므리고 있다가 밤이 되면 활짝 펼치고 먹이를 기다린다. 산호 주위로 지나가는 먹이가 촉수에 닿으면 재빨리 촉수에 있는 자포를 쏘아 기절시켜 입을 통해 강장으로 집어넣는다. 강장은 먹이를 소화하고 흡수하는 역할을 하며, 강장에서 흡수되고 남은 찌꺼기는 입을 통해 배설된다. 자포의 독은 아주 적은 양이지만 독성이 강해 사람 피부에 닿으면 피부 발진 등을 일으킨다.

산호충은 자포를 이용해 동물플랑크톤 등 작은 해양생물을 잡아먹기는 하지만, 이것만으로 충분한 영양물질을 공급받을 수 없다. 이 문제를 해결하기 위해 산호는 편모조류의 일종인 주산텔라Zooxanthellae와 공생한다. 주산텔라는 폴립에 보금자리를 틀고 천적의 공격으로부터 보호받으며 광합성을 통해 당류(탄수화물)와 같은 영양물질을 산호에 공급한다. 산호는 생존의 많은 부분을 주산텔라의 광합성에 의존하다 보니 광합성의 필수조건인 태양광이 풍부하게 공급되는 맑고 깨끗한 바다에서만 살 수 있다.

그런데 수심 30~1,800미터에 이르는 대륙붕과 대륙사면 바닥에도 산호가 살아간다. 일명 심해산호이다. 심해산호가 사는 곳까지 햇빛이 미치지 못하므로 얕은 수심에서 사는 산호와 달리 광합성을 하는 공생조류가 없다. 오로지 플랑크톤 사냥만으로 생명을 유지한다. 과학자들의 연구에 따르면 심해산호는 가지가 많아 수백 종의 무척추동물이나 어류에 보금자리를 제공한다고 한다. 흑산호, 분홍산호와 같은 심해산호는 보석이나 약재를 위해 채취되고 있을 뿐 아니라, 어로 활동 등으로 서식

1	2
3	
4	5

1 사슴뿔산호: 사슴뿔산호는 갯산호와 비슷하게 생겼지만 뿌리와 줄기가 굵고 튼튼하며 뻗은 가지의 모양이 큰 사슴뿔을 닮았다.

2 무쓰뿌리돌산호: 경산호 중 수온에 대한 관용도가 높아 차가운 바다에서도 살아간다. 우리나라 전 해역에서 발견된다.

3 테이블산호: 석회질의 짧은 가지를 내밀어 옆으로 뻗는데 둥근 테이블 같은 모양으로 자라며 큰 것은 지름이 3~4미터에 이른다. 테이블산호의 밑동은 물고기가 쉬거나 잠을 자기에 안성맞춤이다.

4 부채산호: 열대 바다의 비교적 깊은 수심에서 발견되는 대형산호이다. 부채 모양이라 스쿠버다이버들이 시팬Sea fan이라고도 한다. 가지에는 무수한 폴립이 꽃잎처럼 줄지어 피어 있다.

5 회초리산호: 바다의 채찍이라고도 하는 회초리산호는 가느다란 철사같이 해저의 바위에서 뻗어 나와 있다. 이 산호는 작은 폴립이 뿌리에서 앞 끝까지 빽빽하게 촉수를 드러낸다.

지가 파괴되고 있어 보호 대책이 마련되어야 한다.

생명의 바다를 지키는 산호초

산호초는 왜 열대나 아열대 바다에서만 볼 수 있을까? 산호초는 활발한 생명 활동을 진행하는 경산호로 구성되어 있다. 생명 활동을 벌이는 경산호 아래로는 생명 활동을 마친 경산호의 석회질 외골격이 오랜 세월 켜켜이 쌓인다. 이처럼 여러 세대에 걸쳐 죽은 폴립들이 쌓이면서 산호초가 형성된다. 산호초 형성의 기본이 경산호이다 보니 산호초는 경산호가 살 수 있는 조건인 연중 수온 섭씨 20도 이상인 곳에서만 만들어진다. 지구상에서 연중 수온 20도 이상이 보장되는 곳은 열대 바다뿐이다.

다만, 물이 따뜻하다고 모든 열대 바다에서 산호초가 형성되지는 않는다. 수온뿐 아니라 물이 맑고 투명해야 하며, 햇빛이 충분히 스며들 수 있는 수심 50미터 이내라는 조건을 갖춰야만 한다. 이는 산호와 공생관계에 있는 편모조류들이 광합성을 하려면 펄이나 오염물질 등의 침전물이 폴립을 덮지 않아야 하기 때문이다. 또한 대륙의 서쪽 해안에는 큰 산호초를 좀처럼 볼 수 없다. 지구가 남극과 북극을 축으로 하여 동쪽으로 회전하므로 대륙이나 섬 서쪽 바다에는 깊은 바다 밑으로부터 찬물이 올라오기 때문이다.

지구상에서 가장 거대한 생물학적 구조물(호주의 대보초는 길이가 2,000킬로미터에 이른다)인 산호초 지대에는 바닷속 생명체들이 모여 삶의 공동체를 형성한다. 산호와 공생하는 주산텔라가 광합성으로 만들어내는 영양물질과 산소는 작은 바다동물의 먹이가 되고, 이 작은 바다동물을 포식하기 위해 큰 바다동물이 모여든다.

지구 전체 바다에서 산호초가 차지하는 면적은 0.1퍼센트도 안 되지만, 해양생물의 4분의 1이 이곳에 어우러져 살아간다. 또한 사람이 먹는 물고기의 20~25퍼센트 정도가 산호초 부근에서 잡히는 것으로 알려졌으며, 쓰나미나 태풍으로 인한 해일로부터 연안을 지키는 천연 방파제 역할도 한다.

최근 해양학자들은 산호초가 해양생물의 보금자리를 넘어 바다뿐 아니라 지구 전한 생물학적 구조물인 산호초는 다양한 바다생물의 보금자리 역할을 한다.

제국주의 국가들이 태평양 도서국가들을 침략의 발판으로 삼았을 때 산호초 지대가 무수히 파괴되었다. 남태평양 도서국가 팔라우에는 독일이 항구로 들어가는 뱃길을 만들기 위해 산호초 지대를 수중 폭파한 흔적이 그대로 남아 있다. 현지인들은 이곳을 독일인들이 만들었다 해서 저먼 채널German channel이라고 부른다.

체 환경에 영향을 미친다고 주장한다. 공장이나 차량에서 끊임없이 배출되는 이산화탄소는 대기 중에 농도가 높아져 마치 지구가 비닐하우스 속에 들어앉은 것과 같은 상태인 지구 온난화라는 문제점을 일으킨다. 특히 북극과 남극의 빙하가 녹으면서 발생하는 해수면 상승은 지구라는 생명체가 직면한 큰 재앙으로 서서히 다가오고 있다.

그런데 산호초가 지구 온난화를 막을 수 있다는 것이 해양학자들의 주장이다. 산호의 폴립 속에는 1세제곱센티미터당 100만~200만 마리의 편모조류가 살며, 이 편모조류는 광합성을 한다. 광범위하게 펼쳐져 있는 산호초, 그 산호초를 구성하는 천문학적인 수의 산호, 그 각각의 산호 폴립 속에 사는 헤아릴 수조차 없이 많은 편모조류……. 이들은 광합성을 통해 대기 중의 이산화탄소를 흡수하고 산소를 만들어 낸다. 이들의 광합성이 활발해지면 대기 중의 이산화탄소는 자연 줄어들게 되고 지구의 열도 내려간다. 실제로 단위 면적당 산호초의 광합성 능력은 열대 지방의 밀림보다 뛰어난 것으로 조사되었다.

최근 들어 산호 폴립 속에서 공생하고 있는 편모조류가 광합성을 할 수 없을 정도로 해양 오염이 심해지면서 산호초 지대가 점점 줄어들고 있다. 온난화 등 지구가 당면한 환경 위기는 지구라는 유기체가 지닌 자정 능력을 상실할 때부터 시작된다. 따라서 열대 바다의 산호초를 보호하는 것은 인접국만의 문제가 아니라 순환하는 바다를 끼고 사는 지구인 모두의 당면과제라는 인식이 필요하다.

찰스 다윈이 밝힌 산호초 형성 과정

산호초가 형성되는 과정을 처음 밝힌 사람은 자연도태설을 바탕으로 생물의 진화이론을 수립한 영국의 생물학자 찰스 다윈이었다. 다윈은 비글호를 타고 세계 곳곳의 산호초 지역을 관찰하며 산호초의 성장 과정을 추론해냈다. 그의 발견은 1842년 『산호초의 구조와 분포Structure and Distribution of Coral Reefs』라는 책으로 출간되었다. 다윈은 산호초를 거초ringing reef, 보초barrier reef, 환초atoll의 세 가지로 구분하며 그 생성 과정을 밝혀냈다.

다윈은 거초는 섬 둘레의 얕은 바다에 퍼져 있는 산호초로, 섬이 융기할 때 생성된다고 보았다. 이렇게 만들어진 거초가 섬과 함께 천천히 가라앉을 때 섬은 수면 아래로 잠겨 점점 크기가 작아지겠지만 거초는 이전 세대를 발판으로 삼아 계속해서 위쪽으로 자라나므로 항상 수면과 일정한 거리를 유지한 채 섬을 에워싸고 넓게 퍼져 있을 것이다. 그 결과 생겨난 것이 보초이다. 더 많은 세월이 지나 섬이 수면 아래로 완전히 가라앉으면 고리 모양의 환초가 형성된다고 보았다. 다윈은 육지가 천천히 융기할 때 거초가 생기는 반면, 보초와 환초는 침강할 때 형성된다는 결론에 도달했다.

비글호와 찰스 다윈

1831년 12월부터 1836년 10월까지 남아메리카와 태평양, 동인도제도의 수로를 조사하고, 전 세계 여러 곳의 경도를 측정하기 위해 탐사에 나선 영국 해군 전함이다. 찰스 다윈은 스물두 살의 나이에 비글호에 승선하여 5년 동안 갈라파고스제도를 비롯한 세계 곳곳의 동식물과 지질을 관찰함으로써 생물 진화에 대한 확신과 산호초가 만들어지는 과정을 설명해냈다.
5년간의 항해를 마친 다윈은 1839년 『비글호 항해기The Voage of the Beagle』를 펴냈다. 이 책은 역사상 가장 위대한 과학 여행기로 평가받고 있다. 『비글호 항해기』를 바탕으로 진화론에 대해 지속적으로 연구한 다윈은 마침내 1859년 『종의 기원The Origin of Species』을 발표한다. 이 책은 "태초에 하나님이 천지를 창조했다"고 믿고 있는 종교계를 발칵 뒤집어 놓으며 출판 당일 매진되었다.

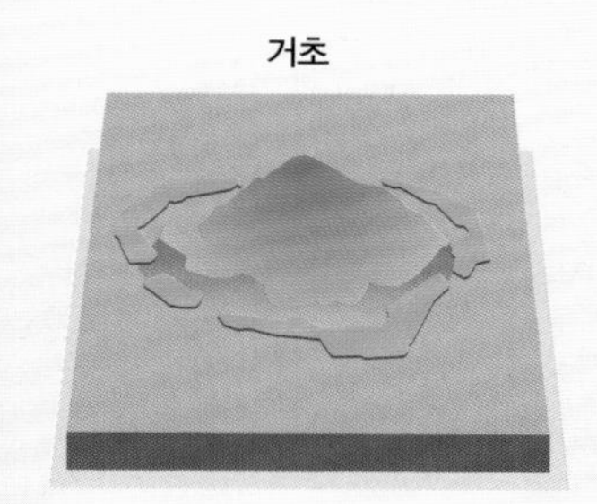

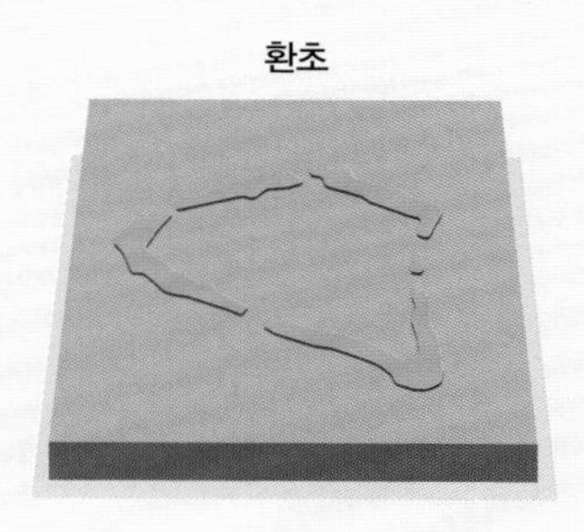

산호초의 세 가지 종류

대개의 산호는 야행성이다. 밤이 이슥해지면 폴립을 활짝 펼치고 먹이 사냥에 나선다.

밤바다 속의 산호

밤바다 속은 칠흑 같은 어둠에 묻혀 있지만 그 속에도 생명은 꿈틀거린다. 낮 시간에 먹이 활동을 벌인 바다동물이 잠자리에 들고 나면 휴식을 끝낸 바다동물이 밤바다의 주인공으로 등장한다. 이들은 한 치 앞도 보이지 않는 암흑세계 속에서 저마다의 방식으로 삶을 꾸려간다. 야행성인 산호는 낮 시간에 촉수를 오므리고 있다가 밤이 되면 촉수를 활짝 펼치고 먹이를 기다린다. 조류에 떠밀려 온 먹이가 촉수에 닿으면 재빨리 자포를 발사해 기절시킨 다음 강장으로 빨아들인다.

산호를 관찰할 때 너무 가까이 다가가지 말아야 한다. 촉수가 지닌 자포의 독성도 피해야 하지만 위협을 느낀 산호가 순식간에 강장 속으로 촉수를 거두어들이기 때문이다. 한번 사라진 촉수를 다시 보려면 기다림의 시간을 보내야만 한다. 등에 짊어진 공기통의 한정된 공기량으로 무작정 바닷속에 머물 수 없다.

보석으로서의 산호

산호는 우리나라에서 마음을 진정시키시고 눈을 맑게 해주는 민간처방으로, 고대 중국과 인도에서는 콜레라 예방약으로, 로마에서는 어린이의 치아를 튼튼하게 해주는 천연 재료로 사용되었으며, 현대에 이르러 에이즈 치료제로 연구되고 있다.

이러한 약용 외에도 산호는 진주와 함께 최고의 가치를 인정받고 있는 바다의 보석으로 사랑받아 왔다. 보석으로 가공되는 산호는 심해에서 자라는 빨간색 산호와 연분홍색 산호가 주종이다. 산호로 만든 보석은 3월 탄생석으로 총명과 용기를 상징한다. 우리나라에서는 진한 빨간색 산호로 만든 '옥스 블러드Ox-blood'를 최고로 치지만, 유럽에서는 연분홍색 산호로 만든 '에인절 스킨Angel skin'이 인기가 있다.

꽃보다 예쁜 수지맨드라미

바다생물의 삶을 제대로 관찰하려면 조석 주기를 잘 알아야 한다. 바닷물은 달과 태양의 인력引力과 지구 자전에 의해 12시간 25분을 주기로 상승과 하강을 반복한다. 이 상승과 하강 시의 조차에 따라 바닷물의 흐름이 생기며 이를 조류潮流라 한다. 지구와 달과 태양이 일직선상에 놓이는 보름과 그믐에는 바닷물을 끌어당기는 힘이 최대가 되어 조류가 강해진다.

일반적으로 조류가 강한 날에는 바다를 찾지 않는 것이 좋다. 강한 조류에 휘말려 표류할 위험이 있을 뿐 아니라 바닥에 가라앉아 있는 침전물들이 떠밀려 다녀 시야를 흐리게 하기 때문이다. 그런데 폴립을 활짝 펼치고 있는 산호의 화려함을 관찰하려면 조류가 강한 날을 택하는 것이 좋다. 한 곳에 붙은 채 살아가는 산호는 먹잇감이 되는 플랑크톤을 누군가가 옮겨 줘야 하는데 조류가 강할수록 떠밀려 다니는 플랑크톤이 많아지고 산호는 이들을 사냥하기 위해 폴립을 최대한 펼치기 때문이다.

세계적인 연산호 서식지 제주 문섬

우리나라에서 산호의 식생을 관찰하기 가장 좋은 장소로는 제주도 서귀포 앞 문섬 해역을 꼽는다. 문섬은 동서 길이 500미터, 남북 길이 280미터, 최고점 73미터의 긴 타원형으로, 섬의 면적은 0.94제곱킬로미터 정도로 서귀포항에서 겨우 1.3킬로미터 밖에 떨어져 있지 않아 접근이 편리하다.

섬은 본섬과 새끼섬으로 나누어져 있다. 새끼섬은 넓은 파식대가 형성되어 있어 문섬 해역을 탐사할 때는 새끼섬을 베이스 기지로 삼곤 한다. 문섬 해역이 흥미로운

1 천연기념물 제442호 제주도 문섬 연산호 군락지에는 형형색색의 수지맨드라미류를 관찰할 수 있다.
2 수지맨드라미, 진총산호류 등 연산호 군락에 쏠배감펭 한 마리가 모습을 드러내고 있다.

것은 이곳을 비롯해 인근에 있는 섶섬, 범섬 해역에 한국산 산호충류 132종 중 92종이 서식하고 있다는 데 있다. 그 다양성이나 화려함, 밀집도가 단연 세계 최고이다 보니 연산호 생태를 연구하는 해양과학자에게 서귀포 앞바다는 자연이 안겨준 연구실이나 매한가지이다. 문화재청은 이 일대의 산호를 보호·관리하기 위해 2004년 12월 9일 제주도 서귀포 해역(7041만 688제곱미터)과 남제주군 송악산 해역(2222만 9461제곱미터)의 연산호 군락을 천연기념물 제442호로 지정했다.

문섬을 대표하는 산호 종은 연산호 중 수지맨드라미류로 고르고니언산호류와 달리 물렁물렁한 육질로 구성되어 있다. 얕은 수심에 서식하는 산호류는 폴립에 공생하는 편모조류가 광합성으로 만들어내는 영양물질에 의존하는 비중이 높지만, 광합성에 필요한 햇빛이 충분히 다다르지 못하는 수심 30미터 이상의 깊은 곳에 서식하는 대형 수지맨드라미류는 먹이 사냥에 의존하는 비중이 높다. 그러다 보니 깊은 수심에서 살아가는 대형 수지맨드라미는 조류가 강해지면 조류에 실려 오는 플랑크톤이나 작은 물고기들을 사냥하기 위해 폴립을 활짝 펼치고 있어 그 모양새가 화려하다.

1 수심 깊은 곳의 대형 수지맨드라미들은 생존 에너지의 상당 부분을 공생조류의 광합성보다는 폴립을 이용한 먹이 사냥에 의존해야 한다.

2 달고기 한 마리가 연산호의 일종인 진총산호류 옆을 지나고 있다.

3 부산시 사하구 북형제섬 해역에 서식하고 있는 연산호의 일종인 곤봉바다딸기산호의 모습이다.

강한 조류와 바다의 생명력…… 산호는 플랑크톤 사냥꾼

제주 바다의 신비로움 중 하나는 같은 공간에서 모자반, 감태 등의 바닷말과 산호를 함께 관찰할 수 있다는 점이다. 수심 10미터 안쪽이 바닷말의 천국이라면 그 아래부터는 산호들의 세상이다. 특히 봄에서 여름에 이르는 시기 문섬의 모자반들은 1~3미터 정도로 크게 자라는데 그 사이를 지나는 느낌은 마치 숲길을 거니는 듯 서정적이다.

이 바다숲은 광합성을 통해 산소와 영양물질을 만들어 문섬 주변 해역을 풍요롭

문섬 해역은 바닷말과 산호를 함께 관찰할 수 있는 독특한 수중환경을 자랑한다. 수심 10미터까지 모자반이나 감태 등이 바다숲을 이루고 그 아래부터 연산호가 자리 잡는다.

게 한다. 바다숲 지대를 지나 아래로 내려가면 연산호들이 빼곡하다. 얕은 수심의 연산호 군락에는 자리돔, 도화돔, 줄도화돔, 얼게돔, 주걱치, 복어, 호박돔 등이 무리를 이루어 수면을 뚫고 들어오는 햇살을 즐긴다.

수심 30미터 아래로 내려가면 여기저기 우뚝 솟아 있는 수지맨드라미들이 보인다. 큰 개체는 1미터를 훌쩍 넘어선다. 수중랜턴을 비추면 활짝 펼쳐진 폴립이 더없이 화려하다.

바닷속 소나무, 해송

해송과 긴가지해송은 산호충강 각산호목에 속하는 자포동물로 높이가 2~3미터에 이르는 대형 종이다. 해송海松이라는 이름을 지은 것은 일반적인 연산호류와 달리 군체群體가 나뭇가지 모양으로 가늘게 나뉘어 있는데, 그 모양새가 가지를 늘어뜨린 소나무와 닮았기 때문이다.

중심의 골축骨軸은 검고 광택이 있으며 그 위에 흰색 또는 담홍색의 육질부로 덮여 있다. 골축을 말리면 강한 목재보다 더 견고해 잘 마모되지 않는다. 몸에 지니면 건강에 좋다는 속설로 단추, 브로치, 도장, 담뱃대, 반지, 지팡이 등의 세공품 재료로 이용되어 왔다. 비교적 깊은 수심에 서식하기에 예전에는 태풍이 지난 후 해변으로 떠내려온 것을 주워서 가공하는 것이 전부이다시피 했는데, 상업적 가치가 높아지자 불법 채집으로 남획되면서 멸종위기를 맞기도 했다. 이를 방지하기 위해 2005년 천연기념물 제456호와 457호로 각각 지정되었다. 또한 해송은 '멸종위기에 처한 야생동식물의 국제거래에 관한 협약CITES'과 환경부 멸종위기 야생동식물 2급으로 보호받고 있다.

형태와 생태

모든 산호류가 그러하듯 해송과 긴가지해송 역시 무수한 산호충이 모인 군체이다. 해송의 경우 전체적으로 백색을 띠며 간혹 황갈색을 보이기도 한다. 가지가 많고 길이가 다양한데 가지의 가장 끝에 있는 잔가지에는 짧은 엽상체가 많이 있다. 잔가지는 10~22밀리미터 정도이고, 여기에 붙은 엽상체는 4~12밀리미터 정도이다. 이 엽상체는 잔가지에 대해 45~55도의 수평으로 분지하여 산호 군체는 거의 하나의 평면이 되고 끝부분은 다시 위를 향해 굽어 있다.

긴가지해송은 해송과 전체적인 형태는 거의 동일하지만 잔가지의 엽상체가 12~42밀리미터에 이른다. 엽상체들은 산호체 평면에서 10~30도 각도로 분지되어 있어 거의 수평면을 이루는 해송에 비해 군체 두께가 두꺼운 편이다. 색상은 전체적으로 회백색에서 진갈색이다. 긴가지해송은 해송과 비교할 때 잔가지들이 길고 날씬해 보이지만 전문가가 아니면 쉽게 구별하기 어렵다. 편의상 해송이나 긴가지해송 모두 해송으로 통칭한다.

해송과 긴가지해송의 분포

부산 연안 남형제섬 해역(해양생태계보호구역 7호)에 서식하는 해송이다. 30~40센티미터 정도의 작은 개체이지만 제주도 해역에서 출발한 아열대 종이 부산 연안을 교두보 삼아 동해로 진출하고 있음을 보여준다.

해송과 긴가지해송은 열대와 아열대 종이다. 필리핀 연근해에서 쿠로시오 해류를 타고 제주도 연안에 정착한 후 남해안에서 부산 남형제섬을 거쳐 울릉도·독도 해역까지 서식 범위를 넓혀가고 있다. 대마도 근해에서도 해송이나 긴가지해송이 발견되는데 이는 대마도 또한 쿠로시오 해류의 영향권에 포함되어 있기 때문이다.

해송의 서식 분포는 수심 20~100미터이며 수심이 깊어질수록 대형 종이 발견된다. 해송은 서식밀도가 낮은 데다 오래 살기에 스쿠버다이버들이 물속에서 길을 찾

1	2
3	4

1 쿠로시오 해류 영향권에 포함되는 대마도 해역은 제주도 서귀포 해역과 닮은꼴이 많다. 해송 주위로 자리돔이 무리를 이루고 있다.

2 해송은 가지를 늘어뜨린 모양새가 소나무를 닮았다 해서 붙인 이름이다.

3 문섬 옆 새끼섬에서 입수해 왼쪽에 있는 문섬 직벽을 따라 100미터 정도 진행하면 수심 20미터 지점에 긴가지해송을 만날 수 있다. 이 해송은 이곳을 찾는 스쿠버다이버들이 길을 찾는 이정표 역할을 한다.

4 울릉도의 부속섬인 죽도 해역 수심 40~55미터 수심대에 서식하는 해송이다. 이 해역에는 수십 개체의 해송이 집단 서식하고 있는데, 해송이나 긴가지해송과는 다른 종이다.

는 이정표 역할을 한다. 육지에서 산행에 나선 사람에게 길을 알려줄 때 "어디로 가면 큰 소나무가 있고 그 소나무에서 어느 쪽으로 가면 목적지에 도착할 수 있다"라고 이야기하는 것에 비유할 만하다.

제주도 서귀포 해역 문섬 직벽을 따라 하강하면 진한 적색의 이엽해송을 만날 수 있다. 이엽해송은 해송이나 긴가지해송과 다른 종으로 황갈색이며, 줄기는 굵고 가지는 불규칙하게 휘어져 있는데 바늘 모양의 가시들이 배열해 있다.

관찰

제주도 문섬의 경우, 새끼섬에서 입수해서 문섬 쪽으로 방향을 잡고 직벽을 따라 100미터 정도 진행하면 수심 20미터 지점에 긴가지해송이 있다. 현지 안내인은 중급 이상의 다이버들을 안내할 때 이 긴가지해송을 구경하고 돌아오는 코스로 다이빙을 진행한다. 해송이나 긴가지해송의 존재가 관광상품이 된 경우이다.

2014년 가을 한국해양과학기술원의 울릉도·독도해양연구기지 연구원들과 울릉도 부속 도서인 죽도 해역 40~55미터 수심대에 형성되어 있는 해송 서식지를 공동 조사했다. 입수 후 수심 40미터 지점까지 하강하자 수십 개체의 해송이 모습을 드러냈다. 그동안 필리핀, 제주도 서귀포, 전남 가거도, 부산 남형제섬·북형제섬, 대마도 등지에서 해송을 관찰하고 기록으로 남겼지만 수십 개체의 대형 해송이 바닥에 모여 있는 것을 관찰한 것은 울릉도·죽도 해역이 처음이었다.

제주도 서귀포 해역의 경우 스쿠버다이버의 빈번한 출입으로 해송의 개체 수가 점점 줄어들고 있고, 부산 연안 남형제섬·북형제섬 해역에서 발견되는 해송은 크기가 30~50센티미터 정도에 지나지 않는다. 이에 비해 울릉도·죽도 해역의 해송들은 2~3미터에 이르는 대형인 데다 형태 또한 완벽했다. 이는 일반 다이버들이 쉽게 접근할 수 없고, 파도의 영향이 미치지 않는 깊은 수심에 있어 원형을 지킬 수 있었기 때문일 것이다.

2014년 12월 29일 울릉도 해역이 해양생태계보호구역으로 지정·고시되었는데 지정 이유 중 하나가 죽도 해역의 해송 서식지 보호가 포함되어 있다. 울릉도·독도해양연구기지 김윤배 대장은 "일반 다이버들이 접근할 수 있는 곳은 아니지만 바닥을 끄는 어구 어법이나 해송 채취를 목적으로 하는 잠수기 어업에 의해 훼손될 수 있다"며 해양생태계보호구역 지정의 당위성을 강조했다. 울릉도·죽도 해역을 비롯해 우리나라와 대마도 해역에 서식하고 있는 해송들에 대한 DNA 분석 등 연구를 진행해 나가면 쿠로시오 해류의 확산 경로를 파악하는 중요한 단서가 되지 않을까 생각해본다.

우리나라 연안에서 발견되는 산호

부산이나 남해, 특히 동해안에서 산호가 발견되면 호들갑을 떤다. 산호를 끌어다 놓고는 이곳까지 어떻게 왔는지, 그 배후는 누구인지 밝히라고 심문한다. 함께 잡혀온 자리돔, 청줄돔, 씬벵이 등 따뜻한 해류에 밀려온 물고기들도 곤욕을 치르기는 마찬가지이다. 이미 표적을 정해놓았기에 심문이 끝나기도 전에 몸통이자 배후 세력이 발표된다. 바로 지구 온난화라는 거물이다.

그런데 이 거물은 봄에 꽃이 일찍 피어도, 여름에 가뭄이나 홍수가 져도, 늦가을에 태풍이 와도, 겨울에 며칠만 따뜻해도 약방의 감초처럼 등장한다. 이 지경이 되니 온난화는 양치기 소년의 외침으로 들리고 만다. 분명 지구가 따뜻해지고 있고 서둘러 대비해야 하는데 적당하게 둘러대는 온난화의 방증들이 너무 비과학적이고 흔한 탓이다.

산호는 온난화의 방증이 아니다

우리나라 연안에서 발견되는 산호나 아열대성 어류도 그러하다. 왜 이제야 이들이 모습을 드러낸 걸까? 필자는 최소 30년 전에도 우리나라 연안 곳곳에서 산호를 보았다. 오히려 연안 개발과 매립의 영향으로 산호가 사는 해역이 과거보다 줄어들었다. 산호나 아열대성 어류가 오래전부터 해류에 떠밀려왔을지도 모르는데 최근 온난화가 쟁점으로 떠오르자 여기에 억지로 산호의 존재를 끌어다 맞추고 있다는 생각이 든다.

정약전 선생의 『자산어보』에 "모양이 말라죽은 나무와 같다. 가지가 있으며 가지

1 2

1 울릉도·죽도 해역 수중 직벽에 자리 잡은 빨간부채꼴산호의 모습이다. 과거 동해 깊숙한 곳인 울릉도에서 산호가 발견되었다면 그 자체만으로도 대단한 뉴스가 되었을 것이다. 하지만 우리나라 곳곳에 산호가 흔하게 발견되며, 지난날 산호가 제대로 기록되지 못했을 뿐이다.

2 부산 남형제섬 해역에는 남해안에서 드물게 수지맨드라미가 서식하고 있다.

에서 또 곁가지가 갈라진다. 껍질은 새빨갛고 속은 흰색이다. 바닷물의 가장 깊은 곳에 번식하며 때로는 낚시에 걸려 올라온다"라는 기록은 산호를 관찰한 것임에 분명하다.

국경 없는 바다에서 산호를 비롯한 바다동물은 해류를 타고 어디든 갈 수 있다. 해류에 떠밀려 도착한 곳이 너무 춥거나 오염되었다면 얼마 버티지 못하겠지만 적응할 만하면 터전을 잡는다. 남해안과 동해안에서 발견되는 산호들도 그러하다. 산호는 바닷속에 정자를 뿌려 알을 수정시키는 산호충이라 불리는 작은 동물이 모인 군체이니 남쪽 바다 어디에선가 해류에 실려 온 산호충들이 이곳에 모여 산호가 되었을 것이다.

부산 사하구 나무섬 해역에는 빨간부채꼴산호류와 진총산호류가 서식하고 있다. 부산시 다대포항에서 4.8킬로미터 정도 떨어져 있는 나무섬은 개발과 보존을 놓고 부산시와 시민단체 간 의견이 어긋나는 곳이다. 수중생태계뿐 아니라 육상생태계도 잘 보존되어 있어 관광상품으로 가치가 있다. 보존도 중요한 덕목이지만 많은 사람이 함께 관찰할 수 있게 기회를 공유하는 것도 좋지 않을까 생각하게 된다.

산호가 사는 바다, 이 얼마나 가슴 설레는 말인가

우리나라 연안 곳곳에는 연산호에 속하는 빨간부채꼴산호와 꽃총산호류뿐 아니라 드물게 해송이나 바다맨드라미류가 발견된다. 해류에 여러 종의 산호충이 실려 왔겠지만 이 가운데 수온에 대한 관용도가 높은 종만이 정착할 수 있었을 것이다. 그런데 산호가 살려면 수온뿐 아니라 두 가지 조건이 더 맞아야 한다.

먼저 물살이 먹잇감인 플랑크톤이나 작은 바다동물을 실어다 주어야 한다. 한 곳에 붙어서 살아가는 산호는 먹이를 찾아 옮겨 다닐 수 없으니 먹잇감을 실어다 주는 물살에 의존할 수밖에 없다. 그런데 물살에 실려 오는 먹이는 한정적이다. 산호는 이 부족함을 편모조류와의 공생을 통해 해결한다. 산호 폴립에 보금자리를 튼 편모조류는 광합성으로 탄수화물 같은 영양물질을 만들어내고 산호는 이를 받아먹는다.

뿐만 아니라 편모조류가 만들어낸 산소와 영양물질은 플랑크톤이나 작은 바다동물을 유혹하여 산호의 사냥을 돕는다.

편모조류가 광합성을 하려면 물과 이산화탄소 그리고 햇빛이 필요하다. 물과 이산화탄소야 바다에 충분하지만 문제는 햇빛이다. 바다에 오염물질이 둥둥 떠다녀 바닷속으로 들어오는 햇빛이 가로막히면 편모조류가 살 수 없기 때문이다. 편모조류가 살 수 없는 오염된 환경에서는 산호도 살 수 없다. 결국 산호의 서식은 수온, 물살의 흐름, 오염되지 않은 환경이라는 세 가지 조건이 갖춰져야 함에도 이 가운데 따뜻한 수온에만 주목하다 보니 지구 온난화-바닷물의 수온 상승-산호의 발견이라는 견강부회적인 논리가 세워진 셈이다.

산호가 산다는 것은 우리 연안의 희망일 수 있다. 이제 우리나라 연안에서 발견되는 산호를 온난화의 방증으로만 보지 말고 우리와 더불어 사는 소중한 생명체로 받아들이는 것은 어떨까. '산호가 사는 바다,' 이 얼마나 가슴 설레게 하는 말인가.

바다의 꽃, 말미잘

아네모네란 꽃이 있다. 봄바람을 타고 잠깐 피었다가 스쳐가는 바람결에 지고 마는 화려하지만 연약한 꽃이다. 그리스 신화 속의 미와 사랑의 여신 아프로디테(로마 신화의 비너스)는 아들 에로스(로마 신화의 큐피터)의 화살을 맞고 아도니스라는 청년과 사랑에 빠져 버렸다. 신과 인간의 부질없는 사랑은 결국 아도니스의 죽음으로 막을 내리고 슬픔에 젖은 아프로디테는 아도니스의 몸에서 흘러나오는 피에 생명을 넣어 아네모네 꽃을 피웠다. 여기서 아네모네는 그리스어 아네모스Anemos(바람)가 어원이다.

말미잘(산호충강 육방산호아강 해변말미잘목에 속하는 자포동물의 총칭)을 '바다아네모네Sea anemone'라고 한다. 말미잘이 무성한 곳을 찾으면 조류에 하늘거리는 촉수의 화려함이 마치 한 떨기 꽃을 보는 듯하다. 그러나 말미잘은 입과 항문이 하나인 자포동물이며 화려한 촉수는 지나가는 작은 물고기를 유혹하여 포식하는 도구이다.

그런데 해양생물 이름의 유래를 살피다가 동·서양 문화권의 시각 차이를 발견하는 것은 굉장히 흥미롭다. 말미잘만 해도 그렇다. 서구에서 말미잘을 바람결에 지고 마는 연약한 꽃에 비유했다면 우리나라에서는 말미잘을 항문에 비유했다. 『자산어보』는 말미잘이 항문을 닮았다고 묘사하며 '미주알未周軋'이라 표기했다. 『자산어보』에 등장하는 생물의 표기가 당시대의 우리말 소리를 한자로 음을 빌려 옮긴 것임을 생각해보면 말미잘 이름은 미주알에서 유래했음이 분명하다.

미주알의 국어사전 뜻풀이는 '똥구멍을 이루는 창자의 끝부분'이다. 그래서 아주 하찮은 것까지 캐묻는 것을 "미주알 고주알 캐묻는다"라고 한다. 말미잘 이름을 항문에서 따온 것은 말미잘이 평소 촉수를 뻗고 있다가도 작은 위협이라도 감지되면 순

위협을 느낀 검정꽃해변말미잘이 촉수를 강장 속으로 거둬들이고 있다. 이들은 주로 조간대 중·하부의 바위틈에서 발견된다.

식간에 촉수를 강장 속으로 거두어들이는 모양새 때문이다. 말미잘 촉수가 사라지고 나면 뭉텅한 원통형의 몸통과 촉수가 쑥 들어가 버린 구멍만 남는데 이때 촉수가 말려 들어간 부분을 내려다보면 항문을 닮았다.

그런데 항문을 닮긴 했는데 차마 사람의 그것에 비유할 순 없었나 보다. 여기에서 선조들의 해학이 묻어난다. 선조들은 사람의 신체에 비유하기 곤란하거나 약간 큰 것을 지칭할 때 '말'이라는 접사를 붙이곤 했다. 그래서 항문을 뜻하는 미주알 앞에 '말' 자를 붙여 말미주알이라 부르던 것이 축약되며 말미잘이 되었다.

화려한 꽃을 닮은 말미잘 촉수

말미잘은 민감한 동물이다. 화려한 촉수를 뽐내다가도 위협을 느끼면 순식간에 촉수를 강장 속으로 거두어들여 뭉텅한 원통형의 몸통만을 남긴다. 몸통만 남은 말미잘은 매력이 없다. 다시 말미잘의 화려함을 보려면 기다림의 인내가 필요하다. 어느 정도 거리를 두고 있으면 강장 속에 숨어 있던 촉수가 하나둘 모습을 드러내며 말미

말미잘 촉수가 하늘거리고 있다. 촉수 끝의 색이 강렬한 것은 독이 있음을 알리는 경고의 메시지이다.

잘은 새롭게 활짝 피어난다.

말미잘 촉수가 화려하고 매력적이라 해서 함부로 건드렸다가는 혼쭐이 난다. 촉수에는 독을 지닌 자포가 있어 침입자나 먹잇감이 접근하면 총을 쏘듯 발사하기 때문이다. 자포의 독성은 작은 물고기를 즉사시킬 정도인데 사람도 피부에 닿으면 발진이 생기며 심한 경우 호흡 곤란 등으로 상당 기간 고통을 겪는다. 말미잘의 화려함에 유혹되어 잘못 건드렸다가 고생하다 보면 아네모네의 꽃말 '사랑의 괴로움'을 실감한다.

말미잘과 함께 사는 바다동물

말미잘은 접근하는 포식자에게 총을 쏘듯 자포를 발사한다. 자포에 당해본 바다동물은 말미잘 근처에 오면 몸을 사린다. 그런데 괴팍스러운 말미잘에게도 삶을 함께하는 동반자가 있다. 손가락 크기만 한 작고 연약한 물고기 흰동가리**Clark's anemonefish**(경골어류 농어목 자리돔과의 바닷물고기)가 그 주인공이다. 흰동가리는 말미잘 촉수 사이를 자유롭게 오갈 뿐 아니라 이곳을 포식자의 공격을 막아내는 보금자리로 삼는다. 흰동가리라는 이름이 익숙하지 않다면 2003년 개봉한 앤드루 스탠튼 감독의 영화 「니모를 찾아서」를 떠올리면 된다. 이 영화의 주인공 니모는 바로 흰동가리를 모델로 했다.

그렇다면 말미잘과 흰동가리의 공생은 어떻게 이루어질까? 포식자들 입장에서 볼 때 흰동가리는 만만한 먹잇감이다. 화려한 몸짓으로 헤엄치는 흰동가리의 유혹에 끌렸다가는 독을 품은 채 도사리고 있는 말미잘에게 당하고 만다. 보금자리를 제공받은 흰동가리는 말미잘을 위해 스스로 미끼가 되어 사냥감을 유혹해오는 셈이다. 흰동가리 입장에서는 보금자리뿐 아니라 촉수 사이에 떨어지는 찌꺼기를 먹을 수 있으니 말미잘과의 삶이 만족할 만하다.

흰동가리가 어떻게 말미잘 독으로부터 안전한지를 두고 과학자들은 여러 학설을 내놓았지만 정립된 것은 없다. 태어날 때부터 면역을 지닌다고 주장하는 학자도 있고 말미잘의 독성 물질을 몸에 묻히고 다녀 말미잘이 자신의 몸으로 착각하게 만든다는 주장도 있다. 어떤 이는 한번 공격받은 흰동가리에 후천적으로 면역이 생긴다고 설명하기도 한다.

재미있는 사실은 말미잘의 색과 크기에 따라 함께 사는 흰동가리 종류가 다르다는 점이다. 좀 연한 색을 띤 말미잘과는 화려하지 않은 무늬의 흰동가리가 살고, 화려한 촉수의 말미잘과는 그와 어울리는 강한 무늬와 색을 지닌 흰동가리들이 살고 있다. 또한 말미잘 크기에 비례해 함께 사는 흰동가리의 크기가 다른 것을 보면, 이들의 공생에도 나름 어울리는 궁합이 있어 보인다. 대개 하나의 말미잘 개체에는 3~4마리로 구성된 한 가족의 흰동가리가 살아간다.

물속에서 조류에 따라 하늘거리는 말미잘 촉수와 그 사이를 오가는 흰동가리는 수중 촬영을 목적으로 바다를 찾는 사람에게 좋은 소재가 된다. 그런데 촬영을 위해 이들의 보금자리로 다가가면 흰동가리 가족에 비상이 걸린다. 새끼 흰동가리가 재빠르게 촉수 사이로 숨어들면 어미 흰동가리는 촉수 밖으로 튀어나와 맹렬한 기세로 침입자를 경계한다. 그 위세가 대단해 손가락 크기만 한 작은 물고기이지만 무시하지 못할 정도이다. 말미잘과 흰동가리의 공생은 수심이 얕은 열대 바다에서 흔히 볼 수 있으며 제주도 해역에서도 관찰된다.

자기게와 말미잘새우 또한 말미잘과 공생하지만 흰동가리의 화려함에 가려져 관찰하기 어렵다. 흰동가리가 말미잘 촉수 사이를 화려한 몸짓으로 오가는 데 비해 이들은 대부분의 시간을 촉수 사이에 숨어 지낸다. 게다가 크기도 3센티미터 정도로 작아 눈에 잘 띄지도 않는다. 말미잘 옆에서 한참을 기다리며 촉수 사이를 지켜보고 있으면 자기게와 말미잘새우가 모습을 드러낸다. 자기게는 껍질이 도자기처럼 매끈

1	2
3	4

1 흰동가리는 독이 있는 말미잘 촉수를 보금자리로 삼는다. 이들의 공생은 서로에게 도움을 주는 상리공생이다.

2 말미잘새우 역시 말미잘과 공생관계에 있다.

3 자기게가 말미잘 촉수 사이를 이동하고 있다. 자기게는 껍질이 도자기처럼 매끈하여 붙인 이름이다.

4 제주도 천제연폭포 앞바다 모랫바닥에 자리 잡은 대형 말미잘이 촉수를 휘두르고 있다. 촉수에 맞은 물고기는 전기에 감전된 듯 몸을 부르르 떨다가 아래로 떨어지고 말미잘은 이들을 강장 안으로 끌어들였다.

해 자기게磁器게, Porcelain crab라 불린다.

말미잘은 이동을 위해 집게와 공생하기도 한다. 한자리에 붙어 살아야 하는 운명을 극복하고자 집게 껍데기 위에 자리 잡고 집게가 움직이는 대로 이곳저곳을 여행한다. 집게 입장에선 말미잘을 업고 다니는 것이 약간 부담스러워도 손해 볼 것은 없다. 포식자들이 가까이 다가가기 꺼리는 말미잘과 함께 다니며 자신을 지킬 수 있기 때문이다.

섬유세닐말미잘

경북 포항시 칠포해수욕장 인근에 인공어초가 투하된 곳이 있다. 스쿠버다이버들은 이곳을 '칠포 어초 포인트'라 한다. 이곳에는 여름철이면 섬유세닐말미잘이 군락을 이룬다. 수심이 30미터가 넘어 쉽게 접근할 수 없어서인지 말미잘 군락이 원형 그대로 잘 보존되어 있다.

보트에서 입수 후 어초를 향해 내려가다 보면 하늘거리는 촉수들이 보인다. 반가움에 너무 가까이 다가가거나 물살을 심하게 일으켜선 안 된다. 위협을 느낀 말미잘들이 뭉텅한 강장 속으로 촉수를 거둬들이기 때문이다. 그러면 끝이다. 다시 말미잘 촉수가 강장 밖으로 나오기를 무작정 기다릴 수는 없다.

말미잘 군락과 자전거

우리나라 대표적인 다이버로 꼽히는 서동수(부산잠수센터 대표) 씨가 경북 포항시 칠포 인공어초 말미잘 군락지에서 자전거타기 시범을 보였다. 수심 32미터 바닥에서 자전거에 올라탄 서 대표는 육상에서와 같이 페달을 밟으며 바닥을 주행하다가 장애물이 나타나면 호흡을 이용한 부력 조절로 자전거를 부상시켜 장애물을 넘어간 후 다시 바닥에 내려앉아 주행하는 등의 묘기를 선보였다. 사람의 폐 용량은

우리나라 대표적인 다이버 서동수 씨가 경북 포항시 칠포 인공어초 말미잘 군락지에서 자전거타기 시범을 보이고 있다.

3~5리터 정도로 숨을 들이마셨다 내쉬고를 반복하면 몸을 띄웠다 가라앉혔다 할 수 있다.

바다의 십전대보탕

부산 기장군 지역의 토속 음식으로 말미잘 매운탕이 있다. 말미잘과 이 지역 특산물인 붕장어, 그리고 갖은 채소에 양념을 더해 끓여내면 보양식인 말미잘 매운탕이 만들어진다. 현지 어민들은 이를 '바다의 십전대보탕'이라 하는데, 말미잘과 붕장어의 음식 궁합이 좋아 원기 회복에 뛰어나다고 한다.

거대한 플랑크톤, 해파리

해파리는 분류학상 자포동물문의 해파리강과 유즐동물문Ctenophora의 빗해파리류로 크게 나뉜다. 그런데 빗해파리류는 수면 가까이에 떠다니는 습성이 있어 일반적으로 해파리라 하면 산호나 말미잘처럼 강장과 자세포가 있는 자포동물문 해파리강에 속하는 종만을 일컫는다. 이들에게는 고등동물에게서 볼 수 있는 중추신경계 등의 기관이 없다. 하지만 해파리에는 동물계에서 가장 복잡한 자세포가 있으며, 자세포에 독성이 있어 자기를 방어하거나 상대를 공격하는 무기 역할을 한다.

해파리 이름의 유래

정약전 선생의 『자산어보』에는 해파리가 중국식 한자어로 '해타海鮀'로, 속명으로는 '해팔어海八魚'로 등장한다. 정약전 선생은 해양생물 이름을 기록할 때 속명을 통해 당시대의 발음과 음이 비슷한 한자어를 사용했는데 기왕이면 뜻이 통하는 한자어를 골랐다. 『자산어보』에 "큰 것은 길이가 5, 6자이고 너비도 이와 같다. 머리와 꼬리가 없고, 얼굴과 눈도 없다. 몸은 연하게 엉기어 수酥와 같고, 모양은 중이 삿갓을 쓴 것 같고, 허리에 치마를 입어 다리에 드리워서 헤엄을 친다……. 육지 사람들은 모두 삶아서 먹거나 회를 만들어 먹는다"고 해파리를 자세히 묘사하면서 크기가 크며 먹을 수 있다고 했다. 이 기록으로 미루어볼 때 정약전 선생이 관찰한 해파리는 대형종인 노무라입깃해파리일 가능성이 높다.

식재료로는 숲뿌리해파리가 더욱 널리 사용되지만 크기가 5~6자 된다는 묘사를 보면 노무라입깃해파리에 더 무게감이 실린다. 노무라입깃해파리와 숲뿌리해파리에

1 울릉도 해역에 모습을 드러낸 노무라입깃해파리가 스쿠버다이버들 위를 지나고 있다. 해파리는 근육 수축을 통해 물을 아래쪽으로 밀어내면서 그 반작용으로 이동할 수 있지만 이러한 반작용은 해파리를 움직이게 하는 데 턱없이 부족하다. 그래서 해파리는 대부분의 움직임을 조류에 의존한다.

2 대규모로 번성한 보름달물해파리가 그물에 달라붙으면 어민에게 큰 피해를 준다.

는 8개의 완腕이 있다. 8개의 완은 정약전 선생이 해파리를 기록할 때 팔八 자를 사용한 이유가 되지 않았을까?

해파리의 특성에 연유한 작명으로는 중국 명나라 때 이시진이 지은 약학서 『본초강목』에 나오는 '수모水母'를 들 수 있다. 조선 후기 실학자 서유구는 『임원경제지』의 「전어지」에 해파리를 물알이라는 한글 이름으로 소개했다. 「전어지」가 중국 등의 서적 900여 권을 인용하여 저술했다는 점에서 물알은 『본초강목』에 등장하는 수모를 우리말로 뜻풀이한 것으로 생각해봄 직하다. 서양에서는 해파리 몸을 구성하는 젤라틴 성분에 빗대어 젤리피시Jellyfish라 한다.

거대한 플랑크톤 해파리

해파리는 대부분의 이동을 조류에 의존한다. 이러한 수동적인 움직임으로 인해 해파리는 동물플랑크톤으로 분류된다. 그런데 이러한 수동적인 움직임이 자세포로 무장한 해파리를 더욱 위험한 존재로 만든다. 유영하는 해파리 앞에 사람이 나타나면 이들은 스스로의 의지로는 사람을 피해 갈 수 없다. 진행 방향을 바꾸거나 유영 속도를 조절하기에 운동력이 너무 부족하다. 파도가 치는 대로, 조류가 흐르는 대로 몸을 맡길 수밖에 없다. 그러다 무언가 장애물이 있으면 본능적으로 촉수를 휘두르며 자포를 쏘아댈 뿐이다.

해파리로 인한 피해

2012년 8월 인천 을왕리해수욕장에서 8세 여자아이가 해파리에 쏘여 사망하는 안타까운 사고가 발생했다. 우리나라에서 해파리로 인한 사망자가 공식 확인된 것은 처음 있는 일이었다. 2012년 여름은 전국적으로 해파리에 의한 피해가 컸다. 해파리에 쏘여 119 수상구조대에서 치료를 받은 피서객이 부산에서만 1,594명으로 역대 최고였다.

해파리가 원자력 발전소의 가동을 멈추게 한 적도 있었다. 2001년 8월 10일 경북 울진 원자력 발전소 1, 2호기의 취수구를 해파리 떼가 막아 버려 발전기 가동이 여러 차례 중단되기도 했다. 취수구는 발전기를 돌리는 과정에서 생기는 열과 증기를 식히기 위해 계속해서 바닷물을 끌어들여야 하는데 이물질의 유입을 막기 위해 취수구 앞에 쳐둔 망에 해파리 떼가 들러붙어 버린 것이다. 이후 관련 기관에서 해파리 떼를 퇴치하기 위해 제거 장치를 개발해내는 등 본격적인 연구에 나섰지만, 당시 해파리로 인해 최첨단 설비를 갖춘 원자력 발전소 가동이 중단되었다는 사실은 사회적으로 큰 파장을 불러일으켰다.

해파리로 인한 어민들의 피해도 막대하다.

여름에서 가을철까지 우리나라 전 연안에 대거 나타나는 노무라입깃해파리의 경우 높은 함수율로 몸무게가 200킬로그램에 이르기도 한다. 몇 마리만 그물에 걸려도 엄청난 무게로 그물이 찢어질 뿐 아니라 함께 잡힌 생선에 상처를 입혀 상품 가치를 떨어뜨린다. 또한 그물에 붙어 있는 것을 일일이 손으로 떼어내야 하는데 이 일이 만만치 않다. 일도 일이지만 자칫 방심하다가는 촉수에 쏘이고 만다.

해파리의 대규모 발생 원인과 몰려다니는 특성에 대해 여러 연구가 진행되고 있

1 2012년 해운대해수욕장에 해파리 차단망이 설치되고 있다. 이 차단망은 해파리가 극성을 부리자 그 대책으로 마련되었다.

2 해파리가 대량 번성하면서 어민들의 피해가 속출하자 해양수산부는 해파리 퇴치 로봇을 만들어 현장 투입에 나섰다.

3 외국인 자원봉사자가 해운대해수욕장에서 뜰채로 해파리를 수거하고 있다.

4 해파리 자포에 쏘이게 되면 몸에 상처와 함께 극심한 통증을 일으킨다.

1	
2	3
4	

다. 국립수산과학원에 따르면, 국내 자생 해파리의 경우 과거 대량 발생 주기가 5년이었으나 2000년대 들어서면서 그 주기가 짧아지고 있다. 그 원인 중 하나가 인간의 활동으로 인한 해양구조물이 대거 늘어난 것에 있다.

해파리 알은 고착 단계인 폴립 시기를 거친다. 폴립은 바위 등 딱딱한 곳에 잘 달라붙는다. 해안에 엄청나게 조성된 방파제 등 인공구조물 등이 해파리 폴립이 달라붙을 수 있는 보육실 역할을 하는 셈이다. 또 다른 원인으로 환경오염에 따른 부영양화, 쥐치 등의 남획으로 인한 천적 생물 감소 등이 지적되고 있다.

1 노무라입깃해파리가 해운대해수욕장으로 다가가고 있는 모습을 반수면 촬영했다.

2 부산시 기장군 죽성해변으로 노무라입깃해파리들이 밀려와 있다. 활동성이 없는 죽은 개체도 건드리면 위험하다.

해파리를 먹는 바다동물

쥐치가 해파리를 뜯어 먹는 것은 미디어를 통해 잘 알려졌다. 그런데 쥐치가 해파리의 천적으로 약간 침소봉대되다 보니 지방자치단체 등에서는 쥐치가 해파리 퇴치의 최선책이라도 되는 양 쥐치 치어 방류 사업에 관심을 보이고 있다. 하지만 쥐치가 해파리 구제에 얼마나 효과적인지에 대한 검증은 제대로 이루어지지 않았다. 지방자치단체에서 행하는 쥐치 방류 사업이 보여주기식 행정은 아닌

1 쥐치가 해파리 천적으로 알려지면서 바다를 끼고 있는 지자체에서는 쥐치 방류 사업을 연중 진행하고 있다.

2 우리나라 바다에서 아주 흔한 어류인 용치놀래기들도 해파리를 포식한다. 용치놀래기의 식성을 이용하여 해파리를 퇴치할 수는 없을까?

지 좀 더 과학적인 검증이 필요한 대목이다.

우리나라 바다에서 아주 흔한 어류 중 하나인 용치놀래기도 해파리를 포식한다. 바닷속을 다니다 보면 용치놀래기가 노무라입깃해파리를 뜯어 먹는 것을 관찰할 수 있다. 용치놀래기는 식탐과 호기심이 강한 어류이다. 이들이 해파리를 포식하는 것에 주목하고 연구가 이루어진다면 쥐치 치어 방류에 들이는 막대한 예산을 줄여도 되지 않을까?

쥐치나 용치놀래기 말고도 해파리를 즐기는 바다동물이 더러 있다. 특히 바다거북이나 개복치는 해파리를 즐겨 먹는다. 유영 속도가 느린 데다 말랑말랑한 한천질의 해파리는 잡기가 쉽다. 그런데 바다거북 눈에는 사람이 버린 비닐 조각이 해파리처럼 보였는지 이를 잘못 삼켰다가 질식사하는 사례가 종종 보고되고 있다.

해파리에 쏘였을 때

언론매체 등에서 해파리에 쏘였을 때 응급처치에 대해 저마다 방법을 제시하는 바람에 혼선이 생기곤 한다. 대표적인 것이 식초의 효용이다. 지난날 해파리에 쏘이면 독을 중화시키기 위해 식초를 뿌려주는 것이 일반적인 민간 처방법이었다. 그런데 경상대 수의과대학 김의경 교수 연구팀은 식초가 자포의 독을 활성화시킨다는 연구 결과를 내놓았다. 이에 국립수산과학원 해파리 대책반은 맹독성 입방해파리에 쏘인 경우를 제외하고는 식초 사용을 금지할 것을 권하고 있다.

의료진 사이에도 해파리에 쏘였을 때 응급처치 방법에 대한 견해가 명확하게 정리되지 않고 있다. 쏘인 부위에 냉찜질을 해줘야 한다는 주장이 있는 반면, 온찜질을 해줘야 한다는 주장도 있다. 또한 민간에서는 여전히 식초로 응급처치를 하고 있다. 이에 김의경 교수 연구팀에서 연구한 자료를 소개하면 다음과 같다.

1. 쏘인 즉시 환자를 물 밖으로 나오게 한다.
2. 쏘인 부위에 손을 대거나 문지르지 말고 바닷물 또는 수돗물로 충분히 씻어낸다.
3. 쏘임 사고에 민간요법으로 많이 사용하는 식초는 해파리 독액의 방출을 증가시킬 수 있으므로 사용하지 않는다.(맹독성 입방해파리에 쏘인 경우에는 식초를 사용한다.)
4. 쏘인 부위에 테트라사이클린tetracycline 계열의 연고를 발라주면 좋다.
5. 쏘인 부위의 상처나 통증이 심한 경우에는 그 부위에 냉찜질을 해준다.
6. 드물게 환자가 호흡 곤란이나 의식불명 등 응급상황에 처하게 되면 바로 구급차를 부르고 구조요원에게 도움을 청한다.

해파리의 종류

해파리는 다세포생물 중 해면 다음으로 진화가 덜 된 하등생물이다. 몸 안에 있는 빈 공간(강장)에서 호흡과 소화 같은 생리작용이 이루어진다. 신체 기관의 역할이 각각 분리되어 있는 고등생물과는 다른 점이다. 그래서 예전에는 강장동물로 분류했다. 해파리는 식용이 가능한 것에서부터 맹독을 지닌 종까지 200여 종이 있다.

우리나라 근해에는 독성이 강한 노무라입깃해파리, 원양커튼해파리에서부터 독성은 약하지만 대규모로 발생해 어민들에게 피해를 주는 보름달물해파리, 식용이 가능한 숲뿌리해파리 등 다양한 종이 있다. 바다생물 독 중에서 가장 맹렬한 것으로 알려진 입방해파리(상자해파리)는 전 세계적으로 19종이 분포한다. 이들은 별도로 상자해파리강Cubozoa으로 분류한다.

빗해파리

해파리는 분류학상 자포동물문의 해파리강과 유즐동물문의 빗해파리류로 크게 나뉜다. 빗해파리가 해파리총강에 포함되지만 분류학적으로는 자포동물문에 속하는 해파리강과는 다르다. 빗해파리는 몸에 섬모가 나 있는 빗 모양의 띠가 여덟 개 있어 유즐동물문에 포함되었다. 빗살무늬토기를 즐문토기라 하듯 '즐'은 '빗'을 뜻한다. 빗해파리라 부르는 이유도 이러한 특징 때문이다.

섬모가 있는 띠가 마치 지구본에 그려진 경도처럼 위에서 아래로 나 있으며, 섬모는 물결치듯 차례로 움직인다. 빗해파리는 생태계 교란종으로 지목되고 있다. 이들은 동물플랑크톤을 무차별 잡아먹는 포식자이다. 빗해파리가 창궐하면 동물플랑크톤 개체 수가 적어져 먹이사슬의 균형이 무너진다. 또한 동물플랑크톤이 줄어들면 이들이 먹어 치워야 할 식물플랑크톤이 늘어나 적조 발생빈도가 높아진다.

노무라입깃해파리

여름철 우리나라 연안에 대거 나타나는 노무라입깃해파리*Nemopilena nomurai*는 머리 지름이 2미터에 이르는 초대형 종이다. 머리 부분인 갓의 색깔은 진한 갈색이 대부분이다. 반구형 갓에서 나온 구완(해파리류의 입, 네 귀퉁이가 길게 늘어나서 형성되는 팔 모양의 구조)과 구완에서 나온 실 모양의 촉수는 짙은 갈색을 띤다. 촉수는 갓 지름의 3~4배 정도로 긴 것은 5미터가 넘는다. 촉수에는 맹렬한 독을 지닌 자포가 있어 작은 물고기들이 접근하다가 자포에 쏘이면 죽거나 마비되어 해파리의 먹이가 되고 만다.

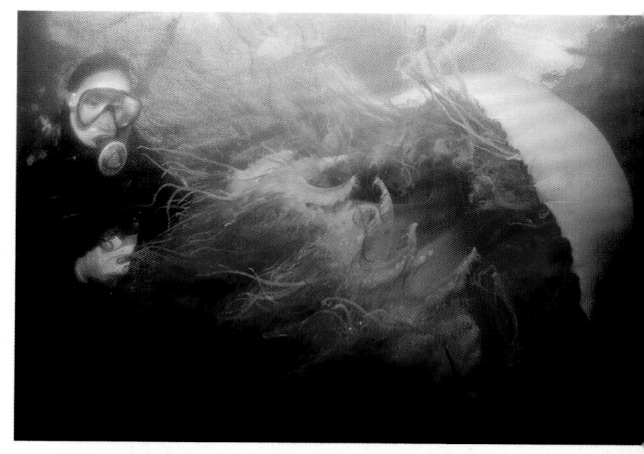

한 스쿠버다이버가 노무라입깃해파리를 관찰하고 있다. 대형 종인 노무라입깃해파리는 위기를 느끼면 자포를 쏘아대기에 촉수가 몸에 직접 닿지 않아도 주변에 떠 있는 자포에 쏘이게 된다.

무리 지어 해수욕장으로 몰려온 노무라입깃해파리는 해수욕객을 위협하기도 한다. 촉수에 조금이라도 닿으면 촉수에 있는 수천 개의 자포가 한 번에 독을 주입하는 바람에 피부에 채찍 맞은 것 같은 자극과 함께 지독한 통증을 일으킨다. 개개의 자포에 포함된 독은 소량이지만 무수히 많은 촉수와 그 촉수마다 붙어 있는 자포에서 나오는 독이 모이면 다량의 독극물이 주입된 것과 같다. 주입되는 독의 양은 촉수가 피부에 닿은 시간과 접촉 부위의 넓이 그리고 피부의 두께에 따라 다르다.

독은 심장이나 호흡기 근육을 마비시켜 죽음에 이르게 할 수 있다. 이들이 대량으로 번성해 어망에 들어가면 함께 잡힌 어류가 자포에 쏘여 폐사하고 만다. 뿐만 아니라 이들의 엄청난 함수율로 인한 무게도 어민들에게 골칫거리이다. 대형인 경우 무게가 200킬로그램이 넘는데 몇 마리만 걸려들어도 그물을 걷어 올리기 힘들어진다. 노무라입깃해파리라는 이름은 이 해파리를 발견한 일본인 '노무라 칸이치'에서 따왔다. 일본에서는 발견지인 후쿠이현 '에치젠' 이름에서 따와 '에치젠쿠라게'라고 한다.

숲뿌리해파리

어민들이 그물을 이용해 숲뿌리해파리를 잡고 있다.

한천질 단백질로 구성되어 있는 해파리는 예로부터 우리나라를 비롯한 동양에서 식재료로 이용되어 왔다. 살아 있을 때는 약간 흐물흐물해 보이지만 소금을 뿌려 수분을 제거한 다음 자연 건조 등의 가공을 거치면 꼬들꼬들해지면서 식용할 수 있다. 한천질 특성상 열량이 거의 없어 다이어트 식품으로 우수한 편이며, 자연스럽게 변비가 해소되는 효능이 있다. 전 세계에 분포되어 있는 200여 종의 해파리 가운데 10여 종 정도만 식용으로 쓰이며 가장 대표적인 것이 숲뿌리해파리이다.

몸집이 크고 단단한 데다 독이 약한 숲뿌리해파리*Rhopilema esculentum*는 길이 50센티미터, 둘레 1미터 정도이며 몸무게가 5~10킬로그램까지 나간다. 갓과 다리 부분을 가공해서 식용하는데 다리 부분의 식감이 좋아 더 선호한다. 중국에서는 약 2000년 전부터 이 해파리를 한약재로 사용해왔다. 우리 선조들은 이들을 찰해파리하고 하며 데쳐 먹었지만 대부분은 고기잡이를 방해하는 귀찮은 존재로 여겼다.

2013년과 2014년 여름 전남 무안 탄도만과 함평만에 숲뿌리해파리가 대거 출현하자 이들에 대한 경제적 가치가 새롭게 조명되기도 했다. 해파리를 즐기는 중국인들이 물량 확보에 나섰기 때문이다. 잡아들인 숲뿌리해파리 다리 부분은 킬로그램당 1천 원에 거래되며 염장 가공을 거치면 킬로그램당 7천 원을 호가한다. 숲뿌리해파리의 대거 출현에 대해 국립수산과학원 윤원득 박사는 "숲뿌리해파리가 최근 들어 늘어나게 된 것은 중국 요동성, 산동성에서 인공수정 후 방류한 개체들이 해류를 타고 우리나라 연안으로 밀려온 것"이라 추정했다. 윤 박사는 편의상 이들을 숲뿌리해파리라 부르지만 국내 미기록종임을 밝혔다. 노무라입깃해파리도 식용으로 사용하지만 비린 맛과 더불어 식감은 좋지 않다.

보름달물해파리

보름달물해파리*Aurelia aurita*는 우리나라 연근해뿐 아니라 전 세계 바다에서 가장 흔하게 발견되는 종이다. 무색 또는 유백색 몸의 갓 중앙에 클로버 또는 말발굽 모양의 생식선 4개가 보이는 것이 특징이다. 갓의 최대 지름은 30센티미터 정도이며 독성은 약한 편이나 반복적으로 쏘이면 근육이 마비되기도 한다. 그동안 물해파리로 불리다가 보름달을 닮았다 해서 붙인 이름이다. 보름달물해파리는 인체에 직접적인 영향을 주기보다는 연안 어장에 대거 유입되면서 어민들에게 피해를 끼친다. 2001년 8월 10일 경북 울진 원자력 발전소 1, 2호기의 취수구를 막은 해파리 종이 바로 보름달물해파리였다. 폭발적으로 늘어나면 바다 전체를 뒤덮을 정도이다.

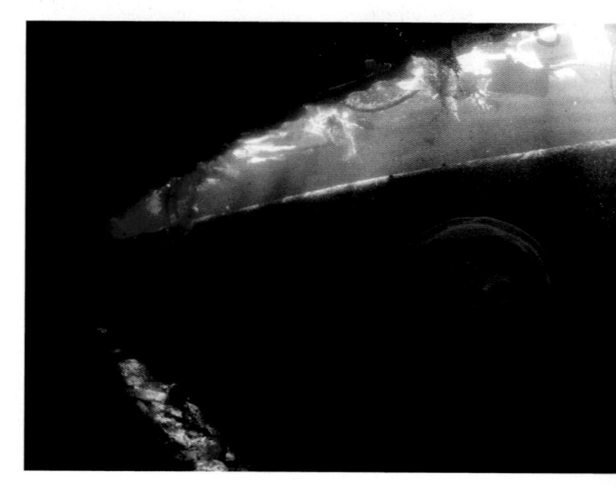

보름달물해파리는 가장 흔하게 발견되는 종으로 갓 모양이 보름달을 닮았다.

커튼원양해파리

커튼원양해파리는 자포에 강한 독이 있어 쏘이면 통증과 붉은 반점의 상처가 생긴다.

커튼원양해파리*Dactylometra quinquecirrha*는 다른 해파리류에 비해 구완이 발달했다. 커튼이란 이름은 구완의 모양이 커튼처럼 부드럽게 주름져 있기 때문인데 유영하는 모습이 상당히 아름답다. 다른 해파리처럼 촉수에 걸리는 먹이를 포획하는데, 실험 결과에 따르면 길이 3센티미터 정도의 어린 물고기는 촉수에 닿는 즉시 사망하는 것으로 나타났다.

사람에 대한 직접적인 피해 사례가 보고되지 않은 것은 이들의 주된 분포 지역이 연안에서 약간 떨어진 곳이기 때문이다. 갓의 지름은 10센티미터 전후로 중형에 속하며, 전체 길이는 30~50센티미터 정도이다. 주로 늦봄에서 여름에 걸쳐 남해안에서 발견되지만 흔한 편은 아니다.

무희나선꼬리해파리

무희나선꼬리해파리*Spirocodon saltatrix*는 겨울에서 이른 봄철에 우리나라 동해와 남해 연안의 얕은 수심대에서 발견되는 종이다. 갓의 지름은 5센티미터 전후이며, 촉수를 포함한 전체 길이는 약 15센티미터 정도이다. 유영할 때는 갓 길이의 3~4배에 달하는 긴 촉수를 움직인다. 이때 무수히 많은 촉수가 움직이는 모습이 마치 무희가 긴 소매를 흩날리며 춤을 추는 듯 보여 무희나선꼬리해파리라 이름 지었다.

우리나라와 일본을 포함한 극동 해역의 고유종으로 알려졌는데 비교적 수온이 낮은 해역에 분포한다. 정치망 어장에 대량으로 유입되나 크기가 작아 어업에는 큰 피해를 끼치지 않는다. 하지만 치어들을 포식하는 경우가 많아 대량 번성하면 치어 생존율에 영향을 미친다.

평면해파리

제주도 근해에서 봄부터 여름에 많이 관찰되는 아열대 종이다. 평면해파리*Aequorea coerulescens* 갓은 편평한 밥공기를 엎어 놓은 모양새다. 갓 지름은 20센티미터 정도이며 갓에 많은 방사관이 있으며 길쭉한 촉수가 백여 개에 달한다. 갓 중앙에 있는 입을 크게 벌려 다른 해파리를 통째로 삼킬 수 있으며 촉수에 강한 독이 있다.

주로 소형 해파리나 부유성 갯지렁이를 포함해 다양한 동물플랑크톤을 먹는다. 이 해파리의 유사종인 발광평면해파리*Aequorea victoria*에는 형광 단백질 유전물질이 있어 자극을 받으면 갓 가장자리나 생식선이 청록색으로 발

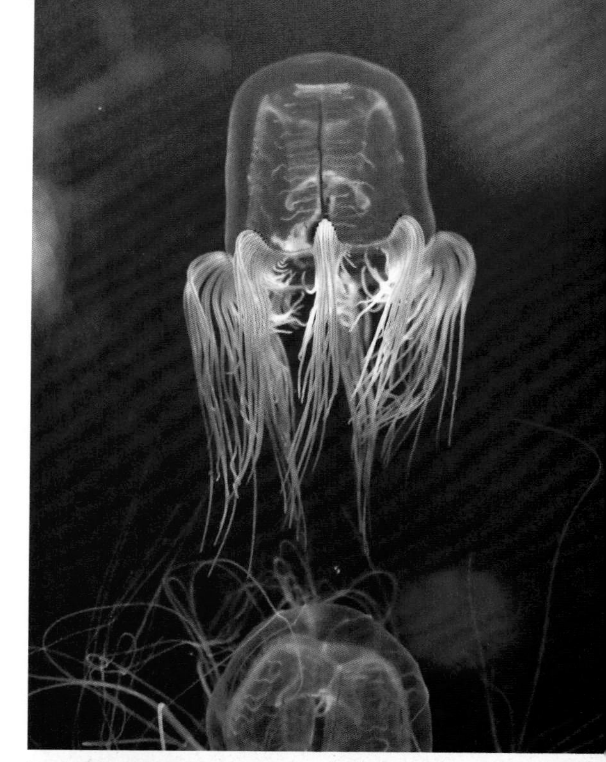

1 무희나선꼬리해파리는 무희가 긴 소매를 흩날리며 춤을 추는 듯 보인다. 경북 울진군 해역에서 촬영했다.

2 독도 해역에서 발견한 발광평면해파리이다. 쿠로시오 해류를 타고 온 아열대 종이다.

광한다. 최근 과학자들은 형광 단백질 유전물질을 추출하는 데 성공했다. 이 물질을 유전자 복제에 주입하면 특정 유전자가 복제에 성공했는지의 여부를 색깔로 구별할 수 있다.

고깔해파리

고깔해파리*Pbysalia pbysalis*는 수면 위로 노출된 부레가 있으며 그 아래에 독이 든 긴 촉수가 많이 달려 있다. 부레는 배의 돛과 같은 기능을 하기에 바람을 받아 이동할 수 있다. 이들은 주로 포르투갈 연안에서 많이 발생해 조류를 타고 영국 해안으로 밀려오기에 영국에서는 '포르투갈 전사'라고도 한다. 여느 해파리와 달리 몇 개의 해파리 머리와 촉수가 한데 모여 부레 밑에 흔들흔들 드리워져 있고, 서로 힘을 합쳐 먹이를 잡아 나눠 먹는다. 촉수에 있는 자포는 독성이 강해 위험한 종으로 분류된다.

남극해의 해파리

남극해에서 유빙과 함께 떠다니는 해파리를 만났다. 대개의 해파리가 따뜻한 해역에서 살아가는데 얼음 바다에서 해파리를 만난 것은 특이한 경험이었다.

입방해파리(상자해파리)

전 세계적으로 19종이 분포하는 입방해파리는 갓의 모양이 네모 상자처럼 생겨 입방해파리Cubic jellyfish 또는 상자해파리Box jellyfish라 한다. 이 입방해파리는 해파리강Scyphozoan에 속하는 해파리와는 별도로 상자해파리강Cubozoa으로 분류되며 해파리강보다 구조가 복잡하다. 갓은 길쭉하고 납작한 면이 네 개 있는데 위 또는 아래에서 보면 사각형이다. 갓의 네 모서리에 네 개 또는 네 뭉치의 촉수가 있다.

입방해파리 중 가장 잘 알려진 종은 바다의 말벌이라 불리는 키로넥스 플렉케리와 라스톤입방해파리, 모라입방해파리, 이루칸지입방해파리 등이다. 그런데 이 종들을 형태상으로 구별하기는 상당히 어렵다. 과학자들은 유전자 분석을 통해 입방해파리 종을 분류한다.

❖ 키로넥스 플렉케리

키로넥스 플렉케리*Chironex fleckeri*의 갓은 4개의 납작한 면으로 이루어져 있다. 면의 길이는 20~30센티미터 정도이며 촉수 길이는 3미터에 이른다. 촉수에는 무수히 많은 자세포가 있다. 이 자세포들은 자극을 받으면 동시다발적으로 발사된다. 독성이 강한 데다 빠르게 작용해 코끼리처럼 덩치가 큰 동물도 넓은 면적에 걸쳐 쏘이게 되면 5분 내로 죽고 만다.

투명한 몸체 때문에 눈에 쉽게 띄지 않는데 자포에 쏘이면 격렬한 통증을 느낀다. 이들의 서식지는 수온 섭씨 26~30도의 열대 바다이며 호주 북동부 해안에 집중되어 있다. 호주에서는 이들이 번창하는 시기에 해수욕장을 폐쇄한다.

❖ 라스톤입방해파리

라스톤입방해파리*Carybdea rastoni*는 갓의 지름이 3센티미터 내외의 소형 종으로 전체적으로 작고 연약해 보이지만 자포의 독성은 악명을 떨친다. 유영할 때에는 가늘고 기다란 촉수 4개가 몸통 지름의 5배 이상 늘어지며, 촉수에 잡힌 먹이를 입으로 운반하는 짧은 시간을 제외하고는 늘 유영한다. 유영 속도가 상당히 빠른 데다 몸체가 거의 투명하고 작아서 육안으로는 식별하기 어렵다.

라스톤입방해파리를 비롯한 입방해파리의 자포 독에 대해 호주 등에서 활발히 연구되어 왔으나 그 화학 성분은 밝혀지지 않았다. 독이 비안정적인 단백질인 데다 종에 따라 독의 조성이 달라 쉽게 화학 성분을 밝힐 수 없기 때문이다. 자주 출몰하는 호주 해수욕장 주변 병원은 항독 혈청을 기본적으로 비치해두고 있지만, 자포에 쏘인 후 즉각 조치하지 않으면 목숨을 잃을 수 있다.

모라입방해파리

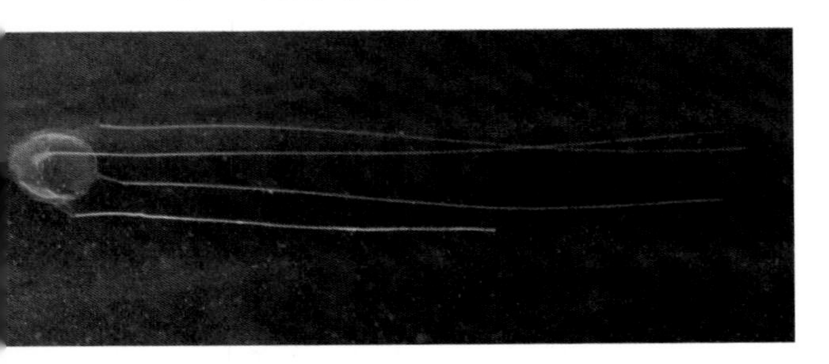

우리나라 남해안에서 발견된 모라 입방해파리의 모습이다. 이들은 라스톤 입방해파리와 형태나 독성이 비슷하지만 다른 종이다.

2005년 여름, 남해군 삼동면 해안을 찾았을 때다. 인근에 있던 동료 스쿠버다이버가 라스톤입방해파리가 나타났다는 경고를 보냈다. 주변을 둘러보니 투명하고 작은 크기의 입방해파리 한 마리가 유영하고 있었다. 2013년 7월 23일 경남 남해 상주해수욕장에서는 해수욕객 54명이, 8월 9일 부산 송정해수욕장에서는 피서객 4명이, 8월 10일 제주지역 해수욕장에서는 61명이 입방해파리에 쏘여 응급조치를 받았다. 학계와 연구기관 등은 당시 피서객들을 공격했던 해파리를 맹독성 라스톤입방해파리로 추정했다.

하지만 2014년 7월 국립수산과학원 해파리대책반은 쏘임 피해를 일으켰던 해파리가 아열대 해역에서 유입된 모라입방해파리였다는 사실을 유전자 분석을 통해 밝혀냈다. 모라입방해파리*Carybdea mora*는 라스톤입방해파리와 형태나 독성은 비슷하지만, 유전자 정보는 서로 다른 종이다. 이를 근거로 볼 때 아열대 종인 모라입방해파리는 이미 오래전부터 우리 해역에 들어와 정착했으며, 연안 아열대화로 서식 범위를 점점 넓혀가고 있는 것으로 보인다.

❖ 이루칸지입방해파리

맹독성 입방해파리의 한 종인 이루칸지입방해파리*Carukia barnesi*는 호주 신화 속에 등장하는 부족민의 이름에서 따왔다. 이름에는 '눈으로 볼 수 없는 장소에서 다른 이들을 고통에 빠뜨리는 존재'라는 의미가 담겨 있다. 이루칸지의 독은 촉수뿐 아니라 갓에 무수히 나 있는 돌기에도 있는데 키로넥스 플렉케리와의 차이점은 키로넥스 플렉케리의 독성은 쏘인 즉시 바로 나타나는 반면, 이루칸지 독성은 처음에는 약간 가려운 정도의 증상만 보이다가 30~40분 정도 지나면서 온몸의 근육이 마비되고 두통과 구토뿐 아니라 열이 나는 등 엄청난 고통이 찾아온다는 데 있다. 이 고통은 며칠 동안 지속되어 심약한 사람은 탈진 상태에 빠져 사망하고 만다. 주로 호주 북부 해안에서 발견되는데, 이루칸지 출몰이 잦은 해에는 호주 사회 전체가 '이루칸지 신드롬'에 빠질 정도이다.

입방해파리에 쏘였을 때

맹독성 입방해파리에 쏘였을 때는 응급처치로 식초를 발라줘야 한다. 식초는 여느 해파리 독을 더욱 활성화시키지만 입방해파리 독은 중화시킨다는 것이 경상대 수의과학대학 독성학교실의 연구 결과이다. 그렇다면 공격한 해파리를 어떻게 구별할 수 있을까?

키로넥스 플렉케리의 경우는 순간적으로 불에 닿은 듯한 격렬한 통증을 느끼게 된다. 공격을 받은 후 주변을 살폈을 때 촉수 길이가 3미터에 이르는 투명한 해파리가 보인다면 키로넥스 플렉케리라고 보면 된다.

키로넥스 플렉케리보다 심각한 것은 이루칸지입방해파리이다. 바로 반응이 나타나지 않고 30분 정도 지난 후 통증이 시작되니 즉각적인 응급처치가 힘들며 크기도 작아 자신을 공격한 해파리가 무엇인지 알 수 없기 때문이다. 최선의 방비책은 입방 해파리 출몰이 알려진 해역에는 들어가지 않는 것이다.

한편, 여름철 우리나라 해역에 자주 출몰하는 노무라입깃해파리에 쏘이면 따끔거리는 통증을 느끼게 된다. 촉수에 무수히 붙은 자포에 반복적으로 또는 동시다발적으로 쏘이면 다량의 독이 주입되는 것과 같아 위험하다. 노무라입깃해파리는 대형 해파리이므로 쉽게 눈에 띈다.

해파리와 함께 사는 물고기

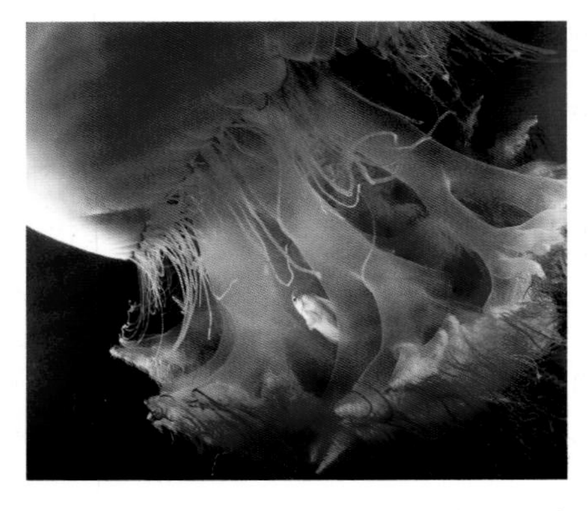

노무라입깃해파리 촉수에는 치명적인 독이 있지만 이곳을 보금자리 삼아 살아가는 어류가 있다. 이들은 보금자리를 제공받는 대신 다른 어류를 유인해 해파리에게 먹이를 제공한다.

해파리 자포에는 치명적인 독이 있지만 물렁돔, 샛돔 등 몇몇 어류는 포식자들이 함부로 덤빌 수 없는 해파리의 갓 밑이나 촉수 사이를 안전한 서식처로 삼는다. 이 물고기들은 해파리가 먹다 남긴 찌꺼기를 얻어먹기도 한다.

이들이 해파리 독에서 안전할 수 있는 것은 태어날 때부터 면역 성분을 포함하고 있거나, 예방주사를 맞듯 후천적으로 면역이 생기기 때문으로 추정하고 있다.

팔라우 해파리 호수의 황금해파리

스쿠버다이버의 로망을 꼽으라면 이견 없이 동의하는 것 중 하나가 팔라우에서의 다이빙이다. 총 340여 개의 섬으로 구성되어 있는 팔라우에는 '블루홀Blue Hole', '블루코너Blue Coner', '저먼 채널German Channel', '젤리피시 레이크Jellyfish Lake' 등 세계적인 다이빙 포인트들이 곳곳에 있다.

이 가운데 유네스코 세계유산(자연)으로 지정된 젤리피시 레이크(이하 '해파리 호수')는 일반인들도 스노클링을 즐길 수 있는 곳이기에 한 번 들러볼 것을 추천한다. 해파리 호수에서는 수백만 마리의 해파리들과 함께 헤엄치는 신비로운 경험을 할 수 있다. 이곳의 해파리들은 오랜 세월 동안 외부와 격리된 환경에서 살아와 촉수의 독이 아주 약해 몸에 닿더라도 무해한 것으로 알려져 있다.

호수의 생성

해파리 호수는 팔라우 코로로와 페렐리유섬 사이에 있는 '록 아일랜즈Rock Islands'의 '에일 마르크Eil Malk'섬에 있다. 250~300여 개의 작은 바위섬으로 이루어진 록 아일랜즈에는 지각 변동으로 생긴 50여 개의 호수가 있다. 이 가운데 다섯 곳에 해파리가 살고 있으며 각 호수마다 서로 다른 아종이 발견된다. 수심과 온도 등 환경이 호수마다 달라 해파리들이 각기 다르게 적응한 결과이다.

이 호수들 중에 관광객에 개방되어 있는 곳은 에일 마르크섬에 있는 호수 한 곳뿐이다. 50개의 호수 중 유일하게 이곳만 개방되어 일반적으로 에일 마르크섬에 있는 호수를 '해파리 호수'라고 지칭한다.

해파리 호수는 약 1만 2000년 전에 생성된 것으로 알려졌다. 호수는 바다와 완전히 막혀 있지는 않다. 암석 사이의 틈과 터널 등을 통해 바다와 연결되어 있다. 이 틈과 터널은 수면 높이와 가까이 있어 조수의 정점 수준에서 부분적으로만 해수가 호수로 유입된다. 이때 유입되는 해수의 양은 호수 전체 물의 양의 2~3퍼센트 정도이다.

해양 호수에는 두 가지 타입이 있다. 하나는 '순환호'이고 다른 하나는 해파리 호수와 같은 '부분 순환호'이다. 순환호는 호수 전체 물이 골고루 섞여 온도, 염도, 용존산소 등 물리적 특성이 수심에 따라 큰 차이가 없지만, 부분 순환호는 일정 수심을 경계로 호수 수괴의 물리적 특성이 다르다. 부분 순환호의 상층은 물이 순환하여 혼합층이라 하고, 하층은 물이 순환하지 않아 정체층이라 한다. 혼합층과 정체층의 물은 경계 수심 아래위에 있어 서로 섞이지 않는다.

해파리 호수에서 유영하기

쾌속정을 타고 에일 마르크섬에 도착한 후 5분 정도 가파른 비탈길을 오르면 해파리 호수에 도착한다. 해파리 호수를 제대로 즐기려면 말랑말랑한 해파리가 피부에 잘 닿을 수 있는 가벼운 옷차림이 좋다. 그리고 물놀이를 즐길 수 있게 스노클과 마스크, 핀fin은 필수적이다.

호수에 대기하고 있는 작은 보트를 타면 안내인이 황금해파리가 무리 지어 있는 곳으로 이끈다. 물속에는 지구 어디에서도 볼 수 없는 신비로운 세계가 방문객을 기다리고 있다. 무리를 이룬 황금해파리들은 사람을 두려워하지도, 피하지도 않는다. 물론 플랑크톤으로 분류되는 해파리는 유영 능력이 부족해 사람을 피하고 싶어도 제한적일 수밖에 없다. 몸을 스치며 지나는 말랑말랑한 해파리의 감촉을 느끼며 헤엄치는 것은 퍽 흥미롭다. 물속에서 반투명한 해파리 몸으로 투영되는 햇살을 올려다보는 것은 환상적이다.

해파리 호수에는 진성 해파리류인 황금해파리*Mastigias papua*와 달해파리 한 종이 산다. 이 가운데 황금해파리가 지배적으로 많고 달해파리는 개체 수가 적다. 황금해파리라는 이름은 몸속에 공생하는 편모조류의 일종인 주산텔라Zooxanthellae가 황록색을 띠기 때문이다. 이들은 여느 해파리처럼 자포를 이용해 동물플랑크톤을 사냥하지만, 주산텔라가 광합성을 통해 공급하는 당류(탄수화물)와 같은 영양물질에 의존하는 비중이 상당히 높은 편이다.

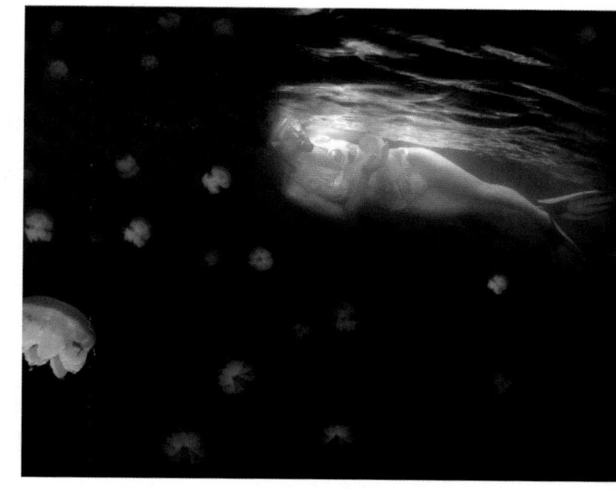

무리를 이룬 황금해파리는 사람을 두려워하지도, 피하지도 않는다. 피부에 닿는 촉감은 말랑말랑한 젤리 같다.

황금해파리와 주산텔라의 공생은 서로에게 도움이 되는 상리공생 관계이다. 황금해파리 입장에서는 주산텔라로부터 부족한 영양분을 얻을 수 있고, 주산텔라는 해파리 덕분에 햇빛이 잘 드는 곳으로 옮겨 다닐 수 있다. 황금해파리는 주산텔라가 광합성을 원활히 할 수 있도록 햇빛이 투영되기 좋은 수면 가까이에 떠 있다가 아침에는 서쪽에서 동쪽으로, 해 질 무렵에는 다시 서쪽으로 무리를 이루어 옮겨 다닌다.

해파리 호수의 생태계를 제대로 관찰하기 위해서는 스쿠버다이빙 장비를 사용하면 좋을 법하지만 이곳에서 스쿠버다이빙은 금지되어 있다. 스쿠버다이빙을 할 때 호흡기에서 뿜어져 나오는 공기 방울이 해파리를 해칠 수 있기도 하지만, 더 큰 이유는 다른 데 있다.

스쿠버 장비를 이용하면 30미터 깊이까지 내려갈 수 있다. 그런데 부분 순환호인 해파리 호수는 수심 15미터를 경계로 호수의 물리적 특성이 완전히 다르다. 수면에서 5피피엠(ppm, 100만분율로 어떤 양이 전체의 100만분의 몇을 차지하는가를 나타낼 때 사용) 정도인 용존산소량이 수심이 깊어지면서 서서히 줄어들어 수심 15미터에 이르러서는 0이 될 뿐 아니라, 그 아래부터는 독성이 있는 암모니아와 인산염 함량이 많아지고 황화수소 농도가 점진적으로 높아지기 시작한다. 황화수소는 인체에 매우 해로워 피부에 닿으면 사망에 이를 수 있다. 스쿠버다이빙을 금지하는 이유는 15미터 수심 밑으로 내려가는 것을 막기 위함이다.

해파리의 천적과 생태 변화

해파리 호수에는 황금해파리를 잡아먹는 천적이 없다고 알려졌지만 고유종인 '하얀 말미잘White sea anemone, *Entacmea medusivora*'과 관광객에 의해 유입된 것으로 추정되는 엡타시아속Genus *Aiptasia*의 외부 이입종 말미잘이 호수 가장자리의 얕은 수심 지역에 광범위하게 퍼져 있어 황금해파리를 포식하는 것으로 밝혀졌다.

1997~1998년 해파리 호수의 황금해파리 수가 급격히 줄어들자 팔라우공화국에 비상이 걸렸다. 관광이 주산업인 팔라우에 관광상품이 사라질 위기를 맞은 셈이다. 당시 그 원인이 관광객 급증으로 생각해 1998년 가을에는 관광객 출입을 금지하기도 했다. 하지만 전문가들의 조사 결과 1997~1998년간 발생한 슈퍼 엘니뇨로 수온이 상승하면서 해파리 몸에 공생하는 주산텔라가 살 수 없게 된 것이 원인으로 밝혀졌다.

이후 수온이 원상태로 회복되자 2004년 4월 이후부터 황금해파리가 다시 나타나기 시작해 2005년 4월에 이르러서는 이전 상태로 완전히 회복되었다. 해파리는 어미 형태로 사는 기간이 짧고 폴립 형태로 부착생활하는 기간을 스스로 연장할 수 있다. 수온이 올라 주산텔라가 살아가기에 불리한 환경이 되면 폴립 상태로 계속 머물러 있다가 환경 조건이 맞으면 어미 형태로 모습을 드러내는 것으로 보인다.

팔라우의 록 아일랜즈

팔라우공화국은 남태평양에 있는 제도로 필리핀 남동쪽 800킬로미터 지점에 있다. 면적은 458제곱킬로미터로 340여 개의 섬 중 9개 섬에만 사람이 거주한다. 이 중 해

1
2

1 팔라우 록 아일랜즈는 거대한 산호초가 수중보처럼 기다랗게 뻗은 지역에 흩어진 크고 작은 섬들을 통틀어 일컫는다.

2 록 아일랜즈의 기기묘묘한 바위섬이 파도에 깎여 아랫부분이 잘록하다.

파리 호수가 있는 에일 마르크섬을 포함하는 '록 아일랜즈'는 거대한 산호초가 수중 보처럼 길게 뻗은 지역에 흩어진 크고 작은 섬들을 통틀어 일컫는다.

이곳의 섬들은 화산활동으로 솟아나 있으며 대부분 암초에 가까워 '록Rock'이란 이름이 붙었다. 기기묘묘한 바위들은 파도에 깎여 아랫부분이 잘록하다. 멀리서 보면 버섯 모양처럼 보인다. 섬 아래로는 산호초가 형성되어 각양각색의 산호와 나폴레옹피시, 쥐가오리, 상어 등 바다동물이 거대한 삶의 공동체를 형성하고 있다. 팔라우 정부는 산호초 보호를 위해 주민들을 철수시켜 '록 아일랜즈'의 섬들은 모두 무인도로 남게 되었다.

그리스 신화 속 히드라

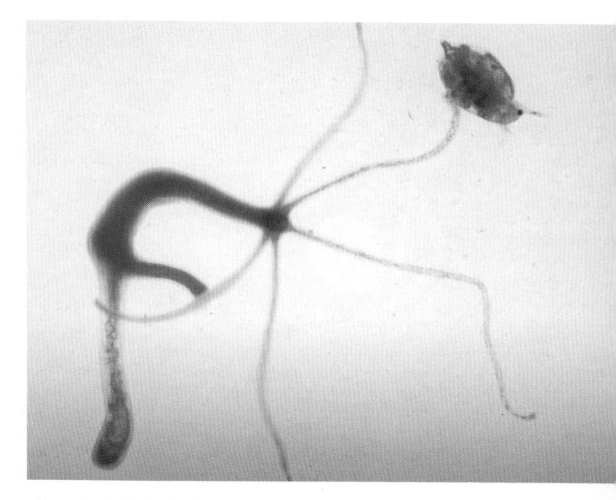
히드라 몸에서 분화된 여러 개의 촉수는 그리스 신화에 등장하는 괴물 히드라의 머리를 닮았다. 사진은 히드라가 물벼룩을 사냥하는 모습이다.

히드라는 그리스 신화에 나오는 괴물이다. 원래는 아름다운 소녀였으나 아테나의 저주를 받아 무서운 괴물로 변했다. 머리카락은 모두 뱀이고 멧돼지의 엄니와 황금의 날개를 가졌다. 그 얼굴을 본 사람은 돌로 변했다고 한다. 그런데 바닷속에 이 괴물의 이름을 붙인 생명체가 있다. 바로 자포동물에 속하는 히드로충이 그 주인공이다. 히드로충을 현미경으로 관찰하면 여러 개의 촉수가 하늘거리는 모양새가 마치 머리가 여럿 달린 것처럼 보인다. 히드라는 히드로충이 군집을 이룬 것이다.

중심에서 옆으로 뻗어나간 줄기에 있는 빗살 모양의 깃들이 마치 나뭇가지처럼 보여 식물로 오인되기도 한다. 히드라에는 자세포가 있어 몸에 닿으면 화상을 입은 것처럼 쓰라리고 상처 자국이 생긴다. 그리스 신화 속의 괴물 정도는 아니지만 잘못 건드렸다가는 쓰라린 통증을 겪는다.

히드라의 흰 깃들이 나뭇가지 모양이라 식물로 오인되기도 한다.

3

절지동물(節肢動物, Arthropoda)

절지동물은 대략 10만 종 이상으로 동물계의 여러 문門 중에서 가장 많은 종을 포함하고 있다. 전체 동물 종의 약 4분의 3 규모이다. 동물계의 육상에서 흔히 보는 곤충류, 거미류 등이 이에 속하며 해양생물 중에는 게, 새우, 따개비, 거북손 등이 포함된다. 절지동물이라는 이름은 그리스어로 관절과 발이 있다는 뜻의 'Arthropoda'에서 유래되었다.

대부분의 해양 절지동물에는 키틴이나 탄산칼슘으로 된 갑옷처럼 딱딱한 껍데기가 있어 갑각류로 분류된다. 갑각류의 껍데기는 신축성이 없어 성장하면서 바깥쪽의 딱딱한 껍데기를 벗어 버리고 좀 더 큰 껍데기가 만들어지는 탈피 과정을 거친다. 이러한 탈피 과정에서 자리한 새로운 껍데기는 물렁하기에 포식자의 공격에 취약하다. 그래서 갑각류는 새로운 껍데기가 튼튼해지기 전까지 본능적으로 행동을 조심한다.

딱딱한 껍데기에 싸여 있는 갑각류는 잘 움직일 수 있게 몸이 여러 마디로 이루어져 있다. 몸의 구분은 대체로 머리, 가슴, 배로 나뉘는데 고등한 종일수록 머리와 가슴이 합쳐져 있다. 이들은 기본적으로 수중생활을 하기에 아가미가 있으며 눈에 보이지도 않는 작은 크기의 동물플랑크톤에서부터 새우, 게에 이르기까지 전 세계적으로 3만 2000여 종이 있다.

- 두판류: 가장 원시적인 형태의 갑각류로 원시새우 등이 있다.
- 새각류: 몸마디가 뚜렷하며 잎새우, 철모새우 등이 있다.
- 패형류: 껍데기가 2장 있다. 갯반디, 바다물벼룩 등이 있다.
- 요각류: 몸은 16마디로 되어 있으며 대부분의 동물플랑크톤이 여기에 속한다.
- 수각류: 더듬이가 수염 모양이다. 수염새우 등이 여기에 속한다.
- 만각류: 넝쿨손이라고도 불리는 만각으로 먹이 사냥을 한다. 따개비, 거북손 등

대부분의 절지동물은 키틴이나 탄산칼슘으로 된 갑옷처럼 딱딱한 껍데기가 있어 갑각류로 분류한다.

이 여기에 속한다.

- 새미류: 어류 몸 표면에 기생하는 잉어빈대 등을 들 수 있다.
- 낭흉류: 말미잘, 불가사리 등에 기생하는 주머니벌레 등이 여기에 속한다.
- 연갑류: 고등 갑각류로 게, 집게, 새우, 갯강구 등이 여기에 속한다.

고등 갑각류, 게

지구상에는 약 4,500여 종의 게가 있으며 우리나라에는 183종이 서식하고 있는 것으로 알려졌다. 이 가운데 우리 눈에 띄는 것은 갯벌에서 볼 수 있는 60여 종에 지나지 않으며 나머지는 바닷속에서 살기에 쉽게 만나지 못한다. 게는 다리가 열 개라 절지동물 갑각강 중에서 십각목으로 분류된다. 열 개의 다리는 기능적으로 집게발 한 쌍과 걷는 다리 네 쌍으로 나뉜다.

게는 그 종류만큼이나 서식 환경과 형태 특성이 다양하다. 바닥을 기어 다니는 게들은 죽어서 바닥으로 떨어지는 바다동물을 처리하기에 바다의 청소동물이라고도 한다. 물론 게가 죽은 바다동물만 먹고 사는 것은 아니다. 게들은 자기보다 작은 게나 오징어, 문어, 갯지렁이 등을 사냥한다.

게는 우리 민족과 친숙해서인지 속담에 자주 등장한다. 이를테면 "마파람에 게 눈 감추듯 하다"라는 속담은 몸 밖으로 돌출되어 있는 두 눈이 위험을 감지하면 몸속으로 숨어 버리는데 그 동작이 재빠르고 아주 민첩해 음식을 단숨에 먹어 치우는 형상을 비유할 때 사용한다. 여기서 마파람은 앞에서 불어오는 맞바람을 뜻한다. 우리의 가옥 구조는 대부분이 남향이므로 선조들은 앞쪽에서 불어오는 남풍을 맞바람이라 했다. 남풍은 고온다습하기에 대개 비를 몰고 온다. 그래서 마파람이 불고 비가 올 기미가 보이면 예민한 게들이 두 눈을 재빠르게 몸속으로 감추고 여차하면 구멍으로 도망간다.

게는 아가미에 물을 저장하고 아가미 호흡으로 물속의 산소를 흡입하고 빨아들인 물을 아가미와 연결된 한 쌍의 구멍으로 배출한다. 물속에서야 물이 들어오고 나가

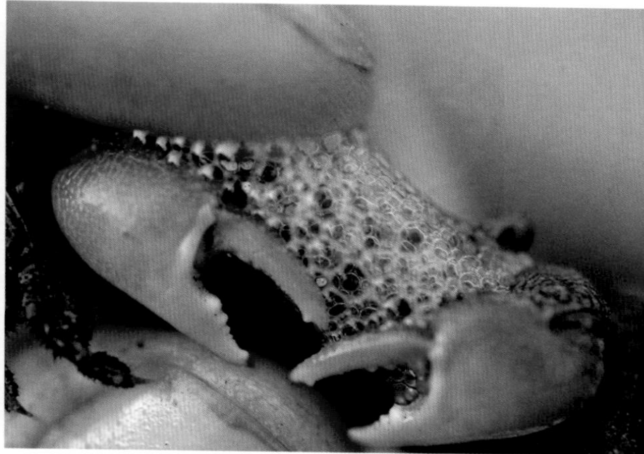

1 게 한 마리가 죽은 물고기에 다가가고 있다. 게는 죽은 바다동물을 먹어 치우기에 바다의 청소동물이라고도 한다.

2 공기 중에 노출된 게는 숨이 가쁘다. 조금이라도 산소를 더 흡수하기 위해 입 주위에 거품을 뿜어내며 공기와 닿는 부분의 면적을 넓힌다.

는 모양새를 알 수 없지만 공기 중에 노출되면 숨이 가빠진 게는 조금이라도 더 많은 산소를 흡수하기 위해 거품을 부글부글 일으켜 공기와 닿는 부분의 면적을 넓힌다. 게가 거품을 일으키는 것은 그만큼 숨이 가빠졌다는 것이다. 그래서일까, 흥분한 사람이 말할 때 입가에 침이 번지는 것을 비유해 "게거품을 문다"라고 한다.

겉만 번지르르하고 실속이 없는 사람을 "보름게 잡고 있네"라고 한다. 이는 갑각류인 게들이 보름달이 뜨는 시기에 성장하기 위해 낡은 껍데기를 벗는 탈피를 하는데 새롭게 생겨난 연한 껍데기는 낡은 껍데기보다 약 15퍼센트 이상 커서 실속이 없고 살도 무르기에 나온 속담이다.

"구운 게도 다리를 떼고 먹는다"라는 속담에는 앞뒤를 신중히 고려해 안전하게 행동하라는 교훈이 담겨 있다. "독 속의 게"라는 속담은 게를 여러 마리 독 속에 넣어두면 서로 뒷다리를 물고 끌어 내리기에 독 밖으로 빠져나오지 못함을 비유하는 속담으로 동료 간 서로 모함하고 시샘하는 것을 일컫는다. "게장은 사돈하고는 못 먹는다"라는 속담은 게 껍데기에서 살을 발라내려면 손으로 집어야 하는 데다, 게 다리를 쭉쭉 빨아대는 모양새가 그렇게 고상하게 보이지는 않기에 점잖게 먹기 힘든 음식이라는 해학적인 표현이다.

게가 옆으로 걷는 게걸음을 '횡행개사橫行介士'라고 했다. 여자가 임신을 하면 게를 못 먹게 하거나, 과거를 보러 가는 사람이 게를 먹으면 시험에 떨어진다는 속설 등도 게걸음을 좋게 보지 않은 이유에서였다. 오죽하면 꼿꼿한 지조를 중시한 조선 후기 유학자 송시열 가문에서는 게를 먹지 않았다고 했을까.

무장공자無腸公子도 게를 일컫는 이름이다. 게는 배가 퇴화되어 머리가슴 아래쪽에 접혀 있기에 마치 내장이 없는 것처럼 보인다. 그러나 이 작은 배 속에도 분명 항문으로 연결된 소화관이 있다. 뿐만 아니라 입과 연결된 대부분의 소화기관은 배가 아니라 머리가슴 속에 있으므로 창자가 없다는 것은 잘못된 인식이다. 과거 게와 함께 먹어서는 안 되는 금기 식품으로 감과 꿀을 들었다. 그래서 "게와 감을 같이 먹으면 죽는다"라 했다. 이는 게가 상하기 쉬운 데다 게와 감은 둘 다 성질이 찬 식품으로 설사를 일으킬 수 있기 때문이다.

다리 모양이 대나무처럼 곧은 대게

대게는 몸통에서 뻗어나간 다리 모양이 대나무처럼 곧아서 붙인 이름이다. 주로 수심 200~400미터의 동해 대륙 경사면 바닥에 서식하는데 모래나 자갈층인 곳에서 잡아들이는 대게를 으뜸으로 친다.

대게는 경북 영덕뿐 아니라 울진, 포항, 울산에서도 잡힌다. 우리 귀에 영덕대게가 익숙해진 것은 예전에 교통편이 좋지 않았을 때 동해안 여러 포구에서 잡은 대게를 전국으로 보내기 위한 집하장이 영덕에 있었기 때문이다. 사실 대게 생산량은 영덕군보다는 울진군이 더 많다고 한다. 울진군에서는 울진대게 홍보에 많은 노력을 기울이고 있다.

크기는 수컷은 갑각 폭이 187밀리미터, 암컷은 113밀리미터에 이른다. 암컷은 모

1 대게는 몸통에서 뻗어나간 다리 모양이 대나무처럼 곧아서 붙인 이름이다.
2 홍게는 대게보다 깊은 수심에 서식한다. 대게가 겨울이 제철이라면 홍게는 여름이 제철이다.

양이 둥그스름하여 크기가 커다란 찐빵만 하다고 빵게라고도 한다. 빵게는 알이 꽉 차고 맛이 뛰어나지만 자원보호를 위해 빵게를 잡아서는 안 된다. 대게 가운데 살이 꽉 찬 것은 살이 박달나무처럼 단단하다고 박달게라는 별칭으로 불리며 최고의 상품으로 대접받는다.

길거리나 포장마차에서 흔히 볼 수 있는 붉은 게는 대게와는 다른 홍게이다. 홍게는 수심 600~1,000미터의 동해 심해에서 많이 잡힌다. 대게의 껍데기가 얇고 황색을 띤다면 홍게는 껍데기가 두껍고 붉은색을 띠는 데다 살이 적다.

헤엄치며 이동하는 꽃게

꽃게는 우리나라 서해안의 중요한 수산자원 중 하나다. 수심 20~30미터 깊이의 바닥에 서식하는 꽃게는 긴 다리를 뻗치고 배가 물을 가르듯이 옆 방향으로 빠르게 헤엄친다. 그래서 꽃게의 영어명은 'Swimming crab'이다. 이들의 걷는 다리 중 맨 끝에 부채 모양의 넓적한 헤엄다리 한 쌍이 있어 헤엄치기에 적합하다.

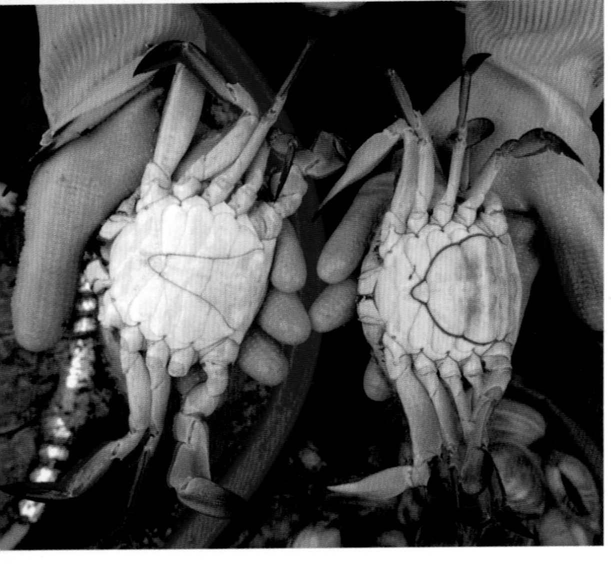

1
2

1 꽃게라는 이름은 우리말 곶串에서 유래한 것으로 보인다. 곶은 바다로 가늘게 뻗어 있는 육지의 끝부분을 이른다. 곶이 들어간 낱말의 예를 보면 지명으로는 장산곶, 장기곶 등이 있고, 양 끝이 뾰족한 괭이를 곡괭이(곶+괭이)라 하고, 막대기 모양의 끝이 뾰족한 얼음은 고드름(곶+얼음)이라 한다. 꽃게라는 이름도 가시처럼 뾰족하게 생긴 등딱지에서 유래한 것은 아닐까.

2 뒤집어 놓고 보았을 때 배마디가 뾰족한 쪽이 수컷(왼쪽)이며, 둥근 쪽이 암컷이다.

꽃게는 이 헤엄다리를 이용해 계절에 따라 적합한 수온을 찾아 서해안을 따라 남북을 오간다. 꽃게의 이동은 신비롭기만 하다. 9~10월이면 전남 신안군 가거도 이남까지 내려와 모래 속에서 겨울잠을 자다가 이듬해 3월이면 겨울잠에서 깨어나 산란을 위해 연안으로 이동하는데 4~5월이 되면 살이 다시 차올라 상품 가치가 가장 좋다. 여름철 산란기에는 조업할 수 없다. 이는 어족자원 보호를 위한 어민들 간의 합의이다.

일반적으로 꽃게는 암컷이 수컷보다 인기가 좋다. 암컷과 수컷의 구별은 게를 뒤집었을 때 배마디가 뾰족하면 수컷이고 둥글면 암컷이다. 크고 억세게 발달한 집게발도 꽃게의 중요한 특징이다. 집게발로 사람을 잘 물 수 있다. 실제로 꽃게는 자기 앞에서 걸리적거리는 것은 무엇이든 집게발로 잡으려는 성질이 있어 조심해야 한다.

서해안에는 산란을 위해 꽃게가 연안으로 이동하는 4~5월과 겨울을 나기 위해 남하하는 9~10월 두 차례 성수기가 형성된다. 봄철에는 잡히는 양은 적지만 맛이 좋고, 가을철은 대량으로 포획되어 포구에 풍성함을 가져다준다. 북한이나 중국 어선들이 남하하는 꽃게를 따라 우리나라 영해로 들어와 마찰을 빚기도 한다. 2002년 6월에 발생한 서해교전도 꽃게 어업권 등 서해안의 어업권을 둘러싼 측면도 없지 않다.

친숙한 먹을거리 참게

참게는 우리 조상들에게 참으로 친숙한 먹거리였다. 어업 방식이 현대화되기 전 대게나 꽃게는 쉽게 맛볼 수 없었지만, 민물에서 흔히 잡히던 참게는 광범위한 서식 환경과 뛰어난 맛으로 임금님 수라상에서부터 서민 밥상에 이르기까지 사랑을 받았다. "해남 원님 참게 자랑하듯 한다"라는 속담이 있다. 해남 원님이 누리는 호사 중 하나가 참게를 먹는 것이라고 했을 만큼 참게는 그 뛰어난 맛을 인정받았다.

참게는 갑각 폭이 70밀리미터 정도로, 민물에서 성장한 후 가을이

1 참게는 전형적인 게의 모습이다. 등 껍데기는 둥그스름한 사각형이며, 아이 손바닥만큼 크게 자란다. 임금님에게도 진상했기에 게 중에 으뜸이라 해서 참게라 불렸다. 그런데 참게는 폐디스토마의 제1숙주이므로 날것으로 먹으면 안 된다.

2 참게 자원량 확보를 위한 노력이 진행되고 있다. 부산시 수산자원연구소는 2014년 동남참게 종묘 생산에 성공한 이후 지속적인 방류 사업을 펼치고 있다.

되면 바다와 하천이 만나는 하구로 이동해 산란하고, 이곳에서 부화된 새끼 참게는 이듬해 봄에 다시 민물로 돌아온다. 알이 가득 찬 가을철에는 황소가 밟아도 등짝이 깨지지 않을 정도로 껍데기가 단단하고 맛있다. 선조들은 참게가 내려올 무렵 수수 다발을 꺾어 새끼줄로 잘 꿰어 엮은 다음 여울목에 늘어뜨려 놓아 수수를 따먹으려고 몰려드는 참게를 잡아들였다.

1980년대 이후 산업 폐수와 연안 매립 등으로 산란장이 파괴되어 거의 자취를 감추기도 했지만 최근 양식에 성공하면서 다시 참게를 접할 수 있게 된 것은 반가운 일이다.

다음은 『규합총서』에 소개된 게장 담는 방법으로 전통 방식을 가늠해볼 수 있다.

"검은빛이 도는 좋은 장을 항아리에 붓고, 쇠고기 큰 조각 두엇을 넣은 다음, 흙으로 항아리 밑을 발라 숯불에 달인다. 이렇게 하면 단내가 나지 않는다. 신선한 게를 잘 씻어 물기가 마른 후에 항아리에 넣고 달여놓은 장을 붓는다.

이틀 후 그 장국을 쏟아내고 다시 장을 달여서 식힌 다음 붓는다. 이때 입을 다물고 있는 게는 독이 있으니 가려내고 그 속에 씨를 뺀 천초를 넣고 익힌다. 이 게장에 꿀을 약간 넣으면 맛이 더욱 좋으며, 상하지 않고 오래 간다. 그러나 게와 꿀은 상극이니 많이 넣어서는 안 된다. 또한 게장에 불이 비치면 장이 삭고 곯기 쉬우니 등불을 멀리해야 한다."

온몸에 털이 나 있어 털게

"제철 털게는 대게보다 낫다."

내륙 지방 사람들에게는 약간 낯선 이름이지만 겨울이면 털게를 찾는 사람들이 늘고 있다. 차가운 물을 좋아해 동해 바다가 주산지이지만, 남해안에서도 활발한 조업이 이루어진다. 사실 동해에서 나는 털게와 남해에서 나는 털게는 다른 종이다. 남해에서 나는 털게의 정확한 이름은 왕밤송이게이다. 둘 다 털게과이면서 몸 전체가 작은 돌기와 털로 덮여 있어 구별이 어렵다.

자세히 살펴보면 털게는 비교적 크고 등딱지가 아래위로 둥근 편이며 털이 길고 억세다. 왕밤송이게는 털게보다 크기가 작고 등딱지가 오각형을 이루며 조금 더 얼룩덜룩한 모습이다. 지난날 함경도 사람들은 큰 털게를 잡아 껍데기에 처용을 그려 대문에 걸어두면 잡귀를 쫓아낼 수 있다고 믿었다. 붉은색 몸체와 툭 튀어나온 이마, 그리고 털이 나 있는 모양새 등은 귀신을 쫓아낼 정도로 예사롭지 않다.

어른 주먹 크기만 한 왕밤송이게를 쪄냈다. 이들은 동해에서 잡히는 털게와는 다른 종이다. 최근 자원량 감소로 과거 남해안에서 흔하게 잡히던 왕밤송이게가 귀하게 대접받고 있다.

남해가 주산지인 왕밤송이게는 초봄에만 잡힌다. 본격 조업 시기는 1~3월이며 수온이 오르는 6월 전후로 모래밭으로 기어 들어가 여름잠을 잔다. 그래서 이른 봄에만 맛볼 수 있는 귀한 어족자원이다. 왕밤송이게가 많이 잡히던 경남 거제도 사람들은 왕밤송이게를 '씸벙게'라는 애칭으로도 불렀다. '수염처럼 보송보송하고 꽃처럼 활짝 핀 모양의 게'란 뜻이다. 그도 그럴 것이 '씸벙게'를 쪄내면 꽃처럼 빨간 것이 둥글고 탐스럽다. 여기에다 등딱지 윗부분에 나 있는 두 가닥 긴 털은 꽃술을 닮았다. 영락없이 잔털이 부숭부숭한 꽃송이같이 보인다.

갯벌을 정화하는 엽낭게

낙동강 하구에 도요새가 많이 날아들어 도요등이라는 무인도가 있다. 새가 많이 찾는다는 것은 그만큼 작은 갑각류 등 새의 먹잇감이 풍부하다는 뜻이다. 섬에 내려 모래밭에 발을 디디면 일순간 모래밭 전체가 '꿈틀'거리는 듯 느껴진다. 숨을 죽이고 모래밭을 지켜보고 있으면 작은 엽낭게들이 빼곡히 머리를 내민다. 수만 마리에 이르는 작은 개체들이 동시에 구멍 속으로 몸을 숨겼다가 모습을 드러내는 동작을 반

수만 마리의 엽낭게가 동시에 모래 구멍을 오가면 모래밭 전체가 움직이는 듯 보인다.

복하기에 모래밭 전체가 움직이는 듯 보이는 것이다.

엽낭게는 갑각의 길이가 약 19밀리미터, 너비가 22밀리미터에 지나지 않는 작은 게로 조간대 모래밭에 깊이 50~70센티미터의 구멍을 파고 살아간다. 특이하게도 이들은 눈자루를 자유로이 세웠다 눕혔다 할 수 있다. 엽낭게는 구멍 속에 몸을 숨기고 잠수함의 잠망경처럼 눈자루를 세워 밖을 둘러보다가 조금이라도 위협을 느끼면 구멍 속으로 숨어든다. 머리 위로 불룩 튀어나온 눈으로는 몸을 돌리지 않고도 주위의 상황을 한꺼번에 살필 수 있으며, 다리에 있는 타원형의 고막으로는 미세한 소리까지 감지해낸다.

엽낭게가 모습을 감춘 곳에는 모래 알갱이들이 소복소복 쌓여 있다. 이는 엽낭게가 모래를 먹은 뒤 유기물은 걸러먹고 뱉어낸 흔적들이다. 엽낭게의 식생은 상당히 과학적이다. 유기물 범벅인 모래를 입으로 가져간 다음 입에서 머금은 물과 함께 소용돌이치게 하여 모래는 가라앉히고 물에 뜨는 가벼운 유기물은 걸러서 삼킨다.

능수능란하게 입 밖으로 뱉은 모래들은 작은 모래무지가 되는데 이런 과정을 반복하면서 모래를 깨끗하게 만드는 양이 하루에 자기 몸무게의 수백 배에 이른다고 하니 엽낭게의 갯벌 정화 능력은 실로 대단하다.

엽낭게란 둥글게 부풀어 오른 등 껍데기가 선조들이 허리춤에 차고 다니던 둥근 두루주머니인 엽낭(염낭)을 닮았다 해서 붙인 이름이다.

달랑달랑 걸어 다니는 달랑게

엽낭게와 함께 갯벌에서 흔하게 발견되는 종이 달랑게이다. 갑각 길이와 너비가 각각 20밀리미터 안팎인 달랑게는 집게다리 한쪽은 크고 다른 한쪽은 작은 탓에 몸의 중심이 제대로 잡히지 않아 뒤뚱거린다. 걸어가는 그 모습이 달랑달랑거리는 것처럼 보여 붙인 이름이다. 비대칭의 집게다리는 역할이 나누어져 있다. 집을 고치거나 영역 싸움을 할 때는 큰 집게다리를 이용하고, 먹이를 먹을 때는 숟가락질하듯 작은 집게다리를 이용한다.

달랑게의 집게다리 한쪽은 크고 다른 한쪽은 작아서 무게 중심이 맞지 않다. 그래서 이들의 걸어가는 모습은 좌우로 달랑달랑 흔들리는 듯 보인다.

달랑게는 야행성이다. 낮 동안 구멍 속에 머물다 밤이 이슥해지면 활동을 시작한다. 식생은 엽낭게와 비슷하며 엽낭게가 조간대 상부에 서식한다면 달랑게는 물이 거의 들지 않는 좀 더 위쪽의 모래에서 살아간다.

무사들의 투구를 닮은 투구게

투구게는 고생대 실루리아기(4억 3800만 년 전)에 등장해 중생대(2억 4500만~6600만 년 전)에 번성한 절지동물 검미목劍尾目에 속한다. 검미목은 꼬리 부분이 칼 모양을 닮아 붙인 이름이다.

몸은 칼 모양의 꼬리를 포함하여 머리가슴, 배의 세 부분으로 나뉜다. 영미권에서는 머리가슴 부분이 말발굽 모양을 닮았다 하여 '호스크랩Horsecrab'이라고 하며, 우리나라에서는 머리가슴 부분이 투구 모양이 연상되어 '투구게'라고 이름 지었다.

투구게는 고생대, 중생대를 지나 현재에 이르는 동안 그 모습이 변하지 않아 불가사리, 해파리, 앵무조개, 실러캔스 등과 함께 살아 있는 화석이라 불린다. 투구게는 화석 동물로서의 가치 이상으로 인류의 생명을 연장하는 데 크게 기여해 왔다.

투구게의 혈액에는 박테리아와 바이러스의 독성을 응고하는 성분이 있어 이를 이

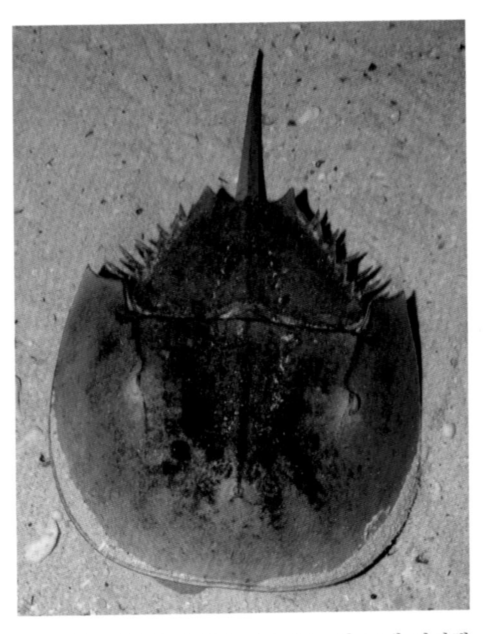

투구게는 인류의 생명을 연장하는 데 크게 기여했다. 투구게의 혈액에는 박테리아와 바이러스의 독성을 응고하는 성분이 있어 이를 이용하여 주삿바늘이나 수술용 의료 장비를 소독하는 약품이 개발되었다.

용하여 주삿바늘이나 수술용 의료 장비를 소독하는 약품이 개발되었다. 최근 투구게 혈액의 DNA 구조가 밝혀져 이 성분들을 인위적으로 합성하게 되었지만, 그전까지만 해도 이 혈액들을 직접 이용하기 위한 조업이 성행했다.

투구게의 알은 고단백질로 철새들의 훌륭한 먹잇감이다. 해마다 5월과 6월이면 미국 북대서양 연안의 델라웨어만에는 산란하려는 투구게와 북극으로 떠나기 전 이곳에서 투구게의 알을 먹으며 영양을 보충하려는 도요새가 모여들어 장관을 이룬다.

앞으로 걷는 밤게

선조들은 게가 바르게 걷지 못하고 옆걸음친다 해서 횡행개사라 이름 지었듯 대부분의 게들은 신체 구조상 옆으로 걷는다. 그러나 갯벌에서 흔하게 만나는 뻘물맞이게와 밤게는 앞으로 걷는다. 그럼 이들은 어떻게 앞으로 걸을까? 이는 바로 몸통과 다리의 연결 마디인 '바닥마디'와 '밑마디'의 구조가 다르기 때문이다. 일반적으로 옆으로 걷는 게들은 각 다리 사이의 연결 마디들이 서로 붙어 있어 앞으로 움직이면 간섭받기에 각 마디의 관절을 구부려 옆으로 움직인다. 그러나 이들은 각 다리의 연결 마디가 서로 간섭받지 않을 만큼 공간이 떨어져 있어 다리를 앞으로 움직여도 서로 부딪치지 않기에 앞으로 걸을 수 있다.

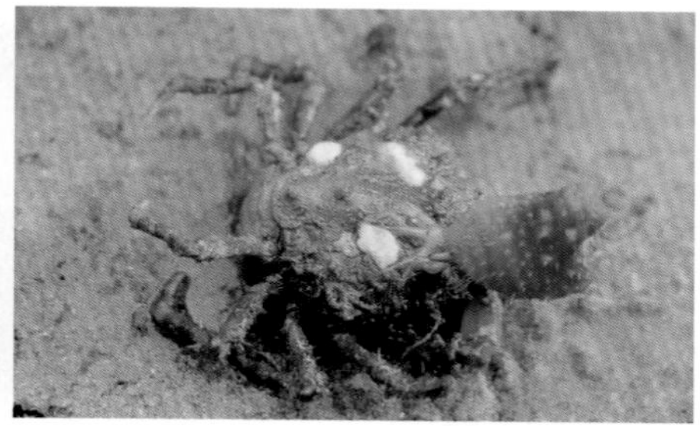

1 2

1 밤게는 갑각 생김새가 밤알처럼 보여 붙인 이름이다. 갯벌에서 흔하게 발견된다. 사진은 밤게가 교미하는 모습이다. 이들은 특이하게 서로 마주 보고 껴안은 채 교미한다.

2 뿔물맞이게가 갑각 위에 있는 뿔처럼 생긴 돌기에 멍게 포자를 얹어서 자신의 몸을 위장하고 있다. 이들은 돌기에 바닷말을 붙여 위장하기도 한다. 물맞이게란 갯벌에서 바다를 향해 걸어가는 모습이 마치 물을 맞이하는 듯 보여서 붙인 이름이다. 이들은 가느다란 다리를 앞뒤로 움직여 뒤뚱뒤뚱 앞으로 걸어간다.

4,500여 종의 게 중에 상당수는 앞으로 걷기도 하고 심지어 새우처럼 뒤로만 걷기도 한다. 앞으로 걷거나, 뒤로 걷는 게들은 주로 바닷속에서 살아가기에 걷는 모습을 관찰하기가 어렵다. 우리 주변의 게들만 보고 게는 옆으로 걷는다는 고정관념을 가지는 것은 잘못이다.

민가 부엌을 뒤지는 도둑게

무늬가 예쁘고 선명한 도둑게는 육상생활을 한다. 갯벌 가장 위쪽에 살면서 밤이면 민가 부엌까지 기어 들어가 음식물을 훔쳐 먹는다 해서 도둑이라는 이름이 붙었다. 도둑게의 가장 큰 특징은 색깔이다. 집게발은 진한 붉은색을 띠고 있다. 몸빛도 바탕은 어두운 청록색이지만, 이마의 앞면과 옆 가장자리에 황색이나 붉은색이 나타나고, 때로는 갑각 전면이 붉은색인 개체도 볼 수 있다.

1 바위게과에 속하는 풀게이다. 위협을 느끼면 바위틈이나 돌 밑으로 재빠르게 숨는다. 암컷은 갑각 아래에 알을 품고 있고, 수컷의 집게다리에는 털이 나 있는데 이 털 다발이 풀처럼 보여 풀게라는 이름을 붙였다.

2 해면게는 열대와 아열대 바다에서 발견되는 야행성 게이다. 자신의 몸을 숨기기 위해 갑각 위에 해면을 짊어지고 있는데 움직이지 않으면 찾아내기가 어렵다.

3 농게 수컷은 한쪽 집게발이 유난히 크게 발달해 있다. 수컷은 이 집게발로 자신의 세력권을 방어하고 다른 수컷과의 번식 경쟁에 나선다. 다른 한쪽 집게발은 먹이를 긁어먹기 좋게 끝이 숟가락 모양으로 변형되어 있는데, 암컷의 경우 양쪽 집게발이 모두 이런 형태이다. 농게의 몸은 길이보다 너비가 긴 상자 모양이다. 『우해이어보』에는 농게를 변편蝙蚄으로 기록하고, 기형적으로 생긴 모양새가 이상하게 보여서인지 독이 있어 먹지 못한다고 했다.

1 | 2 | 3

도요새를 살찌우는 칠게

우리나라 펄 갯벌에서 흔하게 발견되는 칠게는 서렁게, 찍게, 활게 등 이름이 다양하다. 수컷은 갑각 길이 약 25.5밀리미터, 갑각 너비 약 39.5밀리미터로 갑각은 앞쪽이 약간 넓은 사다리꼴이며 집게발은 하늘색이나 주황색을 띤다. 외형적인 특징으로는 몸이 짤막하고, 눈자루가 길게 튀어나와 있다. 등껍질은 작은 돌기와 털로 덮여 있는데, 항상 진흙이 묻어 있어 누렇게 보인다.

칠게의 집게발은 힘이 약해 적을 방어하기에 적합하지 않다. 대신 끝이 숟가락처럼 변형되어 진흙을 잘 떠먹을 수 있다. 칠게로 게장을 담가 먹거나 갈아서 밥에 비벼 먹기도 하고, 낙지잡이를 할 때 미끼로도 쓰이며, 도요새 등 우리나라를 거쳐 가는 철새들에게 꼭 필요한 먹이다.

1	2
3	4
5	6

1 거미게는 거미처럼 다리가 가늘고 길어서 붙인 이름이다.

2 갯벌에서 흔하게 관찰되는 길게는 다른 게에 비해 갑각이 좌우로 길쭉하다. 길게는 칠게와 함께 갯벌을 찾는 철새들의 훌륭한 먹잇감이다.

3 만두게는 만두처럼 생겼다. 주로 아열대와 열대 해역 산호초 지대에서 발견되는 야행성이다.

4 조간대 상부에 사는 바위게는 최대 갑각 너비가 48밀리미터 정도인 작은 게이다. 위협을 느끼면 재빠르게 바위틈 사이로 숨어든다. 바위게는 아가미와 입 주변에 있는 수분으로 오랫동안 공기 중에서 살 수 있다. 바위게는 조간대 갯바위를 오가는 게라는 뜻으로 붙인 이름이다.

5 알통게는 갑각에 비해 큰 집게발이 알통을 닮았다 해서 붙인 이름이다.

6 청게(톱날꽃게)는 민물과 바닷물이 만나는 곳에서 살아가는 게로 낙동강 하구가 주 서식지이다. 갑각이 푸르스름한 색을 띠어 청게라고 하는데 학명은 갑각 가장자리가 톱날처럼 생겼다 해서 톱날꽃게이다.

살아 있는 게나 새우 등 갑각류의 껍데기 속에는 분해되기 어려운 붉은색의 클러스터세올빈과 황색을 띠는 헤파토크롬이 있으며 열이나 산, 알칼리에 분해되기 쉬운 녹청색의 시아노크립탄이라는 세 가지 색소가 들어 있다. 갑각류에 열을 가하면 시아노크립탄이 분해되어 클러스터세올빈으로 변화하는데 이 붉은 색소에 원래부터 들어 있던 황색의 헤파토크롬이 함께 작용하여 몸 색이 주황색으로 변한다.

게 등 갑각류에 열을 가하면 몸 색이 주황색으로 변하는 것은 갑각에 있는 세 가지 색소가 상호작용을 하기 때문이다.

집을 짊어지고 다니는 집게

바다동물 중에는 포식자의 공격을 막아내기 위해 자신의 딱딱한 신체 구조를 이용하는 종이 더러 있다. 바다거북은 견고한 등딱지 속에 몸을 숨기고, 바닷가재 같은 갑각류와 조개류는 단단한 껍데기가 있다. 어류 중에는 비늘이 변형된 딱딱한 외피를 덮어 쓴 종도 발견된다. 그런데 이들과 달리 집게는 방어 수단을 자신의 몸 밖에서 찾았다. 바로 딱딱한 고둥 껍데기를 이용하는 방법이다.

고둥 껍데기를 짊어지고 다니는 집게

해수면 아래 얕은 바닥, 한 무리의 고둥 사이로 뒤뚱뒤뚱 움직이는 고둥이 보인다. 조심스레 집어 보면 빈 껍데기 속에 집게가 들어 있다. 위협을 느낀 집게는 돌출된 두 눈과 몸을 고둥 껍데기 속으로 부리나케 집어넣고 오른쪽 큰 집게발로 입구를 막는다. 그 동작의 민첩함이 "마파람에 게 눈 감추듯 하다"는 말을 실감케 한다.

집게Hermit crab는 자기 몸집만 한 고둥 껍데기를 짊어지고 다니다가 몸집이 커지면 살던 집을 버리고 다른 집을 찾는다. 이러한 고둥과 집게의 관계는 평생 한곳에 정착하지 못하고 떠도는 방랑자 집게와 껍데기만 남은 몸으로 집게를 감싸 안다가 결국 버림받고 마는 고둥을 의인화하여 이기적이면서도 슬픈 사랑 이야기로 엮어지기도 한다.

그러나 집게가 고둥 껍데기 속에 들어가 사는 것에는 슬픈 사랑도 낭만도 없다. 단지 부드러운 살이 그대로 노출된 말랑말랑한 배를 보호하기 위한 본능만 있을 뿐이다. 집게는 여느 갑각류처럼 외골격 전체가 딱딱하게 석회질로 되어 있지 않다. 머

1 집게는 말랑말랑한 배 부분을 보호하기 위해 딱딱한 고둥 껍데기 속에 몸을 숨긴 채 살아간다.
2 집게는 위협을 느끼면 고둥 껍데기 속으로 몸을 숨긴 후 오른쪽 큰 집게발로 입구를 막는다.

리와 다리는 딱딱한 껍데기나 가시 같은 털에 싸여 있지만 배 부분은 얇은 막으로 싸여 있어 포식자들의 공격에 무방비 상태다. 그래서 이 연약한 부분을 보호하기 위해 딱딱한 고둥 껍데기를 이용할 뿐이다.

이사를 다녀야 하는 집게

여느 갑각류는 몸집이 커지면 탈피 과정을 거치지만 탈피를 하지 않는 집게는 몸집이 커지면 좀 더 큰 고둥 껍데기로 옮겨 가야 한다. 그러다 보니 살던 집을 떠나 다른 집으로 옮기는 순간이 집게의 일생에서 가장 위험한 순간이다. 연약한 배 부분이 그대로 노출되기 때문이다.

집게가 이사 가는 장면을 관찰하기 위해 집게 앞에다 조금 큰 고둥 껍데기를 놓아 보았다. 앞에 놓인 고둥 껍데기에 다가간 집게는 몸에 비해 비대칭적으로 큰 집게발로 입구의 크기를 가늠하며 탐색전을 벌였다. 어느 정도 탐색을 끝낸 집게는 결심이라도 한 듯 민첩한 동작으로 살던 집에서 빠져나와 새집에 몸통을 밀어 넣었다. 집게 배 앞의 작은 다리는 갈고리 모양이다. 고둥 껍데기 안으로 들어가면 갈고리 모양의 작은 다리를 고둥 안벽에 걸어 버린다. 일단 다리를 걸고 자리를 잡으면 아무리 잡아당겨도 끌어낼 수 없다. 다리를 얼마나 단단하게 고둥 안벽에 걸고 있는지, 몸이 끊어지면 끊어졌지, 그 결속을 풀지 않는다.

집게의 부드러운 배 부분은 비대칭이며 오른쪽으로 뒤틀려 있다. 다섯 쌍의 다리 중 첫 번째 쌍은 집게chela발을 이루도록 변형되어 있는데 오른쪽 것이 더 크다. 집게는 두 번째와 세 번째 쌍의 다리를 이용해서 걸어 다니며, 배 앞에 있는 갈고리 모양의 마지막 작은 다리 한 쌍은 패각의 중심 원추를 움켜잡는 데 사용한다.

말미잘과의 공생

집게 중에는 바위에 달라붙은 말미잘을 떼어내 제 등에 짊어지고 다니는 부류도 있다. 이는 서로에게 이득을 주는 상리공생 관계이다. 게 입장에서는 무성한 말미잘 촉수가 자신을 숨겨줄 뿐 아니라 촉수에 있는 자세포를 방어용 무기로 사용할 수도 있다. 낙지나 문어 등 집게를 포

살고 있던 고둥 껍데기에서 빠져나온 집게가 새집으로 옮기는 장면이다. 먼저 큰 집게발로 고둥 껍데기 입구 크기를 가늠한 집게는 재빠르게 빠져나와 새집에다 길쭉한 배부터 밀어 넣는다. 집게 마지막 작은 다리 한 쌍이 갈고리 모양이라 고둥 안벽에 걸고 자리를 잡으면 아무리 잡아당겨도 끌어낼 수 없다.

욕심 많은 집게가 여러 개의 말미잘을 고둥 껍데기에 붙여 몸을 은신하고 있다. 말미잘 입장에서도 나쁠 것은 없다. 집게를 따라다니며 세상 구경을 하는 것도 흥미로울 만하다.

식하는 동물들에게 말미잘이 쏘아대는 자포는 거추장스러운 장애물일 것이다.

말미잘 입장에서도 손해 볼 건 없다. 기동력이 있는 게의 등을 타고 다니는 격이니 위험하거나 마음에 들지 않는 환경에서 쉽게 벗어날 수 있고, 한군데 붙어사는 다른 말미잘에 비해 먹이 사냥에 유리하기 때문이다. 말미잘을 짊어지고 다니는 집게를 말미잘집게라고 한다.

엄청난 크기의 야자집게

집게라 하면 손가락 크기만 한 작은 개체를 생각하기 쉽지만 집게 중에는 7킬로그램이 넘는 무게에 다리를 폈을 때 길이가 1미터에 이르는 종도 있다. 바로 야자나무에 기어오르고 야자열매류를 주식으로 하는 '야자집게'가 주인공이다. 야자집게는 땅 위에서 교미를 하고 암컷은 배에 알을 품고 있다가 만조에 맞춰 바닷가에서 부화한 알을 내보낸다. 부화한 알은 바닷물에 휩쓸려 들어가 바닷속에서 유생기를 지낸다.

야자집게가 성장하면서 덩치가 커지면 더 이상 몸을 숨길 수 있는 고둥 껍데기를 찾을 수 없다. 이때부터 이들은 바다가 아닌 땅 위로 올라와 야자나무에 기어올라서 몸을 숨긴다.

유생기 때는 말랑말랑한 배 부분을 보호하기 위해 다른 집게처럼 고둥 껍데기에 의존하지만 성체가 되기 전에 바다를 떠나야 한다. 덩치가 너무 커지면 바닷속에서 자신의 몸을 숨길 만한 고둥 껍데기를 찾을 수 없기 때문이다. 땅 위로 올라온 야자집게는 급속도로 덩치가 커지면서 수중생활 기능을 잃게 된다. 이후부터는 몸을 보호하기 위해 땅을 파서 생긴 굴이나 바위 구멍을 둥지로 삼거나 야자나무 위로 올라가 몸을 숨긴다.

귀중한 식량자원, 새우

선조들은 새우를 보잘것없고 힘없는 상징적 동물로 여겨 왔다. 이러한 생각은 새우가 등장하는 속담들에서 잘 드러난다. 강한 자들 싸움에 공연히 약한 자가 끼어들어 해를 입음을 비유해 "고래 싸움에 새우 등 터진다"라 했고, 약한 사람에게 무리하게 큰 벌을 준다는 뜻으로 "새우가 벼락 맞은 꼴"이라 했으며, 몹시 인색한 사람을 두고는 "새우 간을 빼 먹겠다"라 했다. "새우도 반찬이다"라는 말은 보잘것없어 보이는 것도 나름대로 쓸모가 있다는 뜻이고, "새우로 잉어를 잡는다"라는 말은 작은 밑천으로 큰 이득을 얻는다는 뜻이다. "새우 벼락 맞고 허리 꼬부라질 때 이야기"는 까맣게 잊어버린 지날 일을 새삼스럽게 들추어내서 기억나게 하는 쓸데없는 행동을 비유적으로 이르는 말이다.

새우는 전 세계적으로 2,500여 종이 분포한다. 몸은 머리, 가슴, 배의 세 부분으로 나뉘며 다리가 열 개여서 게나 집게 같은 절지동물문 십각목에 속한다. 이들은 크게 헤엄칠 수 있는 부류와 기어 다닐 수 있는 두 부류로 나뉜다. 헤엄을 치는 부류는 몸이 좌우로 편평한 보리새우 등 작은 새우류가 포함되며, 기어 다니는 부류에는 몸의 등과 배 쪽이 납작한 닭새우류가 포함된다.

많은 종의 새우가 능숙한 솜씨로 헤엄칠 수 있지만 연안의 수중 암초 지대에서 관찰할 수 있는 새우는 거의 기어 다니는 종이다. 헤엄치는 새우는 먼바다에서 살기 때문이다. 헤엄치는 새우는 꼬리와 배의 근육을 수축시키며 앞으로 나아가고, 위급할 때는 배를 굽혔다 펴는 동작을 반복하며 재빠르게 뒤로 물러날 수도 있다. 새우의 뒤로 물러나는 특성은 기어 다니는 새우에게서도 발견된다.

다양한 종의 새우

새우는 작은 물고기부터 고래에 이르는 수많은 해양동물뿐 아니라 사람들에게도 귀중한 식량자원이다. 다양한 종의 새우 중 우리에게 익숙한 것으로는 대하, 보리새우, 젓새우, 펄닭새우, 닭새우 등을 들 수 있다.

- 대하: 몸길이가 27센티미터 전후로 서해 어족자원 중 최고급 종이다. 매년 가을 안면도 등 서해안 지방에서는 대하 축제가 열린다. 굵은 소금 위에 살아 있는 대하를 올려놓고 구워 먹는 맛이 일품이다.
- 보리새우: 고급 횟감이기도 한 이 새우는 싱싱하여 '펄떡펄떡' 뛰는 모양에 빗대어 일본말로 춤을 춘다는 뜻의 '오도리'라는 이름이 붙었다.
- 젓새우류: 몸길이 4센티미터 전후의 작은 새우로 젓갈을 담그는 데 사용한다. 새우젓은 육젓과 추젓이 널리 알려져 있다. 육젓은 음력 6월에 잡은 새우로 담근 젓갈로 담백하고 비린내가 적어 새우젓 중 최고로 꼽힌다. 추젓은 음력 8월에 잡은 새우로 담근 것으로 김장용 젓갈에 쓰인다.

  육젓은 고급 젓갈로 맛이 뛰어나 추젓보다 비싸다. 육젓, 추젓 등 바다새우 말고 민물새우로 담근 젓갈을 토하젓이라 한다. 흔히 새우젓이 돼지고기와 음식궁합이 맞는다고 한다. 사람들이 지방을 먹으면 췌장에서 리파아제라는 효소가 작용해 지방을 분해한다. 새우젓에는 지방분해효소인 리파아제가 다량 함유되어 있어 지방 성분이 많은 돼지고기를 소화하는 데 도움을 주기 때문이다.
- 산호새우: 산호초 지대에서 흔히 볼 수 있으며 몸 색이 화려하다. 이들은 산호나 말미잘과 공생하며, 이곳으로 찾아오는 물고기들에게 클리닉 서비스를 제공할 뿐 아니라 산호나 말미잘에 붙어 있는 성가신 찌꺼기 등을 처리해준다. 이러한 이유로 산호새우를 청소새우라고도 한다.
- 만티스새우: 열대와 아열대 해역에서 살아가며, 앞발을 세우고 있는 모습이 사마귀(만티스)를 닮았다. 이들은 외부 침입자를 만나면 날렵한 권투선수가 주먹을 날리듯 곤봉처럼 생긴 앞발을 쭉 뻗는데 그 파괴력이 엄청나다. 조개를 사냥할

1 대하는 서해 어족자원 중 최고급 종으로 매년 가을 안면도 등 서해안에서는 대하 축제가 열린다.
2 보리새우는 고급 횟감으로 대접받는다. 꼬리 부분의 색깔이 잘 익은 보리를 닮아서 붙인 이름이다.
3 젓새우는 작은 새우로 젓갈을 담그는 데 사용한다.
4 산호초 틈에 끄덕새우들이 무리를 이루고 있다.
5 만티스새우는 앞발을 세우고 있는 모습이 사마귀(만티스)를 닮았다.
6 말미잘새우가 말미잘 촉수 위를 기어 다니고 있다. 말미잘새우는 말미잘 촉수의 독으로부터 면역력이 있어 이곳을 보금자리로 삼는다.

1	2
3	4
5	6

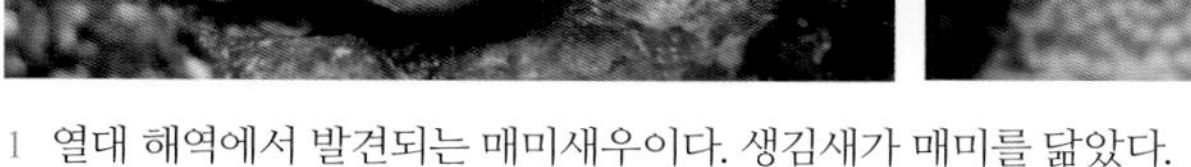

1 열대 해역에서 발견되는 매미새우이다. 생김새가 매미를 닮았다.
2 청소새우가 곰치 입 안을 청소하고 있다.
3 몸에 새겨진 무늬가 기괴해서 할로퀸이란 이름이 붙었다. 수중사진가들에게 인기가 있는 종이다.

때는 날렵하게 앞발을 뻗어 껍데기를 깨뜨린 후 조갯살을 포식한다. 사람도 만티스새우의 펀치에 제대로 맞으면 손가락이 골절될 정도이다.

닭새우

십각목 닭새우과에 속한 갑각류의 총칭이다. 이 중 흔히 닭새우라 부르는 스피니 랍스터Spiny lobster, *Panulirus japonicus*는 굵직한 몸통 등이 바닷가재와 흡사해 랍스터 *Homarus americanus*로 통칭하지만, 분류상 다른 종이다.

인도네시아 마나도 해역에서 닭새우를 만났다. 스쿠버다이빙 도중 바위틈에 몸을 숨긴 닭새우를 만나는 것은 흥미로운 경험이다.

이 둘을 쉽게 구별하는 방법은 집게발이 없고 더듬이가 굵으며 가시가 많으면 스피니랍스터이고, 집게발이 크고 더듬이가 가늘면 바닷가재이다. 닭새우는 대형 갑각류로 예로부터 식용으로 많이 쓰였다. 현재 식용으로 인해 그 수가 많이 줄어 양식법을 개발하는 중이다. 닭새우는 이름처럼 머리 부분이 닭의 벼슬을 닮았다.

바닷가재

일반적으로 커먼랍스터Common Lobster라 불리는 가시발새우과의 종*Homarus americanus*으로 몸길이가 30~60센티미터, 몸무게가 0.5~1킬로그램에 이르고 유럽산은 대체로 이보다 작다. 머리에 촉각이 두 쌍 있다. 눈은 겹눈으로 한 쌍의 눈자루 위에 있으며, 촉각과 눈자루를 움직여 먹이를 찾거나 적을 경계한다.

관절이 있는 다리 5쌍 가운데 4쌍은 걷는 다리이고 나머지 한 쌍이 집게다리이다. 집게다리는 대개 한쪽이 크고 다른 한쪽은 작다. 먹이를 찢거나 으깨는 역할을 한다. 커먼랍스터는 미국 북동부의 메인Main주 해안에서 많이 잡힌다 해서 메인랍스터Main Lobster라고도 한다.

딱총새우

'딱~ 딱' 총소리를 낸다 해서 이름 붙인 딱총새우Pistol shrimp 또는 Snapping shrimp는 몸길이 20~70밀리미터인 소형 해양 무척추동물이다. 몸은 갑각으로 덮여 있고, 다리가 열 개 있어 절지동물문, 갑각강, 십각목에 속한다. 딱총새우의 제1가슴다리는 큰 집게발과 작은 집게발로 이루어져 있다. 큰 집게발을 잃게 되면 작은 집게발이 다시 큰 집게발로 자란다.

전 세계적으로는 600여 종이, 우리나라에는 매끈손딱총새우*Betaeus gelasinifer*를 비롯해 25종이 서식한다. 작은 새우류이지만 큰 집게발을 기능적으로 이용해 내는 소리는 약 218데시벨이나 되어 1킬로미터 떨어진 곳에까지 들릴 정도이다. 고요한 바닷속에 울리는 딱총 소리에 잠수함을 감지하는 해군의 음파 감지 시스템이 혼란에 빠지기도 한다. 그럼 딱총새우는 어떤 방식으로 소리를 낼 수 있을까?

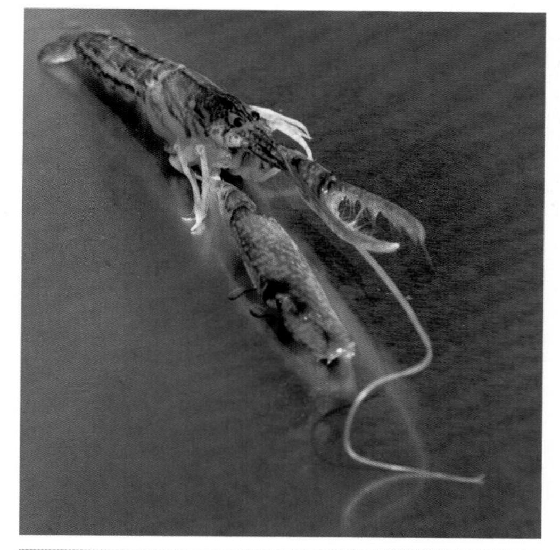

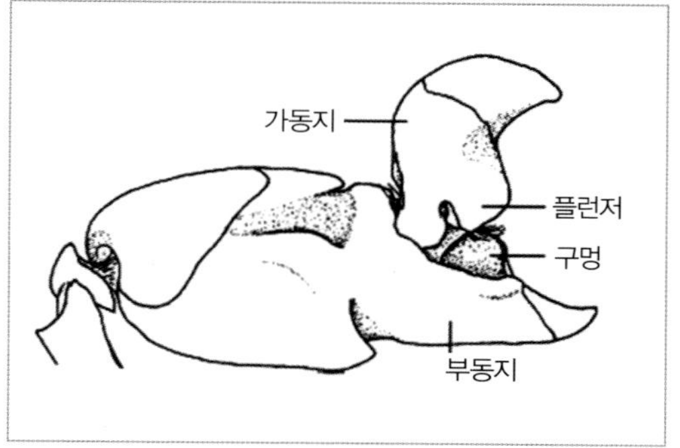

1 딱총새우는 비대칭적으로 큰 집게발의 가동지, 부동지, 플런저 구조를 이용해서 소리를 낸다.

2 딱총새우는 가동지에 있는 플런저가 부동지의 구멍에 꽂히면서 순간적으로 부동지 구멍 속에 차 있던 물이 튀어나와 고압과 고온의 기포를 만들어낸다.

딱총새우는 집게발이 비대칭이다. 큰 집게발에는 위아래로 움직일 수 있는 가동지와 전혀 움직일 수 없는 부동지, 그리고 가동지에는 어금니처럼 튀어나온 플런저plunger가 있다. 목표물을 발견한 딱총새우는 천천히 적당한 자리를 잡아 목표물을 조준한 다음 큰 집게발을 세게 닫는다. 그러면 가동지에 있는 플런저가 부동지의 구멍에 꽂히면서 순간적으로 부동지 구멍 속에 차 있던 물이 튀어나온다. 이때 목표물을 향해 고압의 기포가 고속으로 날아가게 되는데 순간적으로 기포의 온도가 섭씨 4,700도까지 올라간다. 날아간 기포의 부피는 최대로 팽창하면서 결국 터지는데, 이 기포의 폭발 과정에서 딱총 소리가 나온다. 충격파의 속도는 시속 100킬로미터 정도이며 발사 지속시간이 마이크로초(1초의 100만분의 1) 단위로 워낙 짧고 빨라 육안으로는 폭발 과정을 볼 수가 없다.

딱총새우는 이 소리를 이용해 먹이 사냥을 하며 포식자의 위협에서 벗어난다. 흥미로운 것은 무시무시한 무기를 지닌 이들이 문절망둑과 상리공생 관계에 있다는 점이다. 얕은 수심의 모랫바닥을 살피면 문절망둑과 더불어 살아가는 작은 굴을 발견할 수 있다. 조금 떨어진 곳에서 지켜보고 있으면 문절망둑과 딱총새우가 굴 밖으로 머리를 내민다.

조금이라도 위협을 느끼면 문절망둑이 굴속으로 재빠르게 몸을 숨기고, 시력이 거의 없는 딱총새우도 문절망둑의 낌새를 감지하고 뒷걸음쳐 굴속으로 몸을 숨긴다.

딱총새우와 문절망둑은 서로에게 도움을 주며 함께 살아가는 상리공생 관계이다. 딱총새우가 쉴 새 없이 굴속의 흙을 퍼 나르며 보금자리를 만드는 동안 문절망둑은 보초를 서는 듯 주변을 경계한다.

시간이 조금 지나 문절망둑이 다시 머리를 조심스레 내밀며 경계 자세를 취하고 뒤이어 딱총새우가 모습을 드러낸다. 문절망둑은 먹이 사냥과 함께 외부의 침입을 경계하는 파수꾼 역할을 하며, 딱총새우는 쉴 새 없이 굴을 뚫고 유지하는 등 보금자리를 가꾸는 역할을 하기에 이들의 공생은 원만하게 유지된다.

보릿고개를 넘던 따개비

따개비는 조간대에서 살아가는 바다동물 중 흥미로운 관찰 대상이다. 유생기 때 바닷속을 떠다니다 살기에 적합한 갯바위 등을 만나면 강력한 부착력으로 달라붙는다. 따개비와 함께 갯바위에서 살아가는 담치와 굴 등도 만만치 않은 부착력을 선보이지만 따개비를 따라갈 수가 없다.

따개비가 평생을 한자리에 붙어서 산다고 이들의 삶이 정적이고 단조롭다고 생각하면 큰 오해이다. 한 번이라도 따개비의 사냥 모습을 관찰하고 나면 따개비만큼 부지런하고 치열하게 사는 바다동물도 드물다는 생각을 하게 될 것이다.

이들은 공기 중에 노출되었을 때는 수분 증발을 막기 위해 껍데기 입구를 꼭 닫은 채 버티다가, 몸이 물에 잠기면 순간적으로 입구를 열어 넝쿨같이 생긴 여섯 쌍의 만각蔓脚을 휘저어 조류에 실려 온 플랑크톤을 잡아낸다. 입구를 여닫고, 만각을 뻗어내서 휘젓는 일련의 동작들은 상당히 민첩하다. 만각을 휘저을 때도 일정한 패턴이 있다. 파도에 의해 물이 밀려오는 방향으로 한 번 휘저은 다음 180도 돌려 물이 빠져나가는 방향을 향해 다시 휘젓는다. 그냥 대충 휘젓는 것이 아니라 만각을 오므렸다 폈다 하는데 이 모양새가 마치 손으로 플랑크톤을 잡아채는 듯 보인다.

따개비류는 겉모습만 보고 연체동물인 조개와 같은 종으로 생각하기 쉽지만, 이들의 만각에는 마디가 있어 새우나 게와 같은 절지동물로 분류된다.

더욱이 만각은 새우나 곤충, 게나 거미와 같은 절지동물의 외골격을 형성하는 키틴질로 덮여 있다. 따개비가 절지동물 중에서도 갑각류에 속한다는 사실은 따개비의 어린 시절을 살펴보면 좀 더 확실해진다. 수정란이 발생하기 시작하면 노플리우스

nauplius(갑각류의 초기 유생)이 되는데, 따개비의 노플리우스는 다른 갑각류와 공통된 형질을 지니고 있으며, 성장하면서 탈피를 한다는 점도 갑각류의 일반적인 특징과 일치한다.

부착성이 강한 따개비는 해안가 바위뿐 아니라 선박이나 고래, 바다거북의 몸에도 석회질을 분비해 단단히 들러붙어 일생을 지낸다. 그런데 이들은 번식을 위해 교미한다. 움직일 수 없는 따개비가 어떻게 배우자를 찾아 교미를 할까? 암수한몸인 이들은 교미침이라는 길고 유연한 생식기로 문제를 해결한다. 여러 개체가 가까이 붙어서 살아가기에 옆에 있는 개체를 향해 교미침을 뻗어 정액을 주입한다. 이때 상대도 암수한몸이니 구태여 성별을 가릴 필요는 없다.

따개비가 몸에 물이 잠기자 만각을 휘둘러 먹이 사냥을 하고 있다. 따개비는 만각에 마디가 있어 절지동물로 분류된다.

향토 특산물로 재조명받는 따개비

따개비는 좀 성가신 존재이다. 물놀이를 마치고 밖으로 나올 때 날카로운 껍데기에 베이기도 하고, 선박에 달라붙으면 선체 저항을 높여 운항 속도를 떨어뜨리기도 한다. 그러나 먹을거리가 부족하던 시절, 따개비는 고마운 존재였다. 가을걷이 후 봄보리가 날 때까지 굶주리던 '보릿고개' 때 갯바위에 통통하게 살이 오른 따개비는 갯마을 사람들의 삶을 지탱해 주는 동반자였다. 굶주리던 시절에 먹던 음식들이 지금에 와서는 향토 음식이 되어 향수를 불러일으키듯, 이른 봄 남해안 도서지방에서는 갯내음이 물씬 풍기는 따개비밥과 따개비국이 특산물이 되어 봄나물과 함께 미각을 자극한다.

따개비밥은 지난날 보릿고개를 함께 한 갯마을의 동반자였지만 지금은 향토 음식이 되어 각광 받고 있다.

거북의 다리를 닮은 거북손

거북손은 조간대 하부 바위틈에서 자라는 절지동물로 완흉목 거북손과의 만각류로 분류된다. 자루형인 몸은 길이가 4센티미터, 너비는 5센티미터 정도이다. 32~34개의 석회판으로 덮여 있는 머리 부분이 거북의 다리처럼 생겼다. 지역에 따라 거북다리, 부채손, 검정발, 보찰寶刹 등 다양하게 불린다. 보찰은 불교에서 극락정토 또는 사찰을 의미한다. 선조들은 바닷속에 극락정토를 의미하는 용궁이 있고, 바다거북을 인간세상(차안)과 용궁(피안)을 연결하는 사신으로 생각하곤 했다.

이렇듯 갯바위에 붙은 작은 바다동물에 보찰, 거북손 등 상서로운 이름을 붙인 것이 흥미롭다. 정약전 선생은 『자산어보』에 "오봉(다섯 개의 봉우리)이 나란히 서 있는데 바깥쪽에 있는 두 개의 봉우리는 낮고 작으나 다음의 두 봉을 안고 있으며, 그 안겨져 있는 두 봉은 가장 큰 봉으로서 중봉을 안고 있다"라며 마치 한 폭의 산수화를 감상하듯 묘사하며 거북손을 '오봉호五峯蠔'라 기록했다.

청정해역의 지표동물 거북손

거북손은 우리나라 전 해안에 걸쳐 분포한다. 그러나 담수의 영향이 미치는 서해안에서는 거의 발견되지 않는다. 절지동물로 분류되는 거북손은 몸 바깥쪽에 석회질을 분비해서 이루어진 단단한 다섯 개의 각판으로 몸을 보호하기에 갑각강에 속한다. 머리 부분 각판이 황회색의 긴 삼각꼴이라면 자루 부분은 석회질이 잔 비늘로 덮여 있고 암갈색을 띤다. 다섯 개의 각판 표면에는 성장선이 뚜렷하게 나 있다. 이 각판 밑에는 작은 각판이 둥글게 있는데 이것이 자루까지 연결되어 있다.

절지동물로 분류되는 것은 따개비처럼 플랑크톤을 걸러 먹기 위해 머리 쪽에서 나오는 넝쿨 모양의 좌우 여섯 쌍 다리(만각)에 마디가 있기 때문이다. 거북손은 한번 부착하면 이동할 수 없다. 따개비류가 몸의 수분 증발을 막기 위해 위쪽의 판을 단단히 닫을 수 있어 썰물 때 물 밖으로 노출되는 조간대 상부에까지 살 수 있다면, 거북손은 판이 완전히 닫히지 않아 조간대 하부나 수분 증발을 막아줄 수 있는 그늘진 바위틈에서 살아간다.

따개비처럼 암수한몸인 이들은 교미침이라는 길고 신축성 있는 생식기를 이용해 근처에 있는 다른 개체의 몸 안에 정액을 주입하는 방식으로 교미한다. 수정란은 노플리우스기를 거쳐 성숙되는 순서대로 방출된다.

방출된 제1기 노플리우스 유생은 짧은 시간에 2기 유생이 되면서 탈피와 동시에 변태하여 키프리스 cypris(따개비류의 노플리우스와 메타노플리우스metanauplius기에 이어 나타나는 유

거북손은 따개비와 달리 몸의 수분 증발을 막기 위해 위쪽의 판을 단단히 닫을 수 없어 조간대 하부나 수분 증발을 막아줄 수 있는 그늘진 바위틈에서 살아간다.

거북손은 교미침을 이용해 옆에 있는 개체에 정액을 주입하는 방식으로 번식한다. 이들이 다닥다닥 붙어서 살아가는 것은 짝을 쉽게 찾기 위함일 수도 있다.

생) 유생이 된다. 키프리스 유생은 하루 이틀 정도 바닷물을 떠다니다가 갯바위 등 적당한 부착 물질을 발견하면 바로 부착한다. 한번 부착한 거북손은 일생을 한자리에 붙어 지내는데 성체까지 자라려면 수십 년이 걸린다. 거북손은 일생을 한자리에 붙어서 살기에 큼직하고 건강한 개체들이 무리 지어 있는 곳은 청정해역으로 인식되고 있다. 육지에서 떨어져 있는 전남 흑산도, 가거도, 만재도, 경북 울릉도 등에서 채집한 거북손이 인기를 끄는 것도 이러한 이유이다.

거북손 채집하기

거북손은 한자리에 붙어서 살기에 먹이가 될 만한 플랑크톤이 실려 올 수 있게 파도가 세고 조류가 빠른 해역의 조하대(조간대 하부로 항상 물에 잠겨 있는 부분)가 삶의 터전이다. 썰물 때 물 밖으로 노출되는 바위틈에서도 채집이 이루어지지만 전문적인 채집꾼은 자맥질로 조하대에 있는 거북손을 캐낸다. 거북손은 자루 아래쪽에 살이 많기에 부착한 부분을 살짝 당기면서 뿌리 깊숙이 채취 도구를 넣어서 캐내야 한다.

몇 년 전 전남 신안군 가거도를 찾았을 때 거북손을 채집하는 주민을 만난 적이 있다. 조하대 바위틈에 끝이 뾰족한 도구를 들이밀어 거북손을 잡아내는데 한 시간 정도 작업으로 한 포대를 채웠다. 수산자원이 풍족한 가거도 주민들은 간식거리를 장만하기 위해 거북손을 잡는다. 인심 후한 식당에서는 주문한 음식을 기다리는 동안 입맛이나 다시라며 한 접시 가득 거북손을 내온다.

가거도를 찾았을 때다. 주문한 음식을 기다리는데 식당 주인이 입맛이나 다시라며 접시 한가득 거북손을 내왔다. 거북손을 먹는 방법은 간단하다.
머리 부분과 자루 부분을 양손으로 잡고 살짝 눌러 꺾으면 하얀 속살이 '톡' 튀어나온다.

음식으로서의 거북손

거북손은 오래전부터 어촌 마을의 영양식이었다. 독이 없어 날것으로도 먹을 수 있는데 『자산어보』에 맛이 달콤하다고 기록한 것으로 보아 예로부터 즐겨 먹어 왔던 것으로 보인다. 거북손에는 숙신산이라는 성분이 함유되어 피로 해소에 좋으며 간 기능 회복에도 효과적이다. 내륙 지역 사람들에게는 좀 생소한 식재료이지만 과거 어느 TV 예능 프로그램을 통해 거북손이 알려지면서 대중적 관심을 모으기도 했다.

거북손을 장만하는 방법은 의외로 간단하다. 깨끗한 물에 씻은 다음 솥에 넣고 10분 정도 삶으면 된다. 삶아 내온 거북손의 머리 부분과 자루 부분을 양손으로 잡고 살짝 눌러 꺾으면 하얀 속살이 '톡' 튀어나온다. 속살을 씹으면 짭조름한 맛과 어우러진 쫄깃한 식감이 일품이다. 삶아서 그대로 먹기도 하지만 찜, 무침, 된장찌개, 해물 뚝배기의 식재료로도 널리 사용된다. 거북손을 삶은 물은 시원한 감칠맛이라 국물 요리에 활용하기 좋다.

거북손은 우리나라 해안에서 좀 흔하게 발견되지만 스페인에서는 귀한 음식재료로 고가에 거래된다. 스페인 사람들이 얼마나 거북손에 매료하는지는 스페인 북서부 갈리시아 지방에서 매년 8월 열리는 '거북손 축제'에서도 짐작해볼 수 있다. 이들은 거북손을 보고 '바다에서 건진 절대 미각'이라고 한다. 그런데 한 움큼에 약 20만원 정도에 거래된다니 큰맘 먹지 않고는 맛볼 수 없을 듯하다.

바퀴벌레 취급받는 갯강구

갯바위나 방파제에 발을 디디면 사방으로 흩어지는 시커먼 무리가 보인다. '스멀스멀' 기어 다니다가 한 쌍의 더듬이에 조금이라도 이상한 낌새가 감지되면 일곱 쌍의 다리로 황급히 자리를 피하는데 그 민첩함은 눈이 따라갈 수 없을 정도이다. 바로 절지동물 갑각류에 속하는 갯강구들이다.

원래 강구는 영남지방 사투리로 바퀴벌레를 가리킨다. 갯강구는 몸길이가 3~4.5센티미터 정도로 생김새가 바퀴벌레와 비슷하다 해서 '강구'에 바다를 뜻하는 '갯'을 붙인 이름이다. 일부 지역에선 갯강구를 바다바퀴벌레라고도 한다. 겉모습도 그렇지만 이름마저 바퀴벌레이니 사람들에게 그렇게 환영받는 처지는 못 된다.

하지만 갯강구가 없다면 연안의 갯바위나 테트라포드(방파제에 몰아치는 파도의 힘을 분산시키기 위해 방파제 앞에 세워두는 콘크리트 구조물)는 악취를 풍기는 유기물 범벅으로 몸살을 앓고 말 것이다. 갯강구는 방치되어 있는 음식물 찌꺼

갯강구는 바다바퀴벌레로 취급받지만 사실 해안가 유기물을 처리해주는 훌륭한 청소생물이다. 갯강구 처지에선 붙인 이름이 억울할 법하다.

기나 각종 유기물을 먹어서 분해하는 충실한 청소생물이기 때문이다.

낚시꾼들은 갯강구를 잡아 미끼 대용으로 사용하곤 한다. 갯강구가 엄청난 개체수를 자랑하는 것은 모성애를 지닌 독특한 산란 습성 때문으로 보인다. 수컷과 교미를 마친 암컷은 알을 낳는데, 암컷은 자신이 낳은 알을 캥거루처럼 품에 안고 다니며 돌본다. 암컷의 배에는 알을 보관할 수 있는 주머니 모양의 구조가 발달해 있으며, 새끼는 이곳에서 부화하여 웬만큼 자란 후에 어미의 몸 밖으로 기어 나온다.

어촌 사람들은 큰바람이 불기 전에 갯강구들이 사방으로 흩어져 떠돌아다니는 것을 보고 날씨를 예견하기도 했다. 갯강구가 사람을 살린 이야기도 전해진다. 만성간염에 간경화를 앓고 있던 사람이 고향인 제주도 연안에 칩거하며 엄청난 양의 갯강구를 생식하고 병이 완치되었다는 이야기이다.

개털로 잡아내는 쏙

경남 남해군 창선면, 간조로 물이 빠진 갯벌에 한 할머니가 쪼그려 앉아 무언가를 열심히 찾고 있었다. 조개를 캐는 것도 아니고……. 가까이 가서 보니 작은 구멍 속으로 개털로 만든 붓을 밀어 넣어 쏙을 잡아내는 중이었다. 쏙은 절지동물 십각목에 속하는 갑각류이다. 흔히 구각목口脚目인 갯가재로 오인하지만 갯가재보다 크기가 작으며 외골격의 석회도가 낮아 약간 물렁할 뿐 아니라 몸에 털이 빽빽하게 자라 있다.

쏙은 갯벌에 구멍을 뚫고 들어가 사는 종으로, 영역에 대한 텃세가 강해 영역을 침범당했다고 생각하면 공격적이 된다. 쏙을 잡을 때는 이런 습성을 역이용한다. 이들이 몸을 숨기고 있는 굴의 깊이는 30센티미터 이상 되므로 먼저 구멍 입구 쪽으로 유인해내야 한다. 이때 사용하는 것이 된장이다. 쏙이 살 만한 구멍에 된장 푼 물을 흘려 넣으면 쏙이 무슨 일인가 싶어 구멍 입구 쪽으로 올라온다. 이때 개털로 만든 가는 붓을 밀어 넣으면 집게다리로 이것을 움켜잡는다. 무언가 잡아당기는 느낌이 전해질 때 개털을 '쏙' 빼

할머니가 갯벌에서 개털로 만든 붓으로 쏙을 잡아내고 있다.

남해안에 있는 재래시장을 방문하면 쏙을 쉽게 구할 수 있다. 한 마리 한 마리가 아낙들이 갯벌에서 잡아 올린 것들이다.

내면 사냥은 끝이 난다. 쏙 사냥에 개털을 사용하는 것은 동물의 털은 물기에 엉겨붙는 성질이 있어 여러 가닥이 한데 뭉쳐져 튼튼해지고, 개털이 비교적 쉽게 구할 수 있기 때문이다.

쏙을 닮은 것으로 쏙붙이가 있다. 쏙이 주로 살아가는 곳이 펄이 약간 섞인 모래와 자갈밭의 혼합갯벌이라면 쏙보다 크기가 작은 쏙붙이는 펄이 약간 섞인 모래 갯벌을 좋아한다. 두 종은 어떻게 구별할까? 가장 쉬운 구별법은 집게발의 크기 비교이다. 쏙이 집게발 한 쌍의 크기가 같다면 쏙붙이는 한쪽 집게발이 다른 쪽 집게발보다 크다. 먹거리는 주로 쏙을 이용한다. 쏙은 살이 연하고 담백하여 여러 용도의 요리 재료가 된다.

4

연체동물(軟體動物, Mollusca)

연체동물은 동물계에서 절지동물문 다음으로 종이 많다. 연체동물이란 조개나 오징어류처럼 몸이 연하고 마디가 없어 붙인 이름이다. 연체동물은 몸의 일부가 여러 형태의 발로 특화되어 헤엄치고 기어 다니면서 생활한다. 이들 대부분에게는 구리Cu이온이 있는 헤모시아닌이라는 혈색소가 있다. 흔히 피조개라는 피꼬막류는 좀 더 효율적인 산소운반을 위해 헤모시아닌 대신 헤모글로빈이 있다. 헤모글로빈의 철Fe이온은 구리이온보다 산소 결합력이 좋다. 연체동물은 전 세계적으로 10만 종 정도가 있으며 5개의 동물군으로 나뉜다.

- 다판강: 8개의 딱딱한 판이 있다. 군부류가 이에 속한다.
- 굴족강: 코끼리의 송곳니처럼 생긴 석회질의 긴 껍데기가 있다. 쇠뿔조개류가 이에 속한다.
- 복족강: 배에 넓고 강한 발이 있다. 전복, 고둥류, 갯민숭달팽이, 군소 등이 이에 속한다.
- 부족강: 발이 도끼 모양처럼 보여 부족류斧足類, 또는 두 개의 패각을 지녀 이매

패류二枚貝類라고도 한다. 굴, 홍합, 꼬막, 바지락, 키조개 등이 이에 속한다.

- 두족강: 연체동물 중 가장 진화한 동물군으로 입과 눈이 있는 머리 주위를 다리가 둘러싸고 있어 두족강이라 한다. 몸의 길이는 3센티미터에서 18미터까지 다양하다. 두족강 중 아가미가 두 쌍 있는 사새아강四鰓亞綱에는 앵무조개와 지금은 화석으로만 전해지는 암모나이트가 있으며, 아가미가 한 쌍 있는 이새아강은 머리에 팔(腕)이 8개인지, 10개인지에 따라 다시 팔완목八腕目과 꼴뚜기목으로 나뉜다. 팔완목에는 문어와 낙지가 속하며, 꼴뚜기목에는 참오징어, 무늬오징어, 쇠오징어, 화살꼴뚜기, 창꼴뚜기, 귀꼴뚜기, 반원니꼴뚜기, 참꼴뚜기 등이 있다.

연체동물문은 절지동물문 다음으로 많은 종을 포함하고 있다. 연체동물 중에서 가장 진화한 동물군은 두족류이며 두족류 중에서 문어는 어느 정도의 지능과 학습 능력이 있다고 평가되고 있다. 문어는 외투강 속에 채웠던 물을 출수공으로 뿜어내며 유영한다.

행동이 굼떠서 군부

조간대 갯바위를 둘러보면 바위에 납작하게 붙은 군부를 쉽게 찾을 수 있다. 군부는 타원형의 몸을 단단한 기와 모양의 껍질이 덮고 있다. 이 등껍질이 딱지처럼 보여서인지 딱지조개라고도 한다. 군부는 움직임이 느려 굼뜨다는 뜻의 '굼' 자가 붙어 '굼보'가 되었다가 '군부'로 바뀐 것으로 보인다.

각 판은 가로로 활 모양처럼 굽어 있는데, 좌우 양쪽은 둥그스름하다. 바위에서 떼내면 몸을 둥글게 구부리는데, 딱딱한 각판을 제거한 다음 속을 먹을 수 있다. 낚시꾼들은 갯바위에 흔한 군부를 잡아 살을 발라내 미끼로 사용하기도 한다.

한자리에 붙어서 평생 살아가는 것처럼 보이는 군부도 느리지만 조금씩 움직인다. 이들은 조간대 암초에 바닷물이 차면 먹이를 찾아 돌아다니다가 바닷물이 빠지기 전에 제자리로 돌아가는 귀소본능이 있다.

군부는 전라도 지방에서는 짚신처럼 생겼다 해서 '짚새기'라 한다. 울릉도에서는 바위에서 떼어 놓으면 쥐며느리처럼 몸을 둥글게 구부리는 모습이 허리 굽은 할머니처럼 보인다 해서 '할뱅이'라고 부르기도 한다.

패류의 황제, 전복

제주도 성산포 광치기해변을 지나는데 스쿠버다이버 두 명이 십여 명이나 되는 해녀들에게 둘러싸여 곤욕을 치르고 있었다. 장비 주머니에서 나온 전복 껍데기가 문제였다. 스쿠버다이버는 단지 물속에서 껍데기를 주웠을 뿐이라 하고, 해녀들은 물속에서 살을 다 발라 먹고 껍데기만 들고 나온 것이라며 거세게 몰아붙이던 중이었다. 사실 어느 정도 경력이 있는 스쿠버다이버라면 물속에서 전복뿐 아니라 음식물을 먹을 수 있긴 하다.

허가받지 않은 수산물 채취는 범법 행위이므로 처벌을 받는다. 전복이 수산물 중 으뜸으로 대접받다 보니 수중활동 도중 전복이 눈에 띄면 못 본 척 지나치기 힘들지도 모른다. 하지만 상식이 있는 스쿠버다이버라면 단지 보고 즐기기 위한 수중활동에 만족해야 한다.

전복의 종류

전 세계적으로 1백여 종이 있는 전복류 중 우리나라에서는 크기가 작은 오분자기와 마대오분자기를 비롯해 북방전복(참전복), 둥근전복(까막전복), 말전복, 왕전복 등이 발견된다.

북방전복은 가장 얕은 곳에 사는 종이고 그다음이 둥근전복이며, 대형 종인 말전복은 가장 깊은 곳에 서식한다. 왕전복은 오랫동안 말전복과 구분 없이 다루다가 1979년에 별개의 종으로 분리되었다. 2001년에는 수온이 낮은 북쪽 해역에 사는 참전복이 둥근전복의 변이종으로 밝혀져 북방전복으로 이름 붙였다. 또한 지난날 별개의 종으로 분류되었던 시볼트전복은 말전복과 같은 종으로 밝혀져 시볼트전복이라는 이름은 사라지게 되었다. 둥근전복은 패각이 둥글게 생겨 이름 붙였지만 패각이 검은빛이 강한 갈녹색이라 까막전복이라고도 한다. 제주도 방언으로 떡조개라 불리는 오분자기는 전복류가 4~5개의 깔때기처럼 돌출된 출수공이 있는 데 비해 7~8개의 평평한 출수공이 있고 껍데기도 전복류보다 매끈하다.

생태 특징

전복은 연체동물 복족류에 속하는 조개로 크고 넓적한 발을 움직여 기어 다닌다. 타원형 껍데기 위에는 구멍들이 줄지어 위로 솟아 있다. 이 구멍들은 뒤쪽 몇 개를 제외하고는 막혀 있으며, 열려 있는 구멍을 출수공이라 한다. 번식을 위한 정액이나 배설물도 이곳을 통해 배출하는데 평소에는 주로 호흡을 하는 데 쓰인다. 껍데기 표면에는 해면, 따개비, 바닷말 등 부착생물들이 붙어 있다.

양식과 자연산을 구별하는 가장 쉬운 방법은 이러한 부착생물의 여부이다. 그리고 양식전복의 패각은 녹색을 띤다. 실내 양식장에서 자라는 어린 시기에 파래 같은 녹조류를 먹이기에 패각에 크롤로필 성분이 배어 나온다.

전복은 딱딱한 패각으로 몸을 보호한다. 몸을 뒤집어 놓자 돌출된 한 쌍의 눈으로 주위를 경계하며 좌우 반동을 이용해 다시 바닥에 달라붙고 있다. 바닥에 몸을 붙이고 나면 맨손으로는 떼어내기 어렵다.

커다랗게 열려 있는 진주 광택이 나는 껍데기는 자개, 나전, 세공, 단추 등 공예품의 원료로 쓰인다. 1960년대까지만 해도 자개의 재료를 순전히 국내에서 충당했기 때문에 진주 광택이 뛰어나고 껍데기가 두꺼운 전복이 최고의 재료로 평가받았다.

자웅이체인 전복은 외부 생식기가 발달되지 않아 늦가을에서 초겨울까지 산란하여 수정한다. 암수 구별은 북방전복의 경우 패각의 안쪽에 있는 생식선이 녹색을 띠는 것이 암컷이며, 황백색을 띠는 것이 수컷이다. 말전복은 패각의 색에 따라 암수를 구별한다. 푸른색 껍데기(수컷)는 육질이 단단해 횟감으로, 황갈색 껍데기(암컷)는 육질이 연해 가열 조리용에 적합하다.

종에 따라 차이가 있지만 대개의 경우 껍데기는 1년 동안에 2~3센티미터 정도 자란다. 전복의 머리에는 촉각(더듬이) 한 쌍과 눈이 있으며 아가미 역시 한 쌍으로 좌우대칭이다. 전복은 위협을 느끼면 패각 속으로 더듬이와 눈을 집어넣고 타원형 빨판을 이용해 바닥에 딱 달라붙는다. 한

1 자연산 전복(왼쪽)과 양식전복 패각을 비교해봤다. 양식전복 패각이 깨끗하다면 자연산 전복 패각에는 따개비, 바닷말 등 부착물이 달라붙어 있다. 전복 패각은 선사시대 패총에서도 출토되리 만치 먹을거리로 이용된 역사는 유구하다. 선조들은 이 패각으로 나전칠기 공예를 발달시키기도 했다. 어촌에서는 큼직한 패각으로 가마솥의 누룽지를 긁거나, 바위에 붙은 김이나 파래를 모을 때 사용했다.

2 자연산 전복은 패각에 따개비 등 각종 부착물이 붙어 있고 납작 엎드려 있어 상당한 주의력이 아니고서는 찾아내기 어렵다.

전복이 입에 있는 치설을 이용해 갈조류 엽상체를 갉아 먹고 있다. 치설은 구강에 돌출되어 먹이를 긁어 잡는 기능을 한다. 전복은 가장 딱딱하고 날카로운 치설을 사용하며 무뎌진 것은 빠져 버린다.

번 자리를 잡고 나면 맨손으로는 떼어내기 어렵다.

제주 해녀들은 '빗창'이라는 납작하고 길쭉하게 생긴 쇠붙이를 지렛대 삼아 전복을 떼어낸다. 제주도에서는 전복을 '빗'이라고 하니 '빗창'은 전복을 잡는 '창'이라는 뜻이 된다. 빨판의 한쪽 끝에는 입이 열려 있으며, 입 안에는 해조류를 갉아 먹을 때 사용하는 줄 모양의 이빨이 숨겨져 있다.

전복의 식생

전복의 주 산란기는 늦가을에서부터 초겨울 사이다. 이때 산란한 알은 약 1주일간 부유생활을 하고, 곧 저서 포복생활로 들어간다. 전복은 부유생활 기간에는 먹이를 먹지 않지만, 저서 포복생활로 들어가면서 먹이를 먹기 시작한다. 이때는 부착 규조류와 같은 작은 조류를 먹지만, 성장하면서 차차 큰 바닷말을 뜯어 먹는다.

전복은 미역, 다시마, 감태 등 대형 갈조류를 먹이로 삼는데, 갈조류가 무성한 곳에 자리 잡으면 잘 옮겨 다니지 않고 집단생활을 한다. 그래서 어민들은 이곳에다 전복 종패를 뿌려둔다. 종패를 뿌려둔 곳은 몇 달 지나면 전복 밭이 되기에 지역 어민들에게는 보물창고나 다름없다.

식품으로서의 전복

전복은 살이 질겨 서양인들은 좋아하지 않았지만, 동양에서는 패류의 황제라 불릴 정도로 인기가 있다. 중국의 진시황제는 불로장생을 위해 전복을 찾았고, 후한 말기 최고의 권력자 조조曹操도 귀해서 맛보기 힘들 정도였다는 기록이 전해진다. 중국인들은 남삼여포男蔘女鮑라 해서 남자에게는 해삼, 여자에게는 전복이 좋다고 했다.

전복은 가공 방법에 따라 날것은 생복, 찐 것은 숙복, 말린 것은 건복이라 했다. 『자산어보』에는 전복을 복어鰒魚라는 이름으로 소개하며 "살코기는 맛이 달아서 날로 먹어도 좋고 익혀 먹어도 좋지만 가장 좋은 방법은 말려서 포를 만들어 먹는 것이다. 그 내장은 익혀 먹어도 좋고 젓갈을 담가 먹어도 좋으며 종기 치료에 효과가 있다"라고 기록되어 있다.

조선시대 제주도로 발령받은 관찰사는 한양으로 보내야 할 공물 중 전복에 가장 신경을 써야 했다. 전복은 고단백, 저지방 식품으로 영양이 체내에서 잘 흡수되어 회복기 환자나 노약자를 위한 건강식으로 많이 쓰인다. 전복에 들어 있는 타우린, 아르기닌, 메티오닌, 시스테인 등의 아미노산은 특유의 오돌오돌하게 씹히는 촉감과 어울려 맛을 내는 데 중요한 역할을 한다.

이렇듯 귀한 수산물이다 보니 주로 '죽'을 만들어서 먹어 왔다. 적은 양으로 여럿이 나누어 먹을 수 있기로는 '죽'이 가장 적절한 요리법이었을 것이다. 그런 전복이 대규모 양식에 성공하면서 회, 구이, 찜 요리뿐 아니라 대중적인 음식인 라면에까지 넣어 먹을 정도가 되었으니 현대인은 진시황제의 식도락이 부럽지가 않다.

미식가들은 전복 내장을 즐긴다. 내장에는 바다풀 성분이 농축되어 있어 맛, 향, 영양이 뛰어나다. 전복죽을 끓일 때 내장이 들어가야 초록빛 바다 색깔이 제대로 우러난다. 한 가지 가려야 할 것은 산란기(참전복 기준 9~11월)에는 내장에 독성이 있으므로 생식은 피하고 익혀서 먹어야 한다.

전복은 식품 이상으로 약재로 사용되기도 했다. 예로부터 산모의 젖이 나오지 않을 때 고아 먹였고, 오래 복용하면 눈이 밝아진다고 하여 석결명石決明이라는 이름까지 얻었다. 패각은 생긴 모양이 귀를 닮아서인지 귀에 좋다는 믿음도 전해지고 있다. 전복을 쪄서 말리면 표면에 하얀 가루가 생기는데 이것이 타우린이다. 타우린은 담석 용해와 간장의 해독 기능을 강화하고, 혈중 콜레스테롤 수치를 떨어뜨리며, 심장

라면에까지 전복을 넣어 먹는 현대인은 진시황제의 식도락이 부럽지가 않다. 전복은 다양한 요리의 식재료로 사용된다. 왼쪽 위부터 시계방향으로 전복 닭백숙, 전복죽, 전복라면, 전복 삼합구이, 전복 해물 물회, 전복 비빔밥, 전복구이, 전복 된장찌개 등이다.

기능의 향상과 시력 회복에 큰 효과를 보이는 물질로 알려져 있다.

진주를 만들어내는 전복

진주는 세상의 모든 보석 중에서 유일하게 생명체가 만들어내는 천연 보석으로 전복에서 만들어내는 것을 상품으로 쳤다. 옛사람들은 진주를 보석 이상으로 신성하게 여겼다. 동양 문화권에서는 "진주를 입에 물고 저승길로 들어서면 극락에 이른다"는 믿음이 있을 정도였다.

예로부터 상처에 진주 가루를 바르면 효험이 있다고 전해지며, 정력을 강하게 하고 노화를 억제하는 '회춘의 묘약'으로도 유명했다. 최근에는 진주에 포함된 성분이 피부 노화나 잔주름 방지에 효과가 있다는 사실이 밝혀지면서 고급 화장품의 재료로도 쓰이고 있다. 이는 진주 속에 미네랄이나 생리활성 물질들이 피부를 약산성으로 유지하게 해 피부 노화를 막고 보습 효과를 높이기 때문이다.

그럼 진주는 어떻게 만들어지는 것일까?

진주는 조개 속에 이물질이 들어가 생겨난다. 조개 속으로 모래와 같은 이물질

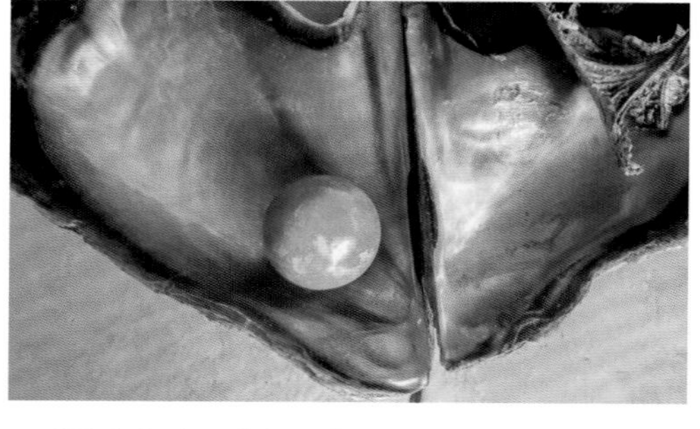

1 전복에서 만들어지는 진주는 진주 중에서도 으뜸으로 대접받는다.

2 2011년 미국 뉴욕 크리스티 경매에서 할리우드의 전설적 여배우 리즈 테일러의 '라 페레그리나La Peregrina' 진주목걸이가 역대 최고가인 1184만 달러에 팔렸다.

3 2021년 1월 태국 남부의 나콘시탐마라트주에 사는 하차이 니욤데차(37세) 씨가 바닷가에서 굴 껍데기를 줍다가 1천만 바트(약 3억 7천만 원)로 평가되는 7.68그램의 멜로 진주를 발견해 화제가 되었다. 멜로 진주는 남중국해와 안다만해에서 주로 서식하는 바다달팽이 '멜로멜로'가 만들어낸다. 이 진주는 오렌지색에서 황갈색, 갈색까지 다양하며, 오렌지색 진주가 가장 비싸게 거래된다.

이 들어오면, 조개는 자기 몸을 보호하기 위해 껍데기의 원료가 되는 물질을 분비해 이물질을 감싼다. 시간이 흐르면서 그 막은 점점 두껍고 단단해져 마침내 진주가 된다. 결국 진주는 조개 몸속에 들어온 이물질과 그것으로부터 스스로를 지키기 위한 작용이 어우러져 만들어지는 것이다.

이러한 원리를 이용해 19세기 말 일본에서 최초로 진주 양식에 성공했다. 인공핵과 함께 외투막의 상피조직을 조개에 이식해 인공적으로 진주를 만드는 방법이다. 삽입 수술을 한 뒤 몇 년간 양식하면 갖가지 크기와 모양의 진주가 산출된다. 진주의 대량 양식이 시작된 이래 진주를 흔한 보석으로 생각하지만, 진주는 결코 쉽게 만들어지지 않는다. 조개 3만 개당 오직 20개의 조개만이 진주를 품고 있으며 그중에서도 상품 가치가 있는 것은 3분의 1도 채 되지 않는다.

진주는 천연진주, 양식진주, 핵진주, 모조진주로 구분하고 양식진주는 다시 해수진주와 담수진주로 나뉜다.

천연진주는 자연 상태에서 생성된 진주로 귀하게 대접받는다. 양식진주 중 해수진주는 인공으로 조개에 핵을 심어서 바닷물에서 몇 년간 양식해 만든 진주로 모양이 거의 구球 형태이다. 모양이나 품질에서 천연진주와 별 차이가 없다.

담수진주는 바닷물이 아닌 인공저수에서 생성되고 성장이 빨라 큰 편이지만 대부분 반구나 달걀형으로 해수진주에 비해 절반 가격으로 유통된다. 핵진주는 대량 생산되는 상품 중 하나로 접착제와 조개패(가루)를 이용해 겹겹이 씌워 만든 것으로, 유통되는 10밀리미터 이상의 것들은 대부분 핵진주라 보면 된다. 모조진주는 플라스틱 구슬 표면에 갈치 몸에서 긁어낸 구아닌guanine을 유기용매에 녹여 만든 액을 바른 것으로 가짜 진주이다.

진주를 감별하는 방법은 모조진주는 우선 무게가 아주 가볍고, 핵진주는 표면이 매끌거린다. 이에 비해 양식진주는 무게가 꽤 묵직하며 약간 꺼끌꺼끌한 느낌과 함께 흠집이 있을 수 있다. 최상품은 하얀색 바탕에 핑크색 기운을 띠는 것과, 흑진주의 경우 검은색 바탕에 초록색 기운이 표면에 감도는 것이다.

복족류의 통칭, 고둥

고둥은 갯바위에서뿐 아니라 바닷말이 무성한 곳이나 민물에서도 쉽게 찾을 수 있는 흔한 패류이다. 그래서 무엇이 고둥이냐고 물을 때 '이것이다'라고 딱 집어서 말하기 어렵다. 왜냐하면 고둥이란 용어는 어떤 특별한 동물을 지칭하는 것이 아니라 딱딱한 석회질 껍데기로 몸을 보호하며, 넓고 편평한 근육성의 발(복족腹足)로 기어 다니는 소라, 다슬기, 우렁이 따위의 복족류를 두루 가리키는 통칭이기 때문이다.

고둥의 발은 기능적으로 발달되어 있어 기어 다닐 때는 바닥과의 마찰을 줄이기 위해 발 주위에 점액질을 분비한다. 또한 위기를 느끼면 발을 수축시켜 패각 속으로 숨기는데, 이때 딱딱한 덮개를 이용해 껍데기 입구를 막는다.

고둥류인 우렁이가 기어간 흔적이 바닥에 남아 있다. 복족류의 통칭이기도 한 고둥은 발이 기능적으로 발달했다.

고둥의 가장 큰 특징은 딱딱한 패각

큰구슬우렁이는 생김새가 둥글고 매끈하다. 패각 아래쪽에 구멍이 하나 파여 있는데, 이것이 마치 사람의 배꼽처럼 보인다고 해서 서해안 여러 지역에서는 큰구슬우렁이를 배꼽고둥이나 배꼽골뱅이라 한다.

고둥의 외형상 가장 큰 특징은 딱딱한 패각에 있다. 패각은 몸을 보호하고, 몸이 물 밖으로 노출되었을 때 수분 증발을 막아준다. 고둥은 단단한 근육조직인 치설齒舌을 패각 밖으로 내밀어 먹이 활동을 한다. 치설은 혀와 같은 모양으로 굽은 이빨이 차례로 늘어 서 있다. 여기에 있는 근육을 반복적으로 수축이완하면서 다른 고둥이나 조개껍데기에 구멍을 뚫어 속살을 녹여 먹거나 바닷말의 엽상체를 갉아 먹는다.

피뿔고둥, 큰구슬우렁이, 갯우렁이, 대수리, 맵사리 등의 육식성 고둥은 사냥감의 껍데기 한 부분을 반복적으로 갈아 구멍을 뚫은 후 이 구멍으로 소화액을 넣어 사냥감의 속살을 녹인 다음 입을 대롱처럼 집어넣어 빨아 먹는다. 특히 큰구슬우렁이는 엄청난 양의 조개를 잡아먹어 패류 양식업자에게는 경계 대상이다.

1 고둥이 바닷말을 몸에 부착해 위장하고 있다.

2 고둥이 통발에 몸이 끼인 베도라치를 뜯어 먹고 있다. 고둥이 살아 있는 바다동물에게도 달려드는 것을 알 수 있다.

1	2

암반 위에 고둥이 무리 지어 있다. 이들을 포식하기 위해 불가사리가 달려들고 용치놀래기들이 주변을 서성이고 있다.

밤고둥, 총알고둥, 개울타리고둥 등의 초식성 고둥은 주로 무리를 이루어 바닷말 엽상체나 바위에 달라붙어 이끼류 등을 긁어 먹는다. 바닷말 엽상체 위에 올라타고 있다가 위기를 느끼면 순간적으로 복족을 패각 속으로 말아 넣고 '우수수' 떨어져 내리는데, 수중탐사 도중 위기를 느낀 고둥들이 몸을 던지듯 엽상체 아래로 떨어져 내리는 모습을 보면 미안한 생각이 들기도 한다. 느린 움직임으로 엽상체에 기어오르기 위해 상당 시간 노력했을 테니까 말이다.

고둥류와 구별하여 이름 지은 소라

복족류를 통칭해서 고둥이라 부르지만 소라는 대개의 고둥류와 구별하여 이름을 지었다. 소라는 껍데기가 두껍고 견고하며 패각의 입구를 막고 있는 뚜껑도 두꺼운 석회질이다. 특히 소라의 바깥쪽 표면에는 작은 가시가 돋아 있어 고둥류와 구별되며 상업적으로도 상품 가치가 높아 어민 소득에 큰 도움이 된다.

복족류 중 대형 종인 소라는 우리나라 남부와 일본 남부 연안의 수심 20미터 이내의 바닷말이 무성한 암초 지대에 서식한다. 주로 야행성으로 밤이 되면 바닷말 엽상체로 기어 올라가 그들만의 만찬을 즐긴다. 아래위가 뾰족한 형태로 생긴 피뿔고둥, 나팔고둥 등의 고둥류도 소라라고 부르지만 소라와는 차이가 있다.

피뿔고둥

소라로 오인되기도 하는 피뿔고둥은 고둥류 중 대형 종으로 성체의 몸높이가 약 15센티미터로 어른 주먹 크기만 하다. 패각은 흑갈색을 띠며 큼직한 입구의 내부가 붉은색이라 피뿔고둥이라 이름 지었다.

이들은 후각이 뛰어나 물속에서 냄새를 맡고 먹이를 찾아 이동한다. 이런 습성을 이용해 어민들은 통발에 죽은 조개나 생선을 넣어 피뿔고둥을 잡는다. 피뿔고둥의 속살은 달달하고 감칠맛이 나기에 식용으로 인기가 있으며 큼직한 패각은 주꾸미 포획 도구로 사용된다.

피뿔고둥을 소라라고도 하지만 소라와는 차이점이 많다.

우선 피뿔고둥은 패각 안쪽이 붉은색을 띠는 데 반해 소라껍데기 안쪽은 하얀 진줏빛이다. 또한 피뿔고둥의 입구 주변이 뭉툭하게 무디어 있다면 소라껍데기 입구는 날카롭게 날이 서 있다. 입구를 막고 있는 뚜껑의 형태도 전혀 다르다. 피뿔고둥의 뚜껑이 얇은 가죽질인 데 비해 소라 뚜껑은 두꺼운 석회질이고 패각 표면에 작은 가시가 빽빽하게 돋아 있다. 피뿔고둥이 다른 패류를 잡아먹고 사는 육식성인 데 반해 소라는 갈조류를 뜯어 먹고 사는 초식성 패류이다.

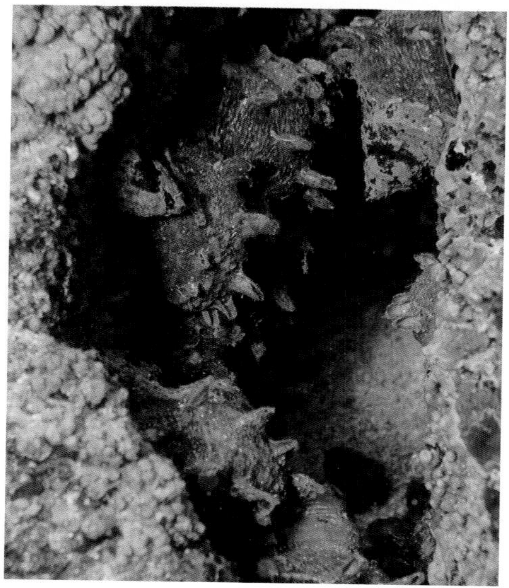

1 울릉도 해역 바닷말이 무성한 곳을 살피면 어렵지 않게 소라를 찾을 수 있다.

2 소라는 야행성이다. 대개의 경우 낮에는 바위틈 등에 몸을 숨긴 채 밤을 기다린다.

1	2
3	4

1 청자고둥은 위협을 느끼면 작살 모양으로 변형된 치설을 총을 쏘듯 쏘아댄다. 치설에는 강력한 독이 있어 먹잇감을 기절시키거나 포식자의 위협에서 벗어나게 한다. 청자고둥의 독은 사람 목숨도 위협할 정도이다. 그런데 최근 청자고둥의 독에서 신경 통증 완화에 사용되는 성분을 추출하는 데 성공했다. 이 성분을 이용해 신약이 개발되면 진통 효과뿐 아니라 손상된 신경을 재생시키는 효과까지 기대할 수 있다고 한다. 독은 쓰기에 따라 약도 되는 셈이다. 사진은 일본 오키나와 아쿠아리움에 있는 청자고둥 시뮬레이션이다. 청자고둥을 건드렸을 때 어떻게 반응하는지를 보여준다.

2 개오지고둥의 화려하고 예쁜 패각은 표면이 반드럽고 견고해 오래전 돈으로 사용되기도 했다. 종에 따라 바탕색이 다르고 무늬도 다양한데 우리나라에는 '처녀개오지', '제주개오지', '노랑개오지' 등 여덟 종이 채집된다. 개오지는 '범의 새끼'를 지칭하는 순우리말인 개호주의 사투리이다. 개오지고둥 패각의 알록달록한 무늬가 표범 무늬를 닮았기 때문이다.

3 나팔고둥은 성체의 몸길이가 30센티미터에 이를 정도여서 우리나라에 사는 복족류 중 가장 큰 편이다. 패각이 매우 딱딱하고 두꺼우며, 무늬가 아름다워서 예로부터 공예품의 재료로 사용되어 왔다. 채집한 나팔고둥 껍데기에 구멍을 뚫으면 나팔로 사용할 수 있다. 사진은 나팔고둥이 불가사리를 포식하는 장면이다. 육식성인 나팔고둥이 하루에 불가사리 하나 정도를 잡아먹는 것으로 알려지면서 바다의 해적 동물인 아무르불가사리를 몰아내는 종으로 관심을 모으고 있다.

4 남극 킹조지섬 연안에서 관찰한 삿갓조개이다. 홍조류 엽상체를 뜯어 먹기 위해 복족을 이용해 기어가고 있다. 삿갓조개는 패각의 모양이 삿갓을 덮어쓰고 있는 듯이 보인다. 이들은 배 부분이 점액을 분비하는 빨판으로 되어 있어 표면이 거친 곳이라도 물기만 약간 있으면 강하게 달라붙는다. 가장 원시적인 형태의 고둥으로 돌말이나 바닷말 등을 갉아 먹는다. 특히 남극 바닷속은 삿갓조개의 천국이다. 바닷말 사이를 둘러보면 무리 지어 있는 삿갓조개를 쉽게 만날 수 있다.

1 2

1 작고 동글동글한 총알고둥은 갯바위에서 가장 흔하게 발견되는 종으로 대부분의 시간을 공기 중에 노출된 채 살아간다. 건조에 대한 적응 능력이 뛰어나 물이 빠져 공기 중에 노출되면 자신이 분비한 점액질로 수분이 빠져나갈 틈을 막고 다시 물이 차 오르기를 기다린다. 사진은 총알고둥들이 군소 알을 포식하고 있는 모습이다.

2 서남해안 바위에 많이 서식하는 맵사리는 육질 자체가 쌉쌀하고 매콤하다. 많이 먹으면 배앓이를 할 수 있다.

바다의 토끼, 군소

연체동물문 복족강에 속하는 군소는 우리나라 전 해역에서 살아간다. 몸 색은 흑갈색 바탕에 주로 회백색의 얼룩무늬가 많으나 서식 환경에 따라 변이가 다양하게 나타난다.

육지에 사는 토끼와 비슷하게 생겨 '바다토끼', 움직임이 느리다 해서 '바다굼벵이', 바닷말을 무차별적으로 뜯어 먹는 식탐에 백성의 고혈을 빨아먹는 탐관오리가 연상되어 '군수' 등 해학적인 별칭들이 지역에 따라 전해진다.

군소에 얽힌 이야기 1

아주 오래전 동해 바다 용왕이 큰 병이 들었다. 땅에서 온 세 명의 호걸은 오로지 토끼의 간만이 용왕을 살릴 수 있다는 처방을 내렸다. 누가 토끼를 데려올 것인가? 용궁의 신하들은 격론을 벌였다. 용맹을 자랑하는 문어 장군이 나서 보지만 결국 언변이 탁월한 별주부가 임무를 맡았다.

육지에 도착한 별주부는 감언이설로 토끼를 꼬드겨 용궁까지 데려오는 데 성공했다. 하지만 토끼는 땅에다 간을 두고 왔다는 기지를 발휘해 땅 위로 돌아올 수 있었다. 여기까지가 고대소설 『별주부전』 이야기이다.

그런데 충직한 신하 별주부가 한 번 실패했다고 토끼를 포기했을까? 별주부의 언변에 넘어가 용왕에게 간을 빼주고 용궁에 눌러앉은 토끼가 있을지도 모른다. 왜냐하면 바다에는 토끼를 빼닮은 군소가 있기 때문이다. 군소 머리에는 더듬이가 두 쌍 있다. 이 가운데 크기가 작은 것은 촉각을, 큰 것은 후각을 감지하는데, 큰 더듬이가 토끼 귀를 닮았다. 그래서 어촌에서는 군소를 '바다토깽이'라고도 한다. 군소의 영어명이 'Sea hare'인 것을 보면 서구에서도 군소와 토끼를 연결 지은 것으로 보인다.

그런데 군소가 토끼를 닮은 것은 겉모습뿐 아니다. 땅 위 토끼가 풀을 뜯어 먹듯이 군소는 바다풀인 바닷말을 뜯어 먹는다. 거기에 더해 군소는 토끼만큼이나 다산多産을 상징한다. 교미를 끝낸 군소는 바닷말이 부착된 바위틈에다 노란색이나 주황색의 국수 면발같이 생긴 알을 낳는다. 생물학자들의 연구에 따르면 군소 한 마리가 한 번에 낳는 알의 수가 1억 개에 이르며, 만약 이 알들이 모두 성장해서 재생산에 나선다면 단 1년 만에 지구 표면은 2미터 두께의 군소로 덮이게 될 것이라고 한다. 그러나 대부분의 알은 물고기나 불가사리, 해삼 등의 먹이로 사라진다.

군소에 얽힌 이야기 2

어촌에 부임한 군수가 민생고를 듣기 위해 마을을 암행했다. 미역 등 바닷말을 따서 생업을 이어 가던 어민들은 몇 년째 이어진 미역 흉년에 "고놈의 군소 때문에 못 살겠다"는 푸념을 늘어놓았다. 군소를 군수로 잘못 알아들은 신임 군수는 얼굴이 벌겋게 달아올랐다. 어민들 입장에서 군소가 얄미웠던 것은 이 녀석들이 미역, 다시마 등 바닷말을 닥치는 대로 뜯어 먹기 때문이었다. 이 때문일까, 일부 어촌 지역에서는 군소를 군수라 부른다. 이는 가혹한 세금에다 사리사욕을 위해 백성들의 뼈와 살을 갉아 먹는 탐관오리가 연상되었기 때문이다.

사투리인 군수는 그렇다 치고 군소라는 이름은 어디에서 유래했을까. 군소는 위기에 빠졌을 때 보라색 계열의 특이한 색소를 뿜어낸다. 이는 같은 연체동물인 오징어나 문어가 위기 탈출을 위해 먹물을 뿜어내는 것과 닮았다. 갑자기 바닷속을 뒤덮는 색소는 군소를 노리는 포식자를 놀라게 했을 것이다. 일부에서는 이 색소를 군청색으로 보고 군청색의 '군' 자를 이름의 유래라고 전하기도 한다. 하지만 물속에서 군소가 뿜어내는 색을 보면 군청색이라기보다는 보라색에 가까워 설득력이 떨어진다.

1	2
3	4

1 군소는 암수한몸이지만 교미를 한다.

2 이른 봄, 태어난 지 얼마 되지 않은 군소들이 먹이를 찾아 바위 위를 기어 다니고 있다.

3 군소는 색소를 완전히 빼낸 후 삶아 건조하면 훌륭한 식재료가 된다. 남부지방에서는 이렇게 장만한 군소를 제사상에 올렸다.

4 위기를 느낀 군소가 보라색 계열의 색소를 뿜어내고 있다. 몸을 보호하는 패각 대신 군소는 자선紫腺이라는 기관에서 색소를 뿜어내 포식자의 접근을 막는다. 이는 같은 연체동물문에 속하는 오징어, 문어가 먹물을 뿜어내는 것과 같은 맥락이다.

군소 이름의 유래를 찾다가 움직임이 느리다 해서 붙은 사투리 '굼벵이'에 주목하게 되었다. 군소라는 이름이 움직임이 느리다는 의미에서 '굼' 자가 붙고 초식동물인 소처럼 바닷속 풀을 뜯어 먹는 데다 머리에 있는 더듬이가 소의 뿔처럼 보여 '소' 자가 붙어 '굼소'가 되었다가 '군소'로 바뀐 것은 아닐까. 이와 비슷한 사례도 있다. 연체동물 다판류에 속하는 군부도 움직임이 느려 굼뜨다는 뜻의 '굼' 자가 붙어 '굼보'가 되었다가 '군부'로 불리게 되었으니 말이다.

군소에 얽힌 이야기 3

군소의 신경계는 크기가 큰 신경세포들이 간단한 신경회로망으로 연결되어 있다. 과학자들은 관찰과 추적이 쉬운 군소의 신경계로 뇌의 어떤 변화가 습관화를 일으키는지를 연구하고 있다.

군소의 호흡기관인 아가미는 덮개로 싸여 있고 덮개막에는 대롱이 달려 있다. 파도가 잔잔할 때는 호흡을 위해 대롱이 뻗어 있으나 파도가 심하거나 대롱에 어떤 부유물이 접촉하면 대롱과 아가미의 감각신경세포와 운동신경세포는 신경절(신경세포의 집합체)에 의해 조절되어 수축반사한다. 실험실에서 군소를 반복하여 자극하면 습관화가 일어나 수축반사가 몇 시간 지속된다. 이 단기간의 학습은 감각신경세포와 운동신경세포의 접합부에서의 변화 때문이다.

미국 컬럼비아대학의 에릭 캔들Eric R. Kandel 교수 등은 군소를 통해 이와 같은 학습과 기억의 메커니즘을 밝혀내 2000년 노벨 생리의학상을 수상했다. 연구 대상으로 너무 복잡하다고 여겨온 뇌 과학 연구에 돌파구를 마련한 이들의 연구는 현대 뇌 과학의 기초를 마련하여 파킨슨병 등 신경계 질병의 신약 개발로 이어질 전망이다.

군소에 얽힌 이야기 4

바닷가 주민들에게 군소는 고마운 존재였다. 얕은 바다에 통통하게 살이 올라 있는 군소는 굶주린 배를 채워주던 음식에서부터, 제사상에 이르기까지 다양하게 사용되

제주도 문섬 해역에서 군소 두 마리가 모자반을 기어 오르며 엽상체를 뜯어 먹고 있다. 군소는 미역, 다시마, 모자반 등 대형 갈조류에서부터 파래, 우뭇가사리에 이르기까지 거의 모든 바닷말을 뜯어 먹는다.

었다. 곪주렸던 시절의 음식들이 지금에 와서는 향토 음식이 되어 향수를 불러일으키듯 최근 군소에 대한 관심이 높아졌다. 거기에다 군소가 정력에 좋다는 이야기가 더해지자 군소를 찾는 사람이 늘고 있다.

군소를 음식으로 장만하려면 배를 갈라 내장과 색소를 빼내야 한다. 그런데 이 색소를 빼내는 일이 예사롭지 않다. 끊임없이 배어 나오는 색소는 씻고 또 씻어도 그칠 줄을 모른다. 이를 관찰한 정약전 선생은 『자산어보』에 군소의 온몸이 피로 되어 있어 백 번 씻어 피를 없애야 한다고 했다. 해녀들은 군소를 잡으면 갯바위에 앉아 바닷물로 군소를 박박 문질러 씻어낸다. 마실 물이 귀한 갯마을에서 민물로 씻기 시작하면 물을 감당하지 못하기 때문이다.

색소가 완전히 빠지면 군소를 솥에 넣고 삶는다. 삶을 때는 물이 필요 없다. 군소 몸의 90퍼센트 이상이 수분이라 그대로 삶으면 된다. 신기한 것은 살찐 토끼만 한 크기의

1 2 3

1 군소는 다산의 상징이기도 하다. 바닷말 아래나 바위틈에 낳은 모든 알이 부화한다면 지구는 2미터 두께의 군소로 뒤덮일 것이라 한다. 하지만 이들이 성체로 성장할 확률은 희박하다. 거의 대부분은 부화하기도 전에 불가사리, 고둥, 해삼 등에게 잡아먹힌다. 알을 포식하는 불가사리를 막기 위해 군소가 달려들어 보지만 당해낼 수 없어 보인다.

2 조간대 갯바위에 올라앉은 군소가 조류에 몸을 맡긴 채 주변을 살피고 있다. 머리에 있는 더듬이 두 쌍 중 크기가 작은 것은 촉각을, 큰 것은 냄새를 감지한다. 큰 더듬이 아래쪽에는 눈이 있다.

3 군소는 바닷말이나 돌 밑에 끈을 뭉친 것 같은 노란색 알덩이를 낳는다. 갯마을 사람들은 이것이 국수 면발처럼 보인다고 해서 바다국수라 부르기도 한다.

군소를 삶고 나면 달걀 정도 크기로 줄어든다는 점이다. 이렇게 장만한 군소를 적당한 크기로 썰어 초장에 찍어 먹는다. 식감은 약간 거칠면서 쫄깃한데, 쌉싸름하고 향긋한 갯내음이 입 안에 감돈다.

당당하게 살아가는 갯민숭달팽이

대개의 연체동물이 연약하고 부드러운 몸을 포식자로부터 보호하기 위해 딱딱한 껍데기(패각)가 있다면, 복족류에 속하는 갯민숭달팽이는 패각이 없다. 이렇게 몸이 노출되어 있고 아가미가 밖으로 나와 있어 영어권에서는 'Nudibranch'라고 한다.

갯민숭달팽이의 비밀

갯민숭달팽이는 대체로 몸이 납작하고 좌우 대칭형인데 복족류의 특징인 근육질의 배다리로 이동하며 등에는 화려하고 밝은 색상의 돌기가 있다. 이들은 아가미 역할을 하는 돌기가 등 전체에 있는 무리와, 항문 주위에만 꽃다발처럼 나 있는 무리로 나뉜다.

두 부류 모두에게 감각기관 역할을 하는 촉수 한 쌍이 있다. 촉수는 화학물질을 감지하여 먹잇감이나 짝을 찾아낸다. 바닷속을 다니다 보면 히드라나 산호 등 자포동물의 촉수에 달라붙어 있는 갯민숭달팽이를 발견하곤 한다. 자포동물의 촉수를 갉아 먹는 갯민숭달팽이……. 이들의 생존 비밀은 여기에 있다.

갯민숭달팽이는 손가락 한 마디 정도 크기에 연약하고 부드러운 몸이 외부로 노출되어 있어 작은 물고기라도 한입에 삼켜 버릴 만하다. 게다가 움직임마저 느리다 보니 표적이 되면 도망갈 방법이 없다. 갯민숭달팽이는 자신의 몸을 보호하기 위한 방법을 터득해야 했다. 바로 자포동물의 자포를 이용하는 방법이다. 갯민숭달팽이 중 일부 종은 히드라나 산호 등의 자포를 통째로 먹은 후 다른 생물로부터 위협을 받으면 자포를 발사해 몸을 보호한다. 자포는 촉수 속에 들어 있는 작살처럼 생긴 무기

갯민숭달팽이는 작은 물고기라도 한입에 삼켜 버릴 수 있을 정도로 연약해 보이지만 당당하게 몸을 노출한 채 살아간다.

갯민숭달팽이 한 마리가 히드라에 붙어 촉수를 갉아 먹고 있다. 히드라 촉수의 독성분은 갯민숭달팽이를 지키는 무기가 된다.

이다. 이 작살 구조는 용수철처럼 감겨 있다가 자극을 받으면 튕겨 나가듯 발사된다.

또 다른 종은 자포를 발사할 수는 없지만 자포의 독성을 몸에 흡수할 수 있다. 포식자 입장에서 볼 때 갯민숭달팽이는 좋지 못한 경험을 안겨주었을 것이다. 가까이 다가갔다가 자포에 쏘이기도 하고 멋모르고 먹었다가 독성으로 인한 피해를 보기도 했기 때문이다. 결국 포식자들은 '저 친구는 건드려 봤자 손해야'라는 경험을 유전적으로 후손들에게 전달했을 것이다. 그래서일까. 다른 연약한 동물들이 위험에서 벗어나기 위해 몸을 숨기거나 빠른 움직임으로 도망가는 것과 달리 이들은 오히려 몸을 화려하게 치장한 채 '먹을 테면 먹어보라'는 식으로 몸을 노출하며 살아가고 있다.

훌륭한 촬영 소재

갯민숭달팽이는 수중사진가들에게 훌륭한 촬영 소재이다. 색채가 화려해 조명 방향에 따라 다양한 색을 재현해낼 수 있을 뿐 아니라 움직임이 느려 물고기를 촬영할 때처럼 숨 가쁘게 따라다닐 필요도 없기 때문이다. 또한 비교적 얕은 수심에서 많이 발견되기에 깊은 수심에서 겪는 심리적 부담 없이 느긋한 마음으로 촬영에 집중할 수 있다. 이러한 이유 등으로 갯민숭달팽이는 학술적으로 기록된 것 이상의 종이 수중사진가들에 의해 촬영되었다.

갯민숭달팽이가 화려한 색을 지니기는 했지만 제대로 색을 보여주려면 플래시나 수중랜턴 등의 인공조명을 사용해야 한다. 물속에서 인공조명 없이 관찰하면 이들

화려한 색을 지닌 산호도 깊은 수심에서 육안으로는 검푸르게 보인다. 이때 인공조명을 비추면 잃어버린 색이 재현된다.

은 단조로운 검푸른 색으로만 보인다. 인쇄물이나 영상물로 접하는 수중세계는 형형색색의 화려함으로 장식되어 있지만, 직접 물속에서 보는 수중세계는 그다지 화려하지 않다. 그 이유는 수심 10미터가 넘어서면 물속에서는 붉은색과 노란색 계열의 색이 사라지고 모든 생명체나 구조물 등이 푸르죽죽하게만 보이기 때문이다.

수심에 따른 빛의 흡수

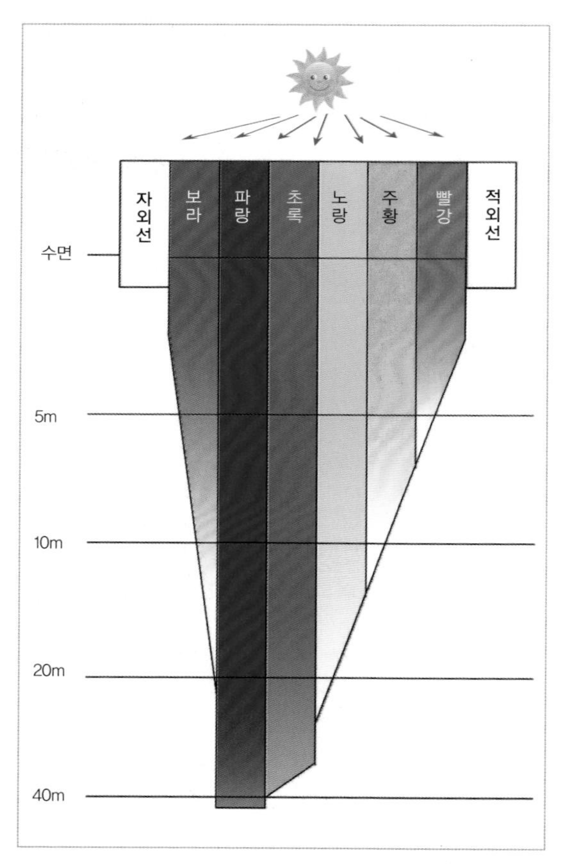

수심에 따른 빛의 흡수를 나타내는 그림이다. 빛의 흡수는 수심이 깊어질수록 빛의 파장에 따라 서서히 진행되어 10미터 이하부터는 붉은색 계열의 장파장은 물에 모두 흡수되어 전혀 인식할 수 없게 된다.

빛에는 적외선, 가시광선, 자외선이 있다. 이 가운데 사람 눈으로 볼 수 있는 것은 파장이 대략 700나노미터nanometer(10억분의 1미터로 약자는 nm)인 붉은색부터 약 400나노미터의 범위인 보라색 계열의 가시광선이다. 이 가시광선을 프리즘으로 분해하면 장파장에서 단파장에 이르는 단계별로 빨, 주, 노, 초, 파, 남, 보의 일곱 가지 색으로 나누어진다.

빛이 수면을 뚫고 들어오면서 수심에 따라 색의 흡수가 진행된다. 색의 흡수는 파장이 긴 붉은색 계열에서 파장이 짧은 푸른색 계열로 순차적으로 일어난다. 아무리 맑은 날 강한 직사광선이 수면을 뚫고 들어온다 해도 수심 1미터 이하로만 내려가도 물체의 색을 그대로 재현해내기 어렵다.

색의 흡수는 수심이 깊어질수록 빛의 파장에 따라 서서히 진행되어 10미터 이상 아래로는 붉은색 계열의 장파장은 물에 모두 흡수되어 전혀 인식하지 못하게 된다. 결국 수심 10미터 이상 아래에서는 인공조명 없이 촬영하면 푸른색 톤이 강한 결과물만을 얻는다. 그래서 수중사진에서 인공조명은 필수조건이다. 푸르죽죽한 산호초나 갯민숭달팽이에 인공조명을 비추면 감추어졌던 색이 나타나는데, 빛을 비추는 곳에 따라 색이 나타나는 모양새가 마치 빛으로 색을 칠한 듯 신비롭기만 하다.

굴러온 진주담치에 밀려난 홍합

"굴러온 돌이 박힌 돌을 뺀다"는 속담은 바로 진주담치에 밀려난 홍합의 처지를 빗댄 듯하다. 원래 홍합은 토산종 담치를 가리키는 말이었으나 비슷하게 생긴 담치가 우리 연안으로 들어오면서 토산종과 외래종을 구별할 필요가 생겼다. 그래서 토산종을 담치 중에 진짜 담치라 해서 참담치로, 외래종을 진주담치로 부르게 되었다. 기름 중에 으뜸 기름이라 하여 '참기름'이란 이름을 붙인 것과 같은 맥락이다.

밸러스트 수에 섞여 이동하는 진주담치

진주담치의 원산지는 유럽이며 일본에서도 1935년에서야 처음 발견되었다. 이들이 어떻게 수천 킬로미터나 떨어진 동아시아로 들어오게 되었을까. 선박은 화물을 비우면 배의 무게가 가벼워져 물에 잠기는 깊이(흘수)가 얕아지는데 흘수가 얕아지면 배가 안정성을 잃어 쉽게 전복된다. 이를 방지하기 위해 배 밑바닥과 측면 일정 구역에 물을 채울 수 있는 밸러스트 탱크를 만든다. 화물을 실었을 때는 이 공간을 비워두지만 화물이 없을 때는 이곳을 해수(밸러스트 수ballast water)로 채운다.

밸러스트 수는 배 무게의 약 40퍼센트를 차지한다. 10만 톤 화물선인 경우 약 4만 톤의 해수를 채워야 하므로 전 세계 선박 물동량을 생각하면 어마어마한 양이다. 밸러스트 수에는 진주담치 유생을 비롯해 불가사리 유생, 박테리아 등 다양한 생물들이 포함되어 있다. 밸러스트 수에 의한 생태계 파괴 사례는 세계 곳곳에서 보고되어 왔다.

이러한 피해를 줄이기 위해 국제해사기구International Maritime Organization, IMO는

조간대 갯바위에 파래와 진주담치들이 어우러져 있다. 홍합은 한자리에 고착해서 살기에 해양오염 정도를 알리는 지표동물이기도 하다.

2004년 밸러스트 수 처리에 대한 국제협약을 체결했다. 기본적으로 밸러스트 수는 목적지에 도착하기 전 공해상에서 교환해야 하며 2009년도부터는 건조되는 모든 배에 자외선, 전기, 오존, 화학약품 등을 이용한 밸러스트 수 처리 장치를 의무적으로 설치하도록 했다. 2016년부터는 2009년 이전에 건조한 배에도 처리 장치를 갖춰 모든 배는 밸러스트 수에 포함된 박테리아 등 해양 유기물들을 말끔하게 없앤 후 바다로 내보내는 것으로 강화했다.

한 자리에 고착해서 살아가는 홍합류

진주담치는 번식력과 적응력이 높은 편이다. 토산종 홍합의 서식지를 야금야금 차지하기 시작하더니 급기야 우리 연안 대부분을 장악해 버렸다. 아무튼 참담치, 진주담치 모두 홍합류라 한다.

우리나라에는 이들 외에 비단담치, 털담치, 격판담치 등 모두 13종 정도의 홍합류가 서식한다. 이 홍합류는 가리비, 굴, 조개 등과 같이 패각이 두 장이라 연체동물 중에서도 이매패류, 다리가 도끼 모양이라 도끼 '부斧' 자를 써서 부족류로 분류한다.

홍합류는 물이 있는 환경에서도 '족사'라는 수십 가닥의 수염에 접착성 단백질 '폴리페놀릭polyphenolic'을 분비해 갯바위 등에 몸을 고정시킨다. 일반적으로 물은 얇은 층을 형성해 접착 물질과 대상 간의 직접적인 접촉을 막아 접착력을 낮추게 한다. 그러나 홍합류는 물속에서도 접착력이 강력하다. 과학자들은 이 강력한 접착 물질이 단백질로 이루어졌다는 것을 발견한 후 이를 이용하고자 하는 연구를 진행하고 있다. 홍합 접착 단백질이 상용화된다면 피와 수분으로 구성되어 있는 생체 조직에서 높은 접착력에 부작용이 없는 의료용 생체 접착제의 개발 또한 가능하게 될 것으로 기대된다.

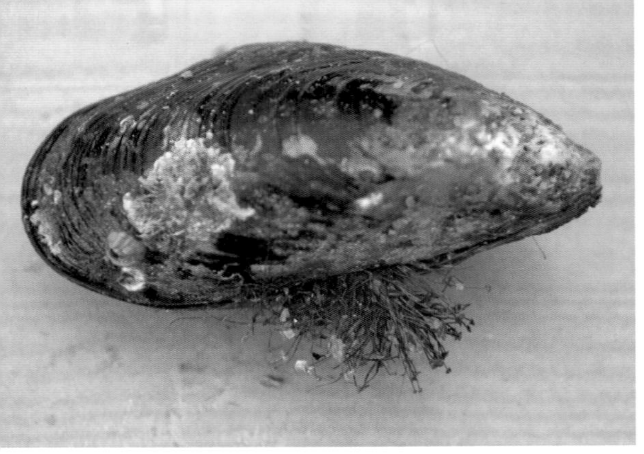

1 토산종 홍합류이다. 주먹을 쥐어 크기를 가늠해 보았다.

2 홍합류는 '족사'라는 수십 가닥의 수염에 접착성이 강한 단백질 '폴리페놀릭'을 분비해 갯바위 등에 몸을 고정시킨다. 『자산어보』 기록에 따르면 족사는 민간처방에도 활용되었다. 족사를 태워 나온 재를 발라 지혈했고, 몸이 좋지 않은 사람이 지나친 성생활로 병이 더 심해졌을 때 족사를 불로 따뜻하게 해 뒤통수에 붙이면 효험이 있다고 했다.

홍합은 서식 해역에서 여과섭식filter feeder을 하기에 서식 해역의 여건에 따라 오염 물질이 몸 안에 축적된다. 이러한 생태 특성으로 여름철 어패류를 즐겨 먹는 사람들에게 공포의 대상인 비브리오패혈증 등 해양환경 오염 정도를 파악하는 지표동물로도 활용된다.

한자리에 고착해서 살아가는 홍합류는 불가사리 등 천적의 공격에 무방비 상태이다. 불가사리가 다가오면 가리비, 전복 등 다른 조개류는 도망가면서 위기에서 벗어나겠지만 이들은 위기가 닥쳐도 움직일 수가 없다. 단지 입을 꾹 다물고 있는 것만이 최선의 방어 수단이다. 하지만 불가사리가 다섯 개의 팔로 압박을 가하면 작은 틈이 생긴다. 불가사리는 이 벌어진 틈 사이로 위장을 밀어 넣어 조갯살을 소화한다. 연안 암초 지대에서 빈 껍데기만 남은 홍합류들을 만나곤 하는데 그 주위에는 살찐 불가사리들이 서성이고 있다.

1 | 2 | 3

1 진주담치들이 밧줄에 부착해 있다. 진주담치 등 홍합류는 족사를 이용해 수중 구조물에 무리 지어 달라붙음으로써 큰 피해를 일으키기도 한다. 홍합류가 달라붙으면 물과의 마찰력을 높여 배의 속도를 떨어뜨릴 뿐 아니라 수중 구조물에 지나치게 압력을 가함으로써 수중 구조물을 약하게 하거나 붕괴를 일으키기도 한다.

2 따개비들 사이에 진주담치가 무리를 이루며 서식지 경쟁을 하고 있다.

3 아무르불가사리들이 진주담치 서식지를 훑고 지나가고 있다. 이들의 공격을 받은 진주담치들은 껍데기만 남는다.

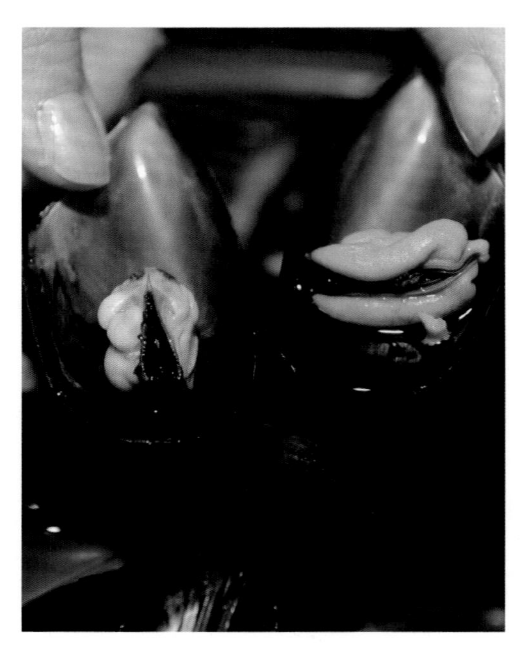

살을 보면 수컷(왼쪽)은 흰색을 띠고 암컷은 붉은색을 띤다.

홍합과 담치의 어원

서유구의 『난호어목지』에는 맛이 채소처럼 달고 담박하므로 조개류이면서도 채소와 같이 채菜 자 이름을 얻었고, 고기의 색깔이 붉어서 홍합紅蛤이라 부른다 했다. 『규합총서』에는 "바다에서 나는 것은 다 짜지만 유독 홍합만 싱거워 담채淡菜라 하고 동해부인이라고도 한다"라고 기록했다.

이른 봄이 제철인 홍합의 속살을 말리면 해산물이면서도 짜지 않고 채소처럼 담백해서 담치가 되었고, 동해 바다에서 많이 나는 데다 모양새가 여성의 생식기를 닮아 동해부인이라 불렀다는 이야기이다.

사람들이 홍합을 많이 먹으면 속살이 예뻐지는 등 성적 매력이 더해진다고 믿으면서 여성을 상징하는 해산물이 되긴 했지만, 사실 홍합은 암수가 구별된다. 조갯살을 놓고 볼 때 암컷은 붉은색을 띠고 수컷은 흰색을 띤다. 일반적으로 암컷의 맛이 좋아 식용으로 우대받는다.

친숙한 조개 홍합

토산종 홍합(참담치)은 연안 갯바위 등에 서식하는 습성으로 우리에게 친숙한 조개류였다. 번식력이 강한 진주담치가 우리나라 연안을 거의 점령하다시피 하면서 이제 가까운 연안에서 토산종을 발견하기 어렵지만 육지에서 멀리 떨어진 울릉도를 비롯한 남해안 도서지역에서는 아직 토산종이 그 명맥을 유지하고 있다. 울릉도 사람들은 홍합을 이용, 홍합밥이라는 특산물을 만들어냈다.

홍합밥은 청정해역에서 자라는 홍합을 잘게 썰어 밥을 지은 다음 양념에 비벼 먹는 것으로 갯내음과 함께 쫄깃한 육질의 담백함이 어우러져 오랫동안 울릉도를 추억하게 한다.

홍합을 이용한 토속 음식 중 강원도 북부지역 사람들이 즐겨 먹는 '섭죽'이 있다('섭'은 홍합의 이 지역 사투리). 물에 불린 쌀과 홍합, 감자에 고추장을 풀고 1시간 정도 푹 끓이면 쌀과 감자가 퍼져서 걸쭉해지는데 이때 풋고추와 양파를 넣고 다시 끓여내면 맵싸한 맛에 쫄깃하게 씹히는 홍합 살이 어우러져 향토색 짙은 일품요리가 탄생한다. 2~5월의 춘궁기가 제철인 홍합은 남해안 사람들의 따개비죽처럼 동해 북부지방 사람들에겐 '섭죽'이라는 향토색 짙은 음식이 되어 보릿고개의 배고픔을 달래주기도 했다.

홍합에 비해 흔하고 값이 싼 진주담치를 이용한 음식물은 우리

1 홍합을 잘게 썰어 곡류와 함께 지어내는 홍합밥은 울릉도나 경상북도 북부 해안지방에서 맛볼 수 있는 향토 특산물이다.

2 전남 가거도를 찾았을 때 식당에서 내온 홍합찜이다. 진주담치에 연안 서식지를 빼앗긴 홍합은 육지에서 멀리 떨어진 도서지역 등에서만 볼 수 있게 되었다.

독도 해역 암초에 홍합들이 빼곡하게 붙어 있다. 진주담치가 우리 연안에서 홍합을 밀어내고 우점종이 되었지만, 연안에서 멀리 떨어진 울릉도·독도·가거도·흑산도·거문도 해역에서는 홍합이 맥을 잇고 있다.

주변에서 흔하게 볼 수 있다. 겨울철 포장마차 솥단지 속에서 뽀얀 국물을 우려내어 지나가는 이의 발걸음을 멈추게 하고 각종 해물 요리에 감초처럼 등장하는 주인공이다.

홍합과 진주담치의 구별

홍합은 길이 140밀리미터, 높이 70밀리미터 정도이며 진주담치는 길이 70밀리미터, 높이가 40밀리미터 정도이다. 홍합은 껍데기가 두껍고 안쪽에 광택이 강한 데 비해,

진주담치는 껍데기가 얇고 광택이 없다. 홍합은 껍데기의 뒤쪽 가장자리 부분이 구부러져 있는데 진주담치는 곧고 날씬하다. 홍합은 껍데기에 다른 부착생물 등이 붙었던 흔적이 많아 약간 지저분하게 보이지만, 대량 양식이 이루어지는 진주담치는 표면이 매끄럽고 깨끗하다. 홍합은 진주담치에 비해 육질이 크며 맛이 담백하다.

홍합(위)과 진주담치를 한자리에 놓고 비교해봤다. 크기도 크기이지만 홍합은 뾰족한 부분이 매부리코 모양으로 휘어져 있지만, 진주담치는 이 부분이 곧은 편이다.

사랑의 묘약, 굴

영국 속담에 "달 이름에 R 자가 없는 5~8월에는 굴을 먹지 말라"고 했다. 우리나라에서도 "굴은 보리가 패면 먹어서는 안 된다"고 했다. 굴은 수온이 올라가는 여름에 산란한다. 이때는 알을 보호하기 위해 독성 물질을 만들기에 식중독을 일으킨다. 그런데 굴을 재료로 하는 음식점은 사시사철 성황을 이룬다. 겨울에 채취한 굴을 급속 냉동 보관해서 사용하기 때문이다.

'바다의 우유'라고도 하는 굴은 동서양을 막론하고 인기 있는 해산물 중 하나다. 철분과 타우린을 비롯해 각종 비타민과 아미노산 등이 균형 있게 함유되어 성인병 예방에 효과가 있을 뿐 아니라 남성의 정액에 많이 들어 있는 아연 성분이 풍부해 남성 호르몬 활성에 도움을 준다. 그래서 서양인은 "굴을 먹어라. 더 오래 사랑하리라Eat oysters, love longer" 하며 굴의 효능을 예찬한다. 또한 굴은 여성 피부미용에 효과적이다. 이러한 효능은 우리 속담 "배 타는 어부의 딸은 얼굴이 까맣고, 굴 따는 어부의 딸은 하얗다"에도 은유적으로 나타나 있다.

굴은 암수한몸이지만 번식기에는 암컷과 수컷 역할을 하는 개체가 뚜렷하게 나뉜다. 알에서 깬 유생은 물속을 떠다니다 정착할 만한 딱딱한 대상을 만나면 석회질을 내뿜어 패각을 고정하는 방식으로 고착생활에 들어간다. 이 시기에 밧줄에 굴이나 가리비 껍데기를 매달아 늘어뜨려 두면 유생이 달라붙어 자란다. 이런 방식으로 굴을 양식하는 것을 수하식 양식이라 한다. 회나 구이로 먹는 커다란 굴은 거의 대부분이 수하식으로 양식한 것들이다. 수하식으로 양식한 굴은 조수 간만과 관계없이 물속에 잠긴 채 먹이를 섭취하므로 성장 속도가 빠르고 크게 자란다.

이에 상대적인 개념의 양식법이 투석식이다. 투석식은 갯벌에 큰 돌을 던져놓고 유생을 붙게 하는 방식이다. 투석식으로 양식하는 굴과 갯바위에 붙어 자라는 자연산 굴은 돌에 피는 꽃처럼 보여서인지 석화石花라고 한다. 석화는 썰물 때마다 공기 중에 노출되기에 성장 속도가 느리고 크기도 작다. 그러나 탄력 있는 육질과 고소한 맛은 수하식으로 양식한 굴보다 더 좋다는 평가를 받는다.

조간대 갯바위에 굴의 유생이 패각을 고정하여 자리 잡고 있다.

굴은 껍데기가 하나뿐이라고 생각하겠지만 분명 껍데기가 두 장인 이매패류이다. 정조가 굳은 여인을 '굴 같이 닫힌 여인'이라 하고 입이 무거운 사람을 '굴 같은 사나이'라고 하는데 이 말은 굴이 한쪽 껍데기를 단단히 고정하고 있어 잘 떼어낼 수 없음을 비유하는 말이다. 그런데 서구에서는 약간 반대적인 관점으로 굴을 바라본 듯하다. 셰익스피어는 희극 「윈저의 즐거운 아낙네들The Merry Wives of Windsor」에서 "The world is your oyster"이라 했다. 굴은 단단한 껍데기에 싸여 열기가 힘든 것 같지만 조그만 칼이나 도구를 이용하면 누구나 간단히 열 수 있다. 겉보기와 달리 쉽게 열 수 있어 '네 마음대로 할 수 있다'는 뜻이다. 껍데기를 벗겨 속살이 드러난 굴은 단지 말랑말랑하기만

할 뿐 아무런 생체 구조가 없어 보인다. 그러나 여기에는 입, 아가미, 허파, 간, 창자, 심장 등 내부 구조가 모두 갖춰져 있다.

노로바이러스에 비상이 걸린 굴 양식업

2012년 5월 남해안 통영을 중심으로 한 굴 양식장에 난리가 났다. 근 40여 년간 유지했던 미국 식품의약청FDA의 수입 승인이 취소되었기 때문이다. 그동안 통영, 거제 등지에 늘 따라붙던 '미국 FDA가 인정한 세계적인 청정해역'이란 말이 무색해졌다. 미국으로 수출되던 굴의 물량은 연간 1,700톤 정도로 국내 굴 생산량의 1퍼센트에 미치지 않지만 청정해역이라는 이미지에 큰 타격을 받게 되었다.

문제의 원인은 '노로바이러스'가 검출되었기 때문이다. 노로바이러스는 사람이 음식물을 먹을 때 위장염의 원인이 되는 바이러스로 식중독을 일으키는 원인균 중 하나이다. 노로바이러스는 사람의 배설물을 통해 굴, 조개, 홍합, 가리비 등의 패류에 감염되는 것으로 위생적이지 못한 양식장 시설과 유람선, 낚시꾼 등에 의한 배설물, 육상에서의 오염물 유입이 원인이다. 오염원 차단을 위한 행정당국과 어민들의 노력으로 2013년 2월 대미 굴 수출이 재개되어 명예를 회복하게 되었지만, 해양오염에 대한 경각심을 불러일으킨 사건이었다.

벚굴

벚굴은 바다가 아닌 민물에서 자생하는 굴이다. 벚꽃이 필 무렵 물속에서 마치 벚꽃처럼 하얗게 제철을 맞는다 해서 붙인 이름이다. 강물에서 자라 '강굴'이라고도 한다. 바다에서 자라는 굴이 겨울이 제철이라면 벚굴은 벚꽃이 만개하는 봄이 제철이다. 지난날 벚굴은 전국 큰 강의 기수역에 자생했지만 강이 오염되고 하구 개발 등으로 서식 환경이 열악해지자 이제는 섬진강에서나 볼 수 있는 귀한 존재가 되었다. 벚굴은 성장 속도가 빠르다. 3년 정도이면 20~30센티미터 크기로 자라는데, 그 크기가 일반 굴의 열 배가 넘는다.

1 양식장에서 생산한 굴을 유통하기 위해 굴까기 작업이 한창이다. 지난날 겨울철에만 맛볼 수 있던 굴이 지금은 냉동 기술의 발달로 사시사철 맛볼 수 있게 되었다.

2 단골 식당에서 귀한 음식이라고 큼직한 벚굴을 내왔다. 민물과 바닷물이 뒤섞이는 기수역에서 자생하는 벚굴은 맛이 짭짤하면서도 달큼해 별미로 대접받는다.

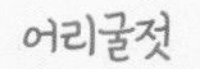

어리굴젓

충청도 향토 음식의 하나로 생굴에 소금과 고춧가루를 버무려 담근 젓갈이 있다. 일반 굴젓과 다른 점은 고춧가루를 쓴다는 점이다. '어리'는 '덜된, 모자란'이라는 뜻의 '얼'에서 비롯되었다. 짜지 않게 간하는 것을 '얼간'이라고 하며, 얼간으로 담근 젓을 '어리젓'이라 한다. 됨됨이가 똑똑하지 못하고 약간 모자라는 사람을 '얼간이'라고 하는데, 여기에서 비롯된 말이다.

붉은 피가 흐르는 꼬막

"벌교에 가거든 주먹 자랑하지 마라."

예로부터 전라남도 보성군 벌교 사람들이 힘이 세다는 뜻인데, 이 말로 벌교의 지역 특산물 꼬막이 더욱 유명해졌다. 단지 꼬막을 즐긴다 해서 힘이 세어지지는 않겠지만 단백질과 필수아미노산이 골고루 들어 있는 꼬막이 건강식품인 것만은 분명하다.

고난한 작업 꼬막 채취

벌교산 꼬막이 최고로 대접받는 것은 지리적 특성 때문이다. 고흥반도와 여수반도가 감싸고 있는 벌교 앞바다 여자만汝自灣 갯벌은 모래가 섞이지 않은 데다 오염되지 않아 꼬막 서식에 최적의 조건을 갖추고 있다. 2005년 해양수산부는 여자만 갯벌을 우리나라에서 상태가 가장 좋은 갯벌이라 발표했다.

이곳에서의 꼬막 채취는 예나 지금이나 아낙의 몫이다. 아낙들은 길이 2미터, 폭 50센티미터 정도 되는 널배에 꼬막 채를 걸어 갯벌을 훑으며 꼬막을 걷어 올린다. 허리까지 푹푹 빠져드는 갯벌에서 한쪽 다리는 널배에 올리고 다른 한쪽 발로 밀면서 이동하는 일이 여간 힘든 게 아닐 것이다. 더구나 꼬막이 제맛을 내는 계절이 겨울에서 초봄이다 보니 이 무렵 칼바람을 맞으며 갯벌에서 이루어지는 작업의 고단함은 두말할 나위 없지 않았을까.

꼬막 채취에 주로 아낙들이 나서다 보니 여자만은 여자만 들어갈 수 있다는 우스갯소리도 있다. 하지만 여자만이란 이름은 만의 한가운데 있는 여자도汝自島에서 따

널배를 탄 아낙들이 갯벌에서 꼬막을 채취하고 있다.

왔다. 여자도는 '너 여汝'에 '스스로 자自'로 표기한다. 너무 외진 곳이라 한번 들어가면 '외부 도움 없이 스스로 알아서 살아야 한다'는 뜻이다.

손맛에 따라 꼬막 맛이 천양지차

꼬막은 길이 5센티미터에 높이 4센티미터 남짓한 사새목 꼬막조개과에 속한다. 겉이 반질반질한 여타 조개와 달리 껍데기 표면에 방사륵이라는 밭고랑을 닮은 굵은 골이 파여 있다. 방사륵은 가장자리 쪽으로 갈수록 굵고 간격이 벌어져 뚜렷해진다. 김려 선생은 『우해이어보』에 이 골의 모양새가 기왓장을 닮았다 하여 와농자瓦壟子라 적었다.

채취한 꼬막은 골 사이에 들어 있는 개흙을 씻어내고 소금물에 담가 펄을 토해내는 해감 과정을 거쳐야 하기에 꼼꼼한 잔손질이 필요하다. 손질된 꼬막을 익혀내는 데는 벌교 사람들에게 전수되는 비법이 있다. 적당한 불 조절과 열기가 골고루 전달

손질된 꼬막을 익혀내는 데 전수되는 비법이 있어 집집마다 꼬막 맛이 다르다.

되도록 저어주는 손맛에 따라 맛이 천양지차가 된다. 제대로 된 꼬막 맛을 보려면 물을 부어 삶지 말고 손질한 채로 냄비에 넣고 구워내듯 익혀야 한다. 꼬막 안에 들어 있는 수분으로만 데쳐내듯 익혀야 핏기가 가시고 간간한 맛이 남아 바다 냄새를 미각과 후각으로 고스란히 전해 받을 수 있다. 이렇게 알맞게 익혀낸 꼬막은 조갯살이 늘거나 줄지 않고 물기가 촉촉이 돈다. 이러한 익힘의 방식은 문어도 매한가지이다. 적당히 달궈진 솥에 문어를 넣고 익히면 문어 안에 들어 있는 수분이 육질을 찰지게 한다.

"감기 석 달에 입맛이 소태라도 꼬막 맛은 변함없다"라거나 "꼬막 맛 떨어지면 죽은 사람"이라는 속담이 있을 정도로 예로부터 꼬막을 귀하게 여겼다. 역설적으로 "고양이 꼬막조개 보듯"이란 속담도 있다. 겉으로만 대강대강 함을 이르는 말이다. 고양이에게 입을 꼭 다물고 있는 꼬막은 돌멩이와 다름이 없고, 가지고 싶어도 가질 수 없는 그림의 떡과 같기 때문이다.

꼬막은 여느 조개와 달리 익은 후에도 입을 꽉 다문다. 성미가 급한 사람은 틈 사이로 손톱을 비집어 넣어 젖히다가 손톱이 부러지고 만다. 이때 위 뚜껑과 아래 뚜껑이 맞물린 이음 사이에 숟가락을 들이밀어 시계방향으로 돌려 지렛대처럼 젖히면 쉽게 열 수 있다. 열린 꼬막 속에는 주황색 살과 함께 불그죽죽한 물이 고여 있다. 이 졸깃졸깃한 조갯살은 특별한 간을 하지 않아도 간간하고 감칠맛이 난다.

참꼬막, 새꼬막, 피조개로 분류되는 꼬막

꼬막은 크게 참꼬막, 새꼬막, 피조개의 세 종류로 구분된다. 꼬막 중 진짜 꼬막이란 의미에서 '참' 자가 붙은 참꼬막은 17~18줄의 큰 골이 부챗살처럼 펴져 있다. 표면에는 털이 없고 졸깃한 맛이 나는 고급 종이라 제사상에 올려지기에 제사꼬막이라고도 한다. 이에 비해 껍데기 골의 폭이 좁고 털이 나 있는 새꼬막은 방사륵 수가 30~34줄이다. 조갯살이 미끈한 데다 약간 맛이 떨어져 하품으로 다루어 '개꼬막' 또는 '똥꼬막'이 되었다. 잡는 방법에도 차이가 있다. 참꼬막은 갯벌에 사람이 직접 들어가 채취하는 반면, 새꼬막은 배를 이용해 대량으로 채취한다. 완전히 성장하는 기간도 참꼬막은 4년 정도 걸리지만 새꼬막은 2년이면 충분하다. 이러한 이유들로 참꼬막이 새꼬막보다 서너 배 비싸게 거래된다.

꼬막류 중 최고급 종은 피조개로 방사륵 수가 42~43줄이다. 조개류를 포함한 대개의 연체동물이 혈액 속에 구리이온을 함유한 헤모시아닌이 산소를 운반하지만 꼬막류에는 철이온이 들어 있는 헤모글로빈이 있어 붉은 피가 흐른다. 특이하게도 꼬막류에 헤모글로빈이 있는 것은 산소가 부족한 갯벌에 묻혀 살기에 호흡을 위해서는 헤모시아닌보다 산소 결합력이 뛰어난 헤모글로빈이 유리하기 때문이다. 피조개라 이름 붙인 것은 참꼬막이나 새꼬막에 비해 덩치가 크고, 안에 들어 있는 붉은색 피도 눈에 띄게 볼 수 있어서이다. 산란기 전인 겨울철에 채취한 것은 피째 날것으로 먹을 수 있지만 조개류를 날것으로 먹을 때 오는 비브리오패혈증에 노출될 위험을 각오해야 한다.

지름 10센티미터에 이르는 피조개와 바지락을 비교해 보았다.

피조개는 우리나라에서 가장 많이 양식된다. 이렇게 양식한 피조개의 98퍼센트 이상이 비싼 가격으로 일본으로 수출되어 외화 획득에 일조한다. 대개의 해산물은 양식한 것보다 자연산이 높은 가격으로 거래되지만, 피조개는 양식한

어민들이 수확한 꼬막을 출하하고 있다.

것이 자연산보다 세 배 정도 비싸다. 양식한 피조개의 맛이 자연산보다 뛰어나다는 이야기이다. 양식 피조개를 앞에 두고 미식가인 양 자연산 피조개를 찾는다면 비웃음을 살 수도 있다.

흔하지만 귀한 바지락

예로부터 중요한 단백질 공급원이었던 바지락은 자원량이 풍부해 연간 패류 총생산량의 약 18퍼센트를 차지했다. 1801년 신유박해로 흑산도로 유배 간 정약전 선생은 『자산어보』에 바지락을 '천합淺蛤'이라고 소개하며 "살도 풍부하고 맛이 좋다"고 기록했다.

한곳에 머물러 사는 바지락

우리나라 사람들이 가장 많이 먹는 바지락은 진판새목 백합과에 속하는 작은 바닷조개이다. 동해안 지역에서는 '빤지락', 경남 지역에서는 '반지래기', 인천이나 전라도 지역에서는 '반지락'이라고도 부른다. 바지락이라는 이름은 호미로 갯벌을 긁을 때 부딪히는 소리가 "바지락 바지락" 하여 붙였다고 한다.

타원형 껍데기는 길이 4센티미터, 높이 3센티미터 정도인데 큰 개체는 길이가 6센티미터에 이르기도 한다. 색깔은 흰색 바탕에 검은색 산 모양의 방사무늬를 띤 것과 황갈색 물결 모양까지 다양하다. 패각의 안쪽은 대부분이 흰색이지만 보라색도 간혹 관찰된다.

바지락 패각의 무늬는 검은색 산 모양의 방사형에서부터 황갈색 물결 모양까지 다양하다.

바지락은 수심 10미터 안팎의

갯벌에서 채취한 바지락들이 출하되고 있다.

얕은 바다에서 살아간다. 주로 모래와 펄이 섞인 곳에 분포하며 입수관을 통해 바닷물을 몸속으로 빨아들인 다음 아가미를 거치면서 산소를 흡수하고, 함께 빨려 들어온 식물플랑크톤과 유기물을 여과섭식한다. 바지락은 이동하지 않고 한곳에 머물러 사는 특성이 있어 양식이 쉽다. 우리나라에서는 1912년부터 양식을 시작했는데, 양식을 한다 해서 별도의 장소가 필요한 것은 아니다. 봄 또는 가을에 갯벌에다 어린 바지락을 뿌렸다가 이듬해 4월부터 거둬들이면 된다.

그런데 그대로 두어서는 바지락이 건강하게 자라지는 않는다. 모래가 부족한 갯벌에는 왕모래를 뿌리고, 펄과 모래가 잘 섞이도록 해주어야 한다. 바지락이 살기에 가장 적합한 갯벌은 모래와 펄이 8대 2 또는 7대 3 정도로 섞인 곳으로 알려져 있다. 이렇게 1년 정도 자라면 길이가 1.5~1.6배, 무게는 3배가 된다. 바지락은 흔한 조개이지만 1년 내내 수확할 수는 없다. 주 산란기인 7월 초순부터 8월 중순까지는 독이 있어 채집하지 않는다.

수심에 따라 다른 채취 방법

바지락은 살아가는 수심에 따라 크게 조간대와 조하대에 분포하는 개체로 구분된다. 수심이 비교적 얕은 조간대에 분포하는 개체는 조하대 개체에 비해 크기가 작고 통통한 편이며, 조하대에 분포하는 개체는 전체적으로 크고 길게 보인다.

조간대 개체는 간조 때 호미나 갈퀴로 바닥을 뒤집거나 긁어서 잡는다. 이런 방식은 서·남해안의 갯벌이나 수심이 아주 얕은 곳에서 이루어진다. 조하대 개체는 선박 위에서 채취기로 잡아들인다. 채취기는 철 망사를 틀에 부착하고 아랫변에 갈퀴를 여러 개 단 망을 긴 손잡이에 달아 배(1톤급의 작은 배) 위에서 갯벌을 긁어 올리는 방식이다. 이외에도 형망과 같이 좀 더 큰 배(5톤급)와 큰 어구를 이용해 바지락을 캐기도 한다.

갯벌의 가치가 널리 알려지면서 청소년을 대상으로 하는 갯벌 체험이 인기를 끌고 있다. 경남 남해군 삼동면 금송리 갯벌을 찾은 학생들이 즐거운 시간을 보내고 있다.

요리와 영양

바지락은 다양한 음식으로 조리되어 입맛을 풍요롭게 해준다. 국으로, 찜으로, 죽과 칼국수, 무침과 젓갈, 부침개, 볶음 등 다양한 요리에 활용된다. 바지락이 많이 생산되는 지역에는 바지락탕이나 찌개 냄비가 밥상 한가운데 자리 잡는다. 그만큼 갯벌 사람과 서민에게 가장 친근하면서도 소중한 식재료 중 하나가 바지락이다.

바지락은 맛뿐 아니라 영양에서도 뛰어나다. 육질 100그램당 80밀리그램의 칼슘과 달걀의 5배나 되는 50밀리그램의 마그네슘이 들어 있다. 또한 생체 방어에 필요한 효소와 효소 생산에 필요한 구리도 130밀리그램이나 들어 있다. 특히 바지락은 무기질 함량이 매우 높아 병후 원기 회복에도 좋은 식재료로 알려져 있다. 또한 바지락 껍데기 가루를 헝겊주머니에 넣고 달여서 차 마시듯 하면 치아와 뼈를 튼튼하게 해주는 등 인체에 칼슘을 보충해준다. 작고 흔한 조개이지만 살뿐만 아니라 껍데기까지 사람에게 이롭다.

바지락은 살아 있는 것을 골라야 한다. 입이 굳게 닫혀 있어 속이 보이지 않고, 패

1 시장 상인이 해감을 마친 바지락을 장만하고 있다.
2 바지락은 다양한 식재료로 사용된다. 이 가운데 바지락 칼국수는 전국 어디에서든 만날 수 있는 친숙한 음식 중 하나이다.

각은 깨지지 않은 상태로 윤기가 있는 것이 좋다. 채취한 지 오래된 것은 탁한 갈색으로 변하므로 패각을 잘 살피면 된다.

바지락 등 조개류는 채취할 때 놀라서 주변에 있는 펄이나 모래 등 이물질을 흡입한다. 요리하기 전에는 이물질을 제거해야 한다. 조개류는 몸에 들어온 이물질을 배출하려는 습성이 있으므로 바닷물이나 소금물에 30분 이상 담가두면 스스로 토해낸다. 이를 해감이라 한다. 이때 녹이 슨 쇠붙이를 같이 넣어두면 더욱 빠르게 해감이 진행된다.

그런데 바지락은 한곳에 정착해 살아가는 특성으로 갯벌에 흘러드는 각종 오염원에 무방비로 노출될 수밖에 없다. 또한 젓갈을 담그거나 날것을 요리하여 먹는 경우 늦봄부터 초여름까지의 번식기에는 중독 위험이 있으므로 피해야 한다. 이와 관련된 속담으로 "오뉴월 땡볕의 바지락 풍년"을 들 수 있다. 이는 한여름 땡볕에 수온이 오르면 바닷물 속에 녹아 있는 칼슘의 석출이 빠르게 진행되면서 패각이 커져 보기는 좋지만, 조갯살은 제대로 자라지 않은 데다 독성이 있어 먹지 못함을 비유한 말이다. 이 속담은 외관상으로는 보기 좋으나 그 실속은 거의 없음을 일컫는다. 비슷한 속담으로 "속빈 강정", "빛 좋은 개살구" 등이 있다.

목숨 걸고 잡는 키조개

다이빙 도중 키조개를 가끔 발견한다. 조개 대부분이 갯벌에서 자라는 것과 달리 키조개는 10~30미터 정도 깊은 수심의 바닥에서 수관이 있는 입구 부분만 살짝 내놓고 몸의 대부분을 숨긴 채 살아간다. 이때 노출된 부분을 발로 툭 차면 옆으로 젖혀지면서 전체가 빠져나온다. 키조개를 전문적으로 채취하는 잠수부들은 키조개의 노출된 부분을 갈고리로 찍어 올린다.

키조개는 충남 보령시 오천항 연안과 전남 고흥군 득량만, 보성만, 광양만 일대가 주산지이다. 특히 오천항 연안은 우리나라 키조개 생산량의 60퍼센트를 차지한다.

키조개는 깊은 수심의 바닥에 몸의 대부분을 숨긴 채 살아간다.

부족류에 속하는 키조개는 겉모양은 홍합을 닮았지만, 성체의 경우 껍데기 길이 250~300밀리미터, 높이 145~150밀리미터, 너비 약 100밀리미터에 이르러 홍합과는 비교되지 않을 정도로 크다. 또한 단백질이 많은 저칼로리 식품으로, 필수 아미노산과 철분을 많이 포함하고 있어 조개 중에서는 고급 종에 속한다. 특히 키조개의 껍데기를 여닫는 원통형의 근육인 패주貝柱는 고급 식재료로 주로 일본으로 수출된다.

껍데기의 빛깔은 회녹갈색 또는 암황

록색인데 안쪽은 검은색이며 진주 광택이 있다. 키조개란 이름은 큼직한 모양새가 쭉정이를 까부르는 농기구인 '키'에 빗대어 붙였다. 영어권에서는 조개의 끝이 뾰족한 펜촉의 모양을 닮아 'Pen shell'이라 한다.

키조개는 갯벌이 아닌 비교적 깊은 수심의 바닥에 살고 있어 잠수부가 일일이 손으로 잡아내야 한다. 이 때문에 키조개 조업을 하는 잠수부가 상어의 공격으로 희생되는 경우가 종종 발생한다. 채취하는 5월이 백상아리가 난류를 타고 올라오는 시기와 겹치는 데다 조개를 채취할 때 나는 소리와 비릿한 키조개 냄새가 상어를 끌어들이는 탓이다.

비너스의 탄생, 가리비

가리비는 부족류에 속하지만 걸을 때 사용하는 도끼발인 부족斧足의 기능이 퇴화되었다. 부족은 패각 사이에 혀처럼 내민 부분으로 부족류에는 발 역할을 하며 모래 속으로 파고들 때 사용한다. 가리비는 부족을 버리는 대신 헤엄칠 수 있는 능력을 지니게 되었다.

조개가 헤엄친다면 고개를 갸우뚱하겠지만, 가리비는 두 장의 패각을 캐스터네츠 치듯 연달아 여닫으면서 분출되는 물의 반작용으로 수중으로 몸을 띄워 움직일 수 있다. 한 번에 1~2미터씩 하룻밤에 500미터도 이동하는데 몸을 띄운 상태에서 다시 껍데기를 여닫는 동작을 빠르게 되풀이하면 토끼가 깡충깡충 뛰어가는 듯, 새가 날아가는 듯 보이기까지 한다.

가리비 패각을 여닫는 근육 부분을 패주라 한다. 가리비 패주는 다른 이매패류에 비해 크고 근육이 발달되어 있어 훌륭한 식재료가 된다. 홍합이나 굴도 부족이 퇴화되었다. 한자리에 고착해서 살아가니 부족이 필요 없다. 모든 생물은 환경에 따라 그 기능이 진화하거나 퇴화한다.

분포 및 특성

가리비는 가리비과에 속하는 조개류로 전 세계적으로는 약 50속, 400여 종 이상이 있다. 이들은 연안의 얕은 수심에서부터 매우 깊은 수심에 이르기까지 분포한다. 우리나라에서는 전 연안에 걸쳐 살아가는 비단가리비, 동해안이 주 무대인 큰가리비(참가리비)와 주문진가리비, 제주도 연안에서 주로 발견되는 해가리비, 동해안과 경남

가리비는 빠르게 이동해야 할 때는 두 장의 패각을 강하게 여닫으면서 분출되는 물의 반작용을 이용한다.

연안에 걸쳐 서식하는 국자가리비 등 12종이 발견된다.

최근 들어 미국에서 중국을 거쳐 이식된 해만가리비 양식이 성행하고 있다. 이들의 구별은 패각의 크기와 생김새, 패각에 있는 방사선 모양의 무늬 또는 돌기(방사륵)의 줄 수 등에 따른다. 흥미로운 점은 같은 가리비과에 속하지만 종에 따라 번식 방법이 다르다는 데 있다. 참가리비, 고랑가리비, 비단가리비가 암컷과 수컷이 따로 있는 자웅이체라면, 해만가리비는 한 개체에 암컷과 수컷의 생식소가 같이 있는 자웅동체이다.

가리비는 패각이 원형에 가까운 부채모양이라 한자로는 해선海扇 또는 선패扇貝로 표기한다. 우리나라 방언으로는 부채 모양을 닮았다 해서 부채조개, 밥주걱을 닮았다 해서 주걱조개, 또는 밥조개라 불린다.

패각의 색깔은 붉은색, 자색, 오렌지색, 노란색, 흰색 등으로 다양하다. 대개 아래쪽 패각이 상판보다 밝은색이며 무늬가 더 적다. 패각은 주로 굴 양식장에서 굴의 종묘를 붙이기 위

가리비 외투막 가장자리에 있는 여러 개의 푸른색 점은 가리비의 눈이다. 가리비는 몸통 가장자리를 따라 원시적 형태의 눈 30~40개와 주변의 촉수를 이용해 주위를 경계한다.

해 재활용되며, 공예품의 원료 또는 장신구로 사용되기도 한다.

자연산과 양식

시장에 유통되는 가리비는 대부분 양식이라 보면 된다. 해산물에 대해 자연산을 고집하는 사람도 있지만 양식 가리비라 해도 자연산과 매한가지로 플랑크톤만 먹고 자라기에 맛에서는 자연산과 별 차이가 없다. 양식 방법은 어린 가리비를 바구니에 넣어 바다에 매달아두는데 4~5개월 정도인 개체가 가장 맛이 좋다.

가리비는 구이, 찜, 탕, 죽, 국물 요리, 젓갈 등의 식재료로 애용되며 신선한 가리비는 회로도 먹을 수 있다. 특히 큰 가리비의 패주 부분은 예로부터 고급 식재료로 이용되어 왔으며 최근에는 통조림, 냉동품, 훈제품 등으로 개발되고 있다. 가리비에는 류신, 라이신, 메티오닌, 아르기닌, 글리신 등의 필수아미노산이 풍부해 성장기 어린이에게 좋다. 또한 칼로리와 콜레스테롤이 낮고 단백질과 미네랄이 풍부해 건강식품으로도 각광받고 있다.

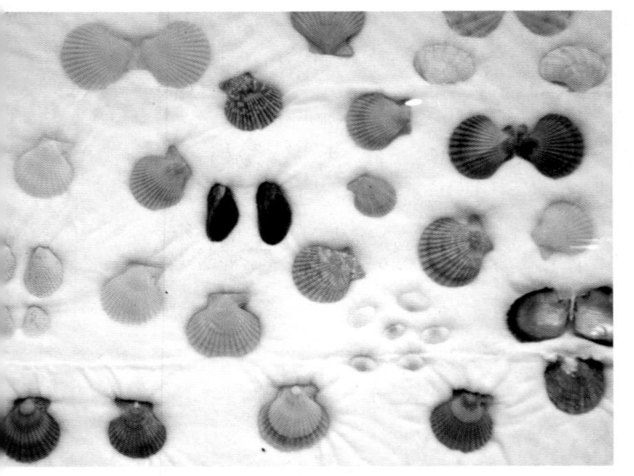

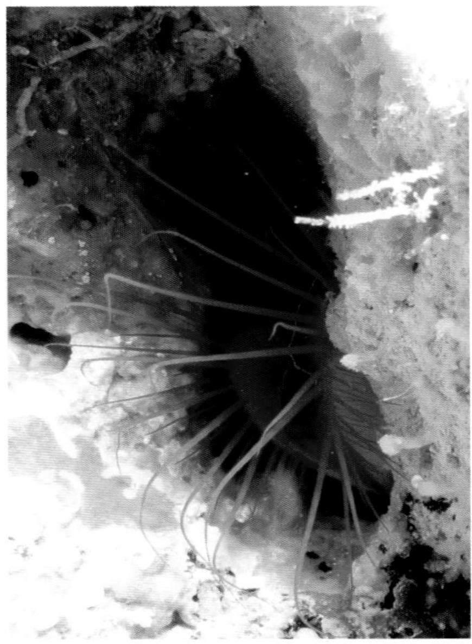

1 가리비 패각의 색깔은 붉은색, 자색, 오렌지색, 노란색, 흰색 등으로 다양하다.

2 바위틈에 자리 잡은 화염가리비Flame scallop, *Ctenoides scaber*가 촉수를 내밀고 있다. 열대 해역에 서식하는 이들은 몸에서 빛을 반사하여 전기처럼 번쩍인다. 화염가리비는 이름만 가리비지, 일반 가리비와는 분류 체계가 달라 외투조개목Limida에 속한다.

최근 남해안 굴 양식장에도 해만가리비, 비단가리비가 성공적으로 양식되어 어민 소득에 크게 기여하고 있다. 가리비 양식은 어린 가리비를 바구니에 넣어 바다에 매달아 두는 방식으로 진행된다. 사진은 미국에서 중국을 거쳐 이식된 해만가리비로 환경에 대한 적응이 강한 데다 양식 기간이 짧아 어민들 소득에 도움을 주고 있다.

가리비는 1979년부터 기업형 종묘 생산을 바탕으로 본격적인 양식이 시작되었다. 2000년 2371톤이 수확되어 최대량을 기록했지만 이후 생산량 감소로 늘어나는 수요를 맞출 수 없게 되자 많은 양을 수입에 의존하고 있다.

우리나라 가리비 양식의 최적지는 동해안으로 주로 차가운 물을 좋아하는 큰가리비가 대상이었지만, 최근 들어 남해안 굴 양식장에서도 해만가리비, 비단가리비가 성공적으로 양식되어 어민 소득에 크게 기여하고 있다. 이는 가리비가 굴과 함께 양식할 수 있는 데다 적조에도 강하기 때문이다.

동서양에서 전해지는 민담과 전설

가리비는 한 번에 1억 개가 넘는 알을 낳아 조개류 중에서 최고이다. 그래서인지 동서양을 막론하고 탄생의 상징적인 의미가 있다. 초기 르네상스 시대 대표작이라 할 수 있는 보티첼리의 작품 「비너스의 탄생The Birth of Venus」은 미의 여신 비너스가 가리비를 타고 육지에 도착하는 장면을 묘사했다. 우리나라에서는 딸을 시집보낼 때 새 생명의 탄생을 기원하

보티첼리는 그의 작품 「비너스의 탄생」에 생명의 근원인 바다에서 태어난 미의 여신 비너스가 가리비 패각을 타고 키프로스섬 해안에 도착하는 장면을 묘사했다. 왼쪽에 서풍의 신 제피로스와 그의 연인 클로리스가 보인다. 제피로스는 비너스를 향해 바람을 일으켜 해안으로 이끌고 있으며, 키프로스섬 해안에는 계절의 여신 호라이가 옷을 들고 비너스를 맞고 있다.

가리비는 구이를 비롯해 다양한 식재료로 인기가 있다.

는 의미에서 가리비 껍데기를 싸 보내는 풍습이 있다.

가리비는 탄생의 의미뿐 아니라 뛰어난 맛과 영양 성분으로도 정평이 나 있다. 단맛을 내는 아미노산인 글리신이 많이 들어 있는 데다 타우린 성분이 풍부해 콜레스테롤을 낮추는 기능을 하기 때문이다. 이러한 맛과 영양 성분 때문에 중국에서는 가리비를 중국 월나라 미인 서시의 혀에 비유해 '서시설西施舌'이라 했다. 가리비가 서시의 혓바닥이라고 불리게 된 데에는 다음과 같은 이야기가 전해진다.

서시는 중국 춘추전국시대 때 월越나라 미인이었다. 당시 오吳나라 왕 부차夫差와 패권을 다투던 월나라 왕 구천勾踐은 전쟁에서 대패하자 미인계를 쓰기 위해 서시를 부차에게 보낸다. 이후 부차는 서시의 미모에 빠져 국정을 소홀히 해 결국 월나라에 멸망하고 만다.

서시는 오나라를 멸망시킨 일등 공신이었지만 막상 부차가 죽고 나자 운명이 난처해졌다. 서시의 미모 때문에 구천 역시 나라를 망칠까 구설에 올랐기 때문이다. 결국 월나라 왕후의 명에 따라 서시는 몸에 돌이 달린 채 바닷속으로 던져져 비참한 최후를 맞는다. 그 후 바다에서 사람 혀 모양을 닮은 조개가 잡히기 시작했는데 속살의 형태가 사람 혀처럼 생겼고 맛이 유달리 부드럽고 신선하다 해서 사람들은 이 조개에 죽은 서시의 이름을 붙였다. 서시의 이름을 따온 진미로 '서시유西施乳'도 있다. 이는 수컷 복어 배 속에 있는 정액 덩어리인 이리의 하얗고 부드러움을 서시의 가슴에 비유하여 붙인 이름이다.

중국인들은 서시를 포함해 양귀비, 초선, 소군을 역사상 4대 미인이라 칭송하고 특별한 요리에 이들의 이름을 붙이곤 했다.

중국 4대 미인의 이름에서 따온 요리

- 서시설西施舌: 가리비 조갯살을 지칭한다. 서시가 빠져 죽은 바닷가에서 잡혀 올라온 가리비 조갯살이 사람 혀를 닮은 데다 맛이 유달리 부드럽고 신선해서 붙인 이름이다.
- 서시유西施乳: 복어 수컷의 정액 덩어리인 이리(魚白)를 일컫는 말이다. 대개의 어류의 정액 덩어리는 맛이 좋지 않지만 복어와 대구, 명태, 아귀 등의 성숙한 정액 덩어리는 맛이 있어 요리에 이용되는데 특히 복어의 정액 덩어리를 귀하게 여겨 서시유라는 이름을 붙였다.
- 귀비지貴妃枝: 여지(리치)는 중국 남방에서 나는 과일로 흰색의 쫄깃한 과육이 달면서도 독특한 맛이 난다. 여지는 당나라 현종의 귀비인 양귀비가 가장 즐겨 먹던 과일로 궁중 요리사들은 이 여지를 어떻게 효과적으로 사용할까 궁리 끝에 귀비지라는 요리를 만들어냈다. 요리사들은 여지에 전분과 달걀로 반죽한 튀김옷을 입혀 튀겨낸 후 꿀과 토마토소스 등을 넣고 볶아냈다. 새콤달콤한 맛에 빛깔이 산뜻해 남녀노소 모두 좋아한다.
- 귀비계시貴妃鷄翅: 양귀비가 귀비지와 함께 평생을 즐긴 요리이다. 하루는 술에 취한 현종이 양귀비가 "하늘을 날고 싶어요"라고 한 것을 하늘을 나는 요리를 먹고 싶다는 의미로 잘못 이해하고 궁중 요리사들에게 요리를 만들 것을 지시했다. 요리사들은 하늘을 나는 것은 새의 날개이고 현종과 양귀비가 술에 취했다는 데 착안하여 튀긴 닭 날개에 포도주 등을 넣고 끓여내어 노란색과 붉은색이 한데 어우러진 요리를 만들자 현종과 양귀비가 크게 흡족해 이 이름을 붙였다고 한다.
- 초선두부貂蟬豆腐: 두부와 미꾸라지를 같이 넣고 서서히 끓이면 미꾸라지가 뜨

거움을 피해 두부 속으로 파고드는데 이를 요리로 만든 것이다. 『삼국지연의』에 등장하는 초선은 동탁과 여포를 이간질하는 데 이용되었던 비운의 미인이다. 호사가들이 지어낸 이야기로는 초선에 빠져 여포에게 죽임을 당하는 동탁의 모습이 초선의 속살로 비유되는 흰 두부 속으로 파고 들어가 죽는 미꾸라지를 닮았다 해서 붙인 이름이다.

- 소군오리昭君鴨 : 초나라에서 태어난 왕소군은 서역에 정략결혼으로 보내졌는데 그곳의 음식이 입에 맞지 않아 나날이 야위어 갔다. 그리하여 궁중 요리사들은 온갖 정성을 다해 요리 개발에 나섰는데 어느 날 당면과 기타 채소를 넣고 오리국을 끓여냈더니 그제야 소군이 음식을 먹기 시작해 이 요리를 소군오리라 불렀다.

사람 잡는 대왕조개

사람을 잡아먹는 조개가 있다고 하면 대개 사람들은 주먹 크기만 한 조개를 떠올리며 고개를 갸웃거릴 것이다. 하지만 이 세상에는 다양한 생물들이 어우러져 살고 있어 상식으로 이해하기 힘든 경우가 가끔 있다.

일본과 대만의 중간 수역, 수면에서 200미터에 이르는 광범위한 수심에 성체의 길이 1.5미터, 무게 200킬로그램에 이르는 대왕조개*Tridacna gigas*가 살고 있다. 이들은 여느 조개와 마찬가지로 평소 입을 벌리고 먹잇감을 찾다가 위기를 느끼면 본능적으로 입을 다물어 버린다. 만약 별다른 장비 없이 자맥질하는 사람이 부주의로 이 조개 입에 신체 일부라도 물리면 그 사람은 수면으로 상승하지 못하고 물속에서 최후를 맞을 수도 있다. 그래서인지 이들에게 식인조개라는 무시무시한 이름이 붙었다.

실제 인도네시아 해역에서 만난 대왕조개 외투막을 건드려 보았는데 사람을 꼼짝 못 하게 할 정도의 힘은 아니었지만 준비되지 않은 상태에서 신체의 일부가 물리면 굉장히 당황할 것이라는 생각이 들었다.

조류와 공생하는 대왕조개

대왕조개 외투막은 껍질을 다 닫지 못할 만큼 두껍게 발달되었는데 패각 밖으로 늘어지는 외투막에는 주산텔라 등의 공생조류가 살고 있다. 외투막 색이 녹색, 파란색, 갈색 등을 띠는 것은 공생조류로 인해 나타나는 색이다. 대왕조개는 공생조류가 광합성을 충분히 할 수 있도록 낮 시간에는 패각을 최대한 열고 있다. 공생조류는 광합성을 통해 대왕조개에게 탄수화물 등의 영양분을 공급한다.

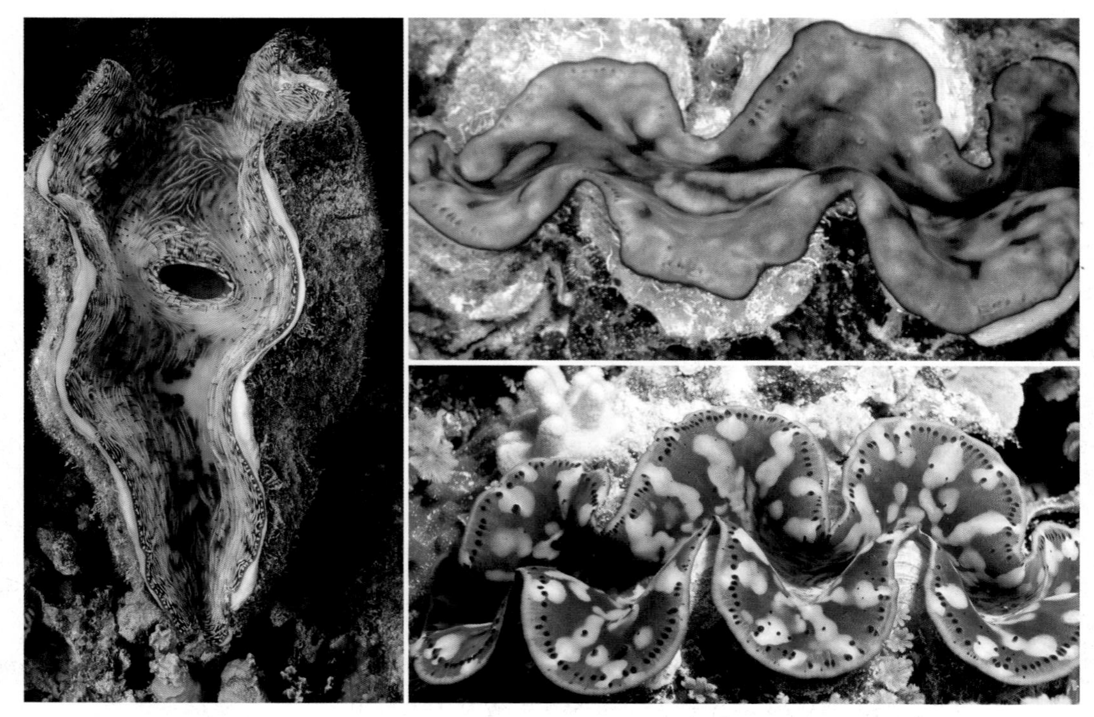

대왕조개 외투막은 공생조류의 종류에 따라 녹색, 파란색, 갈색 등으로 보인다.

여러 용도로 사용되는 대왕조개

원주민들은 자맥질로 대왕조개를 뒤에서 안아 통째로 건져 올린다. 뒷부분의 딱딱한 껍데기 사이를 칼로 찌르면 조개 몸속에 있는 물이 빠지면서 조개 입이 벌어진다. 식용으로 쓰이는 조갯살을 다 발라내고 남은 껍데기는 세면대와 같은 다양한 생활용품으로 활용된다.

대왕조개의 껍데기는 수집을 좋아하는 관광객들을 위해 약간의 가공을 거친 다음 장식품으로 판매되기도 한다. 대왕조개 원형 그대로의 모습은 아니지만 우리는 대왕조개의 부산물을 흔하게 접한다. 바로 1990년대 중반부터 진주의 대중화에 이바지한 핵진주의 핵 역할을 하는 부분이 바로 대왕조개의 핵과 껍데기 가루이다.

도네시아 마나도에서 관찰한 대왕조개이다. 패각을 최대한 벌리고 있다
동료 다이버가 다가가자 패각을 순간적으로 다물어 버렸다. 이때 패각
에 몸의 일부가 끼이게 되면 위험할 수 있다.

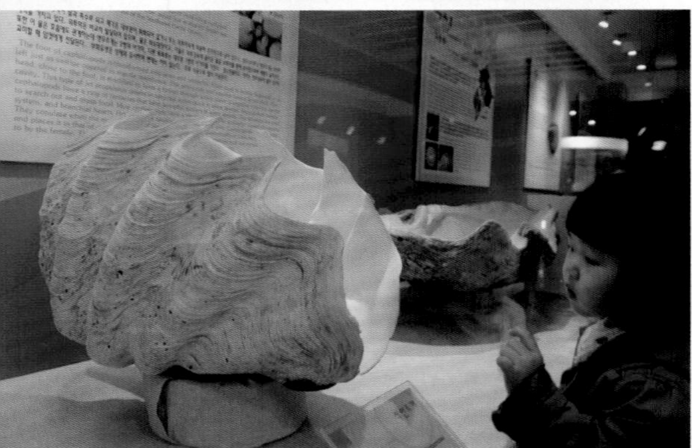

1
2

1 팔라우 해변에서 만난 대왕조개이다. 한 관광객이 자맥질로 대왕조개에 다가가고 있다. 대왕조개는 공생조류가 충분하게 광합성을 할 수 있게 햇빛 투영이 좋은 얕은 수심에서 살아간다.

2 부산 해양자연사박물관에 전시 중인 대왕조개의 패각이다. 살을 발라낸 대왕조개 패각은 장식물 등으로 사용되고 있다.

식용, 장식용, 공업용으로 수요가 늘어나면서 현재 대왕조개는 CITES 부속서 II에 등재되어 있다.

방휼지세

대왕조개에 신체 일부가 끼여 사람이 죽을 수 있다고 하면 이를 지나친 과장이라고 말하는 사람도 있겠지만 자연에서는 상상 밖의 여러 일들이 생길 수 있다. 방휼지세蚌鷸之勢는 중국 고사로 도요새가 조갯살을 파먹으려고 긴 부리를 조개 입 사이에 넣었다가 조개가 입을 다물어 버리는 바람에 도요새와 조개 모두 꼼짝 못 하는 형세를 말한다. 이때 지나가는 어부가 버둥거리는 조개와 도요새를 별다른 노력 없이 잡았다는 데서 어부지리漁父之利라는 고사가 생겨났다.

대왕조개에서 방휼지세의 고사를 빗댄 것은 조개가 도요새의 부리를 물어 버리듯 대왕조개 입에 신체 일부가 끼이게 되면 조개 입에 물린 도요새 신세가 될 수도 있기 때문이다. 손목에 작살을 단단히 묶은 채 물고기를 겨냥하고 쏘았던 작살이 바위틈에 꽉 끼이는 바람에 작살을 빼내지도, 손목에 묶은 결속을 풀지도 못해 물속에서 혼쭐이 난 사람 이야기를 들은 적이 있다. 숨이 간당간당한 상황에서 몸이 물속 어딘가에 끼여 수면으로 올라올 수 없다면 그만큼 공포스러운 일도 없을 것이다.

가성비 좋은 개조개

선조들은 가치가 없고 하찮은 것에 '개' 자를 즐겨 붙였다. 조개 중에도 '개' 자가 붙은 종이 있으니 바로 개조개가 주인공이다. 개조개는 패각의 무늬가 불규칙하며 성장맥이 거칠고 울퉁불퉁하게 배열되어 있다. 껍데기 표면만 보면 무늬가 화려한 '조개의 여왕' 백합과는 대조적이다. 하지만 알찬 속살의 맛과 영양 면에서는 여느 조개와 비교해도 손색이 없다.

1 개조개는 투박한 겉모습과는 달리 버릴 것 하나 없는 패류이다.

2 경남 통영시 어민들이 긴 장대 끝에 갈퀴를 달아 갯벌 속에 묻힌 개조개를 캐고 있다.

맛의 대명사 맛조개

햇살 따스한 봄날 부산 광안리해수욕장을 찾았다. 신발을 벗어들고 물기 촉촉한 모래밭을 지나는데 몇몇 사람들이 모랫바닥을 부지런히 파고 있었다. 무슨 일인가 발걸음을 멈추고 보니 맛조개를 캐는 중이었다.

갯벌에 사는 맛조개를 잡을 때 신중해야 한다. 여기저기 흩어져 있는 구멍 중에서 먼저 거품이 보글보글 올라오는 곳을 찾아 개흙을 넓게 파고 들어가면서 서서히 구멍 주위를 압박해야 한다. 이에 비해 모래밭에 사는 맛조개는 비교적 쉽게 잡을 수 있다. 모래를 약간 걷어낸 다음 맛소금을 살짝 뿌려주고 기다리면 맛조개가 마치 불에 데기라도 한 듯 구멍 밖으로 쑥 튀어나온다.

맛조개는 흔히 '맛'이라고도 부르는 조개류로 죽합과에 속한다. 이름에서도 알 수 있듯 조갯살은 맛이 좋다. 주로 국물 맛을 내는 데 사용된다. 종류로는 가리맛, 대맛, 맛조개, 북방맛, 왜맛, 붉은맛, 비단가리맛 등이 있다. 한자로는 대나무 모양을 닮아 '죽합竹蛤'이라 표기한다.

일반적으로 패각의 길이가 높이에 비해 매우 길고 장방형이며 그 두께가 얇다. 가리맛의 경우 큰 것은 길이가 10센티미터, 높이가 3센티미터나 되며, 대맛은 길이 11센티미터, 높이 2.5센티미터에 이른다. 갯벌에 30~60센티미터의 구멍을 파고 들어가 산다.

조개의 여왕 백합

1 크기에 따라 대·중·소합으로 나뉘는 백합은 패각에 있는 다양한 무늬가 100가지에 이른다 해서 붙인 이름이다.

2 백합은 육질이 깨끗하고 달콤해 날것으로도 식용하지만 탕을 끓이면 맛이 일품이다.

백합百蛤은 전형적인 조개 모습인 고급 패류로 '조개의 여왕'이라 불린다. 개펄에 살면서도 몸속에 모래나 개흙이 들지 않아 육질이 깨끗하고 달콤해 날것으로도 식용할 수 있다. 건제품 또는 통조림으로 가공해 수출했을 뿐 아니라 껍데기로는 바둑돌을 만들기도 했으며 태워서 만든 석회는 고급 물감의 재료로 사용해 왔다. "강진 원님 대합 자랑, 해남 원님 참게젓 자랑"이라는 속담은 백합의 인기를 단적으로 보여준다.

백합은 예로부터 부부 화합을 기원하며 혼례 음식에 반드시 포함되었는데 이는 모양이 예쁜 데다 껍데기가 꼭 맞게 맞물려 '합合'이 좋음을 상징하기 때문이다. 백합은 일본에서 인기가 있다. 1960년대 후반부터 일본으로 수출하기 위해 서해안에서 대규모로 양식되었다.

새를 닮아 새조개

옛사람들은 하늘을 날아다니는 새가 물속으로 들어가 조개가 되었다고 믿었다. 중국 유교 경전인 '사서오경' 중 『예기』에는 "꿩이 물속으로 들어가면 큰 조개가 되고, 참새가 물속으로 들어가면 작은 조개가 된다"고 했다. 『우해이어보』에는 "조개는 알에서 태어나는 것이 아니고, 모두 새가 변해서 된 것이다. 조개의 이름과 형태가 각각 다른 것은 여러 새들이 각각 다른 것과 마찬가지다. 이들 모두의 이름을 '조개(蛤)'라고 하는 것은, 날아다니는 모든 것의 이름을 '새(鳥)'라고 하는 것과 같다. 날짐승들이 모두 조개로 변화할 수 있으니, 이치로 따져보면 새들의 털 색깔이 조개껍데기의 색깔이 되는 것이 분명하다"라며 새가 물속으로 들어가 조개가 되었다고 설명하고 있다.

저자인 김려 선생의 학문적 배경이 한학이었고, 이를 자신이 관찰한 조개에 맞추어 풀이한 것으로 보인다. 옛사람들이 조개와 새를 연결한 근거는 어디에서 찾을 수 있을까? 이는 새조개 때문이 아닐까 생각해본다. 새조개의 조갯살을 보면 새의 부리나 날개를 빼닮았다. 일본인들도 새조개를 '도리가이鳥貝'라 하는데 도리는 일본말로 새, 가이는 조개이다.

새가 물속으로 들어가 조개가 되었다는 옛사람들의 믿음은 현대에서는 이해하기 어렵지만 옛사람들은 발생과정이 제대로 밝혀지지 않은 생물들의 탄생을 어떤 방식으로든 설명하고자 했다. 불교에서는 생명 탄생을 태생胎生, 난생卵生, 습생濕生, 화생化生으로 나누었다. 태반을 가진 모체에서 태어나는 태생이나, 알에서 태어나는 난생이 일반적인 분류라면 습생과 화생은 약간 관념적이기도 하다.

옛사람들이 새가 물속으로 들어가 조개가 되었다고 믿은 것은 '화생'을 통해 이해할 수 있다. 새와 조개의 연결고리 역할을 한 것이 새조개였을지도 모른다. 새조개 조갯살을 보면 새의 부리나 날개를 빼닮았기 때문이다.

습생은 지렁이, 벌레나 곤충과 같이 습한 곳에서 태어나는 생물을 의미하며, 화생은 태반, 알, 습한 환경 등 어느 것에도 의존하지 않고 스스로의 업력業力으로 갑자기 나타나는 것을 뜻한다. 옛사람들은 주로 어떤 생물 종이 일생 중에 다른 생물 종으로 변화하는 것을 화생이라 이해했다.

이 화생에도 규칙이 있다. 납득할 만한 비슷한 점이 있는 경우에만 화생의 관계로 엮이게 된다. 이러한 화생으로 엮인 범주에서 새가 물속으로 들어가 조개가 되고, 뱀이 용이 되어 승천하는가 하면, 토끼가 바다로 들어가 군소가 되고, 천년을 산 여우가 사람으로 둔갑하기도 했다. 심지어 우리 민족 최초의 건국 신화인 '단군신화'에서도 곰이 사람으로 변했다. 옛사람들은 화생이란 실존하는 동물 사이에서 분명히 존재하는 현상이고, 드물지 않게 일어난다고 보았다.

앵무새 부리와 비슷한 앵무조개

앵무조개는 『우해이어보』에 앵무라鸚鵡螺라는 이름으로 등장한다. 『우해이어보』에는 앵무새 부리와 비슷해서 술잔으로 쓰면 좋다고 했다. 앵무조개는 오징어, 문어 등과 같이 머리에 다리가 달려 있는 두족류이다. 앵무조개라 불리게 된 것은 턱이 앵무새의 주둥이 모양을 닮았기 때문이다.

앵무조개 패각은 나선형으로 말려들어 가는 구조이다. 마지막 층으로 감겨들어 간 곳에 검은 색소가 물들어 있다. 이 부분이 마치 앵무새의 부리를 연상케 하여 붙인 이름이다.

그런데 열대와 아열대 해역 수백 미터 수심에 서식하는 앵무조개가 어떻게 우해(지금의 진해) 바다에서 발견되었을까? 앵무조개는 부력 조절로 바닷속을 둥둥 떠다니며 이동한다. 앵무조개 껍데기의 층층은 막혀 있지만 벽마다 작은 구멍이 뚫려 있어 물을 넣었다 뺐다 하며 부력을 조절할 수 있다. 수명이 20년 정도인 앵무조개가 죽으면 빈 껍데기가 남게 되는데 여기에 남아 있는 기체로 인한 부력 때문에 수면으로 떠올랐다가 쿠로시오 해류에 실려 우해 바다까지 떠밀려 왔을 것이다.

앵무조개는 고생대 캄브리아기 전기에 출현해 오르도비스기에 번성하고 데본기에 이르렀으나, 그 후 점차 쇠퇴해 트라이아스기 전기 이후에는 오늘날의 앵무조개와 비슷한 6종만이 남게 되었다. 현재 발견되는 앵무조개들은 트라이아스기 Triassic Period 전기에 발견되는 화석과 모양이 비슷해 '살아 있는 화석'이라고 불린다.

트라이아스기

중생대를 셋으로 나눈 것 중 첫 번째 기간을 말한다. 2억 4천만 년 전에서 2억 8만 년 전까지 지속되었다. 1834년 독일의 알베르티 Friedrich von Alberti가 붙인 이름으로, 이는 지층이 3개의 층으로 뚜렷이 구분되었기 때문이다. 하부인 육성층 Bundsandstein, 중부인 해성층 Muschelkalk, 상부인 육성층 Keuper으로 이루어졌다.

코끼리 코를 닮아 코끼리조개

코끼리조개는 족사부착쇄조개과에 속하는 대형 조개로 깊은 수심에서 살아가는 데다 개체 수도 적어 귀하게 발견된다. 이들에게는 육질로만 이루어진 매우 특이하게 생긴 수관부siphon가 있다. 수관부의 신축성은 여느 패류보다 좋아 껍데기 길이보다 4~5배 이상으로 늘어난다.

코끼리조개는 수관부 끝의 입수공을 통해 해수를 들이켠 후 출수공을 통해 뿜어내는데 물줄기가 1미터 이상 분출되기도 한다. 코끼리조개라는 이름은 이 길쭉한 수관부가 코끼리 코를 닮았기 때문이다. 민간에서는 이 수관부가 남성의 성기를 닮아 코끼리조개를 많이 먹으면 정력이 좋아진다는 이류보류以類補類의 믿음까지 가지고 있다.

코끼리조개의 발달된 수관부는 코끼리 코를 닮았다. 약한 불에 데친 다음 껍질을 벗겨내고 먹으면 맛이 쫄깃하고 담백해 고급 식재료로 대접받는다.

수관부

대부분의 조개는 수관부에 입수관과 출수관이 붙어 있다. 입수관으로는 호흡과 먹이 활동을 위해 바닷물을 빨아들이고, 출수관으로는 소화시키고 남은 찌꺼기와 알이나 정자 등을 내보낸다.

이류보류

'유사한 것은 유사한 것을 보강한다'는 뜻으로 뼈를 강하게 하려면 뼈 종류를 먹어야 하므로 소 골수를 많이 먹는 것이 좋다는 의미와 상통한다.

모시조개와 명주조개

『우해이어보』에는 모시조개와 명주조개를 다음과 같이 서술했다.

"모시(紵)와 명주(絲)의 의미는 비슷하지만, 모시조개는 껍질이 매우 작고 가벼우며 예쁘게 생겨서 귀엽다. 그러나 명주조개는 모시조개에 비하면 매우 크다. 아주 큰 것은 주먹만 하다. 단오절 때 서울 여자아이들은 오색 비단 조각을 그 명주조개 껍데기에 붙이고, 비단실로 한 줄에 5개나 3개 정도를 묶어서 차고 다닌다. 이것을 '조개부전雕介附鈿(또는 부전조개)'이라고 한다. 요즘 진해 포구의 여인들도 색깔 비단을 조개껍데기에 붙여서 차고 다닌다. 그러나 조개가 크고 비단이 거칠어, 마치 잘못 흉내

패각이 검은색이라 까무락 또는 까막조개 등으로 불리는 모시조개는 껍데기가 매우 작고 가볍다. 모시조개라는 이름은 패각 표면에 모시처럼 세밀한 무늬가 새겨져 있다고 해서 붙였다.

1 큼직한 명주조개는 낙동강 하구 명지에서 대량으로 잡혀 명지조개라고도 한다. 모시조개나 명주조개는 맛이 뛰어나 인기가 있다.

2 예로부터 전해오던 여자아이 노리개 중 하나이다. 모시조개 등 조개껍데기 두 짝을 서로 맞춰 화려한 색의 헝겊으로 알록달록하게 바르고 끈을 달아 허리띠 같은 곳에 찬다.

내는 '효빈效顰'과 같으니 절로 웃음이 나온다"고 했다.

효빈

눈살 찌푸리는 것을 본뜬다는 뜻으로, 함부로 남의 흉내를 내는 것을 가리킨다. 춘추시대 월나라 미인 서시가 속병이 있어 얼굴을 찡그렸는데 그 모습 또한 아름다웠다고 한다. 당시 여인들이 이를 따라 했지만 추하게 보였다는 데서 무분별하게 남을 따라 함을 일컫는 말이다.

이는 한양 생활을 하다가 귀양지인 진해에 와보니 진해 여인들이 주먹 크기만 한 명주조개로 조개부전을 만들어 다니는데 유행 감각이 한양 지역 여인들과 비교할 때 좀 뒤떨어지는 것으로 보인다는 이야기를 해학적으로 표현한 것이다.

모시조개는 우리나라 남해안과 서해안에 분포하는 조개류로 거의 원형이며 패각 길이 50밀리미터, 높이 50 밀리미터, 너비 30 밀리미터 정도이다. 어른 주먹 크기만 한 명주조개는 동해, 남해, 서해 가리지 않고 자라며, 낙동강 하구 명지에서 대량으로 잡혀 명지조개라고도 한다.

구멍 뚫기 선수 배좀벌레조개

배좀벌레조개는 우리나라 전 연안 조간대에서부터 수심 50미터 전후까지의 목재 구조물 속에서 비교적 흔하게 발견되는 작은 크기의 목재 섭식성 조개류이다. 일반적인 조개와는 달리 패각이 매우 작아서 수관과 내장낭 등의 연체부가 길게 노출되어 있다. 이들은 나뭇조각을 갉아 삼킨 뒤 특별한 주머니에 보관하고 그곳에 공생하는 세균이 분해한 영양분을 섭취한다.

패각의 길이는 5밀리미터 전후이지만 육질부가 잘 발달되어 있어 전체 길이는 3~5센티미터이다. 지난날 목선에 구멍을 뚫어 먹는 해적생물로 위험한 존재여서인지 영어명이 'Shipworm'이다. 목선을 만들 때 배좀벌레조개를 없애기 위해 연기를 쬐는 연화 처리를 했다. 근래에 이르러 선박 재질의 변화와 도료 개발로 목선에 더 이상 배좀벌레조개가 발견되지는 않는다. 그런데 배좀벌레조개가 피해만 끼치는 것은 아니다. 나무의 단단한 섬유질을 분해해 물고기나 다른 무척추동물이 살 수 있는 공간을 제공하는 역할도 한다.

뿐만 아니라 배좀벌레조개는 인류의 삶에 발전적인 영향을 주기도 했다.

배좀벌레조개는 굴을 팔 때 깎아낸 나무는 뒤편으로 보내고, 새로 판 굴 표면에는 액체를 발라서 굴이 무너지는 것을 방지한다. 이러한 방식에서 힌트를 얻어 지하철이나 터널 등을 굴착할 때 쓰이는 터널 보링 머신Tunnel Boring Machine, TBM 공법이 개발되었다. TBM 공법은 커터헤드가 회전하면서 전면부의 암석과 흙을 깎아내고, 깎인 공간에는 세그먼트라는 콘크리트 조각을 붙여서 무너지는 것을 방지하며 터널 벽을 만들어 간다.

카멜레온 오징어

우리나라 사람들만큼 오징어를 즐기는 민족도 드물다. 해양수산부 통계에 따르면 2001년 이후 국내 소비 수산물 중 품목별 1위는 명태가, 2위는 오징어가 차지했다. 그런데 명태 소비량의 상당 부분이 게맛살이나 어묵 재료 등 가공용으로 사용되는 점과 오징어가 2001년에 와서야 명태에게 1위 자리를 내주었음을 고려하면 선호도 면에서 오징어가 명태에 뒤진다고 볼 수 없다.

이들은 가까운 시장에서 생물이나 냉동 상태로, 건어물상에서는 마른오징어 등으로 쉽게 만날 수 있다. 아이러니한 것은 그 흔하디흔한 오징어를 물속에서는 만나기가 어렵다는 점이다. 그 까닭은 낮 시간대에는 수심 200~300미터 정도 깊은 바닷속에 머물다가 밤이 되어야 20미터 안팎의 비교적 얕은 수심으로 올라오기 때문이다.

무엇이 오징어인가

연체동물문 두족강은 아가미가 두 쌍인 사새아강과 아가미가 한 쌍인 이새아강으로 구분된다. 사새아강에는 앵무조개가 있다. 이새아강은 다리가 8개 있는 팔완목과 다리가 10개 있는 십완목으로 나뉜다. 팔완목에는 문어, 낙지 등이 포함된다. 십완목은 흔히 꼴뚜기목으로 불린다.

꼴뚜기목 중 우리나라 바다에서 잡히는 종으로는 참오징어, 무늬오징어, 쇠오징어, 피둥어꼴뚜기, 화살꼴뚜기, 창꼴뚜기, 귀꼴뚜기, 반원니꼴뚜기, 참꼴뚜기 등이 있다. 이 가운데 몸속에 석회질의 갑甲이 들어 있는 종류를 갑오징어라 하고, 반원니꼴뚜기, 참꼴뚜기처럼 크기가 작은 것들을 묶어서 꼴뚜기라 한다. 오징어는 갑오

오징어는 국내에서 가장 많이 소비되는 수산물 중 하나이다. 대개 오징어는 동해 바다에서 주로 잡히는 피둥어꼴뚜기를 가리키는 말이다. 겨울철 동해안을 지나다 보면 오징어를 말리는 덕장을 흔히 볼 수 있다.

징어와 반원니꼴뚜기, 참꼴뚜기를 제외한 꼴뚜기목에 속하는 것들의 통칭으로 보면 된다. 우리가 먹는 오징어의 대부분은 피둥어꼴뚜기(살오징어)이다. 이들은 다리가 짧아 한치라 부르는 화살꼴뚜기와 닮았다.

한치

창한치 한 쌍이 유영하고 있다. 한치가 유영하는 모습을 가까이서 보면 반투명한 지느러미가 물결 모양으로 흔들어대는 움직임이 상당히 아름답다.

한치는 한겨울 추운 바다에서 잘 잡혀 '찰 한寒'에 물고기를 뜻하는 '치'를 붙인 이름이다. 실제로 한치는 9월부터 겨울까지 많이 잡히다가 봄이 되면 어획량이 줄어들고 여름에는 거의 모습을 드러내지 않는다. 한치 이름에 대해 다른 의견도 있다. 45센티미터에 이르는 성체에 걸맞지 않게 다리가 한 치(3센티미터)밖에 되지 않아 붙인 이름이라고도 한다.

한치는 동해 바다에서 많이 잡히는 화살한치(화살꼴뚜기)와 제주 바다에서 많이 잡히는 창한치(창꼴뚜기)가 대표 ㅅ격이다. 화살한치는 동해 바다 특산 피둥어꼴뚜기(살오징어)와 닮았다. 화살한치와 창한치는 몸통 하단부에 위치한 지느러미 모양으로 구별한다. 화살한치의 지느러미는 화살촉처럼 생겼고, 창한치는 창날을 닮았다. 맛을 비교하면 한치가 피둥어꼴뚜기보다 훨씬 야들야들하다.

한치는 흔히 우리가 오징어라 부르는 피둥어꼴뚜기보다 야들야들해 횟감으로 인기가 있다.

피부색을 바꿀 수 있는 오징어

오징어 무리에는 몸길이 2.5센티미터인 작은 것에서부터 18미터에 이르는 초대형까지 크기와 형태가 다양한 수많은 종이 속해 있다. 그러나 이들은 모두 몸이 몸통·머리·다리로 구분된다는 공통점이 있다. 다리가 붙어 있는 곳이 머리이고, 머리 앞에 있는 것이 몸통이다. 같은 두족류에 속하는 문어와 다른 점은 육질에 지느러미가 있고 4쌍의 다리 외에 1쌍의 길게 뻗은 먹이 포획용 더듬이팔이 있다는 점이다. 오징어는 먹이를 잡을 때나 교미할 때 상대를 힘껏 끌어안는 수단으로 이 팔을 사용한다. 4쌍의 다리와 1쌍의 길게 뻗은 더듬이팔을 합해 오징어 다리가 10개라고 말하기도 한다.

오징어는 다리와 몸통 사이에 눈과 입이 있으며 이 부분이 머리이다. 오징어와 문어 등의 두족류는 피부색을 바꿀 수 있는 능력이 있다. 피부밑에는 대개 적색, 황색, 갈색의 3층으로 된 색소세포가 근섬유에 연결되어 있는데 오징어는 이 근섬유를 수축이완하면서 주변 환경에 맞게 몸 색을 바꾸거나 감정을 표현한다. 오징어가 몸 색

오징어잡이 어선은 밝은 빛을 찾아 모여드는 오징어의 습성을 이용하기 위해 집어등을 내걸고 조업에 나선다.

을 바꾸는 데 걸리는 시간은 3~5초이면 충분하다. 내장까지 내비칠 듯 투명한 몸체가 갑작스레 현란한 색으로 바뀌는 것은 자신의 감정을 드러내는 의사 표현이자 경고 메시지이다. 체색 변화로도 위기에서 벗어나지 못할 때 오징어는 마지막 수단으로 먹물을 뿜어낸다.

오징어 먹물

체색 변화로도 위기를 벗어나지 못하면 오징어는 머금었던 물을 순간적으로 뿜어내는 제트 추진방식으로 위기에서 벗어날 수 있다. 앞의 두 가지 위기 대처방식도 유별나지만 오징어 하면 가장 먼저 떠오르는 특징 중 하나가 먹물일 것이다. 오징어는 위기를 벗어나기 위한 최후 수단으로 먹물을 뿜어낸다. 그런데 먹물에는 시각적으로 혼란을 주는 것 이상으로 포식자의 후각을 마비시키는 화학 성분 또한 포함되어 있다고 한다.

이 먹물로 글씨를 쓸 수도 있다. 처음에는 일반 먹물보다 광택이 나고 진하지만 시간이 지나면 말라붙은 먹물이 종이에서 떨어져 나가 글씨가 없어져 버린다. 그래서 믿지 못할 약속이나 지켜지지 않는 약속을 가리킬 때 "오적어 묵계烏賊魚 墨契"라고 한다. 오징어 먹물은 약용으로도 쓰였다. 『동의보감』에서는 혈자심통血刺心痛(어혈이 뭉쳐서 가슴이 찌르는 듯한 통증)에 오징어 먹물을 초에 섞어서 쓴다고 했다. 울릉도에서는 오징어 먹물을 치질약으로 사용해 왔으며 잘게 썬 오징어 살을 먹물로 버무린 '오징어 먹통젓'을 밥상에 올렸다.

오징어의 어원

오징어를 한자로 표기하면 오적어烏賊魚이다. 글자 그대로 풀이하면 오징어는 까마귀 도적이다. 옛 문헌에 따르면, 오징어가 물 위에 죽은 척하고 떠 있다가 이것을 보고 달려드는 까마귀를 다리로 감아 물속으로 끌고 들어가 잡아먹는다며 이름의 유래를 풀이하고 있다.

어떤 이는 오징어가 까만 먹물을 뿜어내는 것을 보고 까마귀가 연상되어 까마귀 '오烏'에 물고기를 뜻하는 '즉鯽' 자를 붙여 '오즉어烏鯽魚'라 했는데, 이 이름이 전해지는 과정에서 음이 같은 '오적어烏賊魚'가 되고, 이 '오적어'라는 한자어에 맞추어 까마귀를 잡아먹는다는 이야기가 만들어졌을 것이라고 설명하기도 한다.

옛사람들의 오징어에 대한 인식은 그리 좋지 않았던 것으로 보인다. 이름의 유래에 흉조라 생각했던 까마귀를 등장시킨 것이나, 검은색 먹물이 상징하는 부정적인 인식 또한 그러하다. 『자산어보』를 지은 정약전 선생의 동생 정약용 선생은 「오징어 노래烏鰂魚行」라는 시에서 오징어에 대한 부정적 인식을 적나라하게 드러

다산 정약용(1762~1836)

18세기 실학사상을 집대성한 조선 후기 최대의 실학자이자 개혁가이다. 실학자로서 그의 사상을 한마디로 요약하면, 개혁과 개방을 통해 부국강병富國强兵을 주장한 인물이라 평가할 수 있다. 『경세유표』, 『목민심서』, 『여유당전서』 등 500여 권에 이르는 방대한 저서를 남겼다.

냈다. 정약용 선생은 귀양살이 고초를 겪으며 혼탁한 사회에 영합하지 않으려는 자신과 정약전 선생의 기개를 은유적으로 표현하고자 한 것은 아닐까.

오징어 한 마리가 물가에 놀다
우연히 백로와 마주쳤다네
희기로는 한 조각 눈결이요
맑은 물과 같이 빛나는구나

오징어 머릴 들어 백로에게 말하기를,
자네 뜻 무엇인지 알 수가 없네
기왕에 고기 잡아먹으려면서
깨끗한 절개 지켜 무얼 하려나
내 배 속엔 언제나 먹물이 있어
뿜어대면 주위가 캄캄해지지
고기 떼 눈이 흐려 헤매다니고
꼬리치며 가려 해도 갈 곳을 몰라
입을 벌려 삼켜도 알지 못하니
나는 늘 배부르고 고기는 늘 속는다네
자네 날갠 깨끗하고 깃도 유별나
아래 위로 하얀데 누가 속겠나
간 곳마다 고운 모습 물에 비쳐서
고기 떼 먼 데서도 다 도망가네
진종일 서 있은들 무얼 하겠나
아픈 다리 주린 배 항상 괴롭지
까마귀 찾아가 날개 빌려서

적당히 검게 하여 편하게 살지
그래야 고기 많이 잡을 수 있어
여편네 먹이고 새끼 먹이지

백로가 이를 듣고 대답하기를,
자네 말도 일리가 있는 듯하나
내게 주신 하늘 은혜 결백함이고
스스로 믿기에도 결백함이라
한 치조차 못 되는 밥통 채우려
얼굴과 모양을 바꾸겠는가
오면 먹고 달아나면 쫓지 않으리
꿋꿋이 서서 천명대로 살 뿐이네

오징어 화를 내고 먹물을 내뿜으며
어리석다 백로여, 굶어 죽어 마땅하리

오징어잡이

오징어는 빛을 따라 움직이는 주광성이다. 이러한 습성에 따라 어민들은 밤에 밝은 집어등을 내걸고 오징어를 잡는다. 오징어 낚시에는 형광 플라스틱으로 만든 미끼를 쓴다. 인공 미끼에는 수십 개의 날카로운 바늘이 촘촘하게 박혀 있다. 호기심 많은 오징어가 집어등 빛이 닿아 번쩍이는 미끼를 건드리거나, 두 팔로 껴안다가 바늘에 꿰어져 올라온다. 채낚기 바늘에는 미늘이 없어서 낚아 올린 오징어를 털어내기 쉽다.

오징어에는 왜 피가 없을까 의문을 가지는 사람이 있다. 피는 붉은색이라는 고정관념 때문이다. 피가 붉다는 것은 피의 성분에 철을 함유한 헤모글로빈이 있기 때문인데 오징어를 포함한 연체동물의 피에는 구리 성분의 헤모시아닌이 있다. 헤모시아

부산 해운대 신시가지 앞바다에 오징어배가 불야성을 이루고 있다. 대도시 야경과 어우러진 밤바다의 풍경은 부산을 찾는 사람들에게 이색적인 볼거리 중 하나이다.

닌은 산소에 산화되면 연한 푸른빛을 띠는 데다 헤모글로빈에 비해 산소와의 친밀도가 약해 오징어 몸에 흐르는 연한 푸른색의 피는 붉은색보다 시각적으로 잘 드러나지 않는다.

그런데 오징어에는 피를 굳히는 혈소판이 없다. 만약 몸에 상처라도 나면 무색에 가까운 혈액이 계속 흘러나와 짧은 시간 안에 죽음에 이른다. 오징어는 상처가 나지 않게 매우 단단하고 질긴 껍질로 몸을 감싸고 있다. 이 껍질은 여러 층의 질긴 피부 조직이 서로 엇갈리게 겹치면서 두껍고 억센 특성을 가지게 되었다.

통일의 훈풍어가 된 오징어

2018년 평창동계올림픽 때, 대한민국을 찾은 조선민주주의인민공화국 대표단과의 환담 자리에서의 일화이다. 당시 임종석 대통령 비서실장이 '오징어'와 '낙지'가 남과 북이 서로 반대로 사용된다고 하자, 북측 대표단 김여정 특사가 "그것부터 통일해야겠다"고 화답해 웃음을 자아냈다. 이로 인해 오징어가 통일의 훈풍어로 등장하기도 했다. 오징어와 낙지가 서로 반대라는 대화는 오랜 분단으로 인한 남과 북의 이질감을 상징적으로 나타내지만 임 실장의 이야기처럼 반대로 쓰인다기보다는 뜻이 다르다.

북한에서는 우리가 오징어라 부르는 피둥어꼴뚜기를 '낙지'라 하고 갑오징어를 '오징어'라 하며, 낙지를 '서해낙지'라 부른다. 임종석 실장의 말처럼 우리가 알고 있는 낙지를 가리켜 북에서 오징어라고 하지는 않는다. 북한에서 피둥어꼴뚜기를 낙지로 부르게 된 경위에는 연구가 필요하다. 다만 갑오징어만을 오징어로 부르는 것은 고문헌에서 근거를 찾을 수 있다. 19세기 초에 저술된 『우해이어보』에는 오징어를 다음과 같이 설명하고 있다.

"보통 때는 다리를 모으고 다니다가 물 속에서 까마귀를 보면 다리를 펼쳐 거꾸로 서서 새의 몸을 얽는다. 머리 한쪽(등 부분)은 중의 머리와 같고 다른 한쪽(배 부분)은 반쯤 열려서 감옥처럼 오목하다."

이 기록을 보면 『우해이어보』에 나타나는 어류는 지느러미가 몸통 끝에만 붙어 있는 화살오징어가 아니라 몸통 전체에 붙어 있고, 중의 머리처럼 둥그스름한 뼈가 있는 갑오징어를 가리키는 것이 분명하다. 즉 예전에는 지금 우리가 갑오징어라 부르는 종이 바로 오징어였다는 것이다. 『자산어보』에도 오징어 뼈를 간 가루가 지혈 작용과 상처를 아물게 하는데 효능이 있다고 했는데 이도 갑오징어의 뼈를 의미한다.

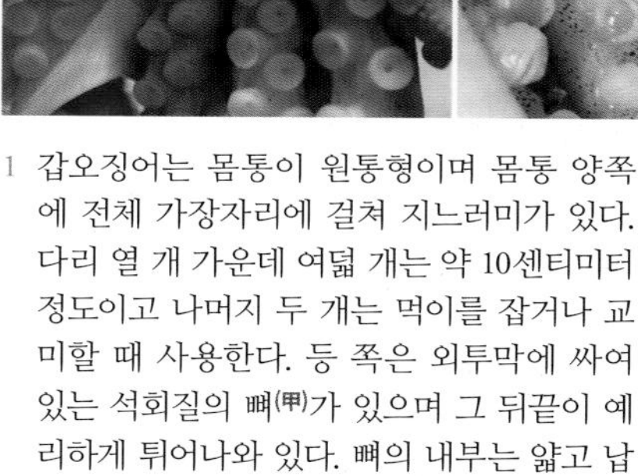

1 갑오징어는 몸통이 원통형이며 몸통 양쪽에 전체 가장자리에 걸쳐 지느러미가 있다. 다리 열 개 가운데 여덟 개는 약 10센티미터 정도이고 나머지 두 개는 먹이를 잡거나 교미할 때 사용한다. 등 쪽은 외투막에 싸여 있는 석회질의 뼈(甲)가 있으며 그 뒤끝이 예리하게 튀어나와 있다. 뼈의 내부는 얇고 납작한 공기방으로 이루어져 있어 부력을 조절한다.

2 오징어 빨판은 문어 빨판과 구조적으로 차이가 있다. 오징어 빨판(오른쪽)에는 가장자리에 톱니가 돋아 있는 딱딱한 재질의 둥근 고리가 덧씌워져 있다. 이 특별한 구조는 물고기나 미끈미끈한 먹이를 잡을 때 기능적인 역할을 한다. 이에 비해 문어는 딱딱한 갑각류나 조개류를 주식으로 하기에 물렁물렁한 빨판으로도 충분히 상대를 단단히 붙잡을 수 있다.

1
2

어물전 망신 꼴뚜기

생물분류학상 꼴뚜기목에는 오징어를 포함해 500여 종이 있다. 하지만 보통 꼴뚜기라 하면 반원니꼴뚜기, 참꼴뚜기 등 소형 종을 일컫는다. 이 소형 종은 경상도 지방에서는 '호래기'라는 방언으로 더 잘 알려졌다. 호래기란 한입에 '호로록' 먹는다 해서 붙인 이름이라는 것이 일반적이지만, 어떤 이는 동해안에서 '호리기'라 불리는 종에서 파생되었다는 주장을 펴기도 한다. 호리기의 학명은 '반딧물매오징어'이다. 반딧물매오징어의 1번 다리 끝에 날카로운 발톱이 한 쌍 있어 이 모습이 매의 발톱을 닮았다고 보았다. 호리기는 매의 옛 이름이다.

꼴뚜기는 10센티미터 남짓한 조그만 크기에 뼈대까지 부실해 몸체가 흐느적거린다. 배 속에는 먹통까지 달려 까맣고 꾀죄죄하다. 그래서 "어물전 망신은 꼴뚜기가 시킨다"는 말이 나왔다. 또 사업에 실패하고 보잘것없는 장사를 하는 것을 "어물전 털어먹고 꼴뚜기 장사한다"고 했다. 상스러운 욕 중에 '꼴뚜기질'이 있다. 가운뎃손가락만 펴고 다른 손가락은 꼬부려 상대방 앞에 내미는 행동으로 성적인 모욕감을 주고 상대방을 비하하는 욕이다.

갓 잡은 싱싱한 꼴뚜기는 횟감으로 인기가 있으며 살짝 데치거나 젓갈로 담가 먹기도 한다.

꼴뚜기를 변변치 못하다고 보았기에 상대방을 망신시키거나 낮춰 이를 때도 꼴뚜기가 등장한다. 이렇게 하찮고 보잘것없는 꼴뚜기이지만 늘 만나지는 못한다. "장마다 꼴뚜기 날까"라는 속담은 좋은 기회가 늘 있는 것이 아니란 뜻이다. 개똥도 약에 쓰려면 없는 법이다.

위험한 문어

부산에서 작살의 명수로 꽤 유명했던 K씨가 있었다. 지금은 작살로 물고기를 잡는 행위 등은 불법으로 엄격한 제재를 받지만 그가 활약했던 1990년대 초반까지만 해도 어느 정도 관용이 베풀어졌다. 유명세를 떨치던 K씨가 작살질을 그만두게 된 사건이 있었다. 바로 대왕문어와의 사투였다.

동해 울진 앞바다를 찾았던 K씨는 수심 20미터 정도에서 몸길이 2미터가 넘는 대왕문어와 맞닥뜨렸다. 말로만 듣던 대왕문어를 처음 만난 K씨는 잠시 당황했지만 문어를 잡기로 했다. 슬금슬금 다가가 기선을 제압하고자 문어를 향해 작살을 쏘았다. 그런데 상대는 만만한 녀석이 아니었다. K씨가 쏜 작살을 슬쩍 피하더니 여덟 개의 다리를 뻗어 호흡기 호스를 친친 감아 당기기 시작했다. 깜짝 놀란 K씨는 한 손으로 호흡기를 움켜잡고 다른 손으로는 문어를 밀쳐내기 시작했다. 하지만 8개의 다리에 있는 수백 개의 빨판을 붙이며 끌어당기는 힘을 당해낼 수 없었다. 설상가상으로 공기탱크 속에 남아 있던 공기마저 간당간당했다. 젖 먹던 힘까지 짜내 문어를 떼어내고 겨우 살아 돌아온 K씨는 그 문어가 동해 바다 용왕이 자신을 벌하기 위해 보낸 사신으로 믿고 다시는 작살을 손에 들지 않

바위틈에 보금자리를 튼 문어가 소라를 노리고 있다. 문어는 날카로운 이빨로 고둥류와 조개류를 깨어 먹는다.

1 우리나라 동해에서 길이 2미터가 넘는 대형 문어가 잡히곤 한다. 어민들이 대형 문어를 힘들게 들어 올리고 있다.

2 어부가 문어를 잡은 후 몸통 껍질을 뒤집어 눈을 가린다. 문어는 도망치려고 발버둥 치다가도 앞이 보이지 않으면 움직임을 멈춘다.

게 되었다고 한다.

바다에 익숙한 해녀들도 대형 문어를 탐탁지 않게 생각한다. 잘못 잡히면 물 위로 못 올라오고 딸려 들어갈 수도 있기에 함부로 건드리지 않는다.

오징어나 낙지처럼 연체동물 두족류에 속하는 문어는 우리나라 바다 곳곳에 서식하는데, 성체의 전체 길이는 0.6~3미터 정도이다. 1미터 이상 되는 대형 문어는 주로 단지를 이용해 잡아야 한다. 직접 문어를 건드리거나 위협을 가하면 발을 이용해 감아들거나 잡아당기기도 한다. 대형 문어가 위험한 것은 몸통 길이의 세 배나 되는 여덟 개의 다리가 제각각 늘어나거나 오그라드는 등 독자적으로 움직일 수 있다는 점이다. 또한 문어에게는 소라를 깨 먹을 정도로 날카로운 이빨이 있어 물릴 경우 큰 상처가 난다.

1 해녀에게 문어는 반가운 존재이다. 부산시 영도구 동삼동 해녀가 겨울 바다에서 문어를 낚아 올리고 있다.

2 문어가 스쿠버다이버의 손을 여덟 개의 다리로 감아들고 있다. 크기가 작은 문어라면 문제가 되지 않지만 2미터 이상인 대형 문어의 감아드는 힘은 감당하기 어렵다.

글월 문文 자가 붙은 바다동물

문어를 가리키는 이름은 다양하다. 한자로는 '팔초어八梢魚', '장어章魚', '팔대어八帶魚' 등으로 표기하지만, 예로부터 우리나라에서는 지능이 높다고 생각해서인지 이름에 '글월 문文' 자를 붙여 '문어文魚'라는 이름을 가장 많이 썼다. 위기에서 탈출하려고 뿜어 대는 먹물이 글깨나 읽은 지식인들의 상징인 먹물로 여긴 데다 큼직한 머리까지 있다고 생각되었기 때문이다.

그런데 우리가 잘못 알고 있는 것 중 하나가 바로 문어 등 두족류의 머리 위치다. 민둥민둥하고 둥그스름한 부위는 머리가 아닌 몸통이다. 머리는 이 둥그스름한 몸통과 다리의 연결부에 있으며 그 속에 뇌가 있다. 문어의 뇌는 복잡한 구조로 되어 있어 무척추동물 가운데 지능이 가장 높은 편이다. 동물학자들의 연구에 따르면, 문어는 간단한 문제를 해결할 수 있다고 한다. 예를 들어 미로 속에 가둬두면 몇 번의 시행착오 끝에 미로를 통과할 수 있으며 짧은 기간에 이를 기억까지 할 수 있다.

생물 발달 계통에서 무척추동물은 어류보다 하등한 것으로 분류된다. 과학자들은 무척추동물 중 예외적으로 두족류에 지능이 있는 것에 주목한다. 이들이 어떤 과정을 거쳐 지능을 가지게 되었는지, 그것에 관여하는 유전자가 무엇인지를 밝혀낸다면 흥미로운 발견이 될 것이다.

문어의 종류를 말할 때 지역마다 문어, 참문어, 대문어, 물문어, 피문어, 수문어, 왜문어 등 여러 이름이 혼동되어 쓰이는 경우가 많다. 물문어·수문어를 대문어로, 피문어·왜문어를 참문어로 보는 것이 일반적인 견해이다.

대문어는 동해안에서 주로 잡히며, 이름처럼 몸집이 매우 커 웬만하면 10킬로그램을 넘어가며, 가장 큰 것은 30킬로그램에 길이가 3미터에 이르며 수명도 8년 정도로 꽤 긴 편이다. 대문어를 압착 건조하면 모양새는 좋지만 살이 연해 맛은 없다. 수온이 높은 남해안이 주산지인 참문어는 왜문어라 불릴 만큼 크기가 작아 다 자란 길이는 60센티미터 정

1 태국 시밀란 해역에서 만난 대형 문어이다. 많은 사람들이 머리로 잘못 알고 있는 둥그스름한 부분은 몸통이다.

2 사이판 해역 얕은 수심에는 문어가 흔한 편이다. 현지 안내인이 산호초에서 찾은 문어를 들어 보이고 있다.

1 보금자리에서 벗어난 문어를 용치놀래기들이 공격하고 있다. 무리 지어 사냥하는 데다 식탐이 강한 용치놀래기는 문어뿐만 아니라 바닷속 생명체들에게 부담스러운 존재이다.

2 스쿠버다이버의 등장에 위협을 느낀 문어가 먹물을 뿜어내고 있다. 먹물은 상대의 시야를 흐리게 하는 효과적인 방어 수단이지만 계속 사용할 수는 없다. 연속해서 여러 번 먹물을 뿜어내면 문어는 기력이 빠져 탈진하고 만다.

도이다. 수명도 2년 정도에 지나지 않는다. 참문어는 색깔이 붉어서 피문어라고도 부른다.

바다의 카멜레온

문어의 몸 색은 대체로 자갈색 또는 회색인데, 감정 변화나 주변 환경에 따라 색을 바꿀 수 있다. 이러한 특성으로 문어는 오징어, 넙치 등과 함께 '바다의 카멜레온' 동물군에 포함된다. 몸 색을 바꾸는 동물 대부분은 혈액 신호를 통해 색을 바꾸므로 몇 초의 시간이 필요하지만, 문어와 오징어 같은 두족류는 신경조직을 통해 순식간에 몸 색을 바꿀 수 있다. 문어의 피부는 크로마토포레스chromatophores라는 세포로 이루어져 있으며 각각의 세포에는 적, 흑, 황 색소의 작은 주머니가 있다. 문어는 단순한 신경 자극만으로 이 색소들을 적절히 배합해 배경과 같은 색깔로 변한다.

문어가 사는 곳

문어는 주로 바닷말이 자라는 암초 지대에서 살아간다. 이들은 낮 동안 동굴이나 작은 바위틈 등에 숨어 있기에 눈에 잘 띄지 않는다. 하지만 문어가 숨어 있는 곳을 찾는 것은 어렵지 않다. 즐겨 먹는 가리비와 소라 껍데기가 흩어져 있는 주변을 주의 깊게 살피면 문어가 숨어 있는 바위틈이나 굴을 발견할 수 있다. 문어는 조개를 사냥해서 집으로 가져와 먹는 습성이 있어 이들의 집 앞에는 껍데기가 널려 있다. 돌돔이 머무는 곳에서 그들이 즐겨 먹는 성게 껍데기가 발견되는 것과 같은 맥락이다.

가까이 다가가면 문어는 몸을 바닥에 붙인 채 미끄러지듯 자신의 은신처로 도망간다. 은신처에서 너무 벗어났거나 순간적으로 이동할 때는 다리로 바닥을 박차고 물 위로 몸을 띄운 다음 외투강 속에 채운 물을 출수공으로 뿜어내는 제트 추진 방식을 사용한다. 그런데 유영하는 문어는 방향 전환이 자유롭지 못하다. 목표로 삼은 지점을 향해 로켓처럼 날아갈 뿐이다. 또한 이

1 | 2

1 문어는 물 위로 몸을 띄운 다음 외투강 속에 채웠던 물을 출수공으로 뿜어내는 제트 추진 방식으로 이동한다.

2 문어는 다른 바다동물을 잡아먹는 상위 포식자이다. 이들은 여덟 개의 강한 근육질 다리로 먹이를 움켜잡고, 머리 가운데에 있는 입과 입 속의 날카로운 부리로 먹이를 찢거나 잘라먹는다. 먹이 사냥을 할 때 산막을 이용하기도 한다. 산막은 문어 다리와 다리 사이에 넓은 막으로 먹이를 이 산막으로 덮어 감싼 다음 입으로 물어뜯는다. 문어는 상대를 위협하기 위해 이 산막을 활짝 펼치곤 한다.

동하는 속도도 그다지 빠르지 않아 도망치다가 한계에 부딪히면 자신의 몸을 숨기기 위해 먹물을 뿜어낸다.

한번 바위틈 속으로 숨어 버린 문어를 다시 끄집어내기는 어렵다. 특히 크기를 가늠하지 않고 욕심을 부리다가는 문어를 잡기는커녕 문어에게 잡히는 꼴이 되고 만다. 문어를 잡을 때는 문어가 바위틈 등 어두운 곳에 들어가서 사는 습성을 이용한다. 문어 단지라는 작은 항아리를 줄로 엮어 바닥에 놓아두면 문어들이 단지 안으로 기어 들어간다. 그런데 독특하게도 단지가 아무리 커도 단지 하나에 한 마리씩만 들어 있다.

> **문어 단지**
>
> 긴 줄에 여러 개의 단지 또는 소라고둥 껍데기를 미끼 없이 일정한 간격으로 매달아 해저에 깔아두면 구멍을 좋아하는 문어나 주꾸미가 스스로 들어간다. 야행성인 이들의 습성을 이용해 해 질 무렵에 단지를 바닥에 놓아두고 다음 날 아침 일찍 들어 올린다. 문어나 주꾸미는 단지가 움직일수록 내부에 더욱 강하게 달라붙기에 단지를 들어 올려도 도망가지 않는다. 지난날 문어 단지는 질그릇으로 만들었으나 현재는 플라스틱 재질이 많이 사용된다.

단지 뚜껑에 개폐형 장치가 있는 문어 단지의 경우 단지를 제때 끌어올리지 않으면 오랫동안 갇힌 문어는 제 다리를 뜯어 먹으며 몇 달이고 질긴 삶을 이어간다. 일제 강점기 당시 일본에 징용된 우리 선조들의 집단 수용소에 있던 독방을 '문어방'이라 불렀는데, 독방에 감금된 채 강제 노동을 하며 살아야 했던 선조들의 한恨을 문어 단지에 갇혀 제 다리를 뜯어 먹으며 사는 문어의 처지에 비유한 것이다.

문어의 번식 방법

문어는 빠르게 성장한다. 수개월 만에 성체로 자라지만 번식을 위한 교미 기회는 일생에 단 한 번뿐이다. 이들의 짝짓기는 생의 모든 에너지를 모아 절정의 힘을 짜내기에 치열하다. 교미 중인 문어는 쉴 새 없이 몸을 뒤틀며 몸 색을 바꾼다. 수컷은 8개의 다리 중 다른 다리보다 가늘고 끝부분에 빨판이 없는 교접완hectocotylus, 交接腕으로 외투막 속의 정포낭을 꺼내 암컷의 몸속으로 밀어 넣는다. 교접완이 생식기 역할을 하는 셈이다.

짝짓기가 끝나면 수컷은 암컷에게 잡아먹히거나 급속하게 쇠약해져 죽고 만다. 혼

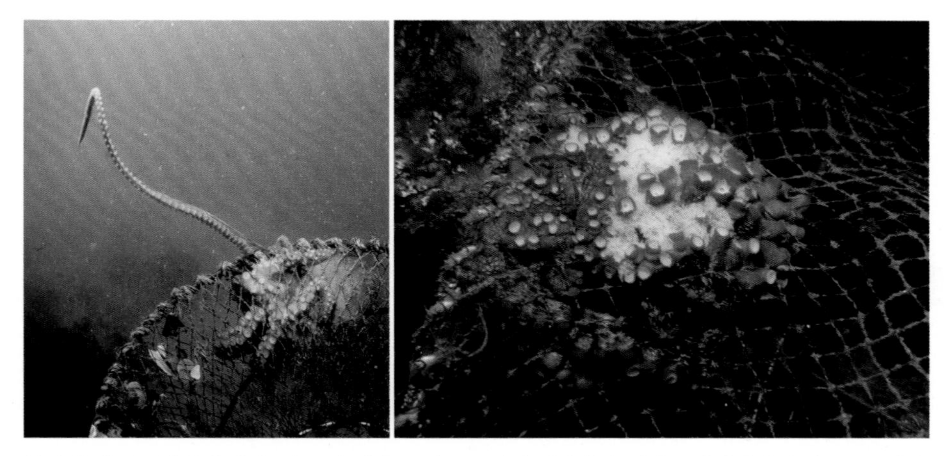

통발에 갇힌 문어들의 애처로운 모습이다. 문어는 도저히 벗어날 수 없다고 판단하면 수컷은 교접완을 그물코 사이로 빼내어 바닷속에 방정을 하고(왼쪽), 암컷은 몸에 있는 알을 모두 산란한다. 비록 죽더라도 종족은 남기려는 본능으로 보인다.

자 남은 암컷은 길고 끈끈한 수만 개의 알을 낳아 바위 밑에 붙여 놓고 지킨다. 정성을 다해 알을 보호하던 암컷은 새끼가 부화하고 나면 힘을 잃고 생을 마감한다.

문어에 대한 동서양의 인식 차이

문어의 주 소비국은 일본으로, 세계 총어획고의 3분의 2에 해당하는 약 14만 톤을 소비한다. 그다음이 우리나라를 비롯한 동남아 국가들이다.

문어는 회, 튀김, 조림, 볶음 등 다양한 방법으로 식용해 왔다. 그런데 우리나라와 일본에서는 제사상에 올리는 등 귀히 여기지만 서양에서는 부정적인 이미지가 강해 혐오스러운 바다동물의 대명사로 여겨 데빌피시Devil fish라고 한다. 아리스토텔레스는 거대한 문어를 바다의 괴물로 지목했으며, 베르겐의 주교이자 코펜하겐대학의 총장 대리 엔리크 폰토피단Erik Ludvigsen Pontoppidan이 1752년에 출판한 『노르웨이 박물지The Natural History of Norway』에 등장하는 괴물 크라켄Kraken도 문어를 모델로 하고 있다. 크라켄은 몸길이가 2.4킬로미터에 등이 섬처럼 불룩 솟아 있으며, 여러 개의 다리로 커다란 범선을 껴안을 수 있다. 서구인들의 문어에 대한 부정적 인식은 자본주의 기업가들이 기업을 확장하여 중소기업의 터전을 앗아가는 것을 지칭하는 '문어발 경영'이라는 표현에서도 확인할 수 있다.

푸른점문어

경남 통영시 사량도 해역에서 잡아 올린 푸른점문어이다. 손바닥만 한 크기의 작은 개체이지만 위협받거나 상대를 공격할 때면 푸른 형광색의 고리 무늬가 선명하게 드러난다. 이들의 확실한 경고에도 잘못 건드렸다가는 큰 낭패를 당한다. 이들은 본능적으로 자신을 위협하는 상대를 날카로운 이빨로 물어 버리는데, 이빨에는 복어독과 같은 성분인 테트로도톡신이 들어 있기 때문이다. 이들이 지닌 테트로도톡신은 상처를 통해 직접 혈관으로 주입되기에 더욱 치명적이다. 복어가 자신을 포식하는 포식자에게 보복하기 위해 독을 사용한다면, 푸른점문어는 사냥을 하거나 안전을 위협받을 때 상대를 공격하기 위해 독을 사용한다.

지친 소를 일으켜 세우는 낙지

대회를 앞둔 싸움소들은 훈련에 들어간다. 해뜨기 전 축사를 나서서 강가 모래밭에서 무거운 수레를 끌며 근력을 키운다. 아름드리나무는 뿔 치기와 뿔 걸기를 하는 훌륭한 겨루기 상대이다. 아무리 뚝심 좋은 싸움소라도 고된 훈련에 다리가 후들거린다. 이때 사육사는 소의 입을 벌리고 큼직한 낙지를 넣어준다. 뜻밖의 호사에 눈이 휘둥그레진 싸움소는 낙지를 우걱우걱 씹어 삼켜 기운을 회복하고 다시 전의를 불사른다. 예로부터 낙지는 보양식으로 알려졌다. 낙지에는 지방 성분이 거의 없고 타우린과 무기질과 아미노산이 듬뿍 들어 있어 조혈 강장뿐 아니라 칼슘의 흡수와 분해를 돕기 때문이다.

생태 특징

연체동물문 문어목 문어과에 속하는 낙지는 갯벌이나 조간대 하부에서부터 수심 100미터 전후의 깊이까지 서식한다. 한국·중국·일본 등 동아시아 연해에 주로 분포하며, 우리나라에서는 특히 전라남·북도 연안에서 많이 잡힌다. 낙지는 야행성이다. 밤이 이슥해지면 해안의 바위 사이나 갯벌로 기어 나와 새우·게·굴·조개·작은 물고기 등을 사냥한다. 이런 낙지를 관찰하는 것은 갯벌 체험의 또 다른 묘미이다. 랜턴이나 횃불을 들고 갯벌로 나서면 낙지를 발견할 수 있다.

낙지가 굴이나 조개 양식장을 덮치면 낭패다. 활발한 먹이 활동으로 어민들이 큰 피해를 입기 때문이다. 낙지는 산란한 알을 갯벌이나 진흙 속에 붙여 놓는다. 부화까지는 100일이 걸린다. 어미는 그동안 먹이 사냥을 멈추고 알에 붙어 있는 이물질을

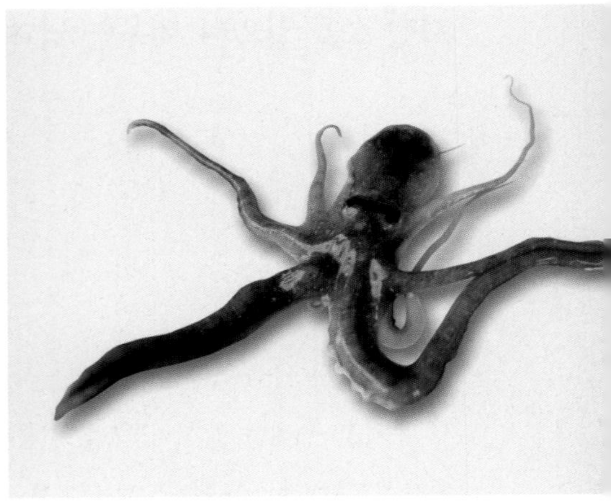
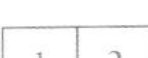

1 야간 다이빙을 하던 중 낙지를 만났다. 인기척에 놀란 낙지가 펄 속으로 몸을 숨기고 있다.

2 낙지는 다리를 포함한 몸통 길이가 30센티미터 전후로 문어보다 작다. 여덟 개의 다리는 몸통 길이의 3배 정도이며 각각의 다리에는 1~2열의 흡반이 달려 있다. 낙지의 몸빛은 일반적으로 회색이지만 오징어나 문어처럼 외부의 자극에 따라 검붉게 변한다.

떨어내어 산소 공급이 잘되도록 알을 흔들어 주며 돌본다.

낙지 암컷과 수컷은 비슷한 구조이지만 수컷의 다리는 암컷보다 크고 두껍다. 좌우대칭으로 네 개씩 있는 다리 중 뭉뚝하고 짧은 오른쪽 세 번째가 교접완이다. 정포낭이 이 교접완의 관을 타고 가서 암컷의 몸속에 다다른다. 수컷과 달리 암컷은 다리 끝이 모두 뾰족하다. 낙지는 산란하고 번식에 성공한 뒤 죽는다. 그래서 대개 생애주기가 1년이다. 생식하지 못하면 다음 해까지 산다. 오래 살아 크기가 큰 개체는 생식을 못 했을 경우로 추정할 수 있다.

꽃낙지, 묵은 낙지, 세발낙지

겨울을 앞둔 갯벌에는 활력이 넘친다. 겨울잠에 들기 전 영양 비축에 나선 낙지를 찾아 어민들이 갯벌로 모여든다. 어민들은 이즈음 낙지 맛이 뛰어날 뿐 아니라 소득에도 도움을 주기에 가을 낙지에 '꽃낙지'라는 예쁜 이름을 붙였다. '꽃낙지'는 펄 속

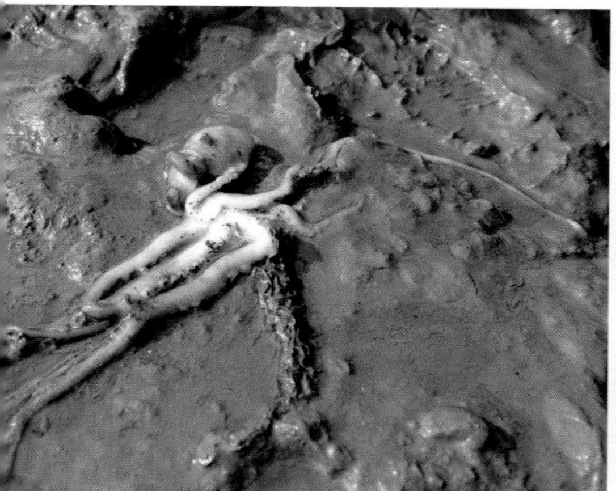

1 이른 봄 갯벌에서 만난 묵은 낙지이다. 이들은 생의 마감을 앞둬 동작이 느린 편이라 잡기가 쉽다.
2 2007년 전남 신안군 장산면 오음리에서 전국 최초로 낙지 인공부화에 성공했다.

에 박혀 겨울잠을 잔 후 봄에 산란한다.

겨울잠에서 깨어나 산란을 준비하는 낙지를 '묵은 낙지'라 한다. 수명이 1년인 낙지는 겨울이 지나면 암수가 갯벌 속에 구멍을 뚫고 들어가 산란하고 수정한다. 수정이 끝난 후 수컷은 필사적으로 구멍을 빠져나오려 하지만 암컷에게 잡아먹히고 만다. 암컷 역시 태어난 새끼들을 위해 몸을 바친다. 알에서 깨어난 새끼들은 갯벌 구멍 속에서 여름까지 어미의 몸을 뜯어 먹으며 자란다.

묵은 낙지는 산란에 에너지를 집중한 탓에 동작이 느려서 잡기 쉽다. 그래서 일이 쉽게 풀리는 것을 두고 "묵은 낙지 꿰듯"이라 하며, 일을 단번에 해치우지 않고 두고두고 조금씩 할 때를 "묵은 낙지 캐듯"이라 한다. 그런데 이 무렵 낙지는 산란으로 에너지를 소비하고 난 후라 맛이나 영양가가 없다. 그래서 "오뉴월 낙지는 개도 안 먹는다"라 했다.

가을에 잡히는 낙지가 꽃낙지라 불릴 만큼 맛이 좋다 보니 제때가 되어야 제구실을 한다는 뜻으로 "봄 조개, 가을 낙지"라고 표현한다. 묵은 낙지에서 태어난 새끼들은 5~6월이면 어느 정도 자라는데 이 시기의 낙지는 몸집이 작고 발이 가늘다 해서 '세발낙지'라 불리며 전라남도 목포를 중심으로 한 지역 특산물로 인기를 끈다. 전남 고흥만에서는 세발낙지보다 훨씬 큰 낙지를 '대발낙지'라고도 부른다.

그렇다면 낙지라는 이름은 어디에서 왔을까? 『자산어보』에는 낙지를 한자로 '낙제어絡蹄魚'로 표기했다. 이는 '얽힌(絡) 발(蹄)을 지닌 물고기(魚)'라는 뜻으로, 8개의 낙지 다리가 이리저리 얽혀 있는 데서 이름 붙인 것으로 보인다. 민간에서는 같은 음으로 읽히는 낙제落第를 경계하여 수험생들에겐 낙제어를 먹이지 않았다고 한다.

북한에서는 우리가 흔히 오징어라 부르는 피둥어꼴뚜기를 낙지로 불러 남북 간의 교역이 시작되면서 수산업자들이 당혹스러워했다는 이야기가 전한다. 낙지라고 수입한 것을 뜯어보니 피둥어꼴뚜기가 들어 있었다나. 북한의 '조선말 대사전'에는 "낙지는 다리가 10개로 머리 양쪽에 발달한 눈을 갖고 있다"라고 소개되어 있다. 우리가 낙지라 부르는 것을 북한에서는 서해낙지라 한다.

음식으로서의 낙지

『자산어보』에도 맛이 달콤하고 회, 국, 포를 만들기 좋다고 한 것으로 보아 예로부터 우리 민족은 낙지를 즐기며 다양한 요리를 개발해 왔다. 회, 숙회, 볶음, 탕, 산적, 전골, 초무침, 구이에서부터 다른 재료와 궁합을 이룬 갈낙(갈빗살과 낙지), 낙새(낙지와 새우), 낙곱(낙지와 곱창)이 개발되었고, 지역에 따라 그 지명을 붙여 조방낙지, 무교동 낙지, 목포 세발낙지 등이 등장했다.

조방낙지는 일제 강점기 당시 지금의 부산 자유시장 자리에 있던 조선방직 인근의 낙지집에서 유래했다. 당시 근로자들이 하루의 피로를 얼큰한 낙지볶음으로 달랬다는데, 이후 이 일대에 낙지 거리가 형성되면서 부산의 명물이 되었다.

❖ 연포탕

연포탕은 두부 등 부드러운 식재료로 만든 탕을 일컫는다. 하지만 최근 들어 낙지 연포탕이 유명해지면서 연포탕 하면 낙지 연포탕만을 생각하게 되었다. 연포탕의 비법은 온갖 양념과 식재료를 끓인 후 마지막에 싱싱한 낙지를 넣는 데 있다.

❖ 기절낙지

낙지를 바구니에 넣어 민물로 박박 문질러 기절시킨 다음 다리를 손으로 하나씩 찢어 접시에 가지런히 담아내는 요리법이다. 전남 무안군에서 개발한 것으로 순두부처럼 부드러우면서도 산낙지의 쫄깃함이 살아 있다. 초장이나 기름장에 닿는 순간 다시 꿈틀거리기 시작하는 낙지를 입에 넣는 것이 기절낙지를 즐기는 방법이다.

❖ 호롱구이

낙지를 통째로 대나무 젓가락이나 짚 묶음에 끼워 돌돌 감은 다음 고추장 양념을 골고루 바르고 구워낸다. 전라도 향토 음식으로 돌돌 감긴 낙지를 풀어가며 먹는 재미가 있다.

❖ 밀국낙지탕

먹을 것이 귀하던 시절, 밀과 보리를 갈아 칼국수와 수제비를 뜨고 낙지 몇 마리를 넣어 먹었던 것으로 충남 태안군 이원반도 일대의 요리법이다.

❖ 갈낙탕

예로부터 소고기와 낙지가 유명한 전남 영암군에서 유래되었다. 담백하고 시원한 국물과 고소한 소 갈빗살, 쫄깃하게 씹히는 낙지의 질감이 어우러져 특별하다.

❖ 낙지탕탕이

낙지회를 제대로 먹는 사람은 젓가락으로 머리를 끼운 다음 다리를 둘둘 말아서 통

낙지는 모든 요리에 어울린다. 위에서부터 시계방향으로 밀국낙지탕, 낙지해물탕, 낙지구이, 호롱낙지, 연포탕, 낙지탕탕이 등이다.

째로 삼킨다. 하지만 살아서 꿈틀거리는 것을 통째로 입에 넣는 것은 아무래도 부담스럽다. 낙지탕탕이는 산낙지를 먹기 좋게 잘라 먹는 회 요리이다. 산낙지를 칼로 탕탕 내리쳐 만든다 하여 '낙지탕탕이'라 이름 지었다. 요리를 장만할 때 쇠고기 육회 등을 함께 사용하기도 한다.

낙지잡이

땅끝 마을 전남 해남 갯벌을 지나다가 큼직한 양은 주전자를 들고 낙지잡이에 나선 아낙을 만났다. 낙지는 펄 속에 몸을 숨기고 있어도 숨은 쉬어야 한다. 이때 내뱉는 물이 뽀얗게 솟아오르며 흔적을 남긴다. 이 구멍을 부럿(숨구멍)이라 한다. 아낙은 신중하다. 부럿 주위에 구멍 여러 개가 연결되어 있는데 어설프게 건드렸다가는 연결되어 있는 다른 구멍으로 숨어 버리기 때문이다. 조금씩 호미로 부럿 입구를 넓힌 아낙이 손을 밀어 넣는데 순식간에 어깨까지 쑥 들어간다. 불의의 습격을 받은 낙지는 한동안 요동치지만 주전자 속으로 던져지자 체념한 듯 조용해진다. 이렇게 맨손으로 잡은 낙지를 '손낙지'라 하며 비싼 가격에 거래된다. 낙지는 맨손으로 잡는 방식 외에도 통발, 낚시, 가래, 횃불 등을 이용해서 잡는다. 이를 각각 통발낙지, 낙지주낙, 가래낙지, 홰낙지 등이라 한다.

전남 해남 갯벌에서 한 아낙이 잡아들인 낙지들을 들어 보이며 함박웃음을 짓고 있다. 겨울잠을 자기 전 가을철에 잡는 낙지들은 꽃낙지라 한다.

'통발낙지'는 수심이 깊은 곳에 칠게 같은 미끼를 넣은 통발로 낙지를 유인해 잡는 방식이다. 낚시로 낙지를 잡는 방법을 '낙지주낙'이라고 한다. 낙지주낙은 주로 전남 서남 해역의 갯벌이 발달한 곳에서 이루어진다. 수평으로 긴 줄을 쳐놓고 그 아래로 1~2미터 정도의 줄을 일정한 간격으로 달아서 낙지를 잡는데 미끼는 역시 칠게 등을 사용한다.

'가래낙지'는 가래를 이용한다는 차이는 있지만 갯벌에서 낙지 숨구멍을 찾아 직접 잡아낸다는 점에서 맨손 어업에 속한다. 홰낙지는 야행성인 낙지의 특성을 이용한 것으로 횃불을 들고 조간대를 다니면서 불빛에 끌려온 낙지를 잡는 방법이다. 최근에는 서치라이트 등을 이용해서 낙지를 잡기도 한다.

낙지 친척 주꾸미

주꾸미는 몸통에 8개의 다리가 달려 있어 낙지와 비슷하게 생겼지만 성장한 개체의 크기가 20센티미터 남짓해 낙지보다 작다. 다리 한 쌍이 길고 대체로 다리 길이가 몸통부의 세 배인 낙지와 달리, 몸통부의 두 배 정도인 주꾸미 다리 길이는 거의 비슷하다. 몸의 크기와 다리의 길이만으로 주꾸미와 낙지를 구별하기가 어렵다면 눈의 아래 양쪽을 살펴보면 된다. 주꾸미는 이곳에 둥근 금빛 고리 무늬가 있다.

2007년 5월, 충남 태안의 안흥항 인근에서 주꾸미를 잡던 어부가 청자 접시를 하나 발견했다. 그물에 고둥류 껍데기를 달아 놓으면 주꾸미가 그 안에 들어가 알을 낳은 다음, 입구를 자갈로 막아 놓는데 그물을 건져보니 청자 접시로 입구를 막고 있는 주꾸미가 있었던 것이다. 이어진 집중 탐사로 고려청자 운반선의 존재가 세상에 드러났으며 이 운반선을 '태안선'이라 이름 붙였다. 청자와 함께 발견된 화물표인 목간에 따르면, '태안선'은 강진에서 만든 청자를 개경으로 운반하다 1131년 태안반도 신진도 남쪽 대선 앞 해상에서 침몰한 것으로 밝혀졌다. 사진은 당시 상황을 설명하기 위해 연출한 것이다.

우리가 주꾸미와 낙지를 구별하기 위해 애를 쓰듯 영어권에서도 이들을 구별하기 위해 생태 특징으로 이름을 지었다. 주꾸미는 '물갈퀴발문어webfoot octopus', 낙지는 '채찍팔문어whiparm octopus'라고 한다.

야행성인 주꾸미는 낮 동안에는 바위구멍이나 틈에 웅크리고 앉아 잠을 잔다. 주꾸미 어업은 전통적으로 고둥류의 빈 껍데기를 이용해 왔다. 이 패류의 껍데기를 몇 개씩 줄에 묶어서 바다 밑에 가라앉혀 놓으면 밤에 활동하던 주꾸미가 이 속에 들어간다.

주꾸미는 봄철 산란기에 가장 맛있고 영양가가 높다. 이 시기에 잡히는 주꾸미는 투명하고 맑은 알이 가득 차 있어 어느 계절보다 쫄깃한 맛이 난다. 봄철 알이 가득 찬 주꾸미를 삶아내면 알 모양이 흡사 밥알 모양으로 생겨서인지 어촌에서는 이를 '주꾸미밥'이라 한다.

제철 음식을 찾는 미식가들 덕에 "봄 주꾸미, 가을 낙지"라는 말이 생겼다. 산란기를 맞은 주꾸미는 상당히 민감하다. 패류 껍데기 안에 알을 낳은 후 자갈이나 주변에 있는 만만한 것을 집어와 입구를 막아 버린다. 이런 주꾸미의 특성 덕에 2007년 5월 고려청자 2만 5천여 점이 발굴된 '태안선'의 존재가 세상에 알려졌다.

5 미삭동물(尾索動物, Urochordata)

척삭脊索동물문에는 척추동물, 미삭동물, 두삭동물 등 3개의 아문이 있다. 여기서 척삭은 몸길이 방향으로 뻗은 지지기관인 유연한 심지(끈)를 가리킨다. 인간과 같은 척추동물은 발생 초기 배胚에 있던 척삭이 척추로 발전하지만, 멍게는 유생기 꼬리 속에 들어 있는 척삭이 성체가 되면서 퇴화하여 미삭동물尾索動物로 분류한다. 두삭동물에 속하는 창고기 등은 평생 척삭을 지니고 있다. 미삭동물은 분류학적으로 해초류, 탈리아류, 유형류로 나뉜다.

- 해초류: 일반적으로 우리가 알고 있는 단일 개체의 멍게와 군체群體멍게가 여기에 포함된다. 이들은 입수공과 출수공이 있으며, 군체멍게는 각 개체에 입수공이 있지만, 출수공은 공동으로 하나가 있다.
- 탈리아류, 유형류: 부유성 척삭동물로 몸은 투명한 한천질이다. 먹이 포획을 위해 여과망을 만드는 것으로 알려져 있다.

멍게는 유생기 꼬리 속에 있는 척삭이 성체가 되면서 퇴화하여 미삭동물로 분류된다. 우리가 흔히 알고 있는 식용멍게와 아열대성 곤봉멍게가 한 곳에 어우러져 있다.

인류의 사촌, 멍게

바닷속에서 멍게가 촘촘히 박혀 있는 암초 지대를 발견하는 것은 흥미로운 경험이다. 해산물을 채취하는 어민들은 이곳을 '멍게밭'이라 부른다. 멍게밭은 자연산 멍게라는 상품 가치에 따라 어촌 소득에 큰 보탬을 준다. '노다지'가 따로 없는 셈이다. 그만큼 우리나라 사람들에게 멍게는 인기 있는 해산물이다. 그런데 척추동물과 무척추동물의 초기 진화 관계를 연구하는 과학자들에게 멍게는 흥미로운 연구 주제이다.

척추동물의 진화 관계를 규명하는 멍게

생물분류학에서 척삭동물문에는 척추동물, 미삭동물, 두삭동물 등 3개의 아문(생물분류학상 필요에 따라 문과 강 사이에 위치)이 있다. 여기서 척삭脊索이란 몸길이 방향으로 뻗은 지지기관인 유연한 심지(끈)를 가리킨다.

분류학자들은 척삭동물 가운데 약간 하등한 구조인 미삭동물과 두삭동물을 고등동물인 척추동물과 구별하기 위해 원삭동물原索動物로 뭉뚱그리기도 한다. 인간과 같은 척추동물은 척삭이 척추가 되었지만 멍게 같은 미삭동물은 유생기에 있던 척삭이 척추로 발전하지 못한 채 성체가 되었다. 결국 멍게의 배아가 척추동물인 인간의 배아와 같은 척삭 구조라는 이야기이다. 이러한 이유로 생명공학자들은 미삭동물인 멍게를 연구하여 척추동물의 진화 관계를 규명하고 있다. 현재 멍게는 동물 가운데 일곱 번째로 유전자 지도가 완성되었다.

25세부터 시작한 해녀 생활이 언론에 소개되며 만 해녀'란 애칭을 얻은 진소희 씨가 거제도 덕포 다에서 멍게를 채집하고 있다. 해녀가 직접 채 는 자연산 멍게는 양식 멍게보다 비싸게 거래된

낭만 해녀 진소희 씨

입수공과 출수공

멍게는 세계적으로 1,500여 종, 우리나라에는 70여 종이 있다. 이들은 종에 따라 개체의 몸이 커서 단독으로 살아가는 단체單體멍게와 작은 개체들이 집합해 있는 군체群體멍게로 나뉜다. 단체멍게는 흔히 보는 식용 멍게인 우렁쉥이를 생각하면 된다. 군체멍게는 무성생식으로 개체 수를 늘리면서 서로 몸의 일부를 연결하여 무리를 이루는 종으로 일반 사람들은 볼 기회가 매우 드물다.

물속에 있는 멍게가 입수공과 출수공을 활짝 열고 있다. 위에 있는 것이 입수공이며 아래쪽이 출수공이다. 멍게 수명은 5, 6년 정도이다. 자연산인 경우 3년 즈음이면 20센티미터가량 자란다. 양식은 2년 정도 키우면 먹기 좋은 크기가 된다.

단체멍게든 군체멍게든 멍게류의 몸의 한쪽 끝은 물체에 부착되어 있고 그 반대편에 입수공과 출수공이 있다. 여기에서 '+' 모양인 것이 입수공이며 '-' 모양인 것이 출수공이다. 출수공은 입수공보다 아래쪽에 있는데 이는 출수공에서 나온 배설물이 입수공으로 흘러 들어가지 않도록 하기 위함이다.

멍게는 입수공으로 들어온 바닷물이 몸통을 거쳐 출수공으로 나가는 과정에서 플랑크톤과 유기물 등을 점막으로 걸러서 섭취한다. 출수공은 걸러진 바닷물을 배출할 뿐 아니라 번식을 위해 정자와 난자를 뿜어내는 역할도 한다. 출수공을 통해 나온 정자와 난자는 물속에서 수정이 이루어지는데 수정된 유생은 물속을 떠다니다가 바위 등에 달라붙어 성체로 변태를 시작한다.

1
2

1 조류가 강한 날 바닷속을 들여다보면 멍게들이 일제히 출수공으로 배설물을 뿜어내는 장면을 볼 수 있다. 이는 배설물이 조류에 실려 멀리 흩어지기를 바라는 본능 때문이 아닐까?

2 남해안 해역을 다니다 보면 암초 위에서 자라는 멍게들을 흔하게 만날 수 있다. 입수공과 출수공을 활짝 펼친 모양새와 밝고 화려한 색이 마치 꽃처럼 보인다.

1	2
3	4

1 사진은 파랑곤봉멍게이다. 아열대와 열대 해역에서 발견할 수 있는 군체멍게 종이다.

2 겨울철 남해안에서 발견되는 유령멍게이다. 유령멍게는 투명한 한천질의 외피가 있어 내부가 들여다 보인다. 겨울철 조류가 있는 곳에 서식하다가 수온이 상승하면 사라진다.

3 여러 개체가 모여 있는 군체멍게이다. 작은 구멍들은 각각의 입수공이며 큰 구멍은 각 개체가 함께 사용하는 출수공이다. 녹색을 띠는 것은 공생 녹색조류 때문이다.

4 불가사리가 작은 멍게를 노리며 접근하고 있다. 멍게는 한자리에 부착하면 움직일 수 없기에 불가사리의 만만한 먹잇감이 된다.

식용 멍게

우리나라 연안에 서식하는 70여 종 가운데 식용하는 종류로는 통영의 '멍게', 남해 지역의 '돌멍게' 동해 지역의 '비단멍게' 등이 있다. 비단멍게는 잘라놓으면 살이 붉다 못해 핏빛을 띤다. 그래서 동해안 사람들은 '피멍게', '붉은멍게'라고도 한다. 돌멍

사람들은 멍게 제철을 봄이라고 생각하고 있다. 이는 남해안에 있는 멍게 양식장에서 멍게가 출하되는 계절이 봄이기 때문이다. 하지만 멍게 제철은 수온이 올라가서 맛이 드는 여름이다. 양식장에서 키우는 멍게는 수온이 올라가면 세균 등으로 집단폐사에 노출되기에 여름이 오기 전에 출하를 마친다.

게는 마치 바닷속 돌멩이처럼 생겼다 해서 붙인 이름이다. 주로 남해안에 서식하는데, 그 맛이 싱그럽고 향이 짙다.

멍게는 독특한 향과 맛이 상큼하고 달콤해 먹고 난 후에도 한동안 그 여운이 입안에 감돈다. 멍게 특유의 맛은 불포화 알코올인 신티올cynthiol 때문이며, 근육 속 글리코겐의 함량이 다른 동물에 비해 많은 편이다. 멍게가 특히 여름철에 맛이 좋은 이유는 수온이 높아지면 글리코겐 함량도 높아지기 때문이다. 글리코겐은 인체에서 포도당이 급히 필요할 때 신속하게 저장된 포도당을 공급할 수 있는 다당류라 피로 해소에 효과적이다.

멍게가 식용으로 전국적으로 확산된 것은 1950년대 이후부터였다. 예전에 해녀나 잠수부 채집에만 의존하던 귀한 해산물이었지만 최근 양식업이 성행하면서 쉽게 접할 수 있게 되었다. 경남 통영을 중심으로 1990년대 중반까지 연간 2만여 톤씩 생산했으나 해마다 '물렁병' 등으로 폐사율이 높아져 2003년에는 생산량이 5천 톤에도 미치지 못했다.

소비는 늘어나는데, 생산량이 줄어들자 결국 우리나라 바다 환경과 비슷한 일본에서 대량 수입이 이루어졌다. 일본산 양식 멍게는 알이 크고 보기가 좋은 데다 상대적으로 가격이 싸지만 국산에 비해 감칠맛은 떨어진다. 일본산 멍게의 수입이 늘어나자 가뜩이나 어려운 멍게 양식업자들이 줄줄이 양식을 포기하기도 했다.

1 남해안 해역에서 자라는 돌멍게는 돌덩이와 구별하기가 어렵다. 풍류를 아는 술꾼들은 이 돌멍게 껍데기로 술잔을 삼기도 한다.

2 비단멍게는 표면이 매끄럽고 몸 색이 곱다. 몸은 위아래로 길쭉하며 약간 납작한 원통형이다. 우리나라에서는 동해안 중북부 이상 지역과 일본, 오호츠크해, 알래스카, 북아메리카 근해 등에 분포하는 냉수성 종이다.

멍게와 우렁쉥이

멍게는 우렁쉥이의 경상도 사투리였지만 표준어인 우렁쉥이보다 더 널리 쓰이자 표준어로 받아들여졌다. 이는 우리말 표준어 사정 원칙 중 "방언이던 단어가 표준어보다 더 널리 쓰이게 되면 그것을 표준어로 삼는다. 이 경우, 원래의 표준어는 그대로 표준어로 남겨 두는 것을 원칙으로 한다"는 항목에 근거한다.

멍게는 딱딱하고 두꺼운 껍질에 싸여 있어 '칼집 초硝' 자를 써서 해초류로 분류

경남 통영시에 있는 멍게 요리 전문점 식단이다. 멍게를 재료로 하여 회, 탕, 비빔밥, 전, 샐러드 등을 한 상 가득 차렸다.

한다. 그렇다면 표준어 우렁쉥이보다 널리 쓰이게 된 멍게는 어디에서 나온 말일까?

민간에서는 멍게의 어원을 해학적으로 풀이하는데, 바로 '우멍거지'이다. 여기에서 우멍거지는 포피가 덮여 있는 포경 상태의 어른 성기를 가리키는 순우리말이다. 실제로 멍게를 들여다보면 우멍거지와 닮은 데가 있다. 껍질에 싸인 채 작은 구멍(출수공)을 통해 몸속에 있는 물을 쏘아대는 습성이나, 껍질 윗부분을 자르면 그제야 드러나는 속살도 그러하다.

그렇다고 멍게를 두고 우멍거지라 바로 부를 수는 없었을 것이다. 그래서 전하는 유래가 우멍거지의 가운데 두 글자를 골라낸 '멍거'이다. 이 멍거가 시간이 지남에 따라 멍게 또는 멍기로 불리게 되었을 것이다. 영어권에서는 멍게를 '피낭'이란 뜻의 'Tunicate' 또는 '바다의 물총'이란 뜻의 'Sea squirt'라 부른다.

미더덕과 오만둥이

미더덕과 일명 오만둥이라고 부르는 주름미더덕은 모양, 빛깔, 생태가 닮았다. 미더덕찜이나 아구찜 등의 음식에도 두 종류가 같이 사용된다. 그러다 보니 미더덕과 주름미더덕을 제대로 구별 못 하는 사람도 있다. 하지만 둘을 구별하는 방법은 간단하다. 주름미더덕의 몸이 그냥 둥그스름한 덩어리 모양인 데 비해 미더덕의 몸에는 길쭉한 꼬리가 달려 있다. 그리고 주름미더덕이 미더덕에 비해 껍질 표면의 돌기가 굵고 빛깔도 약간 옅은 편이다.

미더덕은 가늘고 길쭉한 몸 끝부분을 단단한 면에 붙여 고착생활을 한다. 외피는 매우 질기고, 몸의 윗부분은 울퉁불퉁하고 자루에는 세로로 여러 줄의 홈이 있다. 입수공과 출수공은 몸 앞끝에 열려 있는데 입수공은 약간 배쪽으로 굽어 있고 출수공은 앞쪽을 향한다. 미더덕은 오래전부터 남해안에서 식용했지만 양식을 시작한 것은 오래되지 않았다. 굴이나 피조개 양식장 그물에 덕지덕지 붙는 바람에 조류의 흐름을 막고, 양식종과 먹이 경쟁을 하는 달갑지 않은 생물로 생각했기 때문이다. 하지만 미더덕을 찾는

우리나라 전 연안에 분포하는 미더덕은 패류 양식장에 부착해 다른 생물이 자라는 것을 방해하며, 선박에 부착해서는 선박 운항에 지장을 주기도 한다. 길이는 5~10센티미터이며 황갈색 외피의 표면은 매우 질기고 울퉁불퉁하다.

미더덕(왼쪽)은 더덕 껍질을 벗기듯 벗겨내야 하지만 오만둥이는 수확한 대로 식용할 수 있다.

사람이 늘어나자 1999년부터 양식이 허가되었다.

미더덕은 질긴 껍질로 둘러싸여 있다. 이 껍질을 벗겨내야 식용할 수 있어 마치 산에서 자라는 더덕 껍질을 벗겨 장만하는 것 같아 '더덕'에다 물의 고어인 '미'가 붙어 '미더덕'이 되었다. 일일이 손으로 껍질을 벗기다 보니 수확한 채로 먹는 주름미더덕보다 비싸게 거래된다.

주름미더덕인 오만둥이는 '오만둥', '오만디', '만득이', '오만득이' 등 별칭이 많다. 오만둥이란 이름은 오만 곳에 붙어산다는 뜻이다. 그만큼 흔하다는 이야기다. 오만둥이는 몸 전체가 단단하고 오돌오돌한 돌기로 되어 있다. 미더덕이 길쭉한 자루에 체액이 많아 향이 뛰어나다면 오만둥이는 오돌오돌한 돌기를 씹는 식감이 좋다.

미더덕과 주름미더덕 체액에는 불포화 알코올인 신티올이 포함되어 있어 멍게 향과 비슷하다. 미더덕과 주름미더덕 양식이 주로 이루어지는 곳은 경남 창원 진동만 일대이다. 4~5월에만 집중 출하되는 미더덕과 달리 주름미더덕은 성장이 빨라 종묘를 붙이고 2~3개월 후면 출하된다. 주름미더덕은 연간 수확이 가능한 데다 미더덕처럼 잔손질이 가지 않아 저렴하게 유통된다.

6
의충동물(螠蟲動物, Echiura)

의충동물螠蟲動物, Echiura은 해양성 무척추동물로 작은 동물 분류군이다. 예전 환형동물의 일부로 여기기도 했지만, 환형동물에서 보이는 체절이 발견되지 않아 별도의 동물문으로 분류하고 있다. 의충동물의 '의충'은 주머니나방의 유충인 도롱이벌레를 뜻하는데 이들의 모양새가 도롱이벌레를 닮았다고 보았음 직하다.

의충동물의 대표 격은 개불이다. 개불은 환절이나 체강의 격벽이 없으며, 강모(센털 또는 가시털)도 몸의 일부분에 한정되어 있는 특이한 형태를 띠고 있다.

뚝배기보단 장맛인 개불

개불은 생긴 꼴이 둥근 통 모양이라 환형동물문으로 분류되었으나, 환형동물과 같은 체절이 발견되지 않아 의충동물문이라는 별도의 동물문으로 분류되었다. 개불은 몸을 늘였다 줄였다 하기에 크기를 가늠하기 힘들지만 보통 몸길이 10~15센티미터에 굵기는 2~4센티미터 정도다.

조간대 흙탕 속에 구멍을 뚫고 지내다가 수온이 차가워지는 겨울이 되면 위로 올라오기에 겨울에서 이듬해 봄까지가 제철이다. 입 앞쪽에 짧고 납작한 주둥이가 있

1 개불은 몸을 늘였다 줄였다 하기에 크기를 가늠하기 힘들다. 갯벌에서 잡은 개불을 한자리에 모아 보았다.

2 찬바람이 불고 날씨가 추워지면 개불은 제철을 맞는다. 개불은 갯벌에 U 자 모양으로 구멍을 파고 산다. 이 무렵 어민들은 호미, 삽, 괭이 등을 챙겨 개불잡이에 나선다.

겨울철 경남 남해군 지족해협에서 개불잡이가 한창이다. 낙하산 모양의 '물 보'를 바닷물에 내려 조류를 타고 가며 갈퀴에 걸린 개불을 채취하는 개불잡이는 이곳에서만 볼 수 있는 전통 어로 방식이다.(사진 출처: 〈국제신문〉 DB)

는데, 이 주둥이 속에 뇌가 들어 있다. 입이 곧 머리인 셈이다. 암수딴몸으로 암컷과 수컷은 각각 알과 정자를 만들어 물속에서 체외수정을 한다. 연안의 모래흙 속에 U자 굴을 파고 살며, 양쪽 구멍은 둘레가 낮게 솟아올라 있다. 이 구멍으로 해수와 공기가 순환되니 갯벌을 정화하는 역할도 한다.

개불은 달짝지근하고 오돌오돌 씹히는 특유의 맛과 향으로 인기가 있다. 맛이 달짝지근한 것은 글리신과 알라닌 등의 단맛을 내는 성분 때문이며, 오돌오돌 씹히는 식감은 마디가 없는 원통형 몸 조직 때문이다. 그런데 개불은 생김새가 비호감이다. 스스로 줄였다 늘였다 할 수 있고 붉은빛이 도는 유백색의 길쭉한 몸은 남자의 성기를 꼭 빼닮았다.

그래서인지 『우해이어보』에는 개불을 '해음경海陰莖'이라 하고 생긴 모양이 말의 음경 같다고 했다. 구태여 『우해이어보』에서 해음경을 끌어오지 않더라도 개불이라는 이름 자체가 성기와 관련 있다. 개의 불알이 그것이다. 그런데 왜 하필 말의 음경이고, 개의 불알일까? 선조들은 사람의 그것과 빗대어 표현하기에 약간 민망한 대상에 개, 말 등의 접사를 붙여 해학적으로 표현하곤 했다.

개불은 그 생김새에 기인한 탓도 있겠지만 글리신과 알라닌 성분이 있어 예로부터 강장제로 애용되어 왔다. 고려 말의 요승 신돈이 정력 강화제로 즐겨 먹었다고 전해오고, 『우해이어보』에는 발기부전인 경우 해음경을 깨끗이 말려 가늘게 갈아서 젖을 섞어 바르면 특효라고 소개되어 있다.

7 태형동물(苔刑動物, Bryozoa)

전 세계적으로 4,000여 종, 우리나라에는 150여 종이 있는 것으로 알려졌다. 그리스어로 '이끼동물'이라는 말에서 유래했으며 화석으로 미루어 고생대 지질시대에 상당히 번성했던 것으로 보인다. 바다와 민물에 두루 살며 바다에서는 개개의 이끼벌레가 군집을 이루며 살고 있다.

파스텔톤의 레이스, 이끼벌레

조류가 흐르는 비교적 얕은 수심의 바닥에 베이지색, 오렌지색, 백색 등 연한 파스텔 색조의 예쁜 레이스들이 눈에 띈다. 손가락으로 건드리면 바스러질 듯 약해 보이는 이것은 독립된 하나의 개체가 아니라 수많은 이끼벌레들이 모여 있는 군집체다. 이처럼 레이스 모양의 군집을 이루는 이끼벌레류를 섬세망이끼벌레라 한다. 이외에도 자줏빛이끼벌레 등이 있다.

섬세망이끼벌레류는 레이스 모양으로 파스텔 색조를 띠고 있다.

이끼벌레는 수밀리미터 내외의 아주 작은 개충들이 석회질 성분의 분비물을 내면서 껍데기를 만들고 그 속에서 살아간다. 이들은 산호와 같이 군집을 이룰 뿐 아니라 폴립을 이용해 조류에 밀려오는 먹잇감을 걸러서 먹는 여과섭식을 하는 등 여러모로 산호와 닮았다.

하지만 각 개체는 산호보다 구조적으로 진화해 저마다 촉수, 입, 소화관, 항문, 신경을 갖추고 있다. 이끼벌레들은 지질시대에는 상당히 번성했지만 현재는 전 세계에 4000여 종, 우리나라에는 150여 종이 남아 있는 것으로 알려졌으며 대부분 종이 바다에서 살아간다.

8

편형동물(扁形動物, Platyhelminthes)

강장동물보다 한층 진보된 동물군으로 전 세계적으로 민물과 바닷물에 1만~1만 5000종이 살고 있다. 민물에 사는 대부분은 다른 생물에 기생하지만 바다에 사는 종은 자유 유영 생활을 하며 먹이 사냥에 나선다. 편형동물이라는 이름은 몸이 등배 쪽으로 편평하며 세로로 긴 데서 유래했다. 그 가운데 바다에 사는 종이 납작벌레이다.

굴 양식장의 습격자, 납작벌레

2005년 가을 중국과 김치 전쟁이 벌어졌다. 중국산 김치에서 기생충 알이 발견되었다는 정부의 발표가 있자 중국도 한국산 김치에서 기생충 알이 발견되었다며 중국 내에서 한국산 김치를 판매 금지했다. 이러한 일련의 사태로 당시 김치 전쟁이라는 말이 생겨났다.

회충, 요충, 간디스토마, 주혈흡충, 장흡충, 폐흡충……. 기생충은 이름만 들어도 혐오스럽다. 이 기생충들은 동물분류상 편형동물문으로 분류되며 세계적으로 1만~1만 5000여 종이 알려졌다. 대부분의 편형동물은 민물과 육상에 서식하며 숙주의 몸에 빌붙어 살아간다. 이에 비해 바다에 사는 4,000여 종의 편형동물은 저서동물로 스스로 먹이 사냥에 나서는 포식자이다.

바다에 사는 편형동물은 땅 위의 기생충과 구분해 납작벌레라고 한다. 납작한 생김새의 특징을 그대로 이름에 따왔는데 몸은 등과 배 쪽 모두가 편평하며 세로로 긴 편이다. 납작벌레는 민물과 육상에 사는 기생충들과 사촌지간이라는 선입관만 버리면 앙증맞은 생김새와 화려한 색으로 귀엽고 예쁘게도 보인다.

납작벌레는 연체동물에 속하는 갯민숭달팽이와 닮았다. 생긴 모양을 놓고 비교하면 갯민숭달팽이는 납작벌레류보다 통통하고 호흡을 위한 아가미가 있지만 납작벌레류는 아가미 없이 몸 전체로 산소를 흡수하며 입과 항문이 구분되어 있지 않다. 갯민숭달팽이는 촉수가 한 쌍 있다면, 납작벌레는 머리 쪽의 일부를 접어 올려 촉수 역할을 한다.

납작벌레나 갯민숭달팽이는 크기가 작고 움직임마저 느려 포식자 입장에선 한입에 삼켜 버릴 만하지만 둘 다 독을 지녀 그다지 반가운 사냥감은 아니다. 이들이 포식자에게 안겨주는 불쾌감은 정도가 비슷하거나 어느 한 쪽이 강할 수도 있다. 납작벌레와의 만남이 유쾌하지 못했던 포식자라면 납작벌레와 닮은 갯민숭달팽이를 멀리할 것이고, 갯민숭달팽이와 좋지 않은 경험이 있는 포식자는 갯민숭달팽이를 닮은 납작벌레를 거들떠보지도 않을 것이다. 이들은 닮은 모양이라는 상승효과로 포식자로부터 더욱 안전할 수 있다.

납작벌레는 굴 양식을 하는 어민들에게는 골치 아픈 존재이다. 굴을 즐겨 먹는 납작벌레들은 바닥을 기어 다닐 뿐 아니라 자유롭게 유영하면서 굴 양식장을 초토화하기 때문이다. 굴 양식장을 덮친 납작벌레 한 마리는 열흘 동안 2~3개체의 굴을 먹어 치울 수 있다.

이처럼 스스로를 보호하거나 때로는 쉽게 사냥하기 위해서 주위의 물체나 다른 동물과 매우 비슷하게 모양을 본뜬 것을 의태라고 한다. 의태의 예는 무서운 독을 지닌 쑤기미와 빼닮은 순하디순한 삼세기에서도 찾아볼 수 있다.

9

해면동물(海綿動物, Porifera)

19세기까지만 해도 생물학자들은 해면을 식물이라 생각했다. 건드려도 반응이 없으며 먹이를 잡기 위한 촉각 등이 외관상으로 발견되지 않았다. 하지만 해면은 활발한 생명 활동을 하는 동물이다. 이들은 각각의 역할을 분담하는 작은 개체들이 모여 군체群體를 이루며 전 세계에 1만여 종이 있다.

젤라틴 껍질로 싸여 있는 표면에 미세한 구멍이 수없이 뚫려 있어 이 구멍으로 물을 흡수하여 플랑크톤 등을 걸러 섭취하고 큰 구멍으로 걸러진 물을 배출한다. 해면은 세포가 여럿인 다세포동물이긴 하지만 소화계, 배설계, 근육계, 신경계 등이 분화되지 않아 다세포동물 가운데 가장 하등한 동물로 분류된다.

모양이 다양하여 바위에 편평하게 붙어 있는 것, 굴뚝처럼 솟아 있는 것, 수면을 향해 손가락을 펼친 듯 곧추서 있는 것, 부채꼴 같은 것, 항아리 모양 따위가 있으며 색깔도 빨강, 노랑, 보라, 파랑 등 다채롭다. 일반적으로 볼 때 바위에 편평하게 붙어 있는 것은 파도나 조류가 센 곳에 잘 적응할 수 있지만 돌출 형태의 것은 파도나 조류가 그다지 세지 않은 곳에서도 서식한다. 현재 여러 용도로 사용되고 있는 스펀지sponge도 해면의 한 종인 스펀지해면에서 이름을 따왔다.

대형 종 굴뚝해면이 푸른 바다를 배경으로 신비로운 모습을 드러내고 있다.
작은 개체들이 모여 군체를 이루는 해면은 전 세계적으로 1만여 종이 있다.

스펀지로 알려진 해면

바다에서 대형 해면을 만나는 것은 흥미로운 경험이다. 이 해면에는 다양한 바다동물의 삶이 어우러져 작은 생명의 공동체가 형성된다.

다세포생물 가운데 가장 하등한 해면은 각각의 역할을 분담하는 작은 개체들이 모인 군체이다. 전 세계에 걸쳐 약 1만여 종이 알려졌는데 고생대 캄브리아기(5억 7천만~5억 5백만 년 전)의 해면 화석이 발견되는 것으로 보아 원시지구부터 지금까지 큰 진화 없이 생명력을 유지하고 있는 것으로 보인다.

해면은 소수의 담수종을 제외하고는 대부분이 해산종이다. 이들의 식생은 젤라틴 껍질로 싸여 있는 체벽 겉면에 수많은 미세한 구멍으로 들어온 물이 위강을 지나 몸 꼭대기의 상대적으로 큰 구멍으로 배출되는 과정을 통해 이루어진다. 작은 구멍과 위강 사이에 동정세포라는 특유의 세포가 있어 몸으로 들어온 물속에 있는 플랑크톤이나 유기물 등의 먹이를 섭취한다. 30그램 정도의 해면이 자랄 때까지 여과하는 물의 양

항아리해면은 생긴 모양이 항아리를 닮아 붙인 이름이다. 열대 바다에서 흔하게 볼 수 있는 대형 종이다.

은 무려 1톤에 달한다. 해면은 여러 개의 세포로 이루어진 다세포동물이긴 하지만 소화계, 배설계, 근육계, 신경계 등이 분화하지 않아 다세포동물 가운데 가장 하등한 동물로 분류된다.

우리나라 해역에서 해면의 밀집도가 가장 높은 곳은 원시의 수중 환경을 간직하고 있는 전남 가거도 해역이다.

동물분류학에서 개체를 구성하는 세포가 한 개인지 여러 개인지에 따라 원생동물과 후생동물로 나뉜다. 해면동물은 여러 개의 세포로 구성되어 있어 분명 원생동물은 아니지만 그렇다고 후생동물 범주에 넣기에는 구조 자체가 너무 원시적이라 원생동물도 후생동물도 아닌 측생동물로 따로 분류한다. 세포가 여럿 있긴 하지만 소화계, 배설계, 근육계, 신경계 등으로 분화되지 않은 하등한 구조이기 때문이다.

다양한 해면

해면동물은 조간대에서 9,000미터 깊이까지, 남극에서 열대 바다까지 광범위한 수심과 수온대에 걸쳐 세계 각지에서 흔하게 발견된다. 해면동물은 몸속에 별도의 골격이나 지지기관 대신 '골편'이라는 유리질 조각으로 몸의 형태를 유지한다. 해면은 골편의 특징에 따라 크게 석회해면, 육방해면, 보통해면의 세 개 강으로 나뉜다. 이 가운데 석회해면과 육방해면류에는 각기 골편 조직이 있지만 해면동물의 대명사 격인 목욕해면과 가장 흔하게 발견되는 보라해면을 포함하는 보통해면류에는 골편이 없는 종이 더러 있다.

해면을 영어권에서는 스펀지sponge라고 한다. 이 명칭은 목욕해면에서 유래했다. 목욕해면은 여느 해면류와 달리 골편이 없고 해면질 섬유만으로 골격을 이루고 있다. 인공으로 스펀지를 만들어내기 전 목욕해면의 섬유조직을 가공해 화장용품, 사무용품, 기계 청소용품, 목욕용 수세미 등을 만들었다. 목욕해면은 우리나라 연안을

1	2
3	4

1 부산 연안에서 촬영한 호박해면이다. 이들의 몸은 불규칙한 덩어리 모양으로 해면질이 단단하고 크기가 다양한 구멍이 있다.

2 보라해면은 표면에 수많은 관이 돌출해 있다. 해면질은 전체적으로 연하고 부드러우며, 짙거나 연한 보라색을 띤다.

3 보라예쁜이해면은 원통 모양의 속이 빈 관으로 이루어져 있다.

4 굴뚝 모양을 닮아 굴뚝해면이라 이름 지은 종이다. 주로 열대와 아열대 해역에 걸쳐서 발견된다.

비롯해 세계 곳곳 광범위한 지역에 서식한다. 이 가운데 지중해에 서식하는 목욕해면이 최상품이다.

물속에서 몸놀림이 익숙하지 않은 초보 다이버들은 바위에 무릎을 찧는 등 타박상을 입곤 한다. 그러다 부드러운 쿠션이 느껴질 때가 가끔 있다. 약간의 안도와 함께 바위 위를 살펴보면 해면이 덮여 있다. 바위에 편평하게 덮여 있는 해면의 완충작용 덕분이다.

항아리해면

항아리해면은 작은 바다동물의 은신처 역할을 한다. 나비고기 한 마리가 항아리해면 안에 몸을 숨기고 있다.

열대 바다에서 흔하게 발견되는 항아리해면은 이름 그대로 항아리 모양을 닮았다. 큰 것은 높이가 2미터에 이르기도 하는데 짙거나 옅은 자주색을 띤다. 특이하게 생긴 해면이라 생각하고 지나치면 그만이지만 항아리해면 안과 밖을 주의 깊게 들여다보면 다양한 해양생물의 삶을 관찰할 수 있다. 항아리해면은 작은 해양생물의 훌륭한 은신처가 되어준다.

10

환형동물(環形動物, Annelida)

전 세계적으로 8,000여 종, 우리나라에는 300여 종이 있는 것으로 알려졌다. 환형동물이라는 이름은 몸 생김새가 '고리' 모양인 데서 유래한다. 크게 다모류多毛類와 빈모류貧毛類로 나뉘는데 흔히 보이는 갯지렁이류는 비교적 털이 많아 다모류에 속한다. 갯지렁이는 종류에 따라 작은 동물을 잡아먹는 종, 물에 떠 있는 먹이를 걸러 먹는 종, 바닥에 가라앉아 있는 유기물을 먹는 종 등이 있다.

산호 폴립 사이에 석회관갯지렁이가 자리 잡고 있다. 환형동물에 속하는 이들은 화려한 아가미 깃털을 이용해 물속에 떠다니는 먹이를 걸러 먹는다.

바다에 사는 지렁이

지렁이는 땅을 비옥하게 해주는 상서로운 동물이다. 그런데 바다에도 지렁이가 있다. 땅 위에 사는 지렁이와 구별하기 위해 '갯'이라는 접사를 붙여 갯지렁이라 한다. 갯지렁이는 분류학상으로 환형동물문Phylum Annelida에 속하며 형태 특징으로 털이 많아 '많을 다多', '털 모毛' 자를 붙여 다모류로 분류한다.

갯벌을 지키는 갯지렁이

갯지렁이는 갯벌이나 조간대 바위에서부터 수심 20미터 이내의 얕은 바다에 집중 서식한다. 전 세계적으로 8,000여 종이나 되는 것으로 조사되었다. 이들은 자유롭게 돌아다니는 유재류遊在類와 한자리에 고착해서 살아가는 정재류定在類로 나뉜다. 유재류는 흔히 볼 수 있는 길쭉한 모양의 갯지렁이류로 낚시 미끼용으로 주로 쓰이는 '바위털갯지렁이'와 '두토막눈썹참갯지렁이'가 있다.

흔히 참갯지렁이라 불리는 바위털갯지렁이는 어종에 따라 최고의 미끼이지만, 쉽게 상하고 함께 넣어두면 입 안에 있는 날카로운 이빨로 서로 물어뜯어 보관하기가 어렵다. 두토막눈썹참갯지렁이는 몸의 마디가 끊어져도 재생되며, 몸에 빛을 내는 야광 물질이 있어서 밤낚시에 많이 쓰인다. 낚시꾼들은 적갈색을 띤 바위털갯지렁이를 '홍거시'라 부르고, 푸른색을 띤 두토막눈썹참갯지렁이를 '청거시'라 부른다.

유재류는 갯벌의 건강성을 지키고 생태계 유지에 큰 도움을 준다. 이들이 몸을 숨기기 위해 뚫어대는 구멍으로 공기와 바닷물이 유입되고, 개흙을 먹어 유기물을 흡수하고 정화된 흙을 배설하는 활동으로 갯벌이 썩지 않는다. 또한 조류와 바다동물

1 갯지렁이는 갯벌 곳곳에 구멍을 뚫어 쉽게 공기가 드나들게 하는 등 건강한 갯벌과 생태계 유지에 큰 도움을 준다.

2 우리나라 갯벌에서 채집되거나 양식되는 유재류는 1980년 이후 매년 800톤 이상이 일본·프랑스·이탈리아 등지로 수출되고 있다. 사진은 전남 진도군의 갯지렁이 양식장이다. 수조 가득 늘어져 있는 호스를 통해 밀식으로 양식되는 갯지렁이들에게 산소가 공급된다.

의 훌륭한 먹잇감이기도 하다. 유재류가 대량 번식하고 있는 천수만, 금강 하구, 낙동강 하구, 순천만 등은 갯벌 생태계가 잘 보존되어 있어 세계적인 철새 도래지로 손꼽힌다.

화려하고 아름다운 석회관갯지렁이

지렁이라는 선입관으로 석회관갯지렁이를 보면 그 화려함에 고개를 갸웃거리게 된다. 이들은 바닥이나 구조물, 산호, 조개껍데기 등에 구멍을 뚫고 들어가 살거나 고착해서 살아가는데, 몸의 대부분을 숨긴 채 아름다운 색깔로 치장된 먼지떨이같이 생긴 아가미 깃털을 밖으로 내밀고 있다. 아가미 깃털이 화사하고 예뻐 석회관갯지렁이류는 꽃갯지렁이라고도 한다.

아가미 깃털은 물속에서 산소를 흡수할 뿐 아니라 떠다니는 플랑크톤을 사냥한다. 물결 따라 살랑살랑 흔들리는 아가미 깃털은 위협을 느끼면 관 속으로 움츠러드

석회관갯지렁이는 민감한 동물이다. 아가미 깃털을 활짝 펼치고 있다가 조금이라도 이상한 낌새가 느껴지면 석회관 속으로 깃털을 말아 넣는다.

는데 이러한 행동 방식이 말미잘이 촉수를 거두어들이는 모양새와 닮아 말미잘로 오인되기도 한다.

바닷속을 다니다 보면 석회관갯지렁이를 흔하게 만난다. 조심스레 다가가자 낌새를 챈 석회관갯지렁이는 순식간에 아가미 깃털을 석회관 속으로 말아 넣는다. 화려하게 움직이던 아가미 깃털이 사라지고 덩그러니 남은 석회관갯지렁이는 볼품이 없다. 잠시 호흡을 가다듬고 있으면 아가미 깃털이 조금씩 모습을 드러내는데 그 모양새가 마치 꽃봉오리가 터지듯 아름답다.

석회관 밖으로 내민 아가미 깃털은 꽃이 활짝 핀 듯 화사해 꽃갯지렁이라는 별칭이 붙었다.

실타래갯지렁이류는 긴 촉수들을 밖으로 노출하며 살아간다. 이들에게는 다양한 형태로 분화된 감각기관과 섭식기관이 있다.

유령처럼 보이는 실타래갯지렁이

실타래갯지렁이는 실처럼 가늘고 긴 촉수에 미세한 털 같은 섬모가 덮여 있다. 이들은 몸을 모래 속에 숨긴 채 촉수를 밖으로 내밀고 먹이활동을 하는데 조금이라도 낌새가 이상하면 바닥에 파둔 구멍 속으로 촉수를 거두어들인다. 흐물거리는 촉수의 모습이 마치 유령의 몸짓처럼 보여서인지 유령갯지렁이라는 이름이 붙었다.

크리스마스트리웜

열대와 아열대 바다에서 관찰되는 크리스마스트리웜Christmas tree worm은 아가미 깃털을 활짝 펼친 모습이 크리스마스트리를 닮았다. 이들은 상당히 민감하다. 관찰하려고 가까이 다가가면 아가미 깃털을 석회관 속으로 말아 넣고 숨을 죽인다. 주로 경산호 폴립 사이에 구멍을 뚫고 고착생활을 한다. 크기가 작은 데다 촉수 색이 화려해 수족관 관상생물로 인기가 있다.

석회관갯지렁이류에 속하는 크리스마스트리웜은 아가미 깃털을 활짝 펼치면 크리스마스트리를 닮았다.

솜털석회관갯지렁이

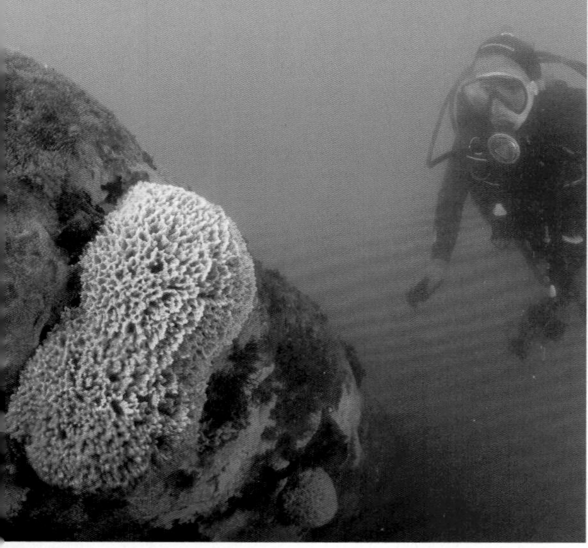

솜털석회관갯지렁이는 솜털 같은 선홍색 아가미 깃털로 인해 전체가 붉게 보이지만 가까이 다가가면 각 개체가 촉수를 석회관 속으로 말아 넣는 바람에 흰색의 석회관만 남게 된다.

2017년 부산 연안 나무섬과 광안대교 교각 등지에서 솜털석회관갯지렁이의 대량 번식을 확인했다. 솜털석회관갯지렁이류는 우리나라에는 흔치 않은 외래종으로 보통 수백 개체가 군체를 이루어 살아간다. 각 개체의 석회관 길이는 2센티미터 정도에 지나지 않지만 군체의 높이와 지름은 보통 20센티미터에 이른다.

각각의 개체는 솜털 같은 선홍색 아가미 깃털이 있어 군체는 붉게 보이지만, 가까이 다가가면 각각의 개체들이 연쇄적으로 촉수를 석회관 속으로 말아 넣는다. 선홍색 아가미 깃털이 사라지면서 흰 석회관만 남는 모양새가 마치 도미노 블록이 넘어지듯 흥미롭게 보인다.

관절석회관갯지렁이

우리나라 전 연안의 얕은 수심에 분포하는 고착성 갯지렁이류이다. 집의 입구 쪽 지름은 3밀리미터, 길이는 5센티미터 전후이다. 석회질 집 안에서 일생을 살아가며 물속에 잠겨 있는 시간만

똬리형 석회관갯지렁이는 우리나라 연안의 얕은 수심에서 흔하게 발견된다.

집 밖으로 머리 부분을 내밀고 촉수를 펼친다. 형태에 따라 직선형으로 뻗은 개체와 똬리 형태로 꼬인 개체가 있다.

이들은 경우에 따라 집단 서식하여 선박이나 양식장의 여러 구조물이나 어망 또는 그물 등에 부착해 귀찮은 존재로 취급받는다. 특히 이들이 교각이나 해양구조물 등에 대량으로 부착하면 조류 또는 파도에 대한 마찰저항을 높여 구조물 안전에 심각한 피해를 준다. 이를 제거하기 위해 여러 가지 방법들을 시도하지만 석회질로 된 집이 견고하게 밀폐되어 있어 잘 없어지지 않는다.

4부

파충류, 포유류, 해양 조류 (爬蟲類, 哺乳類, 海洋鳥類)

1

파충류(爬蟲類, Reptilia)

파충류는 척추동물문의 한 강綱으로 양서류에서 진화해 포유류와 조류의 모체 역할을 했다. 지구상에는 약 1만 2천여 종의 파충류가 존재하는 것으로 추정된다. 이 가운데 바다파충류는 약 100여 종이다. 중생대는 공룡으로 대표되는 파충류가 1억 5천만 년 동안 번성했던 파충류의 전성기였다.

파충류는 변온동물로 체온을 일정하게 유지할 필요가 없으므로 조류나 포유류보다 적게 먹고도 살아갈 수 있다. 하지만 변온동물의 특성상 서식지가 제한적일 수밖에 없다. 항온동물인 포유동물의 경우 온도가 낮은 곳에서도 몸에서 자체적으로 열을 발산하여 체온을 유지할 수 있지만, 파충류는 주변 온도에 따라 체온이 변하므로 열대와 아열대의 따뜻한 환경을 제외한 지역에서는 살아가기가 어렵다.

이외에 파충류가 지닌 특징 중 하나는 허파호흡을 한다는 점이다. 이는 바다로 내려간 바다파충류도 예외일 수 없다. 이러한 생태 특성에 따라 대표적인 바다파충류인 바다뱀, 바다거북, 바다이구아나, 바다악어 등은 체온을 유지하기 위해 온도가 높은 열대와 아열대 해역에 살면서 숨을 쉬기 위해 주기적으로 수면으로 올라와야 한다.

푸른 바다를 배경으로 바다거북이 유영하고 있다.
바다거북 등 바다파충류는 변온동물로 따뜻한
해역에서 살아간다.

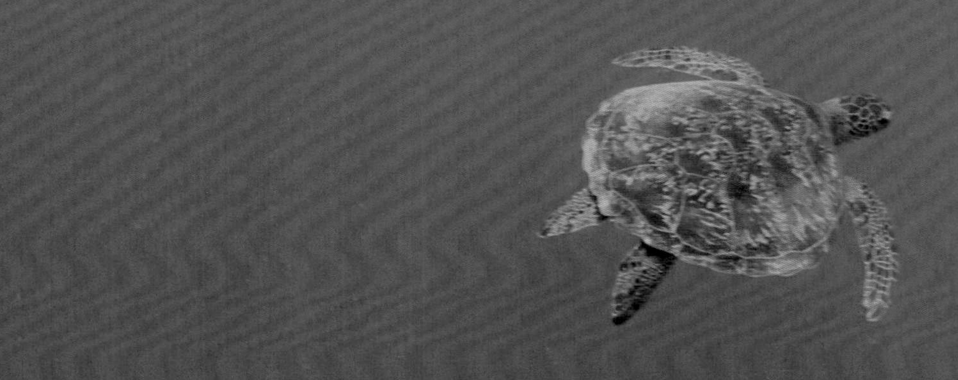

느리지 않는 바다거북

"니, 조오련이 하고 바다거북이 하고 수영 시합하모 누가 이기는지 아나?" 한국 영화사에 신기원을 이룬 영화 「친구」에 나오는 유명한 대사 중 하나이다. 전성기 때의 조오련 선수와 바다거북이 시합하면 누가 이길까? 결론부터 말하면 바다거북을 따라잡을 수 있는 사람은 없다.

탁월한 수영선수 바다거북

바다거북의 수영 실력은 '느림보'라는 고정관념을 무너뜨린다. 이들은 장거리 수영에 잘 적응되었을 뿐 아니라 순간적으로 빠르게 헤엄칠 수 있다. 짧은 거리에서는 시속 32킬로미터 이상으로 헤엄치는데, 평균 유영 속도는 시속 20킬로미터에 이른다. 1970년 제6회 방콕아시안게임에서 4분 20초 2로 자유형 400미터 종목에서 금메달을 차지한 조오련 선수의 기록을 시속으로 환산해보면 5.53킬로미터에 지나지 않는다. 2008년 베이징올림픽 자유형 400미터에서 3분 41초 86으로 금메달을 딴 박태환 선수도 시속 6.49킬로미터 정도이다.

그런데 바다거북 입장에서 400미터의 짧은 거리로 빠르기를 운운하는 자체가 가소로울 수 있다. 이들은 단거리보다는 장거리와 잠수 능력에서 발군의 실력을 갖추고 있기 때문이다. 바다거북 가운데 알을 낳기 위해 4800킬로미터를 이동하는 종도 있고, 수심 1200미터까지 잠수하는 종도 있다.

스쿠버다이버들이 즐겨 찾는 해역의 바다거북은 사람과 친숙하다. 해양생물을 관찰하거나 사진을 찍고 있으면 슬그머니 다가온 바다거북이 수영 시합이라도 하자는 듯 몸을 툭툭 치기도 한다. 특히 말레이시아 시파단 해역은 바다거북이 얼마나 많은지 며칠 머물다 보면 바다거북과의 만남이 무덤덤해져 버린다.

바다거북의 고향

땅 위에서 느림보 취급을 받고 바다가 주 서식지이기 때문일까? 사람들은 바다거북의 고향을 당연히 바다라고 생각하지만, 2억 년 전에는 육지 늪지대에 살았다는 사실이 화석으로 증명되고 있다. 그 후 5천만~1억 년 전 사이에 일부 종이 바다에까지 삶의 영역을 넓히면서 바다가 삶의 터전이 된 것으로 보인다. 그런데 모든 종이 바다로 내려간 것은 아니다. 육지에는 바다거북인 터틀Turtle에 상대되는 의미로 토터스Tortoise라는 육지거북, 자라, 남생이 등이 남아 있기 때문이다.

바다로 내려가 진화한 거북은 7종 정도이다. 이들은 바다 환경에 적응하기 위해 다리가 물갈퀴로 변형되고 한번 들이마신 호흡으로 장시간 바닷속에 머물 수 있다. 또한 눈 위에 있는 배출기관을 통해 바닷물보다 두 배나 짠물을 내보내 염분을 배출하는 등 바다에서 살아가기 위해 신체 기능이 단련되긴 했지만 육지에서 살던 습성을 완전히 버리지 못해 육지에서 부화하고 여전히 허파호흡을 해야 한다.

바다거북의 종류

전 세계 거북은 서식지에 따라 담수거북, 육지거북, 바다거북으로 구분한다. 약 250종의 거북 가운데 바다에서만 서식하는 종은 7종으로 바다거북과에 속하는 푸른바다거북, 붉은바다거북, 올리브각시바다거북, 켐프각시바다거북, 매부리바다거북, 납작등바다거북의 6종과 장수거북과에 속하는 장수거북 1종이다.

바다거북과와 장수거북과의 가장 큰 차이점은 거북의 등을 덮은 등딱지의 형태이다. 바다거북과에 속하는 종들은 인갑(비늘 모양의 딱딱한 껍데기) 형태의 딱딱한 등딱지이지만 장수거북은 딱딱한 등딱지 대신 가죽과 같은 피부로 덮여 있다.

바다거북과에 속하는 종들이 허파호흡에 의존하는 반면 장수거북의 경우 허파호흡 외에 보조 호흡 수단으로 물에서 산소를 걸러내기도 한다. 이들은 입 뒤쪽 목구멍에 실핏줄이 많이 모여 있어 물고기 아가미처럼 물이 들락날락할 때마다 물에 녹아 있는 산소를 실핏줄을 통해 흡수한다. 이러한 특징으로 장수거북은 1,200미터에 이르는 수심까지 잠수할 수 있으며 먼 거리를 이동할 수 있다.

▸ **푸른바다거북*Chelonia mydas***: 우리나라 연안을 비롯해 전 세계 바다에 광범위하게 발견되는 대형 거북으로 바다거북의 대명사 격이다. 등갑 길이 70~120센티미터, 몸무게 90~140킬로그램 정도이다. 등갑은 척추를 따라 추갑판이 5개, 갈비뼈 쪽으로 늑갑판이 양쪽으로 4쌍이다. 눈과 눈 사이에 앞이마판이 한 쌍 있어 여느 바다거북과 쉽게 구별된다. 발에는 발톱이 하나씩 있다. 영어명으로 그린터틀Green turtle이라 하는데 이는 등딱지 아래에 푸른 지방층이 있는 데서 유래한다.
어렸을 때는 육식을 하다가 성숙하면서 잡식성으로 변하지만, 주로 식물성 먹이를 섭식한다. 모든 파충류가 그러하듯 푸른바다거북도 변온동물이다 보니 수온이 따뜻한 해역을 좋아한다. 흥미로운 점은 푸른바다거북의 성별이 알을 낳은 곳의 온도에 따라 결정된다는 것이다. 온도가 30도보다 높으면 암컷, 그 이하에서는 수컷으로 태어난다. 기후변화로 전반적인 지구 온도가 올라가면 수컷은 갈수록 줄어들지 않을까? 실제 2018년 연구 자료에 따르면 호주 연안 '그레이트배리어리프'에 사는 푸른바다거북 개체군의 99퍼센트가 암컷으로 태어났다고 한다.

▸ 붉은바다거북*Caretta caretta*: 푸른바다거북과 같은 대형 거북으로 전 세계의 열대와 아열대 해양에 분포한다. 전 세계적으로 10개의 아개체군이 존재한다. 여느 바다거북과 비교할 때 상대적으로 머리가 크고 몸 색이 불그스름한 갈색이다. 성질이 난폭하며 육식성이다. 평균 등갑 길이는 90센티미터, 몸무게가 135킬로그램 정도이다. 가장 큰 개체로 기록된 것은 등갑 길이 280센티미터에 몸무게 545킬로그램이다. 앞이마판 두 쌍 가운데에 판이 하나 더 있어서 다섯 개이다. 발에는 발톱이 두 개씩 있어 다른 종과 구별된다.

▸ 매부리바다거북*Eretmochelys imbricata*: 대형 거북으로 전 세계적으로 개체 수가 급격하게 감소하고 있어 국제자연보전연맹IUCN에서 '위급종'으로 분류하고 있다. 등갑은 타원형에 가깝지만 뒤쪽으로 갈수록 좁아진다. 등갑의 모든 갑판은 앞쪽 판이 뒤쪽 판의 일부를 덮고 있으며 뾰족하다. 성체는 평균 등갑 길이는 23~114센티미터, 몸무게가 27~86킬로그램 정도이며 최대 127킬로그램까지 기록된 바 있다.
등갑은 푸른바다거북과 같이 추갑판 5개, 늑갑판 4쌍이나 앞이마판이 두 쌍인 데다 길쭉한 머리끝에 매의 부리처럼 뾰족하게 구부러진 단단한 부리가 있어 구별된다. 잡식성이지만 주로 해면류를 섭식하고 해파리와 말미잘도 즐겨 먹는다.

▸ 올리브각시바다거북*Lepidochelys olivacea*: 몸무게 50킬로그램 정도로 바다거북 중 크기가 작은 종이다. 몸 색이 올리브빛을 띤다.

▸ 켐프각시바다거북*Lepidochelys kempii*: 몸길이 100센티미터 미만이며 평균 몸무게 45킬로그램 정도의 작은 바다거북으로 대서양과 멕시코만에만 분포한다. 부리 모양

의 입으로 게를 즐겨 잡아먹는다.

▸ 납작등바다거북*Natator depressus*: 오스트레일리아 연안에만 서식하는 고유종으로 납작한 등딱지가 특징이다.

▸ 장수거북*Dermochelys coriacea*: 보통 성체의 평균 등갑 길이가 200센티미터에 이르는 대형 종이다. 등갑은 여느 바다거북과 달리 갑판 대신 가죽으로 덮여 있어 쉽게 구별된다. 전 세계 대양을 회유하는 등 바다거북 중에서 분포 범위가 가장 넓지만 산란은 열대 모래언덕에서만 한다. 여느 바다거북에 비해 앞발이 커다랗기에 장거리 수영에 적합하며 1,200미터 이상 수심까지 잠수할 수 있다. 장수거북은 덩치가 크고 늠름한 모습이 장군을 닮아 이름에 '장수將帥'를 붙였다. 일부 책에는 오래 사는 바다거북의 특성을 생각해서인지 '長壽'로 표기하는 오류를 범하기도 한다.

1 바다거북 한 마리가 산호 가지에 올라앉아 휴식을 취하고 있다.

2 산호초 지대는 잡식성인 바다거북에게 훌륭한 삶의 터전이다. 작은 바닷물고기에서 연체동물에 이르기까지 먹을거리가 풍부하다.

3 바다거북이 호흡하려고 수면 위로 떠오르고 있다. 파충류인 바다거북은 허파호흡을 해야 하기에 물속에 계속 머물 수가 없다.

1
2
3

신성하게 여겼던 바다거북

우리나라 연안에도 이따금 바다거북이 출현한다. 어민들은 바다거북이 그물에 걸리면 떼어내고, 만약 혼획되거나 뭍으로 올라오면 용궁의 사신으로 길하게 여겨 술과 음식을 한 상 가득 대접해 바다로 돌려보냈다.

거북은 예로부터 용, 봉황과 함께 상서로운 동물로 숭상받았다. 집을 지을 때 대들보에 거북을 뜻하는 '하룡河龍' 또는 '해귀海龜'라는 글자를 써넣었으며, 벼루 뚜껑, 도장 손잡이, 비석 받침 등에도 거북을 새겨 길상을 염원했다. 중국 은나라 사람들은 점의 결과를 거북의 등껍질에 칼로 새겨놓았는데, 이것이 바로 한문의 기원이 된 갑골문甲骨文이다.

2009년 여름 경남 거제도 앞바다에서 바다거북 한 마리가 심하게 다친 상태에서 그물에 잡혔다. 어민들의 신고를 받은 국립수산과학원 고래연구소는 상처투성이 바다거북을 부산의 'Sea Life 아쿠아리움' 수조로 옮겨 치료하고 회복하게 한 뒤 2009년 10월 9일 해운대 앞바다에 방류했다.

세계 곳곳에서 바다거북의 등갑은 보석류나 장신구의 재료로, 피부 껍질은 가죽

1 바다거북이 사람이 버린 과일 껍질을 먹고 있다. 물에 떠다니는 것은 무엇이든 입질을 하는 바다거북은 비닐 조각을 해파리로 오인해서 먹는 바람에 기도가 막혀 질식사하기도 한다.

2 2008년 겨울 거제도 해역에서 탈진한 채 발견된 바다거북이 부산 아쿠아리움에서 건강을 회복한 후 시민들의 환송을 받으며 바다로 향하고 있다. 해운대에서 방류된 바다거북 몸에 부착된 위성 추적기는 일주일 후 제주도 성산포에서 신호를 보내왔다.

제품으로, 살코기와 알은 식료품으로, 지방은 기름으로 사용되어 왔다. 특히 멕시코 해안가 주민들은 귀한 손님이 찾아오거나 생일, 부활절과 같은 특별한 날에 바다거북 고기로 만든 카구아마Caguama라는 별식을 즐긴다. 이로 인해 이동하는 바다거북의 80퍼센트 이상이 중미지역에서 최후를 맞는 것으로 조사되었다.

1978년부터 미국의 멸종동물보호법과 1990년 이후 멕시코 법률에 따라 바다거북을 죽이는 것이 금지되고 있지만, 바다거북 고기의 암거래가 여전히 성행하고 있다. 바다거북은 덩치가 크고 육지에서 느린 특성 때문에 남획되기 쉽다. 현재 모든 바다거북은 CITES 부속서 I에 따라 멸종위기종으로 지정되어 보호받고 있다.

바다로 내려간 뱀

수백만 년 전 땅 위에 살던 뱀 가운데 몇 종이 바다로 향했다. 바다로 들어간 뱀은 물속 환경에 적응하고 오랫동안 머물 수 있게 육지 뱀보다 허파가 커지고 피부를 통해 물에 녹아 있는 산소를 흡수할 수 있게 되었다.

콧구멍은 밸브 형태로 되어 있어 물이 들어오지 않게 막고, 수면 위로 올라와 호흡하기 편리하도록 머리 윗부분에 자리 잡게 되었다. 꼬리는 효율적으로 헤엄치기 위해 크고 평평한 노와 같이 납작하게 변했다. 또한 해수의 염분을 배출하는 기관인 염류샘이 발달하게 되었고, 비늘은 물의 저항을 작게 받기 위해 땅의 뱀보다 매끈해졌다.

태평양과 인도양의 따뜻한 해역에서 사는 바다뱀

바다뱀은 오스트레일리아 대륙 아열대 지역에 살던 뱀이 바다로 내려간 것으로 추정된다. 그 이유는 바다뱀이 대서양과 지중해, 홍해에서는 발견되지 않고 태평양과 인도양의 따뜻한 해역에서만 발견되기 때문이다. 이는 온도가 낮은 곳에서는 살 수 없는 변온동물인 바다뱀의 특성 때문이다.

태평양에서 대서양으로 가려면 남아프리카공화국의 희망봉을 돌거나, 남아메리카 대륙의 최남단 마젤란해협을 지나야 하는데 남빙양과 가까운 바다의 차가운 바닷물은 바다뱀이 지날 수 없는 조건이다. 인도양과 홍해, 지중해를 잇는 수에즈 운하와 대서양과 태평양을 잇는 파나마 운하가 개통되었지만 이 운하들은 민물인 데다 파나마 운하의 경우 수문이 막혀 있어 바다뱀이 대서양으로 향하기는 어렵다.

산호초에 머물던 바다뱀이 정어리를 향해 몸을 솟구치고 있다.

진성 바다뱀과 바다독사

현존하는 약 1만 2000종 또는 아종의 파충류 가운데 약 100종 또는 아종이 바다에서 발견된다. 이 가운데 바다거북 7종, 바다이구아나 1종, 바다악어 1종을 제외하고 나머지는 모두 바다뱀이다. 바다파충류 가운데 가장 큰 그룹인 셈이다.

우리나라 제주도 연안은 바다뱀이 서식할 수 있는 북방한계선으로, 난류를 타고 유입된 바다뱀, 얼룩바다뱀, 먹대가리바다뱀, 넓은띠큰바다뱀, 좁은띠큰바다뱀 등 5종이 서식하고 있다. 바다뱀 중 5종 정도에 이빨에 독이 있다. 이들을 '바다독사Sea krait'라 한다. 독이 있다는 것은 바다에 완전하게 적응하지 못해 자신을 지켜야 할 무기가 필요하다는 의미이기도 하다. 이들은 육지를 기어 다니며, 해변에 알을 낳고, 허파호흡을 하기 위해 한두 시간에 한 번씩 수면 위로 올라와야 한다.

이에 반해 독이 없는 바다뱀을 '진성 바다뱀True sea snake'이라 한다. 진성 바다뱀은 물속에서 새끼를 낳을 뿐 아니라 피부호흡을 하는 능력이 발달해 수면으로 올라가는 횟수를 줄일 수 있다.

바다뱀에게 가장 위험한 순간은 호흡하기 위해 수면으로 올라가야 할 때다. 산호초 속에 은신하다가 수면으로 올라가는 순간 포식자의 공격에 노출된다. 뿐만 아니라 수면 위를 선회하는 독수리 등 맹금류의 예리한 눈과 발톱을 피할 수 없다.

바다독사는 그렇게 위협적이지는 않다

바다독사는 종에 따라 뱀장어와 바다메기, 복어 등이 주 먹잇감으로 식성이 다양한 편이다. 이들은 강력한 독으로 먹잇감을 기절시키거나 죽인 후에 통째로 삼키는 공통점이 있다. 바다독사의 독은 땅 위의 코브라 독보다 강하다. 뱀의 독은 크게 신경성 독과 혈액성 독 두 가지로 나뉜다. 살모사에는 혈액성 독이, 코브라에는 신경성 독이 있다.

혈액성 독을 가진 뱀에게 공격받으면 출혈과 함께 고통스럽게 죽음에 이른다. 이에 반해 신경성 독을 가진 뱀에게 물리면 통증은 없지만 아주 짧은 시간에 몸이 마비되면서 목숨을 잃고 만다.

바다독사는 종에 따라 신경성 또는 혈액성 독이 있어 만약의 경우 어떤 항혈청을 사용해야 할지 구별해야 한다. 항혈청 연구는 바다뱀 서식 종이 많은 호주에서 활발히 진행 중이다. 바다뱀의 독성은 약이 될 수도 있다. 땅 위 독사의 천연추출물 피브린fibrin이 중풍이나 혈전 치료제로 활용되는 것과 같은 이치이다. 바다독사의 천연추출물도 대사 증후군이나 염증성 또는 통증성 질환 치료제로 연구 중이다.

열대 해역에서 스쿠버다이빙을 하다 보면 바다뱀을 흔하게 만난다. 설사 이들에게 독이 있다 해도 스쿠버다이버에겐 그다지 위협적이지 않다. 2~3밀리미터 정도의 짧은 송곳니로 잠수복을 뚫기 어려울 뿐 아니라 성향 자체도 공격적이지 않기 때문이다. 바다독사가 사람을 공격하는 것은 대부분은 어부들이 그물에 걸린 바다독사를 떼어내기 위해 건드릴 경우라고 한다.

1 바다뱀이 허파호흡을 하려고 수면으로 올라가고 있다. 수중 환경에 완전하게 적응하지 못한 바다뱀에게 가장 위험한 순간은 숨을 쉬기 위해 수면으로 올라가야 할 때이다.

2 산호초 사이를 이동하던 바다뱀이 갑자기 방향을 바꿔 필자 옆을 스쳐 지나고 있다. 사람들은 본능적으로 뱀에 대해 공포를 느끼지만 바다뱀은 그다지 공격적이지는 않다.

하늘의 바다뱀, 바다뱀 별자리

바다뱀 별자리는 그리스 신화의 헤라클레스의 모험 이야기에 등장한다. 레르네 지방의 늪지대에 머리가 아홉 개 달린 무시무시한 괴물 히드라가 살고 있었다. 히드라는 밤이면 숲에서 나와 사람들을 마구 잡아먹었는데, 만약 머리가 하나 잘리면 그곳에 새로운 머리가 두 개 생겨나 절대 죽일 수 없었다고 한다. 티린스의 왕 에우리스테우스가 헤라클레스에게 부과한 '열 가지 과업'(이후 두 가지가 더 늘어나 12가지 과업이

됨)에서 두 번째가 바로 괴물 히드라를 퇴치하는 것이었다.

헤라클레스는 한 손에는 커다란 칼을, 다른 한 손에는 불이 붙은 떡갈나무를 들고 히드라와 30일간의 혈투를 벌여 결국 히드라를 물리쳤다. 헤라클레스의 아버지 제우스는 아들의 용감함을 후세 사람들이 영원히 기억할 수 있도록 죽은 히드라를 하늘에 던져 올려 별자리를 만들었는데 이것이 바로 바다뱀자리이다.

바다뱀자리는 봄에서 여름에 이르는 시기에 남쪽 하늘에 나타나며, 동서로 길고 가늘게 누워 있다. 바다뱀자리는 밤하늘의 88개 별자리 가운데 가장 길고 넓은 면적을 차지한다.

바다뱀을 즐기는 음식문화

인류는 다양하면서도 고유의 음식문화를 발전시켜 왔다. 이슬람교도들은 돼지고기를 먹지 않고, 힌두교도들은 쇠고기를 입에 대지 않는다. 우리 민족은 바다거북을 숭배하는 반면, 멕시코 지역 사람들은 이를 특별한 음식으로 여긴다. 바다뱀은 예로부터 필리핀과 일본 남부지방에서 즐겨 먹던 음식이었는데, 최근에는 동남아를 여행하는 우리나라 관광객들도 보양식으로 찾고 있다고 한다.

2

포유류(哺乳類, Mammalia)

척추동물문 파충류강에서 분화한 포유강은 지능이 높은 항온동물로 지구상에 4500여 종이 있다. 가장 큰 특징은 새끼를 낳아 젖샘에서 분비되는 젖을 먹여 기른다는 점인데 형태, 습성, 분포 등이 매우 다양하다.

포유류 가운데 현존하는 가장 큰 동물은 흰긴수염고래(대왕고래/ 최대 몸길이 33미터, 몸무게 179톤)이다. 해양 포유류에는 고래 외에 물개, 해표, 해우 등이 있다. 이들은 항온동물의 특성상 체온을 일정하게 유지할 수 있다. 체온 유지를 위해 육상 포유류가 몸에 난 털의 도움을 받는다면, 해양 포유류는 털이 적거나 거의 없는 대신 표피 밑에 있는 두꺼운 지방층의 도움을 받는다. 이러한 특성으로 해양 포유류는 혹한의 극지에서도 살아간다.

해양 포유류는 바다 환경에 완전하게 적응하지 못했기에 일정한 간격에 따라 수면으로 올라와 허파 가득 공기를 채워야 한다.

거대한 해양 포유동물, 고래

고래에는 아직 땅 위에서 살던 흔적들이 남아 있다. 깊은 바닷속에 머물다 숨을 쉬기 위해 수면으로 올라와야 하기에, 공기와 쉽게 접촉할 수 있도록 코가 눈 윗부분에 있고, 수면으로 빠르게 올라올 수 있도록 꼬리지느러미는 여느 어류와 달리 수평이다.

고래는 특이하게 바닷속에 살면서 젖을 먹여 새끼를 키우는 포유동물이다. 아주 오래전(5600만 년~3500만 년 전) 땅 위에 살던 고래의 조상이 바다로 내려간 이후 바다 환경에 적응해 가고 있지만, 아직 코로 숨을 쉬기 위해 수면으로 올라와야 하고, 허파로 산소를 걸러내며, 자궁에서 태아가 자라고, 배꼽이 있는 등 여전히 땅 위에서 살던 때의 흔적이 많이 남아 있다.

고래는 숨을 쉬기 위해 수면으로 올라와야 하기에, 공기와 쉽게 접촉할 수 있게 코가 눈 윗부분에 있다. 물속에 오래 잠겨 있던 고래가 바다 위로 떠오르면 몇 번인가 가쁜 숨을 내쉬는데 이때 콧구멍에서 뿜어 나오는 입김이 바깥 공기와 만나면서 마치 물을 뿜어내는 것처럼 보인다. 고래의 꼬리지느러미는 수면으로 빠르게 올라오는 데 도움을 주기 위해 보통 어류와 달리 수평이다.

고래는 어떻게 분류할까

고래는 전 세계 바다에 약 100여 종이 있으며, 우리나라 근해에는 8종 정도가 서식한다. 고래는 몸길이와 먹이를 먹는 방식에 따라 분류한다. 일반적으로 몸길이가 4미터 이상을 고래Whale로, 그 이하를 돌고래Dolphin 또는 Porpoise라 한다.

먹이를 먹는 방식에 따라 크게 이빨고래와 수염고래로 나눌 수 있다. 이빨고래는 이빨로 먹이를 사냥한다. 큰 오징어를 주먹이로 하는 향유고래, 정어리 사냥에 나서는 돌고래, 다른 고래나 해양 포유류 등을 잡아먹는 범고래 등이 대표적인 이빨고래이다. 이 이빨고래는 수염고래보다 몸집이 작으며 함께 모여 다닌다. 이빨고래 가운데 가장 몸집이 큰 것은 향유고래로 15미터 몸길이에 무게가 40톤이나 된다.

고래의 임신 기간은 종에 따라 다르지만 대개 9개월에서 16개월 정도이며 한 번에 한 마리씩 낳는다. 새끼 고래의 크기는 종에 따라 차이가 있다. 향유고래는 약 4미터, 범고래는 약 2.5미터이며 흰긴수염고래의 새끼는 7~8미터나 된다.

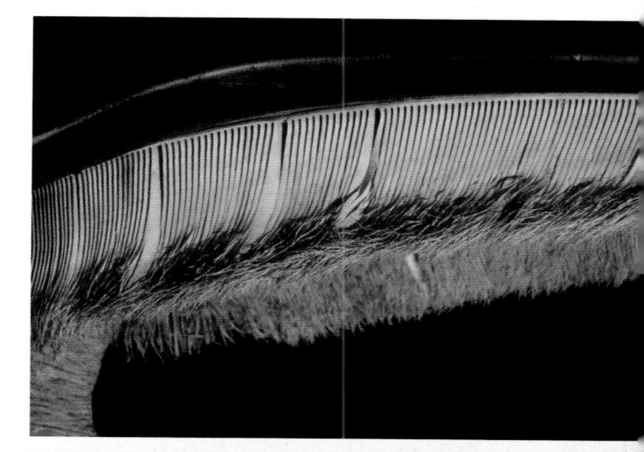

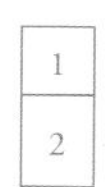

1 수염고래의 입천장에는 가늘고 뻣뻣한 수염같이 생긴 조직이 있다. 이 수염 조직이 소쿠리 구실을 하여 물과 함께 빨려 들어온 작은 물고기나 새우 등이 걸러진다.

2 돌고래 등 이빨고래는 이빨을 이용해 사냥에 나선다.

상업 포경

국제포경위원회International Whaling Commission, IWC는 1987년부터 시행된 '상업 포경 중단'을 그대로 유지하고 있다. 즉 상업 목적으로 고래를 잡아서는 안 된다는 방침이다. 일본, 노르웨이, 아이슬란드 등 상업 포경 재개를 강력하게 주장하는 나라들이 엄청난 노력을 쏟고 있지만 61개 회원국 중 4분의 3 이상 찬성해야 하는 조건을 아직 갖추지 못하고 있다.

포경 재개를 희망하는 나라들은 고래는 귀중한 식량자원인데 지난 금지 기간에 충분할 정도로 번식했으며, 오히려 지나치게 늘어난 고래 개체 수로 인해 어업에 피해를 줄 뿐 아니라 해양생태계 질서 또한 무너지고 있다는 주장을 꾸준하게 피력하고 있다. 포경 재개를 가장 강하게 희망하는 일본은 연구 자료를 바탕으로 고래가 연간 잡아먹는 새우, 멸치, 명태, 오징어, 참치 등의 총량이 2억 8천만~5억 톤에 이른다고 주장한다. 이는 인류의 연간 어획량이 9천만 톤임을 감안하면 어마어마한 양이라는 것이다.

우리나라 세종과학기지가 있는 남극 킹조지섬 해변 곳곳에 대형 고래뼈가 남아 있다. 킹조지섬은 과거 포경업의 본거지였다.

미국, 호주 등을 중심으로 한 포경을 반대하는 국가들은 고래는 2~3년에 한 마리씩 새끼를 낳는, 번식 속도가 아주 느린 포유류로 상업 포경을 허용할 경우 이미 일부 종이 멸종한 것처럼 얼마 지나지 않아 대부분의 고래가 지구상에서 사라지게 될 것이라고 경고한다.

국제적으로 고래보호운동을 벌이는 그린피스 단원들이 일본 포경선의 고래 포획을 현장에서 저지하고 있다.(사진 출처: 그린피스 홈페이지)

지구상 최대 포유류인 흰긴수염고래를 예로 들면 지난날 어마어마하게 포획되었다. 현재 흰긴수염고래의 개체 수가 500~2000마리 정도로 추정되는데, 과거에는 연간 2만 마리까지 잡혔다고 하니 남획이 어느 정도로 심각했는지 짐작할 수 있다. 이후 반세기 동안 흰긴수염고래는 말 그대로 멸종위기 상태였고, 21세기 들어서야 회복 조짐을 보이고 있다.

우리나라 바다, 특히 동해는 다양한 고래의 서식처이자 이동 경로였다. 선사시대에도 고래와 밀접한 관계였다는 것은 울산 울주군 언양읍 대곡리 반구대 암벽(가로 8미터, 세로 2미터)에 새겨진 귀신고래, 향유고래, 돌고래 등 다양한 종의 고래와 이를 사냥하는 그림을 통해 알 수 있다. 당시 사람들에게는 고래의 종류를 일일이 구분해야 할 만큼 중요하고도 친숙한 동물이었다. 고래가 힘차게 요동치는 모습이 있는가 하면, 어미가 새끼를 업고 있는 모습, 물을 뿜거나 바다풀 아래에서 노니는 모습, 고래사냥을 묘사한 부분도 보인다. 이 암각화는 1995년 국보 제285호로 지정되었다.

선사시대 이래로 풍부하고 다양했던 고래가 우리 바다에서 사라지는 데는 200년이 걸리지 않았다. 1840년대부터 미국, 독일, 프랑스, 러시아 등 열강의 포경선들이 우리 바다로 몰려와 흰긴수염고래를 포획하기 시작했다. 이 가운데 블라디보스토크

1 울산광역시 울주군 언양읍 대곡리 산 234-1에 있는 반구대 암각화 원형이다. 1960년 사연댐 건설로 인해 현재 물속에 잠긴 상태로 바위에는 육지 동물과 바다 고기, 사냥하는 장면 등 총 75종 200여 점의 그림이 새겨져 있다.

2 울산대 박물관팀이 원형대로 조각한 반구대 암각화 모형이다. 암각화에 등장하는 귀신고래, 향유고래, 돌고래 등 다양한 종의 고래와 이를 사냥하는 그림을 통해 선사시대부터 고래가 사람들의 삶과 연결되어 있음을 알 수 있다.

1	2

항을 전초기지로 한 러시아가 가장 적극적으로 고래잡이에 나섰고, 1897년 대한제국으로부터 함경도의 마전포, 강원도의 장전항, 경상도의 장생포를 포경기지로 조차했다. 이어 1899년에는 일본이 러시아와 동등한 허가를 받아냈다. 1905년 러일전쟁에서 승리한 일본은 러시아의 포경기지를 통합하고, 경상도 지세포, 제주도 서귀포, 전라도 흑산도, 황해도 대청도 등에 연이어 포경기지를 두고 우리 바다의 고래 자원을 싹쓸이해 갔다.

전 세계적으로 볼 때도 고래기름은 아주 중요한 자원으로 식용 또는 공업용으로 널리 이용되어 왔다. 수염고래류에서 추출한 기름은 식용이나 비누 등을 만드는 데 사용되었으며, 향유고래나 돌고래 등의 이빨고래에서 추출한 기름은 공업원료로 사용되었다. 뼈와 가죽은 각종 공예품의 원료가 되었으며, 무엇보다 고래고기는 양이 많은 데다 맛이 좋아서 인기가 높았다.

상업 포경은 금지되고 있지만 죽은 채 그물에 걸려들거나 바닷가에서 사체로 발견되는 고래는 관련 당국에 신고 절차를 거치면 발견한 사람이 임의로 처분할 수 있다. 이때 훼손된 정도와 어떤 종인지를 고려하여 가격이 정해지는데 수천만 원에 거래가 이루어지기도 한다. 고래보호단체는 어민들 중 고래를 포획하거나 산 채로 그물에 걸린 고래를 방치하여 죽게 한 다음 우연히 발견한 것처럼 신고하는 경우도 있다고 주장하며 좀 더 엄격한 규제를 마련할 것을 요구하고 있다.

이빨로 먹이를 사냥하는 이빨고래

▸ **향유고래:** 상업적으로 가치가 높아 고래잡이가 국제적으로 금지되기 전 고래잡이 선원들의 주된 표적이 되었다. 인간과 고래의 사투를 생생하게 그린 미국 작가 허먼 멜빌Herman Melville의 소설 『백경白鯨, Moby Dick』에 등장하는 고래가 바로 향유고래이다. 향유고래는 등이 검고 배 부분이 회색이지만 소설에 등장하는 고래는 소설적 신비감을 더하기 위해 흰색으로 묘사되었다. 소설 속 향유고래뿐 아니라 동물 중에는 검은 색소인 멜라닌을 만들지 못해 백변종이 생기는 경우가 더러 있다. 향유고래라는 이름은 몸길이의 3분의 1 이상을 차지하는 거대한 머리에 3~4톤의 왁스 같은 향유香油가 들어 있는 데서 유래한다. 이 기름은 초저온에서도 점성이 그대로 유지되어 정밀 기계용 윤활유로 사용된다. 또한 향유고래의 대장에 생기는 비정상적인 덩어리 용연향龍涎香이 세간의 이목을 끌기도 한다. 용연향은 향유고래가 먹은 먹이 중에서 소화되지 않은 부분이 돌처럼 모여 형성되는 것으로 고래의

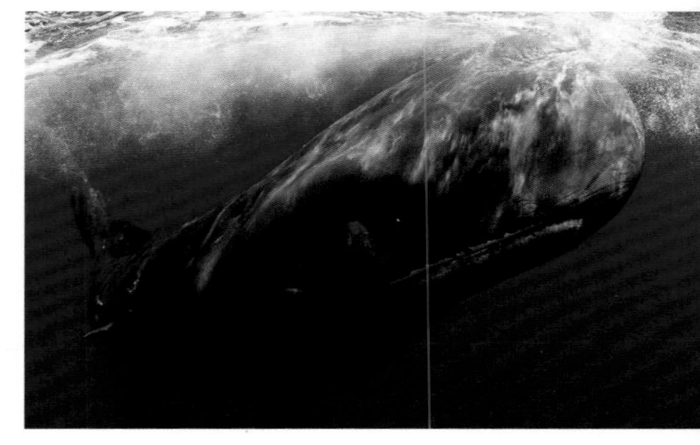

향유고래는 이빨고래 중 가장 큰 종으로 몸길이의 3분의 1 이상을 차지하는 거대한 머리에 3~4톤의 왁스 같은 향유香油가 들어 있다.

1 허먼 멜빌의 소설 『백경』에 있는 삽화이다. 소설적 신비감을 더하기 위해 향유고래가 흰색으로 묘사되어 있다.

2 해외 용연향 거래 사이트에서 발췌한 사진이다. 각양각색의 용연향이 상품으로 올라 있다. 용연향은 바다 위에 오랫동안 떠다닐수록 향이 좋고 가치가 높은 것으로 평가된다. 최고급 용연향은 500그램에 2000만 원에 거래된다.

몸에서 배출되어 바다 위를 떠다니거나 해안가로 밀려와 발견되고 있다. 신선한 상태에서의 용연향은 부드러운 질감에 검은색을 띠며 악취가 난다. 하지만 오랜 시간 바다 위를 떠다니며 햇빛과 소금기에 노출되면 딱딱해지면서 검은색이 점차 연해지고, 신비로운 향이 난다.

용연향은 안정제로 쓰이는 향료로 값비싸게 거래되면서 바다가 주는 최고의 선물 중 하나로 대접받기도 한다. 몇 년 전 실직한 영국인 남성이 그가 키우던 애완견 덕분에 용연향을 발견했다는 외신 보도가 화제가 된 적이 있다. 행운의 주인공은 해변을 산책하던 중 애완견이 해변에서 노란색 돌을 발견하고 주위를 맴도는 것을 보았다. 이 사나이는 처음에는 묘한 냄새가 진동하는 돌을 그냥 두고 집으로 왔다가 인터넷 검색 결과 이 돌이 바다에 떠다니는 금덩어리로 불리는 용연향이라는 사실을 알고 다시 해변으로 뛰어갔다. 그가 주운 용연향은 2억 원의 가치가 있는 것으로 알려졌다. 2020년에는 태국의 한 어부가 태국 남부 나콘시탐마라트의 해변에서 100킬로그램에 이르는 용연향을 발견해 화제가 되기도 했다.

1
2

▸ **돌고래:** 대표적인 이빨고래로 지능이 높고, 여러 가지 주파수의 소리를 내서 서로 소통한다. 중국에서는 입이 튀어나온 꼴이 돼지 입을 닮았다 해서 '해돈海豚'이라 한다. 이 해돈이 우리나라로 전해지면서 돼지의 옛말인 '돌'을 붙여 '돌고래'라 불리다가 돌고래로 바뀌게 되었다.

돌고래는 지능이 높은 편이라 훈련을 통해 사람과도 의사소통을 할 수 있다. 그래서인지 사람과 호흡을 맞춘 돌고래 쇼가 낯설지 않다. 돌고래와 인간의 소통은 그리스 신화에도 등장한다. 신화에서 돌고래는 사랑의 전령사 역할을 맡았다. 바다의 신 포세이돈은 바다의 요정 암피트리테에게 청혼했지만 암피트리테는 바다 깊숙한 곳에 있는 아틀라스 신의 궁전에 숨어 버렸다. 그녀를 잊을 수 없었던 포세이돈은 돌고래에게 자신의 마음을 전해줄 것을 부탁했다. 전 세계 바다를 뒤진 끝에 암피트리테를 찾아낸 돌고래는 포세이돈의 애절한 마음을 전해 암피트리테를 포세이돈에게 데려오는 데 성공했다. 포세이돈은 고마움의 표시로 돌고래를 하늘에 올려 별자리를 만들어 주었다. 그래서인지 지금도 사랑하는 사람에게 돌고래 인형을 선물하면 그 돌고래가 두 사람의 사랑을 이루어 준다는 속설이 전하고 있다.

▸ **참돌고래:** 가장 일반적인 돌고래로, 포세이돈의 부탁으로 암피트리테를 찾아 나선 주인공이기도 하다. 몸 색은 푸른빛이 도는 검은색을 띠며, 배는 흰색이다. 이마와 부리 사이에 깊은 홈이 파여 있는 것이 특징이다. 계절이나 시간대에 따라 다르지만, 수십 마리에서 수천 마리까지 무리를 지어 이동하기도 한다.

유선형의 날씬한 몸으로 빠른 속도로 헤엄을 치며 공중제비를 돌거나, 지나가는 배와 신나게 경주를 벌이기도 한다. 주요 분포지는 열대와 아열대 해역이지만 울산 앞바다를 비롯해 우리나라 연안에서도 자주 관찰되는 종이다.

▸ **큰돌고래:** 돌고래류 중에서 제일 큰 종(몸길이 3~3.7미터)으로 태평양돌고래라고

1	2
3	

1 성탄절을 맞아 울산시 장생포 고래박물관에서 특별 행사를 마련했다. 아쿠아리스트와 함께 수조 안으로 들어서자 돌고래들이 신이 났다. 공을 빼앗으려는 눈빛이 개구쟁이를 닮았다. 돌고래는 지능이 높아 학습이 가능하다.

2 일본 오키나와 츄라미 수족관의 명물 돌고래 쇼 장면이다. 수조 안 돌고래들이 관람객들에게 인사하고 있다.

3 수백 마리의 참돌고래가 울산 앞바다를 힘차게 헤엄치고 있다. 울산광역시는 연안에 나타나는 참돌고래 등 돌고래 탐방을 관광상품으로 개발했다.

도 한다. 앞머리와 주둥이가 확실하게 구별되며 육지 가까운 바다에 작은 무리를 이루어 살며, 주로 물고기나 오징어를 잡아먹는다. 등은 짙은 회색이고, 배는 옅은 흰색인데 경계선은 파도 모양으로 검은색의 뚜렷한 선은 없다. 길들이기 쉬워 수족관과 같은 곳에서 많이 기르고 있으며, 훈련에 따라 여러 가지 재주를 부린다.

큰돌고래는 주둥이가 길고 병 모양이라 영어명은 병코돌고래Bottle-nosed dolphin이다. 우리나라에서는 이를 그대로 번역하여 병코돌고래라는 이름을 사용해 왔으나 지금은 '큰돌고래'라 부른다.

▸ **범고래**: 거의 모든 바다 동물을 먹이로 하는 해양생태계의 최상위 포식자이다. 그래서인지 이름에도 호랑이를 뜻하는 '범' 자가 붙었다. 서양에서는 자기보다 덩치가 큰 고래까지 사냥하는 킬러 본성을 따와 'Killer whale'이라 이름 지었다. 이들은 몸길이가 7~10미터, 몸무게 6~10톤 정도이며 등은 검은색이고 배는 흰색이라 경계선이 뚜렷하다. 눈 위에 있는 뚜렷한 흰색 무늬가 특별해 흰줄박이돌고래라고도 한다. 사냥에 나설 때면 20~40마리씩 무리 지어 큰 입과 강력한 이빨을 사용하는데, 주로 물고기나 오징어를 잡지만 다른 돌고래나 자신보다 덩치가 큰 고래, 상어뿐 아니라 해표, 물개, 북극곰에 이르는 해양 포유류도 먹잇감이 되고 만다.
해양 포유류가 뭍에 올라가 있어도 범고래의 공격에서 자유롭지 못하다. 은밀하게 접근한 범고래가 순식간에 뭍으로 올라가 이들을 낚아채기 때문이다. 자신보다 큰 사냥감을 상대하기 위해 여러 마리가 협공을 펼치는데 공격에 나서는 무리와 도주로를 차단하여 포위하는 무리로 나누어져 지능적인 조직력을 과시한다.
19세기 중엽 조재삼의 『송남잡지』에

바다의 최강자 범고래는 거의 모든 바다 동물을 먹이로 한다.

등장하는 솔피와, 이규경의 『화한삼재도회』에 등장하는 '어호魚虎'가 바로 범고래에 관한 기록으로 보인다. 선조들의 기록을 토대로 볼 때 우리나라 연안에서 범고래가 관찰되었음을 알 수 있다. 『송남잡지』와 『화한삼재도회』의 기록은 다음과 같다.

"물고기 중에 솔피라는 것이 있는데, 능히 고래를 죽인다. 모양이 말과 비슷하다. 진을 치고 에워싼 다음 달려들어 살을 물어뜯는데, 그 크기가 농 만하다. 어부는 솔피를 쫓아 고래고기를 얻는다."

"어호魚虎는 이빨과 등지느러미가 칼이나 창처럼 날카롭다. 수십 마리가 고래의 입 옆에 붙어서 볼을 들이받는데, 고래가 괴롭고 힘들어하여 입을 벌리면 그 속에 들어가 혀뿌리를 물어뜯어 끊음으로써 고래를 죽게 한다."

인도네시아 마나도 해역에서 만난 둥근머리돌고래 무리로, 움직임이 상당히 조직적이며 일사불란하다.

▸ **둥근머리돌고래**: 영어명은 파일럿 훼일pilot whale인 종으로 몸길이가 1.35~9.5미터이며, 대서양·태평양·인도양 등 따뜻한 바다에 주로 서식한다. 인도네시아 마나도 해역을 지나다 빠른 속도로 배를 따라오는 둥근머리돌고래 무리를 만났다. 이들의 움직임은 상당히 조직적이며 일사불란하다. 가끔 외신을 통해 둥근머리돌고래 무리가 해변에서 집단 폐사했다는 기사를 접하곤 한다. 어쩌면 방향감각을 잃고 육지로 올라온 돌고래들이 바다로 돌아가지 못하고 죽은 것은 아닐까 추측해볼 뿐이다.

▸ **일각고래**: 북극권에서 발견되는 동물 중 가장 독특하게 생긴 일각고래는 전설의 동물 유니콘Unicon처럼 보인다. 이들은 북극해와 캐나다 북부 그리고 그린란드 주변 해

수심 1500미터까지 잠수하며, 호흡을 위해 얼음을 깨고 물 위로 올라와야 하는 일각고래에게 엄니는 생존을 위한 도구이다.

역에서만 서식하는데 흰고래와 가장 가까운 친척 관계이다. 몸에는 회색 반점이 있고 몸길이는 보통 3.5~5미터이다. 등지느러미가 없으며 이빨은 단지 2개로 위턱 끝에 있다. 수컷은 왼쪽 이빨이 윗입술로부터 앞으로 곧게 돌출한 엄니로 발달하는데 그 길이가 2.7미터까지 자라며 표면은 왼나사 방향으로 홈이 나 있다.

일각고래의 엄니는 독특한 모양새만큼 특별한 기능이 있다. 얼음을 깨고 물 위로 올라오거나, 바닥에 있는 먹이를 찾을 때와 상대방과 싸울 때 사용하며, 1000만 개가 넘는 신경이 분포해 있어 물의 온도와 수심을 확인하는 센서 역할을 하기도 한다. 중세 유럽에서는 엄니가 마력을 가진 것으로 인식되었을 뿐만 아니라 독을 정화하는 능력이 있다고 믿었기에 독살을 두려워했던 귀족들은 비싼 돈을 주고서라도 엄니를 구입해 잔으로 만들어 사용했다. 같은 무게의 금값보다 20배나 높은 가격에 거래되었다고 하니 당시 엄니에 대한 관심이 어느 정도였는지 짐작할 만하다. 일각고래의 사냥법은 독특하다. 깊이 잠수했다가 급상승하면서 북극대구를 해수면 쪽으로 밀어붙이는데, 이때 부레가 부풀어 올라 기절한 북극대구를 잡아먹는다.

▸ 흰고래: 북극해와 베링해, 캐나다 북부 해역 등 북극권 연안에 서식하며 원주민들에게 기름과 가죽을 제공해온 귀중한 동물이다. 최대 몸길이는 4.5미터, 몸무게는 1.5톤에 이르며 영어명은 벨루가Beluga, Belukha 또는 화이트훼일White Whale이다. 잠수한 채 2~3킬로미터까지 이동할 수 있으며, 물속에서 카

벨루가는 목을 90도 가까이 좌우로 구부릴 수 있을 만큼 유연하며 피부가 매우 부드럽다. 밀폐된 공간에서도 적응을 잘하고 사람에게 잘 길들여져 수족관에서 인기가 있다. 사진은 여수엑스포 아쿠아리움에서 유영하고 있는 벨루가의 모습이다.

나리아와 비슷한 울음소리를 낸다. 주로 오징어·연어·청어·갑각류 등을 먹는다. 보통 5~10마리가 무리 지어 회유하지만 번식기에는 100~200마리씩 무리를 이룬다.

수염을 이용해 먹이를 걸러 먹는 수염고래

수염고래는 거의가 대형 종이다. 어미 고래의 자궁에 있을 때 이가 나지만, 태어나기 전 퇴화해 버리고 태어난 후부터는 평생 이빨이 나지 않는다. 이들은 주변의 물을 입 안 가득 삼켰다가 내뿜을 때 입 주변에 있는 뻣뻣한 수염같이 생긴 조직을 이용해 물과 함께 딸려온 작은 고기나 새우 등을 걸러 먹는다.

입에 나 있는 수염이 소쿠리 구실을 하기에 입이 몸의 4분의 1에서 3분의 1을 차지할 정도로 크다. 수염의 크기나 모양은 종에 따라 다르다. 간격이 좁고 세밀할수록 작은 크릴이나 부유성 생물들을 잘 걸러 먹을 수 있다.

- **흰긴수염고래**: 최대 몸길이 20~33미터, 몸무게 100~200톤이 나가는 거대한 고래로, 지구상에 존재하는 생명체 중 가장 몸집이 크다. 그래서 흰긴수염고래는 대왕고래라는 별칭으로도 불린다.

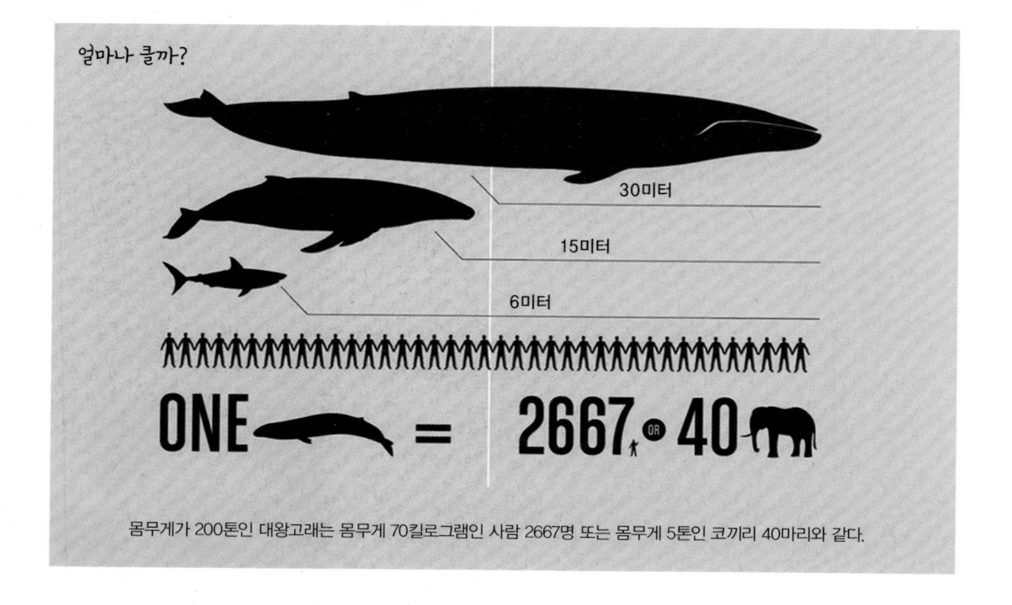

몸무게가 200톤인 대왕고래는 몸무게 70킬로그램인 사람 2667명 또는 몸무게 5톤인 코끼리 40마리와 같다.

▸ **한국계 귀신고래**: 1962년 천연기념물 제126호로 지정된 귀신고래는 1920년대까지만 해도 상당한 개체 수가 발견되었지만 1978년 울산 방어진 앞에서 마지막 개체가 관찰된 이후 우리 바다에서 완전 자취를 감추었다. 이들의 멸종은 각별한 가족애가 부정적인 영향을 끼쳤다. 가족 단위로 무리 지어 다니는 이들은 움직임이 느린 새끼가 작살에 맞으면 가족들이 그 주위를 떠나지 않아 몰살당하고 만다. 국제포경위원회는 이러한 포경 방식으로 인해 귀신고래가 멸종될 수 있다는 우려로 1948년 귀신고래에 대한 전면적인 포경 금지를 선포했지만 이미 귀신고래의 개체 수가 급감한 후의 조치였다.

해양수산부 국립수산과학원은 귀신고래 보호의 중요성을 알리고자 2008년 포상금을 걸고 한국계 귀신고래 찾기에 노력을 기울였으나 우리 연안에서 귀신고래는 더 이상 발견되지 않고 있다. 여름철 사할린 연안 조사 결과에 따르면, 북서태평양계군은 약 130마리만 남아 있는 것으로 알려져 있다. 반면 북동태평양계군은 원시 자원이 많은 데다 미국이 적극적으로 보호 노력을 기울여 현재 2만 마리 이상 서식하는 것으로 조사되었다.

천연기념물로 지정될 만큼 귀하게 대접받던 고래에 귀신이라는 이름이 붙게 된 것은 해안 가까이에 머리를 세우고 있다가 사람이 다가가면 귀신같이 알아채고 사라지는 데서 연유한다. 귀신고래는 몸길이가 16미터, 몸무게는 45톤에 이르는 대형 종으로 여느 수염고래류와 달리 바다 밑바닥을 머리로 받아 개흙을 일으켜 들이마신 다음 작은 갑각류를 걸러서 먹는다. 이러한 식습성으로 귀신고래 몸체에는 따개비 등이 많이 붙어 있어

시베리아 연안에서 촬영한 귀신고래이다. 귀신고래는 1978년 이후 우리 연안에서 발견되지 않고 있다. 이에 국립수산과학원은 우리나라 연안에서 귀신고래를 발견해 사진이나 영상물로 처음 기록하는 사람에게 포상금 500만 원을 주기로 했다.

귀신고래를 찾기 위한 민관의 노력이 계속되는 가운데 2005년 울산에서 개최된 제57차 국제포경위원회를 기념하기 위해 귀신고래 우표가 발행되었다.

다른 고래류와 쉽게 구별할 수 있다.

1910년 당시 미국의 로이 채프먼 앤드루스 Roy Chapman Andrews, 1884~1960 박사는 방어진, 장생포, 흑산도 등지를 돌며 귀신고래의 생활사를 연구하여 한국 연안의 귀신고래들이 겨울철 흑산도에 모여들어 새끼를 낳는다는 요지의 논문을 발표하기도 했다.

혼획된 밍크고래가 부두로 옮겨지고 있다.

▸ **밍크고래**: 성체의 몸길이가 9미터 정도로 수염고래류 중에서 크기가 작아 가장 늦게 포획 대상이 되었다. 등의 빛깔과 아래턱·위턱이 회색을 띤 검은색이며, 배는 젖빛을 띤 흰색이다. 옆구리에서부터 색깔이 완만하게 이어져 등과 배의 경계가 확실하지 않다. 단독 또는 2~4마리가 무리를 이루어 우리나라 동해안을 비롯한 세계 각지의 근해에 서식한다. 밍크고래는 남획 단계 이전에 국제적으로 상업 포경 금지가 이루어졌고, 다른 종에 비해 번식이 빨라 비교적 개체 수가 많다. 우리 바다에서는 매년 70~80마리 정도가 각종 어구에 혼획되고 있는데, 적지 않은 수가 불법 포획되고 있는 것으로 알려졌다.

▸ **혹등고래**: 몸길이 11~16미터, 몸무게 30~40톤에 이르는 대형 종이다. 몸 전체에 사마귀와 같은 기생충이 들러붙어 있으며 이 기생충들이 떨어져 나가면 흰색

혹등고래가 모습을 드러내는 해역은 고래 관광지로 인기를 끈다.

자국이 남는다. 여느 긴수염고래류의 유선형의 몸 형태와는 달리 전체적으로 몸이 통통하며 가슴지느러미가 대단히 길어 몸길이의 3분의 1에 이른다.

혹등고래는 대형 고래류 가운데 가장 운동성이 뛰어나다. 수면 밖으로 몸을 드러내거나 수면 밖으로 튀어 오르기도 해 사진가들에게 멋진 모델이 되어주기도 한다. 무리 지어 다니다 먹잇감이 될 만한 어류 떼를 만나면 아래쪽으로 내려가 거품을 뿜어 올린다. 이때 발생하는 공기 방울이 마치 그물처럼 어류 떼를 둘러싸게 되고 혹등고래들은 공기 방울 그물에 갇힌 어류를 포식한다. 열대(번식 해역)에서 극권역, 아극권역에 이르러 회유하고 남북의 해빙 권역까지 분포하며 대양 구역을 넘어 회유한다.

고래 이름의 유래

상상 속의 동물 '포뢰'는 용의 아홉 아들 중 셋째로 바닷가에 살고 있다. 포뢰는 뱀의 몸에 잉어의 비늘, 사슴의 뿔, 토기의 눈, 소의 귀, 뱀의 이마, 매의 발톱, 범의 발바닥으로 전체적인 생김새가 용을 닮았지만, 어찌나 소심하던지 약간만 놀라도 큰 소리로 울부짖었다. 특히 고래를 무서워해 고래 그림자만 보여도 두려움에 더욱 크게 울었다. 포뢰가 울기 시작하면 그 소리가 하늘과 땅을 가득 메웠다고 한다.

고래라는 이름은 포뢰를 울리는 동물이라 하여 포뢰의 '뢰'와 두드린다는 의미의

종 위에 앉아 있는 포뢰에게는 종을 치기 위해 당목이 날아오는 형상이 고래가 달려오는 듯이 보일 터이니 얼마나 두려울까. 종소리는 울부짖는 포뢰 울음소리가 더해져 산천을 가득 메운다.

'고叩' 자가 붙은 데서 유래한다. 아마 크게 부르짖거나 외친다는 뜻의 '고래고래 고함지른다'도 고래 이름의 유래가 소리와 관계있음을 보여준다. 고래는 대형일수록 성질이 온순하지만 옛 사람들은 덩치가 큰 동물이 콧구멍으로 물을 뿜어내는 기세가 용의 아들을 울릴 정도로 보았던 듯하다.

사찰 등에서는 종소리를 더욱 크게 하기 위해 종을 종각에 매다는 곳에 포뢰를 조각하고 고래 모양으로 만든 당목撞木으로 종을 친다. 그러면 고래를 두려워하는 포뢰가 종 위에서 크게 울어 종소리가 더욱 크게 울린다고 믿었다.

포뢰를 포함한 용의 아홉 아들 이야기는 명나라의 호승지胡承之가 쓴 『진주선眞珠船』에 다음과 같이 전해지고 있다.

- 비희: 거북을 닮았으며, 무거운 것 지기를 즐겨 주춧돌 아래에 세워둔다.
- 이문: 짐승을 닮았으며, 먼 곳을 바라보는 것을 좋아해 지붕 위에 서 있다.
- 포뢰: 용을 닮았지만 소심하여 소리 내어 울기를 잘한다. 종소리를 크게 하기 위해 종 위에 조각해 놓고 고래 모양으로 만든 당목으로 종을 친다.
- 폐안: 호랑이를 닮아 위압감이 있어 감옥 문 앞에 세워둔다.
- 도철: 마시고 먹는 것을 좋아해 솥뚜껑에 세운다.
- 공하: 물을 좋아해 다리 기둥에 세운다.
- 애자: 살생을 좋아해 칼의 콧등이나 칼자루에 새긴다.

• 산예: 사자를 닮았으며, 연기와 불을 좋아해 향로에 새긴다.
• 초도: 소라 모양으로 닫기를 좋아해 문고리에 붙인다.

한편, 조선 중기 문인 최부의 『표해록』에는 다음과 같이 고래에 관한 본격적인 관찰 기록이 등장한다.

"문득 물결 속에서 움직이는 물체를 하나 발견했다. 정확한 크기는 알 수 없었지만 물 위에 떠오른 것을 보니 몸집이 커다란 집채와 같았다. 놈이 내뿜은 포말이 하늘 높이 솟구쳐 오르고, 몸을 한 번 움직일 때마다 물결이 미친 듯이 일렁였다."

고래 좀 더 알아보기

• **고래는 얼마나 클까?**

대체로 수염고래류가 이빨고래류보다 크다. 지구상 가장 큰 동물은 대왕고래라는 별칭으로 불리는 흰긴수염고래로 최대 몸길이 33미터, 몸무게 200톤에 이른다.

• **고래는 정말 물을 뿜을까?**

오랜 시간 물속에 머물던 고래가 수면 위로 올라오면 머리 꼭대기에 있는 콧구멍을 통해 참았던 숨을 힘차게 내쉰다. 고래가 참았던 숨을 내쉴 때 허파 속 공기가 빠른 속도로 팽창한다. 급격하게 부피팽창이 일어나면 온도가 내려가 공기 중의 수증기가 응결된다. 이렇게 응결된 수증기가 희뿌옇게 변해 물보라처럼 보여 마치 물을 뿜는 것처럼 보인다. 입김을 내는 모양은 종류마다 코의 구조가 다르므로 모양도 다르다. 콧구멍의 수는 수염고래류가 좌우 한 쌍이고, 이빨고래류는 좌우 아래에서 합쳐져 하나로 보인다.

• **고래의 일생**

수염고래류 새끼는 1년 남짓 임신 기간을 거쳐 태어나는데 보통 수개월이 지나면 젖을 떼고 독립한다. 성적 성숙 기간은 10년쯤 걸린다. 최고 수명은 60~100년이다. 출산 간격은 밍크고래가 1년 정도이며, 참고래는 4년 정도이다. 이빨고래류는 수염고래류보다 다양하다. 소형 종의 성숙 기간은 3~4년이며, 최고 수명은 15~20년이다. 중·대형 종의 성숙 기간은 10년 전후, 최고 수명은 50~80년이다. 출산 간격은 종에 따라 3~12년 정도로 수염고래류보다 길다.

• 젖은 어떻게 먹일까?

배 쪽에 젖꼭지가 한 쌍 있다. 어미가 옆으로 누워 젖꼭지 하나를 수면 밖으로 나오도록 해 새끼가 호흡과 젖빨이를 동시에 하는 종이 있으며, 완전히 물속에서 젖빨이를 하는 종도 있다.

• 돌고래는 정말 영리할까?

몸길이 2.5미터 정도인 돌고래 뇌의 무게는 약 1,200그램 정도이다. 사람 뇌 무게가 1,400그램 정도이니 큰 차이가 없다. 돌고래 뇌 표면에는 주름이 많다. 이는 표면적이 넓어 신경세포가 많다는 뜻이다. 포유류 중에는 향유고래의 뇌가 가장 무겁지만 몸무게에 대한 비율이 낮아 지능이 우수하다고 보지는 않는다. 지능이 높고 낮음은 몸무게에 대한 뇌 무게의 비율을 기준으로 한다.

• 고래는 초음파 탐지를 할까?

초음파란 사람 귀로 들을 수 없는 파장의 음이다. 이 음파는 주어진 방향으로만 나아가며 반사도 잘된다. 초음파를 발사했을 때 반사되는 메아리를 통해 물체에 대한 여러 정보를 알아낼 수 있다. 고래는 초음파 탐지 능력이 발달해 먹이나 방향을 찾는 것으로 알려졌다.

• 고래의 잠수 능력은 어느 정도일까?

고래는 다른 해양 포유류와는 비교되지 않을 정도의 잠수 능력이 있다. 특히 향유고래는 3,000미터 이상의 수심까지 잠수하며, 한 시간 이상을 물속에서 머무르기도 한다. 사람은 보통의 얕은 호흡으로 허파 속의 공기를 10~15퍼센트 정도 교환한다면, 고래는 한 번의 호흡으로 허파 속 공기를 80~90퍼센트 정도 새 공기로 바꿀 수 있다.

상괭이

"사람을 닮은 인어." 이는 『자산어보』에 기록된 정약전 선생의 상괭이에 대한 묘사이다. 토종 고래인 상괭이는 분류학적으로 쇠돌고래과에 속하는 돌고래이지만, 고래Whale나 돌고래Dolphin와는 별도로 포포이스Porpoise라는 이름으로 구분한다.

이는 상괭이는 주둥이가 앞으로 길게 튀어나오지 않고 둥근 앞머리 부분이 입과 직각을 이루고 있어 돌고래와 모습이 다르기 때문이다. 머리가 움푹하며 가슴지느러미가 달걀 모양이고 등지느러미 대신 높이 약 1센티미터 정도의 융기가 꼬리까지 이어져 있는 모습도 돌고래와의 차이점이다. 크기도 상괭이는 1.5~1.9미터로 약 2미터 정도까지 자라고 돌고래는 종마다 다르지만 평균 1.4~10미터로 2미터 넘게 자란다.

❖ 분포

2~3마리가 가족 단위로 함께 다니는 상괭이는 보통 해안선에서 5~15킬로미터 이내 떨어진 수심이 얕은 곳에 서식한다. 서쪽으로는 페르시아만에서, 동쪽으로는 인도, 중국, 한반도 연안을 따라 일본 북부 해역에서도 발견되는데 중국의 양쯔강 상류까지도 상괭이가 올라가는 것으로 보아 이들은 염분 농도가 낮은 수역에 적응한 것으로 보인다.

전문가들은 우리나라 서해와 남해를 상괭이의 최대 서식지로 보고 있다. 국립수산과학원은 지난 2005년 서해에 사는 상괭이 수를 3만 6000마리로 추정했다. 상괭이는 어렸을 적에 새우류를 먹고, 커서는 주꾸미, 꼴뚜기, 흰베도라치, 청멸 같은 다양한 어류를 먹는다. 상괭이가 가장 많이 나타나는 달은 3~6월인데 서해에 새우어장이 형성되는 시기와 관련 있는 것으로 보인다.

❖ 멸종위기종

상괭이는 '멸종위기에 처한 야생 동식물의 국제거래에 대한 협약CITES'의 보호종으로

2016년 12월 경남 거제시 능포항 외해에서 구조된 상괭이가 'Sea Life 아쿠아리움'으로 이송되어 치료를 받은 후 회복하는 모습이 일반에 공개되었다.

등재된 국제적 멸종위기종이다. 상괭이에게 가장 큰 위협은 다른 고래와 마찬가지로 혼획by-catch, 즉 그물에 걸리는 것이다. 혼획의 사전적 풀이는 '특정 어류를 잡으려고 친 그물에 엉뚱한 종이 우연히 걸려 어획되는 것'이다. 그런데 정부의 「고래자원의 보존과 관리에 관한 고시」에는 혼획으로 죽은 고래의 유통을 허용하고 있어 혼획을 핑계로 상업적 포경을 부추긴다는 것이 환경단체의 주장이다.

2013년 국제포경위원회 과학위원회에서 펴낸 연례회의 보고서에 따르면, 고래류 가운데 상괭이의 혼획량이 가장 많은 것으로 알려졌다. 실제로 울산해양경비안전서 발표 자료에 따르면, 2011~2015년 우리나라 해상에서 혼획되거나 포획되어 죽은 고래류는 9,710마리이며, 이 가운데 상괭이가 6,573마리로 전체 67.7퍼센트를 차지하고 있다. 매년 1천 마리 이상의 상괭이가 불법 어업, 혼획 등으로 희생되고 있다는 뜻이다. 이렇게 혼획된 상괭이의 상당량은 밍크고래로 위장되어 판매된다.

고래연구센터에 따르면, 우리나라 연근해의 상괭이 개체 수는 2005년 3만 6천여 마리에서 2011년 1만 3천여 마리로 64퍼센트가량 급격히 감소했다. 우리나라 주변 해역뿐 아니라 국제적으로도 개체 수가 줄어들어 상괭이를 지키기 위한 국민적 관심과 보호 대책이 시급하다.

국민적 관심

이따금 상괭이 구조와 방류 소식이 전해지면서 국민적 관심을 끌고 있다. 2016년 12월 경남 거제시 능포항 외해에서 정치망에 걸린 상괭이가 구조되었다. 당시 꼬리지느러미에 상처를 입고 탈진 상태였던 상괭이는 부산의 'Sea Life 아쿠아리움'으로 이송

1	2
3	5
4	

1 2000년 가을 낙동강 모래톱에서 상괭이가 죽은 채 발견되어 안타까움을 자아냈다. 연안 오염 폐그물 방치 등은 상괭이를 멸종위기로 내몰고 있다.

2 2016년 12월 거제도 해역 정치망 그물에 걸려 탈진한 상괭이가 구조되고 있다. 구조된 상괭이는 부산의 'Sea Life 아쿠아리움'으로 이송된 후 한 달간의 치료와 회복 기간을 거쳐 2017년 2월 2일 거제 해역으로 방류되었다.

3 부산 가덕도 연안에서 촬영한 상괭이다. 여느 돌고래와 달리 상괭이는 상당히 예민한 편인 데다 사람에 대해 경계심이 강해 유영하는 모습을 발견하기가 힘들다.

4 'Sea Life 아쿠아리움'에서 회복한 후 욕지도 해상으로 방류를 앞둔 '누리'와 '마루'가 아쿠아리스트와 작별 인사를 하고 있다.

5 상괭이 누리와 마루가 욕지도 해상 방류를 앞두고 경남 통영 해상 가두리에서 적응 기간을 보내고 있다.

되어 한 달간 치료를 받은 후 2017년 2월 2일 구조된 해역에 방류되었다. 이날 방류된 상괭이에게 국민에게 복을 가져다주기를 바란다는 염원을 담아 '새복'이라는 이름을 붙였다.

2013년에는 경남 통영 욕지도 인근에서 구조된 '누리'와 '마루'가 욕지도 해상에 방류되었고, 2014년에는 거제도 앞바다에서 구조된 '바다'와 '동백'이가 진도 앞바다에서, 2015년에는 부산시 기장군 앞바다에서 구조된 '오월'이가 거제 앞바다에 방류되었다.

해양 포유류인 상괭이는 여느 고래와 마찬가지로 허파호흡을 해야 한다. 만약 그물에 걸려 수면 위로 올라오지 못하면 질식사한다. 구조된 상괭이가 온몸에 상처투성이인 것은 그물에서 빠져나오기 위해 몸부림을 친 흔적이다. 그물에 걸려 있거나 해안가로 밀려온 상괭이를 비롯한 해양동물을 발견하면 신속하게 조치할 수 있게 해양긴급 신고전화 122번으로 구조요청을 해야 한다.

❖ 이름의 유래

상괭이는 예로부터 흔하게 발견되다 보니 지역에 따라 '쌔애기', '슈우기', '무라치' 등으로 불렸다. 『자산어보』에는 수면으로 올라올 때 햇빛에 반사되는 상괭이의 매끄러운 몸을 묘사한 듯 '상광어尙光魚'로, 『동의보감』에는 '물가치'로, 『난호어목지』에는 이들이 호흡할 때 내뿜는 소리에 빗대어 '슈욱이'라 적고 있다.

지금의 상괭이라는 이름은 『자산어보』의 상광어에서 유래를 찾을 만하다. 일부 문헌에서 상괭이를 표기할 때 '쇠물돼지'로 병기하는데 돌고래를 중국에서 해돈海豚이라 적는다고 물돼지로 병기하지 않듯, 구태여 상괭이라 적으며 쇠물돼지로 병기할 필요는 없을 듯하다. 최근 들어 상괭이 얼굴이 미소 짓는 듯 보인다 해서 '웃는 고래', '미소 고래'라는 애칭으로 불리기도 한다.

다리가 지느러미로 진화한 기각류

해양 포유동물인 기각류는 해마과·물개과·해표과 등 3개 과로 나뉘며, 18종의 해표류와 14종의 물개류, 1종의 바다코끼리로 세분된다. 원시 포유류에서 분화된 이들은 특히 뒷다리가 헤엄치기에 알맞도록 지느러미 모양으로 적응·변화했다. 몸에는 짧은 털이 촘촘하고, 짧은 꼬리는 위아래를 눌러 놓은 것같이 대부분 넓고 평평하다. 기각류는 모두 바닷가 땅 위에서 새끼를 낳으며, 범고래나 상어의 습격을 피해 땅 위나 얼음 위에서 잠을 잔다.

기각류는 짧은 거리를 시속 25~30킬로미터의 속력으로 헤엄을 칠 수 있다. 잠수도 능숙한 편이라 꽤 오랜 시간 숨을 참을 수 있다.

과명	세부 분류군	특징	분포
해표과	해표	• 귓바퀴가 없다. • 앞지느러미발이 작고, 뒷지느러미발은 앞으로 젖힐 수 없어 기어서 이동한다. • 물속에서는 큰 뒷지느러미발로 노를 젓듯이 힘차게 움직여 헤엄친다.	전 세계 18종
물개과	물개, 바다사자	• 귓바퀴가 있다. • 앞으로 젖혀지는 뒷지느러미발까지 앞뒤 지느러미발을 모두 이용해서 걸을 수 있어 행동이 매우 민첩하다. • 물속에서는 앞지느러미발을 이용해 헤엄친다.	전 세계 14종
해마과	바다코끼리	• 귓바퀴가 없다. • 앞으로 젖혀지는 뒷지느러미발까지 앞뒤 지느러미발을 모두 이용해서 걸을 수 있어 행동이 매우 민첩하다. • 물속에서는 앞지느러미발과 뒷지느러미발을 함께 사용하지만 주로 뒷지느러미발을 이용한다.	북극권 1종

남극권에서 발견되는 해표류

남극권에서는 웨들Weddell · 크랩이터Crab-eater · 표범Leopard · 코끼리Elephant · 로스Ross 해표가 서식하고 있다. 이 가운데 희귀종인 로스해표를 제외하고 우리나라 세종과학기지가 있는 사우스셰틀랜드군도 인근이 주 무대이다.

▸ **표범해표**: 표범이라는 이름을 붙인 대로 상당히 사납다. 남극 바다의 먹이사슬에서 최상위 포식자이다. 다른 해표들이 크릴이나 오징어, 물고기 등을 사냥하는 등 성격이 비교적 온순하다면 이들은 펭귄, 물개뿐 아니라 다른 해표의 새끼까지 공격한다. 몸길이는 4미터, 몸무게는 500킬로그램 정도이며, 회색 몸체에 검은색 얼룩무늬가 새겨 있어 약간 혐오스럽기까지 하다. 전체적인 몸의 형태는 물속에서 움직이기 쉽게 유선형이며 머리와 턱이 크고 강인하다.

하루 중 대부분의 시간을 빙산 위에서 휴식을 취하는데 이따금 입을 '쩍~' 벌릴 때마다 드러나는 날카로운 이빨은 잔혹한 맹수의 위협마저 느끼게 한다. 남극의 거의 모든 동물은 크릴에 의존한다. 표범해표 역시 다르지 않다. 하지만 덩치가 큰 표범해표가 5센티미터 크기의 크릴을 사냥하는 것은 노력에 비해 소득이 보잘것없다.

그래서 표범해표는 크릴 사냥꾼인 펭귄을 공격한다. 펭귄 위장 속에는 크릴이 가득 들어 있기 때문이다. 표범해표는 물 위에 떠 있는 펭귄 무리 속으로 은밀하게 잠입하거나 펭귄이 오가는 길목을 지킨다. 표범해표는 펭귄을 입에 물고 두꺼운 가죽을 벗겨내기 위해 수면에 이리저리 패대기를 쳐댄다. 얼마 지나지 않아 위장이 튀어나오면 표범해표는 펭귄 위장 속에 가득 차 있는 크릴을 포식한다. 표범해표가 펭귄을 잡아먹는 것인지, 펭귄이 사냥한 크릴을 빼앗아 먹는 것인지 구별하기가 난감한 포식 형태이다.

표범해표는 사람을 공격하기도 한다. 남극을 방문했던 2006년 11월 러시아 대원들과 보트를 나눠 타고 넬슨섬 해역의 유빙을 관찰하고 있는데 갑자기 표범해표한 마리가 솟구쳐 올라와 러시아 대원들이 타고 있던 보트를 덮쳤다. 제 영역을 침범한 인간들에 대한 단순한 위협을 넘어선 적극적인 공격이었다. 다행히 러시아 대원들이 노를 들어 표범해표를 밀쳐낸 덕에 무사했지만 500킬로그램이 넘는 표범해표가 보트를 들이받으며 요동쳤다면 보트가

남극 세종과학기지 연안으로 떠내려온 빙산 위에서 표범해표 한 마리가 휴식을 취하고 있다.

뒤집혔을 테고 물에 빠진 사람들에게 끔찍한 일이 벌어졌을 것이다. 2004년에는 영국 기지의 해양과학자가 표범해표의 공격을 받아 숨진 사고가 발생하기도 했다. 필자는 남극 해양생태계 관찰을 위해 30회가량 스쿠버다이빙을 하며 얼음 바닷속으로 들어갔다. 차가운 수온과 거세게 흐르는 조류보다 어딘가에 숨어 있을지 모를 표범해표의 존재가 더욱 큰 부담이었다. 수중 탐사를 벌이던 중 몇 차례 물속에서 '우~웅 웅' 하는 해표 소리가 들렸다. 그 존재가 표범해표인지 다른 해표인지 구별할 수 없었지만, 대형 동물이 자신의 영역을 침범했음을 경고하는 소리인 것만은 분명했다.

우리가 보통 소리 나는 방향을 알 수 있는 것은 양쪽 귀에 도달하는 소리의 속도 차이 때문이다. 그런데 물속에서는 공기 중에서보다 소리가 네 배 이상 빠르게 전달되기에 양쪽 귀에 동시에 도달하는 것처럼 느껴져 소리가 나는 방향을 구별하기 어렵다. 소리가 공기 중에서 1초 동안 340미터를 간다면, 공기보다 밀도가 큰 물속에서는 소리의 속도가 훨씬 빨라져 섭씨 8도의 물에서는 1초에 1,435미터 속도로 소리가 전달되며, 물보다 밀도가 높은 쇠파이프에서는 1초에 5,000미터나 갈 수 있다.

당시 해표 울음소리가 더욱 공포스럽게 느껴진 것은 소리가 나는 방향조차 가늠

할 수 없었기 때문이다.

▸ **코끼리해표:** 남극권에 서식하는 해표류 중 가장 덩치가 큰 종이다. 성장한 수컷은 6~7미터의 몸길이에 몸무게가 3~4톤에 이르며, 암컷은 3~4미터 몸길이에 몸무게가 1톤 정도이다. 수컷의 코 부분이 앞으로 튀어나와 있어 코끼리라는 이름을 붙였다.

코끼리해표는 화가 날 때 이 돌출된 코를 길게 부풀려 코끝을 입 속으로 말려들게 한다. 이 상태에서 포효하면 부풀어 오른 코가 울림통이 되어 소리가 더욱 크게 증폭된다. 돌출된 코는 약간 기괴하게 보이지만 이들에게는 수컷다움의 상징이다.

코끼리해표 수컷은 30마리 정도의 암컷을 거느리며 자신의 영역을 지키다가 다른 수컷이 도전하기라도 하면 한바탕 싸움을 벌인다. 이들이 싸우는 모습은 좀 특이하다. 두 마리가 서로 마주 본 채 코를 부풀려 소리를 내지르는데 대부분 소리의 크기로 우열이 가려진다. 승복하지 않을 경우 치열한 몸싸움으로 이어진다.

강력한 카리스마로 무리를 통솔하는 수컷 코끼리해표의 입장에서 인류와의 만남은 악연이었다. 19세기 중반, 석유가 상업적으로 개발되기 전까지 인류가 얻을 수 있는 기름은 동물 지방을 태워 얻는 것이 전부이다시피 했다. 이때 기름 채취를 위해 사냥한 대표적인 동물이 고래와 함께 코끼리해표였기 때문이다. 성장한 수컷 한 마리에 700~800킬로그램의 기름을 얻다 보니 19세기 중반까지 코끼리해표는 엄청난 수가 희생되어 멸종위기에 몰리기도 했다.

수컷 코끼리해표가 자신의 영역을 알리려는 듯 포효하고 있다. 부풀어 오른 코는 울림통 기능을 하여 소리가 더욱 크게 증폭된다.

▸ **웨들해표:** 몸길이 2.5~3미터에 몸무게는 400킬로그램 정도이다. 수명은 20년 남짓인 것으로 알려진 이들은 먹이 사냥을 위해 600미터까지 잠수가 가능한데 한 번 잠수하면 한 시간 정도 물속에 머문다. 웨들이란 이름은 이들이 많이 살고 있는 남극반도 동쪽에 위치한 웨들해海에서 따왔으며, 웨들해는 영국 탐험가 제임스 웨들James Weddell, 1787~1834의 이름에서 유래한다.

웨들해표는 순진해 보이는 큰 눈과 통통한 몸이 특징이다. 주로 바닷가 자갈밭이나 해빙(얼어붙은 바다) 위에 아무렇게나 누워서 잠을 자곤 하는데 사람이 가까이 가도 꿈쩍하지 않는다. 약간 소란스러울 경우 큰 눈을 끔벅거리며 눈을 맞추기만 할 뿐이다. 그러다 스르르 눈을 감으며 다시 잠을 청한다.

유순한 성격의 웨들해표는 표범해표, 범고래 등 포식자의 공격을 받으면 막아낼 방법이 없어 보인다. 하지만 이들에겐 나름 생존 전략이 있다. 남극권에서 살아가는 해표 중 유일하게 해빙에 숨구멍을 뚫을 수 있다. 공기호흡을 해야 하는 포유류 해표에게 얼음에 구멍을 뚫을 수 있느냐 없느냐는 상당히 중요하다. 숨구멍을 뚫을 수 있는 웨들해표는 포식자가 쫓아오지 못하는 극점 가까운 해빙 지대까지 삶의 영역을 넓혀 나갈 수 있기 때문이다.

남위 74도 37분. 장보고과학기지가 있는 테라노베이만 해빙 지대를 지날 때였다. 해빙 위에 지름 50~70센티미터 남짓한 구멍이 군데군데 눈에 띄었다. 바로 웨들해표 숨구멍이었다. 웨들해표는 해빙 중 두께가 얇은 곳을 골라 숨구멍을 뚫고 해빙 위로 올라온다. 웨들해표 숨구멍은 해빙 지대에서 가장 두께가 얇은 곳에 있으므로 갈라질 위험이 있어 사람들이 이동할 때 주의해야 한다. 자칫 얼음이 아래로 꺼지면 차디찬 남극 바닷속으로 빨려들게 된다. 특별한 장비 없이는 수온이 영하 1.9도까지 떨어지는 남극 바닷속에서 2~3분을 버틸 수 없다. 또한 얼음이 꺼진 곳으로 빠졌다가 다시 올라오는 것은 거의 불가능하다.

그럼 웨들해표는 해빙의 두께를 어떻게 가늠할까? 아마 바닷속에서 올려다볼 때 투과되는 빛의 강약으로 구별할 수 있기 때문일 것이다. 얼음이 두껍게 얼면 그 두께만큼 벽이 생겨 햇빛이 잘 들어오지 않겠지만, 얼음이 얇게 언 곳에서는 어느 정도 빛이 투과되는 것을 감지할 수 있지 않을까. 해빙 지대 가운데 얇게 언 곳을 찾아낸 웨들해표는 송곳니로 얼음을 갈아댄다. 한동안 작업이 끝나면 머리를 내밀 정도의 숨구멍을 만들 수 있다.

해빙 위에서 느긋하게 잠을 자는 동안 숨구멍은 가장자리부터 얼어붙기 시작한다. 다시 바닷속으로 들어가려면 숨구멍을 넓혀야 한다. 웨들해표가 숨구멍을 넓히는 과정을 지켜보았다. 뾰족한 송곳니를 얼음 구멍 가장자리에 꽂고는 육중한 머리를 돌리는데 이때 마치 거대한 밀링머신milling machine이 구멍을 넓히듯 사방으로 얼음 파편이 흩날린다. 작업이 끝나면 몸이 들어갈 정도의 공간이 확보된다. 웨들해표는 그 구멍을 통해 다시 바닷속으로 들어간다.

새끼 해표 바다에 들어가다

남위 74도 로스해 해빙 지대에서 바닷속으로 들어가기를 주저하는 새끼를 얼음 구멍으로 이끄는 어미의 사랑을 지켜보았다. 혹독한 추위 속에 새끼는 바닷속에 들어가는 것이 두려운지 어미 따라나서기를 망설였다. 어미는 서두르지 않고 새끼를 격려하기 위해 몇 번이고 시범을 보였다. 얼마간의 시간이 지나고 용기를 낸 새끼가 얼음 구멍 속으로 들어오자 어미는 새끼의 볼을 비비며 세상 더없이 행복한 표정을 지어 보였다.

<table><tr><td colspan="2">1</td></tr><tr><td rowspan="2">2</td><td>3</td></tr><tr><td>4</td></tr></table>

1 어린 웨들해표가 옹알이하듯 천진난만한 표정으로 바닷가에 누워 있다. 웨들해표는 남극 환경에 가장 잘 적응한 해표이다.

2 남위 74도 남극 로스해 해빙 지대를 지나는데 얼음 구멍이 보였다. 웨들해표가 뚫어 놓은 숨구멍이었다. 한 시간 정도 기다리자 웨들해표가 숨을 쉬기 위해 얼음 구멍 위로 모습을 드러냈다.

3 해빙 위에서 휴식을 마친 웨들해표가 다시 바닷속으로 들어가기 위해 가장자리부터 얼어붙기 시작한 숨구멍을 이빨로 갈아서 넓히고 있다.

4 얼음 구멍 속으로 들어온 새끼를 어미가 볼을 비비며 따뜻하게 맞이하고 있다.

크랩이터해표는 예민하다. 이방인의 출현에 긴장한 듯 포효하고 있다.

▸ **크랩이터해표**: 우리말로 번역하면 '게잡이해표'이다. 크랩이터**Crab-eater**라는 이름이 붙은 것은 다른 해표에 비해 깊은 곳까지 잠수해 게 등 갑각류를 잡아먹기 때문이다. 평균 몸길이는 2~2.5미터, 몸무게는 230킬로그램에 이른다. 웨들해표보다 덩치는 작지만 성격이 날카롭다. 경계심이 강한 편이라 위협을 느끼면 바로 물속으로 돌아갈 수 있도록 바다 가까운 곳에서 휴식을 취한다.

남극의 킹조지섬을 찾았을 때다. 해변에서 휴식을 취하고 있던 크랩이터해표에게 너무 가까이 다가가고 말았다. 자신의 영역을 침범당했다고 생각했는지 크랩이터해표는 사납게 포효하더니 몸을 데굴데굴 굴리며 바닷속으로 들어가 버렸다. 물개는 지느러미발로 몸을 세우거나 빠르게 움직일 수 있지만, 해표는 배를 바닥에 대고 기어 다니거나 몸을 굴려서 이동한다.

해표 숨구멍이 발견되는 해빙 지대는 얼음이 얇게 언 곳이라 균열 일어나는 등 사람이 다니기에 위험하다. 균열 지대를 지나던 장보 과학기지 월동대원들의 차량이 조난되자 기지에서 대기 중이던 대 들이 중장비를 몰고 출동해 이들을 구조하고 있다.

북극권에서 발견되는 해표류

북극권에서 발견되는 해표류에는 수염해표Bearded seal, 흰띠박이해표Ribbon seal, 하프해표Harp seal, 하버해표Harbour seal, 반지해표Ringed seal, 후드해표Hood seal, 북극털가죽해표Northern fur seal 등이 있다. 북극 스발바르제도 스피츠베르겐섬을 방문했을 때 보트를 타고 해표를 찾아 나섰다.

포유동물인 해표는 계속 바닷물 속에 머물 수 없기에 숨을 쉬거나 휴식하려면 얼음덩어리 위로 올라가야 한다. 보트가 빙산 지대에 들어서면서 배를 스쳐 가는 크고 작은 얼음덩어리들을 살펴보는데 수염해표가 모습을 드러냈다. 자기에게로 다가오는 보트가 못마땅한지 머리를 들어 힐끗 쳐다보는데, 표정과 턱 아래 난 수염이 영락없는 동네 할아버지 얼굴이었다. 문득 수염해표라는 이름보다는 할아버지해표라는 이름이 더 어울리겠다는 생각이 들었다.

▸ **수염해표**: 2.4~2.5미터 몸길이에 몸무게가 300킬로그램에 육박하는 대형 종이다. 동그란 머리와 지느러미발이 몸집에 비해 상대적으로 작아 보인다. 입 주변에 긴 흰색 촉모(감각모라고도 하며, 주로 포유류의 주둥이에 붙어 외부의 자극을 민감하게 받아들이는 털로 진동, 촉각 등 여러 감각을 감지한다)가 있는 것이 특징이다. 수염해표는 촉모로 좋아하는 먹이인 게, 새우, 홍합, 바다고둥 따위를 찾아낸다.
이들은 200미터까지 잠수하는 탁월한 사냥꾼이기도 하다. 하지만 이들에게도 천적은 있다. 바로 북극의 맹주라 할 만한 북극곰과 범고래이다. 빙산 위에서 휴식을 취하다가 북극곰의 공격을 받기도 하고 물속을 헤엄쳐 다니다가 범고래의 표적이 되기도 한다.

수염해표가 빙산 위에서 휴식을 취하고 있다.

▸ 흰띠박이해표: 비교적 조그마한 해표이다. 베링해 · 오호츠크해 북부·알래스카 북부에 분포한다. 수컷은 암컷보다 약간 크며, 몸길이 1.7미터, 몸무게 90킬로그램이다. 암수 모두 흰색 줄무늬가 있다. 지구 온난화로 빙하가 녹으면서 흰띠박이해표는 멸종위기를 맞게 되었다.

▸ 하프해표: 캐나다 북동쪽 연안부터 그린란드, 북유럽 일부 연안과 북극해 주변에 살며 열빙어, 청어, 대구, 상어 같은 물고기나 게와 새우를 포함한 갑각류, 오징어 등을 잡아먹으며 산다. 태어난 지 3주 정도 지나면 하얀색 털이 회색으로 바뀌며, 4년이 지나면 다 자란다. 수명은 최고 35년이다.
고가로 거래되는 어린 하프해표 모피를 구하기 위해 집중적으로 사냥해 우리나라를 비롯한 모피 수입국이 비난의 대상이 되곤 한다. 어른 수컷은 몸 색깔이 하얀 크림색 같으며, 검은색 머리와 등에 비대칭적이고 불규칙으로 U 자 무늬가 나타난다. 어른 암컷도 수컷과 비슷하지만, 무늬는 흐릿하다. 하프해표란 이름은 몸에 새겨진 무늬가 악기인 하프를 닮은 데서 비롯되었다.

▸ 하버해표: 몸에 검은색 반점이 있어 잔점박이해표라고도 불린다. 수컷은 1.3~1.9미터 몸길이에 몸무게는 80~120킬로그램, 암컷은 1.2~1.6미터 몸길이에 몸무게는 45~80킬로그램으로 중간 정도 크기이다. 가장 흔하게 알려진 종으로 주로 오

징어와 조개 등의 어패류를 먹는다. 임신 기간은 약 280일이며, 겨울이 지나고 3~5월이 되면 떠다니는 얼음 위에 1~2마리씩 새끼를 낳는다. 수심 600미터까지 단숨에 잠수하여 한 시간씩 머무는 등 잠수 능력이 뛰어나다.

하버해표

북반구의 북방 해역, 북태평양·북대서양에 분포하는데 봄~가을에 걸쳐 우리나라 백령도 해역을 찾아와 먹이 활동을 하며 에너지를 비축한 후 겨울이 다가오는 11월이면 중국 랴오둥만으로 돌아간다. 우리나라는 2012년 5월 31일 멸종위기 야생생물 2급으로 지정하여 보호하고 있다.

▸ **반지해표**: 기각류 가운데 가장 작은 종이다. 새끼 때는 흰색 털로 덮여 있지만, 성장하면 조그만 고리 무늬가 찍힌다. 반지해표는 얼음에 공기구멍을 뚫고 얼음 밑의 바다에서 꽤 오랫동안 지낼 수 있다.

▸ **후드해표**: 수컷 머리에 있는 주머니가 두건hood 모양이라 붙인 이름이다. 주머니가 불룩한 것은 콧구멍 안의 막 때문이다. 후드해표 어린 새끼는 포유류 중에서 가장 짧은 4일 만에 젖을 떼며, 몸무게는 두 배로 늘어난다. 이러한 성장이 가능한 것은 어미젖의 65퍼센트가 지방질로 되어 있기 때문이다.

코끼리의 상아를 닮은 바다코끼리

바다코끼리는 북극에서 살아가는 기각류로, 남극에 사는 코끼리해표와는 다른 종이다. 남극의 코끼리해표가 코끼리를 닮은 코가 상징이라면 북극에 사는 바다코끼리는 코끼리 상아를 닮은 기다란 엄니가 상징이다. 이 엄니는 바다코끼리에게 중요한 무기이다. 바다코끼리는 훌륭한 상아질의 엄니를 노리는 사냥꾼들, 영양이 풍부한 고기와 훌륭한 가죽을 구하려는 북방 원주민들이 마구잡이로 살육하는 바람에 한때 멸종위기를 맞기도 했다. 현재는 고기를 식량으로 삼는 원주민 외에 바다코끼리 포획이 금지되어 있다.

바다코끼리 수컷은 몸길이 3.7미터에 몸무게가 1.5톤에 이르러 기각류 중에서는 남극의 코끼리해표 다음으로 덩치가 크다. 바다코끼리는 엄니로 모래를 파고 조개류나 연체동물을 잡아먹는다. 먹이를 사냥할 때가 아니면 대부분의 시간을 빙산 등 얼음덩어리 위나 해안에 누워서 지낸다.

1 바다코끼리는 북극에만 있는 기각류로, 긴 엄니가 코끼리 상아를 닮았다.
2 바다코끼리는 오랜 세월 원주민에게 무차별적으로 사냥되어 개체 수가 급격하게 줄었다.

1 | 2

물개과

아과	속	종
물개아과 Arctocephalinae	북방물개속 *Callorhinus*	북방물개 *Callorhinus ursinus*
	남방물개속 *Arctocephalus*	남극물개 *Arctocephalus gazella*
		과달루페물개 *Arctocephalus townsendi*
		후안페르난데스물개 *Arctocephalus philippii*
		갈라파고스물개 *Arctocephalus galapagoensis*
		뉴질랜드물개 또는 남방물개 *Arctocephalus forsteri*
		아남극물개 *Arctocephalus tropicalis*
		갈색물개 *Arctocephalus pusillus*
		남아메리카물개 *Arctocephalus australis*
바다사자아과 Otariinae	큰바다사자속 *Eumetopias*	큰바다사자 *Eumetopias jubatus*
	바다사자속 *Zalophus*	캘리포니아바다사자 *Zalophus californianus*
		바다사자(멸종) *Zalophus japonicus*
		갈라파고스바다사자 *Zalophus wollebaeki*
	남아메리카바다사자속 *Otaria*	남아메리카바다사자 *Otaria flavescens*
	오스트레일리아바다사자속 *Neophoca*	오스트레일리아바다사자 *Neophoca cinerea*
	뉴질랜드바다사자속 *Phocarctos*	뉴질랜드바다사자 *Phocarctos hookeri*

물개를 찾아서

1989년 기장군 청사포 앞바다에서 물개(북방물개)를 만났다. 우리나라 연안에서 거의 자취를 감춘 것으로 알려졌던 물개가 바로 눈앞에서 헤엄치던 모습은 황홀한 추억으로 아직도 가슴속에 남아 있다. 맑고 큰 눈망울과 미끈한 몸……. 동료 다이버가 목을 쓰다듬자 애교를 부리듯 몸을 비벼대던 모습은 마치 시골집 마당을 뛰어다니다 꼬리를 흔들며 반기던 강아지를 연상케 했다.

1989년 부산 해운대 청사포 해변에서 만난 북방물개이다. 자취를 감춘 것으로 알려졌던 물개가 바로 눈앞에서 헤엄치던 모습은 황홀했던 추억으로 남아 있다.

이후 물개를 다시 만난 것은 2006년 남극 세종과학기지가 있는 킹조지섬을 찾았을 때다. 당시 세종과학기지 벽에는 "바다를 등진 채 물개(남극물개)에게 접근하지 말 것"이라는 경고문이 붙어 있었다. 물개에게 다가가면 네 다리를 이용해 순식간에 달려들어 물어뜯을 수 있기 때문이란 것이다. 그래서 가까이 가지 않는 것이 상책이고, 꼭 접근해야 한다면 물개가 도망갈 수 있게 바다 쪽은 비워 둬야 한다는 뜻이다.

실제로 1989년 남극을 방문한 독일 방송기자가 사납게 달려든 물개에게 무릎을 물려 크게 다치기도 했다. 역사 이래로 물개는 가죽, 연료, 고기를 얻고자 하는 인간들에게 수백만 마리가 잔인하게 사냥되었으니, 물개 입장에서 보면 사람을 공격하는 것이 그리 이상한 일은 아닐 법하다. 18~19세기 물개잡이 선원들을 해적, 노예선 선원과 함께 바다에서 가장 거칠고 잔인한 부류로 여긴 것도 무자비했던 물개 사냥의 단면을 보여준다.

물개의 특성

우리나라에서 멸종위기 2등급으로 지정된 북방물개의 경우 수컷은 약 2.5미터까지 성장하고, 암컷은 약 1.3미터로 수컷보다 작다. 몸무게는 수컷이 180~270킬로그램, 암컷이 43~50킬로그램이다. 꼬리는 매우 짧으며 귀도 작은데 차가운 물에 오래 버틸 수 있도록 30만 개 이상의 잔털이 온몸을 빽빽하게 덮고 있다. 물개는 짧은 네 다

1 | 2

1 태어난 지 얼마 되지 않은 남극물개(오른쪽)가 해표와 어우러져 있다. 우리나라 남극 세종과학기지가 있는 사우스셰틀랜드군도 킹조지섬은 남극물개의 서식지로 상당한 개체 수를 만날 수 있다.

2 물개는 네 다리를 이용해 순간적으로 시속 20킬로미터 이상의 빠른 속도로 달릴 수 있다. 물개에게 다가가야 한다면 물개가 도망갈 수 있도록 바다 쪽을 비워 두고 반대쪽에서 접근해야 한다.

리가 노처럼 생겨 헤엄을 잘 친다. 그래서 헤엄을 잘 치는 사람에게 물개라는 애칭을 붙이기도 한다.

통속적이지만 정력이 좋은 남자를 물개라 칭하기도 한다. 수컷 한 마리가 수십 마리의 암컷과 함께 살기 때문에 당연히 정력이 좋을 것이라는 믿음 때문이다. 그래서일까, 수컷의 생식기인 해구신은 대단한 정력제로 여겼다. 워낙 귀하다 보니 『본초강목』에는 "털구멍 하나에 노란색 털이 세 가닥씩 나 있고, 개의 머리 위에 올려놓았을 때 미쳐서 날뛰게 하는 것이 진짜이다"라고 가짜 구별법까지 소개되어 있다.

번식기가 되면 암컷들을 차지하기 위해 수컷들은 목숨을 건 싸움을 벌인다. 싸움에 이긴 수컷은 암컷들과 함께 영역을 차지하지만 싸움에 진 수컷은 영역 밖으로 떠나야 한다. 암컷과 영역을 차지한 수컷은 번식에만 몰두한다. 암컷은 새끼를 한 마리만 낳아 키우는데 모성애가 지극하다. 먹이 사냥을 위해 물속을 다니다가도 일정 시간 간격으로 새끼를 찾아 젖을 물린다. 신기한 것은 무리 속에서 자신의 새끼를 정확하게 구별해 낸다는 점이다. 사람 눈으로 볼 때 어린 물개들이 다 고만고만하게 보일지 몰라도 어미 물개 눈에는 달라 보일 것이다.

우리나라 세종과학기지가 있는 남극 킹조지섬에서 만난 남극물개의 모습이다. 자신의 영역임을 알리려는 듯 인기척에 포효하고 있다.

물개 복원 프로젝트

지금은 우리나라 연안에서 물개를 발견하기 어렵지만 울산 대곡리 반구대 암각화(국보 제285호)에서 짐작할 수 있듯이 물개는 선사시대부터 우리에게 친숙한 동물이었다. 우리나라를 찾는 북방물개들은 러시아 연해주와 알래스카가 고향으로, 겨울을 보내기 위해 제주도까지 남하하는 것으로 학계에 보고되고 있다. 1989년 청사포에서 만났던 물개도 동해안을 따라 남하하다 반도의 끝에서 잠시 머물렀던 것으로 추정된다.

2020년 3월에는 울릉도에서 며칠 간격으로 연이어 물개가 발견되었다. 어부와 주민들이 이미 멸종된 것으로 보고된 강치(바다사자)가 돌아왔다고 주장했으나 한국해양과학기술원 울릉도·독도해양연구기지에서 조사한 결과 독도강치가 아닌 멸종위기 2급인 북방물개인 것으로 확인되었다.

멸종된 독도강치

동해안에 가끔 북방물개가 모습을 드러내면 1972년 독도에서 마지막 개체가 확인된 후 1994년 국제자연보전연맹IUCN에서 멸종을 공식 선언한 바다사자(독도강치)에 대한 안타까운 사연들이 생각나곤 한다.

바다사자는 다음의 3개 종으로 구분된다.

- 북미 캘리포니아 연안의 캘리포니아바다사자 *Zalophus califonianus*

- 우리나라 동해와 러시아 연해주의 바다사자*Zalophus japonicus*
- 남미 갈라파고스제도의 갈라파고스바다사자*Zalophus wollebaeki*

이 3개 종 가운데 가장 몸집이 큰 종이 '바다사자'이며 한국에선 '강치'라 불린다. 몸 형태는 미끈한 방추형으로, 귀는 조그맣고 가늘며 꼬리가 짧다. 태어날 때 몸길이는 0.7미터, 몸무게는 5.5~6.4킬로그램이며, 젖을 뗄 무렵에는 몸무게가 25킬로그램에 이른다. 성체 암컷의 몸길이는 1.5~1.8미터, 몸무게는 50~110킬로그램, 수컷의 몸길이는 2.3~2.5미터, 몸무게는 440~560킬로그램이며 수명은 20년 정도이다.

독도강치는 주로 연안 지역에서 생활하며, 하구에서도 발견된다. 1년 내내 무리지어 생활하며, 출산은 5~6월에 걸쳐 1년에 한 번씩 새끼 한 마리를 육상에서 낳는다. 먹이는 서식지에서 사냥할 수 있는 적당한 크기의 동물은 무엇이든지 포식하며, 오징어, 명태, 정어리, 연어 등 50종 이상의 먹이동물이 있는 것으로 알려졌다.

바다사자는 19세기 초 독도를 중심으로 한 동해 바다에 수만 마리가 서식했다. 독도에는 가제바위 등 바다사자가 쉬기에 적절한 바위가 많고 난류와 한류가 뒤섞여 먹이가 풍부해 바다사자뿐 아니라 북방물개들의 천국이라 불렸다.

하지만 이러한 유명세는 우리 민족에 대한 일본 수탈의 역사와 함께 막을 내리고 말았다. 독도에서 물개 독점 포획권을 거머쥔 일본 시네마현의 수산업자 나카이 요사부로는 1904년부터 8년 동안 약 1만 4000마리에 이르는 바다사자와 북방물개를 죽이고 가죽을 벗겨냈다. 이후 나카이는 22년 동안 독도에서 물개 어업권을 행사하며 바다사자와 북방물개의 씨를 말렸다. 결국 바다사자는 멸종을 맞았으며, 북방물개는 더 이상 동해를 찾지 않게 되었다.

바다사자가 다시 모습을 드러내고, 북방물개들이 동해를 회유해 다시 울릉도·독도에 모습을 드러내는 것은 수탈된 과거사에 대한 회복일지도 모른다. 또한 미끈한 몸짓으로 물살을 가르고, 갯바위에 앉아 쉬고 있는 모습은 생명의 바다에 대한 희망의 메시지일 수 있다.

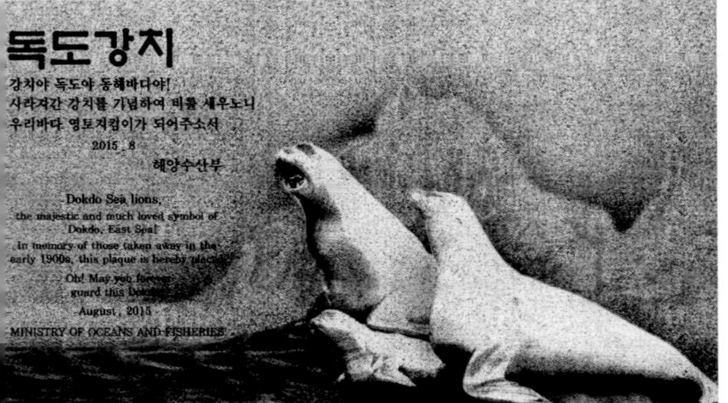

1 1934년 일본 사가현 오키시마 주민들이 바다사자를 사냥하는 모습이다. 20세기 초 바다사자에 대한 집중 포획은 이들의 멸종을 불러왔다.

2 광복 70주년을 앞둔 2015년 8월 6일 독도 선착장에 폭 1.7미터, 높이 1미터, 두께 0.2미터 규모의 독도강치 벽화가 설치되었다.

물개 보호조약

물개는 상업성이 높아 예로부터 포획이 이루어졌다. 물개 수컷의 생식기는 남성의 양기를 보하는 약재로, 가죽은 방한용 모피나 갓신, 담배쌈지 등 다양한 생활용품의 재료가 되었고, 기름은 등불을 밝히는 연료로 사용되었다.

물개는 번식기에 큰 무리를 이룬다. 물개 사냥꾼 입장에선 서식지를 발견한다면 한 무리의 물개를 잡을 수 있었다. 결국 항해 기술이 발달하고 선박이 대형화하기 시작한 18세기 이후부터 물개 개체 수가 격감하기 시작했다. 현재는 1911년 체결된 물개 보호조약에 따라 일본, 캐나다, 미국, 러시아 4개국만이 물개 포획권을 가지고 있다. 이 나라들은 물개가 회유하는 연안국이라는 명분을 내세워 자국만이 물개 보호와 포획에 대한 권한을 가져야 한다고 주장한다.

바다에 사는 소, 매너티

매너티Manatee는 바다소목에 속하는 포유동물의 총칭이다. 성체의 몸길이는 5미터 정도이고 몸무게가 650킬로그램 정도이다. 유순한 초식동물로 열대와 아열대의 산호초가 있는 연안에서 생활하며 바닷말이 주 먹잇감이다. 땅 위의 소가 끊임없이 풀이나 여물을 먹듯 매너티도 수초를 뜯어 먹는데 하루 먹는 양이 45킬로그램 이상에 이른다.

몸 색은 엷거나 짙은 회색이며 짧고 뻣뻣한 털이 온몸에 흩어져 있다. 앞다리는

코엑스 아쿠아리움에서 촬영한 매너티이다.

노처럼 생겼고, 뒷다리는 없다. 입은 툭 튀어나와 돼지와 비슷하고 몸은 토실토실 살이 쪘다. 꼬리에 둥그스름하고 큰 꼬리지느러미가 있다. 겁이 많으며 육상에 있는 맹수들을 피해 바다로 내려온 것으로 추정되고 있다.

한 시간 이상 잠수하며 바다 밑바닥에 머물러 있기도 한다. 동작은 둔하여 유영 속력은 시속 6킬로미터 정도로, 밤에는 드물게 해변 위로 올라오기도 한다. 수면에서 새끼를 안고 젖을 먹이는 습성이 있어 이를 본 뱃사람들이 인어로 오인하여 '바다의 인어'라는 별명이 붙었다.

3

해양 조류(海洋鳥類, 바닷새, Marine birds)

지구상에서 살아가는 9,000여 종의 조류 중 약 500여 종이 바다와 관련을 맺으며 살아간다. 우리나라에서는 약 210여 종이 발견되며 가장 다양한 종이 포함된 무리는 52종의 오리류이다. 바닷새는 섬이나 연안에 모여 집단으로 번식하며 일생의 절반 이상을 바다에 머문다.

바닷새는 물갈퀴가 있고, 물고기를 잡는 부리가 발달되어 있다. 물에 잘 뜰 수 있도록 뼈가 가볍게 진화한 종이 있는 반면, 물속을 잘 헤엄칠 수 있도록 뼈가 무겁고 강하게 진화한 펭귄 같은 종도 있다. 특히 찬물에서 살아가야 하는 종은 체온 유지를 위해 피부밑의 지방층이 두껍고 깃털에 공기층이 있어 단열효과가 극대화되어 있다. 바닷새류의 눈에는 편광필터와 같은 기능이 있어 햇빛에 반사되는 물의 표면을 투시해 물속을 헤엄치는 물고기를 찾아낸다.

동물분류학상 바닷새류에는 펭귄목(펭귄과), 아비목(아비과), 논병아리목(논병아리과의 일부), 슴새목(알바트로스과·슴새과·바다제비과), 사다새목(사다새과·가마우지과·군함조과), 바다쇠오리목(바다쇠오리과), 갈매기목(갈매기과), 도요목(지느러미발도요과·바다오리과), 기러기목(오리과의 바다비오리) 등이 있다.

우리나라에서 겨울을 보내는 가창오리들이 석양 무렵 금강 하구를 배경으로 날아오르고 있다. 우연한 일이었지만 이들이 만들어낸 오리 형상이 신기롭기만 하다.

친숙한 바닷새 갈매기

갈매기는 전 세계에 약 86종이 알려져 있다. 우리나라에는 괭이갈매기·붉은부리갈매기·재갈매기·큰재갈매기·갈매기·검은머리갈매기·목테갈매기·세가락갈매기 등 갈매기속 8종과, 흰죽지갈매기·제비갈매기·쇠제비갈매기 등 제비갈매기속 3종이 발견된다. 이 가운데 괭이갈매기 1종만 텃새이고 나머지는 철새나 나그네새이다.

대부분의 갈매기가 철새이다 보니 갈매기는 일정한 거주처가 없는 바닷새로 인식되었다. 이에 대한 은유적 표현으로 "갈매기도 제집이 있다"는 속담이 있는데 이는 사람은 누구나 자기의 거처가 있다는 뜻으로 쓰인다. 갈매기는 바다의 자연 풍광과 더불어 한가로운 정서를 나타내곤 했다. 그래서 예로부터 바다나 강 그림에는 항상 갈매기가 등장했으며, 우리의 시가에도 흰갈매기(白鷗)가 자주 등장한다.

해마다 3월 초 부산 광안리해수욕장에서는 갈매기 환송제가 열린다. 광안리해수욕장에서 겨울을 보낸 갈매기들을 북쪽으로 떠나보내는 아쉬움과 겨울이 되면 다시 찾아오기를 기다리는 지역 주민들의 염원이 담겨 있다.

괭이갈매기는 울음소리가 고양이 소리를 닮아 '괭이'라는 이름이 붙었다. "갈매기 떼 있는 곳에 고기 떼 있다"라는 속담에서 알 수 있듯 괭이갈매기는 뛰어난 시력으로 물고기 떼를 찾아 몰려다니기에 어군탐지기가 개발되지 않았던 시절, 어민들은 괭이갈매기가 모인 곳을 찾아 그물을 던지곤 했다. 하지만 지금은 괭이갈매기들이 어선을 따라다닌다. 어로 작업의 부산물을 챙기기 위해서다. 텃새인 괭이갈매기는 독도를 비롯해 우리나라 연안 무인도서에 집단 번식한다. 특히 괭이갈매기 서식지인 충청남도 태안 앞바다의 난도와 경상남도 거제 앞바다의 홍도는 천연기념물로 지정되어 있다.

1 눈이 귀한 부산에 눈이 내렸다. 해운대해수욕장에서 겨울을 보내는 갈매기들이 눈 구경 온 아이를 맞이하고 있다.

2 갈매기 중 유일한 텃새인 괭이갈매기는 우리나라 연안 무인도서에 집단으로 서식한다. 천연기념물 제355호로 지정·보호받는 경남 통영시 한산면 매죽리 홍도의 모습이다.

부리에 작은 관이 있는 페트렐

페트렐Petrel은 바다에 있는 먹이를 먹을 때 염분을 몸 밖으로 내보내기 위해 부리 위에 작은 관이 있는 새를 가리킨다. 자이언트페트렐은 몸길이 85~100센티미터, 날개길이 46~58센티미터, 날개를 폈을 때 150~210센티미터, 몸무게 3.8~5킬로그램에 이르는 대형 종이다. 수컷이 암컷보다 전체적으로 큰 편이다. 덩치에 어울리지 않게 민감해 위협을 느끼면 둥지를 버리고 달아난다. 육중한 몸집으로 날아오르기 위해 물 위를 달리듯 활주한 다음 그 탄력을 이용한다.

1 페트렐은 부리 위에 있는 작은 관을 통해 염분을 밖으로 내보낸다.

2 남극 킹조지섬에서 만난 자이언트페트렐이다. 날아오르기 위해 해수면을 달리고 있다.

암수 금슬이 좋은 원앙새

원앙은 우리나라와 중국, 러시아, 일본, 대만 등지에 분포하며 몸길이 43~51센티미터, 몸무게 440~550그램인 중형 새이다. 암컷에 비해 수컷의 깃털이 화려하고 아름다운데 눈 둘레는 흰색, 뒷머리깃과 윗가슴은 밤색, 등은 청록색을 띠고, 가슴에 세로줄 무늬가 2줄 있다. 또 옆구리는 노란색이며, 위로 올라간 부채모양의 날개깃은 선명한 오렌지색이다. 암컷은 몸 전체가 갈색을 띤 회색이며, 흰색 점무늬가 있다. 배는 흰색을 띤다.

1982년 11월 4일 천연기념물 제327호로 지정된 원앙은 산간 계류에서 번식하는 흔치 않은 텃새이다. 겨울이 오기 전 무리를 이루어 중부 이남으로 이동하는데, 경남 거제도 등지에 큰 무리를 이루어 겨울을 난다. 원앙이란 이름은 암컷과 수컷이 항상 함께 다녀 금슬 좋은 부부에 빗대어 지었다.

가을이 무르익을 무렵 울릉도에서 원앙새 무리를 만났다.
겨울을 나기 위해 남쪽으로 향하는 중으로 보였다.
울릉도를 거쳐서 가는 것이 이채로웠다.

부리가 길고 굽은 도요새

도요새는 전 세계에 3속 85종이 있으며 우리나라에는 36종이 발견된다. 몸길이는 종에 따라 12~61센티미터로 소형에서 중형 새에 속한다. 외형적 특징은 날개가 길고 꽁지는 짧은 편인데, 다리가 긴 종에서부터 짧은 종까지 다양하며 발가락이 상대적으로 긴 편이다. 갯벌에 구멍을 파고 살아가는 칠게 등 갑각류를 잡기 쉽도록 부리가 기다랗고 굽어 있다.

여름에 러시아 툰드라 습지와 몽골 북부 등 북반구에서 번식하고, 호주·뉴질랜드와 같은 남반구에서 겨울을 나는데, 대부분의 도요새는 이동 경로에 있는 우리나라에서 잠시 쉬어가는 나그네새이고, 일부만이 겨울 동안 머무는 겨울철새이다.

우리나라에서 쉬어가는 도요새는 흰목물떼새, 청다리도요사촌, 넓적부

1 북위 78도 노르웨이령 스피츠베르겐섬에서 만난 붉은어깨도요새이다. 이들은 북극에 겨울이 닥치면 따뜻한 지역으로 삶의 터전을 옮긴다. 우리나라에 잠시 머물렀다 떠나는 나그네새이다.

2 도요새는 매년 지구 한 바퀴를 비행하는 대이동을 하는데 그중 큰뒷부리도요의 이동 거리는 매년 3만 킬로미터에 이르는 것으로 알려졌다.

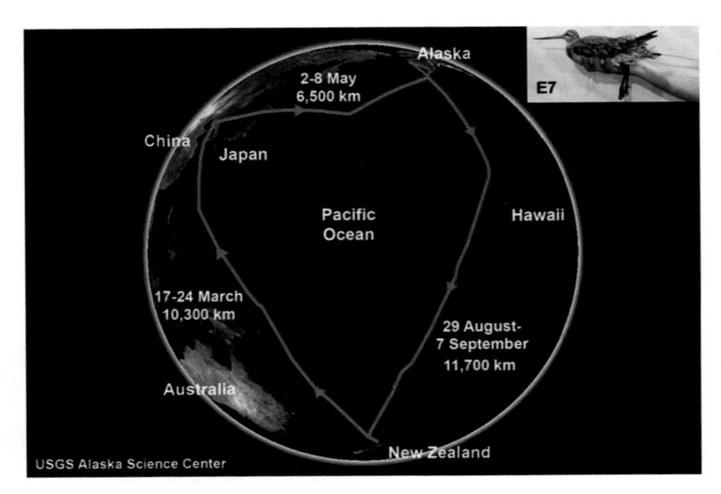

미국 지질조사국이 추적한 큰뒷부리도요의 계절 이동 경로이다. 뉴질랜드 – 한국 – 알래스카 – 뉴질랜드를 돌아오는 계절별 기록이 나타나 있다. (미국 지질조사국 홈페이지 자료)

리도요, 알락꼬리마도요, 붉은어깨도요와 같은 희귀종을 포함해 민물도요, 장다리물떼새, 꼬마물떼새, 청다리도요, 흑꼬리도요, 중부리도요 등이 있다.

부리를 이리저리 젓는 저어새

천연기념물 제205호인 저어새는 부리가 주걱처럼 생겼다. 먹이 활동을 할 때 부리를 물속에 집어넣고 이리저리 저어대기에 저어새란 이름이 붙었다. 저어새는 전 세계에 2,800마리 정도만 살고 있는 멸종위기종이다. 주로 갯지렁이, 칠게 등 갯벌 생물과 어린 숭어 등을 즐겨 먹는다.

여름철새인 저어새와 노랑부리저어새는 제주도 성산포, 서해안의 무인도와 갯벌, 낙동강 하구, 주남저수지 등지에 번식하는데 세계적으로 동아시아에만 살고 있다.

지난 2013년 정부 조사 결과 우리나라에 총 2,725마리 정도의 저어새가 사는 것으로 나타났다. 전 세계 저어새의 약 90퍼센트가 우리나라에 있는 셈이다.

세계적인 희귀철새인 저어새는 우리나라에서 전 세계 개체 수의 약 90퍼센트가 발견되고 있어 갯벌 보호 등에 대한 경각심이 높아졌다.

독특한 사냥꾼, 펠리컨

펠리컨은 사람들이 양쪽 끝에 가늘고 긴 막대로 손잡이를 만든 그물인 반두로 물고기를 잡듯이 커다란 아랫부리 주머니로 물고기를 잡는다.

펠리컨Pelican은 몸길이가 140~180센티미터에 이르는 대형 조류로 부리가 크고 아랫부리에 신축성이 있는 커다란 주머니가 달려 있다. 피부로 되어 있는 아랫부리 주머니는 평소에는 보이지 않다가 사냥에 나설 때 크게 늘어난다.

펠리컨은 물고기 떼를 찾으면 물속으로 뛰어 들어가 이 주머니에 물과 물고기를 가득 채워 물 밖으로 나와 머리를 목 있는 쪽으로 눌러 물을 밖으로 내보내고 물고기만 걸러서 먹는다.

백조의 호수, 고니

백조라 불리는 고니(천연기념물 제201호)는 전 세계적으로 크게 5종에서 7종이 분포한다. 툰드라를 포함한 유라시아 북부, 알래스카와 캐나다 북부 등 고위도 지역에서 번식하며, 우리나라를 비롯해 유럽 서부와 중부, 아시아 중부와 동부에서 겨울을 난다. 우리나라를 찾는 고니는 큰고니, 고니, 혹고니 이렇게 3종이다.

늦가을에서 초겨울 사이, 겨울을 나려고 금강과 낙동강 하구, 경남 창원시 주남저수지, 동해안의 석호와 한강 등으로 찾아온다. 이 가운데 혹고니는 동해안의 화진포 저수지와 경포호 사이에서 적은 무리가 관찰되는 희귀종이다.

경남 창원시 주남저수지를 찾은 겨울철 진객 고니들이 힘찬 날갯짓을 하고 있다.

석양을 배경으로 날아오르는 가창오리

기러기목 오리과에 속하는 가창오리는 전 세계 집단의 약 95퍼센트가 우리나라에서 월동하는 대표적인 겨울철새이다. 시베리아 동부에서 번식하고 우리나라 천수만과 부남호, 금강 하구, 동림저수지, 천암호, 금호호, 아산만과 주남저수지 등지에서 약 10만 개체 이상씩 큰 무리를 이루어 겨울을 난다.

부리 길이는 34~40밀리미터, 날개길이는 167~220밀리미터인 소형 종으로 낮 동안 비교적 안전한 큰 저수지에서 모여 잠을 자다가 밤에 먹이 활동에 나선다. 석양에 맞춰 무리 전체가 날아오르는 모습이 실로 장관이라 많은 사진가들은 이 모습을 기록하기 위해 서식지를 찾곤 한다.

1900년대 초반에는 동아시아에서 흔하게 발견되었으나 1900년대 중반부터 남획과 서식지 파괴로 개체 수가 급감했다. 뺨에 태극 모양이 있어 북한에서는 태극오리라고도 불린다. 최근 개체 수가 급감하고 있어 CITES 부속서에 따라 보호받고 있으며, 우리나라에서는 멸종위기 야생생물 2급으로 지정되어 있다.

해 질 무렵 한 번에 날아오르는 수만 마리의 가창오리를 지켜보는 것은 짜릿한 경험이다.

세상에서 가장 큰 새, 앨버트로스

앨버트로스가 길고 폭이 좁은 날개를 펴고 바다 위를 활공하고 있다. 대부분의 바닷새들은 바람을 타고 날 수 있도록 날개가 기능화되어 있다.

앨버트로스Albatross는 날개를 편 길이가 무려 3.6미터에 이르는 거대한 새로, 세상에서 가장 큰 새이다. 먼바다에 사는 앨버트로스는 비행하는 모습이 신선을 닮았다 해서 '신천옹'이라고도 한다. 날개를 활짝 펴고 고공비행을 하면 그 어마어마한 기세에 다른 새들은 기가 죽고 만다.

앨버트로스의 긴 날개는 폭이 좁다. 이런 형태의 날개는 날갯짓을 작게 하면서 먼 거리를 비행할 수 있고, 적은 에너지로도 바람을 타면서 바다 위를 활공하는 데 효율적이다. 사람들은 앨버트로스를 사냥하여 고기를 얻거나 발의 물갈퀴로 담배쌈지를 만들고, 길고 속이 빈 뼈는 담뱃대를 만들기도 했다. 특히 깃털은 여성용 모자를 만드는 재료로 고가에 거래되어 전문 사냥꾼들의 표적이 되곤 했다. 지금은 멸종위기종으로 보호받고 있다.

세상에서 가장 빠른 새, 군함조

군함조는 활짝 편 날개길이가 약 2.5미터에 이르는 큰 새이다. 길고 좁은 날개를 퍼덕이며 바닷새 중 가장 빠른 시속 400킬로미터로 날아다닌다. 해안 절벽이나 무인도의 나무 위에 둥지를 틀고 무리 지어 번식한다.

수면 위를 낮게 날다가 주로 물고기를 잡아먹지만, 다른 물새들이 잡은 먹이를 재빨리 날아와 가로채기도 한다. 군함조란 이름은 제국주의 시대 서구 열강의 군함들이 대양을 항해할 때 군함에 앉아 있는 것을 보고 붙인 이름이다.

열대 해역에서 살아가는 군함조가 1990년 11월 낙동강 하구에 모습을 드러냈다. 당시 조류학자들은 길을 잃은 것으로 추정했다.

날지 못하는 새, 펭귄

지구상에는 18종의 펭귄이 발견되고 있다. 아델리펭귄, 친스트랩펭귄(턱끈펭귄), 젠투펭귄, 황제펭귄, 임금펭귄, 로열펭귄, 마카로니펭귄, 바위뛰기펭귄, 피오르드랜드펭귄, 선눈썹펭귄(볏왕관펭귄), 스네어스펭귄, 노란눈펭귄, 훔볼트펭귄, 마젤란펭귄, 케이프펭귄(아프리카펭귄), 갈라파고스펭귄, 쇠푸른펭귄, 흰날개펭귄 등이다. 이들 중 남극권에는 아델리펭귄, 친스트랩펭귄, 젠투펭귄, 황제펭귄, 임금펭귄, 로열펭귄, 마카로니펭귄 등 7종이 서식하고 있다.

세종과학기지 근처에 아델리펭귄이 나타났다. 아델리는 프랑스의 탐험가 뒤몽 뒤르빌의 아내 이름이다. 1840년 남극에 도착한 뒤르빌은 그곳에서 예쁘게 생긴 펭귄을 발견하고 아내의 이름을 따서 아델리펭귄이라는 이름을 붙였다.

펭귄마을의 펭귄들

우리나라 남극 세종과학기지(남극 사우스셰틀랜드군도 킹조지섬 바톤반도 / 남위 62도 13분, 서경 58도 47분) 남쪽으로 2킬로미터 정도 떨어진 해안가 언덕에 펭귄 번식지가 있다. 펭귄들이 모여 살아 기지 대원들은 이곳을 '펭귄마을'이라 부른다. 예전에 비교적 자유로이 오갈 수 있었다면 2009년 남극이 특별보호구역으로 지정된 이후에는 남극조약과 국내 법령에 따라 과학 연구를 위한 목적으로만 방문할 수 있다. 그 내용이 관리 계획서에 부합해야 하고, 외교부와 환경부의 승인을 받아야만 한다.

이곳에는 남극에서 발견되는 7종의 펭귄 중 친스트랩펭귄 약 2,900쌍, 젠투펭귄 약 1,700쌍이 무리를 이루고 있다. 맨땅에 둥지를 트는 친스트랩펭귄과 젠투펭귄에게는 이곳이 알을 낳기에 적합한 환경이다.

펭귄마을

2009년 4월 17일 미국 볼티모어에서 열린 제32차 남극조약 협의당사국 회의에서 우리나라가 제출한 '펭귄마을(나브레스키 포인트)'에 대한 특별보호구역 지정 신청이 승인되었다. 우리나라는 세종과학기지가 관리하고 있는 펭귄마을에 대한 관리 계획을 수립하여 2008년 6월 우크라이나에서 열린 제31차 남극조약 협의당사국 회의에서 특별보호구역 지정을 신청한 바 있다.

남극특별보호구역Antarctic Specially Protected Area, ASPA은 환경보호에 관한 남극조약 의정서에 따라 특정국이 관리권을 가지는 지역으로 환경적·과학적·역사적·자연적 가치가 높아 특별히 보호할 필요가 있거나 과학 탐사의 실익이 있을 때 지정된다. 그러나 특별보호구역은 '영토'와는 다른 개념이다. 1959년 체결되고 1961년 발효된 「남극조약」에 따라 남극에 대한 영유권 주장은 어느 나라도 인정되지 않기에 남극의 어느 지역도 누구의 영토가 될 수 없다. 특별보호구역은 환경 가치를 보호하는 차원에서 국한해 지정하는 것으로, 남극에서 우리나라가 주도적으로 관리하는 구역이 존재한다는 상징적 의미가 있다.

사는 곳의 높이가 다른 젠투펭귄과 친스트랩펭귄

젠투펭귄은 크기가 50~90센티미터 정도로 성격이 온순하다. 눈 위 삼각형 모양의 하얀색 털과 주홍색 부리는 우리에게 친숙한 펭귄의 상징이다. 젠투란 '이교도(다른 종교를 믿는 사람)'를 뜻하는 포르투갈어이다. 젠투펭귄의 머리에 있는 흰색 무늬가 15

1 2021년 1월 남극 세종과학기지를 방문한 부산 남극체험탐험 대원들이 펭귄마을 입구에서 기념 촬영을 하고 있다.

2 세종과학기지에서 남쪽 해변을 따라 2킬로미터 정도 걸어가면 우리나라가 관리하는 남극특별보호구역인 펭귄마을에 도착한다. 사진의 오른쪽 언덕이 펭귄마을이다.

1 12월 남극의 여름이 시작되면 펭귄마을은 활력이 넘친다. 새끼들이 먹이 사냥을 마치고 돌아온 어미를 쫓고 있다.

2 새끼 펭귄이 어미 배 속에 있는 크릴을 받아먹으려고 어미 부리를 쪼며 재촉하고 있다.

세기 후반부터 18세기 초반에 걸쳐 인도의 펀자브 지방에서 발전한 종교인 시크교도의 흰색 터번과 닮아 이런 이름이 붙었다. 지극히 서구인들의 관점이다.

친스트랩펭귄은 크기가 72~76센티미터 정도로 성체를 놓고 비교하면 젠투펭귄보다 조금 작다. 턱chin 부위에 검은색 줄strap이 있어 다른 펭귄과 쉽게 구별된다. 우리말로 하면 턱끈펭귄이다. 친스트랩펭귄은 생김새가 약간 공격적이며 차갑게 느껴진다. 이들의 성향은 사람을 발견했을 때 확연하게 드러난다. 가까이 다가가면 젠투펭귄은 뒤도 돌아보지 않고 도망치지만 친스트랩펭귄은 자신의 영역을 지키기 위해 부리를 치켜들고 울부짖으며 공격적이 된다. 이들의 경고를 무시하면 순간적으로 달려들어 부리로 다리를 쪼아대기까지 한다. 필자도 가까이 다가갔다가 날개를 퍼덕이며 달려드는 친스트랩펭귄의 공격을 받아 무릎을 연거푸 쪼인 적이 있었는데 다리가 휘청거릴 정도였다.

젠투펭귄이 언덕 위에 둥지를 만든다면, 친스트랩펭귄은 언덕 아래 해안가에 모여서 살아간다. 펭귄 입장에서는 바다 가까운 곳이 살기 좋다. 언덕 위는 크릴 사냥을 위해 가파른 비탈을 오르내려야 하기 때문이다. 그렇다면 왜 젠투펭귄은 이동 거리가 멀고 험한 언덕 위에 터전을 잡을까? 이들의 삶을 관찰한 조류학자들에 따르면

1 젠투펭귄들이 바다로 향하기 위해 가파른 비탈길을 오르내리고 있다. 언덕 위로 밀려 올라간 젠투펭귄들의 바다로 향하는 길은 멀고도 험하다.

2 친스트랩펭귄 무리 사이에 고립된 젠투펭귄이 친스트랩펭귄들의 공격을 받으면서 둥지를 지키고 있다. 동료보다 일찍 알을 낳아 버린 젠투펭귄은 알을 두고 도망갈 수도 몸을 움직일 수도 없다. 자식에 대한 사랑은 동물 세계에서도 힘의 질서를 넘어설 수 있음을 새삼 확인할 수 있다.

먼저 언덕 아래에 둥지를 만드는 무리는 젠투펭귄이라고 한다.

여름철새인 펭귄들은 겨울 동안 조금 따뜻한 북쪽 바다에서 지내다가 봄이 시작되는 9~10월에 번식하기 위해 펭귄마을로 돌아온다. 먼저 도착한 젠투펭귄들이 바다 가까운 언덕 아래에 둥지를 틀지만 1~2주 후 친스트랩펭귄들이 몰려와 우격다짐으로 젠투펭귄들을 언덕 위로 밀어 올린다는 설명이다. 바다로 가는 지름길을 빼앗기고 가파른 비탈을 힘겹게 오르내리는 젠투펭귄들을 보고 있으면 측은함이 들기도 한다.

친스트랩펭귄이 장악한 서식지에서 이따금 젠투펭귄이 발견된다. 친스트랩펭귄들이 달려들어 부리로 쪼아대고 발로 걷어차곤 하지만 젠투펭귄은 둥지를 떠나지 않는다. 의아한 생각에 둥지를 살펴보면 예외 없이 알을 품고 있다. 동료들보다 일찍 알을 낳은 바람에 알을 두고 떠날 수 없었나 보다. 친스트랩펭귄의 공격을 피하기 위해 몸을 움직이는 순간 남극의 혹한에 알이 얼어 버리기 때문이다.

1
2

1 2

1 젠투펭귄의 둥지를 차지한 친스트랩펭귄이 자갈을 물어와 둥지를 보수하고 있다.
2 친스트랩펭귄은 성격이 약간 까칠하다. 가까이 다가가면 공격적이 된다.

물에서 날아다니는 펭귄

펭귄은 땅 위에서야 몸짓이 서툴지만, 물에 들어가면 강한 날갯짓으로 헤엄친다. 헤엄치는 모습이 마치 날아다니는 듯하다. 펭귄은 분류학상 조류에 속한다. 그러나 수영만큼은 어류에 뒤지지 않는다. 이들의 유영 속도는 시속 25킬로미터에 이른다.

펭귄은 수온이 영하 1.6~1.9도까지 떨어지는 차디찬 남극 바다에 훌륭하게 적응했다. 촘촘하게 나 있는 깃털 바깥쪽에 기름기가 흘러 얼음보다 차가운 물이 스며들지 못한다. 깃털 안쪽으로는 단열 작용을 하는 공기층이 있으며 피부 아래에는 지방층이 두툼하게 자리 잡았다.

대개의 새들은 잘 날기 위해 진화를 통해 뼈의 무게를 줄여 나갔지만 펭귄의 뼈는 오히려 속이 꽉 차 무겁다(새의 뼈가 매우 가볍다는 사실은 날개길이 2미터가 넘는 군함조를 통해서도 알 수 있다. 군함조는 전체 뼈의 무게가 100그램 정도에 지나지 않는다). 뼈가 무거워

1 펭귄들이 강력한 날개로 수면을 박차고 헤엄치고 있다. 이들의 헤엄치는 모습은 돌고래의 유영 모습과 닮았다.

2 먹이 사냥에 나선 펭귄이 바다로 들어가는 것을 망설이는 듯 보인다. 아무리 추위에 단련된 펭귄이라도 남극 바다에 들어가기가 힘들 것이다.

하늘을 날기보다는 물속에 몸이 잘 가라앉아 먹이인 크릴을 쉽게 잡을 수 있다. 또한 무거운 몸을 지탱하기 위해 날개가 점차 강해졌다. 무거운 몸과 강력한 날개의 도움으로 펭귄들은 수백 미터까지 잠수할 수 있을 뿐 아니라 해수면을 돌고래처럼 헤엄치다가 수면을 박차고 2~3미터 높이까지 뛰어오를 수도 있다.

펭귄의 강한 날개는 먹이 사냥뿐 아니라 생존에 절대적으로 필요하다. 사람들은 펭귄을 남극의 텃새로 알지만 펭귄은 계절에 따라 남극대륙, 부속도서와 주변 바다를 오가는 철새이다. 이들은 혹독한 겨울이 오기 전 비교적 따뜻한 북쪽으로 이동한다. 그곳에서 겨울을 난 펭귄들은 여름이 시작되는 11월 중순 땅으로 돌아와 번식한다. 1년에 두 번, 거칠고 험난한 남극해를 오로지 헤엄쳐서 가로지르는 여정은 호락호락하지만은 않다.

1월 중순에 새끼가 태어나면 부모 펭귄의 마음은 바빠진다. 먼 길을 떠날 수 있게 새끼를 단련시켜야 하기 때문이다. 번갈아 크릴을 사냥해서 먹이고 새끼에게 수영과 사냥술을 가르친다. 새끼는 태어난 지 6~7주가 지나면 몸의 생김새가 어미와 비슷해지고 8~9주가 되면 털갈이를 시작한다. 털갈이를 시작하면 부모는 새끼를 바다로 데리고 와 물에 조금씩 적응시킨다. 새끼들은 생존을 위해, 먼 길을 떠나기 전 날개에 힘을 길러야 한다. 아무리 추위에 강한 펭귄이라도 남극의 겨울을 이겨낼 수는 없다.

펭귄의 날개는 먹이 사냥과 이동을 위해 오랜 세월을 두고 단련되었다. 과학자들은 펭귄이 날 수 있는 기능을 잃은 것을 100만 년 전쯤으로 추정하고 있다. 그 이전의 펭귄들은 하늘을 날아다녔을 것이다. 그러다 변이가 생겨 하늘을 나는 대신 물속을 헤엄치는 펭귄이 나타났을 것이고, 이들이 생존 경쟁에 유리한 위치를 차지해 지금까지 종족을 보존하게 되었을 것이다. 이러한 논리는 "자연계의 생물 개체 간에 변이가 생겨 생존 경쟁을 하게 되고, 주어진 환경에 잘 적응하는 개체들이 좀 더 많이 살아남아 더 많은 자손을 남긴다"라는 다윈C. Darwin의 자연선택 이론의 관점에서 관점에서 정리해 볼 수 있다.

펭귄은 물속에서만 지낼 수 없기에 땅 위로 올라와 휴식을 취해야 한다. 미끄러운 바위 위로 올라서려고 펭귄 한 마리가 안간힘을 쓰고 있다.

바다에서 펭귄을 노리는 표범해표

남극에서 크릴을 사냥하는 데 펭귄만 한 사냥꾼은 없다. 그런데 바다는 펭귄만의 사냥터가 아니다. 펭귄도 사냥 대상이 된다. 남극 바다의 강력한 포식자 표범해표가 호시탐탐 펭귄을 노린다. 표범해표는 바닷속에 머물며 펭귄을 기다린다. 표범해표와 맞닥뜨린 펭귄은 '날개야, 날 살려라' 하고 시속 25킬로미터 이상의 속도로 도망가겠지만 표범해표는 이보다 빠르다. 땅과 가까운 곳이라면 '껑충' 뛰어올라 살아남겠지만 땅에서 너무 떨어졌을 때는 표범해표의 추적을 벗어날 수 없다. 펭귄을 입에 문 표범해표는 두꺼운 펭귄 가죽을 벗겨내기 위해 수면에다 펭귄을 패대기친다. 표범해표가 노리는 것은 펭귄 위장이다. 그 속에는 크릴이 가득 들어 있다.

펭귄에게 남극 바다는 사냥터이자 이동을 위한 교통로 역할을 하지만 위험한 곳

표범해표는 펭귄을 먹이로 삼기에 펭귄의 천적이라 할 만하다. 표범해표가 잠들어 있는 빙산 위로 멋모르고 올라온 펭귄이 조심스레 바다로 돌아가고 있다.

이다. 펭귄은 위험을 극복하기 위해 공동생활을 한다. 무리를 이룬 펭귄이 바다로 들어가기 전 순서에 따라 한 마리가 먼저 물속으로 들어가 본다. 다른 펭귄들은 먼저 물에 들어간 동료가 안전한지 지켜본 후 안전에 대한 확신이 서면 뒤따라 들어간다.

퍼스트 펭귄

펭귄 무리 중에서 가장 먼저 바다에 뛰어드는 펭귄을 퍼스트 펭귄first penguin이라 한다. 퍼스트 펭귄은 위험하고 불확실한 상황에서 다른 펭귄들의 참여와 도전을 이끌어내는 선구자 역할을 하며, 자신의 희생을 담보로 다른 펭귄들의 안전을 보장하는 희생자 역할을 맡기도 한다.

퍼스트 펭귄은 미국 펜실베이니아 카네기멜론 대학의 컴퓨터공학과 랜디 포시 교수Randolph Randy Pausch가 '어린 시절의 꿈을 이루는 방법Really Achieving Your Childhood Dreams'이라는 제목으로 한 마지막 강의에서 비유했던 용어로, 그의 사후에 출간된 『마지막 강의The Last Lecture』를 통해 널리 알려졌다. 랜디 포시 교수는 이 강의에서 자신이 어린 시절의 꿈들을 위해 노력하고 좌절하고 성취해온 과정에서 얻은 교훈들을 이야기하면서 실패를 두려워하지 않는 도전정신을 강조했다. 최근에는 퍼스트 펭귄은 새로운 아이디어나 기술력으로 새로운 시장에 과감하게 뛰어드는 기업이나 사람을 일컫는 용어로도 쓰이고 있다.

하늘에서 펭귄을 노리는 스쿠아

펭귄들이 모여 사는 모양새는 사람들이 마을을 이루며 사는 것과 닮았다. 구역을 나눠 한두 마리씩 외부의 적을 경계하며 불침번을 선다. 바다로 나간 펭귄이 크릴을 잔뜩 먹고 돌아오면 알 품기와 불침번 임무가 교대된다. 펭귄이 모여 살면서 알을 품는 것은 알을 노리는 스쿠아Skua의 공격을 함께 막아 내기 위함이다.

스쿠아류는 도요목Charadriiformes 도둑갈매기과Stercorariidae에 속하는 종들로 갈매기과Laridae 조류와는 분류학적으로 다르다. 몸길이 50~55센티미터, 날개길이 37~42센티미터, 날개를 폈을 때 126~160센티미터, 몸무게 0.6~1.69킬로그램에 이르며, 암컷이 수컷에 비해 조금 더 크다. 이들은 펭귄 둥지 위를 선회하다가 펭귄이 방심하는 틈을 노려 잽싸게 알을 훔쳐 간다. 펭귄과 함께 부화기를 맞는 스쿠아도 새끼를 낳고 키우려면 먹이가 필요하다. 펭귄은 능숙하게 수영할 수 있기에 크릴을 사냥해서 살 수 있지만 수영을 못하는 스쿠아는 혹독한 남극에서 무언가 먹을 것을 찾아야만 한다. 결국 이들은 펭귄이나 다른 새들의 알을 훔쳐 먹게 되었고 이러한 습성으로 인해 '도둑갈매기'라는 이름이 붙었다.

생존을 위한 스쿠아의 사냥은 신중하다. 펭귄 둥지들 위를 빙빙 돌며 목표를 찾은 다음 서서히 내려앉는다. 스쿠아의 출현에 잔뜩 긴장한 어미 펭귄이 비명을 지르고, 둘 사이에 처절한 몸싸움이 벌어진다. 힘에 부친 어미 펭귄이 둥지에서 밀려나려는 순간 불침번을 서던 펭귄들이 달려들자 스쿠아가 줄행랑을 친다. 아무리 사나운 스쿠아라도 펭귄 두세 마리가 함께 달려들면 당해낼 수 없어 보인다.

그렇다 해도 펭귄들이 늘 알을 지켜내는 것은 아니다. 방심하는 순간이나 스쿠아가 앞뒤에서 함께 공격하면 알을 빼앗기고 만다. 한입에 알을 낚아챈 스쿠아는 펭귄 둥지에서 멀리 떨어진 곳으로 날아가 그들만의 식사를 즐기고, 알을 빼앗긴 어미 펭귄은 슬픔에 젖은 채 알을 찾아 주위를 헤매고 다닌다.

펭귄과 스쿠아가 살아가는 모습을 보면 자연의 섭리를 느낄 수 있다. 스쿠아가 힘이 강해 펭귄을 밀어내고 알을 다 먹어 버린다면 펭귄은 멸종하겠지만 반대로 펭귄

스쿠아가 펭귄 알을 노리며 둥지 위를 선회하자 위기를 느낀 펭귄이 절박하게 비명을 지르고 있다. 인근에서 불침번 서던 펭귄 두 마리가 달려들어 스쿠아를 쫓아냈다. 펭귄은 공동생활을 통해 천적인 스쿠아의 공격을 막아낸다. (사진 왼쪽 위에서부터)

이 힘이 세다면 스쿠아는 더 이상 펭귄 알을 훔쳐내지 못해 혹독한 남극에서 살아갈 수 없을 것이다. 그래서 자연은 두세 마리의 펭귄이 덤비면 스쿠아가 물러설 수 있게 적절한 힘의 균형을 맞춰 놓았는지도 모를 일이다.

스쿠아는 매번 사냥에 실패하지 않는다. 두 마리가 앞뒤에서 협공한 끝에 알을 훔치는 데 성공했다. 사냥에 성공한 두 마리는 알을 입에 물고 펭귄이 따라올 수 없는 곳으로 날아가 알을 나누어 먹었다. 만족한 듯 춤을 추는 스쿠아와 슬픔에 잠긴 펭귄의 모습에서 치열한 생존의 현장을 느낄 수 있었다.

진정한 남극의 주인공, 황제펭귄

황제펭귄은 지구상에 있는 18종의 펭귄 중 몸집이 가장 큰 종이다. 키는 최대 122센티미터, 몸무게는 22.7~45.4킬로그램에 이른다. 수컷이 암컷보다 약간 더 크지만 알을 품고 새끼를 양육하는 동안 체중이 많이 줄어든다. 머리·턱·목·등·꼬리·날개의 바깥 면은 검은색이며, 배와 날개 안쪽 면은 흰색으로 검은색 부분과 흰색 부분의 경계가 뚜렷하다. 목과 뺨에 선명한 노란색 털이 있고 가슴 부위가 옅은 노란색인 것이 특징이다.

황제펭귄을 만나다

남극의 빅토리아랜드Victoria Land 테라노바만Terra Nova Bay 연안에 있는 장보고과학기지(남위 74도 37.4분, 동경 164도 13.7분)에서 헬기를 타고 15분 정도 비행하면 남극특별보호구역ASPA인 케이프워싱턴Cape washington에 도착한다. 이곳은 황제펭귄 군서지로 수천 마리의 황제펭귄을 관찰할 수 있다.

목적지에 이르러 헬기가 착륙을 시도하자 한 무리의 황제펭귄이 헬기 아래로 모여들었다. 야생의 동물들이 사람의 출현을 경계하고 배척하는 것과는 달리 황제펭귄들은 사람의 방문을 반긴다. 헬기 조종사는 이들이 다치지 않도록 안전하게 착륙해야 한다. 경험이 많은 조종사는 착륙하는 척하며 황제펭귄을 한자리에 모은 다음 착륙지점을 재빨리 옮기는 방식으로 환영 나온 황제펭귄 무리를 피한다.

1
2

1 황제펭귄들이 마치 방문객을 환영이라도 하려는 듯 헬기 착륙지점으로 모여들고 있다.
2 황제펭귄들은 사람을 반긴다. 군서지를 방문한 연구원 뒤를 따라다니는 모습이 무척 흥미로웠다.

황제펭귄의 육아법

황제펭귄은 남극의 겨울에 알을 낳고 태어난 새끼를 키우는 유일한 동물이다. 이들은 신중하게 보금자리를 구한다. 먼저 바닥이 단단하게 얼어 있어야 하며, 인근에 남극의 겨울 동안 초속 50미터 이상으로 불어오는 강한 바람을 막아줄 만한 얼음 절

황제펭귄의 군서지인 케이프워싱턴 풍경이다. 황제펭귄은 바닥이 단단하게 얼어 있고, 인근에 바람을 막아줄 수 있는 지형을 번식지로 삼는다.

벽이나 빙산이 있어야 한다. 황제펭귄은 남극 곳곳에 흩어져서 살다가 해마다 3월 말이나 4월 초가 되면 집단 번식지로 모여들어 수천 마리의 집단을 형성한다.

집단 번식지는 바다 가까이 있기도 하지만, 100킬로미터 이상 떨어져 있기도 한다. 짝짓기를 마친 암컷은 겨울이 시작되는 5월 초부터 6월 초 사이에 한 개의 알을 낳는다. 알은 2개월 후인 7월 초부터 8월 초 사이에 부화하는데 태어난 새끼는 3년 정도 지나면 번식이 가능해질 정도로 성장한다. 자연 상태에서의 수명은 20년 정도인 것으로 알려졌다.

황제펭귄의 육아는 수컷 몫이다. 수컷에게 알을 맡긴 암컷은 먹이를 찾아 바다로 떠난다. 수컷은 암컷이 돌아오기까지 4개월이 넘는 기간 동안 영하 50도의 강추위와 초속 50미터 이상의 눈보라 속에서 알을 품으며 돌봐야 한다. 이 기간에 수컷은 얼음조각을 깨어 먹으며 수분만 섭취할 뿐 아무것도 먹지 못한다. 수컷은 새끼가 태

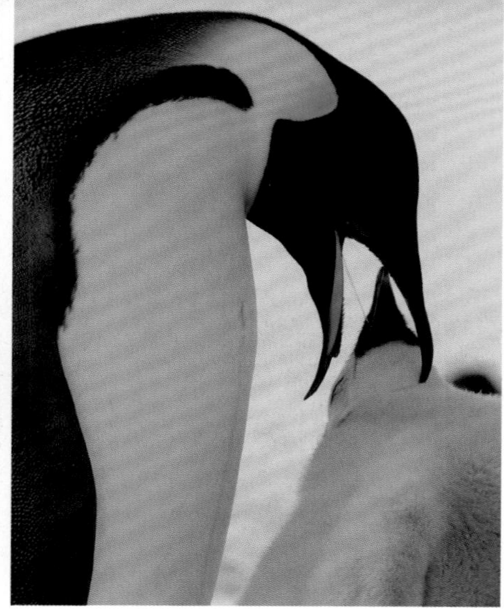

1 황제펭귄 한 쌍이 새끼를 돌보고 있다.

2 황제펭귄은 위장 속에 간직하고 있던 먹이를 토해내 새끼에게 먹인다. 더 이상 토해낼 것이 없으면 지방 알갱이가 많이 달린 길고 가느다란 위 점막 조각을 짜내 펭귄 밀크라고 불리는 분비물을 새끼에게 먹인다.

어나면 위장 속에 간직하고 있던 먹이를 토해내 새끼에게 먹인다. 더 이상 토해낼 먹이가 없으면 지방 알갱이가 많이 달린 길고 가느다란 위 점막 조각까지 짜내 펭귄 밀크라고 불리는 분비물을 새끼에게 먹인다. 겨우내 먹지도, 자지도 못한 채 알을 품은 수컷의 몸무게는 3분의 1로 줄어든다.

공동생활에 익숙한 수컷들은 혹한을 이겨내기 위해 허들링huddling으로 단체 생활을 한다. 살을 에는 강추위가 찾아오면 황제펭귄들은 서식지 중앙으로 모여든다. 서로 몸을 밀착시키고 겹겹이 포개 원을 만든다. 안쪽 대열의 펭귄들은 바깥에 있는 펭귄들이 눈 폭풍을 막아줘 상대적으로 따뜻하다. 바깥쪽 대열의 펭귄들은 영하 50도가 넘는 눈 폭풍을 정면으로 맞으며 체온이 떨어지고 지친다. 이때 가장 안쪽 대열에 있던 펭귄들이 맨 바깥쪽에 있는 펭귄들과 자리를 바꾼다. 가로 1미터, 세로 1미터의 면적에 20마리 정도가 빼곡히 들어가 서로의 체온을 나누는 것만 해도 대단한데, 서로 순서를 정해 바람을 막는다는 것은 이들만이 지닌 공동체적 삶의 방식일 것이다.

혹독한 남극의 추위를 이겨내기 위해 황제펭귄은 허들링으로 서로의 체온을 나눈다.

생태

기다리던 암컷이 돌아오면 드디어 수컷이 먹이 사냥을 위해 바다로 떠난다. 4개월 이상 굶주린 수컷은 체내에 저장된 지방의 80퍼센트가 소진되어 마침내 근육이 파괴되기 시작한다. 이들은 뼈에 남겨둔 약간의 지방에 의존해 바다로 향한다. 수컷

1 11월의 남위 74도는 해가 완전히 저물지 않는 백야 기간이다. 태양의 고도가 낮아지면 남극의 석양이 얼음 평원을 불그스름하게 물들인다. 크릴 사냥을 나갔던 황제펭귄들이 돌아오고 다시 모인 가족은 남극의 밤을 맞는다.

2 백야 기간 중에는 어둠을 뚫고 솟아오르는 해를 볼 수는 없지만 하루를 시작하는 일출은 있다. 밤을 이겨낸 황제펭귄들이 눈부신 태양을 배경으로 서 있는 모습이 당당해 보인다.

1	2

이 기력을 회복해 다시 서식지로 돌아오면 암컷과 함께 바다로 나간다. 이때 남은 새끼들은 집단을 이루어 부모를 기다린다.

12월에서 이듬해 1월이 되면 새끼들도 바다로 나갈 수 있을 정도로 성장한다. 새끼는 여느 조류와 마찬가지로 솜털로 덮여 있는데, 성체가 되면 솜털이 빠지고 깃털이 나면서 수영에 적합하게 된다. 황제펭귄은 먹이를 잡기 위해 500미터 이상 깊이까지 잠수하며, 물속에서 18분을 버틸 수 있다. 이는 황제펭귄의 헤모글로빈이 낮은 산소 농도에서도 작동하며, 단단한 골격이 압력 부담을 줄여주기 때문이다. 특히 황제펭귄은 차가운 물속에서 활동하면서, 물질대사의 정도를 낮추거나 중요하지 않은 신체 기관의 기능을 스스로 멈출 수 있다.

황제펭귄의 주식은 생선이며 크릴 같은 갑각류나 오징어와 같은 두족류도 섭취한다. 이들은 한번 잡은 먹이를 놓치지 않게 혀의 아랫면에 미늘(물고기가 물었을 때 빠지지 않도록 낚싯대 끝에 달아둔 작은 갈고리)과 같은 돌기가 발달해 있다. 황제펭귄의 천적으로 바다에는 표범해표와 범고래가 있으며, 땅 위에는 자이언트페트렐과 스쿠아를 들 수 있다. 특히 빙산이나 얼음 절벽 높은 곳에 자리 잡고 하늘을 빙글빙글 날아다니는 스쿠아는 황제펭귄을 긴장하게 한다.

스쿠아는 무리에서 떨어져 있는 새끼, 병이 들거나 다쳐서 움직임이 둔한 펭귄을 호시탐탐 노린다.

남극의 여름

암컷이 돌아오고 새끼들도 어느 정도 성장하면 황제펭귄 군서지에 활력이 넘친다. 여름이라 해도 영하 20도까지 떨어지는 추위가 이어지지만 겨울보다는 지내기가 낫

1 새끼 황제펭귄이 얼음 조각을 쪼아 먹고 있다. 황제펭귄은 이러한 방식으로 수분을 보충한다.

2 새끼 황제펭귄들이 얼음 웅덩이 모여 물장구를 치며 사냥을 떠난 어미들을 기다리고 있다.

다. 새끼들은 부모의 시선을 피해 자기들만의 공간에서 놀이를 즐긴다. 나지막한 얼음 언덕에 올라 배를 바닥에 깔고 썰매를 타기도 하고, 빙산 조각을 쪼아 목을 축이기도 한다. 해빙 틈이 갈라지면서 만들어진 얼음 웅덩이는 이들에게는 최고의 놀이터이다. 또래와 노는 데 정신이 팔린 새끼는 집으로 돌아가는 것을 잊어버리기 일쑤다.

새끼의 귀가가 늦어지면 성질 급한 어미는 애가 탄다. 근심 가득한 표정으로 새끼를 찾아다니던 어미가 조무래기 무리 속에서 자기 새끼를 발견했다. 한동안 잔소리를 늘어놓은 어미는 새끼를 앞세워 집으로 향했다. 집이라 해야 둥지도 없는 얼음 평원이지만 펭귄들은 각자의 영역이 분명하다. 새끼 뒤를 따라가며 발로 차고, 부리로 뒷머리를 콕콕 찍어대는 어미와, 잔뜩 기가 죽은 새끼의 표정이 흥미로웠다. 마치 부모에게 혼나고 있는 말썽꾸러기 아이의 모습을 보는 듯했다.

그렇다면 펭귄들은 무리 속에서 자기 가족을 어떻게 찾을까. 그 답은 울음소리에 있다. 펭귄은 저마다 소리의 고유 주파수를 통해 무리 중에서 가족을 구별해 낸다.

1 2

1 또래와 노느라 귀가가 늦은 새끼를 찾은 어미가 새끼를 앞세운 채 집으로 향하고 있다. 어미의 잔소리에 풀이 죽은 새끼의 표정이 흥미롭다.

2 황제펭귄은 빠르게 움직일 때나 언덕을 내려갈 때 배를 바닥에 붙이고 썰매를 타듯 미끄러지며 이동한다.

펭귄 걸음 속 과학

펭귄들은 어떻게 얼음 위를 미끄러지지 않고 먼 거리를 걸어 다닐 수 있을까.

첫째, 무게중심을 잡는 통통한 몸매: 펭귄은 배를 내밀어 무게중심을 앞으로 보내는 방식으로 몸의 균형을 잡는다.

둘째, 반동을 이용한 뒤뚱뒤뚱 걸음걸이: 펭귄의 다리뼈는 90도 가까이 꺾여 있다. 굽은 다리와 짧은 보폭, 좌우로 뒤뚱거리는 반동을 이용하면 큰 힘을 들이지 않고도 최대 운동 효과를 낼 수 있다. 마치 시계추를 한 번만 흔들어주면 작은 태엽의 힘으로 좌우로 계속 흔들리는 원리와 같다.

셋째, 날카로운 발톱으로 마찰력 증가: 펭귄의 날카로운 발톱은 얼음에 미끄러지지 않게 마찰력을 높인다. 펭귄은 발톱 덕에 얼음 위를 걸어도 미끄러지지 않는다.

인류의 이기심으로 멸종된 큰바다쇠오리

16세기 대서양을 항해하던 영국 선원들은 캐나다 뉴펀들랜드 근해에 있는 꼭대기가 하얀 섬을 펭귄Pengwyn섬이라 불렀다. 여기서 'Pengwyn'은 영국 웨일스지방 말로 '하얀머리'를 뜻한다. 섬의 정상 부분이 하얀 것은 이 섬(지금의 펑크섬)에 집단 서식하던 큰바다쇠오리의 배설물이 쌓였기 때문이다. 선원들은 이 큰바다쇠오리를 펭귄섬에 산다 해서 펭귄이라 불렀다. 이후 뱃사람들이 남빙양을 항해하다 북반구의 큰바다쇠오리와 습성과 생김새가 비슷한 새를 발견하고는 북대서양의 펭귄새가 연상되어서인지 펭귄이라 이름 지었다.

큰바다쇠오리는 80센티미터 정도 몸길이에, 몸무게는 약 5킬로그램이며 날개와 뒷다리가 짧은 편이었다. 퇴화한 날개는 하늘을 날기보다는 물고기를 잡기 위해 물속에서 헤엄칠 수 있도록 진화했다. 하늘을 날지 못하는 큰바다쇠오리는 사람들에게 만만한 사냥감이었다.

사람들은 큰바다쇠오리를 수십만 마리씩 잡아들여 고기를 소금에 절이거나 질 좋은 기름을 짜냈다. 선박 건조 능력과 항해술의 발달로 큰바다쇠오리들의 포획이 가속화되었고 이들의 서식지는 하나둘 사라지고 말았다. 1844년 마지막 큰바다쇠오리가 죽으면서 이 새는 공식적으로 멸종했다. 모든 포식자로부터 자기를 지켜낼 수 있었던 큰바다새오리는 인류의 욕심 때문에 이제는 박제 표본으로만 남게 되었다.

남극의 펭귄도 사람에게 처음 발견된 이래 삶이 순탄하지 못했다. 비싸게 거래되던 해표와 물개 기름을 끓여내는 연료로 펭귄 기름을 사용하느라 마구잡이로 잡아들였을 뿐 아니라 남극 탐험에 나선 탐험대원들의 식량이 되기도 했기 때문이다. 지금은 펭귄뿐 아니라 남극의 모든 동식물이 '남극환경보호의정서Madrid Protocol'에 의해 보호받고 있다.

오스트리아 빈 대학의 프란츠 M. 부게티츠Franz M. Wuketits 교수는 그의 저서 『멸종 사라진 것들Ausgerottet-ausgestorben』에서 "인류는 수백만 년에 걸쳐서 생성되어온 고유한 생물체의 형태들을 파괴하고 있다"고 주장했다. 파괴는 무차별적으로 진행되어 고기, 가죽, 기름, 약재를 얻기 위해 상당수의 종을 멸종위기로 내몰고 말았다. 오랜 세월 동안 생존경쟁에서 살아남은 바다 동물은 이제 인류의 공격에 대처하는 방법을 익혀야 하지만 이들에게 주어진 시간은 너무 짧다. 결국 인류 스스로 남획을 절제하는 것 말고는 멸종을 막을 길이 없다.

인류의 욕심 때문에 멸종한 큰바다쇠오리는 이제 박물관에서 박제된 모습으로만 볼 수 있게 되었다.

남극환경보호의정서

정식 명칭은 '환경보호에 관한 남극조약의정서'이며 '마드리드의정서'라고도 한다. 1982년 9월에 열린 국제연합 총회에서 말레이시아가 남극 문제를 거론한 후 세계 각국의 논의 과정을 거쳐 1991년 10월 4일 스페인 마드리드에서 열린 제11차 남극조약 협의당사국 특별회의에서 채택되었다. 목적은 기존의 남극 환경보호 체제가 미흡하다는 인식에 따라 환경보호 규정을 강화하는 데 있다.

오늘날 대형 트롤 어선의 그물은 대형 여객기 10여 대를 넣을 수 있을 정도의 규모이며, 어군탐지 비행기는 어류의 정확한 위치를 알려준다. 그물로 잡는 물고기 가운데 25퍼센트는 너무 작거나, 원하지 않는 어종이거나, 잡을 수 없는 시기에 해당하는 종이다. 연간 2200만 톤의 원하지 않는 물고기들이 죽은 채로 바다에 다시 던져지고 있는 것으로 알려졌다. 이러한 싹쓸이식 조업으로 종의 멸종이 가속화되면 생태계 균형은 무너지고 만다. 파충류 이후 가장 강력한 포식자로 지구 생명체를 군림하고 있는 인류가 그 지위를 유지하려면 생태계 균형을 존중해야 한다. 어차피 인류 또한 생태계에 속해 있는 동물의 한 종이기 때문이다.

가장 먼 거리를 이동하는 새, 북극제비갈매기

북극제비갈매기Arctic tern는 지구상에서 가장 먼 거리를 이동하는 새이다. 매년 4~8월 북극권에서 번식한 후 새끼가 어느 정도 성장하면 지구 반대편 남극으로 날아가 겨울을 난다. 이듬해 4월, 남극에 겨울이 오기 전 자기가 태어난 북극으로 다시 돌아간다. 이들의 연간 이동 거리는 7만 900킬로미터에 이른다. 신천옹Albatrosses, 흑꼬리도요새Godwits, 검은슴새Sooty shearwaters 등도 먼 거리를 여행하지만 북극제비갈매기의 여정을 따라잡을 수가 없다. 몸무게 100그램 남짓한 작은 몸에서 나오는 엄청난 에너지는 상상하기 어려울 정도이다. 이들의 강인함은 독특한 육아법과 생존 본능에 있다.

북극제비갈매기의 육아법

북위 78도, 스발바르군도 스피츠베르겐섬 해변을 지날 때다. 해변 언덕 위에 앉아 있는 솜털이 뽀송뽀송한 아기 새 한 마리가 눈에 띄었다. 아기 새가 있다는 것은 근처에 어미도 있다는 이야기이다. 번식과 육아 과정을 거치면서 어미는 신경이 예민해진다. 어느 정도 거리를 유지하는데 갑자기 날카로운 금속성 울음소리와 함께 북극제비갈매기가 나타났다.

북극제비갈매기는 강하고 무섭다. 자신의 영역 안으로 들어오는 상대가 누구이든 가리지 않고 날카롭고 강한 부리를 앞세워 맹렬한 속도로 내리꽂는다. 멋모르고 이들의 영역에 들어갔다가는 큰 상처를 입을 수 있다. 그래서 조류학자들은 머리를 보호하는 헬멧을 착용한다. 흥분한 새들이 공격을 시작하면 스틱 등을 머리 위에 들고

1 2

1 바다 위를 선회하던 북극제비갈매기가 수면을 향해 내리꽂으며 물고기를 사냥하고 있다.

2 북극제비갈매기는 여느 새들처럼 어미 새가 아기 새에게 먹이를 바로 전해주지는 않는다. 이들은 바다에서 잡아온 물고기를 슬쩍 보인 다음 다시 날아올라 언덕 아래에 떨어뜨린다. 그러면 아기 새는 먹이를 찾기 위해 언덕을 열심히 내려간다. 아기 새가 언덕 아래까지 내려가면 어미는 잡아온 먹이를 언덕 위로 옮기는 방식으로 아기 새를 강하게 단련시킨다.

가만 서 있어야 한다. 그러면 새들은 스틱 끝을 쪼아대므로 부상을 예방할 수 있다.

아기 새가 앉아 있는 언덕을 선회하던 어미새가 사냥한 물고기를 입에 물고 다가갔다. 사진기로 거리를 가늠하며 먹이를 물려주는 모습을 기다리는데 의외의 장면이 펼쳐졌다. 여느 새와 달리 물고 온 먹이를 슬쩍 보인 어미 새가 다시 날아오르더니 먹이를 언덕 아래에 던져 버렸다. 아직 날지 못하는 아기 새는 먹이를 찾기 위해 작은 다리를 뒤뚱거리며 언덕을 내려가야만 했다. 아기 새가 언덕 아래까지 내려와 먹이를 입에 물려는 순간 기다리고 있던 어미가 먹이를 낚아채 다시 언덕 위로 옮겨 버렸다. 아기 새는 조금 전 힘겹게 내려왔던 언덕을 다시 오르며 본능적으로 날개를 퍼덕이기 시작했다. 혹독한 북극의 겨울이 오기 전 여름이 시작되는 지구 반대편 남극으로 날아가기 위해 어미 새는 아기 새를 강하게 단련시키는 중이었다.

북극제비갈매기의 이동거리

북극제비갈매기의 이동을 연구한 '그린랜드 천연자원연구소 카스텐 에게방' 박사팀은 북극제비갈매기 11마리에 무게 1.4그램의 초소형 위치추적기geolocator를 단 뒤

푸른 하늘을 배경으로 북극제비갈매기가 날아오르고 있다. 북극제비갈매기는 작지만 강한 새이다.

1년 동안 이동 경로를 추적했다. 이 장치는 해당 지역의 일출과 일몰 시간을 고려해 북극제비갈매기의 정확한 위치 정보를 인공위성 이미지에 담아내도록 고안되었다. 그 결과 이들이 연간 평균 7만 900킬로미터를 이동한다는 사실을 알아냈다. 북극제비갈매기가 30년을 넘게 살 수 있으니 이들이 일생 동안 이동하는 거리는 210만 킬로미터를 훌쩍 넘는다. 이는 지구에서 달까지 세 번 갔다 올 수 있는 거리이다.

연구팀은 위치추적기 분석을 통해 8월 중하순 그린란드(10마리)와 아이슬란드(1마리)를 출발한 새들이 포르투갈 서쪽 아조레스제도에서 3주 정도 머문 후 서아프리카 해안을 따라 본격적인 이동을 시작한다는 것을 알아냈다. 이는 동물플랑크톤과 물고기를 섭취해 장거리 이동에 필요한 열량을 확보하기 위함이라는 것이 연구팀의 분석 결과이다.

북위 10도 지점에서 새들의 이동 경로가 갈라졌다. 7마리는 해안을 따라 그대로 남하한 반면, 4마리는 대서양을 횡단해 남미 브라질 동쪽 해안을 따라 이동했다. 남극권에 도달한 후 남위 40도 부근에 이르러 이들 모두 남하를 멈추고 동서로 방향을 바꿨다. 그 뒤 남반구의 여름 동안 남위 58도 부근의 남극해를 누볐다. 이곳에는 먹이인 크릴이 풍부하다.

연구팀은 북극제비갈매기들이 남극에서 여름을 보낸 후 북쪽으로 돌아갈 때 S 자 궤적을 그리는 것을 발견했다. 이는 대서양을 건너갈 때 에너지를 절약하기 위해 탁월풍prevailing winds(어느 한 지역에서 일정 기간에 가장 우세하게 나타나는 바람으로 저위도 지방에서는 무역풍, 중위도 지방에서는 편서풍, 극지방에서는 극동풍이 우세하다)을 타기 때문이

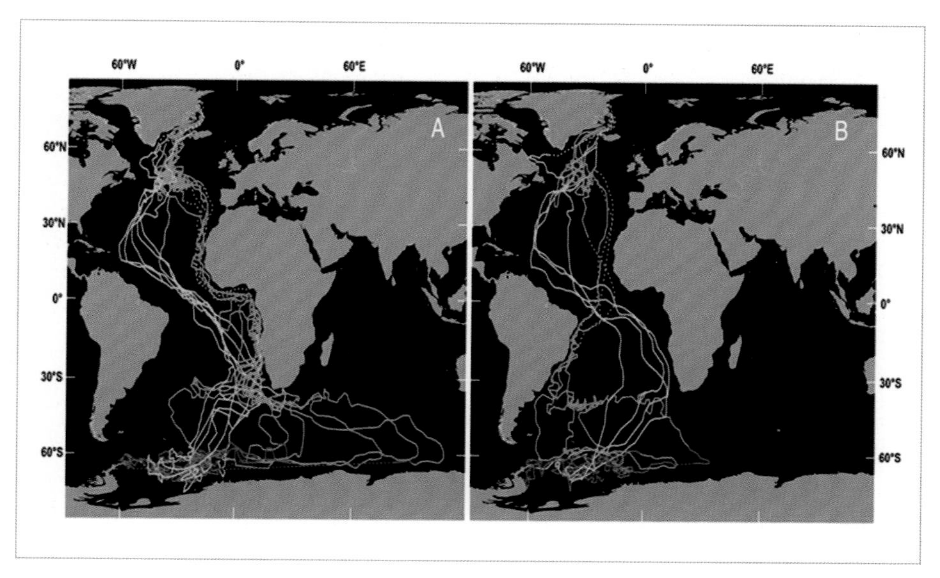

연구팀이 밝혀낸 북극제비갈매기의 이동 경로이다. 왼쪽은 남하(녹색)할 때 서아프리카 해안을 따라서 이동하는 7마리의 경로이고, 오른쪽은 북위 10도 지점에서 대서양을 가로질러 브라질 해안으로 이동하는 4마리의 경로이다. 빨간색은 남반구 여름 기간의 이동 경로이고 노란색은 북반구로 이동할 때 경로이다.(출처: 〈미국국립과학원회보PNAS〉)

다. 거리상으로 수천 킬로미터를 더 우회해도, 바람을 타고 여행하는 곡선 형태의 경로가 직선 경로보다 실제 에너지 효율 측면에서 유리할 수 있다.

북극제비갈매기의 외형적 특징

북극제비갈매기는 도요목 제비갈매기과에 속한다. 몸길이 33~39센티미터, 날개편 길이는 76~85센티미터 정도이다. 이들은 대개 깃털이 갈색과 흰색이며, 부리는 붉은색이고 뺨은 희다. 붉은색 발에는 물갈퀴가 달려 있어 바닷물고기 등을 사냥하는 데 효율적이다. 암수의 외형 차이는 없다. 이들은 10여 가지 소리를 내는 것으로 알려졌다. 포식자가 접근할 때, 다른 개체와 경쟁할 때, 아기 새가 어미 새에게 먹이를 요구할 때, 침입자를 공격할 때 내는 소리 등이 각각 다르다.

남극권에서 발견되는 남극제비갈매기는 북극제비갈매기와 비슷하게 생겨 조류 전문가도 구별하기 어렵다. 남극제비갈매기 역시 북극제비갈매기처럼 날렵한 몸매에 동작이 민첩해 대형 조류도 함부로 대하지 못한다. 세종과학기지가 있는 남극 킹조지섬 해변에서 켈프갈매기와 영역 다툼을 벌이는 남극제비갈매기의 모습이다.

물고기 사냥꾼, 가마우지

능숙한 물고기 사냥꾼 가마우지는 전 세계에 32종이 분포한다. 대표 종으로는 남아메리카 서해안 일대에 서식하는 구아노가마우지, 갈라파고스제도의 갈라파고스가마우지, 남아프리카 남단의 케이프가마우지, 오스트레일리아와 뉴질랜드의 남방작은가마우지 등이 알려졌다. 우리나라에는 민물가마우지·바다가마우지·쇠가마우지 등이 서식한다. 이들은 사회성이 높아 집단으로 번식하고 이동한다. 번식기에는 수컷이 마른풀이나 바다풀 등의 재료를 모으고 암컷이 집을 짓는다.

가마우지라는 이름은 '가마'와 '우지'의 합성어로 추정된다. '가마'는 가마우지 털색이 검은 것에 빗대어 '가맣다'에서 온 것으로 보이며, '우지'는 걸핏하면 우는 아이란 뜻이 있는데 시끄럽게 울어대는 새의 습성을 표현한 것으로 보인다.

가마우지는 물고기 떼를 발견하면 날개를 접고 미사일이 내리꽂히듯 물속으로 자맥질해 들어가 긴 목을 유연하게 움직이며 물고기를 낚아챈다. 지난날 일본이나 중국 어부들은 가마우지의 긴 목에 고리를 채우고 줄에 묶어 물고기 사냥을 했다. 이때 가마우지는 목이 졸린 상태라서 물고기를 삼킬 수 없기에 물고기를 입에 문 채 물 밖으로 끌려 나온다. 어부는 가마우지의 입을 벌려 물고기를 꺼내기만 하면 된다.

가마우지의 몸은 물고기잡이에 최적화할 수 있게 진화를 거듭했다. 먹이를 통째로 먹기 때문에 혀가 필요 없어 작게 퇴화했으며 콧구멍이 없고 위턱 깊숙이 내비공內鼻孔이 있어 물에서 자맥질하며 물고기 잡기에 편리하다. 부리는 물고기를 쉽게 잡아챌 수 있도록 뾰족하게 구부러져 있으며, 다리는 몸 뒤쪽에 치우쳐 있어 땅 위에

일본 화가 게이사이 에이센溪斎英泉의 1835년 무렵 작품으로 일본 어부가 가마우지로 물고기를 잡는 장면을 묘사하고 있다.

서 걸어 다니기에 불편하지만 물속에서는 강한 추진력을 일으킨다.

짧고 근육질인 날개는 하늘을 날아다니는 데 그다지 적합하지 않지만 물속으로 들어가기만 하면 빠른 속도와 방향 전환을 할 수 있는 추진력을 발휘한다. 가마우지의 몸은 여느 조류와 비교할 때 무거운 편이라 날아다니는 것보다는 물속으로 자맥질해 들어가는 데 유리하다. 또한 가마우지는 방수를 위한 기름이 분비되지 않는다. 깃털이 물에 쉽게 젖어든다는 뜻이다.

물에 젖은 깃털은 부력을 줄여주어 잠수하기 쉽다. 하지만 깃털이 물에 젖어 잠수에는 도움이 되겠지만 물 밖으로 나왔을 때는 오히려 약점이 된다. 몸이 물에 젖은 상태라 체온이 떨어질 수 있기 때문이다. 따라서 가마우지는 물속에 들어갔다 나온 후에는 반드시 날개를 말려야 한다. 자맥질한 후 해변 암초 위나 높은 곳에 올라 가마우지가 날개를 활짝 펴고 햇볕을 쬐는 모습을 관찰할 수 있는 이유도 이 때문이다.

물고기 사냥꾼인 가마우지는 물 밖으로 나와 엄청난 배설물을 내질러 놓는다. 페루의 주요 수출품인 구아노guano 비료는 가마우지 떼가 멸치를 잡아먹고 배설한 똥이 응고·퇴적된 것으로 인산질 비료로 이용된다. 특히 강우량이 적은 남미의 페루와 칠레 해안 지역의 구아노에 인산 함량이 많아 잉카제국 때부터 비료로 이용되었는데 지금은 페루의 주요 수출 품목 중 하나이다. 엘니뇨로 심해에서 용승류가 올라오지 않는 해에는 어장이 빈약해지면서 멸치 떼가 줄어들고, 멸치 떼가 줄어들면 가

자맥질을 마친 가마우지들이 부산 남구 오륙도 수리섬에 무리 지어 앉아 젖은 깃털을 말리고 있다. 수리섬 정상부의 하얀 부분이 가마우지들의 배설물이다.

마우지들도 굶주려 개체 수가 급감해 비료 생산에 차질을 빚는다. 이러한 연쇄작용으로 엘니뇨가 발생하는 해에는 페루 경제에 타격이 크다.

자맥질 선수, 아비

아비는 바로 물속으로 들어갈 수 있게 물가 움푹 한 곳에 둥지를 틀고 물고기를 사냥한다. 사진은 아비목 아비과에 속하는 대형 종 회색머리아비이다. 회색머리아비의 여름 깃은 잿빛이며, 아래턱은 녹색 광택이 도는 검은색을 띤다.

아비과 조류는 모두 다섯 종이다. 이 가운데 회색머리아비와 큰회색머리아비가 겨울철 우리나라 제주도와 거제도 연안을 찾아오는 겨울철새이다. 경남 거제도 연안의 아비 도래지는 천연기념물 제227호(1970년)로 지정되었다.

아비는 뭍에서 가까운 바다에서 단독 또는 작은 무리를 지어 생활한다. 물에서 헤엄치는 속도는 시속 7킬로미터 정도인 데 비해 물속에서는 시속 9.6~11.2킬로미터로 이동한다.

서열과 질서의 상징, 기러기

대표적인 겨울철새 기러기는 전 세계에 14종이 알려졌으며 우리나라에는 흑기러기·쇠기러기·큰기러기·개리·회색기러기·흰이마기러기·흰기러기 등 7종이 발견된다. 이 가운데 회색기러기·흰이마기러기·흰기러기는 길잃은새이고 나머지 4종은 겨울철새이다. 시베리아 동부와 사할린섬, 알래스카 등지에서 번식하고 한국·일본·중국(북부)·몽골·북아메리카(서부) 등지에서 겨울을 난다.

『규합총서』에는 기러기에 신信·예禮·절節·지智의 덕德이 있다고 적혀 있다. 기러기는 암컷과 수컷의 사이가 좋아 전통 혼례에 나무 기러기(木雁)을 전하는 의식이 있다. 또 다정한 형제처럼 줄을 지어 함께 날아다니므로, 남의 형제를 높여서 '안항雁行'이라고도 한다. 옛사람들은 이동할 때 경험이 많은 기러기를 선두로 하여 V 자 모양으로 높이 날아가는 모습을 서열과 질서를 상징하는 것으로 여겼다.

기러기는 암수가 사이가 좋다고 여겨 전통 혼례에서 나무 기러기를 전하는 의식을 가졌다.

무리의 기러기들이 편대를 이루어 날고 있다. 기러는 이동할 때 경험이 많은 기러기가 선두로 나서서 자 모양으로 날아간다. 옛사람들은 이를 서열과 질를 상징하는 것으로 보았다.

5부

염생식물과 바닷말
(鹽生植物, 海藻類)

1

염생식물(鹽生植物, Halophyte)

염생식물이란 소금기가 있는 환경에서 자라는 특별한 식물을 말한다. 이들은 육지도 바다도 아닌 그 경계 지점의 척박한 환경에서 살아간다. 염생식물이 성장하기에 적합한 염분 농도는 5퍼밀(‰, 1000분의 1) 정도인 것으로 알려졌다. 전 세계적으로 분포해 있는 염생식물은 2,000~2,500여 종이며 우리나라에는 70여 종이 조사되었다. 이 가운데 절반 정도는 1년 동안 살다가 지는 한해살이이고, 나머지는 여러해살이 식물이다. 염생식물 중 해당화와 순비기나무 두 종은 나무로 분류한다.

우리나라 최대 연안 습지 중 한 곳인 순천만 물길 너머로 일몰이 장관을 이루고 있다. 순천만은 연안 습지로는 우리나라 최초로 람사르 협약에 등록되었으며, 이곳에는 다양한 염생식물들이 자생하고 있다.

생존 전략

염생식물은 주로 바닷가에서 살지만 내륙의 염분이 많은 건조지대나 염습지에도 분포한다. 바닷가는 토양의 염분, 강한 바람, 뜨거운 햇빛, 부족한 물 등으로 조간대와 함께 생물이 살기에 혹독한 환경이다. 따라서 염생식물은 이러한 불리한 환경에 견딜 수 있게 생리 구조가 독특하다. 토양의 수분 함유량이 적은 해안사구에 사는 종은 수분을 조금이라도 더 흡수하기 위해 뿌리를 깊이 내리거나, 땅속줄기가 옆으로 뻗으면서 실뿌리가 사방으로 퍼져 있다. 또 섬 지역 바닷가에서 자라는 식물은 뿌리를 내릴 수 있는 토양을 확보하고 강한 바람에 견디기 위해 대부분 바위틈에서 번식한다.

서식지가 다르더라도 대부분의 염생식물은 강한 바람에 견디기 위해 키가 작고 옆으로 누워서 자라거나 바닥을 기며, 잎이 두껍고 표면적이 작은 바늘 같은 모양이다. 두꺼운 잎은 큐틴질이 발달해 있어 강렬한 햇빛을 차단하고 수분 증발을 억제하며, 바람에 실려 오는 염분이 잎으로 스며드는 것을 막아준다.

염생식물이 흡수하는 염분에 대응하는 방법은 두 가지이다. 하나는 뿌리로 수분을 흡수할 때 별도의 에너지를 사용해 소금기가 몸속으로 들어오는 것을 막는 방법이며, 대표적으로 갈대를 들 수 있다. 밀물이 닿지 않는 곳의 갈대는 3미터 길이까지 자라지만 오랜 시간 바닷물에 잠기는 곳의 갈대는 소금기를 막는 데 많은 에너지를 써야 하기에 1미터 길이 정도밖에 자라지 못한다. 이와 같이 소금기가 몸속으로 들어오지 못하도록 막는 염생식물은 그 잎을 씹어 보면 전혀 짠맛이 나지 않는다.

다음은 염분을 흡수했다가 다시 몸 밖으로 배출하는 방법이다. 소금 주머니 역할

대부분의 염생식물은 강한 바람에 견디기 위해 키가 작고 옆으로 눕거나 바닥을 기면서 자란다.

을 하는 특별한 기관을 이용해 흡수한 염분을 모아두었다가 밖으로 배출하는 종이 있는가 하면, 물과 소금을 함께 몸 밖으로 배출시킨 다음 물이 증발한 후 잎 표면에 남아 있는 염분들을 바람에 날려 버리거나 비에 씻기게 하는 종도 있다.

다양한 염생식물

서구에서는 염생식물을 중요한 생물자원으로 인식해 여러 방면으로 활용하려는 연구가 활발하다. 반면에 우리나라는 염생식물의 가치에 대해 주목하지 않았다. 염생식물은 경제적 잠재성뿐 아니라, 바닷가 생태계의 중요 종으로 보전 가치가 있으나 전 세계적으로 해안 환경이 파괴되면서 분포 구역이 줄어들고 있다. 미래의 잠재적 자원인 염생식물에 대한 연구와 종 보존은 지구 환경변화 시대에 또 하나의 중요한 과제이다.

염생식물 종으로는 갈대, 통보리사초, 좀보리사초, 우산잔디, 가는갯능쟁이, 갯개미취, 순비기나무, 해당화, 퉁퉁마디(함초), 칠면초, 모래지치, 해홍나물, 나문재, 갯질경, 갯메꽃, 갯방풍, 갯까치수염 등이 있다.

이 가운데 예로부터 먹거리나 약재로 사용해온 식물도 있다. 대표적인 것이 갯질경과 함초이다. 갯질경은 뿌리가 연한 어린 시기에 캐낸 뒤 껍질을 벗겨 먹거리로 이용해 왔다. 뿌리는 약간 단맛이 나는데, 이는 소금기가 몸속으로 들어오지 못하도록 하기 위해 뿌리 속에 당류를 저장하기 때문이다. 함초는 미네랄과 같은 천연 무기질 영양소가 많아 지금도 전통 약재뿐 아니라 웰빙 식품으로 인기가 많다.

1	2
3	4

1 해양생태계보호구역으로 지정된 충청남도 태안군 신두리사구는 다양한 염생식물들을 관찰할 수 있는 곳이다. 특히 군락을 이룬 해당화는 보존 가치가 뛰어나다. 매년 8월 한여름이면 해당화는 황적색 열매를 맺는다.

2 갈대는 습한 곳에서 잘 자라는 여러해살이풀이다. 잎 길이는 25~50센티미터, 너비 2~4센티미터로 뾰족하게 길며 가장자리가 거칠다. 땅속으로 뿌리줄기가 길게 뻗으며 지면 위의 줄기는 단단하고 곧게 자란다. 길이는 1~3미터 정도로 지역에 따라 다양하게 나타난다.
2010년 가을 한 주민이 부산시 사상구 낙동강 둔치 갈대밭에 들어가 길을 잃었다가 소방대원들의 도움으로 빠져나온 일이 있었다. 빼곡하게 자란 갈대밭 속에서는 방향을 찾기가 어렵다.
어린 순은 식용으로 사용하고 다 자라고 나면 지붕을 이거나 자리를 만드는 데 사용해 왔다. 키가 크고 번식력이 왕성해 대체 에너지원으로 개발하기 위한 연구가 활발히 진행되고 있다. 청어목 멸치과의 회유성 어류인 웅어가 갈대밭에 들어가 산다 해서 선조들은 갈대 '위葦' 자를 써 '위어葦魚(갈대고기)'라 했다. 웅어는 임금이 드시던 고기였다. 특히 한강의 행주대교 부근에서 잡힌 웅어는 맛이 뛰어나 조선 말기 행주에 사옹원 소속의 '위어소'를 두어 임금께 진상하는 웅어를 관리하기도 했다.

3 갯메꽃은 모래 해안에서 자라는 여러해살이풀로 바위나 자갈 해안에서도 자란다. 염분에 적응력이 강하며, 다른 식물과 섞여 자란다. 늦은 봄부터 나팔꽃 모양의 분홍색 꽃이 피며 검은색의 둥근 열매가 달린다.

4 갯질경은 습한 곳을 좋아하는 두해살이풀로 건조한 곳에서도 잘 자란다. 갯벌의 만조선 부근, 간척지와 기수지역의 염분 농도가 높은 곳에서 자라며, 보통 하나의 개체로 자라는 경우가 많다. 잎 길이는 9~15센티미터이고, 너비 2센티미터 내외로 두툼하고 털이 없다. 뿌리에서 모여난 잎이 사방으로 퍼져 전체적으로 둥근 모양을 이룬다.

<table><tr><td rowspan="2">1</td><td>2</td></tr><tr><td>3</td></tr><tr><td>4</td><td>5</td></tr></table>

1 쌍떡잎식물 마편초과의 낙엽관목인 순비기나무는 해녀들이 숨을 참고 물속으로 들어갔다가 나오면서 숨을 쉬는 소리인 '숨비기'에서 비롯된 이름이라고 한다. 해녀들이 물질로 인해 발생하는 잠수병, 두통, 귓병, 눈병 등에 잘 익은 순비기나무 열매가 특효라는 것이 그 근거이다. 민간에서는 순비기나무를 '이구규利九竅'라 하여 신체의 아홉 가지 구멍을 좋게 하는 효능이 있다고 전한다. 순비기나무는 통기성이 좋은 자갈밭이나 모래밭에서 흔히 자란다. 모래 위를 기어 다니면서 터전을 넓혀 방석을 깔아놓듯이 펼쳐 나가므로 덩굴나무처럼 보인다. 바닷바람에 모래가 날리는 것을 막아줄 지표고정식물로 가장 적합하다.

2 염생식물 칠면초는 일 년에 일곱 번이나 모습이 바뀐다 해서 붙인 이름이다.

3 가을에는 갯벌에도 단풍이 든다. 붉은 융단을 깔아놓은 듯 갯벌 단풍을 연출하는 주인공은 해홍나물(사진), 칠면초, 퉁퉁마디, 솔장다리, 수송나물, 나문재, 방석나물, 새섬자매기 등이 있는데 이 가운데 으뜸은 칠면초와 해홍나물이다.
칠면초 잎이 곤봉처럼 뭉뚝하다면 해홍나물 잎은 길쭉하고 끝이 뾰족하다. 땅에 거의 붙어서 자라면 해홍나물, 곁가지가 땅에서 5센티미터 이상 떨어져서 나오면 거의 칠면초라 보면 된다.
칠면초는 봄과 여름에 노랑과 연두, 초록을 띠다가 가을부터 붉어지는데, 일 년에 일곱 번이나 모습이 바뀐다 해서 붙인 이름이다. 해홍나물은 어린 시기에는 붉은색이지만 자라면서 녹색으로 바뀌고, 가을에 다시 붉은색으로 변한다.

4 서해안 해안지대의 염전이나 그 주변의 간척지 등 짠 바닷가에서 자라는 1년생 염생식물로 함초의 학명은 퉁퉁마디이다. 5억 년 전의 고생대부터 현재까지 진화하지 않은 원시식물로 알려져 있다. 잎과 가지의 구분이 거의 없으며, 원기둥 줄기에 있는 마디가 굵고 통통하다. 높이는 10~30센티미터이다. 봄에 싹이 트는 퉁퉁마디는 여름에 진녹색으로 성장하면서 8월 무렵 꽃이 피고 곧 씨를 맺는다. 이때부터 퉁퉁마디는 점점 붉은색으로 변해 10월에는 가지 전체가 씨로 둘러싸이면서 완전 붉은색이 된다.
소금기를 듬뿍 지닌 퉁퉁마디는 짠 환경에 적응하기 위해 광합성으로 나쁜 성분들을 걸러내고 개펄속의 미네랄 등 좋은 성분을 농축한다. 퉁퉁마디의 나트륨은 소금처럼 짜고 쓴맛이 아니라 짭조름하면서도 뒷맛이 깔끔하다. 퉁퉁마디는 숙변을 분해해 몸 밖으로 내보내는 역할을 하는 등 건강식품으로 인기가 있다. 수확 시기마다 그 맛이나 염도에 차이가 나는데, 8~9월에 채취한 것이 가장 좋다고 한다.

5 충청남도 태안군 신두리사구를 찾았을 때다. 사구 곳곳에 피어 있는 해당화 군락에 발걸음을 멈추고 말았다. 지난날 우리나라 해변 곳곳에서 해당화를 볼 수 있었지만 지금은 원형이 보존된 곳이 드물다. 해당화는 장미과에 속하는 낙엽 활엽관목으로 높이가 1.5미터에 이르며 뿌리에서 많은 줄기가 나와 큰 군집을 형성하여 자란다. 줄기에는 갈색의 커다란 가시, 가시털, 융털 등이 많이 나 있고, 가지를 많이 친다. 지름 6~9센티미터의 꽃이 5~7월에 붉게 피며, 향기가 강하다. 둥근 모양의 열매는 8월에 황적색으로 익는다. 해당화는 꽃이 아름답고 특유의 향기가 있으며 열매도 아름다워 관상식물로 좋다. 꽃은 향수 원료로 이용되고 약재로도 쓰인다.

1 까치수염을 닮은 풀이라는 뜻의 갯까치수염은 바닷가 바위틈에서 자라는 두해살이풀이다. 속명으로 해변진주초 또는 갯좁쌀풀, 갯꼬리풀이라고도 한다. 개별 개체로 자라기도 하지만 군락을 이루기도 한다. 잎 길이는 2~5센티미터, 너비는 2센티미터 내외로 매우 두껍고 광택이 돌며 가장자리가 밋밋하다. 키는 10~40센티미터 정도로 자라는데 척박한 환경에서 피어나는 하얀 꽃은 소박하면서도 아름답다. 갯까치수염의 꽃말은 친근한 정, 그리움으로 알려졌다.

2 2006년 북한에서 제작한 독도 우표가 한국에 반입되어 판매되었다. 독도에 서식하는 갯까치수염, 술패랭이꽃, 바다사자 등을 도안한 8장의 우표와 독도의 동도와 서도의 풍경을 담은 쌍안경식 우표가 한 묶음으로 되어 있다.

3 쌍떡잎식물 명아주과에 속하는 나문재는 바닷가에 서식하는 한해살이풀이다. 50~100센티미터까지 자라 여느 염생식물보다 키가 크다. 어릴 때는 잎이 가늘고 길어서 어린 소나무처럼 보여 '갯솔나무'라 불린다. 줄기는 옅은 녹색이며 가을이면 붉은색으로 바뀐다.

4 사초과 해변식물인 좀보리사초와 통보리사초는 바닷가 모래땅에서 자라는 여러해살이풀로 군락을 형성한다. 키는 10~25센티미터이며, 땅속줄기가 옆으로 뻗으면서 군데군데 줄기와 잎이 나온다. 사료나 퇴비로 이용하며 사방용(산, 강가, 바닷가 따위에서 흙, 모래, 자갈 따위가 비나 바람에 씻기어 무너져서 떠내려가는 것을 막기 위한 시설)으로 심기도 했다. 좀보리사초와 통보리사초 이삭은 보리 이삭을 닮았다. 둘의 구별은 이름 그대로 모든 것이 작고 좀스럽게 보이는 것이 좀보리사초(위쪽)이며, 통통한 것이 통보리사초이다.

2
바닷말(海藻類, Seaweeds)

바닷속 식물의 대명사라 할 수 있는 바닷말은 육상식물처럼 엽록소로 광합성을 한다. 이들은 육안으로 관찰할 수 있는 녹조류, 갈조류, 홍조류에서부터 육안으로 확인할 수 없는 미세조류인 남조류, 규조류, 와편모조류에 이르기까지 전 지구에 걸쳐서 살고 있다. 녹조류, 갈조류, 홍조류로 분류하는 것은 몸 색이 기준이 된다. 이들은 엽록소 외에 갈색과 홍색의 보조색소가 있다.

- 녹조류: 얕은 수심에 분포하는 바닷말류이며 파래, 청각, 청태, 클로렐라 등이 있다. 생식법이나 엽록소의 구조, 광합성 능력 등으로 볼 때 바닷말 중에서 가장 진화한 분류군이다.
- 갈조류: 우리에게 친숙한 미역, 다시마와 대황, 모자반, 톳 등이 있다. 녹조류보다 깊은 곳에서 자라고, 비교적 크기가 커 바다숲을 이룬다. 바다숲은 해양생물에게는 서식지를 제공하고 인류에게는 여러 종류의 유익한 부산물을 제공한다.
- 홍조류: 바닷말 가운데 종류가 가장 많아 4,000여 종이나 된다. 김, 우뭇가사리 등이 대표적이며 녹조류나 갈조류에 비해 서식 범위가 넓다.

독도 동도를 배경으로 바다숲을 반수면 촬영했다. 독도 바닷속에는 대형 갈조류인 감태와 모자반이 군락을 이루어 바다숲을 형성한다.

광합성을 하는 바닷말

바닷말은 땅 위의 식물들과 마찬가지로 광합성으로 이산화탄소를 흡수하고 산소와 영양물질을 만들어낸다. 산소와 영양물질은 해양생물이 살아가는 데 반드시 필요한 에너지원이며, 이들이 소비하는 이산화탄소는 산업화에 따른 대기오염을 줄여준다.

바닷말은 이산화탄소를 소비하고 산소와 영양물질을 생산하는 것 외에도 해양생물에게 서식처를 제공한다. 숲이 우거진 곳에 동물들이 모여 살듯 바닷말로 이루어진 바다숲은 바다생물의 보금자리이다.

바다숲에 바닷말이 내보내는 산소와 영양물질을 흡수하기 위해 플랑크톤이 모여들고 이들을 포식하려는 작은 물고기들과, 작은 물고기를 먹잇감으로 하는 큰 물고기들이 모여드는 거대한 생명 공동체가 형성된다. 또한 바닷말 엽상체를 먹잇감으로 삼는 초식성 어류와 전복, 고둥, 군소 등 연체동물에게도 바다숲은 그 자체만으로 훌륭한 식량 공급원이다.

최근 연안을 따라 발생하고 있는 백화현상으로 바닷말의 서식 환경이 점점 줄어들면서 바닷속 생태계가 황폐해지고 있다. 바닷말이 사라지는 것은 당장 바닷속 생명체에게 큰 위협일 뿐 아니라 이를 기반으로 생업을 이어가는 어민에게도 큰 타격이다. 또한 바닷말이 줄어들어 이산화탄소 소비와 산소 생산이 줄어든다면 이산화탄소 과잉에 따른 지구 온난화가 가속되어 돌이킬 수 없는 대재앙을 맞게 될지도 모른다.

바닷말은 색깔에 따라 녹조류, 갈조류, 홍조류로 분류하는 것이 가장 일반적이다. 모두 땅 위 식물처럼 녹색의 엽록소가 있지만 갈조류는 보조색소로 갈색 색소가, 홍조류는 붉은 색소가 많아 각기 색깔이 달라 보인다. 수심에 따라 녹조류, 갈조류, 홍조류가 단계적으로 분포한다. 수심이 얕은 곳에는 녹조류가 많이 서식하며 그 아래로 갈조류, 홍조류의 순으로 자리 잡고 있다.

땅 위 식물이 봄, 여름, 가을, 겨울의 순환에서 생육이 달라지듯이 바닷속에도 사계절에 따라 바닷말의 성장과 쇠퇴가 반복된다. 그런데 바닷말의 계절 순환은 땅 위 식물과 반대인 경우가 많다. 미역이나 다시마 등의 갈조류는 수온이 낮아지는 겨울과 봄에 가장 무성하며 여름이 다가오면서 녹아 없어지기 때문이다.

바닷말은 땅 위 식물처럼 다양한 생육환경에서 자라지 못한다. 광합성을 하기 위해 햇빛이 투과되는 얕은 수심에만 살며 지나치게 온도가 높은 환경을 싫어해 아한대에서 온대에 이르는 해역에서만 서식한다. 이들은 뿌리, 줄기, 잎의 구분 없이 전체가 잎 모양의 엽상체로 되어 있다. 바닷말의 뿌리는 땅 위 식물처럼 양분을 흡수하는 기능을 하지 않고 단단한 표면에 달라붙을 수 있는 부착기의 역할만 한다. 바닷말은 뿌리 대신 몸 전체에서 영양분을 흡수한다. 바닷말의 줄기는 유연하여 물결이 흐르는 대로 움직인다. 아마 육상식물처럼 단단하다면 거센 파도나 조류의 흐름에 부러지고 말 것이다.

제주도 서귀포 앞바다의 3월 초춘 풍경이다.
대형 갈조류인 모자반들이 3~4미터씩 자라 바다숲을 이루고 있다.

얕은 물이 좋은 녹조류

수심이 가장 얕은 곳에 분포하며 파래, 청각, 청태, 클로렐라 등이 이에 속한다. 양적으로 풍부하여 한여름 연안으로 밀려들어 녹조 현상을 일으키는 미세조류도 녹조류에 포함된다.

▸ 파래: 녹조류의 대표 격이다. 염분 농도나 온도 변화, 수질오염 등과 같은 환경변화에 대한 내성이 커서 열대지방에서부터 극지방에 이르기까지 자라지 않는 곳이 없다. 그런데 파래는 김이 자라는 환경과 비슷한 곳을 좋아해 김 포자를 붙이기 위해 쳐놓은 김발에 달라붙어 김 양식을 망치게 한다. "김발에 파래 일면 김 농사는 하나마나"라는 속담이 있을 정도이다. 파래는 김과 생육환경이 비슷하고, 자라

파래는 우리나라 전 연안에 광범위하게 분포하는 종으로 조간대의 암반, 말뚝, 다른 바닷말의 엽체, 고둥류 등에 잘 달라붙는다. 사진은 선착장 하부 구조물에 달라붙은 파래들이다.

는 시기가 비슷한 데다 성장 속도가 김보다 훨씬 빠르다 보니 문제가 심각하다. 쑥쑥 자란 파래가 햇빛과 양분을 다 차지해
버리는 꼴이다.
파래가 많이 함유된 김을 청김 또는 파래김이라 하는데 일반 김보다 약간 하급품으로 유통된다. 그런데 감칠맛 나는 파래가 건강식품으로 대접받는 데다 생명력 또한 강하다 보니 수확이 불안정한 김 양식을 포기하고 안정적인 소득을 얻을 수 있는 파래 양식에 눈을 돌리는 사람들이 늘고 있다. 파래 가운데 하급품으로 분류되는 갈파래는 퇴비나 가축 또는 양식 전복 사료로 사용된다.

▸ 매생이: 파래 중의 파래라 불린다. 예전에는 김발에 붙어 김 양식을 망치는 천덕꾸러기로 취급받았으나 바다 내음을 품은 깊은 맛이 입소문을 타고 전해지기 시작하자 어민들 중에 아예 김 양식을 그만두고 매생이 양식으로 업종을 바꾸는 이들까지 생겨나고 있다. 김 양식을 그만두고 파래 양식을 하는 것과 같은 형국이다.
매생이 양식은 김 양식과 같은 방식으로 이루어진다. 바닷물의 가장 위층에는 매생이, 그 아래층에는 김, 더 아래층에는 파래가 붙는다. 따라서 김발의 위치를 약간만 위로 올려주면 김발을 매생이발로 활용할 수 있다. 매생이는 머리카락보다 더 가느다란 짙은 녹색 뭉치라 처음에는 거부감을 느낄 수 있지만 맛과 향에서 중독성이 강하다. 주로 굴을 넣고 매생이국을 끓여 먹거나 칼국수를 넣어 매생이 칼국수로도 먹는다. 이 외에도 죽이나 무침 요리, 떡국에 넣거나 부침개를 해먹어도 좋다. 철분이 풍부해 빈혈에 좋을 뿐만 아니라 칼로리가 낮고 식이섬유가 풍부해 다이어트식으로, 비타민이 풍부해 피부미용에도 좋은 것으로 알려졌다.

▸ 청각: 사슴뿔 모양으로 검푸른색을 띤다. 파도의 영향을 적게 받는 얕은 수심대 암초에 부착하여 자라는데 부드럽고 탄력이 있다. 나물처럼 식초를 넣고 무치면

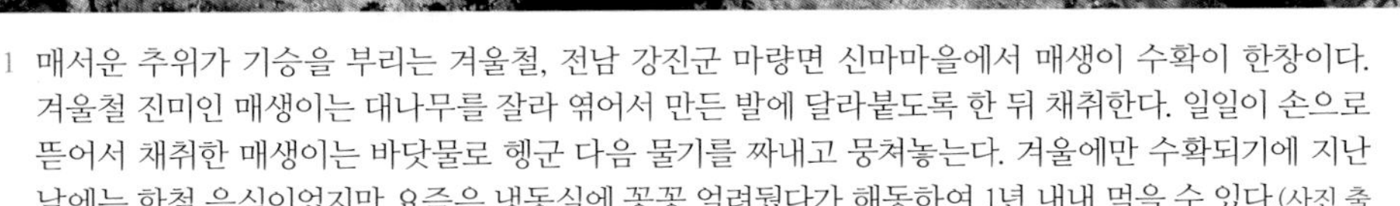

1 매서운 추위가 기승을 부리는 겨울철, 전남 강진군 마량면 신마마을에서 매생이 수확이 한창이다. 겨울철 진미인 매생이는 대나무를 잘라 엮어서 만든 발에 달라붙도록 한 뒤 채취한다. 일일이 손으로 뜯어서 채취한 매생이는 바닷물로 헹군 다음 물기를 짜내고 뭉쳐놓는다. 겨울에만 수확되기에 지난날에는 한철 음식이었지만 요즘은 냉동실에 꽁꽁 얼려뒀다가 해동하여 1년 내내 먹을 수 있다.(사진 출처: 〈국제신문〉 DB)

2 청각은 우리나라 대부분 연안에서 자라는 녹조류로 부드럽고 탄력이 있다.

오돌오돌 씹히는 맛이 일품이다. 신선한 맛과 향을 지닌 청각은 젓갈이나 생선 비린내를 가시게 하고 마늘 냄새도 중화시켜 뒷맛을 개운하게 해 김치를 담글 때 사용한다. 청각은 말리면 물기가 빠지면서 시들지만 다시 물에 담갔다가 식초를 넣으면 바로 생생하게 살아난다. 주요 영양소로는 식이섬유가 가장 많고 칼슘과 철, 비타민A와 비타민C도 풍부하다.

바다숲을 이루는 갈조류

녹조류보다 상대적으로 깊은 수심에서 자라고, 길이가 몇 미터씩이나 되는 대형 종이 많아 바다숲을 이루는 주종이다. 우리에게 친숙한 미역, 다시마를 비롯해 대황, 모자반 등이 갈조류에 속한다.

이 갈조류에는 요오드(아이오딘) 성분이 많이 함유되어 있어 요오드 결핍으로 생기는 갑상선 질환을 예방할 수 있다. 또한 갈조류에서 추출되는 알긴산은 장내에 축적되어 있는 중금속 등의 유해 물질을 흡착하여 대소변을 통해 몸 밖으로 배출시킬 뿐 아니라 아이스크림을 부드럽게 하는 식품첨가물이나 몸속의 산을 감소시키는 약물로도 사용된다.

모자반과 대황으로 이루어진 독도 해역의 바다숲 주변을 돌돔들이 유영하고 있다.

▸ 미역: 우리 민족과 친숙한 해산물이라 할 수 있다. 출산이나 생일상 하면 가장 먼저 연상되는 것이 바로 미역일 것이다. 객지에서 생일조차 잊고 지내다가 누군가의 관심으로 미역국을 대하고는 가슴 뭉클했던 추억이 있는 사람이라면 미역에 대한 남다른 감회가 있을 것이다.

예로부터 아이를 출산한 산모는 미역국을 먹었다. 산모가 먹을 미역은 산모미역이라 해서 엽상체가 넓고 길게 붙은 것으로 고르며 값을 깎지 않았다고 한다. 장사꾼들도 산모가 먹을 길게 말린 미역을 꺾지 않고 새끼줄로 묶어서 팔았다고 한다. 산모에게 꺾지 않은 곧은 미역을 먹이는 이유는 아기가 똑바로 잘 빠져나오는 순산을 바라는 의미였다.

미역이 산모에게 좋다는 믿음은 오래전부터 전해왔던 것으로 보인다. 19세기 학자 이규경의 『오주연문장전산고』에는 다음과 같은 글이 실려 있다.

"한 사내가 물속에서 헤엄치다가 갓 새끼를 낳은 고래에 먹혀 그 배 속으로 들어가게 되었다. 고래의 배 속에는 미역이 가득했는데, 주변 장부의 나쁜 혈액이 모두 물로 변해 가고 있었다. 가까스로 고래의 배 속을 탈출한 그가 미역이 산후에 좋은 음식이란 사실을 세상 사람들에게 전하니 비로소 미역의 좋은 효과가 널리 알려지게 되었다."

미역은 여느 갈조류와 함께 요오드 성분을 많이 함유하고 있어 몸속의 굳은 혈액을 풀어주고 몸이 붓는 것을 예방한다. 임신과 출산 과정을 거치면서 산모의 갑상선 호르몬이 상당량 태아에게 가게 되고, 산모는 몸이 붓는다. 몸이 붓는 것을 막기 위해서는 갑상선 호르몬에 속하는 방향족 아미노산인 티록신thyroxine이 필요한데 이 아미노산은 요오드가 있어야만 생성된다.

요오드는 2011년 3월 11일 일본 후쿠시마 원자로 폭발 사고로 관심이 모아졌다. 유출된 방사성 물질에는 방사성 요오드도 포함되는데 인체의 갑상선은 자연산 요오드뿐 아니라 방사성 요오드까지 가리지 않고 흡수한다. 방사성 요오드가 흡수될 경우 방사능을 지속적으로 내뿜어 세포를 파괴한다. 방사성 요오드의 흡수를 막는 방법은 방사능을 띠지 않은 일반 요오드를 미리 섭취하는 것뿐이다. 갑상선에서 요오드를 충분히 흡수하고 나면 방사성 요오드가 인체에 들어오더라도 몸 밖으로 배출되기 때문이다. 이에 따라 요오드를 많이 함유하고 있는 미역, 다시마 등 바닷말에 관심이 쏠렸다.

부산 기장군 미역 양식장의 물속 풍경이다. 바닷속에서 올려다본 미역이 햇살을 받아 아름다운 색채를 띠고 있다.

그런데 아무리 좋은 것이라도 지나치면 해가 된다. 요오드를 과잉 섭취해도 갑상선 호르몬 합성에 문제가 생긴다(요오드 하루 섭취 권장량 0.15밀리그램, 하루 섭취 상한량 3밀리그램, 건미역 1그램당 요오드 함량은 0.11밀리그램). 이외에도 미역에는 비타민과 알긴산, 식물성 섬유질이 많이 들어 있어 피부가 고와지며 대장 운동을 도와 변비를 개선한다. 최근에는 성인병의 원인이 되는 콜레스테롤의 증가를 막아 동맥경화증을 예방하는 것으로 알려지면서 건강식품으로 각광받고 있다.

미역은 연평균 수온 섭씨 10도 이상의 해역에 사는 난류성 바닷말이며 우리나라와 일본에서 주로 생산된다. 1960년대 말부터 양식 기술이 보급되면서 생산량이 급격히 늘어났는데 형태적인 특징에 따라 부산 기장군 연근해 어장에서 생산되는 '북방산'과 전라남도 완도를 중심으로 남해의 연근해에서 생산되는 '남방산'이 있다.

북방산 미역이 자라는 기장 연안은 한류와 난류가 만나고 조류의 상하 운동으로 영양염류의 순환이 왕성해 미역이 자라기에 최적의 조건을 갖추고 있다. 북방산 미역은 남방산에 비해 찰지고 담백하지만 국내 생산량의 5퍼센트 정도에 머물러 시중에 유통되는 거의 모든 미역은 남방산이라 할 수 있다. 예로부터 기장 미역이 유명세를 떨치다 보니 기장 어민들은 미역 수확 구역을 나눠야 했다. 기장군 칠암마을의 경우 마을 이름의 유래가 된 마을 앞바다에 흩어져 있는 일곱 개의 여(거멍돌, 뻘돌, 군수돌, 청수돌, 넓돌, 뻥곳돌, 송곳돌)가 독점적으로 미역을 수확하는 지형지물의 경계가 되어주었다. 여는 물속에 잠겼다 떠올랐다 하는 암초를 가리키는 말이다.

▸ **다시마:** 지구상 최초의 풀이라고 해서 '초초初草'라고도 한다. 원산 이북의 한대와 아한대에서 자라던 한해성寒海性 식물이지만 지금은 양식을 통해 전국 연안으로 서식지가 넓어졌다. 진시황제가 봉래섬에 신하를 보내 구해온 불로초가 바로 다시마라는 이야기도 전한다. 미역과 마찬가지로 요오드, 알긴산 등을 많이 함유하고 있지만 미역보다 소금 성분인 나트륨이 적어 고급 식품으로 대접받는다. 최근 들어서는 고혈압, 당뇨, 변비 등 성인병 예방은 물론 항암 효과에도 입증되면서 건강 보조식품으로 그 영역이 점차 넓어지고 있다.
다시마의 일종으로 마크로시스티스Macrocystis라는 바닷말이 있다. 마크로시스티스는 길이가 보통 20~30미터나 되고, 60미터 넘게 자라기도 해서 바다에 사는 식물 가운데 가장 크다. 자라는 속도도 빨라 하루에 50센티미터씩 자란다고 한다.

제주도 연안에서는 감태가 흔하게 발견된다. 감태가 무성한 바다숲 사이로 자리돔이 무리를 이루고 있다.

▸ **감태:** 다년생 바닷말로 다시마목 미역과에 속한다. 세계적으로 10여 종이 분포하고 우리나라에는 감태, 검둥감태, 곰피 세 종류가 자란다. 우리나라 주 서식지는 남해안과 제주도 일대, 동해안의 울산·영덕 해역, 독도·울릉도 등으로 알려졌다. 지난날 감태는 제주도 특산종이었지만 기후 변화 등으로 지금은 강원도 삼척 해역까지 서식 범위를 확장해 가고 있다.

제주도 성산포 해녀들이 광치기해변에서 감태를 수확하고 있다. 이렇게 수확한 감태는 갯바위에 걸쳐 말린 후 한자리에 쌓아둔다.

줄기는 원기둥 모양이고 밑동은 뿌리 모양으로 암반에 딱 들러붙어 있다. 1~2미터 길이에 넓은 엽상체가 잘 발달되어 전복이나 고둥류 등 복족류의 주된 먹잇감일 뿐 아니라 요오드, 알긴산, 칼륨을 많이 포함하고 있어 식용으로도 사용된다. 감태는 플로로탄닌이라고 하는 독특한 구조의 폴리페놀계 화합물을 2차 대사 산물로 생산하는데 여기에는 육상 물질에서 발견할 수 없는 인체 활성 물질이 함유되어 있는 것으로 밝혀져 식품 의학계의 관심을 받고 있다.

▸ **대황**: 우리나라와 일본 해역에 분포하는 종으로 우리나라에는 울릉도와 독도 해역에서 주로 발견된다. 서식처의 수심에 따라 차이가 있으나 큰 것은 1.5미터 이상 자라며, 지름은 2~3센티미터이다. 1년생 어린 식물에는 줄기에 가지가 갈라지지 않고 하나 있다. 2년째가 되면 줄기 끝이 Y자 형

울릉도 해역이 풍성한 것은 대형 갈조류인 대황이 바다숲을 이루며 광합성을 통해 산소와 영양물질을 공급하고 있기 때문이다. 대황 주변으로는 대황을 직접적인 먹이로 삼는 고둥류, 전복, 해삼 등이 무리를 이룬다.

태의 두 가닥으로 나누어져 한 가닥으로 잎이 갈라지는 감태와 구별할 수 있다. 대황은 칼슘 함량이 높고, 요오드, 철, 마그네슘 등 미네랄과 비타민을 많이 포함하고 있어 의약품의 원료와 기능성 식품으로 각광받고 있다. 효능뿐 아니라 현지인들은 옛날부터 대황을 삶아서 우린 뒤 쌀이나 보리를 섞어 대황밥을 먹어 왔다. 어려웠던 시절의 음식이 향토 음식으로 각광받듯 대황밥도 매한가지이다. 울릉도·독도 해역에 성게, 소라, 전복 등 수산자원이 풍부한 것은 바다숲을 이루는 대황이 이들의 훌륭한 먹이가 되어주기 때문이다.

▸ **모자반**: 우리나라 연안에 광범위하게 서식하는 대형 바닷말로 바다숲을 이루는 대표 종이다. 겨울에서 이른 봄 부쩍 자라는 모자반으로 이루어진 바다숲은 마

제주도 서귀포 앞 문섬 해역의 이른 봄 풍경이다. 모자반 바다숲에 무리를 이룬 볼락 치어들이 자리 잡고 있다. 바다숲은 바다동물이 성장할 수 있는 환경을 제공한다.

치 덩굴이 우거진 숲과 같다. 모자반은 뜨거운 물에 데친 다음 양념을 곁들여 나물로 무쳐 먹는 것이 보통이지만 제주도에서는 모자반을 이용해서 '몸국'이라는 독특한 음식을 만들어냈다. 제주도 사투리 '몸국'은 모자반국으로 풀이할 수 있다. 생선이든, 돼지고기든 기름기 있는 고기를 넣고 함께 끓여내면 구수할 뿐만 아니라 돼지고기 특유의 냄새나 맛이 전혀 나지 않고 입 안에서 오돌오돌 씹히는 맛이 식감을 더해준다. 모자반은 미역이나 다시마와 영양 면에서 대동소이하며 당질에 비해 식이섬유 성분을 많이 함유하고 있다.

모자반 줄기에 있는 공기주머니이다. 바위에서 떨어져 나간 모자반은 공기주머니의 부력으로 수면으로 떠오른다.

북대서양의 미국과 바하마제도 동쪽에 있는 사르가소해Sargasso sea는 모자반의 스페인어 '사르가소'에서 비롯된 이름이다. 1492년 콜럼버스가 바람과 해류가 없는 이곳을 항해하다가 설상가상으로 해수면이 모자반까지 뒤덮여 있어 그 해역을 빠져나오는 데 엄청난 고생을 했다고 한다. 부착조류인 모자반이 수중 바위에서 떨어져 나가면 공기가 들어 있는 주머니로 인해 물에 뜨는데 수면에 무수히 떠 있는 모자반이 선박의 진행을 막았던 것이다. 이러한 인연으로 콜럼버스는 이곳에 'Sargasso Sea'라는 이름을 붙였다.

이렇게 무리 지어 떠다니는 모자반들은 '뜬말'이라 하여 어린 물고기들의 생육장이 되어 해양생태계에 큰 도움을 준다. 뜬말 아랫부분을 살펴보면 수많은 동물플랑크톤과 치어들을 발견할 수 있다. 뜬말 아래에 서식하는 치어들은 이곳에 숨어서 대형 어류의 포식을 피하고, 별다른 노력 없이 뜬말과 함께 조류를 타고 이동할 수 있다.

어디서든 살아가는 홍조류

홍조류는 크기가 작은 반면 종류가 다양해 약 4,000여 종이나 된다. 녹조류, 갈조류보다 서식 범위가 넓어 얕은 수심에서부터 깊은 수심에 이르기까지 자생하는 종의 수가 많다. 대표적인 것으로는 김과 우뭇가사리를 들 수 있다.

▸ 김: 예로부터 우리나라와 일본에서 식용해 왔다. 특히 일본인들의 식생활에서 김이 차지하는 비중은 상당하다. 김에는 소고기와 견줄 만큼 많은 양의 단백질과 탄수화물이 있으며 비타민A 함유량도 다른 식품에 비해 우수하다. 김에는 또 비타민C와 비타민B가 풍부해 겨울철 푸른 채소가 부족했던 시절에는 중요한 비타민 공급원이었다.

김은 수온이 높을 때는 작은 포자 상태로 떠다니다가 수온이 낮아지는 늦가을 엽상체로 자란다. 김 양식은 이러한 습성을 이용한다. 포자가 붙을 수 있게 막대를 이용해 김발을 설치한다. 물속을 떠돌던 김 포자는 김발에 붙어 엽상체로 자란다. 김은 파도가 잔잔하고 조류의 소통이 원활한 내만 중 하천수의 영향을 어느 정도 받는 곳이라야 자랄 수 있다.

이러한 입지 조건을 갖춘 곳으로는 낙동강 하구가 최고였다. 그런데 하구둑이 건설되면서 문제가 달라졌다. 김 양식을 하려면 바닷물과 하천수가 어느 정도 섞여야 하는데 하구둑으로 인해 물의 자연스러운 교류가 차단되었기 때문이다. 아직 낙동강 하구 명지 쪽에는 '명지해태'라는 제품으로 낙동강 김이 명맥을 유지하고는 있지만 생산량이나 품질이 예전만 못하다.

인공적으로 발을 설치할 수 없는 갯바위 등에 김의 포자가 붙어 자라는 것을 양식 김과 구별해 돌김이라 한다. 돌김은 뜯기도 하지만 전복 껍데기로 긁어모으는 것이 제맛이다. 이렇게 긁어모은 돌김은 자연산이라 고급 종으로 대접받는다.

김은 대부분 건조 가공해서 유통되지만 갯바위에서 뜯어 모아 국을 끓여 먹기도 한다. 김국은 미세한 기름막이 형성되기에 팔팔 끓여도 수증기가 올라오지 않는다. 멋모르고 먹었다가 입천장 데기에 딱 좋다. 미운 사위가 찾아오면 혼이라도 낼 양 김국을 끓여내고 모른 척 권했다고 한다. 미운 사위에게 김국을 끓여낸다는 이야기는 남도 지방에 구전되는 속담 "미운 사위한테 매생이국"과도 상통한다. 찐득찐득할 정도로 진하게 끓인 매생이국 역시 뜨거워도 김이 나지 않아 멋모르고 먹었다간 깜짝 놀랄 수밖에 없다.

김은 '이끼 태苔' 자에 '바다 해海' 자를 붙여 해태海苔라고도 하지만 사실 해태라는 이름은 일본에서 건너왔다. 우리나라에서는 전통적으로 파래를 해태라고 했으며, 김을 해의海衣라고 기록했다. 이 해의海衣가 '김'이라 불리게 된 것은 '김 씨' 성을 가진 사람이 처음 양식했기 때문이라 전하고 있다.

전라남도 광양시 태인동에 있는 김 시식지(전라남도 지정기념물 제113호) 자료에 따르면, 조선 선조 39년(1606년) 영암에서 출생한 김여익 공이 병자호란 때 의병을 일으켰으나 조정이 항복하자 세상을 등지고 태인도(섬진강 하구 간석지에 있는 섬)로 들어와 살게 되었다고 한다. 김 공은 해변에 떠내려온 나무에 해의가 붙어 자라는 것을 보고 김발을 모래펄에 세워 김 양식을 시작해 그 생산물을 인근 하동장에 내다 팔았는데 사람들은 이를 두고 태인도 '김 공'이 기른 것이라 해서 '김'이라 불렀다는 것이다.

태인도는 섬진강과 광양만이 만나는 지리적 특성으로 양분이 풍부한 담수가 흐르고 갯벌이 넓게 형성되어 있어 예로부터 수산물 양식의 최적지로 손꼽혔다. 지금 태인도에는 광양제철소가 들어서 있어 '김'이 아니라 '쇠(金)'가 생산되고 있다.

하지만 김 양식의 기원이 완도라는 주장도 있다. 1924년 발간된 『조선의 수산』

1 낙동강 하구는 김 생산지로 유명하다. 하구에서 생산된 물김이 출하되고 있다.
2 낙동강 하구 김 양식 어민들이 김 양식장에서 채묘(종자 붙이기)를 하여 낙동강 김의 명맥을 유지하고 있다.

1호에는 "100여 년 전 완도군 조약도의 김유몽이 마을 앞 해안을 거닐다 떠밀려 온 나무에 해의가 많이 붙어 자라는 것을 보고 이를 본떠 나뭇가지를 바다에 꽂았더니 해의가 자랐고, 이 방법을 마을 사람들에게 전한 것이 해의 양식의 시초가 되었다"라고 하여 김 양식의 완도 유래설을 주장하고 있다. 이처럼 김 양식이

검은 반도체 김

2021년 한국무역협회 보고서에 따르면 전 세계를 통틀어 수출 품목 중 우리나라가 1위를 차지한 품목이 총 63개인데, 이 가운데 압도적인 품목이 반도체, 김, 부탄가스이다. 2020년 기준, 전체 수출에서 반도체 수출액은 991억 8000만 달러로 차지하는 비중이 17.3퍼센트에 이르렀으며, 검은 반도체라 불리는 김은 매년 수출이 증가해 2020년에는 6억 달러를 기록했다.

우리나라는 전 세계 마른 김의 약 50퍼센트를 생산하고 있다. 전 세계의 연간 마른 김 생산량은 250억 장으로 한국이 124억 장, 일본 83억 장, 중국이 44억 장을 차지하고 있다. 부탄가스의 전 세계 시장 규모는 약 7억 개인데 우리나라 기업의 점유율이 90퍼센트 정도이다.

시작된 곳을 광양으로 보는 견해와 완도로 보는 견해가 있지만, 다른 시각으로 보면 이 두 곳에서 양식 방법이 각각 개발된 것일 수도 있다.

▸ **우뭇가사리:** 조간대 중·하부의 바위에 붙어 자라는 흔한 바닷말이다. 길이는 10~30센티미터 정도이며, 납작하고 가는 줄기가 부챗살처럼 펼쳐진 모양이다. 줄기 곳곳에 길고 짧은 가지가 깃 모양으로 갈라져 나온다. 다년생 바닷말인 우뭇가사리는 대체로 5~11월에 걸쳐 자라며, 이 시기가 지나면 밑동 부분만 남겨두고 점차 녹아 없어진다. 이듬해 봄에 남아 있던 밑동에서 다시 새싹이 자라난다.

채집한 우뭇가사리를 자연 상태에서 비를 맞히고 햇볕을 쬐어 말린 다음 이것을 물에 넣고 끓여 나오는 물을 응고, 건조하여 만든 것이 우무이다. 그런데 우무는 수분 함량이 매우 높은 묵 형태라 유통이나 저장이 어렵다.

유통과 보관상 편의를 위해 만든 것이 한천寒天이다. 전통적인 의미의 한천은 우무를 겨울철에 자연 상태에서 얼리고 녹이고를 반복하며 건조하여 얇은 조각 형태로 만든 것이라 이름에 '찰 한寒', '하늘 천天' 자를 붙여 지었다. 대량소비에 맞춰 대량생산이 이루어지면서 냉동, 해동, 건조의 과정이 기계화되어 한천을 생산하는 데 걸리는 시간이 많이 줄어들었다.

작은 조각이나 가루 형태로 만든 한천

우뭇가사리는 얕은 수심에서 깊은 수심에 이르기까지 살아가는 흔한 바닷말이다. 채집한 우뭇가사리를 해변에서 말리고 있다.

경남 밀양의 한천 건조장에서 우무에 물을 뿌리고 있다. 한천은 우무를 겨울철에 자연 상태에서 얼리고 녹이고를 반복하며 건조하여 만든다.

을 물에 넣고 끓여서 녹인 다음 냉각하면 다시 젤리 형태의 우무가 된다. 우뭇가사리가 우리 식생활에서 큰 관심을 받게 된 것은 우무의 주성분이 탄수화물로 소화나 흡수가 잘되지 않는 저칼로리 식품이기 때문이다. 우뭇가사리는 잼, 젤리, 양갱, 수프 등 식품첨가물뿐 아니라 필름, 전구, 가죽, 화장품 등 공업용 첨가물로도 많이 사용된다.

바닷속에서 꽃 피우는 현화식물

약 1억 년 전 백악기에 육상식물 중 일부가 바다로 돌아가 바다 환경에 맞춰 진화해 갔다. 생존을 위해 삼투조절을 하고, 기공이 퇴화하고, 뿌리나 땅속줄기로 산소를 공급하기 위해 통기조직이 발달했다. 이들은 바닷말과는 달리 뚜렷한 잎과 땅속줄기·관다발 조직이 발달했다. 이처럼 바닷물에 적응하여 화려하지는 않지만 꽃을 피우는 현화식물을 통칭하여 잘피Seagrass라고 한다.

잘피는 땅속줄기에서 잎과 꽃차례가 달리는 기다란 가지를 내어 올린다. 주로 조류가 강한 사리 때 끈적끈적한 실 모양의 꽃가루를 내어 수정한다. 육상식물이 벌이나 나비를 유혹하기 위해 화려하게 치장해야 한다면 잘피는 물의 흐름에 의존하므로 화려한 꽃을 피울 필요는 없다. 이들은 남극대륙을 제외한 전 세계 거의 모든 연안에 분포하고 있으며 60~70여 종이 존재하는 것으로 알려졌다.

특히 햇빛이 잘 드는 아주 얕은 바다에 잔디처럼 땅속줄기로 퍼져 수중초원을 이룬다. 잘피밭은 수많은 바다생물의 생활 터전이 된다. 무성한 잘피밭은 작은 생물들이 조류에 휩쓸리지 않게 도와주며, 잎 표면에 유기물이 흡착되어 이를 먹고 사는 다양한 생물을 부양한다. 잘피밭은 어패류를 비롯한 각종 해양동물에 산란장과 성육장의 역할을 한다.

수많은 해양동물은 태어날 새끼들을 위해 숨을 곳이 많고 먹을 것을 찾기 쉬운 잘피밭에 알을 낳는다. 또한 육지에서 흘러드는 질소나 인과 같은 오염물질을 빠르게 흡수해 제거할 뿐 아니라 광합성으로 뿜어져 나오는 산소는 생물들의 호흡을 원활하게 하고 수질을 정화하여 적조와 같은 환경 재해를 줄일 수 있다. 잘피는 봄철

열대 바다 잘피가 만들어낸 풍경이다. 때마침 나타난 흰동가리 한 쌍이 유영하는 모습이 마치 땅 위 초원을 날아가는 나비를 닮았다.

에 꽃을 피우고 가을이면 시들기 시작한다. 바닷가 사람들은 늦가을 무렵 시들어 떠밀려온 잘피를 말려서 거름으로 사용해 왔다.

잘피밭 복원

현재 전 세계 잘피 면적의 절반 이상이 사라졌다고 한다. 우리나라 또한 1970년대 이후 산업화와 도시화에 따른 연안 개발과 오염물질의 유입 등으로 잘피 생육지의 70~80퍼센트가 사라진 것으로 추정되고 있다. 우리나라뿐 아니라 세계 각국은 연안과 하구 생태계에서 잘피가 차지하는 중요성을 인식해 잘피 이식 등을 통해 생육지 복원에 많은 관심과 노력을 기울이고 있다.

1 2

1 거머리말에 수정란이 붙어 있다. 거머리말은 북반구 온대 해역에서 살아가는 잘피종으로 조간대부터 수심 약 5미터 사이에 주로 분포하며 해양동물에 훌륭한 산란장 역할을 한다.

2 독도 해역의 물속 풍경이다. 모자반 사이로 잘피의 일종인 새우말이 녹색의 생명력을 뿜어내고 있다. 새우말은 우리나라 동해 연안의 암반 조간대부터 수심 약 15미터까지 주로 분포하며 암반에 부착하여 자라는 것이 특징이다.

2007년에 「해양생태계 보전 및 관리에 관한 법률」을 제정해 잘피종인 거머리말, 수거머리말, 왕거머리말, 포기거머리말, 새우말, 게바다말을 해양보호생물로 지정했다. 세계자연보전연맹이 지정한 「멸종위기 동식물 보고서」에는 15종의 잘피가 포함되어 있다. 이 가운데 우리 연안에 분포하고 있는 게바다말은 위기종, 새우말과 포기거머리말은 취약종, 왕거머리말·수거머리말·해호말은 준위협종으로 지정되어 있다.

참고 문헌과 자료

『고금석림古今釋林』

조선 영조·정조 때의 문신 이의봉李義鳳, 1733~1801이 여러 나라의 어휘를 모아 편찬한 사전이다. 이 책은 역대 우리말과 중국어를 비롯해 흉노·토번·돌궐·거란·여진·청·일본·안남·섬라暹羅(타이) 등의 어휘를 모아 해설한 어휘집으로 동양의 언어와 문자에 관한 광범한 자료를 집대성했다. 우리의 어문 연구는 물론 주변국과의 관계를 밝히는 귀중한 자료로 평가받고 있다.

『규합총서閨閤叢書』

1809년 빙허각 이씨憑虛閣 李氏, 1759~1824가 부녀자를 위해 엮은 일종의 여성 생활백과. 여성에게 교양 지식이 될 만한 내용들을 한글로 수록했다. 빙허각 이씨는 『임원경제지』를 저술한 조선 후기 실학자 서유구의 형수인 것으로 알려져 있다.

『난호어목지蘭湖漁牧志』

1820년 서유구徐有榘, 1764~1845가 저술한 어류에 관한 책이다. 서술방식은 물고기의 이름을 한자와 한글로 각각 적은 뒤 그 모양과 형태·크기·생태·습성·가공법·식미食味 등을 서술하고 있다. 후일 자신이 저술한 『임원경제지』의 「전어지佃漁志」에 대부분 인용되었다.

『동국여지승람東國輿地勝覽』

1481년(성종 12)에 완성된 지리서로 우리나라 각 도道의 지리·풍속과 그 밖의 사항을 기록했다. 55권 25책의 활자본이다.

『동방견문록東方見聞錄』

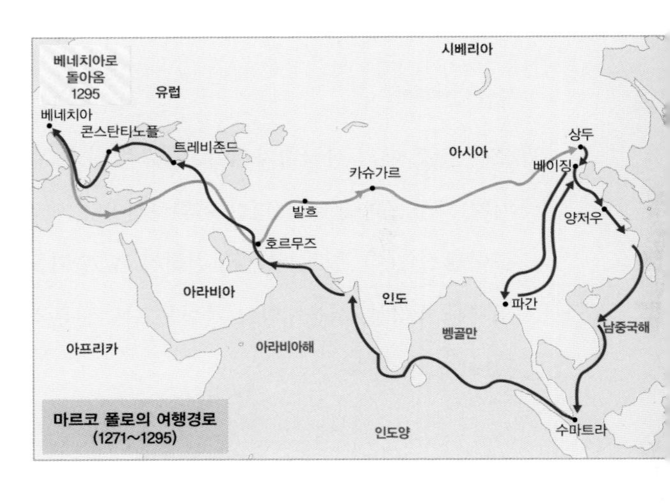

13세기 베네치아공화국 출신의 상인 마르코 폴로Marco Polo, 1254~1324가 27년 동안 세계를 여행하면서 보고 겪었던 사실들을 기록한 책이다. 책의 제목은 『Divisament dou Monde(세계의 기술)』이며 유럽과 미국 등에서는 『마르코 폴로의 여행기』로 출간되었고, 한국과 일본에서는 『동방견문록』으로 출간되었다. 책의 내용은 동방이라고 불리는 아시아 지역에 국한하지 않고 중동, 아프리카, 아시아 등 여러 나라를 대상으로 했다. 마르코 폴로가 직접 여행하지 않았던 곳의 이야기도 수록되어 있는데 이는 당시 마르코 폴로가 여행에서 얻은 지식을 바탕으로 서술했다고 추측된다.

『동의보감東醫寶鑑』

조선시대 어의御醫 허준許浚, 1539~1615이 중국과 조선의 의서를 집대성하여 1610년(광해군 2)에 완성한 의학서이다. 25권 25책으로 1613년 목활자로 첫 간행되어 반포되었다. 1596년(선조 29)에 허준이 왕명을 받아 다섯 명과 함께 편찬 작업을 시작했으나 정유재란으로 중단되었다. 이후 선조가 허준에게 계속 집필하게 하여 선조 사후인 1610년에 완성되었다. 허준과 함께 초기 집필에 참여한 의원은 어의御醫인 양예수·이명원·김응탁·정예남 등 4인과 민간에서 명성을 떨쳤던 유의儒醫 정작이 그들이다. 양예수는 허준보다 선배 세대로 신의神醫로 평가받던 인물이고, 정작은 어의는 아니지만 민간에서 도교적 양생술의 대가로 의학에 밝았다. 이명원은 침술에 밝았으며, 김응탁·정예남은 신예 어의였다.

'동의東醫'란 중국 남쪽과 북쪽의 의학 전통에 비견되는 동쪽의 의학 전통, 즉 조선의 의학 전통을 뜻한다. '보감寶鑑'이란 '보배스러운 거울'이란 뜻이다. 허준은 조선의 의학 전통을 계승하여 중국과 조선 의학의 표준을 세웠다는 뜻으로 '동의보감'이라 이름 지었다.

『물명고物名攷』

조선 순조 때의 한글학자이며 『언문지』의 저자인 유희柳僖, 1773~1837가 1820년 무렵 여러 가지 사물을 한글로 설명한 어휘사전이다. 여러 가지 물명을 모아 한글 또는 한문으로 풀이해 놓았다. 현재 원본은 전하지 않고 이를 베껴 쓴 5권 1책의 필사본이 국립중앙도서관 소장본, 서울대학교 가람문고본, 일본의 아유가이鮎貝房之進 소장본으로 전해지고 있다.

『본초강목本草綱目』

중국 명明나라 때의 본초학자本草學者 이시진李時珍, 1518~1593이 엮은 약학서이다. 52권으로 1596년에 간행되었다. 명대明代 이전의 본초학本草學 성과를 이어받아 총결한 바탕에서 약초 재배 농민·민간의사·사냥꾼·어부 등의 백성들에게서 광범하게 배우면서 쌓은 많은 약물학 지식을 인용했으며, 여러 종류의 책 800여 종을 참고하며 30년에 걸쳐 집대성했다. 약용으로 쓰이는 대부분의 것을 자연 분류했으며, 모두 1892종의 약재가 망라되어 있다.

사서오경四書五經

중국에서 유가儒家의 기본적 경전의 총칭이다. 『논어論語』, 『맹자孟子』, 『중용中庸』, 『대학大學』의 네 경전과 『시경詩經』, 『서경書經』, 『주역周易』, 『예기禮記』, 『춘추春秋』의 다섯 경서를 이른다.

CITES Convention on International Trade in Endangered Species of Wild Fauna and Flora

세계적으로 멸종위기에 처한 야생동식물의 상업적인 국제 거래를 규제하고 생태계를 보호하기 위해 채택된 협약이다. 1973년 3월 워싱턴에서 개최된 국제회의에서 채택되었기에 '워싱턴 협약'이라고도 한다. CITES에서 규제하는 동식물은 약 3만 7000종이며, 이들은 보존의 시급성과 중요도에 따라 부속서 I, II, III로 분류한다. 부속서 I은 멸종 위험의 정도가 가장 높은 종을, II는 현재 멸종위기에 처한 것은 아니지만 그 거래를 엄격하게 규제하지 않으면 위기에 처할 가능성이 있는 종을, III는 거래의 통제를 위하여 다른 회원국의 협력이 필요한 종을 열거하고 있다.

바다동물 중 CITES 해당 종

구분	부속서 I	부속서 II	부속서 III
포유류	귀신고래, 밍크고래, 대왕고래, 상괭이 등 19개 과의 고래류 듀공 남아메리카매너티 카리브해매너티 과달루페물개 대머리해표속 전체 종	남방물개속 전체 종 코끼리해표 아프리카매너티	바다코끼리
파충류	바다거북과 전체 종 장수거북	바다이구아나	바다물뱀 산호코브라
판새어류		고래상어 백상아리 돌묵상어	
어류	발틱철갑상어 단비철갑상어	철갑상어 전체 종 해마속 전체 종 나폴레옹피시	
이매패류		대왕조개과 전체 종	

구분	부속서 I	부속서 II	부속서 III
산호류		푸른산호과 전체 종 관산호과 전체 종 각산호목 전체 종 돌산호목 전체 종	
히드라충류		의공산호과 전체 종 의산호과 전체 종	
해삼류		바위해삼	

『성호사설星湖僿說』

조선 후기 실학자 이익李瀷, 1681~1763의 실학적인 학풍과 해박한 지식을 집대성한 책으로 성호星湖는 이익의 호이며, 사설은 세세한 일상의 일을 기록한 것이라는 뜻이다. 이익이 40세 전후부터 책을 읽다가 느낀 점 또는 흥미 있는 내용을 기록한 것과 제자들의 질문에 답변한 내용을 기록한 것을 모아 그의 나이 80세에 이르렀을 때 집안 조카들이 총 30권으로 정리했다. 정약전·정약용 형제는 한번도 본 적이 없는 이익을 평생의 스승으로 모셨다.

『세종실록지리지世宗實錄地理志』

1454년(단종 2)에 완성된 『세종장헌대왕실록』의 제148권에서 제155권에 실려 있는 전국 지리지이다. 조선 초기의 지리서로, 사서의 부록이 아니라 독자적으로 편찬되었고 국가 통치에 필요한 여러 자료를 상세히 다루었다.

『송남잡지松南雜識』

조선 후기의 학자 조재삼趙在三, 1808~1866의 저서로 일종의 백과사전으로 천문天文·인사人事를 비롯한 동·식물 등의 33개 부문으로 나누어 각 부문에 관계되는 사항을 모아 서술했다. 편자는 권두에 서문을 통해 두 아들의 교육용으로 편찬한 것임을 밝히고 있다.

『신증동국여지승람新增東國輿地勝覽』

1530년(중종 25) 이행李荇·윤은보尹殷輔·신공제申公濟·홍언필洪彦弼·이사균李思鈞 등이 『동국여지승람』을 증수·편찬했으며, 55권 25책이다. 조선 전기의 대표적인 관찬官撰 지리서로 속에 실린 지도와 함께 조선 말기까지 큰 영향을 끼쳤다. 이 책은 지리적인 면뿐만 아니라 정치·경제·역사·행정·군사·사회·민속·예술·인물 등 지방 사회의 모든 방면에 걸친 종합적 성격을 지닌 백과전서식 서적이다. 따라서 조선 전기 사회의 여러 측면을 이해하는 데 필수불가결한 자료로 여러 학문에서도 중요한 고전으로 꼽고 있다.

『아언각비雅言覺非』

조선시대 실학의 태두인 다산 정약용茶山 丁若鏞, 1762~1836이 지은 어원 연구서이다. 활자본으로 3권 1책이며 1819년(순조 19) 간행되었다. 한국의 속어 중에서 와전되거나 어원과 용처가 모호한 것을 고증한 책으로, 당시 한자 사용에 착오가 많아 이를 바로잡기 위하여 저술했다. 약 200항목에 달하는 수목명·약성명·식물명·의관명·악기명·건축물명·어류명·지리명·곡물명 등의 이원을 밝혀 놓아 마치 박물지를 보는 듯하다.

『예기禮記』

오경五經의 하나이다. 중국 주나라 말기에서 진한시대까지의 예禮에 관한 학설을 집대성하여 기록한 것으로, 『주례周禮』, 『의례儀禮』와 함께 '삼례三禮'라고 한다. 예경禮經이라 하지 않고 『예기』라고 한 것은, 예에 대한 기록 또는 예에 관한 경전을 보완·주석했다는 뜻이다.

『오디세이아Odysseia』

고대 그리스의 시인 호메로스Homeros, B.C. 9~B.C. 8세기의 작품으로 『일리아스Ilias』와 어깨를 나란히 하는 대서사시이다. '오디세우스의 노래'라는 뜻으로 1만 2110행으로 되어 있다. 주제는 그리스군의 트로이 공략 후의 오디세우스의 10년간에 걸친 해상 표류의 모험과 귀국에 관한 이야기이며, 이 이야기를 40일간의 사건으로 처리했다.

『오주연문장전산고五洲衍文長箋散稿』

19세기의 학자 이규경李圭景, 1788~1863이 쓴 백과사전 형식의 책이다. 60권 60책의 필사본이 전하고 있다. 역사·경학·천문·지리·불교·도교·서학·풍수·예제·재이·문학·음악·병법·풍습·서화·광물·초목·어충魚蟲·의학·농업·화폐 등에 관한 내용 망라되어 있다.

『우해이어보牛海異魚譜』

담정 김려薄庭 金鑢 선생이 우해牛海(옛 진해현으로, 지금의 창원시 마산 합포구)에서 유배생활을 하며 직접 관찰하거나 어민들로부터 전해 들은 이야기를 바탕으로 1803년 저술한 우리나라 최초의 어보이자 수산학서이다. 어보에는 담정이 관찰한 어류, 갑각류, 패류에 대한 이야기뿐 아니라 당시 풍습을 전하는 칠언절구의 자작시 「우산잡곡牛山雜曲」 39편이 더해져 있어 귀중한 사료로 평가되고 있다.

*담정 김려薄庭 金鑢, 1766~1822

1797년 겨울 강이천姜彛天의 비어蜚語 사건에 휘말려 함경북도 북동부 부령으로 유배되었다. 1801년(순조 1) 신유박해 당시 천주교도와 친분을 맺은 혐의로 체포되어 혹독한 문초를 당한 후 1801년 4월 우해로 유배지를 옮기게 되었다. 동시대 흑산도에서 유배생활을 한 손암 정약전 선생(1758~1816)이 실학자적 관점에서 1814년 『자산어보』를 저술했다면 담정은 감수성 넘치는 시인의 시각으로 바다생물을 관찰하고 이를 은유적으로 표현했다.

『음식디미방飮食知味方』

1670년(현종 11) 안동 장씨라 불리던 장계향張桂香, 1598~1680이 남긴 식품 조리서이다. 조선시대 식품 조리서 등이 주로 남성에 의해 한문으로 쓰였고, 중국의 문헌을 그대로 옮겨 놓은 경우가 많았는데 『음식디미방』은 여성이 오랫동안 가정에서 실제로 만들었거나 외가에서 배운 조리법 백여 가지를 후손에게 전해주기 위해 한글로 정리한 책이라는 데 의미가 있다. '음식디미방'이라는 말은 음식의 맛을 아는 방법이란 뜻이다. 책을 저술한 안동 장씨는 조선 중기 학자인 경당 장흥효敬堂 張興孝, 1564~1633와 안동 권씨 사이에서 외동딸로 태어나 어릴 때부터 시와 서예, 문학에 뛰어났다 한다.

『임원경제지林園經濟志』

조선 후기 실학자 서유구가 저술한 박물학서로 저자가 서문에서 밝히듯, 전원생활을 하는 선비에게 필요한 지식과 기술 그리고 기예와 취미를 기르는 백과전서로 생활과학서의 성격을 지니고 있다. 이 책은 113권을 16개 부문으로 나눈 논저로 이루어졌는데, 그 내용은 다음과 같다.

① 「본리지本利志」, 권1~13 : 농사 일반에 관한 것을 다루고 있다. 전제田制, 수리水利, 토양지질, 농업 지리와 농업 기상, 농지개간과 경작법, 비료와 종자의 선택, 종자의 저장과 파종, 각종 곡물의 재배와 그 명칭의 고증, 곡물에 대한 재해와 그 예방 등을 서술했다.

② 「관휴지灌畦志」, 권14~17 : 식용식물과 약용식물을 다루고 있다. 각종 산나물과 해초·소채·약초 등에 대한 명칭의 고증, 파종 시기와 종류 및 재배법 등을 설명하고 있다.

③ 「예원지藝畹志」, 권18~22 : 화훼류의 일반적 재배법과 50여 종의 화훼 명칭 고증, 토양, 재배 시기, 재배법 등에 대하여 풀이하고 있다.

④ 「만학지晩學志」, 권23~27 : 31종의 과실류와 15종의 과류瓜類, 25종의 목류木類, 그 밖의 초목 잡류에 이르기까지 그 품종과 재배법 및 벌목 수장법 등을 설명했다.

⑤ 「전공지展功志」, 권28~32 : 뽕나무 재배를 비롯해 옷감과 직조 및 염색 등 피복 재료학에 관한 논저이다.

⑥ 「위선지魏鮮志」, 권33~36 : 여러 가지 자연현상을 살펴 기상을 예측하는, 이른바 점후적占候的 농업 기상과 그와 관련한 점성적인 천문관측을 논했다.

⑦ 「전어지佃漁志」, 권37~40 : 가축과 야생동물 및 어류를 다룬 논저로, 가축의 사육과 질병 치료, 여러 가지 사냥법, 그리고 고기를 잡는 여러 가지 방법과 어구漁具에 관하여 설명했다.

⑧ 「정조지鼎俎志」, 권41~47 : 각종 식품에 대한 주목할 만한 의약학적 논저와, 각종 음식과 조미료 및 술 등을 만드는 여러 가지 방법을 과학적으로 설명했다.

⑨ 「섬용지贍用志」, 권48~51 : 건축기술, 도량형 기구와 각종 공작기구, 생활기구와 교통수단 등에 대해 중국식과 조선식을 비교해 우리나라 가정의 생활과학 일반을 다루고 있다.

⑩ 「보양지葆養志」, 권52~59 : 도가적道家的 양성론을 편 논저로, 불로장생의 신선술神仙術과 상통하는 식이요법과 정신 수도를 논하고, 아울러 육아법과 계절에 따른 섭생법을 양생월령표養生月令表로 해설했다.

⑪ 「인제지仁濟志」, 권60~87 : 의醫·약藥 관계를 주로 다루었으나 끝부분에는 구황救荒 관계를 다루고 260종의 구황식품이 열거되어 있다.

⑫ 「향례지鄕禮志」, 권88~90 : 지방에서 행해지는 관혼상제 및 일반 의식儀式 등을 풀이했다.

⑬ 「유예지遊藝志」, 권91~98 : 선비들의 독서법 등을 비롯한 취향을 기르는 각종 기예를 풀이했다.

⑭ 「이운지怡雲志」, 권99~106 : 선비들의 취미생활에 관한 서술이다.

⑮ 「상택지相宅志」, 권107~108 : 우리나라 지리 전반을 다루었다.

⑯ 「예규지倪圭志」, 권109~113 : 조선의 사회경제를 다뤘으며 양입위출量入爲出·절생節省·계금戒禁·비예備豫 등을 다룬 것과 무역이나 치산置産 등을 다룬 화식貨殖 등이 논술되어 있다.

『임하필기林下筆記』

조선 후기 중신 이유원李裕元, 1814~1888이 1871년(고종 8)에 펴낸 문집이다. 조선과 중국의 사물을 고증한 내용으로 광범위한 분야에 걸쳐 저자의 해박한 식견이 백과사전식으로 펼쳐져 있다.

『자산어보茲山魚譜』

신유사옥에 연루되어 흑산도에 유배된 정약전丁若銓, 1758~1816 선생이 흑산도 근해의 수산 생물을 조사·채집·분류해 저술한 책으로 1814년(순조 14)에 간행되었다. 그는 155종의 수산 생물을 실학자적 관점에서 조사하여 명칭·분포·형태·습성 및 이용 등에 관한 사실을 상세히 기록했다. 『자산어보』는 필사본으로 전하며, 1943년 여러 사본을 대조하고 보충하여 새로 편성한 한글본과 일본어 번역본이 있다.

* 정약전

호는 손암巽菴이다. 다산 정약용 선생의 형으로 1801년(순조 1) 신유박해 당시 동생 다산과 함께 화를 입어 다산은 장기를 거쳐 강진에 유배되고, 그는 신지도를 거쳐 흑산도에 유배되어 풀려나지 못했다. 저서로 『자산어보』를 비롯, 『논어난論語難』·『동역東易』·『송정사의松政私議』 등이 있었으나 지금은 『자산어보』와 『송정사의』가 전해오고 있다.

『자연의 체계Systema Naturae』

스웨덴의 식물학자 카를 폰 린네Carl von Linne, 1707~1778가 동물과 식물의 분류에 관해 저술한 책이다. 이명법二名法을 확립한 분류학의 보전寶典으로서 1735년에 초판이 출간되었다. 식물과 동물을 체계적으로 속屬, genus과 종種, species으로 분류함으로써 현대 식물학과 동물학의 발전에 기초를 제공했다. 린네는 속명 다음에 종명을 붙여 두 단어로 된 학명을 만듦으로써 이명법을 확립했다. 곧, 첫 번째 명칭은 모든 종을 포괄하는 속을 뜻하며, 두 번째 명칭은 개개의 종을 의미한다.

1735년 초판은 분량이 11쪽에 지나지 않았으나 1770년에 간행된 제13판은 3000쪽에 달하는 방대한 분량이 되었다. 또 초판에는 역학적 견해가 거의 드러나지 않았으나, 최종판에서는 동물은 원칙적으로 기계와 같다고 생각하기에 이르는 변화를 보였다. 이명법을 발표한 것은 1758년에 간행한 제10판부터이다.

「전어지佃漁志」

『임원경제지』의 16갈래 중 하나로 목축과 사냥, 고기잡이에 관한 기술을 담고 있다. 「전어지」는 『우해이어보』, 『자산어보』와 함께 조선의 3대 어류 전문서로 평가받고 있다. 또한 우리가 아는 동물 대부분을 다루고 있어 '동물백과사전'이라 할 만하다. 다만 객관적인 동물의 모습을 담았다기보다는 인간의 생명 유지에 필요한 섭생의 대상으로 다룬, 기존의 백과사전과 다른 동아시아식 백과사전이다.

『제주풍토기濟州風土記』

조선 중기의 학자인 이건李健, 1614~1662이 제주에서 유배 생활을 하면서 지은 풍토기이다. 이건은 선조의 손자인 인성군仁城君 이공李珙의 아들이다. 1628년 인성군이 역모 혐의로 대역 처분을 받았을 때 두 형과 함께 15세의 나이로 제주도에 유배되었다. 시詩·서書·화畵에 뛰어나 삼절三絶이라 했다.

『제주풍토기』는 이건이 제주 유배 생활을 시작한 1628년부터 1635년 울진으로 이배되기 전까지 17세기 제주도의 풍토와 상황을 고찰한 한문 수필이다. 이 책에는 제주도의 지리적 위치와 풍속의 하나인 뱀 신앙, 기후, 목축 상황과 목자의 고통, 농사의 경작 상황, 귤 종류에 대한 설명, 제주도 여인의 풍속, 잠녀의 풍속과 관원들의 횡포, 신당神堂의 모습, 본도의 동식물, 제주 삼성혈의 신화에 대한 소개와 더불어 자신의 소감이 수록되어 있다. 17세기 제주도의 풍속과 상황을 정확히 이해할 수 있는 자료로서의 가치가 높다.

『조선왕조실록朝鮮王朝實錄』

조선시대 제1대 왕 태조에서 제25대 왕 철종[조선 왕조 계보: 태조-정종-태종-세종-문종-단종-세조(수양대군)-예종-성종-연산군-중종-인종-명종-선조-광해군-인조-효종-현종-숙종-경종-영조-정조-순조-헌종-철종-고종-순종]에 이르기까지 25대 472년간의 역사를 연월일 순서에 따라 편년체로 기록한 역사서이다. 1,893권 888책으로 이루어졌다. 실록이 완성된 후에는 특별히 설치한 사고史庫에 각각 1부씩 보관했는데, 임진왜란과 병자호란을 거치면서 사고의 실록들이 병화에 소실되기도 했지만, 그때마다 재출간하거나 보수하여 20세기 초까지 정족산·태백산·적상산·오대산의 네 사고에 각각 1부씩 전하여 내려왔다.

정족산·태백산 사고의 실록은 1910년 일제가 당시 경성제국대학으로 이관했다가 광복 후 서울대학교 규장각에 그대로 소장되어 현재에 이르고 있다. 정족산본 1181책, 태백산본 848책, 오대산본 27책, 기타 산엽본 21책을 포함해서 총 2077책이 일괄적으로 국보 제151호로 지정되었으며, 1997년 10월에 유네스코 세계기록유산으로 등재되었다. 『고종황제실록』과 『순종황제실록』은 일제 강점기에 일본인들이 개입하여 편찬되었기 때문에 사실 왜곡 등이 심해 실록의 가치를 손상한 것으로 평가되고 있다.

『조선통어사정朝鮮通漁事情』

1893년 편찬된 조선 연안의 수산·어업 상황 안내서이다. 세키자와 아키기요 일행이 1892년 1월 도쿄를 출발해 조선 연안을 둘러본 뒤 1893년 3월 도쿄로 돌아간 후, 조선 연안의 상황과 수산·어업 현황, 지리, 민심, 풍속 등을 책으로 엮은 것이다. 일본은 『조선통어사정』을 일본 어민들의 조선 연안 어업 장려와 안내를 위한 기본서로 활용하고자 했다. 현재 부산광역시립시민도서관에 소장되어 있다.

『증보산림경제增補山林經濟』

1766년(영조 42)에 의관 유중림柳重臨, 1705~1771이 『산림경제』를 증보하여 엮은 16권 12책의 농서이다. 홍만선洪萬選의 『산림경제山林經濟』가 판본으로 간행되지 못하여 권질이 드물어지고 또 내용이 백과사전식으로 되어 있어 농림 방면에 이용하는 데 소홀함이 있었다. 그리고 시간도 흐르고 중국의 문헌도 많이 들어와 종래의 『산림경제』를 수정·첨삭은 물론 대폭 증보했다.

『산림경제』의 16항목이 이 책에서는 23항목으로 증보되었고, 각 항목에도 첨가가 이루어졌다. 홍만선의 『산림경제』는 이 책으로 이어지고, 이후 서유구의 『임원경제지』의 밑바탕이 되었다고도 볼 수 있다.

지질 연대표

대	기		절대연대 (단위: 백만 년 전)	생물의 출현
신생대	제4기	홀로세	0.01	호모사피엔스 출현
		플라이스토세	2.6~0.01	가장 최근의 빙하기
	제3기	플라이오세	5.3~2.6	원시 인류 출현
		마이오세	23~5.3	알프스, 히말라야산맥 형성
		올리고세	34~23	
		에오세	56~34	
		팔레오세	66~56	
중생대	백악기		145~66	로키산맥 형성, 공룡 멸종
	쥐라기		201~145	공룡 출현, 시조새 등장
	트라이아스기		252~201	포유류 출현
고생대	페름기		299~252	
	석탄기		359~299	파충류 출현
	데본기		419~359	양서류·곤충류 출현, 빙하기 시작
	실루리아기		443~419	육상식물 등장(리니아)
	오르도비스기		485~443	어류 출현, 애팔래치아산맥 형성
	캄브리아기		541~485	삼엽충 출현
원생대 시생대	선 캄브리아기		2500~541 2500 이전	박테리아 등의 미생물 출현

『징비록懲毖錄』

조선 중기의 문신 서애 유성룡西厓 柳成龍, 1542~1607이 임진왜란 동안에 경험한 사실을 기록한 16권 7책으로 된 목판본이다. '징비'란 『시경』 「소비편」의 "내가 징계해서 후환을 경계한다予其懲而毖後患"는 구절에서 따온 이름이다. 1592년(선조 25)에서 1598년(선조 31)까지 7년간의 기사로, 임진왜란이 끝난 뒤 저자가 벼슬에서 물러나 있을 때 저술했다.

필사본은 서애의 외손 조수익趙壽益이 경상도 관찰사로 있을 때 손자가 조수익에게 부탁해 1647년(인조 25)에 간행했다. 책의 내용은 임진왜란이 일어난 뒤의 기사가 대부분을 차지한다. 그러나 그 가운데에는 임진왜란 이전의 대일 관계에 관한 교린사정交隣事情도 일부 기록했는데, 이는 임진왜란의 단초를 소상하게 밝히기 위함이었다. 이 책은 1969년 11월 7일에 국보 제132호로 지정되었다.

『표해록漂海錄』

조선 성종 때의 문신 최부崔溥, 1454~1504가 중국 명나라에 표류되었을 때의 체험을 1488년(성종 19)에 편찬한 책이다. 최부는 1487년 성종 때 달아난 죄인을 잡아들이는 추쇄경차관推刷敬差官으로 임명되어 제주에 부임했다. 하지만 이듬해 정월 부친상을 당해 고향인 나주로 급히 돌아오다가 풍랑을 만나 16일간 바다에서 표류했으며, 해상 강도를 만나 목숨이 위태로운 상황으로 몰렸으나 탈출하여 마침내 중국 절강성 영파부에 표착했다.

명나라에서는 당시 해안가에 출몰하여 온갖 패악을 저질렀던 왜구로 오해하여 최부 일행을 죽여서 왜구를 사살한 업적으로 삼고자 했다. 하지만 최부와 그 일행 43명이 왜구가 아니라 풍랑으로 밀려온 조선인임을 알게 되자 대운하를 따라 북경으로 이송되었다. 당시 물류의 중심이자 남중국 최대의 도시로 번성했던 절강성의 항주와 강소성 소주를 거쳐 진강에 이르렀으며 양자강을 건너 양주, 회안, 서주를 거쳐 갔다. 이어 산동성과 하북성을 지나 북경에 당도했다. 북경에서 명나라의 황제 홍치제를 알현하고 상을 받았다. 최부를 비롯한 일행은 고난을 겪고 마침내 반년 만에 귀국했다.

최부는 조선으로 돌아와 자신의 경험한 사실을 성종에게 보고했으며 성종은 이 같은 사실을 서책으로 기록하여 보고토록 지시했다. 최부는 15세기 명나라 연안의 해로·기후·산천·도로·관부·풍속·군사·교통·도회지 풍경 등을 소개하는 책을 집필하였는데 바로 『표해록』이다.

이 책에서 특히 주목되는 부분은 방문하는 도시마다 풍물을 관찰하여 세세하게 기록했고 운하를 통한 물자 운송으로 경제적 효율성에 대하여 심도 있게 서술했다는 점이다. 또한 운하의 제방 수문에 대한 기록과 수문의 비문의 내용을 기록한 점은 중국 운하사運河史의 중요한 문헌으로 평가받고 있다. 그리고 수차를 활용해 경작지에 물을 공급하는 것을 보고 조선에서 이를 제작하여 활용하게 하였는데 충청도 지방의 가뭄 때 이를 사용케 하여 많은 도움이 되었다. 목판본이며 책의 구성은 3권 21책으로 되어 있다. 국립중앙도서관에 소장되어 있다.

『하멜 표류기』

우리나라에 관한 서양인의 최초의 저술로 1668년에 네덜란드어·영역본·불역본·독역본이 발간되어 유럽인의 이목을 끌었다.

하멜이 승선한 네덜란드 동인도회사 소속의 무역선 스페르베르Sperwer 호가 1653년(효종 4) 1월에 네덜란드를 출발해 같은 해 6월 바타비아Batavia(현 인도네시아 자카르타), 7월 타이완에 이르렀고, 거기서 다시 일본의 나가사키로 항해하던 중 폭풍우에 밀려 8월 중순 제주도 서귀포 인근 해안에 표착했다. 선원 64명 중 28명은 익사하고, 하멜을 포함 36명이 제주도에 표착하여 1653~1666년(현종 7)의 14년간을 제주도, 한양, 강진, 여수에 끌려다니며 겪은 고된 생활과 조선의 풍습 등이 상세하게 기록되어 있다.

하멜과 그 일행은 제주도에 10개월간 감금되었으며, 이듬해 1654년 5월에 서울로 호송되어 훈련도감의 군인으로 배속되었다. 청나라 사신을 통해 탈출을 시도했다가 발각되어 전라도 강진으로 유배된 후 전라도 지방 여러 곳으로 분산·이송되었다. 전라도 여수로 이송된 하멜은 1666년 9월 동료 7명과 함께 해변에 있는 배를 타고 일본으로 탈출, 1668년 7월에 네덜란드로 귀국했다. 탈출에 가담하지 않았던 생존자 8명도 2년 후 석방,

네덜란드로 돌아갔다. 1980년 10월 12일 한국과 네덜란드 양국은 우호 증진을 위해 각각 1만 달러씩을 출연해 난파 상륙 지점으로 추정되는 서귀포시 안덕면 사계리 산방산 해안 언덕에 높이 4미터, 너비 6.6미터의 하멜 기념비를 세웠다.

「화음방언자의해華音方言字義解」

조선 후기의 학자 황윤석黃胤錫, 1729~1791의 문집 『이재유고頤齋遺稿』 권25의 잡저 가운데 하나로 150항목의 어원에 관한 논증이다. 한국어의 어원을 화음華音(한자漢字의 중국음)과 비교하여 설명한 것으로, 중국어뿐만 아니라 산스크리트어까지 비교하는 방법으로 고찰했다. 국어학 연구의 좋은 자료로 평가받고 있다.

찾아보기

㉠

가래낙지 779, 780
가브르, 아메드 99
가슴지느러미 179, 184, 224, 248
가시광선 135, 704
각형 178
간고등어 302
간조 40, 44, 107, 108
감태 54, 589, 682
갓풀(아교) 324
강공어 420
강구 671
강치 876, 877
개꼬막 721
갯벌의 순기능 123
걸프 스트림 32
견아려 436
결빙방지 단백질 93, 94
경골어강 168, 544
고갈비 302
고도어 300
고래 이름의 유래 853
곤이 406
곤쟁이 143
골축 591
공기 방울 기둥 202
공동수역 50
공생조류 148, 581, 737
과팽창 장애 189
관상어 291, 397, 490
교미침 197, 665, 667
교접완 770, 774
구아노 924
구아닌 299, 686
구형 177
국제 남극 종단 탐험대 185
국제 프리다이빙 교육 단체 AIDA 99
국제지구물리관측년 77
국제포경위원회 840, 851, 858
군대어 297
군체 576, 581, 804, 806, 818
굴족강 675
귀신고래 851, 852
규조류 128, 129, 131, 133, 539
「그랑블루」 97
글리코겐 430, 790
기름지느러미 179, 181
기름치 340, 341
김 시식지 955
김려 130, 253, 287, 308, 311, 348, 396, 428, 439, 453, 454, 484, 496, 501, 516, 719, 745
꼬리지느러미 181
꼬시래기 347

㉡

나그네새 883, 887
나노미터 704
낙지주낙 779
난바다곤쟁이 129, 138,
난생 231, 745
난센, 프리드티오프 75
난태생 231
난황 231, 232, 522
난황주머니 232
남극 순환해류 91, 140
남극암치아목 93
남극이빨고기 94
남극조약 78
남극조약협의당사국 78
남극크릴 139~141
남극특별보호구역 897, 898, 908
남극환경보호의정서 917
남빅토리아랜드 81, 908
남삼여포 558, 683
네모 선장 288
노로바이러스 716
노르게호 75
노르덴쇨드, 아돌프 에리크 73
노르덴쇨드, 오토 82
『노인과 바다』 227, 338
노플리우스 664, 667
니들피시 416, 417
니모 214, 288, 602

㉢

다가마, 바스쿠 69, 72
다시마 950
다윈, 찰스 190, 193, 584, 585, 903
다이빙 벨 153, 154
다케시마의 날 52
다판강 675
담채 710
대구 전쟁 408, 409
대륙붕 46, 50
대륙사면 46
대면 278
대보초 582

대양저 산맥 46
대조 45
대황 951, 952
댓잎뱀장어 431, 433
도다리 쑥국 263
도둑갈매기 905
독도 독트린 49
독도 우표 938
독도의 날 52
독샘 473
돌말 128
동도 52, 53
동인도회사 514
동종포식 299
두족강 676, 753
뒤르빌, 뒤몽 81
뒷지느러미 181
드워프랜턴샤크 240
등지느러미 179
떼발 318
똥여 54
뜬말 276, 423

ㄹ

라눌프 핀즈의 지구 종단 탐험대 85
라니냐 31
라이온피시 475
라페루즈 59
래기, 클레멘트 66
래브린스 기관 174
러프가든, 조안 193
레닌호 87
렙토세팔루스 207, 431
로렌치니 기관 210, 237, 426
로스, 제임스 클라크 81
록피시 488
루사 67, 68
리본형 176, 178
리블렛 233
리처드 버드 제독 85
린네, 카를 폰 19, 576

ㅁ

마구로 335
마르코폴로 58
마스크 117
마젤란, 페르디난드 69, 72, 73
만각 108, 110, 634, 664~667
만조 40, 44, 92, 107, 109
만타 248
망어 305, 306
매미 67, 68
매생이 944, 945
맹골수도 151
먹갈치 296, 297
멍게밭 785
멍텅구리배 479
메르카토르 도법 59
멜빌, 허먼 843
멸종위기종 356
멸치 어업 방식 533
명량해협 40, 41, 44
명태의 다양한 이름 412~414
모자반 952, 953
모천회귀성 443
몸국 953
무악어강 168, 544
무역풍 28, 29
무장공자 638
무절석회질조류 147, 150
무조어 347
무해성 적조생물 131
무해통항권 48
문어 단지 770
문어발 경영 772
문어방 770
문절어 349
물개 보호조약 878
물렁병 791
물렁뼈 168, 225, 229
물텀벙 494
미늘 568
미세플라스틱 115~117
미역 948~950
미주알 600

ㅂ

바다 쇠고기 349, 350
바다뱀자리 835
바다의 갱 434
바다의 보리 300
바다의 쌀 507
바다의 우유 714
바다의 인어 880
바다의 카멜레온 212, 259, 559, 768
바닷가재 568, 660
바이아 파라이소호 87
발음어 425
방사륵 719, 731
방사상칭 565
방추형 176
방패비늘 308
방휼지세 740
배지느러미 181, 185
배타적 경제수역(EEZ) 48
『백경』 843, 844
밸러스트 수 706, 707
범어 453, 454
벗굴 716, 717

베넷, 존 42, 101, 104
베드로피시 402
베링해협 71, 73
베송, 뤽 97
베코프, 마크 214
벨기에 남극 탐험대 74, 81
벨루가 849
벨링스하우젠, 파비안 고틀리프 폰 80
벽문어 300
변온동물 822
보구치 324, 328~330
보물선 탐사팀 111
보찰바위 51, 56
보티첼리 733
복달임 324
복족강 675
부럿 779
부분 순환호 626
부성애 280
부세 324, 328, 331, 332
부영양화 130
부유생물 125
부족강 675
부화율 204
북동항로 69~71
북서항로 69~71
북태평양 소하성 어류위원회 525
분류학 544
불의 고리 37, 38
블루코너 42, 235~237, 356~358
비글호 584, 585
「비너스의 탄생」 733
비목어 264
비브리오패혈증 709, 721
비유어 512
비익조 264
비티아즈 해연 20, 21
빗창 105, 682
빨판 182, 371, 374, 681, 682, 692, 761, 764
뼈째 썰기 519

ㅅ

사르가소해 953
사리와 조금 44, 45
사어 234, 253
사이클론 64
사포닌 558
사회적 선택 193
삼투압 170~172
상괭이 856~860
상리공생 220, 372, 373
상승 조류 42, 43
상어 보호구역 231
상업 포경 840, 841
색의 흡수 704, 705
샛서방 고기 326
생분해성 그물 114, 116
생식선 566~568
섀클턴 탐험대 83
서도 52, 53
석수어 328
석화 715
섬 민어 축제 325
섭죽 711
세계기상기구 64
세계자연기금 230
세꼬시 519
세월호 151~154
세장형 177
소조 45
소코트라 암초 163
소프, 이언 232
소하성 528
손꽁치 어업 423
손낙지 779
솔피 848
쇄빙선 69, 86~89
쇼바트, 부디미르 부다 106
수관부 749
수괴 26
수산통제어종 436
수조기 324, 328, 330
수직단층 38, 39
수하식 양식 714, 715
순환호 626
술뱅이 196, 342
숨구멍 865~867
숭어와 가숭어 318
스미스, 앤드루 240
스미스, 윌리엄 79
스발바르제도 33, 34, 918
스웨덴 남극 탐험대 82
스콧 남극 탐험대 82, 83
스쿠버 96
스쿠알렌 230
스타게이저 401
스탠튼, 앤드루 288, 602
스펀지 804, 808
습생 745, 746
습지보호지역 119, 122
승기악탕 272
시구아테라 385
시어다골 539, 540
시화호 방조제 44
식인조개 737
식충어 273
신경성 독 833
신유박해 723
신카이6500 102
신티올 790, 794
신한일어업협정 48
실뱀장어 207, 208, 432, 433
실붕장어 435

심해산호 581
심해열수분출공 24
심해저 평원 46
심흥택 해산 52
쓰나미 36~39, 582

ⓞ

아가미 깃털 812, 814~818
아네모스 600
아델리랜드 81
아라온호 87~89
아무르 550
아문센, 로알 70, 74, 75
아프로디테 600
악구상강 429
안강망 504
안용복 해산 52
안타크틱호 82
암각화 841, 842, 876
암붕 268
암수한몸 196, 197
암피트리테 845
앤드루스, 로이 채프먼 852
야자집게 654, 655
어두육미 272, 406
어란 322, 323
어리굴젓 717
어부지리 740
어업형 해도 58
에치젠쿠라게 616
엘니뇨 30, 31
여과섭식 709
여자만 718, 719
연골어강 168
연리지 264
연어 방류 사업 523, 527
연조 288, 471
염분의 농도 24
염습지 932
오디세우스 162
오봉호 666
오슬롭 242, 244
오적어 757
오적어 묵계 757
옥어 428
온난화의 반대급부 76
와농자 719
와편모조류 128~133, 939
완전 양식 208, 336, 411
왕밤송이게 642, 643
요오드(아이오딘) 947~952
용승류 30, 31
용연향 843, 844
용의 아홉 아들 853~855
우렁쉥이 787, 791, 792
우멍거지 792
우뭇가사리 939, 957, 958
울돌목 41, 44
울릉도·독도바위 55
원구류 429
원앙어 287
원초 서명국 78
웨들, 제임스 865
윌리윌리 64
유니콘 460, 848
유령어업 113
유어장 156~158
유영 속도 314
유재류 813, 814
유해성 적조생물 131
육소장망 317
윤문 187
은갈치 296
음향측심법 47,
이류보류 749
이리 405, 449, 734, 735
이매패류 676, 708
이사부 해산 52
이어도 49~51, 162, 163
이자겸의 난 331
이크티오톡신 434
인공 산란장 209
인공어초 145, 164, 165
입수공 783, 787, 793

ⓩ

자기측심기 47
자반고등어 302
자연산과 양식산 260
자연선택 이론 190, 903
잘피 959~961
잠수 기록 106
잭업바지 154, 155
저먼 채널 219, 250
전라도 명태 329
전복치 400
전자 해도 58, 63
전향력 28, 29, 64
정문기 321, 334, 447
정유재란 40
정재류 813
정화 함대 74
젤리피시 레이크(해파리 호수) 625
조간대 92, 107, 108
조개부전 751
조사어 503
조석 현상 40, 41, 107
조석파 35
조수웅덩이 108, 109
「조스」 227
조하대 668, 724
족사 708, 709
종편형 177

주산텔라 148, 581, 582, 627, 737
주향 이동 단층 38, 39
죽방렴 43, 533~535
중국 4대 미인 734, 735
증울 510, 511
지남호 335
지표동물 666, 709, 710
진도대교 41
진성 바다뱀 832
질소마취 103, 104

ㅊ

차세대 쇄빙연구선 89
참조기 328~332
참치류 334, 336, 339
창꼬치 증후군 316
챌린저호 32
챔버 155
천연기념물 124, 444, 588, 591, 851, 883, 884, 886, 889, 891
청각 939, 943~946
청물 148
청해진 75
체륜 470~472
체반 248
초잔마루호 111
출세어 321
출수공 783, 787
측편형 176
치설 682, 688
칠산 329
침강류 30
침두어 280
침자어 496

ㅋ

카구아마 830
카라톡신 491
카로테노이드류 131
캔들, 에릭 697
캣피시 424
커밍아웃 193~195
케이프워싱턴 908
코리올리 효과 27
코클로디니움 132, 133
콘드로이틴 324
콜럼버스, 크리스토퍼 71
쿠로시오 해류 148
쿠스토, 자크-이브 96, 227
쿡, 제임스 31
퀴비에 560
퀴비에관 560, 561
크라켄 771
크로마토포레스 768
클러스터세올빈 650
클리너 미믹 221
클리닉 스테이션 219
키토산 139
키프리스 667, 668
킹조지섬 80

ㅌ

타우린 683
탁월편서풍 90
탁월풍 920
탄산칼슘 144, 145
태생 231, 232, 387
태안선 781, 782
태인도 955
태풍 31, 64~67
태풍의 눈 66
태풍의 이름 66~68
터널 보링 머신 공법 752
테라노바만 908
테우 283, 286
테트라포드 671
테트로도톡신 445~447, 772
통니 361
통발 435, 534, 779
통발낙지 779
「투모로우」 33
트라이아스기 222, 748
트랜스젠더 193
트리메틸아민 256
트리에스트 2호 101, 102
트리코데스미움 135

ㅍ

파래 939, 943, 944
파블로프 356~358
파시 329
파타고니아이빨고기 94
판새아강 229, 252
판피어강 168, 544
팔라우 235, 250, 251, 625, 628
패주 728, 730, 732
퍼밀(‰, 1000분의 1) 24
퍼스트 펭귄 904
펀디만 42
펭귄 밀크 911
펭귄마을 897, 898
펭귄섬 916
편리공생 220, 372, 373
편서풍 28, 140, 920
평균해수면 60
폐그물 112~114
폐어 224, 258
포경기지 842

포뢰 853, 854
포르톨라노 해도 58~60
포르투갈 전사 620
포세이돈 845
포화 잠수 방식 101, 151, 155
폴리페놀릭 708
폴립 576, 577
표면 공급 방식 151~153
풍랑 35
풍천장어 433
프랭클린, 벤저민 31, 32
프리다이빙(무호흡 잠수) 97
프토마인 301
피브린 833
피시 볼 199

ㅎ

하강 조류 42, 43
하멜 514
하모 436
하인케, 프리드리히 517
학명 544
한사어 253, 254
한자동맹 514
한중어업협정 50
함수율 609, 616
항로표지 61, 63
항로표지소 63
해감 719, 726
해구 46
해녀 104, 105
해녀의 장비 105
해루질 41
해류도 58
해류병 32
해미래 102
해발고도 60
해상왕 장보고 75
해양 대순환 이론 33
해양경관보호구역 119, 120
해양법에 관한 UN 협약 48, 49
해양보호구역 119, 122
해양생물보호구역 120
해양생태계보호구역 120
해연 46
해음경 797, 798
해음어 255
해저 지형도 58
해중산 46
해태 955
해파리 응급처치 612, 613
해팔어 607
허들링 911, 912
허리케인 64
허영호의 남극점 정복대 86
헐, 제리 106
헤라클레스 834, 835
헤로도토스 47
헤모글로빈 94, 675, 721, 913
헤모시아닌 675, 721, 759
헤파토크롬 650
헨젠, 빅토어 125
혈액성 독 833
호가호위 371, 372
혼인색 212, 377, 468
혼획 858
홀로톡신 558
홍탁삼합 257
홍합밥 711
화생 745, 746
확장낭 445
환태평양 지진대 37, 38
황토 133, 134
황화수소 137, 628
횡행개사 638, 646
효빈 751
효자 태풍 66
훌치기낚시 349
휘태커, 하딩 544
흰줄박이돌고래 847
히스타민 300
히스티딘 300

기타

12개의 판 38
20세기의 가장 위대한 발견 223
5방사 대칭형 559
CITES 241, 965
EPA 339, 511, 516

지은이 박수현

그는 삶의 많은 시간을 바다 이야기를 전하는 데 사용해 왔다. 스쿠버 다이빙으로 2,300회 바다를 만났고, 바다와 관련한 책을 14권 저술했으며, 12번의 개인 사진전시회와 단체 사진전시회에 10여 차례 참여했다. 누구든 바다 이야기를 들려달라고 하면 불원천리 길을 떠났다.

25년간 일간지 기자로 재직하며 「살아 숨 쉬는 부산바다」, 「해양보호구역을 찾아서」, 「바다 속 그곳에도 삶이 있다」, 「바다동물의 위기 탈출 방법」, 「남극 · 북극 르뽀」, 「Sea animal」, 「박수현의 와이드 앵글」 등을 연재했다. 지금은 포털사이트 Naver에 마련된 기자방에 「박수현의 오션월드」를 담아가고 있다. 2010년부터 2017년까지 네이버 지식백과에 수록한 94편의 콘텐츠는 누적 조회 수가 2200만 클릭을 넘었다.

또한 바다와 극지에 대한 국민적 관심을 모으기 위해 다양한 문화 콘텐츠 사업을 개발하고 있다. 2015년 해양수산부로부터 (사)극지해양미래포럼 설립을 인가받은 후 '극지해양 사진공모전', '극지해양 콘텐츠 감상문공모전', '극지해양 UCC 공모전', '극지해양해설사 양성 및 파견사업', '극지체험전시회', '극지 논술공모전', '극지종합 소식지 발간', '극지해양 웹기반 홍보' 등을 진행하고 있으며, 소속하고 있는 〈국제신문〉을 기반으로 '부산해양 콘퍼런스', '조선해양 사진 및 어린이 그림 공모전', '수중사진 공모전', '해양산업 리더스 서밋', '극지해양 어린이 아카데미', '극지해양 청소년기자단', '극지해양 시민강좌', '청소년 토론대회', '바다 살리기 캠페인', '청소년 극지체험단' 등을 추진하고 있다.

그는 한국신문상, 장보고대상, 일경언론상, 지역언론대상, 한국보도사진상, 김용택사진상, 이달의 기자상, 이달의 보도사진상, 현장의 기자상 등을 수상했다.